工业和信息化部“十四五”规划教材

U0469240

力学材料与设计

下册

○ 主　编　吴林志
○ 副主编　李　鸿　魏子天

中国教育出版传媒集团
高等教育出版社·北京

内容简介

本书是工业和信息化部“十四五”规划教材。全书共三篇，分为上、下两册。上册即第一篇静力学，共 11 章，主要内容包括静力学基础、平面力系、空间力系、拉伸(压缩)与剪切、扭转、平面弯曲、压杆的稳定性、应力状态理论和强度理论、组合变形、应变能法、超静定结构分析。下册含第二篇和第三篇，第二篇运动学和动力学，共 9 章，主要内容包括点的运动学和刚体的简单运动、点的合成运动、刚体平面运动、质点动力学基本定律、动量定理及动量矩定理、动能定理、达朗贝尔原理、分析力学基础、单自由度系统的振动；第三篇工程材料与力学设计，共 3 章，主要内容包括工程材料概述、工程材料的失效、工程装备力学设计。

本书可作为高等院校力学类、海洋工程类、航空航天类、能源动力类、机械类和土木类专业的力学综合理论课程教材，也可作为电气、电子信息、自动化等电类专业集中学习力学相关知识的参考书。

图书在版编目(CIP)数据

力学材料与设计. 下册/吴林志主编；李鸿，魏子天副主编. --北京：高等教育出版社，2024.6 (2025.5重印)

ISBN 978-7-04-061144-1

Ⅰ. ①力… Ⅱ. ①吴… ②李… ③魏… Ⅲ. ①力学-材料科学-高等学校-教材 Ⅳ. ①TB3

中国国家版本馆 CIP 数据核字(2023)第 174082 号

LIXUE CAILIAO YU SHEJI

策划编辑 安 莉　责任编辑 赵向东　封面设计 张申申 裴一丹　版式设计 杨 树
责任绘图 杨伟露　责任校对 陈 杨　责任印制 存 怡

出版发行 高等教育出版社
社　　址 北京市西城区德外大街 4 号
邮政编码 100120
印　　刷 保定市中画美凯印刷有限公司
开　　本 787mm × 1092mm 1/16
印　　张 21.25
字　　数 520 千字
购书热线 010－58581118
咨询电话 400－810－0598
网　　址 http://www.hep.edu.cn
　　　　 http://www.hep.com.cn
网上订购 http://www.hepmall.com.cn
　　　　 http://www.hepmall.com
　　　　 http://www.hepmall.cn
版　　次 2024 年 6 月第 1 版
印　　次 2025 年 5 月第 2 次印刷
定　　价 44.10 元

物 料 号 61144－00

新形态教材网使用说明

力学材料与设计

下 册

1 计算机访问https://abooks.hep.com.cn/61144，或手机扫描下方二维码，访问新形态教材网小程序。

2 注册并登录，进入“个人中心”，点击“绑定防伪码”。

3 输入教材封底的防伪码（20位密码，刮开涂层可见），或通过新形态教材网小程序扫描封底防伪码，完成课程绑定。

4 在“个人中心”→“我的图书”中选择本书，开始学习。

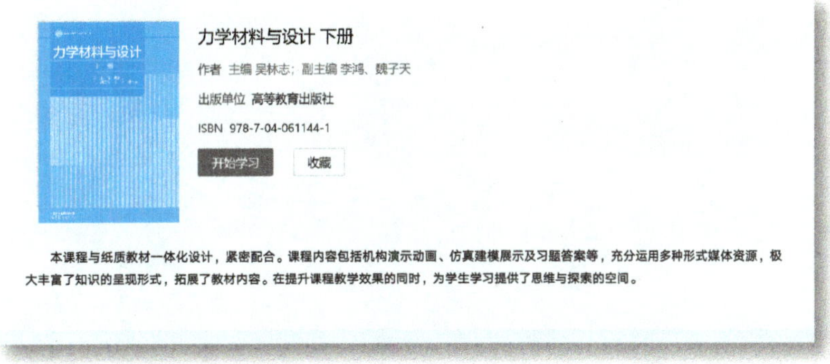
力学材料与设计
力学材料与设计 下册
作者 主编 吴林志；副主编 李鸿、魏子天
出版单位 高等教育出版社
ISBN 978-7-04-061144-1
开始学习
收藏
本课程与纸质教材一体化设计，紧密配合。课程内容包括机构演示动画、仿真建模展示及习题答案等，充分运用多种形式媒体资源，极大丰富了知识的呈现形式，拓展了教材内容。在提升课程教学效果的同时，为学生学习提供了思维与探索的空间。

绑定成功后，课程使用有效期为一年。受硬件限制，部分内容无法在手机端显示，请按提示通过计算机访问学习。

如有使用问题，请发邮件至abook@hep.com.cn。

扫描二维码
访问新形态教材网小程序

https://abooks.hep.com.cn/61144

前言

本书是工业和信息化部“十四五”规划教材，是哈尔滨工程大学力学授课团队在多年理论力学、材料力学和工程力学教学实践、教材建设和教学改革基础上，为工科类专业本科生编写的教材。

以学生的创新能力培养为目标，本书在知识体系方面具有以下主要特点：

(1) 系统完整。将材料力学、理论力学、工程材料与力学设计的有关内容进行系统设计，剪裁重复和冗余的内容。

(2) 交叉融合。将材料力学和理论力学知识进行有机融合，形成静力学、运动学和动力学两篇知识架构。

(3) 理实贯通。将力学基础理论与具有工程背景的实践训练项目相结合，培养学生解决复杂工程问题的能力。

(4) 特色鲜明。选取突出船舶海洋特色的甲板板架结构、船舶航行轨迹、波浪能装置等作为工程案例进行力学设计。

本书在编写过程中力求讲述清楚，在阐述基本概念和基本理论的基础上，列举工程实例帮助读者理解概念，掌握理论，提高分析问题和解决问题的能力。书中每章后配有相当数量的习题，适用于课堂教学和课后自学。

本书采用国际单位制，图中尺寸的单位未注明时均为 mm。

本书由哈尔滨工程大学吴林志、毛继泽、李鸿、杨丽红、夏培秀、于国财、何晓和中国船舶科学研究中心魏子天编写。第 1、4、5 章由吴林志编写；第 2、3、12 章由毛继泽编写；第 6、7、8 章由杨丽红编写；第 9、10、11 章由于国财编写；第 13、14、15 章由夏培秀编写；第 16、17、18 章由李鸿编写；第 19、21、22 章由何晓编写；第 20、23 章由魏子天编写。全书由吴林志教授主持编写和统稿。本书实际工程案例由魏子天提供，参加编写工作的还有哈尔滨工程大学宋乐颖、靳洋、杜雪娇和中国船舶科学研究中心张彤彤。

本书借鉴了哈尔滨工程大学力学教学团队编写的《理论力学》《材料力学》《工程力学》和《静力学及材料力学》教材。在此特别感谢各位作者的辛苦付出。

本书承蒙哈尔滨工业大学孙毅教授和西南交通大学沈火明教授审阅。两位审稿专家提出了许多宝贵意见，为提高本书的质量做出了重要贡献，谨此致谢。

限于编者的水平，书中难免存在疏漏、不当之处，敬请广大师生和读者批评指正。

编者

2023 年 5 月

目录

第二篇　运动学和动力学

第二篇
运动学和动力学

第12章 点的运动学和刚体的简单运动

点的运动学(kinematics)是研究一般物体运动的基础。刚体是由无数个点组成的,一般来说,这些点的运动各不相同,具有不同的轨迹、速度和加速度。由于它们是同一刚体内的点,各点间的距离保持不变,因而各点的运动与刚体整体的运动存在着一定的联系。因此,本章将研究点的运动和刚体的简单运动。

点的运动学中最基本的问题是描述点在某参考系中位置随时间变化的规律,包括点的运动方程、运动轨迹、速度和加速度。

平行移动和定轴转动是工程中常见的刚体运动形式,也是研究复杂运动的基础。在研究刚体的运动时,一方面要研究其整体的运动特征和运动规律;另一方面还要讨论刚体内各点的运动特征和运动规律,揭示刚体内各点运动与整体运动的关系。

12.1 矢量法确定点的运动方程、速度与加速度

1. 点的运动方程及轨迹

如图12-1所示,选取任意一个空间固定点 O 为参考点,自点 O 向点 M 作矢量 $\boldsymbol{r}$,称 $\boldsymbol{r}$ 为点 M 相对参考点 O 的位置矢量,简称矢径。随着点 M 在空间的运动,矢径 $\boldsymbol{r}$ 也随时间而变化,且 $\boldsymbol{r}$ 是时间 t 的单值连续函数,即

$$\boldsymbol{r}=\boldsymbol{r}(t) \tag{12-1}$$

式(12-1)称为点的矢量形式的运动方程(equation of motion)。随着点 M 的运动,矢径 $\boldsymbol{r}$ 的末端描绘出一条连续曲线,称为矢端曲线,它就是点 M 的运动轨迹(trajectory of motion)。

2. 点的速度(velocity of a particle)

设在某瞬时 t,点 M 的矢径为 $\boldsymbol{r}$,经过 Δt 后,点 M 的矢径为 $\boldsymbol{r}'$,则矢径的增量为 $\Delta\boldsymbol{r}=\boldsymbol{r}'-\boldsymbol{r}$(图12-2),在 Δt 内的平均速度为 $\boldsymbol{v}^*=\dfrac{\Delta\boldsymbol{r}}{\Delta t}$。当 $\Delta t\to 0$ 时,平均速度的极限为点 M 在 t 瞬时的速度,用 $\boldsymbol{v}$ 表示,即

$$\boldsymbol{v}=\lim_{\Delta t\to 0}\frac{\Delta\boldsymbol{r}}{\Delta t}=\frac{\mathrm{d}\boldsymbol{r}}{\mathrm{d}t} \tag{12-2}$$

即点的速度等于它的矢径对时间的一阶导数。速度的大小等于 $\left|\dfrac{\mathrm{d}\boldsymbol{r}}{\mathrm{d}t}\right|$,方向由位移的极限方向所

确定，即沿轨迹在点 M 的切线方向，并指向点的运动方向。

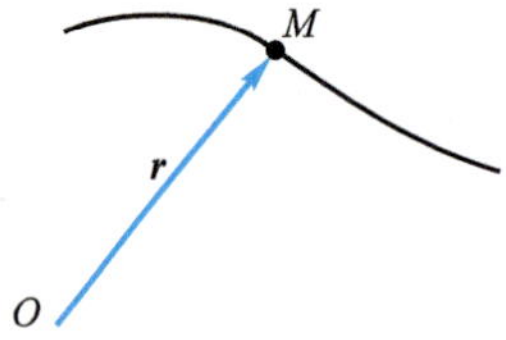

图 12-1

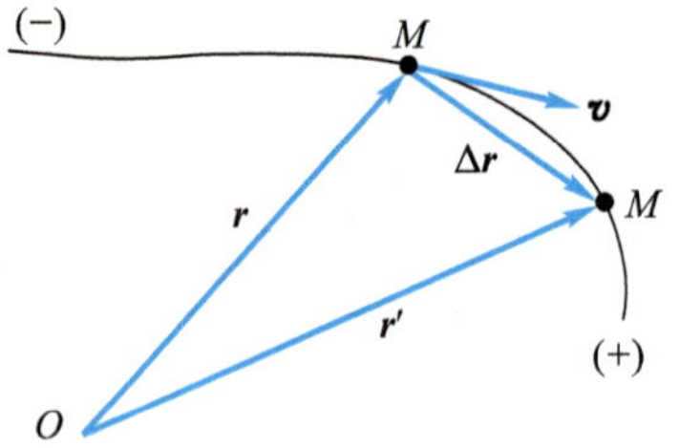

图 12-2

3. 点的加速度(acceleration of a particle)

当点做曲线运动时，其速度的大小和方向一般都随时间发生变化，即 $\boldsymbol{v}=\boldsymbol{v}(t)$。如果 t 瞬时点的速度为 $\boldsymbol{v}_1$，经过 Δt 后，点的速度为 $\boldsymbol{v}_2$，则速度的增量为 $\Delta\boldsymbol{v}=\boldsymbol{v}_2-\boldsymbol{v}_1$，在 Δt 内点的平均加速度为 $\boldsymbol{a}^*=\dfrac{\Delta\boldsymbol{v}}{\Delta t}$。当 $\Delta t\to 0$ 时，平均加速度的极限为点在 t 瞬时的加速度，即

$$\boldsymbol{a}=\lim_{\Delta t\to 0}\frac{\Delta\boldsymbol{v}}{\Delta t}=\frac{\mathrm{d}\boldsymbol{v}}{\mathrm{d}t}=\frac{\mathrm{d}^2\boldsymbol{r}}{\mathrm{d}t^2} \tag{12-3}$$

可见，点的加速度等于它的速度对时间的一阶导数，或等于它的矢径对时间的二阶导数。

用矢量法描述点的运动，只需选择一个参考点，不需要建立参考系，这种方法运算简便，把矢量的大小和方向统一起来，便于理论推导。

12.2 直角坐标法确定点的运动方程、速度与加速度

1. 点的运动方程及轨迹

如图 12-3 所示的空间固定直角坐标系 $Oxyz$，点 M 在空间任意位置可用矢径 $\boldsymbol{r}$ 表示，也可用点 M 的直角坐标 $x(t)$、$y(t)$、$z(t)$ 唯一地确定，且 $x(t)$、$y(t)$、$z(t)$ 也是时间的单值连续函数。矢径与点 M 的坐标之间的关系为

$$\boldsymbol{r}=x(t)\boldsymbol{i}+y(t)\boldsymbol{j}+z(t)\boldsymbol{k} \tag{12-4}$$

式中，$\boldsymbol{i}$、$\boldsymbol{j}$、$\boldsymbol{k}$ 分别是 $Oxyz$ 坐标系的 x 轴、y 轴、z 轴的单位矢量，点 M 的运动方程可以写为

$$\left.\begin{aligned} x&=x(t)\\ y&=y(t)\\ z&=z(t)\end{aligned}\right\} \tag{12-5}$$

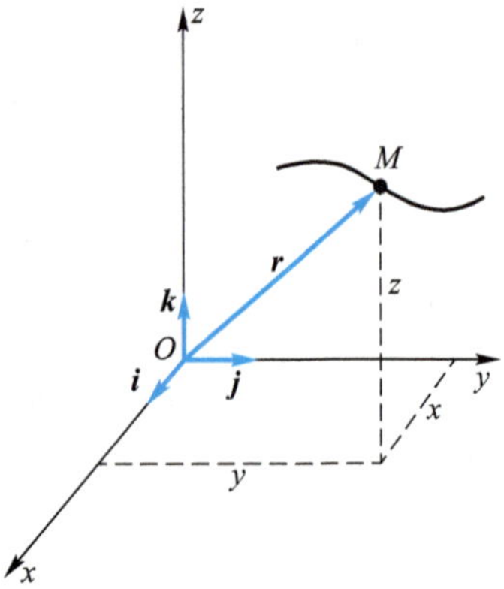

图 12-3

式(12-5)称为点的直角坐标形式的运动方程，它准确地描述了点任意时刻在空间的位置。

在这组方程中，消去时间参数 t，得到只含 x、y、z 的曲面

方程 $f(x,y,z)=0$，这就是点在空间直角坐标系下的运动轨迹方程。

2. 点的速度

将式(12－4)代入式(12－2)，注意到 $\boldsymbol{i}$、$\boldsymbol{j}$、$\boldsymbol{k}$ 都是常矢量，因而有

$$\boldsymbol{v}=\frac{\mathrm{d}\boldsymbol{r}}{\mathrm{d}t}=\frac{\mathrm{d}x(t)}{\mathrm{d}t}\boldsymbol{i}+\frac{\mathrm{d}y(t)}{\mathrm{d}t}\boldsymbol{j}+\frac{\mathrm{d}z(t)}{\mathrm{d}t}\boldsymbol{k} \tag{12-6}$$

点的速度 $\boldsymbol{v}$ 在直角坐标系上的投影为 v_x、v_y、v_z，即

$$\boldsymbol{v}=v_x\boldsymbol{i}+v_y\boldsymbol{j}+v_z\boldsymbol{k} \tag{12-7}$$

由式(12－6)、式(12－7)可得

$$v_x=\frac{\mathrm{d}x(t)}{\mathrm{d}t},\quad v_y=\frac{\mathrm{d}y(t)}{\mathrm{d}t},\quad v_z=\frac{\mathrm{d}z(t)}{\mathrm{d}t} \tag{12-8}$$

即**点的速度在直角坐标轴上的投影等于点的各对应坐标对时间的一阶导数**。

由式(12－8)确定了速度的投影，速度 $\boldsymbol{v}$ 的大小和方向就可由它的三个投影完全确定，其大小为

$$v=\sqrt{v_x^2+v_y^2+v_z^2}$$

其方向可由速度 $\boldsymbol{v}$ 的方向余弦来确定，即

$$\cos(\boldsymbol{v},\boldsymbol{i})=\frac{v_x}{v},\quad \cos(\boldsymbol{v},\boldsymbol{j})=\frac{v_y}{v},\quad \cos(\boldsymbol{v},\boldsymbol{k})=\frac{v_z}{v}$$

3. 点的加速度

对速度 $\boldsymbol{v}$ 的表达式(12－7)进一步求导就得到加速度 $\boldsymbol{a}$ 的表达式为

$$\boldsymbol{a}=\frac{\mathrm{d}\boldsymbol{v}}{\mathrm{d}t}=\frac{\mathrm{d}v_x}{\mathrm{d}t}\boldsymbol{i}+\frac{\mathrm{d}v_y}{\mathrm{d}t}\boldsymbol{j}+\frac{\mathrm{d}v_z}{\mathrm{d}t}\boldsymbol{k} \tag{12-9}$$

同理，加速度 $\boldsymbol{a}$ 在直角坐标系下的解析表达式为

$$\boldsymbol{a}=a_x\boldsymbol{i}+a_y\boldsymbol{j}+a_z\boldsymbol{k} \tag{12-10}$$

式中，a_x、a_y、a_z 为加速度 $\boldsymbol{a}$ 在 x、y、z 轴上的投影。根据式(12－8)、式(12－9)、式(12－10)得

$$\left.\begin{aligned} a_x&=\frac{\mathrm{d}v_x}{\mathrm{d}t}=\frac{\mathrm{d}^2x}{\mathrm{d}t^2}\\ a_y&=\frac{\mathrm{d}v_y}{\mathrm{d}t}=\frac{\mathrm{d}^2y}{\mathrm{d}t^2}\\ a_z&=\frac{\mathrm{d}v_z}{\mathrm{d}t}=\frac{\mathrm{d}^2z}{\mathrm{d}t^2}\end{aligned}\right\} \tag{12-11}$$

因此，**点的加速度在直角坐标系下的投影等于点的各对应坐标对时间的二阶导数**。

加速度 $\boldsymbol{a}$ 的大小和方向可由投影完全确定，其大小为

$$a=\sqrt{a_x^2+a_y^2+a_z^2}$$

其方向余弦为

$$\cos(\boldsymbol{a},\boldsymbol{i})=\frac{a_x}{a},\quad \cos(\boldsymbol{a},\boldsymbol{j})=\frac{a_y}{a},\quad \cos(\boldsymbol{a},\boldsymbol{k})=\frac{a_z}{a}$$

当点做平面曲线运动时，运动方程中 $z=z(t)=0$，上述各速度、加速度公式仍然适用。

例 12－1 如图 12－4 所示，椭圆规的曲柄 OA 可绕定轴 O 转动，端点 A 以铰链连接于规尺 BC；规尺上的点

B 和点 C 可分别沿互相垂直的滑槽运动，已知 $OA=AC=AB=\frac{a}{2}$，$CM=b$，求规尺上任一点 M 的轨迹方程。

解 考虑任意位置，点 M 的坐标 x、y 可以表示成

$$x=(a+b)\cos\varphi$$
$$y=-b\sin\varphi$$

消去上式中的角 φ，即得点 M 的轨迹方程

$$\frac{x^2}{(a+b)^2}+\frac{y^2}{b^2}=1$$

例 12-2 半圆形凸轮以匀速 $v_0=10$ mm/s 沿水平方向向左运动，从而推动活塞杆 AB 沿铅垂方向运动。当运动开始时，活塞杆 A 端在凸轮的最高点上。如凸轮半径 $R=80$ mm，试求活塞 B 相对于地面的运动方程、速度和加速度。

解 活塞连同活塞杆在铅垂方向运动，可用其上一点的运动来描述。以下研究点 A 的运动情况。点 A 相对于地面做直线运动。沿点 A 的轨迹取 y 轴，如图 12-5 所示。点 A 的运动方程为

$$y_A=\sqrt{R^2-(v_0t)^2}=10\sqrt{64-t^2}$$

求导得

$$v_A=\dot{y}_A=-\frac{10t}{\sqrt{64-t^2}}\ (\text{单位为 mm/s})$$

$$a_A=\dot{v}_A=-\frac{640}{\sqrt{(64-t^2)^3}}\ (\text{单位为 mm/s}^2)$$

12-1 椭圆规机构（图 12-4）

12-2 半圆凸轮机构（图 12-5）

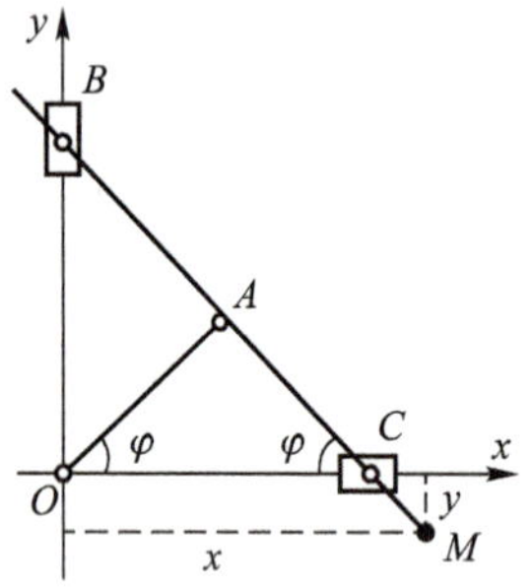

图 12-4

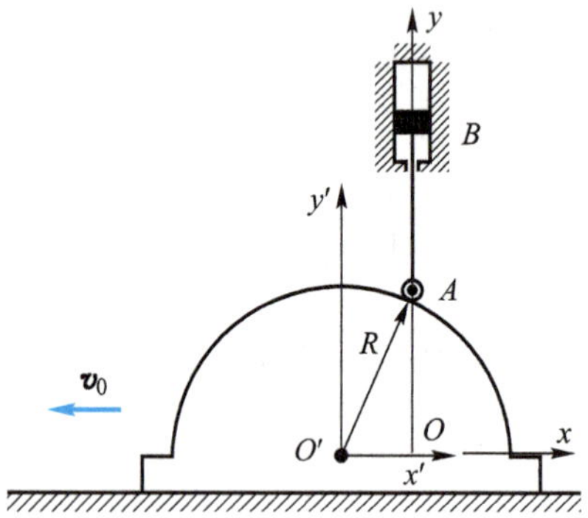

图 12-5

12.3 自然坐标法确定点的运动方程、速度与加速度

在工程实际中，有些点的运动轨迹往往是已知的，利用点的运动轨迹建立弧坐标及自然坐标系，并用它们来描述和分析点的运动的方法称为**自然坐标法**，也称为**弧坐标法**。

1. 点的运动方程及轨迹

(1) 弧坐标

设点 M 的轨迹如图 12-6 所示，在轨迹上任取一点（固定点）O 作为原点，规定轨迹的某一

端为正向，点 M 在某瞬时的位置由原点 O 到点 M 的弧长 s 来确定。s 为代数量，称为点 M 在轨迹上的弧坐标。当点 M 运动时，其弧坐标是时间的单值连续函数，即

$$s=s(t) \tag{12-12}$$

式(12－12)称为**点的弧坐标形式的运动方程，或称点沿轨迹的运动方程**。如果已知点的运动方程，就可以确定任一瞬时点的弧坐标 s 的值，也就确定了该瞬时点在轨迹上的位置。

(2) 自然坐标系

如图 12－7 所示，在点的运动轨迹上取极为接近的两点 M 和 M_1，其间的弧长为 Δs，这两点的切线的单位矢量分别为 $\boldsymbol{\tau}$ 和 $\boldsymbol{\tau}_1$，其指向与弧坐标正向一致。将 $\boldsymbol{\tau}_1$ 平移至点 M 得 $\boldsymbol{\tau}_1'$，则 $\boldsymbol{\tau}$ 和 $\boldsymbol{\tau}_1'$ 确定一平面。令点 M_1 无限趋近于点 M，则此平面趋近于某一极限位置，此极限平面称为曲线在点 M 的密切面(osculating plane)。过点 M 并与切线相垂直的平面称为法平面，法平面与密切面的交线称为主法线。令主法线的单位矢量为 $\boldsymbol{n}$，指向曲线内凹的一侧。过点 M 且垂直于主法线和切线的直线称为副法线，其单位矢量为 $\boldsymbol{b}$，指向与 $\boldsymbol{\tau}$ 和 $\boldsymbol{n}$ 构成右手系，即 $\boldsymbol{b}=\boldsymbol{\tau}\times\boldsymbol{n}$。以 M 为原点，以切线、主法线和副法线为坐标轴组成的正交坐标系称为轨迹在点 M 处的自然坐标系，这三个轴称为自然坐标轴。

弧坐标建立在点运动的轨迹上，是不动的坐标系；自然坐标轴系是以点 M 为原点，与点 M 在某一瞬时的位置有关。随着点的运动，自然坐标轴的方位也随之改变，自然坐标系是沿轨迹变动的坐标系。

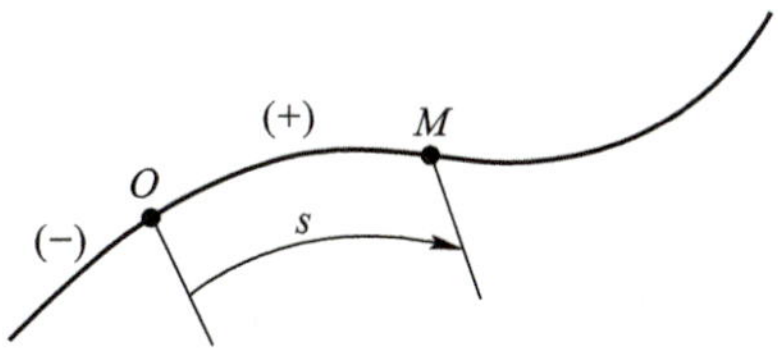

图 12－6

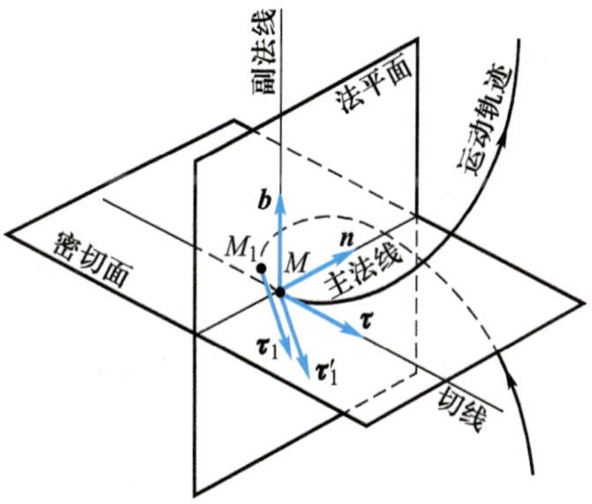

图 12－7 自然坐标系

2. 点的速度

由速度定义知

$$\boldsymbol{v}=\frac{\mathrm{d}\boldsymbol{r}}{\mathrm{d}t}=\frac{\mathrm{d}\boldsymbol{r}}{\mathrm{d}s}\frac{\mathrm{d}s}{\mathrm{d}t}=\left(\lim_{\Delta s\to 0}\frac{\Delta\boldsymbol{r}}{\Delta s}\right)\frac{\mathrm{d}s}{\mathrm{d}t} \tag{12-13}$$

如图 12－8 所示，经过 Δt 时间，点沿轨迹由 M 运动到 M'，矢径的增量为 $\Delta\boldsymbol{r}=\boldsymbol{r}'-\boldsymbol{r}$。当 $\Delta t\to 0$ 时，$\Delta\boldsymbol{r}\to\boldsymbol{0}$，$\Delta s\to 0$，$|\Delta\boldsymbol{r}|=|\Delta s|$，则 $\lim\limits_{\Delta s\to 0}\left|\dfrac{\Delta\boldsymbol{r}}{\Delta s}\right|=1$，即 $\lim\limits_{\Delta s\to 0}\dfrac{\Delta\boldsymbol{r}}{\Delta s}$ 表示一个沿轨迹切线方向的单位矢量，且指向恒与 s 的正向一致，即为轨迹切向单位矢量 $\boldsymbol{\tau}$，于是有

$$\boldsymbol{v}=\frac{\mathrm{d}s}{\mathrm{d}t}\boldsymbol{\tau} \tag{12-14}$$

即**点的速度方向沿其轨迹的切线方向**。若$\frac{ds}{dt}>0$,表示点的速度 $\boldsymbol{v}$ 与 $\boldsymbol{\tau}$ 方向一致,即点沿弧坐标(或轨迹)的正向运动;若$\frac{ds}{dt}<0$,则点沿轨迹的负向运动。

速度的大小等于点的弧坐标对时间的一阶导数,以 v 表示,即

$$v=\frac{ds}{dt} \tag{12-15}$$

因此,点的速度为

$$\boldsymbol{v}=v\boldsymbol{\tau}=\frac{ds}{dt}\boldsymbol{\tau} \tag{12-16}$$

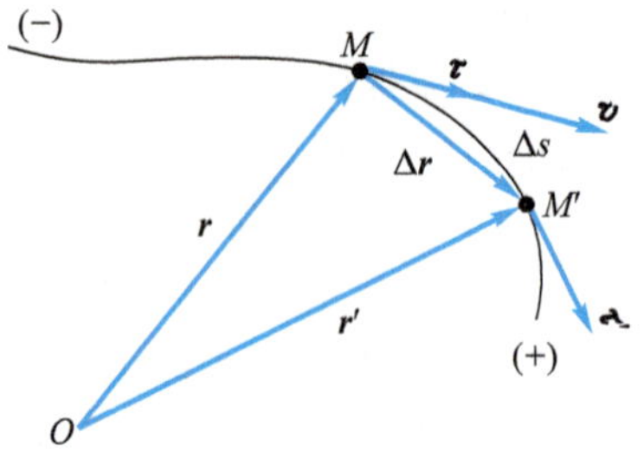

图 12-8

3. 点的加速度

在曲线运动中,轨迹的曲率或曲率半径是一个重要参数,它表示曲线的弯曲程度。如图 12-9 所示,点 M 沿轨迹经过弧长 Δs 到达 M'。设 M 处曲线切向单位矢量为 $\boldsymbol{\tau}$,M'处单位矢量为 $\boldsymbol{\tau}'$,切线经过弧长 Δs 时转过的角度为 $\Delta\varphi$。**曲率定义为曲线切线的转角对弧长一阶导数的绝对值**。曲率的倒数称为曲率半径,用 ρ 表示,即

$$\frac{1}{\rho}=\lim_{\Delta s\to 0}\left|\frac{\Delta\varphi}{\Delta s}\right|=\left|\frac{d\varphi}{ds}\right| \tag{12-17}$$

由图 12-9 知

$$|\Delta\boldsymbol{\tau}|=2|\boldsymbol{\tau}|\sin\frac{\Delta\varphi}{2}$$

当 $\Delta s\to 0$ 时,$\Delta\varphi\to 0$,$\Delta\boldsymbol{\tau}$ 与 $\boldsymbol{\tau}$ 垂直,且有 $|\boldsymbol{\tau}|=1$,可得

$$|\Delta\boldsymbol{\tau}|\approx\Delta\varphi$$

注意到,Δs 为正时,点沿切向 $\boldsymbol{\tau}$ 的正向运动,$\Delta\boldsymbol{\tau}$ 指向轨迹内凹一侧;Δs 为负时,$\Delta\boldsymbol{\tau}$ 指向轨迹外凸一侧。因而有

$$\frac{d\boldsymbol{\tau}}{ds}=\lim_{\Delta s\to 0}\frac{\Delta\boldsymbol{\tau}}{\Delta s}=\lim_{\Delta s\to 0}\frac{\Delta\varphi}{\Delta s}\boldsymbol{n}=\frac{1}{\rho}\boldsymbol{n} \tag{12-18}$$

由式(12-14)对时间求一阶导数得点的加速度为

$$\boldsymbol{a}=\frac{d\boldsymbol{v}}{dt}=\frac{d(v\boldsymbol{\tau})}{dt}=\frac{dv}{dt}\boldsymbol{\tau}+v\frac{d\boldsymbol{\tau}}{dt} \tag{12-19}$$

上式右端两项都是矢量,表明加速度 $\boldsymbol{a}$ 由两个分量组成:分量$\frac{dv}{dt}\boldsymbol{\tau}$ 反映速度大小随时间的变化率,称为切向加速度,用 $\boldsymbol{a}_\tau$ 表示;分量 $v\frac{d\boldsymbol{\tau}}{dt}$反映速度方向随时间的变化率,称为法向加速度,用 $\boldsymbol{a}_n$ 表示。

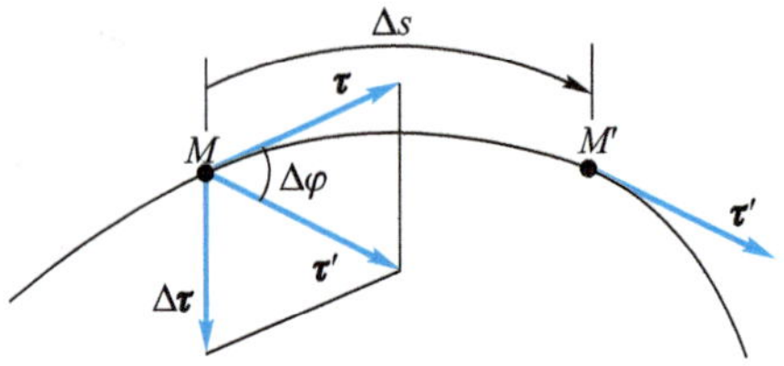

图 12-9

(1) 切向加速度 $\boldsymbol{a}_\tau$

$$\boldsymbol{a}_\tau=\frac{\mathrm{d}v}{\mathrm{d}t}\boldsymbol{\tau} \tag{12-20}$$

$\boldsymbol{a}_\tau$ 是一个沿轨迹切线方向的矢量。如果$\frac{\mathrm{d}v}{\mathrm{d}t}\geqslant 0$，$\boldsymbol{a}_\tau$ 指向轨迹的正向；如果$\frac{\mathrm{d}v}{\mathrm{d}t}<0$，$\boldsymbol{a}_\tau$ 指向轨迹的负向。**$\boldsymbol{a}_\tau$ 的大小为速度对时间的一阶导数或弧坐标对时间的二阶导数**，即

$$a_\tau=\frac{\mathrm{d}v}{\mathrm{d}t}=\frac{\mathrm{d}^2 s}{\mathrm{d}t^2} \tag{12-21}$$

a_τ 是一个代数量，是加速度 $\boldsymbol{a}_\tau$ 沿轨迹切线方向的投影。

由此得出结论：**切向加速度反映点的速度的大小随时间的变化率，其值等于速度的大小对时间的一阶导数，或弧坐标对时间的二阶导数，其方向沿轨迹的切线方向。**

(2) 法向加速度 $\boldsymbol{a}_n$

$$\boldsymbol{a}_n=v\frac{\mathrm{d}\boldsymbol{\tau}}{\mathrm{d}t}=v\frac{\mathrm{d}\boldsymbol{\tau}}{\mathrm{d}s}\frac{\mathrm{d}s}{\mathrm{d}t}=v^2\frac{\mathrm{d}\boldsymbol{\tau}}{\mathrm{d}s} \tag{12-22}$$

将式(12-18)代入式(12-22)得

$$\boldsymbol{a}_n=\frac{v^2}{\rho}\boldsymbol{n} \tag{12-23}$$

$\boldsymbol{a}_n$ 的方向沿着主法线指向轨迹内凹一侧(即指向曲率中心)。$\boldsymbol{a}_n$ 的大小为

$$a_n=\frac{v^2}{\rho} \tag{12-24}$$

将式(12-20)、式(12-23)代入式(12-19)得

$$\boldsymbol{a}=\boldsymbol{a}_\tau+\boldsymbol{a}_n=a_\tau\boldsymbol{\tau}+a_n\boldsymbol{n}=\frac{\mathrm{d}v}{\mathrm{d}t}\boldsymbol{\tau}+\frac{v^2}{\rho}\boldsymbol{n} \tag{12-25}$$

如图 12-10 所示。点的加速度的大小为

$$a=\sqrt{a_\tau^2+a_n^2} \tag{12-26}$$

加速度与法线间的夹角的正切值为

$$\tan\theta=\frac{a_\tau}{a_n} \tag{12-27}$$

当 $\boldsymbol{a}$ 与切向单位矢量的夹角为锐角时为正，否则为负。

当点做曲线运动时，加速度 $\boldsymbol{a}$ 恒在由 $\boldsymbol{\tau}$ 和 $\boldsymbol{n}$ 所确定的密切面内。加速度 $\boldsymbol{a}$ 在副法线 $\boldsymbol{b}$ 方向的分量(或投影)恒等于零，即 $\boldsymbol{a}_b=\boldsymbol{0}$(或 $a_b=0$)。

根据前面所述，在点的运动问题中，如果已知运动方程，求点的速度和加速度，可归为求导数的问题；反之，如果已知速度或加速度，求运动规律，则归结为积分问题，积分常数由运动初始条件确定。

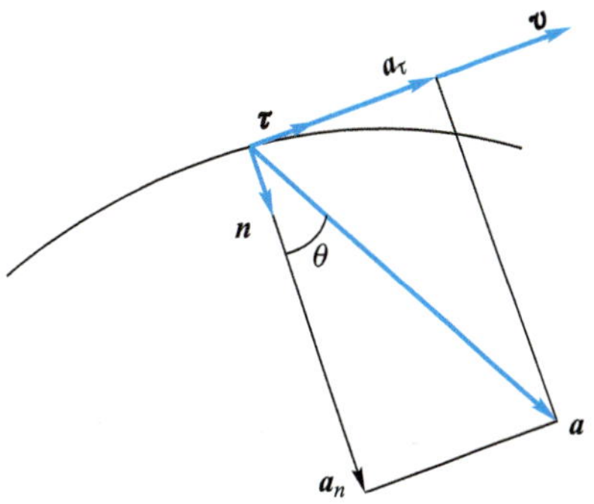

图 12-10

例 12-3 曲柄摇杆机构如图 12-11 所示。曲柄长 $OA=100$ mm，绕轴 O 转动，$\varphi=\frac{\pi t}{4}$，其中 φ 以 rad 计，t 以 s 计。摇杆长 $O_1B=240$ mm，距离 $O_1O=100$ mm。试求点 B 的运动方程、速度和加速度。

解 点 B 的轨迹是以 O_1B 为半径的圆弧，$t=0$ 时，点 B 在 B_0 处。取 B_0 为弧坐标原点，由图得点 B 的弧坐标为

$$s=O_1B\cdot\theta$$

12-3 曲柄摇杆机构（图 12-11）

由于$\triangle O_1AO$ 是等腰三角形，故 $\varphi=2\theta$，代入上式得

$$s=O_1B\times\frac{\varphi}{2}$$

上式对时间求一阶导数得点 B 的速度

$$v_B=\dot{s}=30\pi\ \text{mm/s}=94.2\ \text{mm/s}$$

速度对时间求一阶导数得点 B 的切向加速度

$$a_\tau=\ddot{s}=0$$

点 B 的法向加速度

$$a_n=\frac{v^2}{\rho}=\frac{(94.2\ \text{mm/s})^2}{240\ \text{mm}}=36.97\ \text{mm/s}^2$$

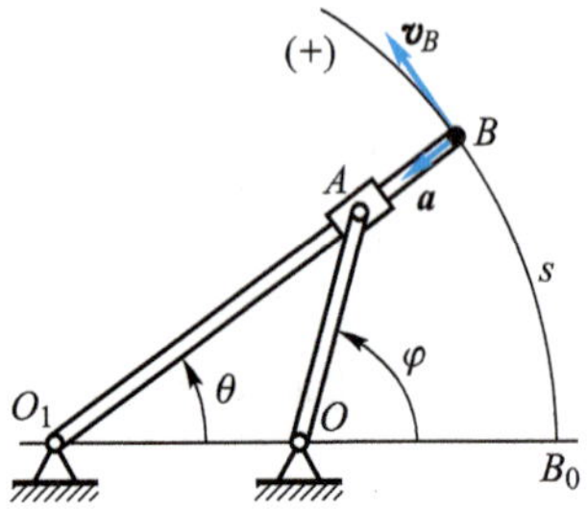

图 12-11

12.4 刚体的平行移动

车辆直线行驶时车厢的运动、机车平行杆 AB 的运动（图 12-12）、刀架在车床导轨上的运动、电梯的升降运动等，都有一个共同的特点：在运动过程中，物体上**任意两点连线的方位始终保持不变**，这种运动称为刚体的**平行移动**（translation），简称**平移**。

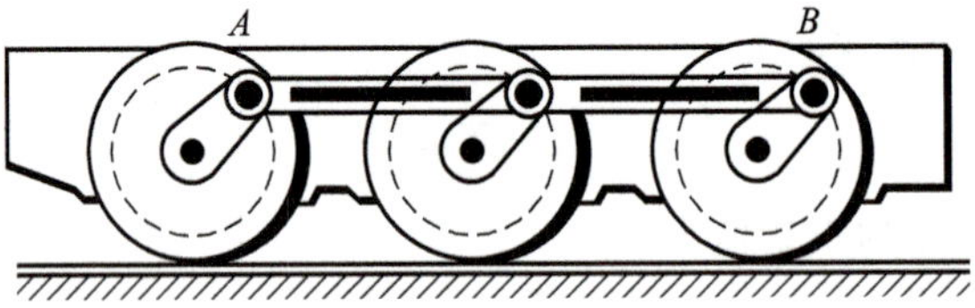

图 12-12

现在研究刚体平移时，其内各点的运动轨迹、速度和加速度之间的关系。

如图 12-13 所示，在刚体上任取两点 A 和 B，并作矢量$\overrightarrow{BA}$。令点 A 的矢径为 $\boldsymbol{r}_A$，点 B 的矢径为 $\boldsymbol{r}_B$，由图可知

$$\boldsymbol{r}_A=\boldsymbol{r}_B+\overrightarrow{BA} \tag{12-28}$$

当刚体平移时，有向线段$\overrightarrow{BA}$的长度和方向都不改变，将式（12-28）对时间 t 求一阶导数。故得

$$\boldsymbol{v}_A=\boldsymbol{v}_B \tag{12-29}$$

将式（12-29）对时间 t 求导数，得

$$\boldsymbol{a}_A=\boldsymbol{a}_B \tag{12-30}$$

A、B 是刚体上的任意两点，由此可知：**当刚体平移时，其上各点的速度和加速度相同。**

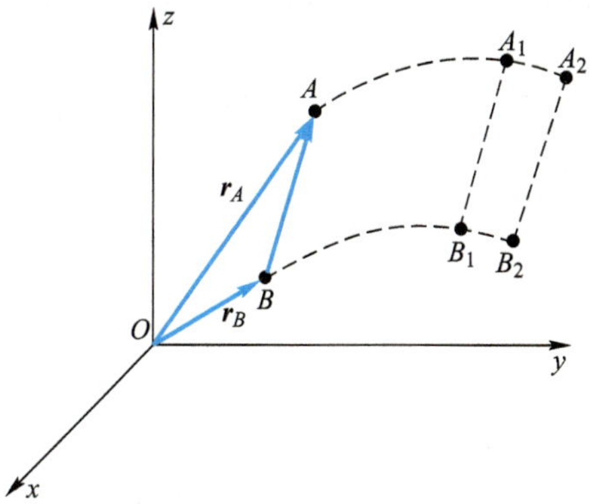

图 12-13

因为$\overrightarrow{BA}$是恒矢量，把点 B 的轨迹沿$\overrightarrow{BA}$方向平行搬移一段距离 BA，就能与点 A 的轨迹重合。由此可知：**刚体平移时，其上各点的运动轨迹形状完全相同，可能是直线，也可能是曲线。**

例 12-4　在图 12-14 中，平行四连杆机构在图示平面内运动。$O_1A=O_2B=0.2$ m，$O_1O_2=AB=0.6$ m，$AM=0.2$ m。如 O_1A 按 $\varphi=15\pi t$ 的规律运动，其中 φ 以 rad 计，t 以 s 计。试求当 $t=0.8$ s 时，点 M 的速度和加速度。

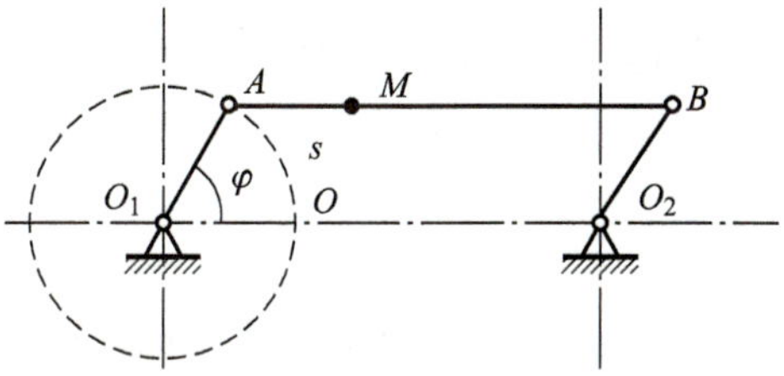

图 12-14

解　在运动过程中，杆 AB 始终与 O_1O_2 平行，因此，杆 AB 做平移，杆 AB 上各点的速度相同。根据刚体平移的特点，在同一瞬时，点 M 和点 A 具有相同的速度和加速度。O_1A 做定轴转动，点 A 做圆周运动，它的运动规律为

$$s=O_1A\cdot\varphi$$

所以有

$$v_M=v_A=\frac{\mathrm{d}s}{\mathrm{d}t}=3\pi\ \mathrm{m/s}$$

$$a_M^{\tau}=a_A^{\tau}=\frac{\mathrm{d}v_A}{\mathrm{d}t}=0$$

$$a_M^{n}=a_A^{n}=\frac{v_A^2}{O_1A}=45\pi^2\ \mathrm{m/s^2}$$

当 $t=0.8$ s 时，点 M 的速度为 3π m/s，切向加速度为零，法向加速度为 $45\pi^2$ m/s^2。

12.5　刚体的定轴转动

刚体的定轴转动是日常生活和工程实际常遇到的另一种简单运动，如绕着固定轴开闭的门

窗，车床上的传动齿轮，电机的转子，机器上的飞轮等运动。这些运动都有共同的特点：**在运动的过程中，刚体内部或其扩大部分内有一条始终固定不动的直线，这种运动称为刚体绕固定轴的转动，简称定轴转动**(rotation about a fixed axis)。这条固定不动的直线称为转轴。转轴在刚体内部或在刚体外部(即其扩大部分)。

对于定轴转动的刚体，由于其上各点的运动并不完全相同。因此，先讨论定轴转动刚体的整体运动，再讨论转动刚体上任一点的运动。

1. 转动方程

如图12-15所示，为确定转动刚体的位置，设刚体绕固定轴 z 转动，通过转轴作一固定平面 Q，再通过轴线作与刚体固结的动平面 P，该平面 P 随同刚体一起转动。两个平面间的夹角用 φ 表示，称为刚体的**转角**(angle of rotation)。转角 φ 是一个代数量，它确定了刚体的位置，它的符号规定如下：从转轴 z 的正向往负向看，从固定面 Q 起按逆时针转向的 φ 角取为正，反之为负。转角 φ 的单位是 rad。当刚体定轴转动时，转角 φ 是时间 t 的单值连续函数，即

$$\varphi=f(t) \tag{12-31}$$

它反映了刚体转动的规律，称为刚体绕固定轴转动时的**转动方程**(equation of rotation)。转角 φ 的变化量 $\Delta\varphi$ 称为刚体的角位移。

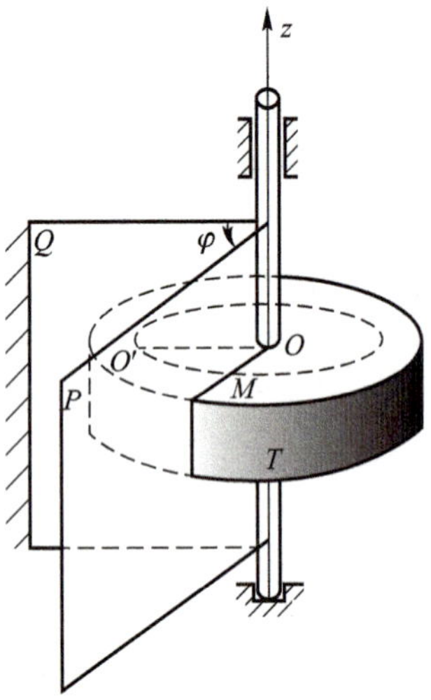

图12-15

2. 以代数量表示角速度和角加速度

转角 φ 对时间的一阶导数称为刚体的瞬时角速度(angular velocity)，**用 ω 表示**，即

$$\omega=\frac{\mathrm{d}\varphi}{\mathrm{d}t} \tag{12-32}$$

角速度描述刚体转动的快慢和方向，其单位一般用 rad/s。角速度为代数量，其正负号的规定同转角 φ。

工程中，转动的快慢常用每分钟的转数 n 来表示，称为转速，单位为 r/min。转速 n 与角速度 ω 的关系为

$$\omega=\frac{2\pi n}{60}=\frac{\pi n}{30} \tag{12-33}$$

角速度对时间的一阶导数称为刚体的瞬时角加速度(angular acceleration)，**用 α 表示**，即

$$\alpha=\frac{\mathrm{d}\omega}{\mathrm{d}t}=\frac{\mathrm{d}^2\varphi}{\mathrm{d}t^2} \tag{12-34}$$

角加速度描述角速度变化的快慢，其单位一般用 rad/s²。角加速度也是一个代数量，当 ω 与 α 同号时刚体加速转动；当 ω 与 α 异号时刚体减速转动。

例12-5 如图12-16所示，曲柄 CB 以匀角速度 ω_0 绕 C 轴转动，其转动方程为 $\varphi=\omega_0 t$。滑块 B 带动摇杆 OA 绕轴 O 转动，设 $OC=h$，$CB=r$，求摇杆的转动方程。

解 由图中几何关系得 $r\sin\varphi=(h-r\cos\varphi)\tan\theta$，解得摇杆转动方程为 $\theta=\arctan\dfrac{r\sin\omega_0 t}{h-r\cos\omega_0 t}$。

例 12-6 卷扬机的鼓轮绕固定轴 O 逆时针转动，如图 12-17 所示。启动时的转动方程为 $\varphi=t^3$，其中 φ 以 rad 计，t 以 s 计。试计算 $t=2$ s 时鼓轮转过的圈数、角速度和角加速度。

解 鼓轮的转动方程已知，可直接应用公式求解。将 $t=2$ s 代入转动方程得转角为

$$\varphi=8\ \text{rad}$$

转过的圈数 $N=\dfrac{8}{2\pi}=1.27$。

角速度
$$\omega=\frac{\mathrm{d}\varphi}{\mathrm{d}t}=\frac{\mathrm{d}}{\mathrm{d}t}(t^3)=3t^2$$

角加速度
$$\alpha=\frac{\mathrm{d}\omega}{\mathrm{d}t}=\frac{\mathrm{d}}{\mathrm{d}t}(3t^2)=6t$$

由于 α 随时间变化，鼓轮做变速转动。当 $t=2$ s 时，$\omega=12$ rad/s，$\alpha=12$ rad/s^2。

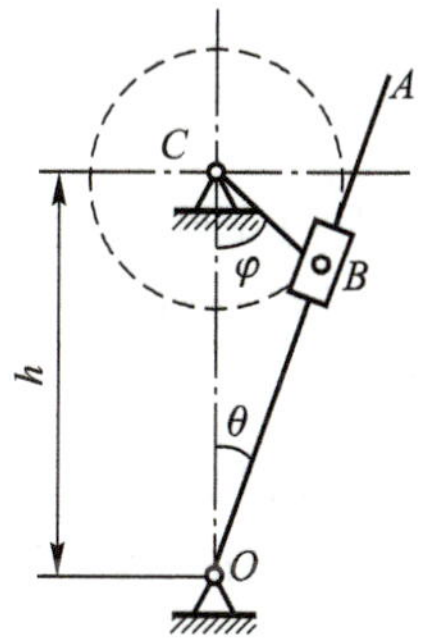

图 12-16

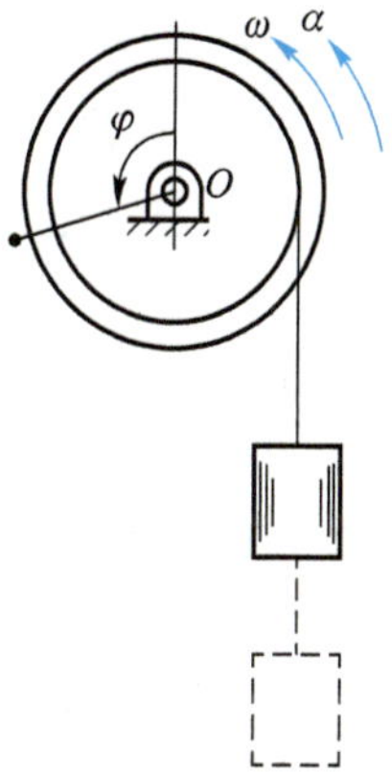

图 12-17

12-4
曲柄摇杆滑块机构
(图 12-16)

3. 以矢量表示角速度和角加速度

在讨论某些复杂问题时，定轴转动刚体的转轴是沿空间任意方向，这时把角速度和角加速度视为矢量更方便。角速度矢的大小等于角速度的绝对值，即

$$|\boldsymbol{\omega}|=|\omega|=\left|\frac{\mathrm{d}\varphi}{\mathrm{d}t}\right| \tag{12-35}$$

角速度矢沿着轴线，指向表示刚体转动的方向。如果从角速度矢的末端向始端看，刚体做逆时针转动，如图 12-18a 所示。或按右手螺旋法则确定：右手的四指代表转动方向，拇指代表角速度矢 $\boldsymbol{\omega}$ 的指向，如图 12-18b 所示。角速度矢的起点可在轴线任意选取，即角速度矢为滑移矢量。

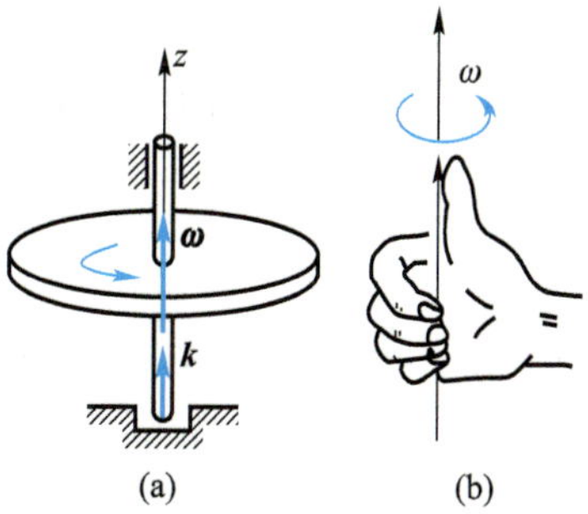

图 12-18

如取转轴为 z 轴，其正向用单位矢量 $\boldsymbol{k}$ 的方向表示(图 12-18a)，则角速度矢可写成

$$\boldsymbol{\omega}=\omega\boldsymbol{k} \tag{12-36}$$

式中，ω 为角速度的代数值。

同样，定轴转动刚体的角加速度也可用一个沿轴线的滑移矢量来表示

$$\boldsymbol{\alpha}=\alpha\boldsymbol{k} \tag{12-37}$$

式中，α 为角加速度的代数值，即

$$\boldsymbol{\alpha}=\frac{\mathrm{d}\omega}{\mathrm{d}t}\boldsymbol{k}=\frac{\mathrm{d}}{\mathrm{d}t}(\omega\boldsymbol{k})$$

或

$$\boldsymbol{\alpha}=\frac{\mathrm{d}\boldsymbol{\omega}}{\mathrm{d}t} \tag{12-38}$$

即角加速度矢 $\boldsymbol{\alpha}$ 为角速度矢 $\boldsymbol{\omega}$ 对时间的一阶导数。

12.6 定轴转动刚体上各点的速度和加速度

上一节已经讨论了用转动方程、角速度和角加速度描述定轴转动刚体的整体运动情况，下面将讨论刚体的整体运动已知时，如何确定其上各点的速度和加速度。

1. 以代数量表示速度和加速度

当刚体做定轴转动时，其上任意点都在垂直于转轴的平面内做圆周运动，圆周的半径 R 为该点到转轴的垂直距离，圆心为转轴与圆周所在平面的交点。假设刚体以角速度 ω、角加速度 α 做定轴转动，选用弧坐标法研究刚体内各点的速度和加速度。

如图 12-19 所示，设刚体由定平面 A 转动到 B 位置，转过的角度为 φ，其上任意点由 O' 运动到 M。以固定点 O' 为弧坐标 s 的原点，按 φ 角的正向规定弧坐标 s 的正向，则有

$$s=R\varphi \tag{12-39}$$

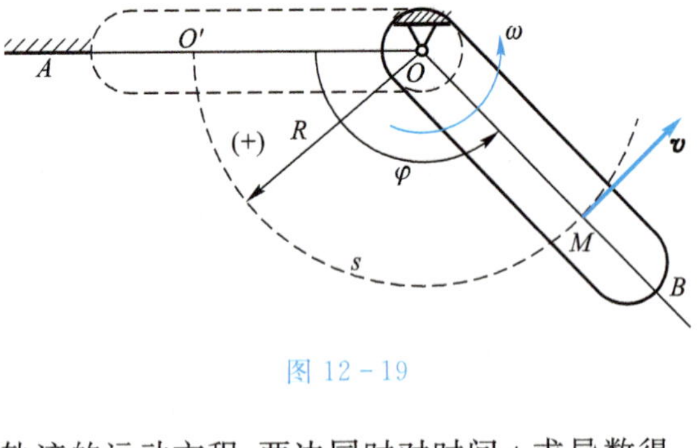

图 12-19

这是点 M 沿其圆周轨迹的运动方程，两边同时对时间 t 求导数得

$$\frac{\mathrm{d}s}{\mathrm{d}t}=R\frac{\mathrm{d}\varphi}{\mathrm{d}t}$$

由于 $\frac{\mathrm{d}s}{\mathrm{d}t}=v$，$\frac{\mathrm{d}\varphi}{\mathrm{d}t}=\omega$，因此，上式可写成

$$v=R\omega \tag{12-40}$$

即：**定轴转动刚体内任一点的速度的大小等于刚体的角速度与该点到转轴的垂直距离的乘积，速度的方向沿圆周在该点的切线方向，并指向刚体转动的方向。**

定轴转动刚体上任一点的速度 $\boldsymbol{v}$ 的大小与该点到转轴的垂直距离 R 成正比，故垂直于转轴的横截面内通过轴心的直线上各点的速度按线性规律分布，如图 12－20a 所示。该横截面内不在一条直线上的各点的速度分布，如图 12－20b 所示。

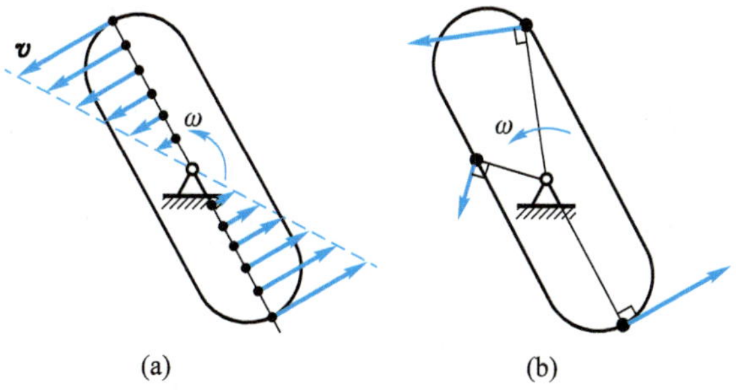

图 12－20

下面讨论刚体上各点的加速度。不在转轴上的任一点做圆周运动，根据式(12－21)和式(12－39)得

$$a_\tau=\frac{\mathrm{d}^2 s}{\mathrm{d}t^2}=R\,\frac{\mathrm{d}^2\varphi}{\mathrm{d}t^2}$$

由式(12－34)得

$$a_\tau=R\alpha \tag{12-41}$$

即：**定轴转动刚体上任一点的切向加速度的大小等于刚体的角加速度与该点到转轴的垂直距离的乘积，方向由角加速度 α 的正负号来确定。**当 α 为正值，它沿圆周的切线，指向角 φ 的正向，否则相反。

根据式(12－24)得

$$a_n=\frac{v^2}{\rho}=\frac{(R\omega)^2}{\rho}$$

ρ 是曲率半径，对于圆，$\rho=R$，因此

$$a_n=R\omega^2 \tag{12-42}$$

即：**定轴转动刚体上任一点的法向加速度的大小等于刚体角速度平方与该点到轴线的垂直距离的乘积，它的方向与速度垂直并指向轴线。**

如果 ω 与 α 同号，角速度的绝对值增加，刚体做加速转动，这时点的切向加速度 $\boldsymbol{a}_\tau$ 与速度 $\boldsymbol{v}$ 的指向相同；如果 ω 与 α 异号，刚体做减速转动，$\boldsymbol{a}_\tau$ 与速度 $\boldsymbol{v}$ 的指向相反。这两种情况如图 12－21 所示。

点 M 的加速度 $\boldsymbol{a}$ 等于切向加速度 $\boldsymbol{a}_\tau$ 和法向加速度 $\boldsymbol{a}_n$ 的矢量和，其大小为

$$a=\sqrt{a_\tau^2+a_n^2}=\sqrt{R^2\alpha^2+R^2\omega^4}=R\sqrt{\alpha^2+\omega^4} \tag{12-43}$$

要确定加速度 $\boldsymbol{a}$ 的方向，只需求 $\boldsymbol{a}$ 与半径 MO 所成的夹角 θ，即

$$\tan\theta=\frac{a_\tau}{a_n}=\frac{R\alpha}{R\omega^2}=\frac{\alpha}{\omega^2} \tag{12-44}$$

在每一瞬时，刚体的 ω 和 α 都只有一个确定的数值。从式(12－40)、(12－43)、(12－44)可知：

(1) 在每一瞬时，转动刚体内各点的速度和加速度的大小分别与各点到轴线的垂直距离成正比。

(2) 在每一瞬时，刚体内各点的速度都垂直于转动半径，刚体内所有各点的加速度 $\boldsymbol{a}$ 与半径间的夹角 θ 都相同。

定轴转动刚体上垂直于转轴的任一横截面内各点的加速度分布，如图 12－22a 所示。在通过轴心的直线上各点的加速度按线性分布，将加速度矢的端点连成直线，此直线通过轴心，如图 12－22b 所示。

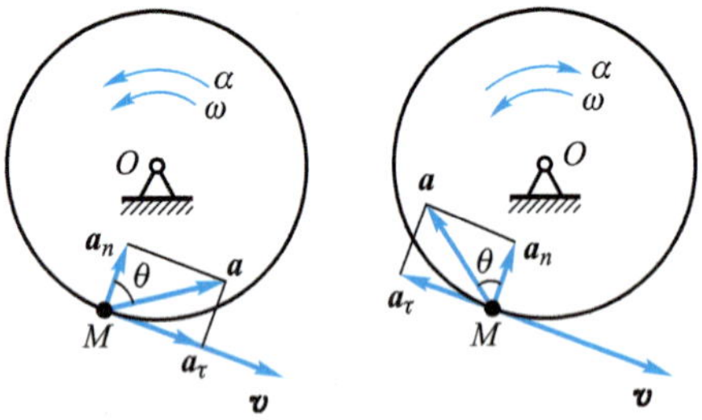

图 12－21

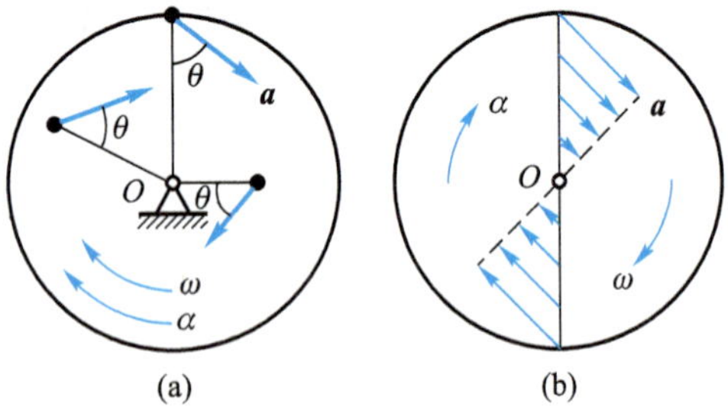

图 12－22

例 12－7 图 12－23 所示为一电动绞车简图，设齿轮 1 的半径为 r_1，鼓轮半径为 $r_2=1.5r_1$，齿轮 2 的半径为 $R=2r_1$。已知齿轮 1 在某瞬时的角速度和角加速度分别为 ω_1 和 α_1，转向如图 12－23 所示。求与齿轮 2 固结的鼓轮边缘上的点 B 的速度和加速度，以及所吊起的重物 A 的速度和加速度。

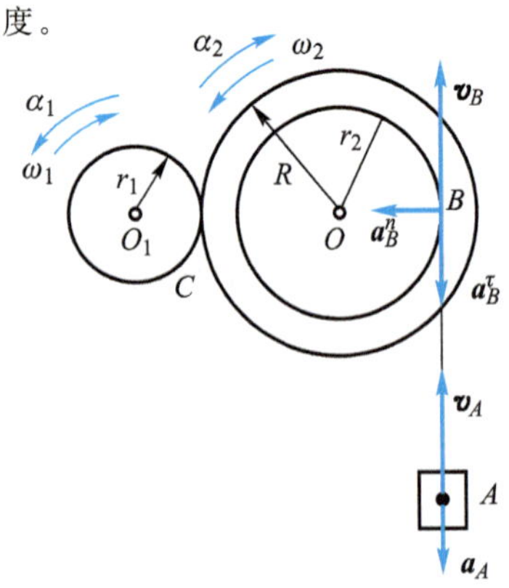

图 12－23

解 当齿轮 1 转动并带动齿轮 2 和鼓轮转动时，两齿轮节圆上相切的点 C 具有相同的速度和切向加速度，故可求得齿轮 2 的角速度 ω_2 和角加速度 α_2 分别为

$$\omega_2=\frac{v_C}{R}=\frac{r_1\omega_1}{2r_1}=\frac{\omega_1}{2}$$

$$\alpha_2=\frac{a_C^\tau}{R}=\frac{r_1\alpha_1}{2r_1}=\frac{\alpha_1}{2}$$

由于鼓轮和齿轮 2 固连，则其角速度和角加速度与齿轮 2 相同，因而可得点 B 的速度和加速度为

$$v_B=r_2\omega_2=1.5r_1\times\frac{\omega_1}{2}=0.75r_1\omega_1$$

$$a_B^\tau=r_2\alpha_2=1.5r_1\times\frac{\alpha_1}{2}=0.75r_1\alpha_1$$

$$a_B^n=r_2\omega_2^2=1.5r_1\times\left(\frac{\omega_1}{2}\right)^2=0.375r_1\omega_1^2$$

重物 A 的速度与点 B 的速度相等，而其加速度和点 B 的切向加速度相等，故得

$$v_A=v_B=0.75r_1\omega_1,\quad a_A=a_B^{\tau}=0.75r_1\alpha_1$$

2. 以矢量积表示速度和加速度

根据角速度和角加速度的矢量表示法，刚体上任一点的速度可以用矢量积表示。

在图 12-24 中，在转轴上任取一点 O 为原点，点 M 的矢径以 $\boldsymbol{r}$ 表示，那么点 M 的速度可以用角速度矢和它的矢径的矢量积表示，即

$$\boldsymbol{v}=\boldsymbol{\omega}\times\boldsymbol{r} \tag{12-45}$$

证明：根据矢量积的定义知，$\boldsymbol{\omega}\times\boldsymbol{r}$ 仍是一个矢量，其大小为

$$|\boldsymbol{\omega}\times\boldsymbol{r}|=|\boldsymbol{\omega}|\cdot|\boldsymbol{r}|\sin\theta=|\boldsymbol{\omega}|\cdot R=|\boldsymbol{v}|$$

式中 θ 是角速度 $\boldsymbol{\omega}$ 与矢径 $\boldsymbol{r}$ 间的夹角。因此，证明了矢量积 $\boldsymbol{\omega}\times\boldsymbol{r}$ 的大小等于速度的大小。

矢量积 $\boldsymbol{\omega}\times\boldsymbol{r}$ 的方向垂直于 $\boldsymbol{\omega}$ 与 $\boldsymbol{r}$ 所组成的平面（即图 12-24 中 $\triangle OMO_1$ 平面），从矢量 $\boldsymbol{v}$ 的末端向始端看，则见 $\boldsymbol{\omega}$ 按逆时针转向转过角 θ 与 $\boldsymbol{r}$ 重合。由图 12-24 看出，矢量积 $\boldsymbol{\omega}\times\boldsymbol{r}$ 的方向正好与点 M 的速度方向相同。

所以可得：**定轴转动刚体上任一点的速度等于刚体的角速度矢与该点矢径的矢量积。**

定轴转动刚体上任一点的加速度也可以用矢量积表示。

因为点 M 的加速度为

$$\boldsymbol{a}=\frac{\mathrm{d}\boldsymbol{v}}{\mathrm{d}t}=\frac{\mathrm{d}}{\mathrm{d}t}(\boldsymbol{\omega}\times\boldsymbol{r})=\frac{\mathrm{d}\boldsymbol{\omega}}{\mathrm{d}t}\times\boldsymbol{r}+\boldsymbol{\omega}\times\frac{\mathrm{d}\boldsymbol{r}}{\mathrm{d}t}$$

已知 $\frac{\mathrm{d}\boldsymbol{\omega}}{\mathrm{d}t}=\boldsymbol{\alpha}$，$\frac{\mathrm{d}\boldsymbol{r}}{\mathrm{d}t}=\boldsymbol{v}$，于是得

$$\boldsymbol{a}=\boldsymbol{\alpha}\times\boldsymbol{r}+\boldsymbol{\omega}\times\boldsymbol{v} \tag{12-46}$$

式(12-46)中右端第一项的大小为

$$|\boldsymbol{\alpha}\times\boldsymbol{r}|=|\boldsymbol{\alpha}|\cdot|\boldsymbol{r}|\sin\theta=|\boldsymbol{\alpha}|\cdot R$$

上式恰等于点 M 的切向加速度的大小，而 $\boldsymbol{\alpha}\times\boldsymbol{r}$ 的方向垂直于 $\boldsymbol{\alpha}$ 和 $\boldsymbol{r}$ 所构成的平面，恰与点 M 的切向加速度的方向一致，指向如图 12-25 所示。因此，矢量积 $\boldsymbol{\alpha}\times\boldsymbol{r}$ 等于切向加速度 $\boldsymbol{a}_{\tau}$，即

$$\boldsymbol{a}_{\tau}=\boldsymbol{\alpha}\times\boldsymbol{r} \tag{12-47}$$

同理可知，式(12-46)右端的第二项等于点 M 的法向加速度，即

$$\boldsymbol{a}_{n}=\boldsymbol{\omega}\times\boldsymbol{v} \tag{12-48}$$

于是得出结论：**定轴转动刚体上任一点的切向加速度等于刚体的角加速度矢与该点矢径的矢量积；法向加速度等于刚体的角速度矢与该点的速度矢的矢量积。**

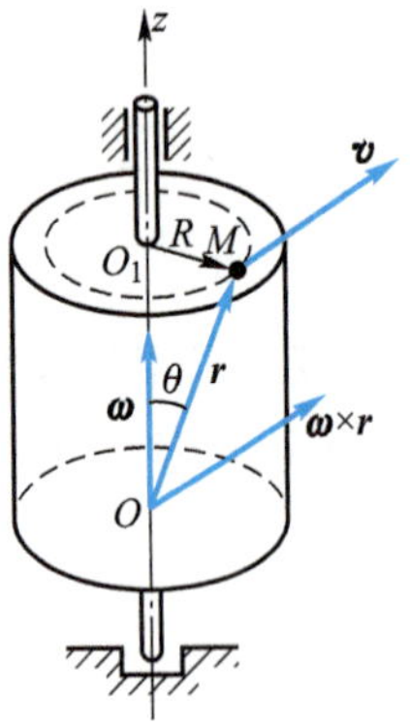

图 12-24

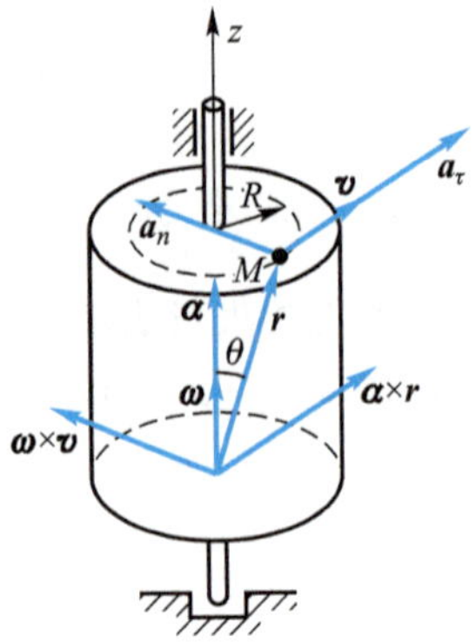

图 12-25

习题

12-1 如图所示，$OA=AB=200\ \text{mm}$，$CD=DE=AC=AE=50\ \text{mm}$。杆 OA 以等角速度 $\omega=\frac{\pi}{5}\ \text{rad/s}$ 绕 O 轴转动。当运动开始时，杆 OA 水平向右沿 x 轴正向，求点 D 的运动方程和轨迹。

12-2 如图所示，杆 AB 长为 l，以匀角速度 ω 绕点 B 运动，其转动方程 $\varphi=\omega t$，与杆连接的滑块 B 按规律 $s=a+b\sin\omega t$ 沿水平线做简谐运动，其中，a 和 b 均为常数，求点 A 的轨迹。

12-5 第 12 章习题机构运动动画演示

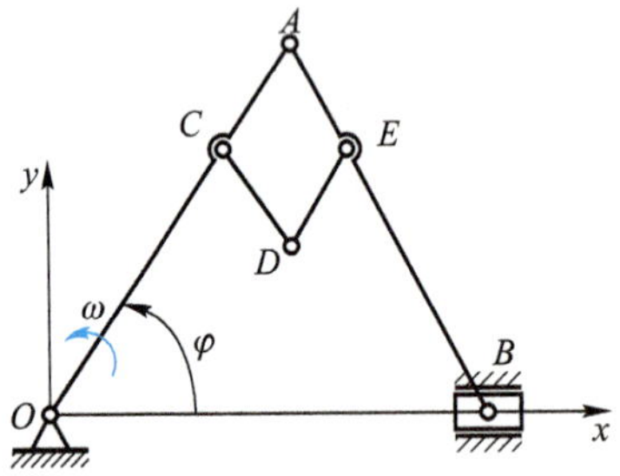

题 12-1 图

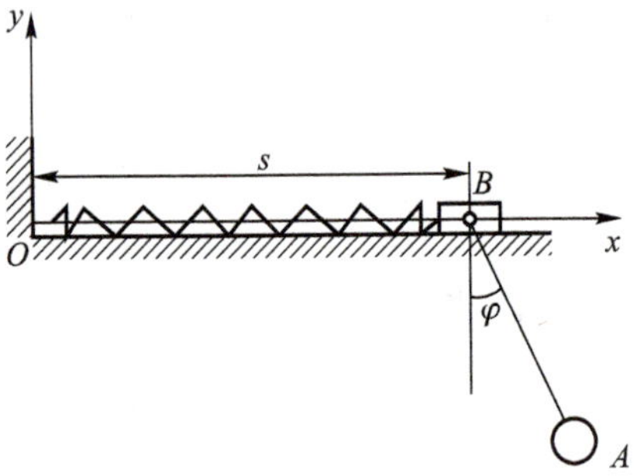

题 12-2 图

12-3 如图所示，偏心凸轮半径为 R，绕 O 轴转动，转角 $\varphi=\omega t$（ω 为常量），偏心距 $OC=e$，凸轮带动顶杆 AB 沿铅垂直线做往复运动，求顶杆的运动方程和速度。

12-4 如图所示，雷达在距离火箭发射台为 l 的 O 处观察铅垂上升的火箭发射，测得角 θ 的规律为 $\theta=kt$（k 为常数）。写出火箭的运动方程，并计算当 $\theta=\frac{\pi}{6}$ 和 $\frac{\pi}{3}$ 时，火箭的速度和加速度。

12-5 如图所示，OA 和 O_1B 两杆分别绕轴 O 和轴 O_1 转动，用十字形滑块 D 将两杆连接。在运动过程中，两杆保持相交成直角。已知 $OO_1=a$，$\varphi=kt$，其中 k 为常数。求滑块 D 的速度和相对于 OA 的速度。

12-6 如图所示，绳子绕在半径为 r 的固定圆柱体上，绳端束一小球，初始位置为 M_0。设绳子拉直，以均角速度 ω 展开。试写出小球的运动方程式，并求在任一瞬时，小球的速度和加速度。

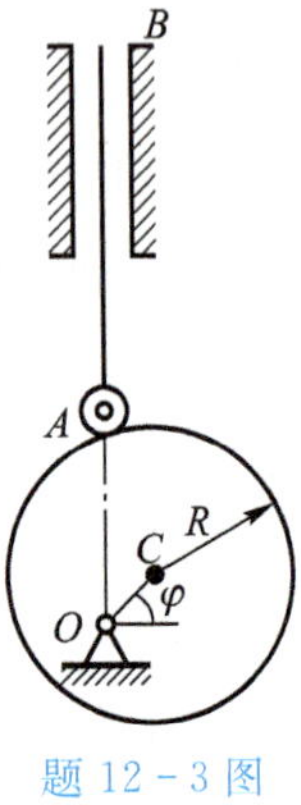

题 12-3 图

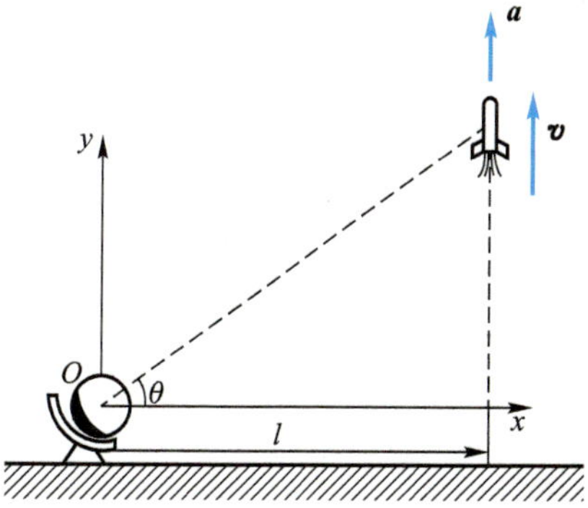

题 12-4 图

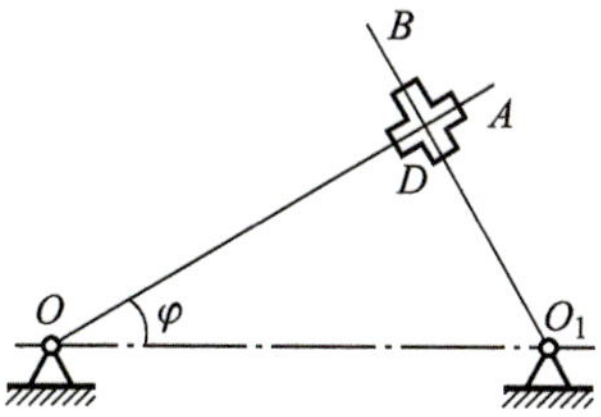

题 12-5 图

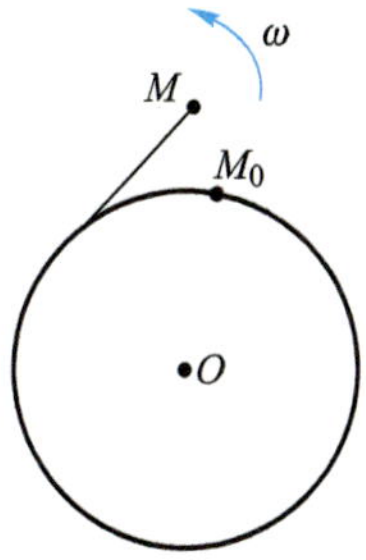

题 12-6 图

12-7 如图所示，摇杆机构的滑杆 AB 在某段时间内以匀速 u 向上运动，试建立摇杆上点 C 的运动方程（分别用直角坐标法及自然法），并求此点在 $\varphi=\dfrac{\pi}{4}$ 时速度的大小（假定初瞬时 $\varphi=0$，摇杆长 $OC=a$）。

12-8 图示套管 A 由绕过定滑轮 B 的绳索牵引而沿导轨上升，滑轮中心到导轨的距离为 l，设绳索以匀速 v_0 拉下，忽略滑轮尺寸，求套管 A 的速度和加速度与距离 x 的关系式。

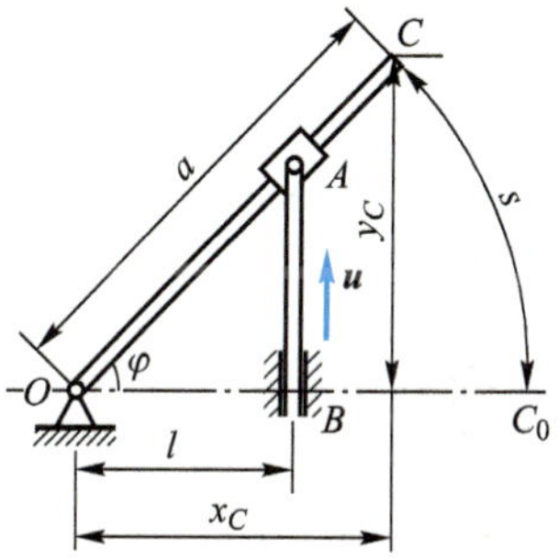

题 12-7 图

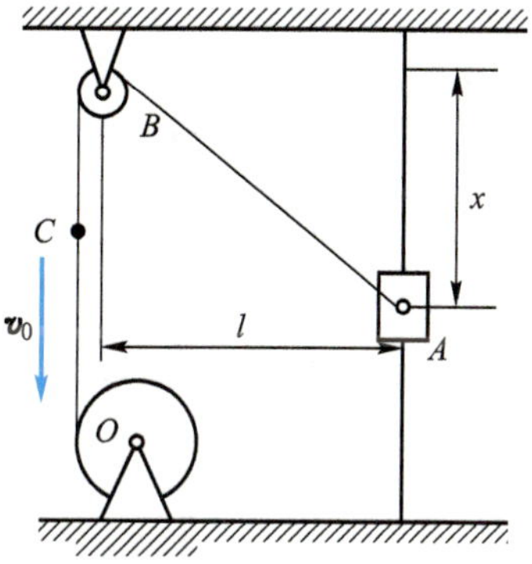

题 12-8 图

12-9 小环 M 由做平移的丁字形杆 ABC 带动，沿着图示曲线轨道运动，设杆 ABC 以速度 v（常数）向左运动，曲线方程为 $y^2=2px$。求小环 M 的速度和加速度的大小（写成杆的位移 x 的函数）。

12-10 如图所示的机构中，$OA=OC=0.2$ m，$\varphi=2t^2$（t 以 s 计）。用自然法求杆 OC 上点 C 的运动方程，并求当 $t=0.5$ s 时，点 C 的位置、速度和加速度。

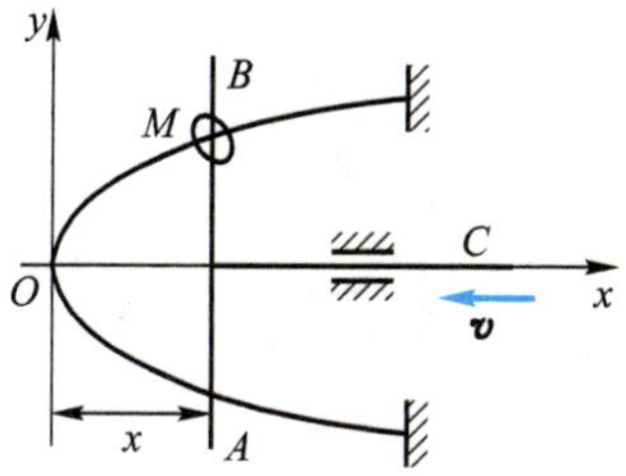

题 12-9 图

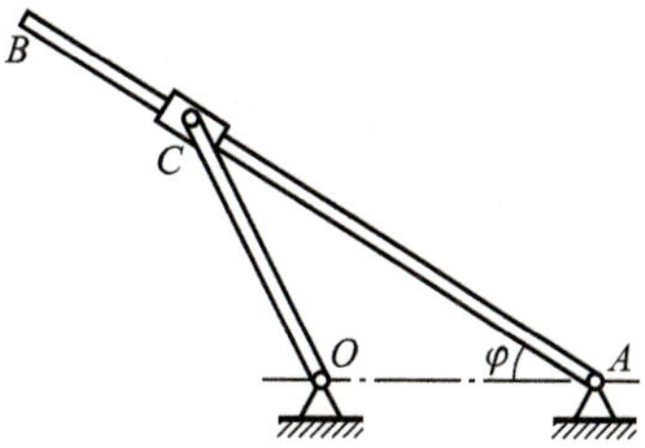

题 12-10 图

12-11 点 M 沿空间曲线运动，在图示瞬时其速度 $\boldsymbol{v}=4\boldsymbol{i}+5\boldsymbol{j}$，加速度 $\boldsymbol{a}$ 与速度 $\boldsymbol{v}$ 的夹角 $\beta=30°$，且 $a=10\ \text{m/s}^2$。求轨迹在该点密切面内的曲率半径 ρ 和切向加速度 $\boldsymbol{a}_\tau$。

12-12 如图所示，一炮弹以初速度 v_0 和仰角 α 射出，在图示笛卡儿坐标系下的运动方程为 $x=v_0\cos\alpha t$，$y=v_0\sin\alpha t-\frac{1}{2}gt^2$。求 $t=0$ 时炮弹的切向加速度和法向加速度，以及此时轨迹的曲率半径。

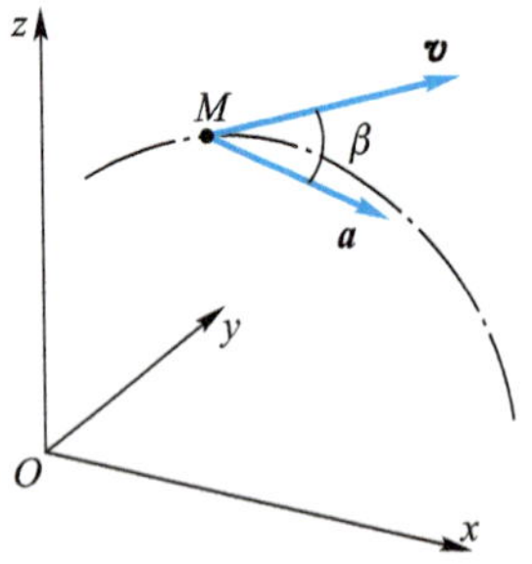

题 12-11 图

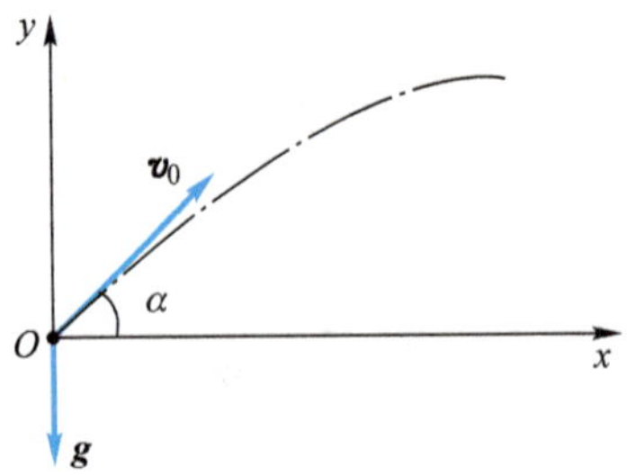

题 12-12 图

12-13 如图所示，点 M 在空间做螺旋运动，其运动方程为 $x=2\cos t$，$y=2\sin t$，$z=2t$，其中 x、y、z 以 cm 计。求(1) 点 M 的轨迹；(2) 点 M 的切向加速度和法向加速度；(3) 轨迹的曲率半径。

12-14 机械手操作器的机构由转动构件 1、能铅垂移动的立柱 2 和带爪钳的可伸手臂 3 构成。已知 $\varphi(t)$、$z(t)$、$r(t)$，求爪钳中心的速度和加速度。

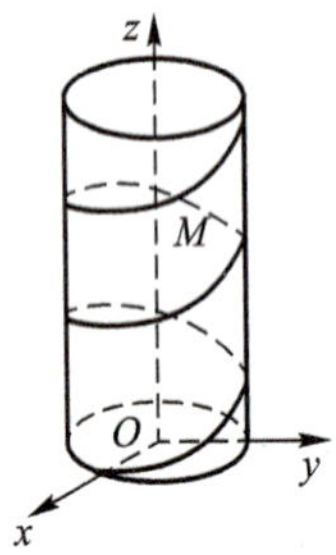

题 12-13 图

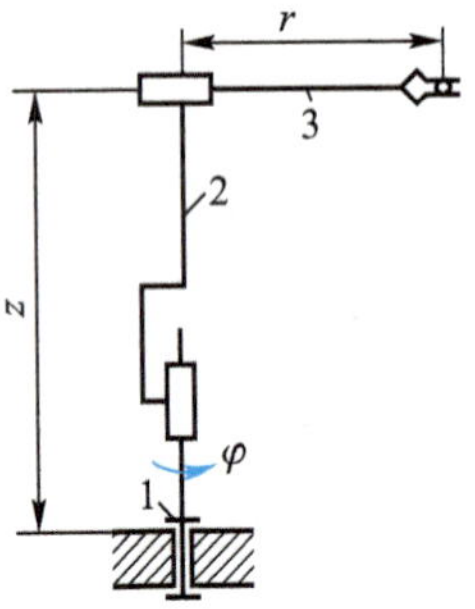

题 12-14 图

12-15 设带机械操作手臂的立柱转过了角 φ，带爪钳的手臂转过了角 θ，爪钳移动了距离 r，求爪钳中心的速度和加速度。

12-16 图示曲柄滑块机构中，在导杆 BC 上有一以 O_1 为圆心的圆弧形滑道，其半径 $R=100$ mm。曲柄长 $OA=100$ mm，以匀角速度 $\omega=4$ rad/s 绕轴 O 转动。求导杆 BC 的运动规律，及当曲柄与水平线间的夹角 φ 为 30°时，导杆 BC 的速度和加速度。

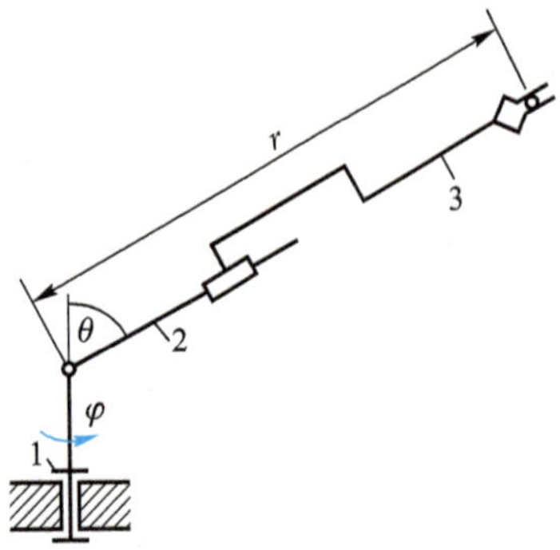

题 12-15 图

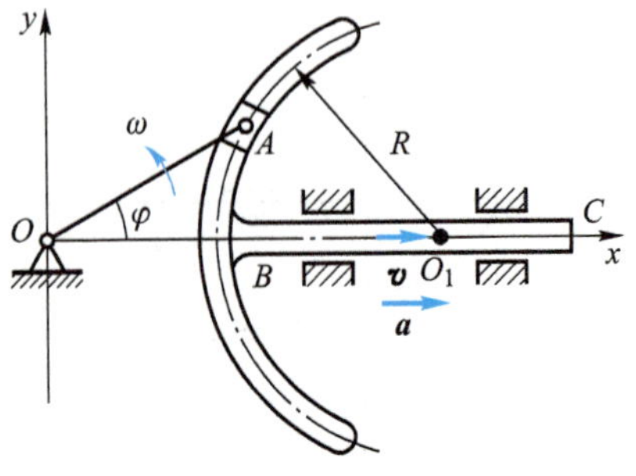

题 12-16 图

12-17 如图所示的两平行摆杆 $O_1B=O_2C=0.5$ m，且 $BC=O_1O_2$。若在某瞬时，摆杆的角速度 $\omega=2$ rad/s，角加速度 $\alpha=3$ rad/s²。试求吊钩尖端点 A 的速度和加速度。

12-18 汽车上的雨刷 CD 固连在横杆 AB 上，由曲柄 O_1A 驱动，如图所示。已知 $O_1A=O_2B=r=300$ mm，$AB=O_1O_2$。曲柄 O_1A 往复摆动的规律为 $\varphi=(\pi/4)\sin 2\pi t$。试求在 $t=0$、$t=\dfrac{1}{8}$ s、$t=\dfrac{1}{4}$ s 各瞬时雨刷端点 C 的速度和加速度。

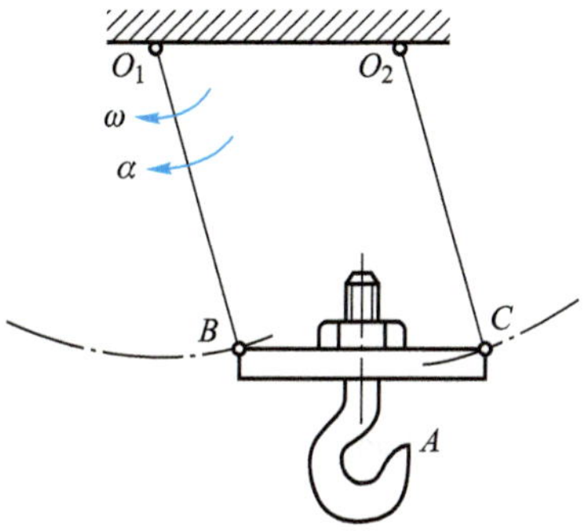

题 12-17 图

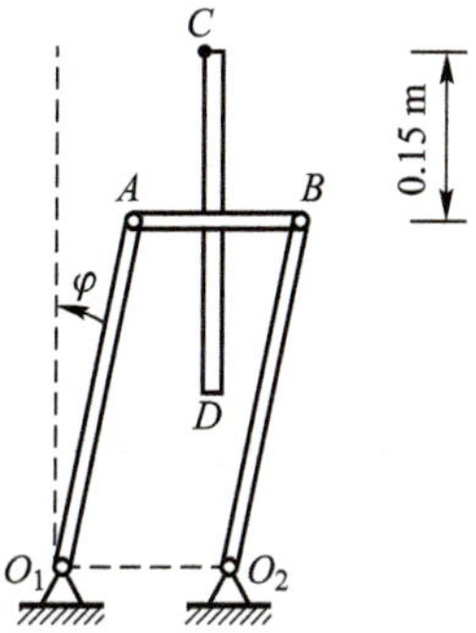

题 12-18 图

12-19 揉茶机的揉桶由三个曲柄支持，曲柄的支座 A、B、C 与支轴 a、b、c 都恰成等边三角形。三个曲柄长度相等，均为 $l=150$ mm，并以相同的转速 $n=45$ r/min 分别绕其支座在图示平面内转动。求揉桶中心点 O 的速度和加速度。

12-20 如图所示一飞轮由静止开始做匀变速转动。轮的半径 $r=0.4$ m，轮缘上点 M 在某瞬时的加速度 $a=20$ m/s²，与半径的夹角 $\theta=30°$。当 $t=0$ 时，$\varphi_0=0$。试求：(1) 飞轮的转动方程；(2) 当 $t=2$ s 时，点 M 的速度和法向加速度。

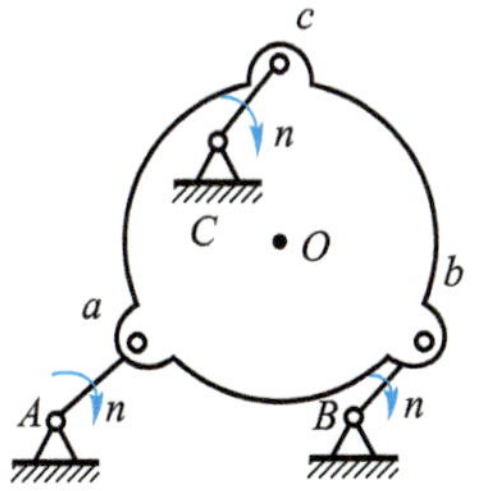

题 12-19 图

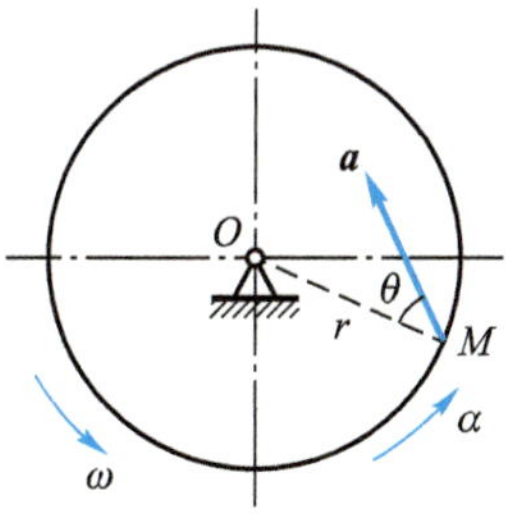

题 12-20 图

12-21 机构如图所示，假定杆 AB 以匀速 v 运动，开始时 $\varphi=0$。求当 $\varphi=\dfrac{\pi}{4}$ 时，摇杆 OC 的角速度和角加速度。

12-22 如图所示，已知 $n_1=100$ r/min，$r_1=0.3$ m，$r_2=0.75$ m，$r_3=0.4$ m，求带上点 M_1、M_2、M_3、M_4 的加速度和重物上升的速度。

12-23 图示机构中，齿轮 1 紧固在杆 AC 上，$AB=O_1O_2$，齿轮 1 和半径为 r_2 的齿轮 2 啮合，齿轮 2 可绕 O_2 轴转动。设 $O_1A=O_2B=l$，$\varphi=b\sin\omega t$，试确定 $t=\dfrac{\pi}{2\omega}$ 时，轮 2 的角速度和角加速度。

12-24 如图所示，杆 AB 在铅垂方向以恒速 $\boldsymbol{v}$ 向下运动，并由 B 端的小轮带着半径为 R 的圆弧杆 OC 绕轴 O 转动。设运动开始时，$\varphi=\dfrac{\pi}{4}$，求此后任意瞬时 t，杆 OC 角速度 ω 和点 C 的速度。

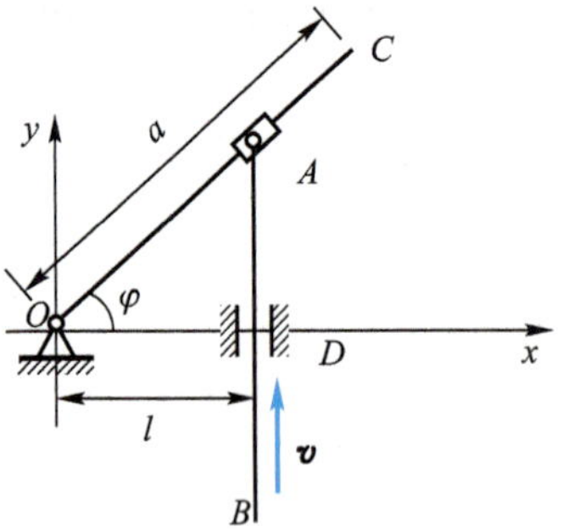

题 12－21 图

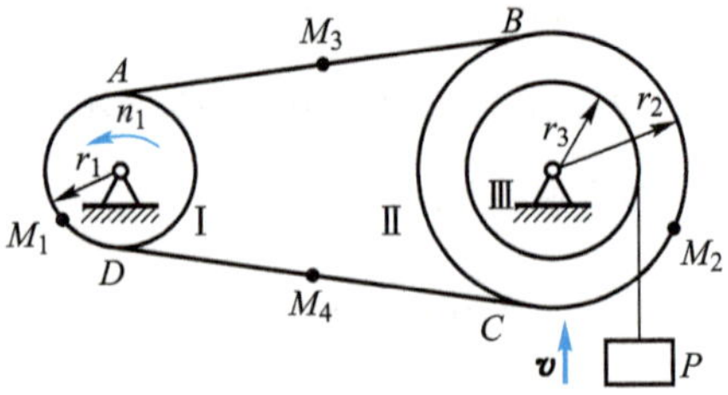

题 12－22 图

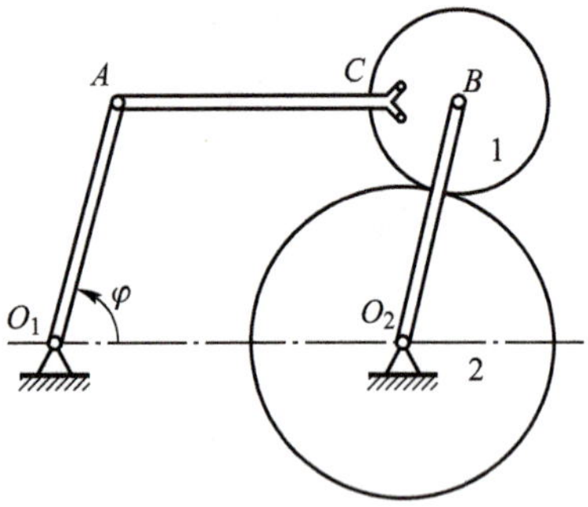

题 12－23 图

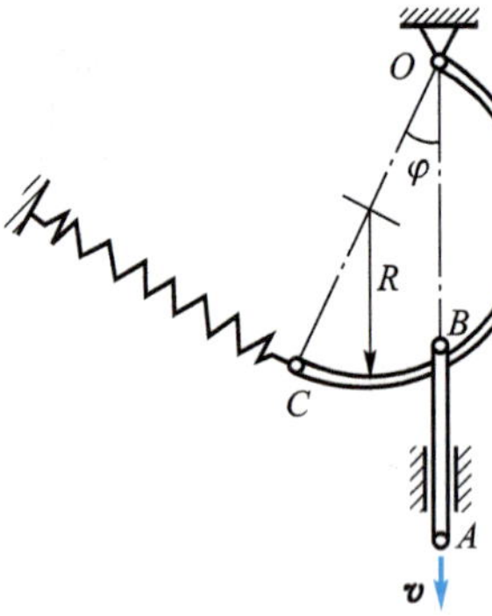

题 12－24 图

12－25 如图所示一飞轮绕固定轴 O 转动，其轮缘上任一点的加速度在某段运动过程中与轮半径的夹角恒为 60°。当运动开始时，其转角 φ_0 等于零，角速度为 ω_0。求飞轮的转动方程以及角速度与转角的关系。

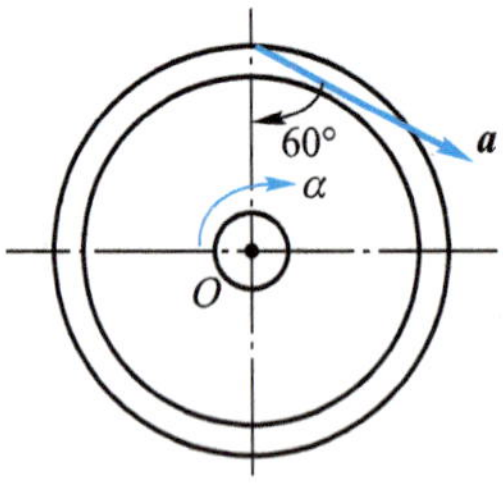

题 12－25 图

12－6
第 12 章
习题答案

第 13 章 点的合成运动

第 12 章讨论了点和刚体相对一个定参考系的运动，物体相对于不同的参考系的运动是不相同的，而物体相对于不同参考系的运动之间存在什么样的关系呢？本章将从两个不同的参考系去研究同一点的运动，分析点相对于不同参考系运动之间的关系，称为点的合成运动(combine motion)或复合运动。分析运动中某一瞬时点的速度合成和加速度合成的规律。

13.1 相对运动・牵连运动・绝对运动

在第 12 章中研究点的运动时，都是在所选定的坐标系(通常与地球固连)中直接考察点相对于该坐标系的运动，但这种方法对研究较复杂的问题并不方便。例如，要研究沿直线道路前进的汽车轮缘上一点 M 的运动，若从地面观察，该点的运动轨迹是旋轮线(图 13-1)。如果以车厢为参考体，则该点的运动是简单的圆周运动，而车厢对于地面的运动又是简单的平移，于是可将点 M 的复杂运动分解为这两种简单的运动，再将它们合成，比直接研究点 M 的运动方便。再如，无风时，站在地面上的人看到的雨点是铅垂下落的，但坐在行驶车辆上的人所看到的雨点却是向后倾斜下落的。又如，在水中行驶的船上，一个人从船尾走到船头，在岸上看人的运动和坐在船上看人的运动是不同的。可见，同一点的运动，在不同的参考系下观察，其运动的复杂程度是不同的，而这些或简单或复杂的运动之间有什么联系呢？本章将研究点的合成运动，该点称为动点。一般来说，动点的运动(通常相对于地面而言)，总可通过它相对于其他坐标系的运动，以及其他坐标系对地球坐标系的运动合成而得到；或者，动点对某一坐标系的运动，可以分解为它相对其他坐标系的运动，以及此坐标系相对于原坐标系的运动。这就是分析合成运动的基本思想，其实质就是运动的合成与分解。

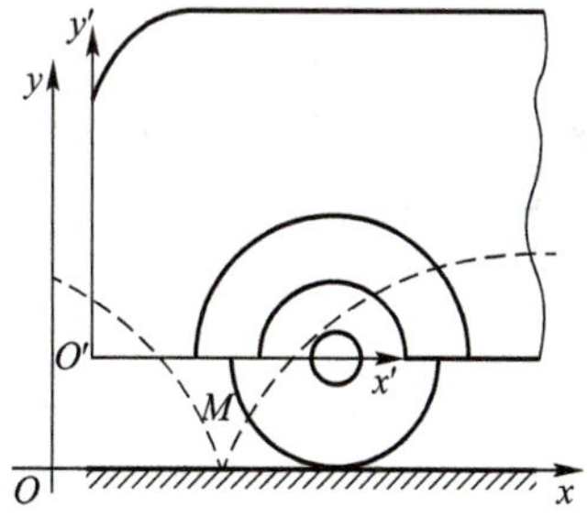

图 13-1

用点的合成运动理论分析点的运动时，必须选定两个参考系，区分三种运动。通常将与地球固连的坐标系称为定坐标系，简称定系，用 $Oxyz$ 表示，认为它是固定不动的；而将固定在其他相对于地球运动的参考体上的坐标系称为动坐标系，简称动系，用 $O'x'y'z'$ 表示。

选取了动点，建立了两种参考系，从而产生了三种运动。

绝对运动(absolute motion)：动点相对于定系的运动称为动点的绝对运动；动点相对于定系的轨迹、位移、速度和加速度分别称为绝对轨迹、绝对位移、绝对速度(absolute velocity)和绝对加速度(absolute acceleration)，绝对速度和绝对加速度一般分别表示为 $\boldsymbol{v}_a$ 和 $\boldsymbol{a}_a$。

相对运动(relative motion)**:动点相对于动系的运动称为动点的相对运动;动点相对于动系的轨迹、位移、速度和加速度分别称为相对轨迹、相对位移、相对速度**(relative velocity)**和相对加速度**(relative acceleration),相对速度和相对加速度一般分别表示为 $\boldsymbol{v}_r$ 和 $\boldsymbol{a}_r$。

牵连运动(convected motion)**:动系相对于定系的运动称为牵连运动。动系上与动点重合的那一点称为牵连点,牵连点相对于定系的速度和加速度分别称为牵连速度**(convected velocity)**和牵连加速度**(convected acceleration),一般表示为 $\boldsymbol{v}_e$ 和 $\boldsymbol{a}_e$。

应该指出,动点的绝对运动和相对运动都是指点的运动,它可能做直线运动也可能做曲线运动;而牵连运动则是指动系的运动,实际上是刚体的运动,它可能是平移、定轴转动或其他较复杂的运动。动系的尺寸是无限大的,动点与动系一定有重合的点,即牵连点。在选取动点和动系时,动点不能是动系上的一点,否则动点相对于动系没有相对运动。

在前面讨论的实例中,车轮轮缘上的点 M,下落的雨滴,以及在船上行走的人都是研究对象,看作几何点,即动点。与地面或岸边固连的坐标系就是定系,而与汽车车厢,行驶的汽车以及在水中行驶的船相连的坐标系则是动系。

轮缘上点 M 相对于地面的运动,下落的雨滴相对于地面的运动,以及船上行走的人相对于岸边的运动,都是绝对运动;轮缘上点 M 相对于地面的速度,下落的雨滴相对于地面的速度,以及船上行走的人相对于岸边的速度,都是绝对速度;点 M 相对于汽车车厢的运动,雨滴相对于行驶的汽车车窗的运动,以及船上行走的人相对于行驶的船的运动,则是相对运动;点 M 相对于汽车车厢的速度,雨滴相对于行驶的汽车车窗的速度,以及船上行走的人相对于行驶的船的速度,则是相对速度;汽车车厢相对于地面的运动,行驶的汽车相对于地面的运动以及行驶的船相对于岸边的运动则是牵连运动;汽车轮缘上与点 M 重合的那一点相对于地面的速度,车窗上与下落的雨滴重合的那一点相对于地面的速度,以及船上与行走的人重合的那一点相对于岸边的速度,都是牵连速度。

例 13-1 在图 13-2 所示的曲柄摇杆机构中,曲柄 O_1A 以销 A 与套筒相连,套筒套在摇杆 O_2B 上,当曲柄以角速度 ω 绕轴 O_1 转动时,通过套筒带动摇杆 O_2B 绕轴 O_2 摆动,分析点 A 的运动。

解 (1) 取动点

13-1 曲柄摇杆机构(图 13-2)

这种由几个物体相连的机构,通常取主、从件的连接点为动点,即取点 A 为动点。

(2) 取坐标系

取与地面固连的 O_2xy 坐标系为定系,取动系 $O_2x'y'$ 与摇杆 O_2B 固连,并随之绕轴 O_2 转动。不能取动系与 O_1A 固连,否则没有相对运动。

(3) 分析三种运动

绝对运动为动点 A 以 O_1 为圆心、O_1A 为半径的圆周运动;相对运动为动点 A 相对于动坐标系沿摇杆 O_2B 的直线运动;牵连运动为摇杆 O_2B 绕轴 O_2 的定轴转动。

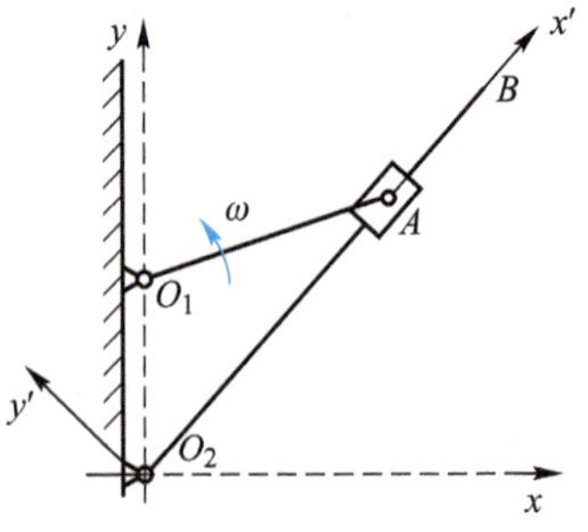

图 13-2

13.2 点的速度合成定理

本节研究点的绝对速度、相对速度和牵连速度之间的关系,即速度合成定理。

如图 13-3 所示,$Oxyz$ 为空间固定坐标系,$O'x'y'z'$ 为动系,动系相对于定系做任意运动。

动点 M 在定系下的坐标为(x,y,z)，相对于定系的矢径为 $\boldsymbol{r}_M$；动系的原点 O'在定系下的矢径为 $\boldsymbol{r}_{O'}$；动点 M 在动系下的坐标为(x',y',z')，在动系下的矢径为 $\boldsymbol{r}'$。任意瞬时，$\boldsymbol{r}_M$、$\boldsymbol{r}_{O'}$、$\boldsymbol{r}'$三者之间有如下关系：

$$\boldsymbol{r}_M=\boldsymbol{r}_{O'}+\boldsymbol{r}' \tag{13-1}$$

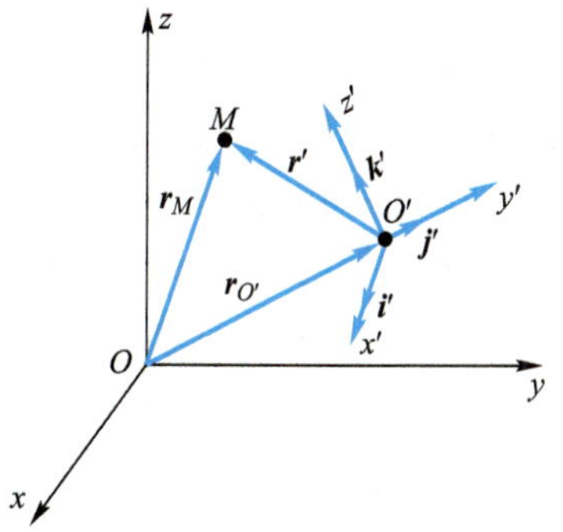

图 13-3

式中，$\boldsymbol{r}'=x'\boldsymbol{i}'+y'\boldsymbol{j}'+z'\boldsymbol{k}'$。

将式(13-1)两端对时间求导，则有

$$\frac{\mathrm{d}\boldsymbol{r}_M}{\mathrm{d}t}=\frac{\mathrm{d}\boldsymbol{r}_{O'}}{\mathrm{d}t}+\frac{\mathrm{d}\boldsymbol{r}'}{\mathrm{d}t} \tag{13-2}$$

式(13-2)的左端为动点 M 的绝对速度，即

$$\frac{\mathrm{d}\boldsymbol{r}_M}{\mathrm{d}t}=\boldsymbol{v}_\mathrm{a} \tag{13-3}$$

式(13-2)中右端第二项为在定系中的矢径 $\boldsymbol{r}'$对时间的绝对导数，即

$$\frac{\mathrm{d}\boldsymbol{r}'}{\mathrm{d}t}=\frac{\mathrm{d}}{\mathrm{d}t}(x'\boldsymbol{i}'+y'\boldsymbol{j}'+z'\boldsymbol{k}')=\frac{\mathrm{d}x'}{\mathrm{d}t}\boldsymbol{i}'+\frac{\mathrm{d}y'}{\mathrm{d}t}\boldsymbol{j}'+\frac{\mathrm{d}z'}{\mathrm{d}t}\boldsymbol{k}'+x'\frac{\mathrm{d}\boldsymbol{i}'}{\mathrm{d}t}+y'\frac{\mathrm{d}\boldsymbol{j}'}{\mathrm{d}t}+z'\frac{\mathrm{d}\boldsymbol{k}'}{\mathrm{d}t} \tag{13-4}$$

动点的相对速度是动点在动系中的矢径 $\boldsymbol{r}'$对时间的相对导数$\left(用\dfrac{\tilde{\mathrm{d}}\boldsymbol{r}'}{\mathrm{d}t}表示\right)$，即在动系下观察 $\boldsymbol{i}'$、$\boldsymbol{j}'$、$\boldsymbol{k}'$三个单位矢量，其大小和方向都不随时间发生变化，所以有

$$\boldsymbol{v}_\mathrm{r}=\frac{\tilde{\mathrm{d}}\boldsymbol{r}'}{\mathrm{d}t}=\frac{\mathrm{d}x'}{\mathrm{d}t}\boldsymbol{i}'+\frac{\mathrm{d}y'}{\mathrm{d}t}\boldsymbol{j}'+\frac{\mathrm{d}z'}{\mathrm{d}t}\boldsymbol{k}' \tag{13-5}$$

将式(13-5)代入式(13-4)得

$$\frac{\mathrm{d}\boldsymbol{r}'}{\mathrm{d}t}=\boldsymbol{v}_\mathrm{r}+x'\frac{\mathrm{d}\boldsymbol{i}'}{\mathrm{d}t}+y'\frac{\mathrm{d}\boldsymbol{j}'}{\mathrm{d}t}+z'\frac{\mathrm{d}\boldsymbol{k}'}{\mathrm{d}t} \tag{13-6}$$

将式(13-3)、(13-6)代入式(13-2)得

$$\boldsymbol{v}_\mathrm{a}=\boldsymbol{v}_\mathrm{r}+\frac{\mathrm{d}\boldsymbol{r}_{O'}}{\mathrm{d}t}+x'\frac{\mathrm{d}\boldsymbol{i}'}{\mathrm{d}t}+y'\frac{\mathrm{d}\boldsymbol{j}'}{\mathrm{d}t}+z'\frac{\mathrm{d}\boldsymbol{k}'}{\mathrm{d}t} \tag{13-7}$$

牵连速度是指动系上与动点重合的牵连点相对于定系的速度，而牵连点在定坐标系下的矢径为 $\boldsymbol{r}_M$，所以有

$$\boldsymbol{v}_\mathrm{e}=\frac{\mathrm{d}\boldsymbol{r}_M}{\mathrm{d}t}$$

任意瞬时，牵连点在动系上的坐标(x',y',z')是常量，将式(13-1)代入上式得

$$\boldsymbol{v}_\mathrm{e}=\frac{\mathrm{d}}{\mathrm{d}t}(\boldsymbol{r}_{O'}+\boldsymbol{r}')=\frac{\mathrm{d}\boldsymbol{r}_{O'}}{\mathrm{d}t}+\frac{\mathrm{d}}{\mathrm{d}t}(x'\boldsymbol{i}'+y'\boldsymbol{j}'+z'\boldsymbol{k}')=\frac{\mathrm{d}\boldsymbol{r}_{O'}}{\mathrm{d}t}+x'\frac{\mathrm{d}\boldsymbol{i}'}{\mathrm{d}t}+y'\frac{\mathrm{d}\boldsymbol{j}'}{\mathrm{d}t}+z'\frac{\mathrm{d}\boldsymbol{k}'}{\mathrm{d}t} \tag{13-8}$$

将式(13-8)代入式(13-7)得

$$\boldsymbol{v}_\mathrm{a}=\boldsymbol{v}_\mathrm{r}+\boldsymbol{v}_\mathrm{e} \tag{13-9}$$

由此得到**点的速度合成定理：在任一瞬时，动点的绝对速度等于它的牵连速度与相对速度的矢量和**。即动点的绝对速度可以由牵连速度与相对速度所构成的平行四边形的对角线来确定，这个平行四边形称为速度平行四边形。求解矢量式 $\boldsymbol{v}_\mathrm{a}=\boldsymbol{v}_\mathrm{e}+\boldsymbol{v}_\mathrm{r}$ 时，可用几何法也可用解析法。

若用解析法，需将式(13-9)投影到两个相交的坐标轴上，得到两个独立的投影方程，可求解两个未知量。三个速度矢量 $\boldsymbol{v}_a$、$\boldsymbol{v}_e$、$\boldsymbol{v}_r$ 含有六个要素（三个速度的大小和三个速度的方向），必须知道其中任意四个要素才能求解另外两个要素。

在推导速度合成定理时，对牵连运动未加任何限制，因此点的速度合成定理对任何形式的牵连运动都是适用的，即动系可以做平移、定轴转动或其他较复杂的运动。

在具体解题时，一般遵循以下步骤：

第一步，恰当选择动点和动系。所选的动点和动系不能选在同一物体上，否则没有相对运动。动系最好做平移或定轴转动，且应使相对运动轨迹较明显。

第二步，分析三种运动及确定三种速度。绝对运动是直线运动、圆周运动，或其他某一种曲线运动；牵连运动是刚体的平移、定轴转动，或其他某一种刚体的运动；相对运动是直线运动、圆周运动，或其他某一种曲线运动。

第三步，画速度矢量图，即速度平行四边形。每个速度都有大小和方向两个要素，只有已知四个要素才能画出速度平行四边形。

第四步，由速度平行四边形的几何关系解出未知量。

例 13-2 如图13-4a所示，半径为 R、偏心距为 e 的凸轮，以匀角速度 ω 绕轴 O 转动，杆 AB 能在滑槽中上下平移，杆的端点 A 始终与凸轮接触，且 OAB 三点成一直线。求图示位置时，杆 AB 的速度。

13-2 凸轮顶杆机构（图13-4）

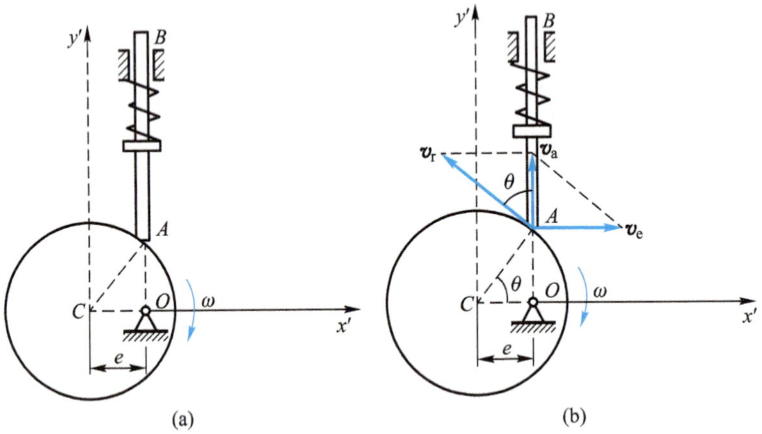

图 13-4

解 (1) 选取动点

由于点 A 始终与凸轮接触，它相对于凸轮的相对轨迹为已知的圆，相对运动比较明确，因此选点 A 为动点。

(2) 选取坐标系

取动系 $Cx'y'$ 与凸轮固连，定系固结于地面。

(3) 分析三种运动

绝对运动：动点 A 随杆 AB 做竖直方向上的直线运动；

相对运动：动点 A 相对于动系沿凸轮边缘做以 C 为圆心、R 为半径的圆周运动；

牵连运动：凸轮绕轴 O 的定轴转动。

(4) 分析速度

如图13-4b所示，绝对速度方向沿杆 AB，大小待求；相对速度方向沿凸轮圆周的切线方向，大小待求；牵连速度为凸轮上与动点 A 相重合的那一点的速度，它的方向垂直于 OA，大小为 $\omega \cdot OA$。

根据速度合成定理，六个要素中有四个已知，另外两个可以求解。作出速度平行四边形，由三角形关系求得杆的绝对速度为

$$v_a = v_e \cot\theta = \omega \cdot OA \cdot \frac{e}{OA} = \omega e$$

思考：若取凸轮的轮心 C 为动点，动系建立在杆 AB 上，则动点 C 的相对运动和绝对运动是什么，本例题又该如何求解？同学们不妨自己分析一下。

例 13-3 如图 13-5a 所示的机构中，曲柄 OA 长为 40 cm，以匀角速度 $\omega = 0.5$ rad/s 绕轴 O 逆时针转动。求当曲柄与水平线间的夹角 $\theta = 30°$时，滑杆 BC 的速度。

解 (1) 选取动点

由于点 A 始终与板 BC 接触，它相对于板 BC 的相对轨迹为直线，因此选点 A 为动点。

(2) 选取坐标系

定系固结于地面，动系与板 BC 固连。

(3) 分析三种运动

绝对运动：动点 A 做以 O 为圆心、OA 为半径的圆周运动；

相对运动：动点 A 相对于动系沿板 BC 的边缘做直线运动；

牵连运动：板 BC 做铅垂方向上的平移。

(4) 分析速度

如图 13-5b 所示，绝对速度方向垂直于 OA，大小为 $\omega \cdot OA$；相对速度方向沿水平方向，大小待求。牵连速度为板 BC 上与动点 A 相重合的那一点的速度，它的方向为铅垂方向，大小待求。

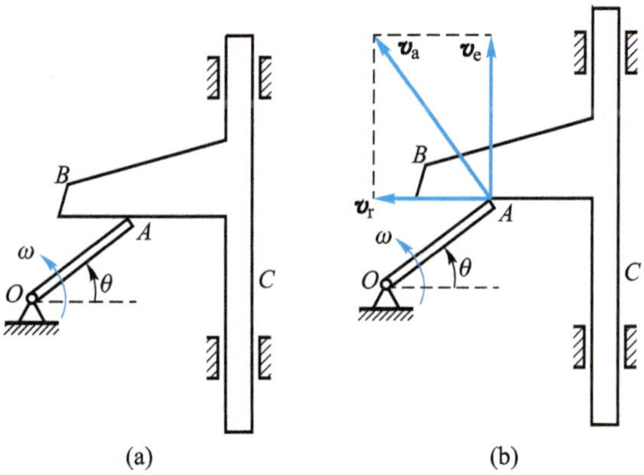

图 13-5

13-3 曲柄滑杆机构（图 13-5）

根据速度合成定理，六个要素中有四个已知，另外两个可以求解。作出速度平行四边形，由三角形关系求得滑杆 BC 的速度为

$$v_e = v_a \cos\theta = \omega \cdot OA \cdot \cos\theta = 0.173\ 2\ \text{m/s}$$

13.3 点的加速度合成定理

点的速度合成定理得到了绝对速度、相对速度和牵连速度之间的关系，点的加速度之间是否也有类似的关系？首先分析动系做平移时的点的加速度合成定理，然后再分析动系做定轴转动时的点的加速度合成定理。

1. 牵连运动为平移时点的加速度合成定理

将点的速度合成定理式(13－9)的两端在定系下对时间求一阶导数

$$\frac{\mathrm{d}\boldsymbol{v}_{\mathrm{a}}}{\mathrm{d}t}=\frac{\mathrm{d}\boldsymbol{v}_{\mathrm{e}}}{\mathrm{d}t}+\frac{\mathrm{d}\boldsymbol{v}_{\mathrm{r}}}{\mathrm{d}t} \tag{13-10}$$

上式左端为动点 M 的绝对速度在定系下对时间的一阶导数，为绝对加速度 $\boldsymbol{a}_{\mathrm{a}}$，即

$$\frac{\mathrm{d}\boldsymbol{v}_{\mathrm{a}}}{\mathrm{d}t}=\boldsymbol{a}_{\mathrm{a}} \tag{13-11}$$

动点的相对加速度是动点在动系中的相对速度 $\boldsymbol{v}_{\mathrm{r}}$ 对时间的相对导数$\left(用\dfrac{\tilde{\mathrm{d}}\boldsymbol{v}_{\mathrm{r}}}{\mathrm{d}t}表示\right)$，即

$$\boldsymbol{a}_{\mathrm{r}}=\frac{\tilde{\mathrm{d}}\boldsymbol{v}_{\mathrm{r}}}{\mathrm{d}t}=\frac{\mathrm{d}}{\mathrm{d}t}\left(\frac{\mathrm{d}x'}{\mathrm{d}t}\boldsymbol{i}'+\frac{\mathrm{d}y'}{\mathrm{d}t}\boldsymbol{j}'+\frac{\mathrm{d}z'}{\mathrm{d}t}\boldsymbol{k}'\right)=\frac{\mathrm{d}^2x'}{\mathrm{d}t^2}\boldsymbol{i}'+\frac{\mathrm{d}^2y'}{\mathrm{d}t^2}\boldsymbol{j}'+\frac{\mathrm{d}^2z'}{\mathrm{d}t^2}\boldsymbol{k}' \tag{13-12}$$

由于动系平移，动系上各点的速度和加速度在任一瞬时都是相同的，因而牵连速度和牵连加速度等于动系原点 O' 的 $\boldsymbol{v}_{O'}$ 和 $\boldsymbol{a}_{O'}$ 即

$$\frac{\mathrm{d}\boldsymbol{v}_{\mathrm{e}}}{\mathrm{d}t}=\frac{\mathrm{d}\boldsymbol{v}_{O'}}{\mathrm{d}t}=\boldsymbol{a}_{O'}=\boldsymbol{a}_{\mathrm{e}} \tag{13-13}$$

将式(13－11)～式(13－13)代入式(13－10)得

$$\boldsymbol{a}_{\mathrm{a}}=\boldsymbol{a}_{\mathrm{e}}+\boldsymbol{a}_{\mathrm{r}} \tag{13-14}$$

式(13－14)即为牵连运动为平移时的加速度合成定理：**当牵连运动为平移时动点在某瞬时的绝对加速度等于该瞬时的牵连加速度与相对加速度的矢量和。**

例 13－4 如图 13－6 所示，半径为 R 的半圆形凸轮 D 以匀速 v_0 沿水平线向右运动，带动从动杆 AB 沿铅垂方向上升。求 $\varphi=30^\circ$时杆 AB 相对于凸轮的速度和加速度。

解 (1) 选取动点

由于点 A 始终与凸轮 D 接触，它相对于凸轮 D 的相对轨迹为已知的圆，因此选点 A 为动点。

(2) 建立坐标系

动系与凸轮固连，定系固结于地面。

(3) 分析三种运动

绝对运动：动点 A 随杆 AB 做铅垂方向的直线运动；

相对运动：动点 A 相对于动系沿凸轮边缘做圆周运动；

牵连运动：凸轮水平方向的平移。

(4) 分析速度和加速度

如图 13－6a、b 所示，绝对速度和绝对加速度方向都沿 AB 杆，大小待求。相对速度方向沿圆弧在该点的切线方向，大小待求。相对加速度分为相对切向加速度和相对法向加速度，而相对切向加速度 $\boldsymbol{a}_{\mathrm{r}}^{\tau}$ 沿圆弧在该点的切线方向，大小待求，相对法向加速度 $\boldsymbol{a}_{\mathrm{r}}^{n}$ 沿圆弧半径指向圆心，大小为$\dfrac{v_{\mathrm{r}}^2}{R}$。牵连速度为凸轮上与动点 A 相重合的那一点的速度，它的方向为水平方向，大小为 v_0，由于凸轮匀速运动，所以牵连加速度为零。

作出速度平行四边形，如图 13－6a 所示，由三角形关系求得杆 AB 相对于凸轮的速度为 $v_{\mathrm{r}}=\dfrac{v_{\mathrm{e}}}{\cos\varphi}=\dfrac{v_0}{\cos 30^\circ}=\dfrac{2\sqrt{3}}{3}v_0$，方向如图所示。

所以 $a_r^n=\dfrac{v_r^2}{R}=\dfrac{4v_0^2}{3R}$。

根据牵连运动为平移时的加速度合成定理 $\boldsymbol{a}_a=\boldsymbol{a}_e+\boldsymbol{a}_r^\tau+\boldsymbol{a}_r^n$，作加速度矢量如图 13－6b 所示，由图可知

$$a_a=\frac{a_r^n}{\cos 30^\circ}=\frac{8\sqrt{3}}{9}\frac{v_0^2}{R}\quad（方向铅垂向下）$$

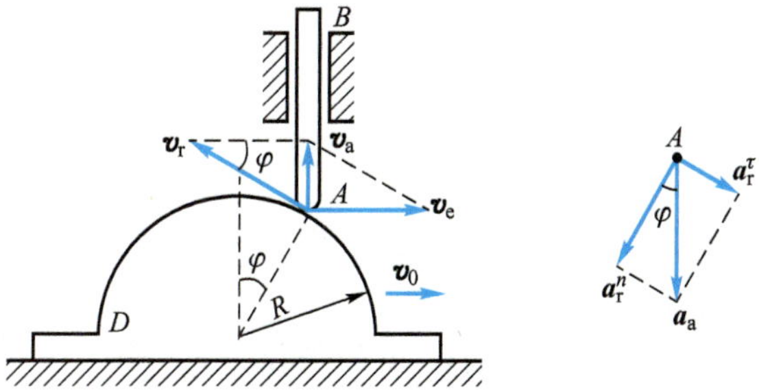

(a)　　(b)

图 13－6

13－4 半圆凸轮顶杆机构（图 13－6）

例 13－5　具有弧形滑道的曲柄滑块机构，用来使滑道 CD 获得间歇往复运动，若已知曲柄 OA 绕 O 轴做定轴转动，其角速度 $\omega=4t$（单位为 rad/s），$R=OA=100$ mm。当 $t=1$ s 时，机构在图 13－7 所示位置，曲柄与水平轴成 $\varphi=30^\circ$ 角，求此时滑道 CD 的速度和加速度。

13－5 曲柄滑道机构（图 13－7）

解　(1) 选取动点

滑块 A 与杆 OA 铰接在一起，在滑道 CD 中滑动，所以取滑块 A 为动点。

(2) 建立坐标系

定系固结于地面，动系与滑道 CD 固连，滑道 CD 的速度和加速度就是滑块 A 的牵连速度和牵连加速度。

(3) 分析三种运动、速度和加速度

滑块 A 的绝对运动是以 O 为圆心、OA 为半径的圆周运动。绝对速度 $v_a=\omega R$，方向垂直于 OA，绝对加速度分为沿圆周切线方向的切向加速度 $\boldsymbol{a}_a^\tau$ 和沿圆周法线方向的法向加速度 $\boldsymbol{a}_a^n$，如图 13－7 所示。

滑块 A 相对运动为相对于滑道 CD 做以 O_1 为圆心、O_1A 为半径的圆周运动。相对速度 $\boldsymbol{v}_r$ 沿圆弧滑道的切线方向，相对加速度分为沿圆弧滑道切线方向的切向加速度 $\boldsymbol{a}_r^\tau$ 和沿圆弧滑道法向方向的法向加速度 $\boldsymbol{a}_r^n$，如图 13－7 所示。

牵连运动为滑块机构水平直线平移，牵连速度 $\boldsymbol{v}_e$ 和牵连加速度 $\boldsymbol{a}_e$ 都沿水平方向，如图 13－7 所示。

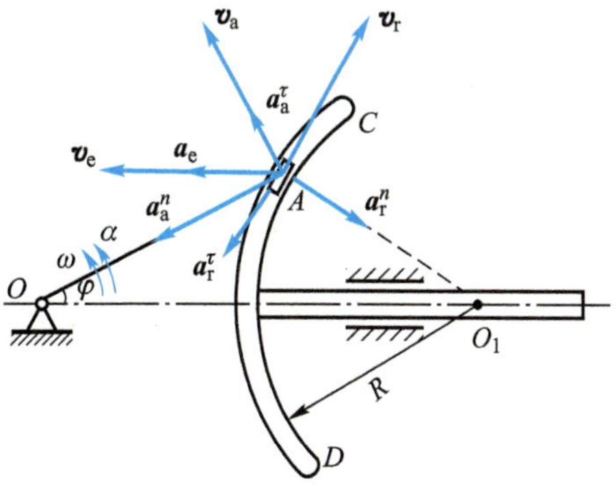

图 13－7

根据速度合成定理 $\boldsymbol{v}_a=\boldsymbol{v}_e+\boldsymbol{v}_r$，作速度平行四边形得

$$v_e=v_r=v_a=\omega R=40\ \text{cm/s}$$

OA 杆的角加速度　$\alpha=\dfrac{\mathrm{d}\omega}{\mathrm{d}t}=4\ \text{rad/s}^2$。

加速度合成定理

$$\boldsymbol{a}_a=\boldsymbol{a}_a^n+\boldsymbol{a}_a^\tau=\boldsymbol{a}_e+\boldsymbol{a}_r^\tau+\boldsymbol{a}_r^n \tag{a}$$

其中 $a_a^\tau=\alpha R=40\ \text{cm/s}^2$，方向垂直于 OA；$a_a^n=\omega^2R=160\ \text{cm/s}^2$，方向沿 OA 指向 O；$a_r^n=\dfrac{v_r^2}{R}=160\ \text{cm/s}^2$，方向

沿 O_1A 指向 O_1。

为了避开未知的 $\boldsymbol{a}_r^\tau$，可将式(a)向 O_1A 方向投影，得

$$a_a^n\cos 60°+a_a^\tau\cos 30°=a_e\cos 30°-a_r^n \tag{b}$$

解式(b)得

$$a_e=(a_a^n\cos 60°+a_a^\tau\cos 30°+a_r^n)/\cos 30°=\frac{2}{\sqrt{3}}\left(\frac{1}{2}\omega^2R+\omega^2R+\frac{\sqrt{3}}{2}\alpha R\right)=317.1\ \text{cm/s}^2$$

方向如图 13-7 所示。

2. 牵连运动为定轴转动时点的加速度合成定理

如图 13-8 所示，设动系 $O'x'y'z'$ 以角速度 ω_e 绕 z 轴做定轴转动，角速度矢为 $\boldsymbol{\omega}_e$。不失一般性，可把定轴取为定坐标系的 z 轴。

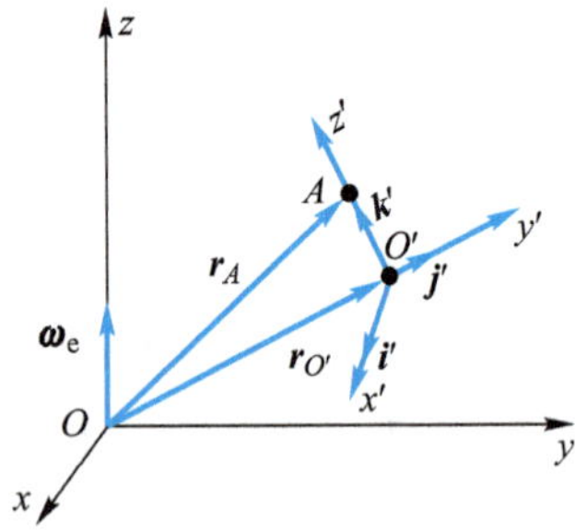

图 13-8

先分析 $\boldsymbol{k}'$ 对时间的导数。设 $\boldsymbol{k}'$ 的矢端点 A 的矢径为 $\boldsymbol{r}_A$，则点 A 的速度等于矢径 $\boldsymbol{r}_A$ 对时间的一阶导数，又可用角速度矢 $\boldsymbol{\omega}_e$ 和矢径 $\boldsymbol{r}_A$ 的矢量积表示，即

$$\boldsymbol{v}_A=\frac{\mathrm{d}\boldsymbol{r}_A}{\mathrm{d}t}=\boldsymbol{\omega}_e\times\boldsymbol{r}_A$$

由图 13-8 知

$$\boldsymbol{r}_A=\boldsymbol{r}_{O'}+\boldsymbol{k}'$$

式中，$\boldsymbol{r}_{O'}$ 为动系原点 O' 的矢径。将上式代入前式，得

$$\frac{\mathrm{d}\boldsymbol{r}_{O'}}{\mathrm{d}t}+\frac{\mathrm{d}\boldsymbol{k}'}{\mathrm{d}t}=\boldsymbol{\omega}_e\times(\boldsymbol{r}_{O'}+\boldsymbol{k}')$$

由于动系原点 O' 的速度为

$$\boldsymbol{v}_{O'}=\frac{\mathrm{d}\boldsymbol{r}_{O'}}{\mathrm{d}t}=\boldsymbol{\omega}_e\times\boldsymbol{r}_{O'}$$

代入前式得

$$\frac{\mathrm{d}\boldsymbol{k}'}{\mathrm{d}t}=\boldsymbol{\omega}_e\times\boldsymbol{k}'$$

同理可得 $\boldsymbol{i}'$、$\boldsymbol{j}'$ 的导数，合写为

$$\left.\begin{aligned}\frac{\mathrm{d}\boldsymbol{i}'}{\mathrm{d}t}&=\boldsymbol{\omega}_e\times\boldsymbol{i}'\\ \frac{\mathrm{d}\boldsymbol{j}'}{\mathrm{d}t}&=\boldsymbol{\omega}_e\times\boldsymbol{j}'\\ \frac{\mathrm{d}\boldsymbol{k}'}{\mathrm{d}t}&=\boldsymbol{\omega}_e\times\boldsymbol{k}'\end{aligned}\right\} \tag{13-15}$$

将点的速度合成定理式(13-9)的两端在定系下对时间求一阶导数

$$\frac{\mathrm{d}\boldsymbol{v}_a}{\mathrm{d}t}=\frac{\mathrm{d}\boldsymbol{v}_e}{\mathrm{d}t}+\frac{\mathrm{d}\boldsymbol{v}_r}{\mathrm{d}t} \tag{13-16}$$

式(13-16)的左端 $\frac{\mathrm{d}\boldsymbol{v}_a}{\mathrm{d}t}$ 仍为动点 M 的绝对加速度 $\boldsymbol{a}_a$。当动系为定轴转动时，式(13-16)右端两项不再是牵连加速度和相对加速度。

由式(13－5)得

$$\frac{\mathrm{d}\boldsymbol{v}_{\mathrm{r}}}{\mathrm{d}t}=\frac{\mathrm{d}}{\mathrm{d}t}\left(\frac{\mathrm{d}x'}{\mathrm{d}t}\boldsymbol{i}'+\frac{\mathrm{d}y'}{\mathrm{d}t}\boldsymbol{j}'+\frac{\mathrm{d}z'}{\mathrm{d}t}\boldsymbol{k}'\right) \tag{13-17}$$

如图 13－9 所示，由于动系转动，动轴的单位矢量 $\boldsymbol{i}'$、$\boldsymbol{j}'$、$\boldsymbol{k}'$大小不变，但方向改变，故式(13－17)对时间的导数为

$$\frac{\mathrm{d}\boldsymbol{v}_{\mathrm{r}}}{\mathrm{d}t}=\frac{\mathrm{d}^2x'}{\mathrm{d}t^2}\boldsymbol{i}'+\frac{\mathrm{d}^2y'}{\mathrm{d}t^2}\boldsymbol{j}'+\frac{\mathrm{d}^2z'}{\mathrm{d}t^2}\boldsymbol{k}'+\frac{\mathrm{d}x'}{\mathrm{d}t}\frac{\mathrm{d}\boldsymbol{i}'}{\mathrm{d}t}+\frac{\mathrm{d}y'}{\mathrm{d}t}\frac{\mathrm{d}\boldsymbol{j}'}{\mathrm{d}t}+\frac{\mathrm{d}z'}{\mathrm{d}t}\frac{\mathrm{d}\boldsymbol{k}'}{\mathrm{d}t} \tag{13-18}$$

式(13－18)右边的前三项为相对速度$\frac{\tilde{\mathrm{d}}\boldsymbol{v}_{\mathrm{r}}}{\mathrm{d}t}$。再将式(13－15)代入式(13－18)右边的后三项，可得

$$\frac{\mathrm{d}\boldsymbol{v}_{\mathrm{r}}}{\mathrm{d}t}=\frac{\tilde{\mathrm{d}}\boldsymbol{v}_{\mathrm{r}}}{\mathrm{d}t}+\frac{\mathrm{d}x'}{\mathrm{d}t}(\boldsymbol{\omega}_{\mathrm{e}}\times\boldsymbol{i}')+\frac{\mathrm{d}y'}{\mathrm{d}t}(\boldsymbol{\omega}_{\mathrm{e}}\times\boldsymbol{j}')+\frac{\mathrm{d}z'}{\mathrm{d}t}(\boldsymbol{\omega}_{\mathrm{e}}\times\boldsymbol{k}') \tag{13-19}$$

相对速度的相对导数$\frac{\tilde{\mathrm{d}}\boldsymbol{v}_{\mathrm{r}}}{\mathrm{d}t}$就是相对加速度 $\boldsymbol{a}_{\mathrm{r}}$，将式(13－19)右边的后三项中 $\boldsymbol{\omega}_{\mathrm{e}}$ 提出括号外，并由式(13－5)得

$$\frac{\mathrm{d}\boldsymbol{v}_{\mathrm{r}}}{\mathrm{d}t}=\frac{\tilde{\mathrm{d}}\boldsymbol{v}_{\mathrm{r}}}{\mathrm{d}t}+\boldsymbol{\omega}_{\mathrm{e}}\times\left(\frac{\mathrm{d}x'}{\mathrm{d}t}\boldsymbol{i}'+\frac{\mathrm{d}y'}{\mathrm{d}t}\boldsymbol{j}'+\frac{\mathrm{d}z'}{\mathrm{d}t}\boldsymbol{k}'\right)=\boldsymbol{a}_{\mathrm{r}}+\boldsymbol{\omega}_{\mathrm{e}}\times\boldsymbol{v}_{\mathrm{r}} \tag{13-20}$$

可见，动系为转动时，相对速度的导数$\frac{\mathrm{d}\boldsymbol{v}_{\mathrm{r}}}{\mathrm{d}t}$不等于相对加速度$\boldsymbol{a}_{\mathrm{r}}$，有一个与牵连角速度和相对速度 $\boldsymbol{v}_{\mathrm{r}}$ 有关的附加项 $\boldsymbol{\omega}_{\mathrm{e}}\times\boldsymbol{v}_{\mathrm{r}}$。

再看式(13－16)右端第一项$\frac{\mathrm{d}\boldsymbol{v}_{\mathrm{e}}}{\mathrm{d}t}$。牵连速度 $\boldsymbol{v}_{\mathrm{e}}$ 为动系上与动点相重合一点的速度。设动点 M 的矢径为 $\boldsymbol{r}_M$，如图 13－9 所示。当动系绕 z 轴以角速度 $\boldsymbol{\omega}_{\mathrm{e}}$ 转动时，牵连速度为

$$\boldsymbol{v}_{\mathrm{e}}=\boldsymbol{\omega}_{\mathrm{e}}\times\boldsymbol{r}_M$$

上式对时间求一阶导数，得

$$\frac{\mathrm{d}\boldsymbol{v}_{\mathrm{e}}}{\mathrm{d}t}=\frac{\mathrm{d}\boldsymbol{\omega}_{\mathrm{e}}}{\mathrm{d}t}\times\boldsymbol{r}_M+\boldsymbol{\omega}_{\mathrm{e}}\times\frac{\mathrm{d}\boldsymbol{r}_M}{\mathrm{d}t} \tag{13-21}$$

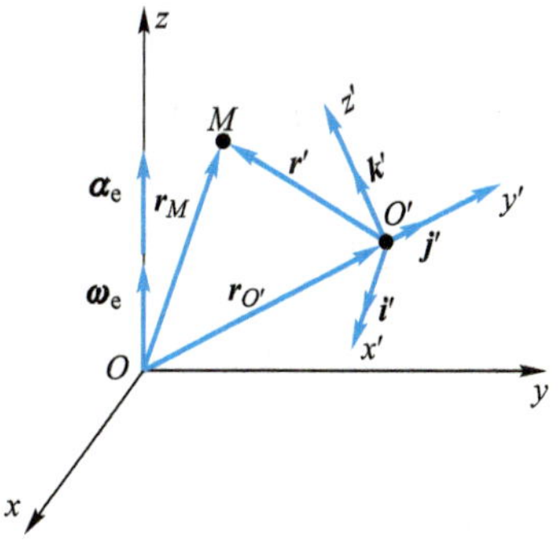

图 13－9

式中，$\frac{\mathrm{d}\boldsymbol{\omega}_{\mathrm{e}}}{\mathrm{d}t}=\boldsymbol{\alpha}_{\mathrm{e}}$，为动系绕 z 轴转动的角加速度。动系上不断与动点 M 重合的点的矢径 $\boldsymbol{r}_M$ 的一阶导数$\frac{\mathrm{d}\boldsymbol{r}_M}{\mathrm{d}t}$为绝对速度，即$\frac{\mathrm{d}\boldsymbol{r}_M}{\mathrm{d}t}=\boldsymbol{v}_{\mathrm{a}}=\boldsymbol{v}_{\mathrm{e}}+\boldsymbol{v}_{\mathrm{r}}$，代入式(13－21)，有

$$\frac{\mathrm{d}\boldsymbol{v}_{\mathrm{e}}}{\mathrm{d}t}=\boldsymbol{\alpha}_{\mathrm{e}}\times\boldsymbol{r}_M+\boldsymbol{\omega}_{\mathrm{e}}\times(\boldsymbol{v}_{\mathrm{e}}+\boldsymbol{v}_{\mathrm{r}})$$

式中，$\boldsymbol{\alpha}_{\mathrm{e}}\times\boldsymbol{r}_M+\boldsymbol{\omega}_{\mathrm{e}}\times\boldsymbol{v}_{\mathrm{e}}=\boldsymbol{a}_{\mathrm{e}}$，为动系转动时动系上与动点 M 重合点的加速度，即牵连加速度。于是得

$$\frac{\mathrm{d}\boldsymbol{v}_{\mathrm{e}}}{\mathrm{d}t}=\boldsymbol{a}_{\mathrm{e}}+\boldsymbol{\omega}_{\mathrm{e}}\times\boldsymbol{v}_{\mathrm{r}} \tag{13-22}$$

可见，动系转动时，牵连速度的导数$\frac{\mathrm{d}\boldsymbol{v}_e}{\mathrm{d}t}$不等于牵连加速度$\boldsymbol{a}_e$，又多出与牵连角速度和相对速度$\boldsymbol{v}_r$有关的附加项$\boldsymbol{\omega}_e\times\boldsymbol{v}_r$。

将式(13-20)、(13-22)代入式(13-16)，得

$$\boldsymbol{a}_a=\boldsymbol{a}_e+\boldsymbol{a}_r+2\boldsymbol{\omega}_e\times\boldsymbol{v}_r$$

令

$$\boldsymbol{a}_C=2\boldsymbol{\omega}_e\times\boldsymbol{v}_r \tag{13-23}$$

$\boldsymbol{a}_C$称为**科氏加速度**(Coriolis acceleration)，等于动系的角速度矢与相对速度矢的矢量积的2倍，于是有

$$\boldsymbol{a}_a=\boldsymbol{a}_e+\boldsymbol{a}_r+\boldsymbol{a}_C \tag{13-24}$$

式(13-24)表示**牵连运动为定轴转动时点的加速度合成定理：当牵连运动为定轴转动时，动点在某瞬时的绝对加速度等于该瞬时的牵连加速度、相对加速度与科氏加速度的矢量和。**

可以证明，当牵连运动为任意运动时，式(13-24)都成立，它是点的加速度合成定理的普遍形式。当牵连运动为平移时，可认为$\boldsymbol{\omega}_e=\boldsymbol{0}$，所以$\boldsymbol{a}_C=\boldsymbol{0}$，式(13-24)退化为式(13-14)。

根据矢量积运算，$\boldsymbol{a}_C$的大小为

$$a_C=2\omega_e v_r\sin\theta \tag{13-25}$$

式中θ为$\boldsymbol{\omega}_e$与$\boldsymbol{v}_r$两矢量间的最小夹角。矢量$\boldsymbol{a}_C$垂直于$\boldsymbol{\omega}_e$与$\boldsymbol{v}_r$所确定的平面，指向按右手法则确定，如图13-10所示。当$\boldsymbol{\omega}_e$与$\boldsymbol{v}_r$平行时($\theta=0°$或$180°$)$a_C=0$；当$\boldsymbol{\omega}_e$与$\boldsymbol{v}_r$垂直时，$a_C=2\omega_e v_r$。

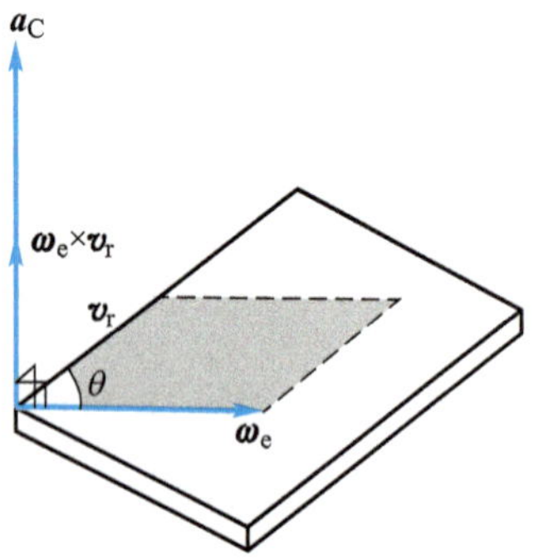

图13-10

例13-6 图13-11所示为刨床的急回机构。曲柄OA的一端与滑块A用铰链连接，当曲柄OA以匀角速度绕固定轴O转动时，滑块A在摇杆O_1B上滑动，并带动摇杆O_1B绕固定轴O_1摆动。设曲柄$OA=r$，两轴间距离$OO_1=l$。求当曲柄在水平位置时摇杆的角速度ω_1和角加速度α。

解 (1) 选动点、动系，确定三种运动。

选取滑块A为动点，动系$O_1x'y'$固接在摇杆O_1B上，牵连运动为定轴转动，定系选在固定轴上。

滑块A的绝对运动为以O为圆心，r为半径的圆周运动；相对运动为沿摇杆O_1B的直线运动；牵连运动为摇杆O_1B绕轴O_1的定轴转动。

(2) 进行速度分析，求摇杆O_1B的角速度ω_1。

速度合成定理　$\boldsymbol{v}_a=\boldsymbol{v}_e+\boldsymbol{v}_r$

绝对速度$\boldsymbol{v}_a$：大小$v_a=\omega r$，方向垂直于曲柄OA。相对速度$\boldsymbol{v}_r$：大小未知，方向沿摇杆O_1B。牵连速度$\boldsymbol{v}_e$：大小$v_e=\omega_1\cdot O_1A$(ω_1大小未知，为待求量)，方向垂直于摇杆O_1B。

作速度平行四边形，如图13-11a所示，则有

$$v_e=v_a\sin\varphi=\omega r\cdot\frac{r}{\sqrt{l^2+r^2}}=\frac{\omega r^2}{\sqrt{l^2+r^2}}$$

$$v_r=v_a\cos\varphi=\frac{\omega rl}{\sqrt{l^2+r^2}}$$

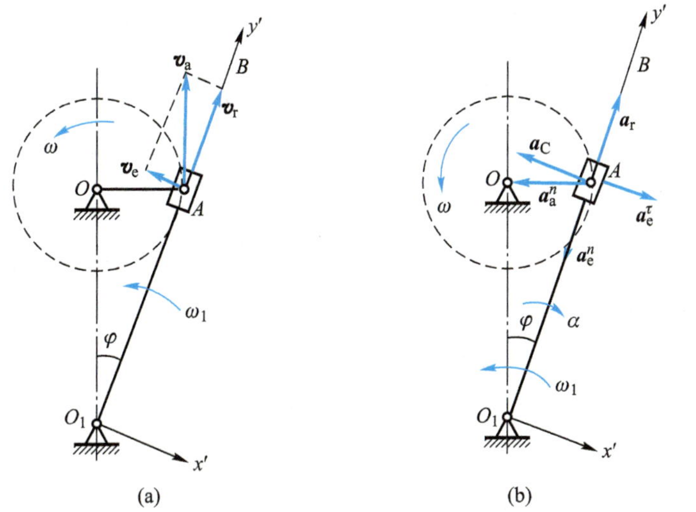

图 13－11

13－6 刨床急回机构（图 13－11）

因此得摇杆的角速度

$\omega_1=\dfrac{v_e}{O_1A}=\dfrac{\omega r^2}{l^2+r^2}$，转向为逆时针方向。

(3) 进行加速度分析，求摇杆 O_1B 的角加速度 α。

因为牵连运动为定轴转动，加速度矢量图如图 13－11b 所示，由加速度合成定理得

$$\boldsymbol{a}_a^n=\boldsymbol{a}_e^n+\boldsymbol{a}_e^\tau+\boldsymbol{a}_r+\boldsymbol{a}_C \tag{a}$$

绝对加速度（曲柄 OA 以匀角速度做定轴转动，绝对加速度只有法向加速度）：$\boldsymbol{a}_a^n$ 的大小 $a_a^n=\omega^2 r$，方向水平向左。牵连加速度：$\boldsymbol{a}_e^n$ 的大小为 $a_e^n=\omega_1^2\cdot O_1A=\dfrac{\omega^2 r^4}{(l^2+r^2)^{\frac{3}{2}}}$，方向沿摇杆 O_1B，指向 O_1；$\boldsymbol{a}_e^\tau$ 的大小为 $\boldsymbol{a}_e^\tau=\alpha\cdot O_1A$，$\alpha$ 大小未知，为待求量，因此只要求出 a_e^τ，即可求出 α。$\boldsymbol{a}_e^\tau$ 的方向垂直于摇杆 O_1B。相对加速度：$\boldsymbol{a}_r$ 的大小未知，方向沿摇杆 O_1B；科氏加速度：$\boldsymbol{a}_C=2\boldsymbol{\omega}_e\times\boldsymbol{v}_r$，大小为 $a_C=2\omega_1\cdot v_r=\dfrac{2\omega^2 r^3 l}{(l^2+r^2)^{\frac{3}{2}}}$，方向垂直于摇杆 O_1B。

将式(a)中的各加速度矢量向轴 O_1x' 方向投影得

$$-a_a^n\cos\varphi=a_e^\tau-a_C$$

解得 $a_e^\tau=-\dfrac{rl(l^2-r^2)}{(l^2+r^2)^{\frac{3}{2}}}\omega^2$。

因此得摇杆的角加速度 $\alpha=\dfrac{a_e^\tau}{O_1A}=-\dfrac{rl(l^2-r^2)}{(l^2+r^2)^2}\omega^2$，方向为逆时针方向，与图 13－11b 中的方向相反。

例 13－7 圆盘的半径 $R=2\sqrt{3}$ cm，以匀角速度 $\omega=2$ rad/s 绕位于盘缘的水平固定轴 O 转动，并带动杆 AB 绕水平固定轴 A 转动，杆与圆盘在同一铅垂面内，如图 13－12a 所示。试求机构运动到 A、C 两点位于同一铅垂线上，并且杆与铅垂线 AC 的夹角 $\varphi=30°$时，杆 AB 转动的角速度和角加速度。

解 (1) 选动点、动系，确定三种运动。

因为求解点的合成运动问题时，动点与动系选取的基本原则之一就是应使动点的相对运动比较直观、清晰。本题中，机构运动过程中圆盘的中心 C 到直杆 AB 的垂直距离始终保持不变，等于半径 R，因此可选盘心 C 为动点，动系固连于直杆 AB 上，定系固接于支座。

13－7 圆盘滑杆机构（图 13－12）

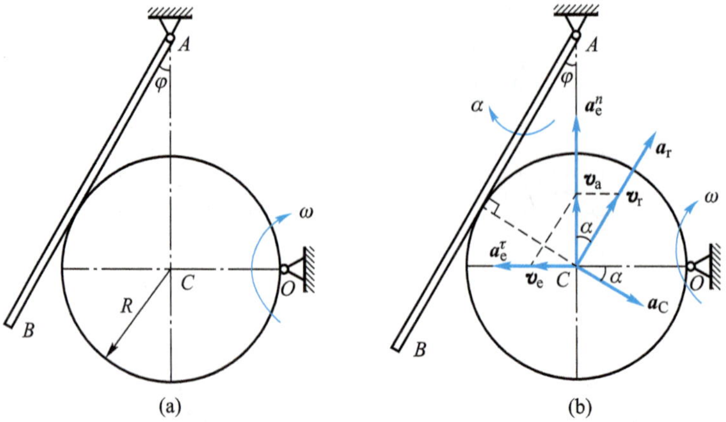

图 13－12

动点 C 的绝对运动是以 R 为半径、以点 O 为圆心的圆周运动；相对运动是沿平行于杆 AB 并与其相距为 R 的直线运动；牵连运动是杆 AB 绕轴 A 的定轴转动。

(2) 进行速度分析，求杆 AB 的角速度 ω_{AB}。

速度合成定理

$$\boldsymbol{v}_a=\boldsymbol{v}_e+\boldsymbol{v}_r$$

其中绝对速度 $\boldsymbol{v}_a$：大小 $v_a=\omega R=4\sqrt{3}$ cm/s，方向垂直于 OC 竖直向上。相对速度 $\boldsymbol{v}_r$：大小未知，方向平行于 AB。牵连速度 $\boldsymbol{v}_e$：大小 $v_e=\omega_{AB}\cdot AC$，方向垂直于 AC 水平向左。

作速度平行四边形，如图 13－12b 所示。则有

$$v_e=v_a\tan\varphi=\omega R\tan 30°=4\ \text{cm/s}$$

$$v_r=\frac{v_a}{\cos\alpha}=\frac{\omega R}{\cos 30°}=8\ \text{cm/s}$$

因此得杆 AB 的角速度

$\omega_{AB}=\dfrac{v_e}{AC}=\dfrac{v_e}{2R}=\dfrac{\sqrt{3}}{3}$ rad/s(顺时针方向)。

(3) 进行加速度分析，求杆 AB 的角加速度 α_{AB}。

因为牵连运动为定轴转动，加速度矢量图如图 13－12b 所示，由加速度合成定理得

$$\boldsymbol{a}_a^n=\boldsymbol{a}_e^n+\boldsymbol{a}_e^\tau+\boldsymbol{a}_r+\boldsymbol{a}_C \tag{a}$$

绝对加速度(圆盘以匀角速度定轴转动，绝对加速度只有法向加速度)$\boldsymbol{a}_a^n$ 的大小 $a_a^n=\omega^2R=8\sqrt{3}$ cm/s²，方向沿 CO；牵连加速度 $\boldsymbol{a}_e^n$ 的大小为 $a_e^n=\omega_{AB}^2\cdot AC=\dfrac{4\sqrt{3}}{3}$ cm/s²，方向沿 CA；$\boldsymbol{a}_e^\tau$ 的大小为 $a_e^\tau=\alpha_{AB}\cdot AC$，$\alpha_{AB}$ 大小未知，为待求量，因此只要求出 a_e^τ，即可求出 α_{AB}。$\boldsymbol{a}_e^\tau$ 的方向垂直于摇杆 AC，假设水平向左。相对加速度 $\boldsymbol{a}_r$ 的大小未知，方向平行于 AB。科氏加速度 $\boldsymbol{a}_C=2\boldsymbol{\omega}_e\times\boldsymbol{v}_r$，大小为 $a_C=2\omega_{AB}\cdot v_r=\dfrac{16\sqrt{3}}{3}$ cm/s²，方向垂直于 AB。

将式(a)中的各加速度矢量沿科氏加速度方向投影得

$$a_a^n\cos\alpha=-a_e^\tau\cos\alpha-a_e^n\sin\alpha+a_C \tag{b}$$

将各加速度的值代入式(b)解得

$$a_e^\tau=\frac{1}{\cos\alpha}(a_C-a_a^n\cos\alpha-a_e^n\sin\alpha)=-4.52\ \mathrm{cm/s^2}$$

因此得摇杆的角加速度 $\alpha_{AB}=\frac{a_e^\tau}{AC}=\frac{a_e^\tau}{2R}=-0.65\ \mathrm{rad/s^2}$，方向为逆时针方向，与图 13-12b 中相反。

本题的机构在运动过程中，圆盘与杆 AB 的接触点随时间不断变化，没有一个不变的接触点，这时不宜选取这种不断变化的接触点为动点，因为动点的相对运动不直观、不清晰，难以进行加速度问题的分析与求解。

习题

13-1 直角曲杆 OCD 在图示瞬时以角速度 ω_0（以 rad/s 计）绕轴 O 转动，使杆 AB 铅垂运动。已知 $OC=l$（以 cm 计）。试求 $\varphi=45°$时，从动杆 AB 的速度。

13-2 如图所示矩形板 $ABCD$，$BC=60$ cm，$AB=40$ cm。板以匀角速度 $\omega=0.5$ rad/s 绕轴 A 转动，动点 M 以匀速 $u=10$ cm/s 沿矩形板 BC 边运动，当动点 M 运动到 BC 边中点时，板处于图示位置，试求该瞬时点 M 的绝对速度。

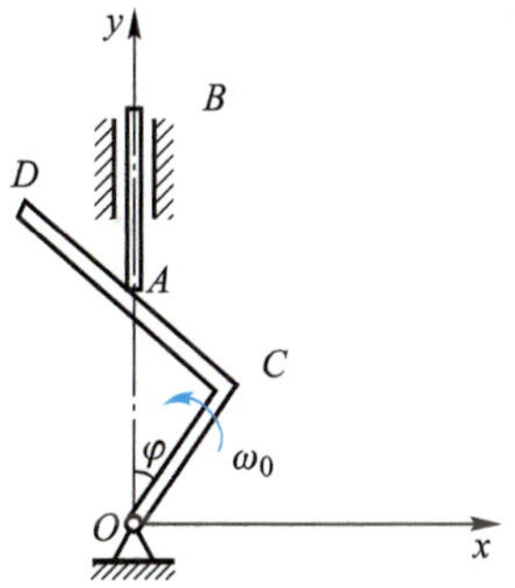

题 13-1 图

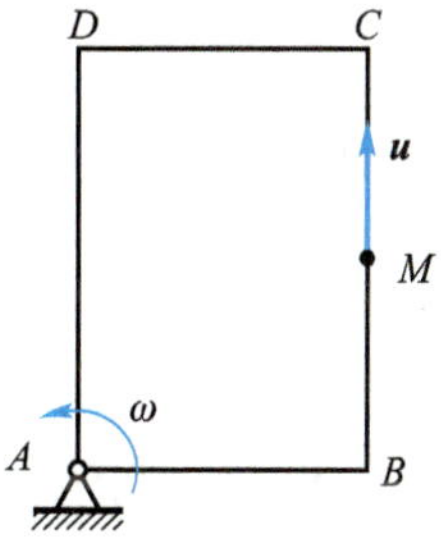

题 13-2 图

13-8
第 13 章习题机构运动动画演示

13-3 图示两种机构中，已知 $O_1O_2=a=200$ mm，$\omega_1=3$ rad/s，求杆 O_2A 的角速度。

13-4 如图所示机构中，套筒 D 可沿杆 AB 滑动，又通过铰链带动杆 DE 沿固定的铅垂导槽运动。已知曲柄 O_1A 长为 r，以匀角速度 ω 沿逆时针方向转动。求图示位置时顶杆 DE 的速度。

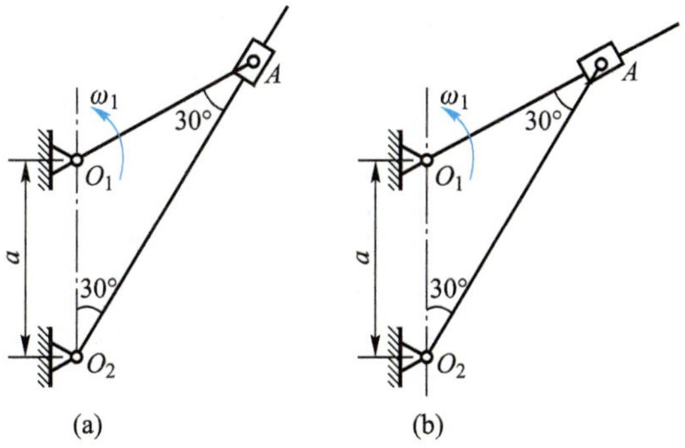

题 13-3 图

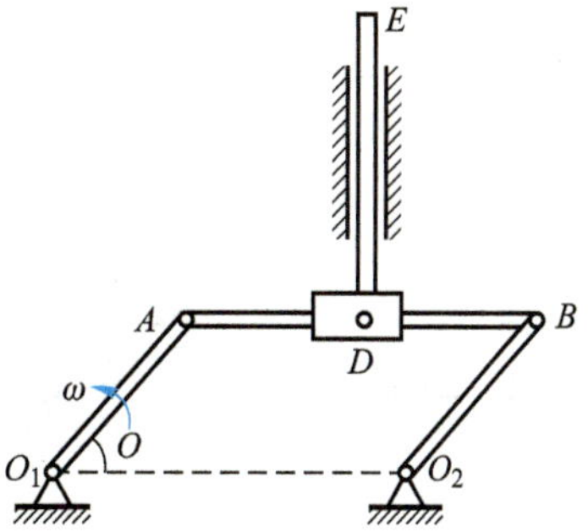

题 13-4 图

13-5 如图所示，联合收获机的平行四边形机械在铅垂面内运动。已知曲柄 $OA=O_1B=500$ mm，OA 转速 $n=36$ r/min，收获机的水平速度 $v=2$ km/h。试求在图示位置 $\varphi=30°$时，杆 AB 的端点 M 的水平速度和铅垂速度。

13-6 如图所示，杆 OA 长为 l，O 端为固定铰支座，A 端搁在半圆形凸轮上，凸轮半径为 r，移动速度为 $\boldsymbol{v}$。试求当时 $\theta=30^{\circ}$，杆 OA 的角速度。

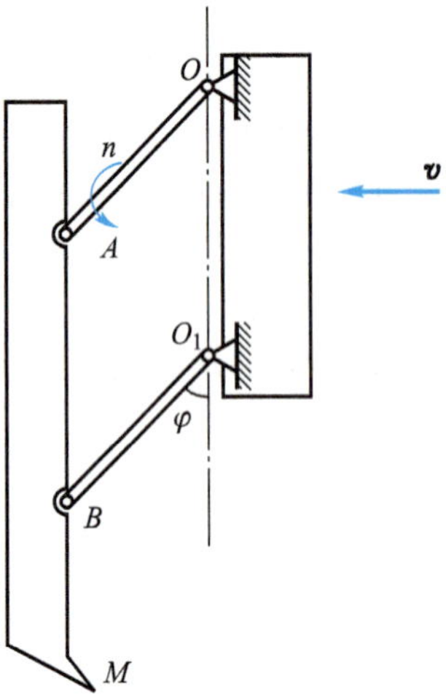

题 13-5 图

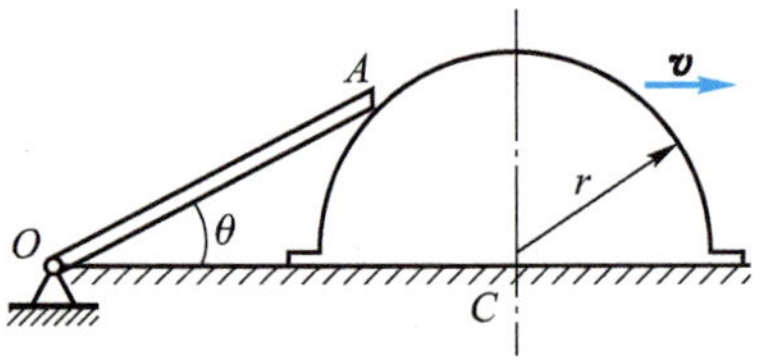

题 13-6 图

13-7 已知曲柄滑块机构中，曲柄长 $OA=r$，并以匀角速度 ω 绕轴 O 转动。装在水平杆上的滑槽 DE 与水平线成 60°角。求当曲柄与水平线的交角分别为 $\varphi=0^{\circ}$，30°，60°时，杆 BC 的速度。

13-8 已知曲柄 $O_1A=r$，以匀角速度 ω 绕轴 O_1 转动，A 端与滑块相铰接，滑块可在 T 形推杆 BCD 的滑槽内滑动，推杆 BCD 在点 F 处与一套筒铰接，杆 O_2E 穿过套筒 F 可绕轴 O_2 转动，高度 h 已知。图示瞬时，O_1A 与水平线成 θ 角，且 $O_1A//O_2E$，求该瞬时杆 O_2E 的角速度。

13-9 直线 AB 以大小为 v_1 的速度沿垂直于 AB 的方向向上移动；直线 CD 以大小为 v_2 的速度沿垂直于 CD 的方向向左上方移动，如图所示。如两直线间的夹角为 θ，求两直线交点 M 的速度。

13-10 如图所示，绕轴 O 转动的圆盘及直杆 OA 上均有一导槽，两导槽间有一活动销 M，$b=0.1\ \mathrm{m}$。设在图示位置时，圆盘及直杆的角速度分别为 $\omega_1=9\ \mathrm{rad/s}$ 和 $\omega_2=3\ \mathrm{rad/s}$。求此瞬时销 M 的速度。

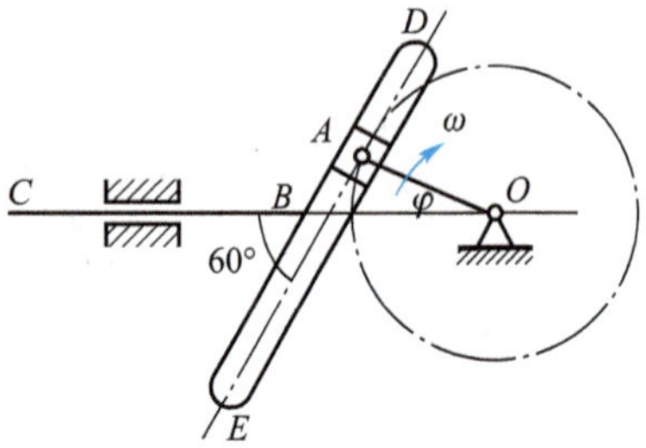

题 13-7 图

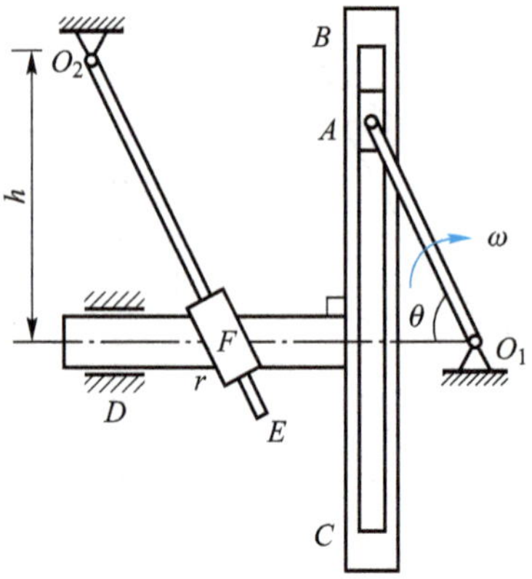

题 13-8 图

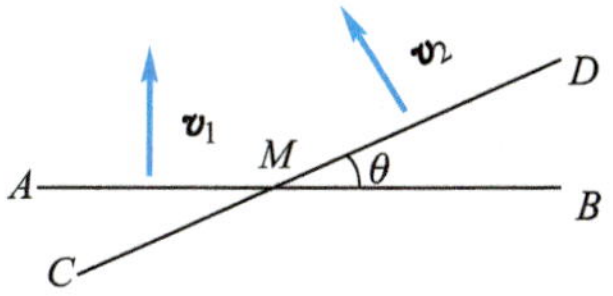

题 13-9 图

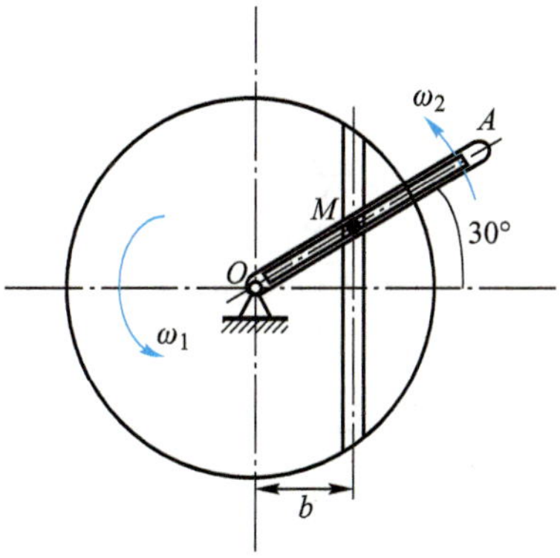

题 13-10 图

13-11 已知主动轮 O 转速为 $n=30\ \mathrm{r/min}$，轮的边缘处有一销 A 置于带有滑槽的杆 O_1D 上，杆 O_1D 绕轴 O_1 转动，$OA=150\ \mathrm{mm}$，在杆 O_1D 的 B 处又有一销与滑块铰接，滑块可在水平导槽内滑动。图示瞬时，$OA\perp OO_1$，求该瞬时杆 O_1D 的角速度和滑块 B 的速度。

13-12 已知正弦机构的曲柄长 $OA=100\ \mathrm{mm}$，$\angle AOC=30^\circ$，曲柄的瞬时角速度 $\omega=2\ \mathrm{rad/s}$，瞬时角加速度 $\alpha=1\ \mathrm{rad/s^2}$。试求图示瞬时导杆 BC 的加速度及滑块 A 相对滑道的相对加速度。

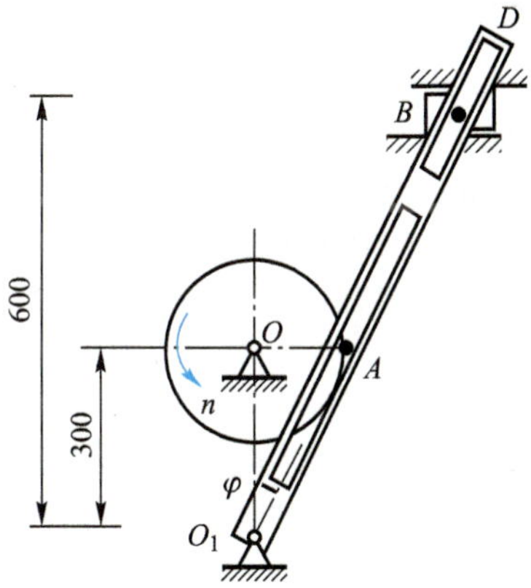

题 13-11 图

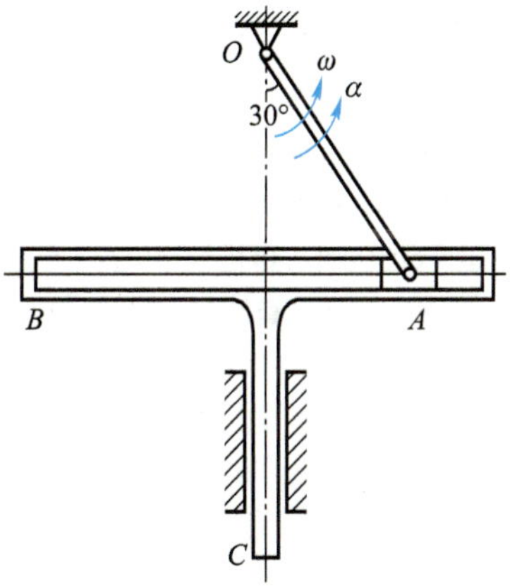

题 13-12 图

13-13 荡木 AB 在图示平面内摆动，小车沿水平线运动。已知 $AB=CD$，$AC=BD=2.5\ \mathrm{m}$。CA 的角速度和角加速度分别为 $\omega=1\ \mathrm{rad/s}$，$\alpha=\sqrt{3}\ \mathrm{rad/s^2}$，小车 G 的速度和加速度分别为 $u_0=3\ \mathrm{m/s}$，$a_0=1\ \mathrm{m/s^2}$，$\varphi=45^\circ$，$\beta=30^\circ$，$GE=3\ \mathrm{m}$。试求该瞬时小车 G 相对于荡木 AB 的速度和加速度。

13-14 平面机构中，已知 $AD=BE=l$，且 $AD//BE$，$OF\perp CE$。当 $\varphi=60^\circ$ 时，杆 BE 的角速度为 ω、角加速度为 α。试求此瞬时，杆 OF 的速度与加速度。

13-15 半径为 $R=0.2\ \mathrm{m}$ 半圆形槽的滑块以速度 $u_0=1\ \mathrm{m/s}$、加速度 $a_0=2\ \mathrm{m/s^2}$ 水平向右运动，推动杆 AB 沿铅垂方向运动。图示瞬时 $\varphi=60^\circ$，试求杆 AB 的速度和加速度。

13-16 曲柄滑块机构如图所示，在滑块上有一圆弧槽，圆弧的半径 $R=3\ \mathrm{cm}$，曲柄 $OP=4\ \mathrm{cm}$。当 $\varphi=30^\circ$ 时，曲柄 OP 的中心线与圆弧槽的中心弧 MN 在点 P 相切。滑块以速度 $u=0.4\ \mathrm{m/s}$、加速度 $a_0=0.4\ \mathrm{m/s^2}$ 向左运动。试求在此瞬时曲柄 OP 的角速度 ω 和角加速度 α。

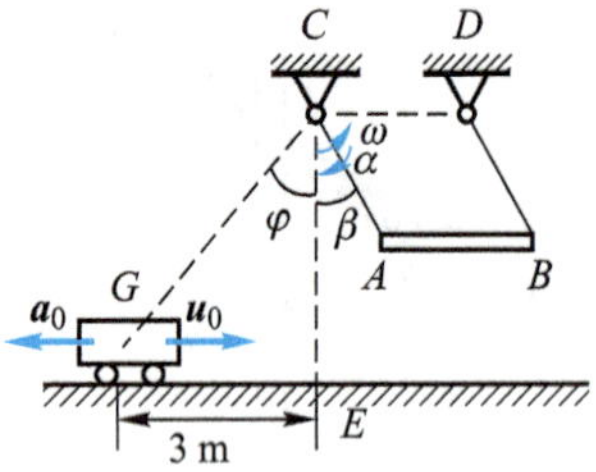

题 13 - 13 图

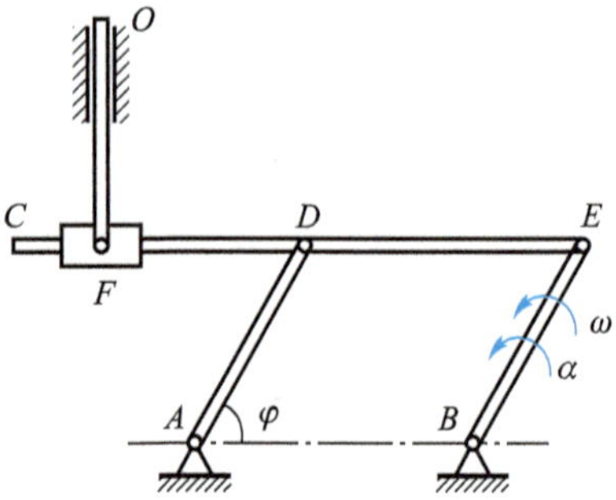

题 13 - 14 图

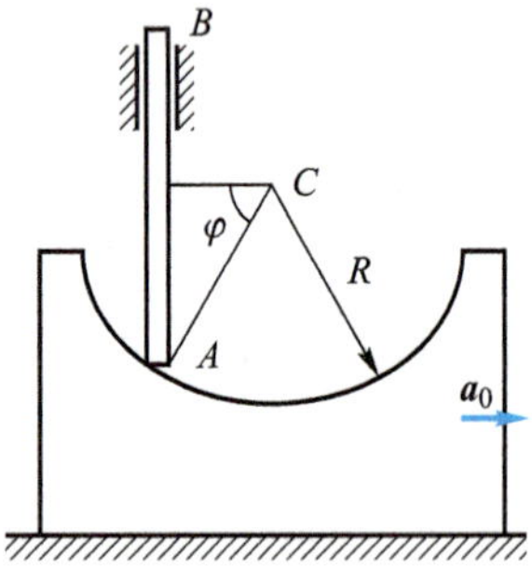

题 13 - 15 图

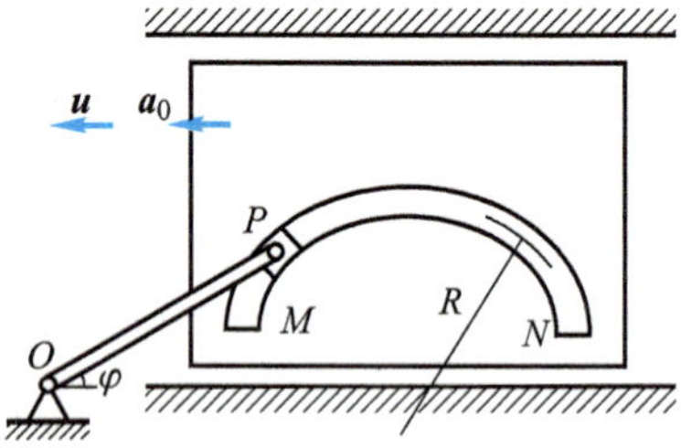

题 13 - 16 图

13 - 17 已知杆 OA 的长为 l，A 端恒与三角块 B 的斜面接触，并沿倾角 $\theta=30^\circ$的斜面滑动。在图示位置，杆 OA 水平，三角块 B 的速度为 $\boldsymbol{v}$，加速度为 $\boldsymbol{a}$。试求此时杆 OA 的角速度与角加速度。

13 - 18 图示铰接四边形机构中，$O_1A=O_2B=100\ \text{mm}$，又 $O_1O_2=AB$，杆 O_1A 以匀角速度 $\omega=2\ \text{rad/s}$ 绕轴 O_1 转动。杆 AB 上有一套筒 C，此套筒与杆 CD 相铰接。机构的各部件都在同一铅垂面内。求当 $\varphi=60^\circ$时，杆 CD 的速度和加速度。

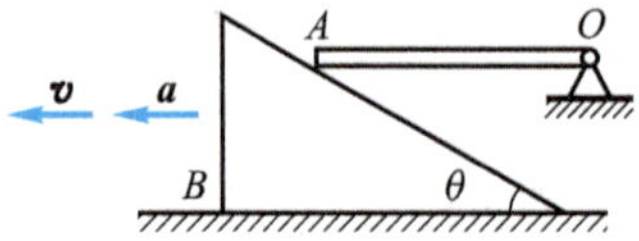

题 13 - 17 图

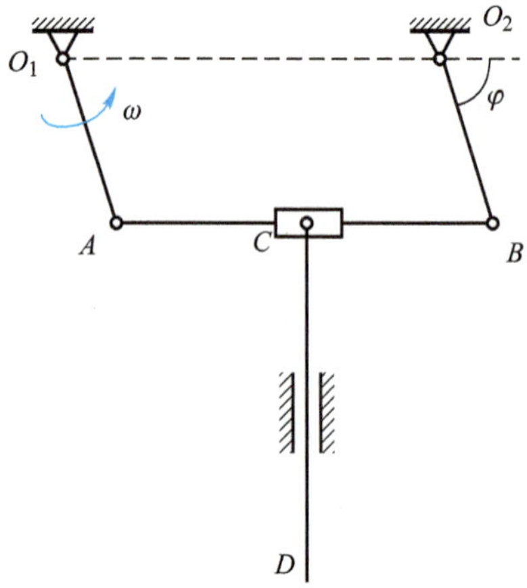

题 13 - 18 图

13 - 19 平底顶杆凸轮机构如图所示，顶杆 AB 可沿导槽上下移动，偏心圆盘绕轴 O 转动，轴 O 位于顶杆轴线上。工作时顶杆的平底始终接触凸轮表面。该凸轮半径为 R，偏心距 $OC=e$，凸轮绕轴 O 转动的角速度为 ω，OC 与水平线成夹角 φ。求当 $\varphi=0^\circ$时，顶杆的速度和加速度。

13-20 已知滑槽 OA 可绕轴 O 定轴转动，杆 BC 可沿导槽水平平移。图示瞬时，杆 BC 的速度和加速度分别为 $\boldsymbol{v}$ 和 $\boldsymbol{a}$。已知 h，θ，试求滑槽 OA 的角速度和角加速度。

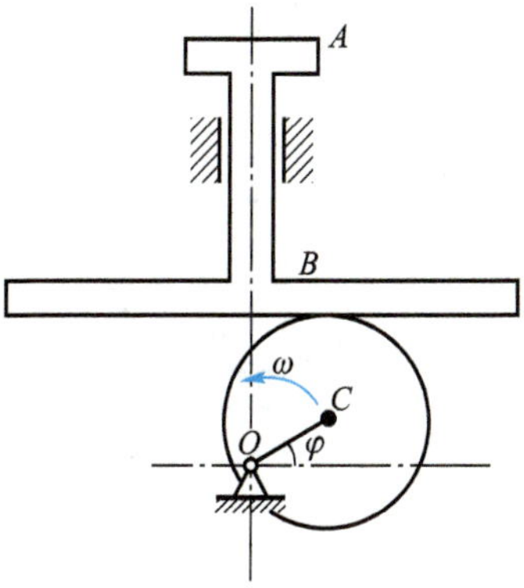

题 13-19 图

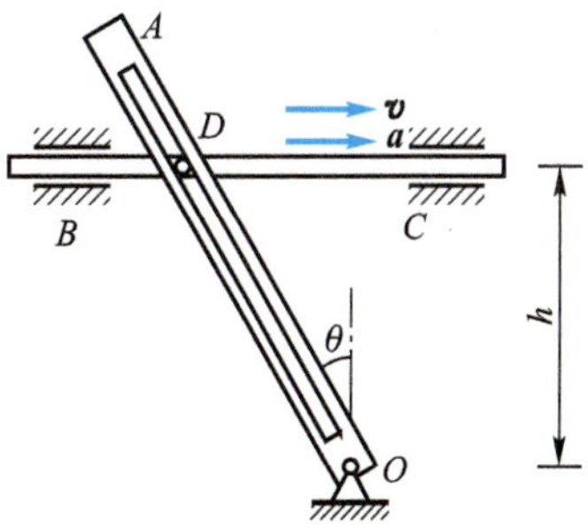

题 13-20 图

13-21 已知半径为 r、偏心距为 e 的凸轮以匀角速度 ω 绕 O 轴转动，杆 AB 长 $l=4e$，A 端置于凸轮上，B 端用铰支座连接。在图示瞬时，杆 AB 处于水平位置，$\varphi=45°$，试求杆 AB 的角速度和角加速度。

13-22 半径为 R 的圆盘以匀角速度 ω_1 绕水平轴 CD 转动，此轴又以匀角速度 ω_2 绕铅垂轴转动。试求圆盘上 1 点和 2 点的速度和加速度。

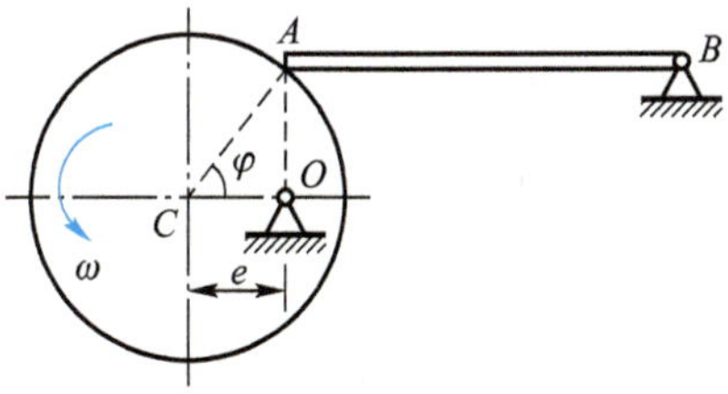

题 13-21 图

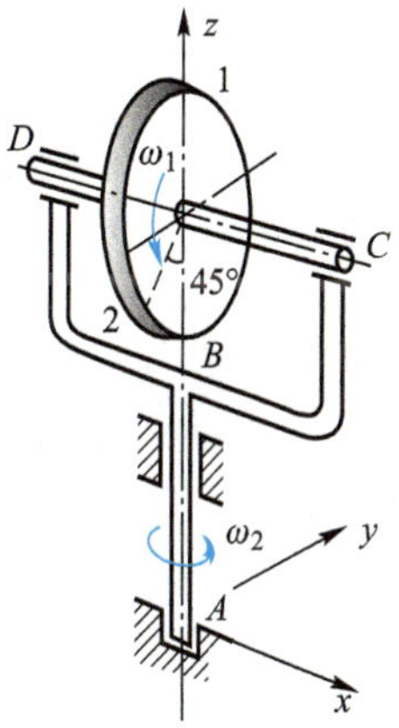

题 13-22 图

13-23 已知直角曲杆 OBC 绕 O 轴转动，使套在其上的小环 M 沿固定直杆 OA 滑动。已知 $OB=0.1$ m，且 $OB\perp BC$，曲杆的角速度 $\omega=0.5$ rad/s，角加速度为零。求当 $\varphi=60°$时，小环 M 的速度和加速度。

13-24 偏心轮摇杆机构中，摇杆 O_1A 借助弹簧压在半径为 R 的偏心轮 C 上。偏心轮 C 绕轴 O 往复摆动，从而带动摇杆绕轴 O_1 摆动。设 $OC\perp OO_1$ 时，轮 C 的角速度为 ω，角加速度为零，$\theta=60°$。求此时摇杆 O_1A 的角速度 ω_1 和角加速度 α_1。

13-25 已知圆盘绕轴 AB 转动，其角速度 $\omega=2t$（单位为 rad/s）。点 M 沿圆盘直径离开中心向外缘运动，其运动规律为 $OM=40t^2$（单位为 mm）。半径 OM 与轴 AB 间成 60°角。求当 $t=1$ s 时，点 M 的绝对加速度的大小。

13-26 已知曲柄 OA 长为 $2r$，绕固定轴 O 转动，圆盘半径 $r=100$ mm，绕轴 A 转动。在图示位置，曲柄 OA 的角速度 $\omega_1=4$ rad/s，角加速度 $\alpha_1=3$ rad/s²，圆盘相对于 OA 的角速度 $\omega_2=6$ rad/s，角加速度 $\alpha_2=4$ rad/s²。求圆盘上点 M 和点 N 的绝对速度和绝对加速度。

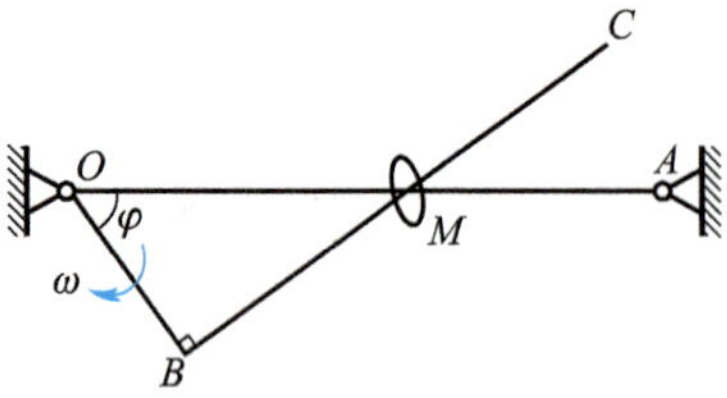

题 13-23 图

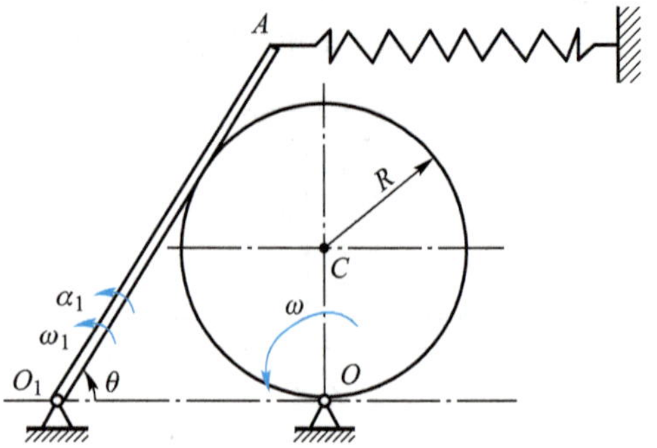

题 13-24 图

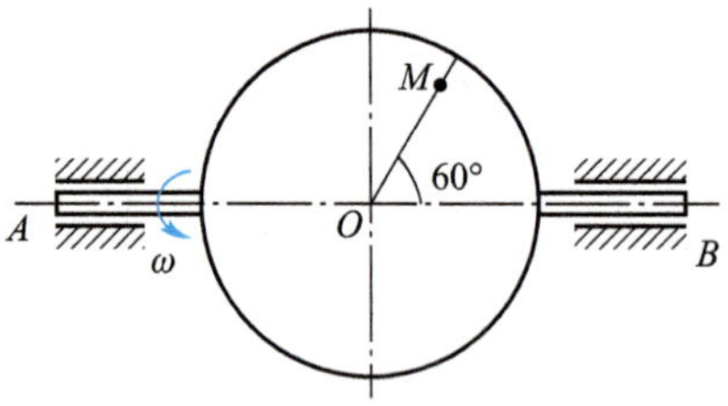

题 13-25 图

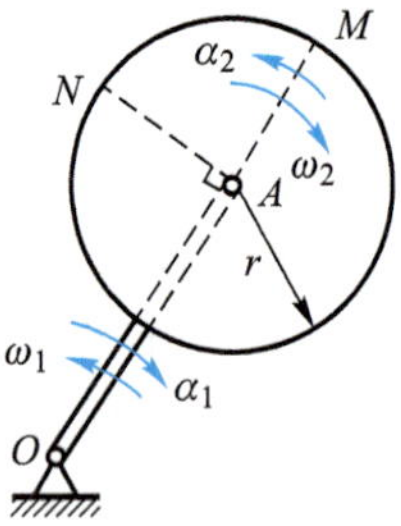

题 13-26 图

13-27 已知杆 OA 以匀角速度 $\omega_0=2$ rad/s 绕轴 O 转动，半径 $r=2$ cm 的小轮沿杆 OA 做无滑动的滚动，轮心相对杆 OA 的运动规律为 $b=4t^2$（式中 b 以 cm 计，t 以 s 计）。当 $t=1$ s，$\varphi=60°$时，试求该瞬时轮心 O_1 的绝对速度和绝对加速度。

13-28 已知斜面 AB 与水平面间成 45°角，以 0.1 m/s^2 的加速度沿 Ox 轴向右运动。物块 M 以匀相对加速度 $0.1\times\sqrt{2}$ m/s^2 沿斜面滑下，斜面与物块的初速度都是零。物块的初坐标为 $x=0,y=h$。求物块的绝对运动、运动轨迹、速度和加速度。

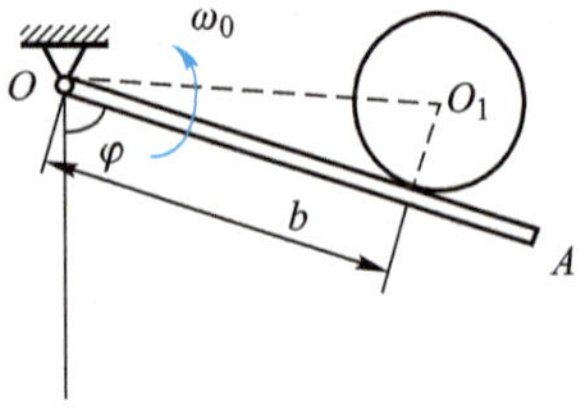

题 13-27 图

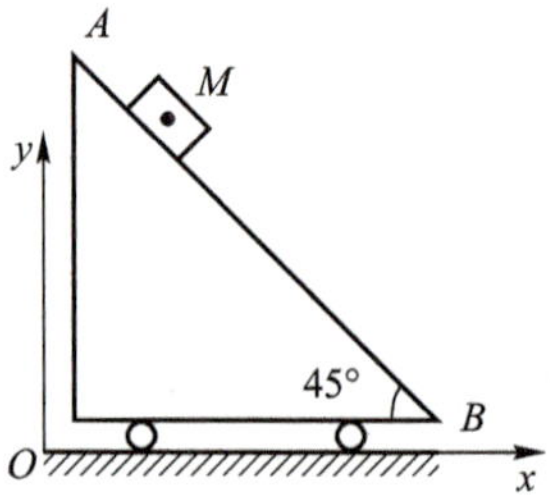

题 13-28 图

13-29 牛头刨床机构中，已知 $O_1A=200$ mm，角速度 $\omega_1=2$ rad/s，角加速度 $\alpha=0$。求图示位置滑枕 CD 的速度和加速度。

13-30 在平面机构中，刚体 CD 以匀速度 u 在水平面上做平移，通过套筒 C 带动杆 OA 绕轴 O 转动。当 $t=0$ 时，杆 OA 恰在铅垂位置。试求在任意瞬时 t（尺寸 L 为已知），杆 OA 的角速度和角加速度。

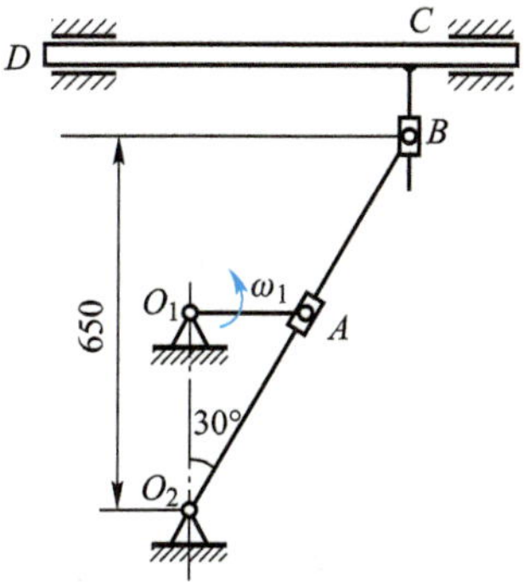

题 13 - 29 图

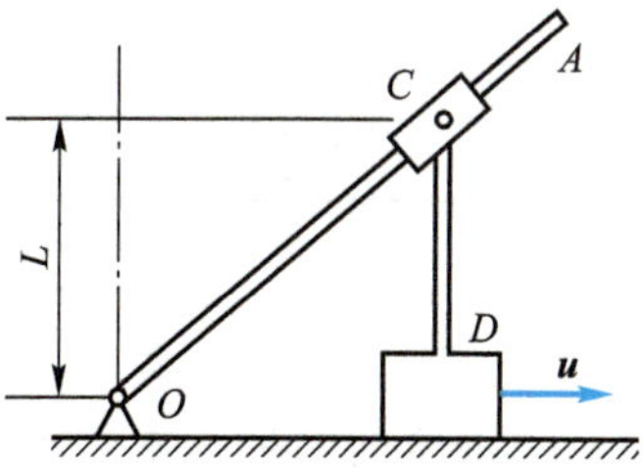

题 13 - 30 图

13 - 31 如图所示，直杆 OA 固定不动，半径 $R=1$ m 的大圆环绕轴 O 做定轴转动，角速度 $\omega=1$ rad/s，角加速度 $\alpha=1$ rad/s^2。大圆环用小圆环 M 套在杆 OA 上。试求杆 OA 与大圆环直径重合时，小环 M 的绝对速度和绝对加速度。

13 - 32 图示点 P 以不变的相对速度 $\boldsymbol{v}_r$ 沿圆锥体的母线 OB 向下运动。此圆锥体以角速度 ω 绕轴 OA 做匀速运动。已知 $\angle POA=\alpha$，当 $t=0$ 时点 P 在 P_0 处，$OP_0=b$，试求点 P 在瞬时 t 的绝对加速度。

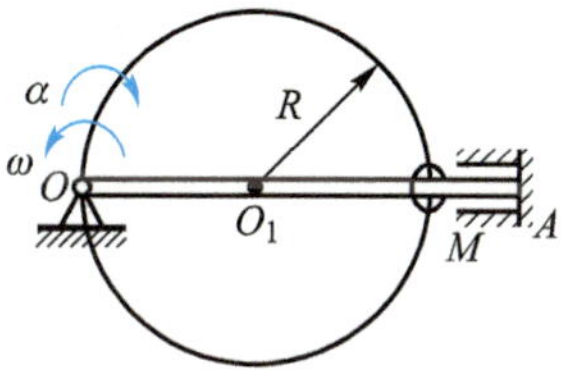

题 13 - 31 图

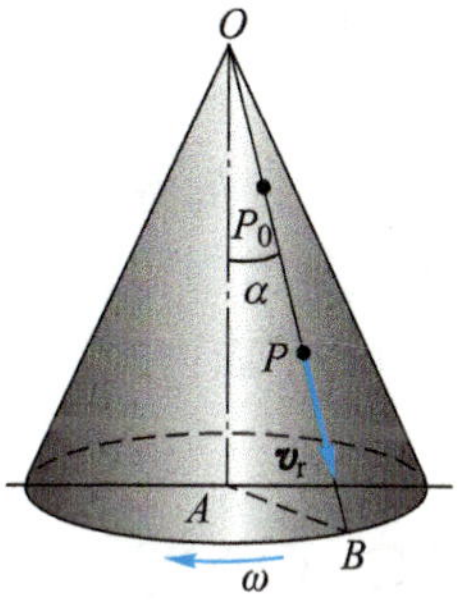

题 13 - 32 图

13 - 9
第 13 章
习题答案

第 14 章　刚体平面运动

第 12 章讨论了刚体的两种基本运动——平移和定轴转动。本章将讨论刚体更复杂的运动形式——平面运动，它可以看作刚体平移和定轴转动的合成，也可看作绕不断运动的轴的转动。本章将阐明刚体平面运动的分解、平面运动刚体的角速度和角加速度，及刚体上各点的速度和加速度。

14.1　刚体平面运动的基本概念及运动的分解

在日常生活和工程中有很多机构零件的运动，如车轮沿一直线轨道滚动（图 14 - 1），黑板擦在擦黑板时的运动，曲柄滑块机构中连杆 AB 的运动（图 14 - 2）等，这类运动既不是平移，又不是定轴转动，但它们有一个共同的特点，即**在运动过程中，刚体上所有各点到某一固定平面的距离始终保持不变，刚体的这种运动称为刚体的平面运动**（plane motion）。平面运动刚体上的各点都在平行于某一固定平面的平面内运动。

14 - 1
曲柄连杆
滑块机构
（图 14 - 2）

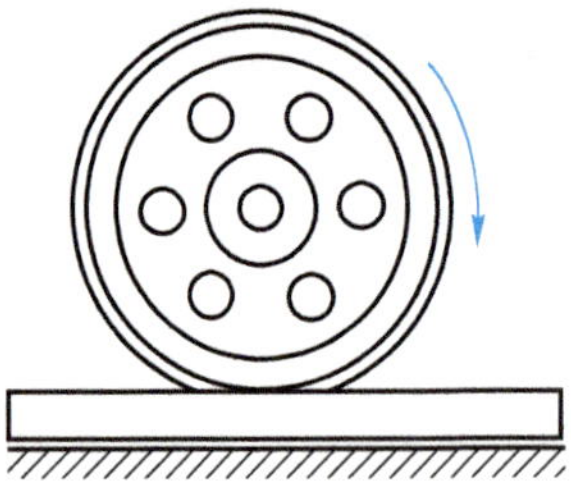

图 14 - 1

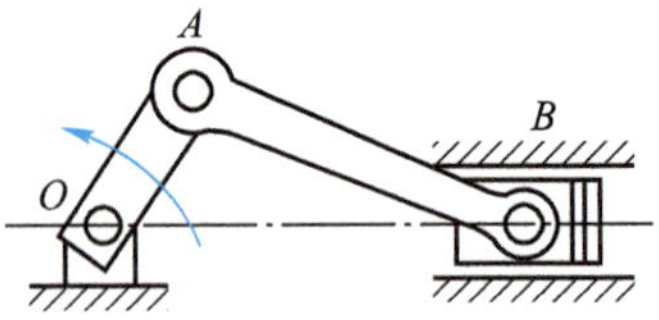

图 14 - 2

图 14 - 3a 为一连杆简图，连杆在平面运动的过程中，连杆上各点到固定平面 $O_1x_1y_1$ 的距离始终保持不变。用一个平行于固定平面 $O_1x_1y_1$ 的平面 Oxy 截割连杆，所截得的平面图形将始终在平面 Oxy 内运动，如图 14 - 3b 所示。若通过平面图形上任一点 c 作一直线，使其垂直于固定平面 $O_1x_1y_1$，则当刚体作平面运动时，该直线作平移，因此平面图形上的点与该直线上各点的运动完全相同。由此可知，平面图形上各点的运动可以代表刚体内所有点的运动。因此，刚体的平面运动可化简为平面图形在它自身平面内的运动。

如图 14 - 4 所示，平面图形 S 在其平面 Oxy 上的位置完全可以由图形内任意线段 $O'M$ 的位置来确定，而要确定此线段在平面内的位置，只需确定线段上任一点 O' 的位置和线段 $O'M$ 与固定坐标轴 Ox 间的夹角 φ 即可。

点 O' 的坐标和角 φ 都是时间的函数，即

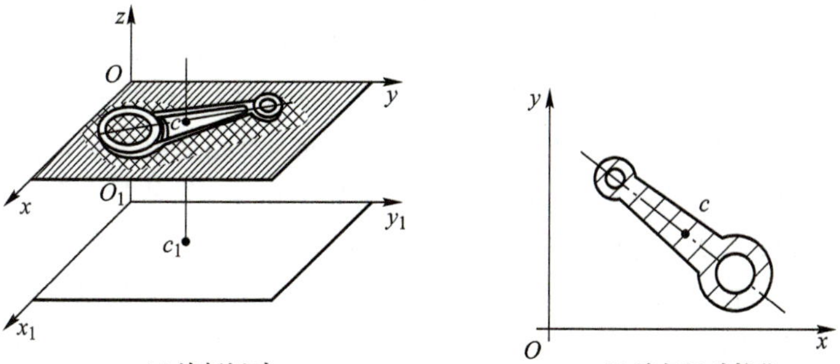

(a) 连杆运动　　(b) 连杆运动简化

图 14－3

$$\left.\begin{aligned} x_{O'} &= f_1(t) \\ y_{O'} &= f_2(t) \\ \varphi &= f_3(t) \end{aligned}\right\} \tag{14-1}$$

式(14－1)就是平面运动方程(equations of plane motion)。

由式(14－1)可见，平面图形的运动方程可由两部分组成：一是平面图形按点 O' 的运动方程 $x_{O'}=f_1(t)$，$y_{O'}=f_2(t)$ 的平移；一是绕 O' 转角为 $\varphi=f_3(t)$ 的转动。可以看出，如果平面图形中 O' 点固定不动，则刚体做定轴转动；如果平面图形中 φ 角保持不变，则刚体做平移。

现举例说明刚体的平面运动可以分解为平移和转动。车轮沿直线轨道滚动是平面运动，如果在车厢上观察，车轮相对于车厢做定轴转动，而车厢相对于地面平移。这样，车轮的平面运动可以看成车轮随同车厢的平移和相对于车厢的转动的合成；反过来说，车轮的平面运动可以分解为随同车厢的平移和相对于车厢的转动。

如图 14－5 所示，设杆 AB 代表某一平面图形在某一固定平面内运动。某一瞬时 t，杆 AB 在位置 Ⅰ 处，在杆 AB 上任取一点 A，称为**基点**；建立一个随基点 A 平移的坐标系，动坐标轴的方向始终保持不变，点 A 的运动情况就可以体现出整个平移坐标系的运动情况，所以不必在图形上画出平移坐标系。

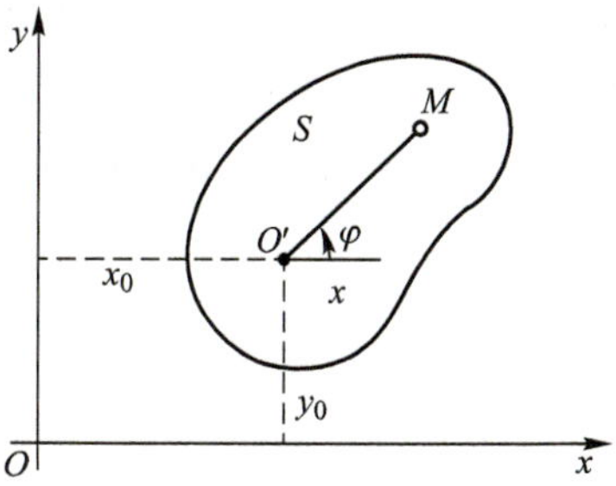

图 14－4

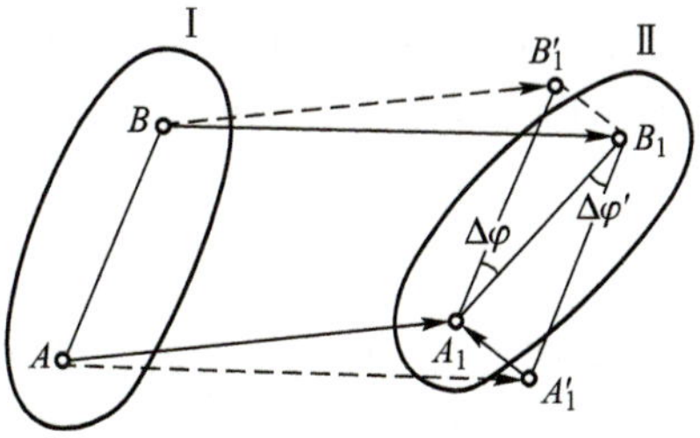

图 14－5

平面图形杆 AB 的运动，在经历了时间间隔 Δt 后，于瞬时 $t+\Delta t$ 运动到位置 Ⅱ，即 A_1B_1 处，可将这个过程分成两个阶段。先将杆 AB 随同基点 A 由位置 Ⅰ 平移到 A_1B_1' 处，这时杆上(图形上)各点的位移都和基点 A 的位移相同，都等于 AA_1。这个阶段，杆(或图形)随同基点平移。

然后将杆绕通过 A_1 且垂直于平面的轴顺时针转过一个角度 $\Delta\varphi$ 到达 A_1B_1 处。这两个过程实际上是同时进行的，只要 Δt 充分小，把运动分成两个阶段的做法和真实运动之间的差别就越小，这样一来，平面图形的运动，也就是刚体的平面运动就分成随同基点的平移和绕基点的转动。

但是，平面图形上各点的运动情况一般来说是不同的，因此选取不同的点作为基点，随基点所做的平移也是不同的。如果选取杆 AB 上的点 B 作为基点，先使杆 AB 随同基点 B 运动到 $A_1'B_1$ 处，然后顺时针转动 $\Delta\varphi'$ 角到达 A_1B_1 处。在第一阶段，杆上各点的位移均为 BB_1，显然与以点 A 为基点时的平移位移 AA_1 是不同的。这就是说，选择不同的基点，其平移规律一般是不同的。可见，随同基点的平移规律与基点的选择有关，通常选取运动情况已知的点作为基点。

由图 14-5 可见，因为 $AB /\!/ A_1B_1' /\!/ A_1'B_1$，所以转角 $\Delta\varphi=\Delta\varphi'$ 大小相等，且转向相同。因而在同一瞬时，杆 AB 绕不同基点转动的角速度和角加速度是相同的。可见，刚体平面运动的绕基点转动部分与基点的选择无关，无论选择哪一点作为基点，刚体绕基点的转动都是一样的。因此，无须专门指明刚体是绕哪个基点的转动，而只说平面图形的转动，具体提到角速度和角加速度时也不用说绕哪个点转，转动时有共同的角速度和角加速度。

综上所述，**刚体平面运动可分解为随同基点的平移和绕基点的转动，平面图形随同基点平移的速度和加速度随基点选取的不同而不同，绕基点转动的角速度和角加速度与基点的选择无关**。

需要说明的是，应用前面的合成运动理论来分析刚体的平面运动时，平面图形 AB 的运动是刚体的绝对运动，固接在基点 A 的平移坐标系 $Ax'y'$ 的运动是牵连运动，而平面图形绕基点 A 的转动是相对运动。因为牵连运动是平移，所以刚体相对于平移坐标系转动的角速度和角加速度与相对于固定平面转动的角速度和角加速度是一样的。

14.2 求平面图形内各点速度的基点法

研究平面图形的运动时，先取其上某一点作为基点，平面图形的运动就分解为随基点的平移，为牵连运动；绕基点的转动，为相对运动。平面图形内任一点的运动也是这两种运动的合成，因此可用速度合成定理来求它的速度，这种方法称为**基点法**。

如图 14-6a 所示，某瞬时，平面图形上点 A 的速度为 $\boldsymbol{v}_A$，图形的角速度为 ω，求平面图形上任一点 B 的速度 $\boldsymbol{v}_B$。取点 A 为基点，点 B 为动点。因为牵连运动为随同点 A 的平移，所以点 B 的牵连速度为 $\boldsymbol{v}_A$。又因为点 B 的相对运动为以点 A 为圆心的圆周运动，所以点 B 的相对速度就是平面图形绕基点 A 转动时点 B 的速度，以 $\boldsymbol{v}_{BA}$ 表示，它垂直于 AB 而朝向图形的转动方向，大小为

$$v_{BA}=AB\cdot\omega \tag{14-2}$$

式中，ω 是平面图形角速度的绝对值。以速度 $\boldsymbol{v}_A$ 和 $\boldsymbol{v}_{BA}$ 为邻边作平行四边形，点 B 的绝对速度就由平行四边形的对角线表示，即

$$\boldsymbol{v}_B=\boldsymbol{v}_A+\boldsymbol{v}_{BA} \tag{14-3}$$

即**平面图形内任一点的速度等于基点的速度和该点随图形绕基点转动速度的矢量和**。

在应用基点法时，应注意以下几点：

(1) 相对速度 $\boldsymbol{v}_{BA}$ 垂直于 AB 连线，大小正比于 AB 的长度。$\boldsymbol{v}_{BA}$ 的指向与角速度 ω 一致，由

ω 的转向可以判断 $\boldsymbol{v}_{BA}$ 的方向。若 $\boldsymbol{v}_{BA}$ 的方向已知，可判定 ω 的转向。

(2) $\boldsymbol{v}_A$、$\boldsymbol{v}_B$、$\boldsymbol{v}_{BA}$ 各有大小和方向两个要素，共计六个要素，要使问题可解，一般应有四个要素是已知的。在平面图形运动中，点的相对速度 $\boldsymbol{v}_{BA}$ 的方向总是已知的，它垂直于 AB，只需知道其他三个要素，便可作出速度平行四边形。

(3) 通常取平面图形上运动情况已知的点为基点，运动情况包括点的轨迹、速度和加速度。图形内任一点都可以作为基点，所以式(14－3)表明了平面图形内任意两点的速度之间的关系。

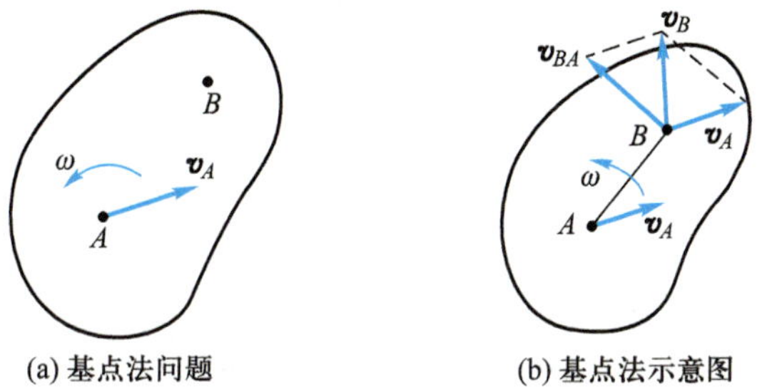

图 14－6

由图 14－6b 可知，$\boldsymbol{v}_{BA}$ 垂直于 AB 连线，在 AB 连线上的投影等于零。若把式(14－3)两边分别向 AB 连线上投影，则得

$$(\boldsymbol{v}_B)_{AB}=(\boldsymbol{v}_A)_{AB} \tag{14-4}$$

即点 B 的速度 $\boldsymbol{v}_B$ 和点 A 的速度 $\boldsymbol{v}_A$ 在 AB 连线上的投影相等。这就得到了**速度投影定理：刚体上任意两点的速度在过这两点的直线上的投影相等**。

速度投影定理的物理意义也很明显，如果点 A 的速度 $\boldsymbol{v}_A$ 和点 B 的速度 $\boldsymbol{v}_B$ 在直线 AB 上的投影不相等，就意味着 A、B 两点之间的距离发生了变化，然而刚体上两点之间的距离是不变的，因此 $\boldsymbol{v}_A$ 和 $\boldsymbol{v}_B$ 在 AB 直线上的投影必相等。用速度投影定理可求刚体上某点的速度的大小或方向，而不涉及平面图形运动的角速度。同时，速度投影定理不仅适用于做平面运动的刚体，也适用于做其他任意运动的刚体。

下面举例说明基点法和速度投影定理的应用。

例 14－1 如图 14－7a 所示，椭圆规尺的 A 端以速度 $\boldsymbol{v}_A$ 沿 x 轴的负向运动，$AB=l$。试求 B 端的速度以及规尺 AB 的角速度。

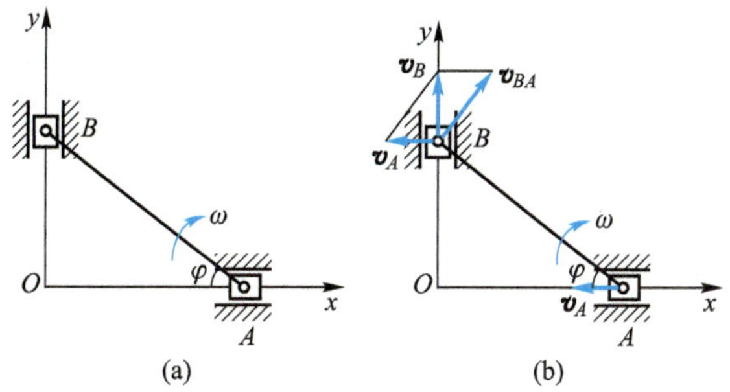

图 14－7

14－2
椭圆规机构
(图 14－7)

解 规尺 AB 做平面运动。点 A 的速度已知，取点 A 为基点，应用速度合成定理，点 B 的速度可表示为

$$\boldsymbol{v}_B = \boldsymbol{v}_A + \boldsymbol{v}_{BA}$$

由速度合成矢量图图 14-7b 可得

$$v_B = v_A \cot\varphi, \quad v_{BA} = \frac{v_A}{\sin\varphi}$$

故规尺 AB 的角速度

$$\omega = \frac{v_{BA}}{AB} = \frac{v_{BA}}{l} = \frac{v_A}{l\sin\varphi}\text{（顺时针）}$$

例 14-2 如图 14-8a 所示的行星系中，大齿轮 Ⅰ 固定，半径为 r_1；行星齿轮 Ⅱ 沿轮 Ⅰ 只滚而不滑动，半径为 r_2；杆 OA 角速度为 ω_O。试求轮 Ⅱ 的角速度 $\omega_{\text{Ⅱ}}$ 及 B、C 两点的速度。

14-3 行星齿轮机构（图 14-8）

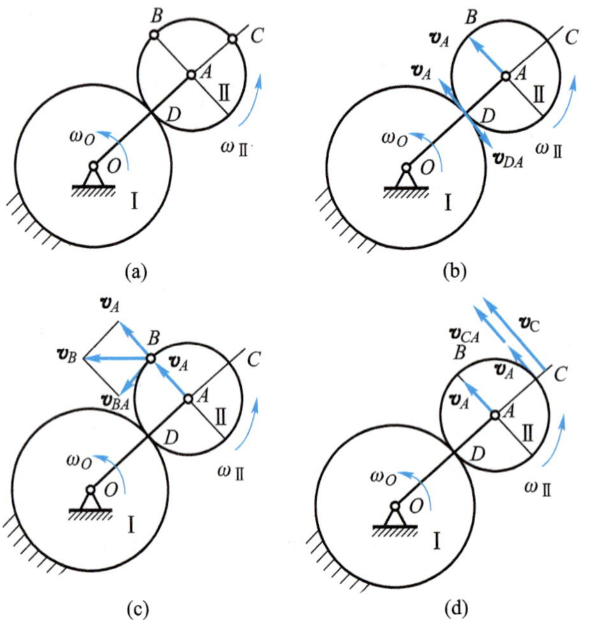

图 14-8

解 （1）求轮 Ⅱ 的角速度 $\omega_{\text{Ⅱ}}$。

行星轮 Ⅱ 做平面运动，点 A 的速度 $v_A = \omega_O \cdot OA = \omega_O(r_1 + r_2)$。

以 A 为基点，速度矢量图如图 14-8b 所示，则轮 Ⅱ 上与轮 Ⅰ 接触的点 D 的速度可表示为

$$\boldsymbol{v}_D = \boldsymbol{v}_A + \boldsymbol{v}_{DA}$$

式中 $v_{DA} = \omega_{\text{Ⅱ}} \cdot DA$，$v_A = \omega_O(r_1 + r_2)$，由于齿轮 Ⅰ 固定不动，接触点 D 不滑动，所以 $v_D = 0$，因而有

$$v_{DA} = v_A$$

即

$$\omega_{\text{Ⅱ}} \cdot DA = \omega_O(r_1 + r_2)$$

解得

$$\omega_{\text{Ⅱ}} = \frac{\omega_O(r_1 + r_2)}{r_2}\text{（逆时针）}$$

（2）求轮 Ⅱ 上点 B 的速度。

以 A 为基点，点 B 的速度为

$$\boldsymbol{v}_B = \boldsymbol{v}_A + \boldsymbol{v}_{BA}$$

其中 $v_{BA}=\omega_{\text{II}}\cdot BA=\omega_O(r_1+r_2)=v_A$，方向与 $\boldsymbol{v}_A$ 垂直，如图 14－8c 所示。

因此，$\boldsymbol{v}_B$ 与 $\boldsymbol{v}_A$ 的夹角为 45°，指向如图 14－8c 所示，大小为

$$v_B=\sqrt{2}\,v_A=\sqrt{2}\,\omega_O(r_1+r_2)$$

(3) 求轮Ⅱ上点 C 的速度。

以 A 为基点，点 C 的速度

$$\boldsymbol{v}_C=\boldsymbol{v}_A+\boldsymbol{v}_{CA}$$

其中 $v_{CA}=\omega_{\text{II}}\cdot CA=\omega_O(r_1+r_2)=v_A$，方向与 $\boldsymbol{v}_A$ 一致，如图 14－8d 所示，由此得

$$v_C=v_A+v_{CA}=2\omega_O(r_1+r_2)$$

例 14－3　图 14－9a 所示平面机构中，曲柄 $OA=100$ mm，以角速度 $\omega=2$ rad/s 转动。连杆 AB 带动摇杆 CD，并拖动轮 E 沿水平面滚动。已知 $CD=3CB$，图示位置时 A、B、E 三点恰在同一水平线上，且 $CD\perp ED$，试求此瞬时点 E 的速度。

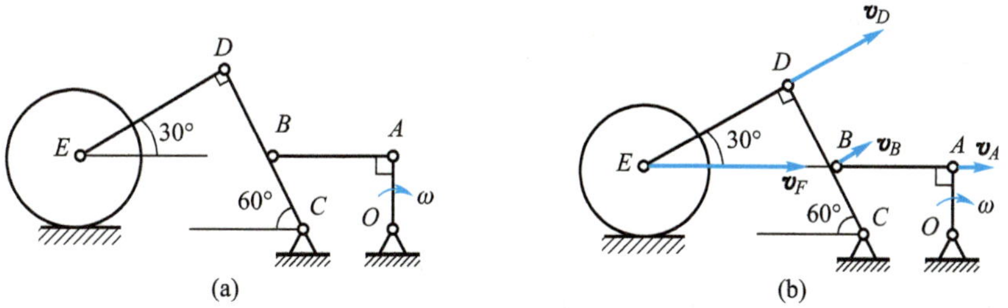

14－4 曲柄连杆滚轮机构（图 14－9）

图 14－9

解　杆 OA 做定轴转动，点 A 的速度方向垂直于杆 OA；杆 CD 做定轴转动，点 B 和点 D 的速度方向均垂直于 CD；轮 E 在水平面滚动，轮心点 E 的速度方向为水平方向，各点的速度矢量图如图 14－9b 所示。

杆 AB 为平面运动，由速度投影定理知，点 A、点 B 的速度在 AB 连线上的投影相等，即

$$v_B\cos 30^\circ=v_A$$

$$v_B=\frac{v_A}{\cos 30^\circ}=\frac{OA\cdot\omega}{\cos 30^\circ}=0.231\ \text{m}\cdot\text{s}^{-1}$$

摇杆 CD 绕轴 C 做定轴转动

$$v_D=\frac{v_B}{CB}\cdot CD=3v_B=0.693\ \text{m}\cdot\text{s}^{-1}$$

杆 DE 为平面运动，由速度投影定理，点 D、E 的速度关系为

$$v_E\cos 30^\circ=v_D$$

解得 $v_E=0.8\ \text{m}\cdot\text{s}^{-1}$。

14.3　求平面图形内各点速度的瞬心法

在应用基点法求平面图形内各点速度时，如果能找到图形上在该瞬时速度为零的点作为基点，根据式(14－3)则有 $\boldsymbol{v}_B=\boldsymbol{v}_{BA}$。该瞬时，图形上各点的速度分布情况和图形在该瞬时绕点 A 转动时的一样，那么确定平面图形上任一点 B 的速度更为方便。

1. 速度瞬心的概念

任一瞬时，平面图形内部或其扩大部分总存在绝对速度为零的点，该点称为平面图形在该瞬

时的瞬时速度中心，也称速度瞬心。

设有一个平面图形 S，如图 14－10 所示。已知平面图形点 A 的速度为 $\boldsymbol{v}_A$，图形的角速度为 ω，转向如图所示。取点 A 为基点，图形上任一点 M 的速度可按下式计算：

$$\boldsymbol{v}_M=\boldsymbol{v}_A+\boldsymbol{v}_{MA}$$

如果 M 在 $\boldsymbol{v}_A$ 的垂线 AN 上（由 $\boldsymbol{v}_A$ 到 AN 的转向与图形的转向一致），由图中看出，$\boldsymbol{v}_A$ 与 $\boldsymbol{v}_{MA}$ 在同一直线上，而方向相反，故 $\boldsymbol{v}_M$ 的大小为

$$v_M=v_A-AM\cdot\omega$$

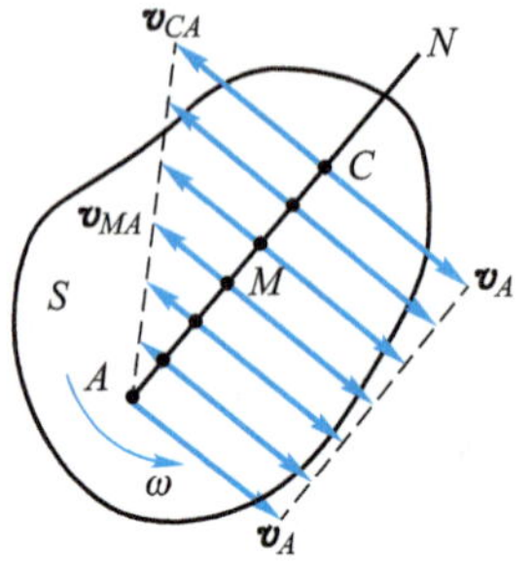

图 14－10

由上式可知，随着点 M 在垂线 AN 上的位置不同，$\boldsymbol{v}_M$ 的大小也不同，因此只要角速度 ω 不等于零，总可以找到一点 C，这点的瞬时速度等于零，令

$$AC=\frac{v_A}{\omega}$$

则

$$v_C=v_A-AC\cdot\omega=0$$

因此，平面图形内唯一存在速度为零的点，即速度瞬心是唯一存在的。

2. 平面图形内各点速度及其分布

根据上面所述，每一瞬时在图形内部或扩大部分都存在速度等于零的点 C，即 $v_C=0$。选取点 C 为基点，图 14－11a 所示 A、B、D 各点的速度为

$$\boldsymbol{v}_A=\boldsymbol{v}_C+\boldsymbol{v}_{AC}=\boldsymbol{v}_{AC}$$
$$\boldsymbol{v}_B=\boldsymbol{v}_C+\boldsymbol{v}_{BC}=\boldsymbol{v}_{BC}$$
$$\boldsymbol{v}_D=\boldsymbol{v}_C+\boldsymbol{v}_{DC}=\boldsymbol{v}_{DC}$$

由此得出结论：**平面图形内任一点的速度等于该点随图形绕速度瞬心转动的速度。**

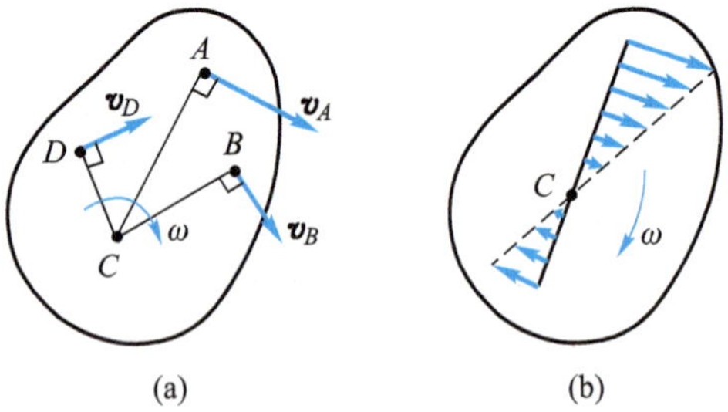

图 14－11

由于平面图形绕任一点转动的角速度都相等，因此图形绕速度瞬心 C 转动的角速度等于图形绕任一基点转动的角速度，以 ω 表示这个角速度，于是有

$$v_A=v_{AC}=\omega\cdot AC$$
$$v_B=v_{BC}=\omega\cdot BC$$
$$v_D=v_{DC}=\omega\cdot DC$$

由此可见，图形内各点速度的大小与该点到速度瞬心的距离成正比。速度的方向垂直于该点到速度瞬心的连线，指向图形转动的一方，如图 14－11a 所示。这样求出的速度的分布情况，可给出一个简单而清晰的概念。

平面图形上各点速度在某瞬时的分布情况，与图形绕定轴转动时各点速度的分布情况类似，如图 14－11b 所示，平面图形的运动可看成绕速度瞬心的瞬时转动。

综上所述，如果已知平面图形在某一瞬时的速度瞬心位置和角速度，则图形内任一点的速度可以完全确定。下面介绍几种确定速度瞬心的方法。

（1）平面图形沿一固定表面做无滑动的滚动，如图 14－12 所示。图形与固定面的接触点 C 就是图形的速度瞬心，因为在这一瞬时，点 C 相对于固定面的速度为零，所以它的绝对速度等于零。车轮滚动过程中，轮缘上的各点相继与地面接触，则滚动车轮的速度瞬心时刻在变化。

（2）已知图形内任意两点 A 和 B 的速度方向，如图 14－13 所示，速度瞬心的位置必在每一点速度的垂线上。因此，在图 14－13 中，通过点 A 作垂直于 $\boldsymbol{v}_A$ 方向的直线，再通过点 B，作垂直于 $\boldsymbol{v}_B$ 方向的垂线，设两条直线交于点 C，则点 C 就是平面图形的速度瞬心。

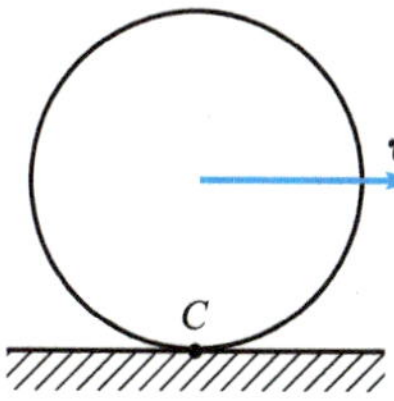

图 14－12

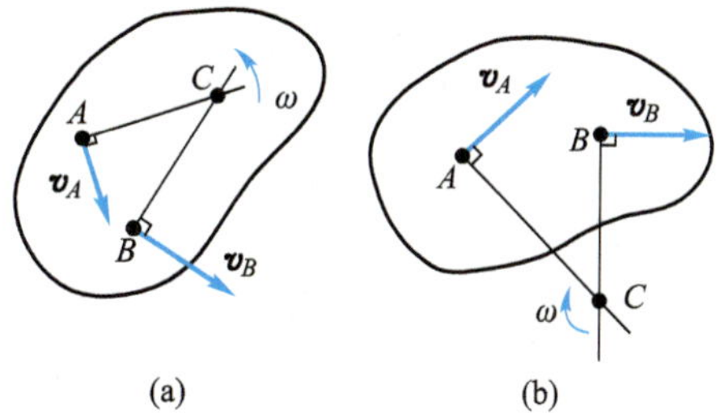

图 14－13

（3）已知图形上两点 A 和 B 的速度相互平行，大小不等，速度方向垂直于两点的连线 AB，如图 14－14 所示，则速度瞬心必在连线 AB 与速度矢 $\boldsymbol{v}_A$ 和 $\boldsymbol{v}_B$ 端点连线的交点 C 上。因此，欲确定图 14－14 所示图形的速度瞬心 C 的位置，不仅需要知道 $\boldsymbol{v}_A$ 和 $\boldsymbol{v}_B$ 的方向，而且还需知道它们的大小。

当 $\boldsymbol{v}_A$ 和 $\boldsymbol{v}_B$ 同向时，图形的速度瞬心在 A、B 两点的延长线上（图 14－14a）；当 $\boldsymbol{v}_A$ 和 $\boldsymbol{v}_B$ 反向时，图形的速度瞬心在 A、B 两点之间（图 14－14b）。

（4）某瞬时，图形上 A、B 两点的速度相等，即 $\boldsymbol{v}_A=\boldsymbol{v}_B$ 时，如图 14－15 所示，图形的速度瞬心在无限远处。在该瞬时，图形上各点的速度分布如同图形作平移的情形一样，故称**瞬时平移**。必须注意，此瞬时**各点的速度相同，但加速度不同**。

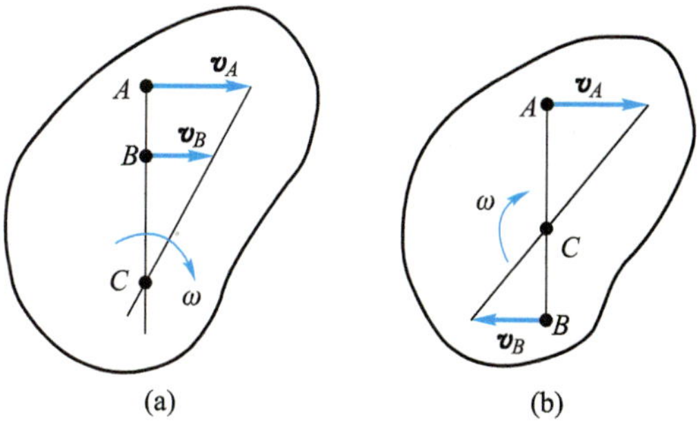

图 14－14

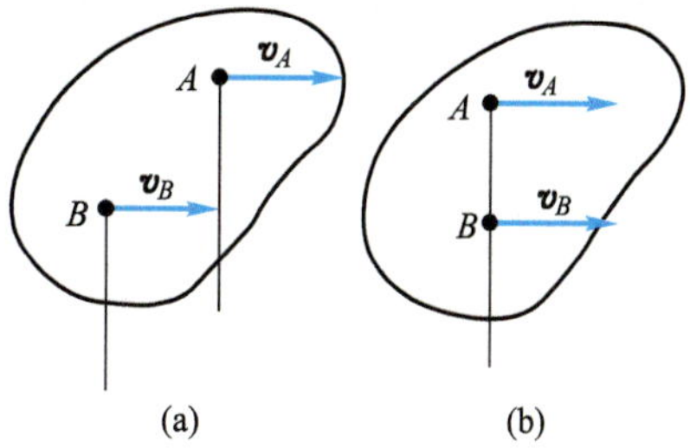

图 14－15

例 14-4 车厢的轮子沿直线轨道滚动而无滑动，如图 14-16a 所示。已知车轮中心 O 的速度大小为 v_O。如半径 R 和 r 都是已知的，求轮上 A_1、A_2、A_3、A_4 各点的速度，其中 A_2、O、A_4 三点在同一水平线上，A_1、O、A_3 三点在同一铅垂线上。

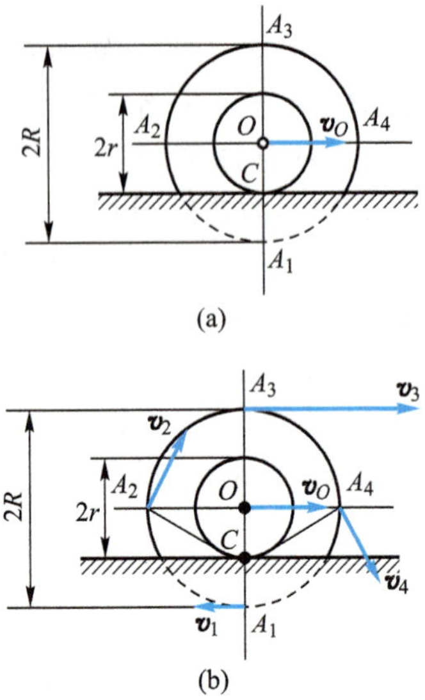

图 14-16

解 因为车轮只滚动无滑动，故车轮与轨道的接触点 C 就是车轮的速度瞬心。令 ω 为车轮转动的角速度，则 $\omega=\dfrac{v_O}{r}$。

计算各点的速度

$$v_1=A_1C\cdot\omega=\frac{R-r}{r}v_O$$

$$v_2=A_2C\cdot\omega=\frac{\sqrt{R^2+r^2}}{r}v_O$$

$$v_3=A_3C\cdot\omega=\frac{R+r}{r}v_O$$

$$v_4=A_4C\cdot\omega=\frac{\sqrt{R^2+r^2}}{r}v_O$$

这些速度分别垂直于 A_1C、A_2C、A_3C 和 A_4C，指向如图 14-16b 所示。

例 14-5 试用速度瞬心法求解例 14-1。

解 对做平面运动的规尺 AB，分别作 A 和 B 两点速度的垂线，可得其速度瞬心 C_v，如图 14-17 所示。由此，规尺 AB 的角速度为

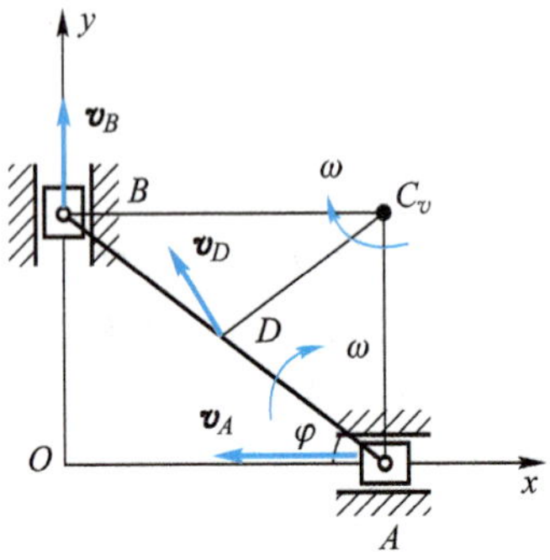

图 14-17

$$\omega=\frac{v_A}{AC_v}=\frac{v_A}{l\sin\varphi}$$

点 B 的速度

$$v_B=BC_v\cdot\omega=\frac{BC_v}{AC_v}v_A=v_A\cot\varphi$$

用瞬心法也可求得规尺 AB 上任一点的速度。例如，中点 D 的速度为

$$v_D=DC_v\cdot\omega=\frac{l}{2}\cdot\frac{v_A}{l\sin\varphi}=\frac{v_A}{2\sin\varphi}$$

其方向垂直于 DC_v，且朝向图形转动的方向。

例 14-6 试用速度瞬心法求解例 14-2。

解 行星齿轮Ⅱ上与固定齿轮Ⅰ的节圆相接触的点 C 是齿轮Ⅱ的速度瞬心，所以可利用瞬心法求齿轮Ⅱ上各点的速度。为此，先求轮Ⅱ的角速度。

杆 OA 绕 O 轴做定轴转动，点 A 的速度为

$$v_A=AC\cdot\omega=r\cdot\omega=OA\cdot\omega_O=(R+r)\cdot\omega_O$$

因此，轮Ⅱ的角速度 $\omega=\dfrac{R+r}{r}\omega_O$（逆时针）。

轮Ⅱ上 M_1、M_2、M_3、M_4 各点的速度分别为

$$v_1=v_C=0$$

$$v_2=CM_2\cdot\omega=2(R+r)\omega_O$$

$$v_3=v_4=CM_3\cdot\omega=\sqrt{2}(R+r)\omega_O$$

各点的速度方向如图 14－18 所示。

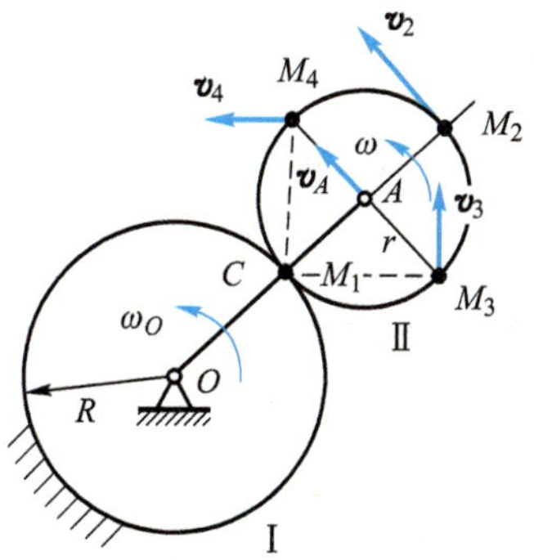

图 14－18

14.4 用基点法求平面图形内各点的加速度

这一节讨论如何用基点法求平面图形上各点的加速度，其基本定理就是动系平移时的加速度合成定理。

如图 14－19 所示，设已知某瞬时平面图形的运动角速度为 ω，角加速度为 α，图形上某点 A 的加速度为 $\boldsymbol{a}_A$，求图形上任意一点 B 的加速度 $\boldsymbol{a}_B$。

点 A 的加速度已知，选点 A 为基点，平面图形的运动可分解为：(1) 随同基点 A 的平移（牵连运动）；(2) 绕基点 A 的转动（相对运动）。选取平面图形上的任一点 B 为动点，其加速度可由牵连运动为平移时的加速度合成定理求得，即点 B 的绝对加速度等于牵连加速度与相对加速度的矢量和。

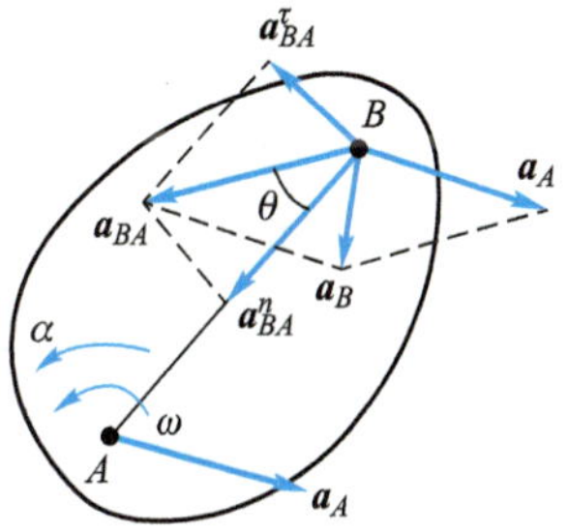

图 14－19

由于牵连运动为平移，点 B 的牵连加速度等于基点 A 的加速度 $\boldsymbol{a}_A$，点 B 的相对加速度 $\boldsymbol{a}_{BA}$ 是该点随图形绕基点 A 转动的加速度，该加速度可分解为切向加速度 $\boldsymbol{a}_{BA}^{\tau}$ 和法向加速度 $\boldsymbol{a}_{BA}^{n}$ 两项。于是，用基点法求点 B 的加速度合成公式为

$$\boldsymbol{a}_B=\boldsymbol{a}_A+\boldsymbol{a}_{BA}^{\tau}+\boldsymbol{a}_{BA}^{n} \tag{14-5}$$

即：**平面图形内任一点的加速度等于基点的加速度与该点随图形绕基点转动时的切向加速度和法向加速度的矢量和。**

式(14－5)中，$\boldsymbol{a}_{BA}^{\tau}$ 为点 B 随图形绕基点 A 转动的切向加速度，方向与 AB 垂直，大小为

$$a_{BA}^{\tau}=AB\cdot\alpha$$

$\boldsymbol{a}_{BA}^{n}$ 为点 B 随图形绕基点 A 转动的法向加速度，指向基点 A，大小为

$$a_{BA}^{n}=AB\cdot\omega^2$$

式(14－5)为平面内的矢量等式，可向平面内两个相交的坐标轴投影，得到两个方程，求解两个未知量。

例 14-7 图 14-20a 所示车轮沿直线滚动，已知车轮半径为 R，中心 O 的速度为 $\boldsymbol{v}_O$，加速度为 $\boldsymbol{a}_O$。设车轮与地面接触无相对滑动。求车轮上速度瞬心的加速度。

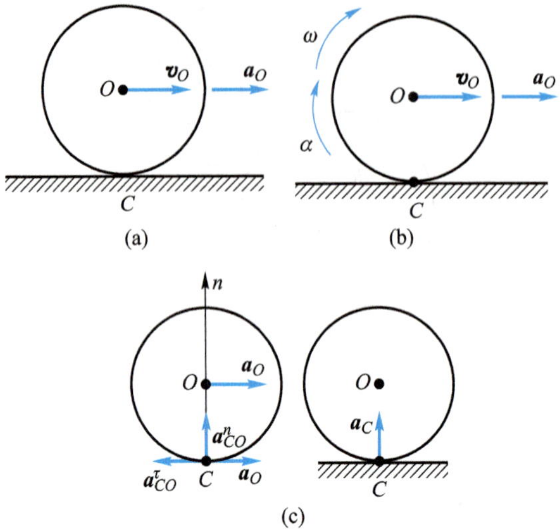

图 14-20

解 车轮做平面运动，其速度瞬心为与地面的接触点 C。车轮只滚不滑，所以其角速度和角加速度分别为

$$\omega=\frac{v_O}{R},\quad \alpha=\frac{a_O}{R}$$

方向如图 14-20b 所示。

取中心 O 为基点，则点 C 的加速度

$$\boldsymbol{a}_C=\boldsymbol{a}_O+\boldsymbol{a}_{CO}^\tau+\boldsymbol{a}_{CO}^n$$

式中 $a_{CO}^\tau=\alpha R=a_O$，$a_{CO}^n=\omega^2R=\dfrac{v_O^2}{R}$。

由于 $\boldsymbol{a}_O$ 与 $\boldsymbol{a}_{CO}^\tau$ 大小相等方向相反，于是 $a_C=a_{CO}^n=\dfrac{v_O^2}{R}$，方向竖直向上，如图 14-20c 所示。

例 14-8 已知机构在图 14-21a 所示位置的瞬时，物块 D 的速度为 $\boldsymbol{v}$，加速度为 $\boldsymbol{a}$。轮 O 在水平轨道上做纯滚动，轮的半径为 R，杆 BC 长为 l，试求此瞬时滑块 C 的速度和加速度。

解 轮 O 做纯滚动，轮上 A 点的速度大小、切向加速度的大小分别与物块的速度大小、加速度的大小相同，即 $v_A=v$，$a_A^\tau=a$。因此，由速度瞬心法知，轮 O 的角速度 $\omega=\dfrac{v}{2R}$。以 A 为基点，分析轮心 O 的加速度，知轮心 O 点的加速度为 $a_O=\dfrac{a}{2}$，方向为水平向左，轮 O 的角加速度 $\alpha=\dfrac{a_O}{R}=\dfrac{a}{2R}$。

(1) 首先分析速度。

对于轮 O，由速度瞬心法知

$$v_B=\sqrt{2}R\omega=\frac{\sqrt{2}v}{2}$$

杆 BC 做平面运动，分析杆 BC 上点 B 和点 C 的速度。点 C 为杆 BC 的速度瞬心，所以 $v_C=0$，而杆 BC 的角速度为

$$\omega_{BC}=\frac{v_B}{BC}=\frac{\sqrt{2}v}{2l}$$

(2) 再分析加速度。

先取轮心 O 为基点，分析点 B 的加速度，有

$$\boldsymbol{a}_B=\boldsymbol{a}_O+\boldsymbol{a}_{BO}^n+\boldsymbol{a}_{BO}^\tau \tag{a}$$

再取点 B 为基点，分析点 C 的加速度，有

$$\boldsymbol{a}_C=\boldsymbol{a}_B+\boldsymbol{a}_{CB}^n+\boldsymbol{a}_{CB}^\tau \tag{b}$$

由式(a)和式(b)得点 C 的加速度为

$$\boldsymbol{a}_C=\boldsymbol{a}_O+\boldsymbol{a}_{BO}^n+\boldsymbol{a}_{BO}^\tau+\boldsymbol{a}_{CB}^n+\boldsymbol{a}_{CB}^\tau \tag{c}$$

式中，$a_O=\dfrac{a}{2}$，$a_{BO}^n=\omega^2R=\dfrac{v^2}{4R}$，$a_{BO}^\tau=\alpha R=\dfrac{a}{2}$，$a_{CB}^n=\omega_{BC}^2 l=\dfrac{v^2}{2l}$，$\boldsymbol{a}_C$，$\boldsymbol{a}_{CB}^\tau$ 的大小未知，方向均如图 14-21b 所示。

将式(c)向 η、ξ 轴投影，得

$$a_C=-a_{BO}^\tau+a_{CB}^\tau\cos 45°+a_{CB}^n\sin 45° \tag{d}$$

$$0=-a_O-a_{BO}^n+a_{CB}^\tau\sin 45°-a_{CB}^n\cos 45° \tag{e}$$

联立式(d)、式(e)，解得

$$a_C=\frac{v^2}{4R}+\frac{\sqrt{2}\,v^2}{2l}$$

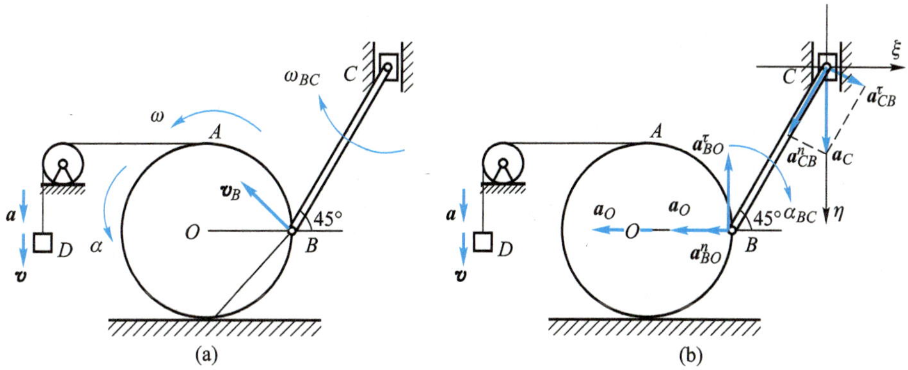

图 14-21

例 14-9 如图 14-22a 所示平面机构，套筒 B 可沿杆 OA 滑动。杆 BE 与 BD 分别与套筒 B 铰接，杆 BD 可沿水平导轨运动。滑块 E 以匀速 v 沿铅垂导轨向上运动，杆 BE 长为 $\sqrt{2}\,l$。图示瞬时杆 OA 铅垂，且与杆 BE 的夹角为 45°。求该瞬时杆 OA 的角速度与角加速度。

解 杆 BE 做平面运动，可先求出套筒 B 的速度和加速度。套筒 B 在杆 OA 上滑动，并带动杆 OA 转动，可按点的合成运动方法求解杆 OA 的角速度和加角速度。本题为刚体平面运动和点的合成运动的综合问题。

(1) 求点 B 的速度

由于杆 BE 做平面运动，点 E 的速度 $\boldsymbol{v}$ 已知，杆 BD 水平方向平移，点 B 的速度 $\boldsymbol{v}_B$ 的方向为水平方向，如图 14-22b 所示。由此可知，此瞬时点 O 为杆 BE 的速度瞬心，所以杆 BE 的角速度为

$$\omega_{BE}=\frac{v}{OE}=\frac{v}{l}$$

则点 B 的速度大小为

$$v_B=\omega_{BE}\cdot OB=v$$

(2) 求点 B 的加速度

由于杆 BE 做平面运动，滑块 E 以匀速 v 沿铅垂导轨向上运动，所以滑块 E 的加速度为零。以点 E 为基点，点 B 的加速度为

$$\boldsymbol{a}_B=\boldsymbol{a}_E+\boldsymbol{a}_{BE}^\tau+\boldsymbol{a}_{BE}^n \tag{a}$$

14－5 复杂曲柄连杆滑块机构（图14－22）

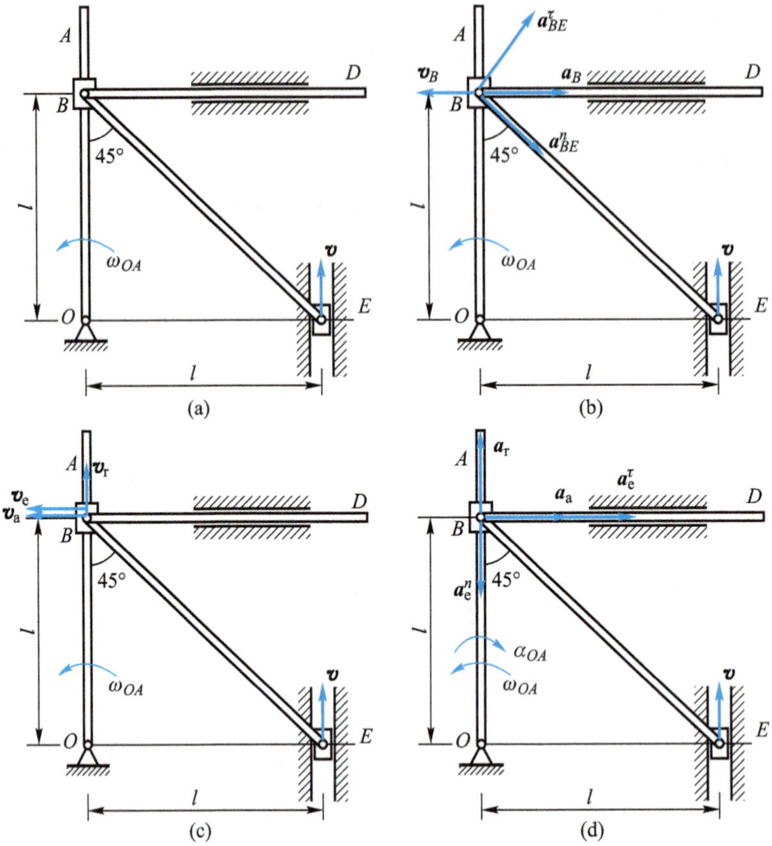

图 14－22

式中，$a_{BE}^{n}=\omega_{BE}^{2}\cdot BE=\dfrac{\sqrt{2}v^{2}}{l}$，$a_E=0$，方向如图 14－22b 所示。

将式(a)沿 BE 方向上投影，得

$$a_B\cos 45^{\circ}=a_{BE}^{n} \tag{b}$$

解式(b)得 $a_B=\dfrac{a_{BE}^{n}}{\cos 45^{\circ}}=\dfrac{2v^{2}}{l}$。

(3) 求杆 OA 的角速度

上面用刚体平面运动方法求出了点 B 的速度和加速度。由于套筒 B 可以在杆 OA 上滑动，因此可利用点的合成运动方法求解杆 OA 的角速度和角加速度。

取套筒 B 为动点，动系固连于杆 OA，定系固连于支座。动点的绝对运动为水平方向的直线运动，相对运动为沿杆 OA 的直线运动，牵连运动为杆 OA 的定轴转动。

应用点的速度合成定理

$$\boldsymbol{v}_a=\boldsymbol{v}_e+\boldsymbol{v}_r$$

式中绝对速度 $\boldsymbol{v}_a=\boldsymbol{v}_B$，牵连速度 $\boldsymbol{v}_e$ 的方向垂直于 OA，与 $\boldsymbol{v}_a$ 同向；相对速度 $\boldsymbol{v}_r$ 沿杆 OA，即垂直于 $\boldsymbol{v}_a$，如图 14－22c 所示。显然有

$$v_e=v_a=v_B=v,\quad v_r=0$$

于是得杆 OA 的角速度 $\omega_{OA}=\dfrac{v_e}{OB}=\dfrac{v}{l}$（逆时针）。

(4) 求杆 OA 的角加速度

应用牵连运动为定轴转动时点的加速度合成定理

$$\boldsymbol{a}_a=\boldsymbol{a}_e^\tau+\boldsymbol{a}_e^n+\boldsymbol{a}_r+\boldsymbol{a}_C \tag{c}$$

式中:绝对加速度 $\boldsymbol{a}_a=\boldsymbol{a}_B$;相对加速度 $\boldsymbol{a}_r$ 的大小未知,方向沿杆 OA;切向的牵连加速度 $\boldsymbol{a}_e^\tau$ 的方向垂直于杆 OA,大小未知;法向的牵连加速度 $\boldsymbol{a}_e^n$ 的方向沿杆 OA 指向 O 点,大小为 $a_e^n=\omega_{OA}^2\cdot OB=\dfrac{v^2}{l}$;由于相对速度 $\boldsymbol{v}_r$ 大小为零,所以科氏加速度 $\boldsymbol{a}_C$ 的大小为零。各加速度的方向如图 14-22d 所示。

将式(c)投影到与 $\boldsymbol{a}_r$ 垂直的 BD 线上,得

$$a_a=a_e^\tau \tag{d}$$

由式(d)解得 $a_e^\tau=a_B=\dfrac{2v^2}{l}$。

故杆 OA 的角加速度为 $\alpha_{OA}=\dfrac{a_e^\tau}{OB}=\dfrac{2v^2}{l^2}$(顺时针)。

例 14-10 如图 14-23a 所示平面机构,杆 AC 铅垂运动,杆 BD 水平运动,A 为铰链,滑块 B 可沿槽杆 AE 中的直槽滑动。图示瞬时,$AB=60\ \text{mm}$,$\theta=30°$,$v_A=10\sqrt{3}\ \text{mm}\cdot\text{s}^{-1}$,$a_A=10\sqrt{3}\ \text{mm}\cdot\text{s}^{-2}$,$a_B=10\ \text{mm}\cdot\text{s}^{-2}$,$v_B=50\ \text{mm}\cdot\text{s}^{-1}$。求该瞬时槽杆 AE 的角速度及角加速度。

14-6
平面滑杆滑槽机构
(图 14-23)

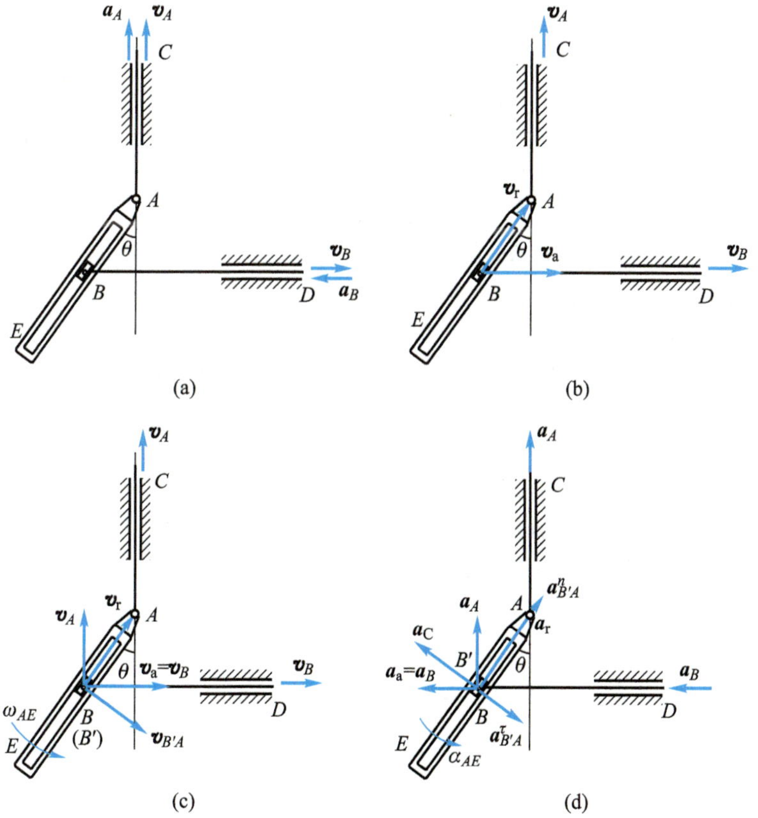

图 14-23

解 杆 AC 和杆 BD 均为平移,槽杆 AE 做平面运动,滑块 B 沿槽杆 AE 有相对运动,本题为刚体平面运动和点的合成运动综合问题。

（1）求槽杆 AE 的角速度。

先用点的合成运动理论进行分析。取滑块 B 为动点，动系固连于槽杆 AE。动点的绝对运动是随杆 BD 的水平直线运动，相对运动是在槽杆 AE 内的直线运动，牵连运动为槽杆 AE 的平面运动。

由速度合成定理，有

$$\boldsymbol{v}_a=\boldsymbol{v}_e+\boldsymbol{v}_r \tag{a}$$

式中 $\boldsymbol{v}_a=\boldsymbol{v}_B$；$\boldsymbol{v}_r$ 方向沿 AE，大小未知；牵连速度为槽杆上与滑块 B 重合的点 B' 的速度，$\boldsymbol{v}_e=\boldsymbol{v}_{B'}$，其大小和方向均未知。速度方向矢量图如图 14－23b 所示。式(a)中共 3 个未知量，无法求解。

槽杆 AE 做平面运动，点 A 速度已知。以 A 为基点，分析点 B' 的速度，有

$$\boldsymbol{v}_{B'}=\boldsymbol{v}_A+\boldsymbol{v}_{B'A} \tag{b}$$

式中 $\boldsymbol{v}_A$ 已知，$\boldsymbol{v}_{B'A}$ 方向垂直于 AE，大小未知；$\boldsymbol{v}_{B'}$ 大小、方向均未知。速度方向矢量图如图 14－23c 所示。

联立式(a)、式(b)得

$$\boldsymbol{v}_B=\boldsymbol{v}_A+\boldsymbol{v}_{B'A}+\boldsymbol{v}_r \tag{c}$$

式(c)中共有两个未知量，即 $\boldsymbol{v}_{B'A}$ 和 $\boldsymbol{v}_r$ 的大小。将式(c)分别投影到 $\boldsymbol{v}_{B'A}$ 和 $\boldsymbol{v}_r$ 方向，有

$$v_B\cos 30^\circ=-v_A\cos 60^\circ+v_{B'A} \tag{d}$$

$$v_B\sin 30^\circ=v_A\sin 60^\circ+v_r \tag{e}$$

解式(d)和式(e)得 $v_{B'A}=30\sqrt{3}\ \mathrm{mm\cdot s^{-1}}$，$v_r=10\ \mathrm{mm\cdot s^{-1}}$。

故槽杆 AE 的角速度为

$$\omega_{AE}=\frac{v_{B'A}}{AB}=\frac{\sqrt{3}}{2}\ \mathrm{rad\cdot s^{-1}}=0.866\ \mathrm{rad\cdot s^{-1}}（逆时针）$$

（2）求槽杆 AE 的角加速度。

同理先用点的合成运动理论分析。动点和动系的选取与上述相同，则有

$$\boldsymbol{a}_a=\boldsymbol{a}_e+\boldsymbol{a}_r+\boldsymbol{a}_C \tag{f}$$

式中，$\boldsymbol{a}_a=\boldsymbol{a}_B$；$\boldsymbol{a}_e$ 为槽杆 AE 上与滑块 B 重合的点 B' 的加速度，$\boldsymbol{a}_e=\boldsymbol{a}_{B'}$，其大小和方向均未知；$\boldsymbol{a}_r$ 方向沿 AE，大小未知；$\boldsymbol{a}_C$ 的大小 $a_C=2\omega_{AE}v_r=10\sqrt{3}\ \mathrm{mm\cdot s^{-2}}=17.32\ \mathrm{mm\cdot s^{-2}}$，方向如图 14－23d 所示。式(f)中共有 3 个未知量，不能求解。

槽杆 AE 做平面运动，点 A 的加速度已知。以 A 为基点，分析 B' 点的加速度，有

$$\boldsymbol{a}_{B'}=\boldsymbol{a}_A+\boldsymbol{a}_{B'A}^{\tau}+\boldsymbol{a}_{B'A}^{n} \tag{g}$$

联立式(f)、式(g)得

$$\boldsymbol{a}_a=\boldsymbol{a}_r+\boldsymbol{a}_C+\boldsymbol{a}_A+\boldsymbol{a}_{B'A}^{\tau}+\boldsymbol{a}_{B'A}^{n} \tag{h}$$

式(h)中共有两个未知量，即 $\boldsymbol{a}_{B'A}^{\tau}$ 和 $\boldsymbol{a}_r$ 的大小。将式(h)投影到 $\boldsymbol{a}_{B'A}^{\tau}$ 的方向，有

$$-a_B\cos 30^\circ=-a_A\sin 30^\circ+a_{B'A}^{\tau}-a_C \tag{i}$$

解式(i)得 $a_{B'A}^{\tau}=17.32\ \mathrm{mm\cdot s^{-2}}$。

故槽杆 AE 的角加速度为

$$\alpha_{AE}=\frac{a_{B'A}^{\tau}}{AB}=0.289\ \mathrm{rad\cdot s^{-2}}（逆时针）$$

习题

14－7 第 14 章习题机构运动动画演示

14－1 如图机构中，曲柄 OA 长为 300 mm，杆 BC 长为 600 mm，曲柄 OA 以匀角速度 $\omega=4$ rad/s 绕轴 O 顺时针转动。试求图示瞬时点 B 的速度和杆 BC 的角速度。

14－2 如图所示，两齿条以速度 $\boldsymbol{v}_1$ 和 $\boldsymbol{v}_2$ 做同向直线运动，两齿条间夹一半径为 r 的齿轮，求齿轮的角速度及其中心 O 的速度。

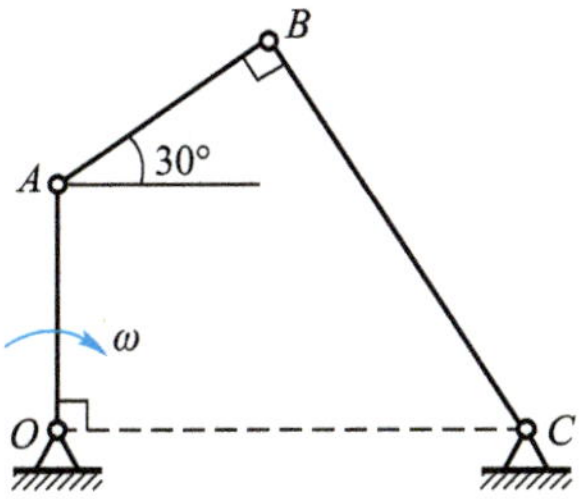

题 14－1 图

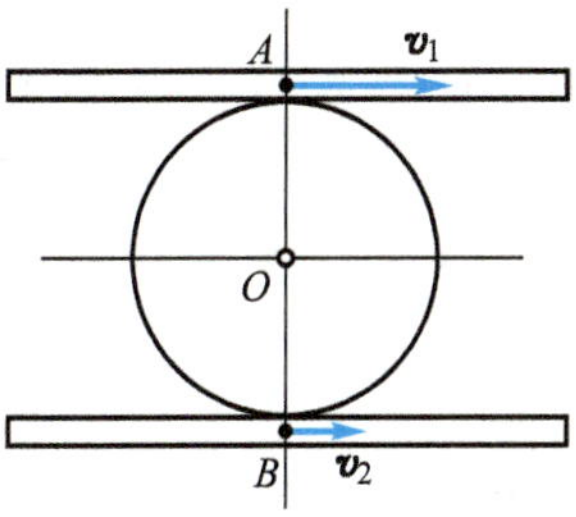

题 14－2 图

14－3 如图所示，鼓轮 A 转动时，通过绳索使管子 ED 上升。已知鼓轮的转速为 $n=10$ r/min，$R=150$ mm，$r=50$ mm。设圆管与绳索间没有滑动，求圆管中心的速度。

14－4 如图所示行星齿轮的臂杆 AC 绕固定轴 A 逆时针转动，从而带动半径为 r 的小齿轮 C 在固定大齿轮上滚动。已知 $AC=R=150$ mm，$r=50$ mm，当 $\varphi=45°$时，杆 AC 的角速度 $\omega=6$ rad/s。求此瞬时小齿轮的角速度及其上点 D 的速度($CD\perp AC$)。

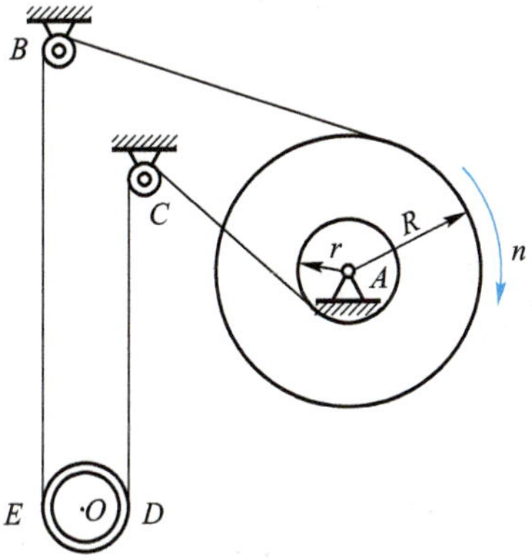

题 14－3 图

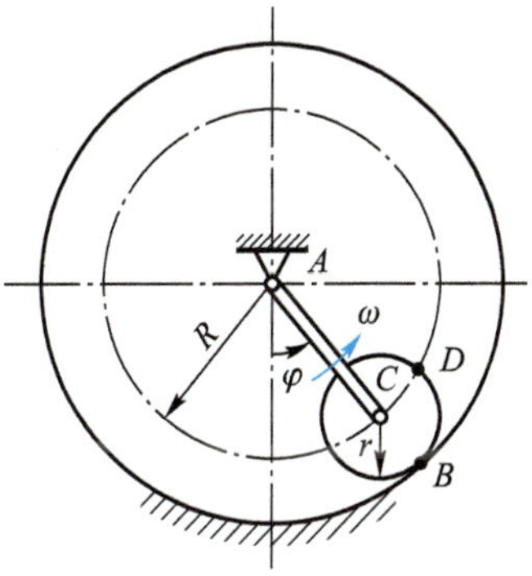

题 14－4 图

14－5 两刚体 M、N 用铰 C 连接，做平面运动。已知 $AC=BC=600$ mm，在图示位置，$v_A=200$ mm/s，$v_B=100$ mm/s。试求点 C 的速度。

14－6 矩形板的运动由两根交叉的连杆控制，$AO=0.6$ m，$BD=0.5$ m。如图所示瞬时，两杆相互垂直，板的角速度为 $\omega_0=2$ rad/s，求两杆的角速度。

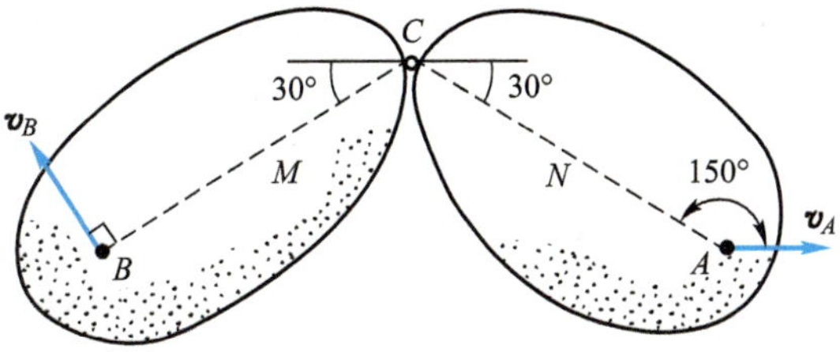

题 14－5 图

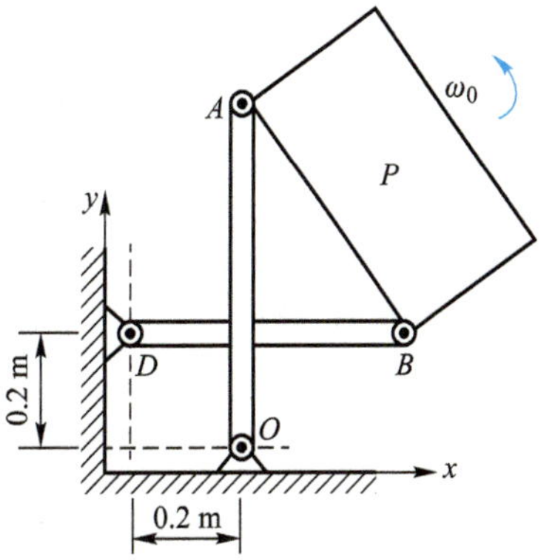

题 14－6 图

14-7 图示配气机构中，曲柄 OA 以匀角速度 $\omega=20\ \mathrm{rad/s}$ 绕轴 O 转动，$OA=40\ \mathrm{cm}$，$AC=CB=20\sqrt{37}\ \mathrm{cm}$，当曲柄在两铅垂位置和两水平位置时，求气阀推杆 DE 的速度。

14-8 如图所示，杆 AB 与三个半径均为 r 的齿轮在轮心铰接，其中齿轮 Ⅰ 固定不动。已知杆 AB 的角速度为 ω_{AB}，试求齿轮 Ⅱ 和齿轮 Ⅲ 的角速度。

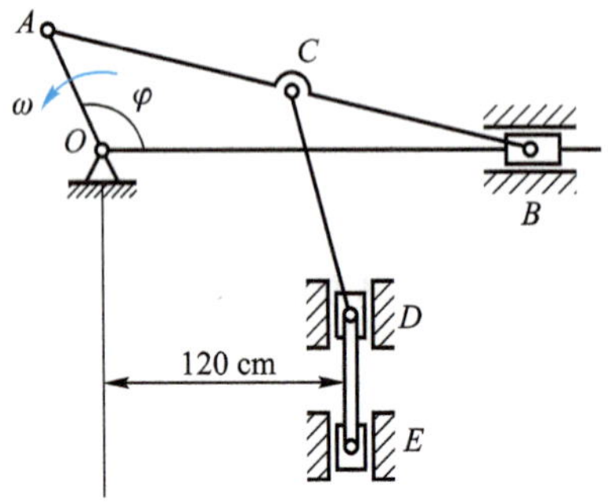

题 14-7 图

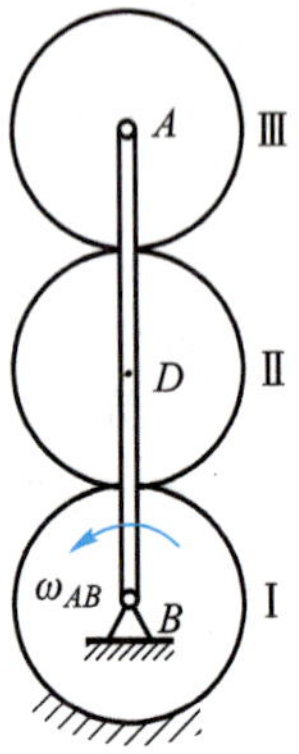

题 14-8 图

14-9 如图所示，杆 AB 的 A 端沿水平线以匀速 v 运动，运动时杆恒与一半圆周相切，半圆周的半径为 R。如杆与水平线间的夹角为 θ，试以角 θ 表示杆的角速度。

14-10 图为小型精压机的机构，$OA=O_1B=r=100\ \mathrm{mm}$，$EB=BD=AD=l=400\ \mathrm{mm}$。在图示位置，$OA\perp AD$，$O_1B\perp ED$，点 O_1 和点 D 在同一水平线上，点 O 和点 D 在同一铅垂线上。若曲柄 OA 的转速为 $n=120\ \mathrm{r/min}$，试求此瞬时压头 F 的速度。

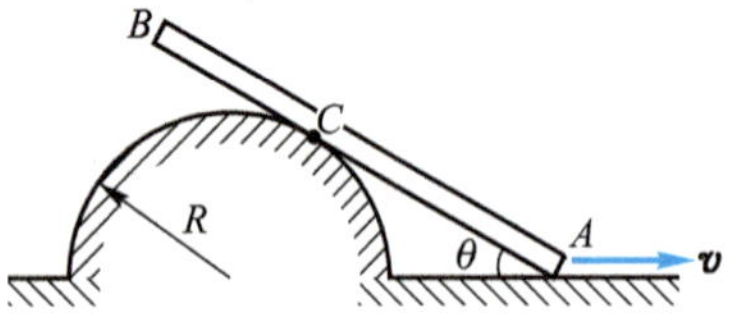

题 14-9 图

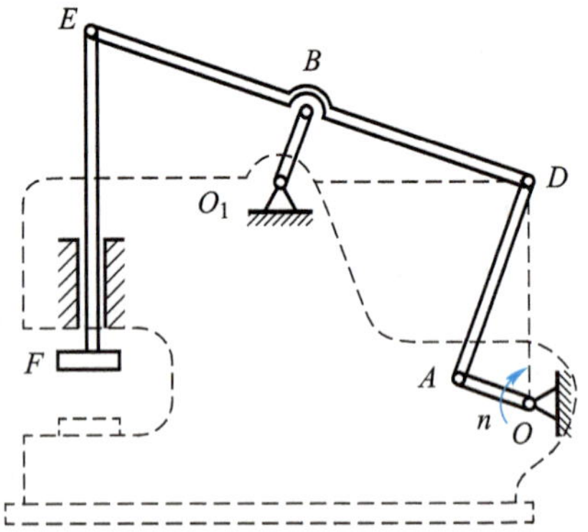

题 14-10 图

14-11 图示机构中，已知 $OA=0.1\ \mathrm{m}$，$BD=0.1\ \mathrm{m}$，$DE=0.1\ \mathrm{m}$，$EF=0.1\sqrt{3}\ \mathrm{m}$；曲柄 OA 的角速度 $\omega=4\ \mathrm{rad/s}$。在图示位置时，曲柄 OA 与水平线 OB 垂直；且 B、D 和 F 在同一铅垂线上，DE 垂直于 EF。求杆 EF 的角速度和点 F 的速度。

14-12 图为瓦特行星传动机构，平衡杆 O_1A 绕轴 O_1 转动，并借连杆 AB 带动曲柄 OB；而曲柄 OB 活动地装置在轴 O 上，在轴 O 上装有齿轮 Ⅰ，齿轮 Ⅱ 与连杆 AB 固连于一体。已知 $r_1=r_2=0.3\sqrt{3}\ \mathrm{m}$，$O_1A=0.75\ \mathrm{m}$，$AB=1.5\ \mathrm{m}$；平衡杆 O_1A 的角速度 $\omega=6\ \mathrm{rad/s}$。求当 $\gamma=60^\circ$，$\beta=90^\circ$ 时，曲柄 OB 和齿轮 Ⅰ 的角速度。

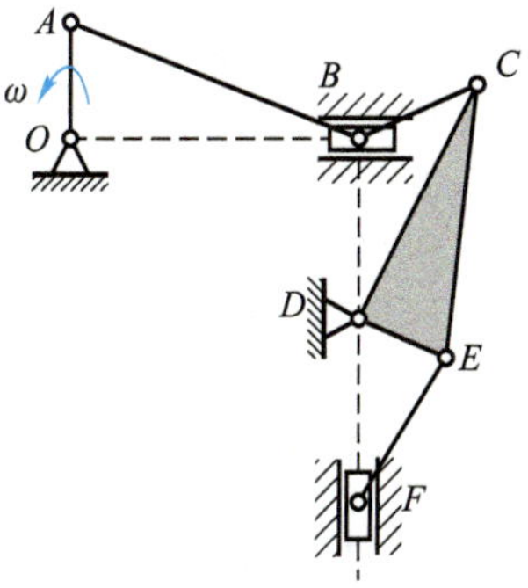

题 14-11 图

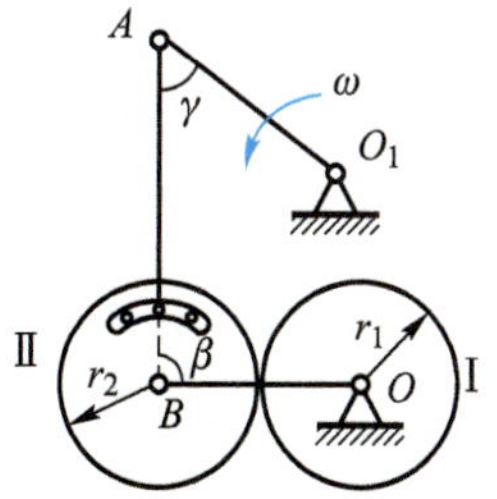

题 14-12 图

14-13 如图所示，杆 O_1O_2 绕轴 O_1 转动，转速 $n_4=900$ r/min。O_2 处用铰链连接一半径为 r_2 的活动齿轮Ⅱ，杆 O_1O_2 转动时轮Ⅱ在半径为 r_3 的固定内齿轮上滚动，并使半径为 r_1 的轮Ⅰ绕轴 O_1 转动，$\frac{r_3}{r_1}=11$。轮Ⅰ上装有砂轮，随同轮Ⅰ高速转动。求砂轮的转速。

14-14 在图示曲柄连杆机构中，曲柄 OA 绕 O 轴转动，其角速度为 ω_0，角加速度为 α_0。通过连杆 AB 带动滑块 B 在圆槽内滑动。在某瞬时曲柄与水平线间成 60°角，连杆 AB 与曲柄 OA 垂直，圆槽半径 O_1B 与连杆 AB 成 30°角，若 $OA=a$，$AB=2\sqrt{3}a$，$O_1B=2a$，试求该瞬时滑块 B 的切向和法向加速度。

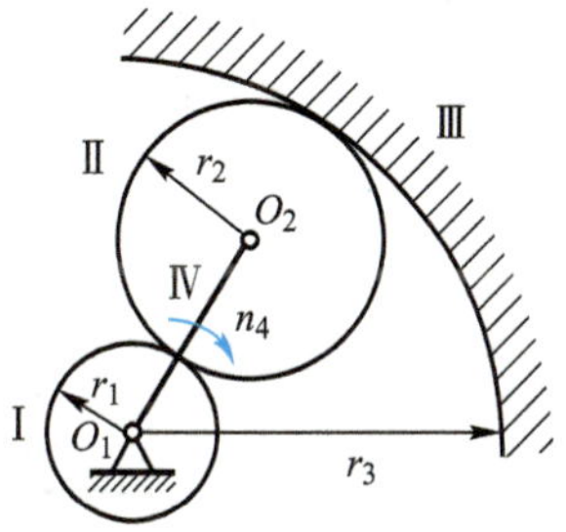

题 14-13 图

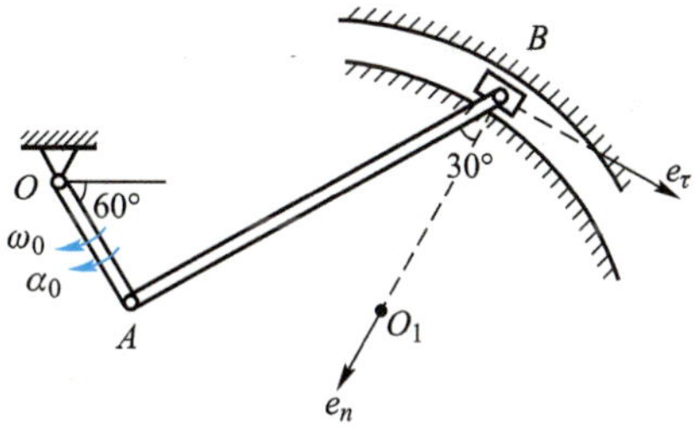

题 14-14 图

14-15 半径为 R 的轮子沿水平面滚动而不滑动，如图所示。在轮上有圆柱部分，其半径为 r。将线绕于圆柱上，线的 B 端以速度 $\boldsymbol{v}$ 和加速度 $\boldsymbol{a}$ 沿水平方向运动。求轮的轴心 O 的速度和加速度。

14-16 图示曲柄 OA 以恒定的角速度 $\omega=2$ rad/s 绕轴转动，并借助连杆 AB 驱动半径为 r 的轮子在半径为 R 的圆弧槽中做无滑动的滚动。设 $OA=AB=R=2r=1$ m，求图示瞬时点 B 和点 C 的速度和加速度。

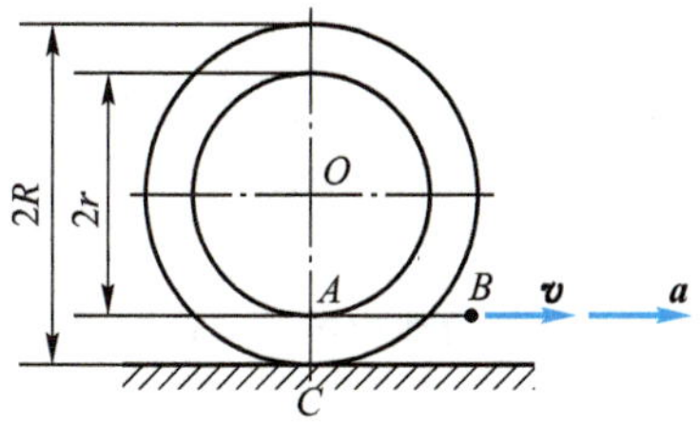

题 14-15 图

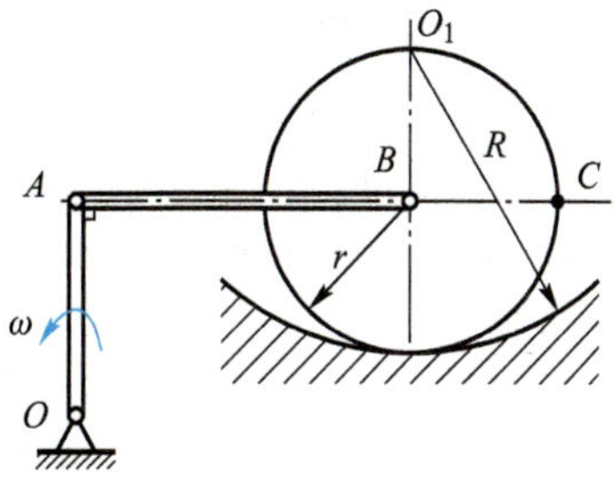

题 14-16 图

14-17 在曲柄齿轮椭圆规中，齿轮 A 和曲柄 O_1A 固结为一体，齿轮 C 和齿轮 A 半径均为 r 并互相啮合。已知，$AB=O_1O_2$，$O_1A=O_2B=0.4$ m。O_1A 以恒定的角速度 ω 绕轴 O_1 转动，$\omega=0.2$ rad/s。M 为轮 C 上一点，$CM=0.1$ m。在图示瞬时，CM 为铅垂，求此时点 M 的速度和加速度。

14-18 两相同的圆柱在中心与杆 AB 的两端相铰接，两圆柱分别沿水平和铅垂的固定面做无滑动的滚动。已知 $AB=500$ mm，圆柱半径 $r=100$ mm。在图示位置时，圆柱 A 的角速度 $\omega_1=4$ rad/s，角加速度 $\alpha_1=2$ rad/s^2。试求该瞬时直杆 AB 和圆柱 B 的角速度和角加速度。

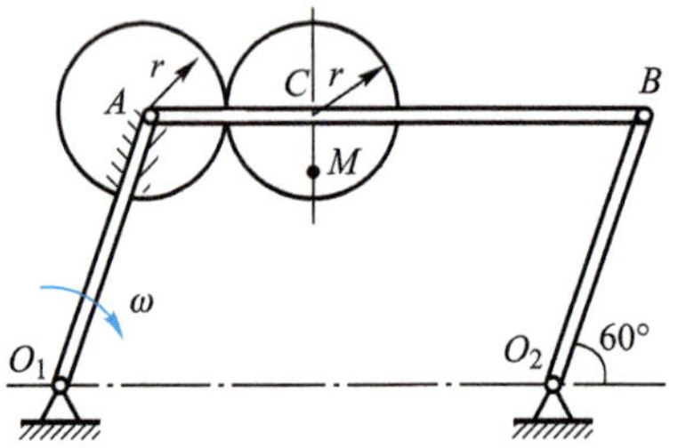

题 14-17 图

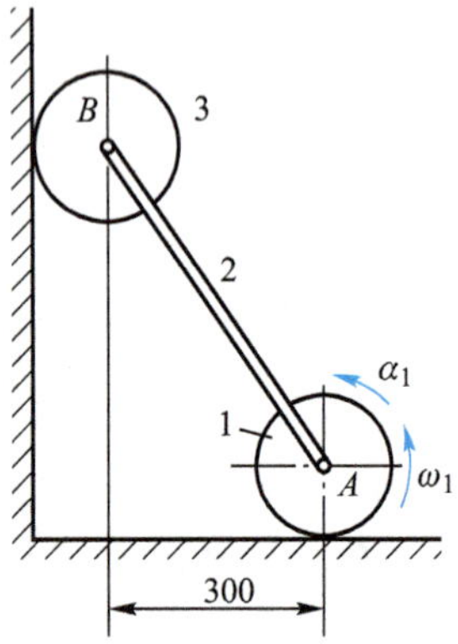

题 14-18 图

14-19 图示机构，已知 $\boldsymbol{v}_A$ 为常矢量，圆盘在水平地面上做纯滚动，试求图示瞬时点 O 的速度和加速度。

14-20 如图所示，两种情形均为半径为 r 的小圆柱在半径为 R 的圆弧槽内做无滑动滚动，且有 $\theta=\theta(t)$，试以 θ、$\dot{\theta}$ 及 $\ddot{\theta}$ 表示小圆柱的角速度、角加速度及圆柱上与圆弧相接触的点 C 的加速度。

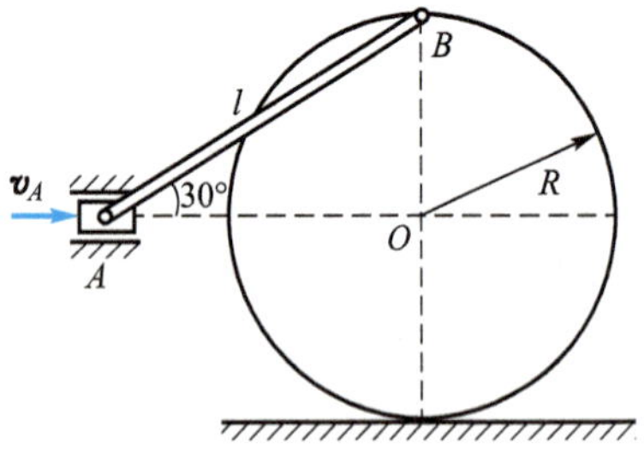

题 14-19 图

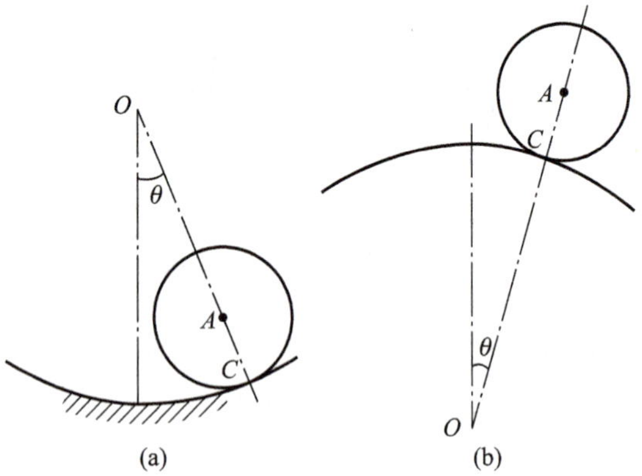

题 14-20 图

14-21 图示一曲柄机构，曲柄 OA 可绕轴 O 转动，带动杆 AC 在套管 B 内滑动，套管 B 及与其刚接的杆 BD 又可绕通过铰 B 而与图示平面垂直的水平轴转动。已知 $OA=BD=300$ mm，$OB=400$ mm，当曲柄 OA 转至铅垂位置时，其角速度 $\omega_0=2$ rad/s，试求点 D 的速度。

14-22 圆轮在水平轨道上只滚不滑，轮缘上固定销 P 在摇杆 CD 的滑槽内滑动。轮心 O 在铰 C 的正下方，连杆 OA 的速度 $v=1.5$ m/s，$\theta=30°$，求摇杆 CD 的角速度。

14-23 如图所示，一轮 O 在水平面内滚动而不滑动，轮缘上固定销 B，此销在摇杆 O_1A 的槽内滑动，并带动摇杆绕轴 O_1 摆动。已知轮的半径 $R=50$ cm，在图示位置时，AO_1 是轮的切线，轮心的速度 $v_0=20$ cm/s，摇杆与水平面的交角 $\theta=60°$。求摇杆的角速度。

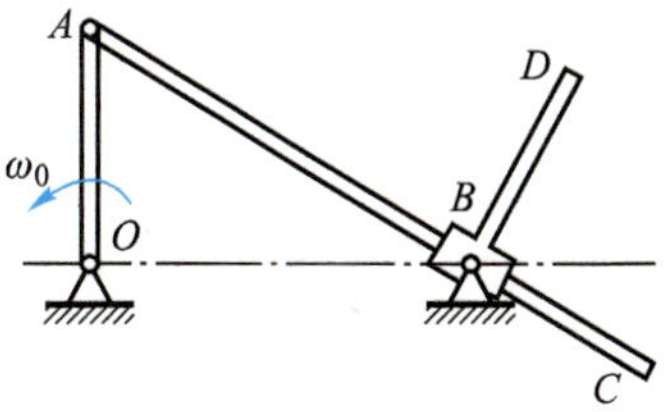

题 14-21 图

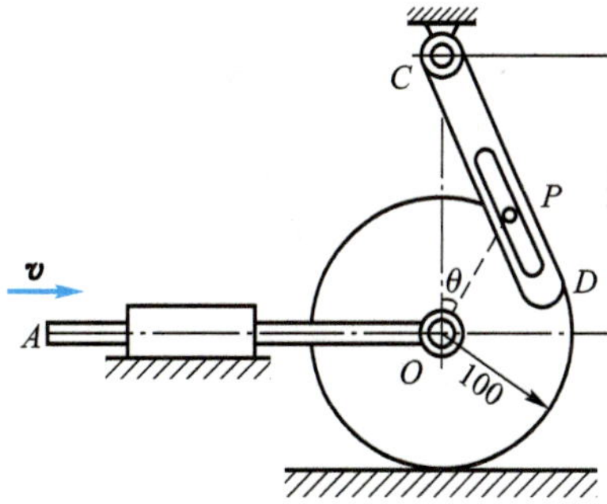

题 14-22 图

14-24 如图所示机构中,曲柄 OA 绕轴 O 顺时针转动,通过连杆 AB 带动杆 BD 绕轴 C 转动,再通过套在杆 BD 上的滑块 E 带动杆 O_1E 绕轴 O_1 摆动。已知 $OA=BC=O_1E=200$ mm,点 C 和点 O_1 在同一铅垂线上。曲柄 OA 的角速度 $\omega=5$ rad/s,AB 和 O_1E 都恰成水平位置,OA 和 BD 分别与水平线成角 $\varphi_1=30°$和 $\varphi_2=60°$。试求该瞬时杆 BD 和 O_1E 的角速度。

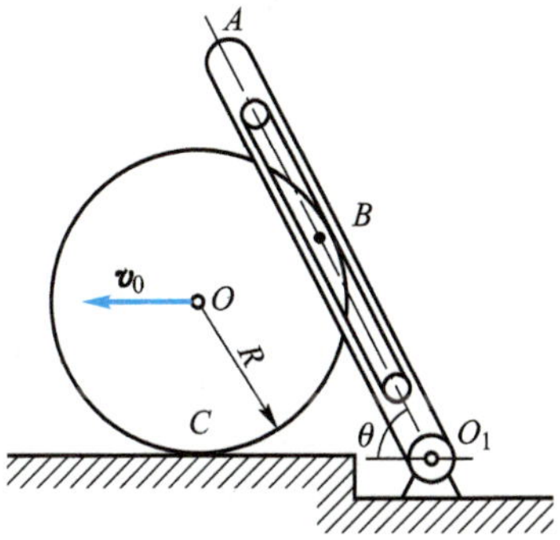

题 14-23 图

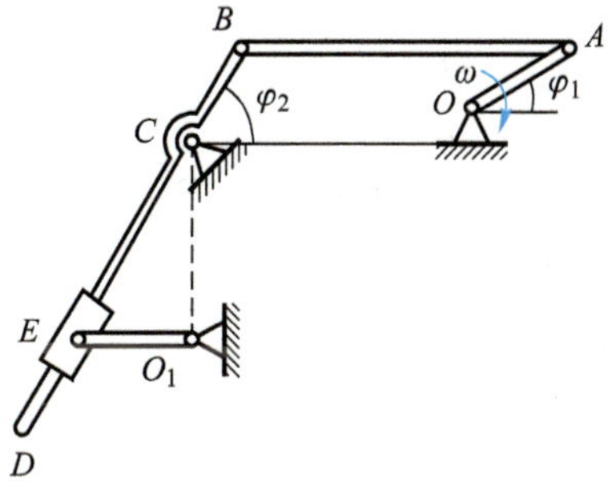

题 14-24 图

14-25 在图所示机构中,杆 OC 可绕轴 O 转动。套筒 AB 可沿杆 OC 滑动。与套筒 AB 的 A 端相铰连的滑块可在水平直槽内滑动。已知 $\omega=2$ rad/s,$b=200$ mm,$AB=200$ mm。求 $\varphi=30°$时套筒 B 端的速度。

14-26 曲柄连杆机构带动摇杆 O_1C 绕轴 O_1 摆动。在连杆 AD 上装有两个滑块,滑块 B 在水平槽内滑动,而滑块 D 则在摇杆 O_1C 的槽内滑动。已知曲柄长 $OA=50$ mm,绕轴 O 转动的匀角速度 $\omega=10$ rad/s。在图示位置时,曲柄与水平线间成 90°角,$\angle OAB=60°$,摇杆与水平线间成 60°角,$O_1D=70$ mm。求摇杆 O_1C 的角速度和角加速度。

14-27 平面机构的曲柄 OA 长为 $2l$,以匀角速度 ω_0 绕轴 O 转动,$AB=BO$,并且$\angle OAD=90°$。求此时套筒 D 相对于杆 BC 的速度和加速度。

14-28 图示轻型杠杆式推钢机,曲柄 OA 借连杆 AB 带动摇杆 O_1B 绕轴 O_1 摆动,杆 EC 以铰链与滑块 C 相连,滑块 C 可沿杆 O_1B 滑动;摇杆摆动时带动杆 EC 推动钢材。已知,$OA=r$,$AB=\sqrt{3}r$,$O_1B=\dfrac{2}{3}l$,$BC=\dfrac{4}{3}l$($r=0.2$ m,$l=1$ m),$\omega_{OA}=\dfrac{1}{2}$ rad/s,$\alpha_{OA}=0$。求:

(1) 滑块 C 的绝对速度和相对于摇杆 O_1B 的速度;

(2) 滑块 C 的绝对加速度和相对于摇杆 O_1B 的加速度。

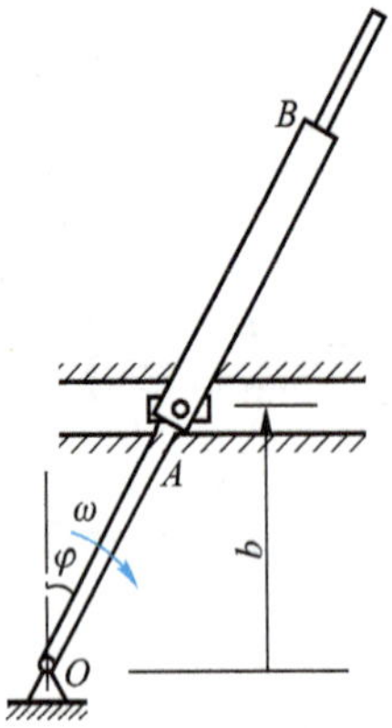

题 14－25 图

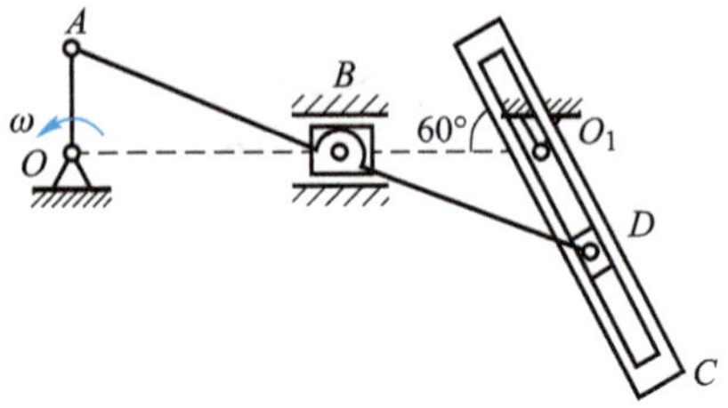

题 14－26 图

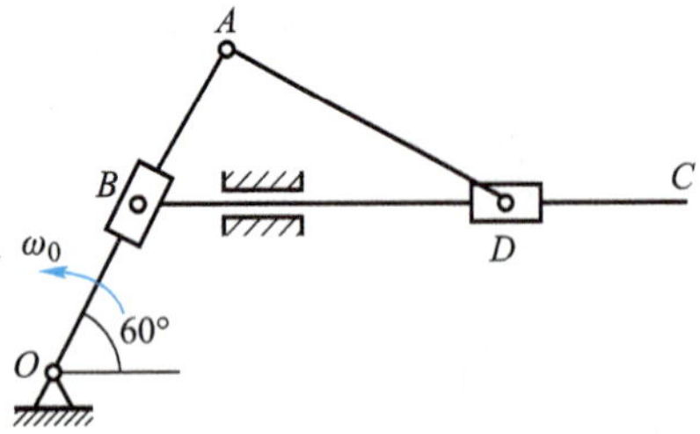

题 14－27 图

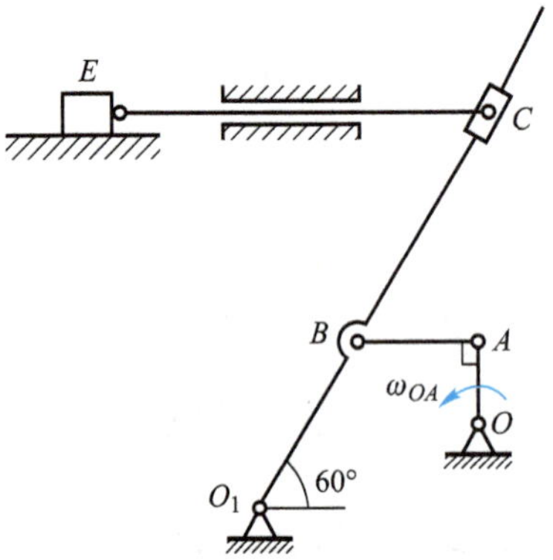

题 14－28 图

14－29 图示行星齿轮传动机构中，曲柄 OA 以匀角速度 ω_0 绕轴 O 转动，使与齿轮 A 固接在一起的杆 BD 运动，杆 BE 与 BD 在点 B 铰接，并且杆 BE 在运动时始终通过固定铰支的套筒 C。如定齿轮的半径为 $2r$，动齿轮的半径为 r，且 $AB=\sqrt{5}r$。曲柄 OA 在铅垂位置，BDA 在水平位置，杆 BE 与水平线间成角 $\varphi=45°$。求此时杆 BE 上与套筒 C 相重合一点的速度和加速度。

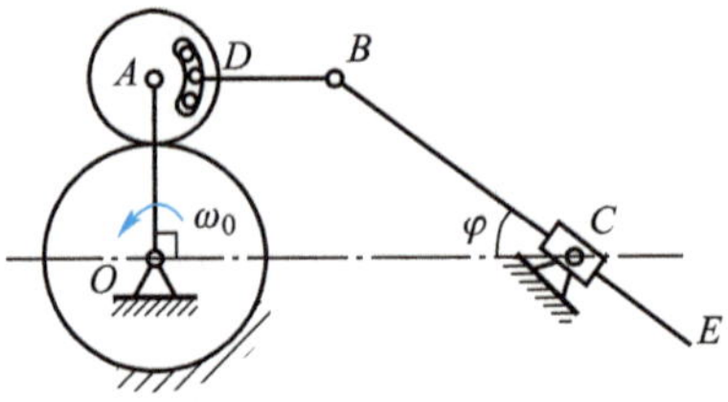

题 14－29 图

14 － 8
第 14 章
习题答案

第15章 质点动力学基本定律

在静力学中我们讨论了作用于物体上的力，并研究了物体在力系作用下的平衡问题，但是没有研究物体在不平衡力系的作用下将如何运动；在运动学中，我们仅从几何方面研究物体的运动，而没有研究物体运动的变化和作用在物体上的力之间的关系。在动力学里，我们要研究物体运动的变化和作用在物体上的力之间的关系。与静力学和运动学相比，动力学所研究的是物体机械运动的更一般的规律。

在动力学中经常用到的两种力学模型是质点和质点系。所谓质点(particle)是指具有一定质量，而几何形状和尺寸大小可以忽略不计的物体。具体说什么情况下才能把物体抽象、简化成一个质点呢？当物体的形状、尺寸不重要时，平移刚体可以看成是一个质点，该质点集中了刚体的全部质量，且位于该刚体的质心。有时物体运动的转动部分也可以忽略，此时物体也是质点。例如研究地球绕太阳的公转时，可以把地球看成是质点。所谓质点系是指由有限个或无限多个互相联系着的质点所组成的系统。一个物体，如果不能当成一个质点来研究，就必须把它当成质点系来考虑。质点系的概念是十分普遍的，它包括刚体、变形体，以及由很多质点或物体组成的系统。

动力学(dynamics)可以分为质点动力学和质点系动力学(包括刚体动力学)。

本章研究质点动力学，也就是研究质点所受的力和它的运动之间的关系。质点动力学是动力学其他理论的基础，是建立在动力学三个基本定律——牛顿三定律基础之上的，本章着重讲述应用动力学基本方程解决质点动力学两类问题的方法。

15.1 动力学基本定律

1. 牛顿三定律

牛顿第一定律(惯性定律)：如果质点不受力或所受合力为零，则质点对惯性参考系保持静止或做匀速直线运动。物体力图保持其原有运动状态不变的特性称为惯性，因此，这个定律也叫惯性定律。自然界不存在不受力作用的物体，所以，应当把“不受力”理解为物体受平衡力系的作用，也就是在平衡力系的作用下，物体若原来是静止的将继续保持静止，若原来是运动的则将保持它原来的速度大小和方向不变而做匀速直线运动，且物体的静止或匀速直线运动是相对于惯性坐标系而言的。对一般的工程问题，可取地球为惯性参考系。第一定律说明了力是改变物体运动状态(即获得加速度)的外部原因。

牛顿第二定律：质点受到力作用时所获得的加速度的大小与合力的大小成正比，与质点的质

量成反比；加速度的方向与合力的方向相同。即

$$\boldsymbol{F}=m\boldsymbol{a} \tag{15-1}$$

上式是解决动力学问题的基本依据，称为动力学基本方程。这个定律给出了质点运动的变化和作用在质点上的力之间的关系。式(15-1)中的 $\boldsymbol{F}$ 指的是质点上所受的所有力的合力，而且合力 $\boldsymbol{F}$ 与加速度 $\boldsymbol{a}$ 的关系是瞬时性的，即只要某瞬时有力作用在质点上，则在该瞬时，质点必具有确定的加速度，反之亦然。

同样的力作用在不同质量的质点上，则质量小的质点所获得的加速度大，质量大的质点获得的加速度小，即质量越大，它的运动状态越不容易被改变，也就是说质量越大，惯性越大。因此质量是质点惯性的度量。在地球表面上，质点承受重力 $\boldsymbol{P}$，加速度为重力加速度 $\boldsymbol{g}$，根据式(15-1)，有

$$\boldsymbol{P}=m\boldsymbol{g}$$

所以 $m=\dfrac{P}{g}$，在地球表面的不同地区，同一质点的重力大小不同，重量不同，重力加速度不同，但质点的质量保持不变。这说明重量和质量是两个完全不同的概念，重量是地球对物体引力的大小，而质量是物体的固有属性，物体中所含物质的多少。二者不能混为一谈。即使脱离了地球的引力场，在重量不存在的情况下，质量仍旧存在。

需要特别强调的是，动力学基本方程并非在任何坐标系中都适用，凡动力学基本方程适用的坐标系称为惯性坐标系。在一般工程问题中，将固连于地球的坐标系或相对于地球做匀速直线运动的坐标系取为惯性坐标系。今后，无特别说明时，我们都选取和地球固连的坐标系。

当质点受平衡力系作用时，式(15-1)中 $\boldsymbol{F}=\boldsymbol{0}$，从而加速度 $\boldsymbol{a}=\boldsymbol{0}$，于是质点的速度 $\boldsymbol{v}$ 为一个常矢量，即质点做惯性运动。可见牛顿第一定律是牛顿第二定律的一个特例。

牛顿第三定律：(作用和反作用定律)两个物体间的作用力和反作用力，总是大小相等，方向相反，并沿同一作用线分别作用在这两个物体上。这个定律也称作用与反作用定律。我们已经在静力学中熟悉了，它同样也适用于动力学。它给出了两个物体的相互作用力之间的关系。

需要注意的是，动力学基本方程中的前两个定律只在惯性坐标系下适用。而牛顿第三定律与坐标系的选取无关，它适用于一切坐标系。

动力学基本方程有其适用的范围，以基本定律为基础的所谓古典力学或牛顿力学认为质量是不变的量，空间和时间是“绝对的”，与物体的运动无关。而近代物理证明，质量、时间和空间都与物体运动的速度有关。但当物体的运动速度远小于光速时，物体的运动对于质量、时间和空间的影响都是微不足道的，在一般工程技术中，物体运动速度都远小于光速，应用上述基本方程得到的结果都是十分精确的。所以对于宏观低速运动的物体，动力学基本方程仍有其重要的价值。

2. 力学单位制

在力学中，通常使用国际单位制(SI)。在国际单位制中，所有单位分为三类：基本单位、导出单位和辅助单位。质量、长度和时间的单位是基本单位，分别取为 kg(千克)、m(米)和 s(秒)。力的单位是导出单位，表示为 N(牛顿)。有如下关系：

$$1\ \text{N}=1\ \text{kg}\times 1\ \text{m/s}^2=1\ \text{kg}\cdot\text{m/s}^2$$

rad 是辅助单位，可用于构成导出单位，如角速度和角加速度的单位等。

15.2 质点的运动微分方程

牛顿第二定律建立了质点所受的力和运动之间的关系，在应用式(15－1)解决问题时，根据不同的问题，可以采用不同的表达式。

1. 矢量形式

当质点做任意的空间曲线运动时，质点的位置由从任意空间固定点 O 引出的矢径 $\boldsymbol{r}$ 来表示，如图 15－1 所示。

质点的加速度等于矢径 $\boldsymbol{r}$ 对时间的二阶导数，即 $\boldsymbol{a}=\frac{\mathrm{d}^2\boldsymbol{r}}{\mathrm{d}t^2}$，代入质点动力学基本方程式(15－1)则有

$$m\boldsymbol{a}=m\cdot\frac{\mathrm{d}^2\boldsymbol{r}}{\mathrm{d}t^2}$$

$$m\ddot{\boldsymbol{r}}=\boldsymbol{F}=\sum_{i=1}^{n}\boldsymbol{F}_i \qquad (15-2)$$

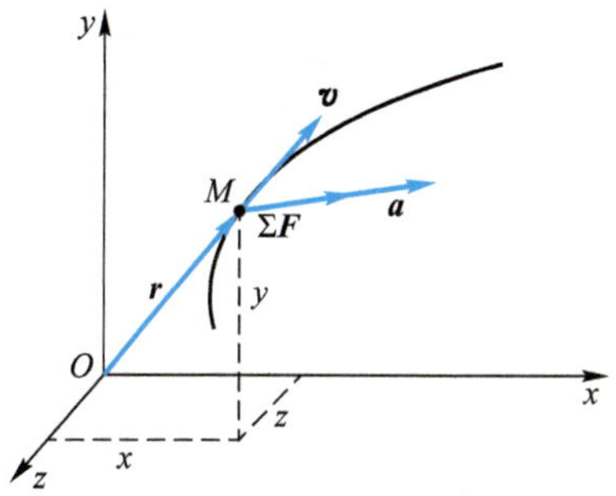

图 15－1

式(15－2)称为质点运动微分方程的矢量形式。这种矢量形式的运动微分方程表述比较简练，适合用于各种理论推导。

2. 直角坐标形式

质点的运动微分方程在应用到具体的力或运动速度、运动加速度的计算中时，常采用投影到坐标轴上的形式。过矢径的起始固定点 O 建立直角坐标系 $Oxyz$(图 15－1)，在任意瞬时 t，将质点运动微分方程的矢量式(15－2)向该坐标系的三个轴投影得

$$m\cdot\frac{\mathrm{d}^2x}{\mathrm{d}t^2}=m\ddot{x}=ma_x=\sum_{i=1}^{n}F_{ix}$$

$$m\cdot\frac{\mathrm{d}^2y}{\mathrm{d}t^2}=m\ddot{y}=ma_y=\sum_{i=1}^{n}F_{iy}$$

$$m\cdot\frac{\mathrm{d}^2z}{\mathrm{d}t^2}=m\ddot{z}=ma_z=\sum_{i=1}^{n}F_{iz}$$

上式通常记为

$$\left.\begin{aligned}m\ddot{x}&=\sum_{i=1}^{n}F_{ix}\\m\ddot{y}&=\sum_{i=1}^{n}F_{iy}\\m\ddot{z}&=\sum_{i=1}^{n}F_{iz}\end{aligned}\right\} \qquad (15-3)$$

式(15－3)中 F_{ix}、F_{iy}、F_{iz} 分别表示作用在质点上的力在 Ox 轴、Oy 轴和 Oz 轴上的投影。式

(15－3)称为质点运动微分方程的直角坐标形式。它的物理意义是：**质点的质量与质点的加速度在某坐标轴上的投影的乘积，等于质点所受的力在该轴上的投影的代数和**。

3. 自然坐标形式

在运动学中，我们曾用自然法来描述质点的运动。在动力学中我们把质点的运动微分方程的矢量式向自然轴投影，就会得到质点运动微分方程的自然坐标形式。

质点做任意空间曲线运动时，其加速度恒在轨迹的密切平面内，即

$$\boldsymbol{a}=a_\tau\boldsymbol{\tau}+a_n\boldsymbol{n}=\frac{\mathrm{d}v}{\mathrm{d}t}\boldsymbol{\tau}+\frac{v^2}{\rho}\boldsymbol{n}$$

而加速度永远没有副法线方向的分量。

把质点运动微分方程的矢量式(15－2)向空间曲线上任一点的自然坐标系三个轴 $\boldsymbol{\tau}$、$\boldsymbol{n}$、$\boldsymbol{b}$ 投影得

$$\left.\begin{aligned}&m\cdot\frac{\mathrm{d}v}{\mathrm{d}t}=ma_\tau=\sum_{i=1}^{n}F_i^\tau\\&m\cdot\frac{v^2}{\rho}=ma_n=\sum_{i=1}^{n}F_i^n\\&0=\sum_{i=1}^{n}F_i^b\end{aligned}\right\}\tag{15-4}$$

其中 F_i^τ、F_i^n、F_i^b 是质点所受的力 $\boldsymbol{F}_i$ 在 $\boldsymbol{\tau}$、$\boldsymbol{n}$、$\boldsymbol{b}$ 三个轴上的投影。式(15－4)就是**质点运动微分方程的自然坐标形式**。

15.3 质点动力学的两类基本问题

质点动力学主要包括两类基本问题。

第一类基本问题：已知质点的运动，求作用于质点上的力。也就是已知质点的运动方程，通过其对时间微分两次得到质点的加速度，代入质点运动微分方程，就可得到作用在质点上的力，解这一类基本问题会用到求导数的知识，相对而言比较简单。

第二类基本问题：已知作用在质点上的力，求质点的运动情况(如求质点的速度、轨迹、运动方程等)。在质点的运动微分方程中，已知质点的受力，则得到质点运动的加速度，由加速度求质点的速度、轨迹、运动方程等是积分运算的问题。有些问题进行积分时，运算相当困难，甚至找不到解析表达式，得不到有限形式的解。这时只能用数值方法，得到其近似解。本书讲解了几种简单的、有有限解的例子。

下面通过例题说明如何用质点的运动微分方程解决质点动力学的两类基本问题。

例 15－1 如图 15－2 所示，重为 P 的质点 M，在有阻尼的介质中铅垂降落，其运动方程为 $x=\frac{g}{k}t-\frac{g}{k^2}(1-\mathrm{e}^{-kt})$，$k$ 为常数。求介质对质点 M 的阻力，并表示为速度的函数。

解 首先选取质点 M 为研究对象，质点 M 做铅垂直线运动，选轨迹直线为直角坐标轴 Ox，并规定向下为正。再将质点 M 放在运动的一般位置上，画出其受力图。质点在此位置上所受的力有重力 $\boldsymbol{P}$ 和介质阻力 $\boldsymbol{F}_\mathrm{R}$。

则质点 M 直角坐标形式的运动微分方程为

$$\frac{P}{g}\frac{\mathrm{d}^2 x}{\mathrm{d}t^2}=P_x+F_{\mathrm{R}x}$$

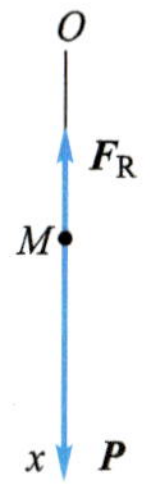

图 15-2

式中 P_x 和 $F_{\mathrm{R}x}$ 分别为 $\boldsymbol{P}$、$\boldsymbol{F}_{\mathrm{R}}$ 在 Ox 轴上的投影。由图有

$$P_x=P,\quad F_{\mathrm{R}x}=-F_{\mathrm{R}}$$

于是运动微分方程可写为

$$\frac{P}{g}\frac{\mathrm{d}^2 x}{\mathrm{d}t^2}=P-F_{\mathrm{R}}$$

由已知质点运动方程得

$$v=\frac{\mathrm{d}x}{\mathrm{d}t}=\frac{g}{k}(1-\mathrm{e}^{-kt})$$

$$\frac{\mathrm{d}^2 x}{\mathrm{d}t^2}=g\mathrm{e}^{-kt}$$

于是有

$$F_{\mathrm{R}}=P-\frac{P}{g}\cdot g\mathrm{e}^{-kt}=P(1-\mathrm{e}^{-kt})=\frac{Pkv}{g}$$

例 15-2 如图 15-3 所示，已知单摆长为 l，重为 G，做小幅角摆动的规律为 $\varphi=\varphi_0\sin\sqrt{\frac{g}{l}}t$，其中 φ_0 为常量。求摆经过最高位置和最低位置时绳中的拉力。

解 选质点 M 为研究对象，并将其放在运动的一般位置上画出受力图。作用于 M 上的力有重力 $\boldsymbol{G}$ 和绳的拉力 $\boldsymbol{F}_{\mathrm{T}}$。由于质点 M 的轨迹为一圆弧，可应用自然形式的运动微分方程求解，为此选定弧坐标及自然轴系。

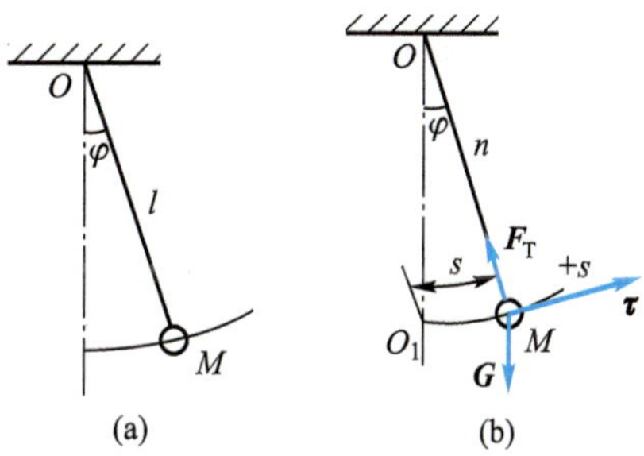

图 15-3

质点 M 的自然形式的运动微分方程为

$$\begin{cases}\dfrac{G}{g}\dfrac{\mathrm{d}^2 s}{\mathrm{d}t^2}=G_\tau+F_{\mathrm{T}}^{\tau}\\[2ex]\dfrac{G}{g}\dfrac{v^2}{\rho}=G_n+F_{\mathrm{T}}^{n}\end{cases}$$

考虑到 $s=l\varphi$，因此有

$$\frac{\mathrm{d}s}{\mathrm{d}t}=v=l\frac{\mathrm{d}\varphi}{\mathrm{d}t},\quad \frac{\mathrm{d}^2 s}{\mathrm{d}t^2}=l\frac{\mathrm{d}^2\varphi}{\mathrm{d}t^2}$$

$$G_\tau=-G\sin\varphi,\quad F_{\mathrm{T}}^{\tau}=0$$

$$G_n=-G\cos\varphi,\quad F_{\mathrm{T}}^{n}=F_{\mathrm{T}}$$

代入运动微分方程，得

$$\begin{cases}\dfrac{G}{g}l\dfrac{\mathrm{d}^2\varphi}{\mathrm{d}t^2}=-G\sin\varphi\\[2ex]\dfrac{G}{g}l\left(\dfrac{\mathrm{d}\varphi}{\mathrm{d}t}\right)^2=-G\cos\varphi+F_{\mathrm{T}}\end{cases}$$

上述方程的第一个用于求单摆的运动规律，由于运动已经给出，因此无须再进行研究。第二个方程可用于求绳中的拉力 $\boldsymbol{F}_{\mathrm{T}}$，由此方程得

$$F_{\mathrm{T}}=G\cos\varphi+\frac{G}{g}l\left(\frac{\mathrm{d}\varphi}{\mathrm{d}t}\right)^2$$

当单摆处于最高位置时，$\varphi=\varphi_0$，$\frac{\mathrm{d}\varphi}{\mathrm{d}t}=0$，于是有

$$F_{\mathrm{T最高}}=G\cos\varphi_0$$

当单摆处于最低位置时，$\varphi=0$，此时的$\dfrac{d\varphi}{dt}$可按下述方法求出：

$$\frac{d\varphi}{dt}=\varphi_0\sqrt{\frac{g}{l}}\cos\sqrt{\frac{g}{l}}t$$

$$\left(\frac{d\varphi}{dt}\right)^2=\varphi_0^2\frac{g}{l}\cos^2\sqrt{\frac{g}{l}}t=\varphi_0^2\frac{g}{l}\left(1-\sin^2\sqrt{\frac{g}{l}}t\right)$$

$$=\varphi_0^2\frac{g}{l}-\frac{g}{l}\varphi^2$$

当 $\varphi=0$ 时（最低位置）

$$\left(\frac{d\varphi}{dt}\right)^2=\varphi_0^2\frac{g}{l}$$

于是有

$$F_{T最低}=G\cos 0^\circ+\frac{G}{g}l\cdot\varphi_0^2\frac{g}{l}=G(1+\varphi_0^2)$$

例 15-3 质量为 m 的质点在水平力 $F=\begin{cases}\dfrac{F_0}{t_0}t & (0\leqslant t\leqslant t_0)\\ 0 & (t>t_0)\end{cases}$ 的作用下沿水平直线从静止开始运动，求质点的运动方程。

解 本题是已知力求运动，力是时间的不连续函数。

以质点为研究对象，点做直线运动，沿运动方向列方程。

当 $0\leqslant t\leqslant t_0$ 时，

$$m\ddot{x}=\frac{F_0}{t_0}t,\quad 即\ddot{x}=\frac{F_0}{mt_0}t$$

从而得到

$$x=\frac{F_0}{6mt_0}t^3+C_1t+C_2$$

由初始条件：$t=0$ 时，$x_0=0$，$v_0=\dot{x}_0=0$，可得 $C_1=C_2=0$。

因此质点的运动方程

$$x=\frac{F_0}{6mt_0}t^3\quad(0\leqslant t\leqslant t_0)$$

当 $t=t_0$ 时，质点速度 $\dot{x}=\dfrac{F_0t_0}{2m}$，质点位置 $x=\dfrac{F_0}{6m}t_0^2$，它们是 $t>t_0$ 时的初始条件。

当 $t>t_0$ 时，$m\ddot{x}=0$，所以，$x=C_3t+C_4$。

由 $t>t_0$ 时的初始条件可得

$$C_3=\frac{F_0t_0}{2m},\quad C_4=-\frac{F_0}{3m}t_0^2$$

从而

$$x=\frac{F_0t_0}{2m}t-\frac{F_0}{3m}t_0^2$$

本题中力是时间的不连续函数，因此分析时要注意分段，同时注意每一段的初始条件。

例 15-4 由地面垂直向上发射火箭，质量为 m，不计空气阻力。已知地球对火箭的引力与火箭到地心距离的平方成反比，求火箭飞出地球引力场做星际飞行所需的最小初速度 v_0。（地球半径 $R=6\ 370$ km，地球表面重力加速度 $g=9.8\ \mathrm{m/s^2}$。）

解 研究对象：火箭。

受力分析：万有引力，$F=\gamma\dfrac{mM}{r^2}$（M 为地球质量，γ 为引力常量）。

运动分析：沿地球半径向上做直线运动。

以地心 O 为原点，建立 Ox 坐标轴，向上为正，则有 $F=\gamma\dfrac{mM}{x^2}$。

当 $x=R$ 时，$F=mg$，即 $\gamma\dfrac{mM}{R^2}=mg$，从而 $\gamma M=R^2g$。

建立运动微分方程：$m\ddot{x}=-F=-\gamma\dfrac{mM}{x^2}$，即 $\ddot{x}=-\dfrac{R^2g}{x^2}$，

注意到

$$\ddot{x}=\frac{\mathrm{d}\dot{x}}{\mathrm{d}t}=\frac{\mathrm{d}\dot{x}}{\mathrm{d}x}\frac{\mathrm{d}x}{\mathrm{d}t}=\dot{x}\frac{\mathrm{d}\dot{x}}{\mathrm{d}x}=\frac{1}{2}\frac{\mathrm{d}\dot{x}^2}{\mathrm{d}x}$$

代入运动微分方程，得到 $\dfrac{1}{2}\dfrac{\mathrm{d}\dot{x}^2}{\mathrm{d}x}=-\dfrac{R^2g}{x^2}$，分离变量并积分，可得 $\dfrac{1}{2}\dot{x}^2=\dfrac{R^2g}{x}+C$。

考虑初始条件：$t=0$ 时，$x=R$，$\dot{x}=v_0$，解得 $C=\dfrac{1}{2}v_0^2-Rg$。所以，$\dot{x}^2-v_0^2=2gR^2\left(\dfrac{1}{x}-\dfrac{1}{R}\right)$。

为了使火箭摆脱地球引力，在不考虑其他星球的引力的情况下必须保证当 $x\to\infty$ 时，有 $\dot{x}>0$。所以，$\dot{x}^2=2gR^2\left(\dfrac{1}{x}-\dfrac{1}{R}\right)+v_0^2>0$。

当 $x\to\infty$ 时，$-2gR+v_0^2>0$，就得到 $v_0>\sqrt{2gR}=11.174\ \mathrm{km/s}\approx 11.2\ \mathrm{km/s}$。

这就是所谓第二宇宙速度，即火箭摆脱地球引力飞向太空所需的最小速度。

例 15-5 一个物体重为 9.81 N，在不均匀介质中做直线运动，阻力按规律 $F=-\dfrac{2v^2}{3+s}$ 变化，其中 $\boldsymbol{v}$ 为速度，单位是 m/s，s 为路程，单位是 m。设物体的初速度 $v_0=5$ m/s，试求物体的运动方程。

解 以物体为研究对象，以物体的初始位置为原点，沿物体运动方向建立坐标系。

运动分析：直线运动。

受力分析：阻力 $F=-\dfrac{2\dot{x}^2}{3+x}$。

建立运动微分方程：$m\ddot{x}=F=-\dfrac{2\dot{x}^2}{3+x}$，利用 $\ddot{x}=\dot{x}\dfrac{\mathrm{d}\dot{x}}{\mathrm{d}x}=\dfrac{1}{2}\dfrac{\mathrm{d}\dot{x}^2}{\mathrm{d}x}$，得到

$$\frac{\mathrm{d}\dot{x}^2}{\dot{x}^2}=-\frac{4}{m}\frac{\mathrm{d}x}{3+x}$$

由 $m=1$ kg，可得

$$\ln\dot{x}^2=-4\ln(3+x)+C，即\dot{x}^2=C_1(3+x)^{-4}$$

所以

$$\dot{x}=C_2(3+x)^{-2}$$

由 $t=0$ 时，$x=0$，$\dot{x}=v_0=5$，可得 $C_2=45$，从而 $\dot{x}=45(3+x)^{-2}$。再积分一次，得到

$$\frac{1}{3}(x+3)^3=45t+C_3$$

考虑到 $t=0$ 时，$x=0$，得到 $C_3=9$，所以

$$\frac{1}{3}(x+3)^3=9(5t+1)$$

因而解出 $x=3[\sqrt[3]{5t+1}-1]$。

习题

15-1 一质量为 700 kg 的载货小车以 $v=1.6$ m/s 的速度沿缆车轨道下降，轨道的倾角 $\theta=15°$，运动总阻力系数 $f=0.015$。求小车匀速下降时缆绳的拉力。又设小车的制动时间为 $t=4$ s，在制动时小车做匀减速运动，求此时缆绳的拉力。

15-2 汽车的质量是 1 500 kg，以速度 $v=10$ m/s 驶过拱桥，桥在中点处的曲率半径为 $\rho=50$ m。试求汽车经过拱桥中点时对桥面的压力。

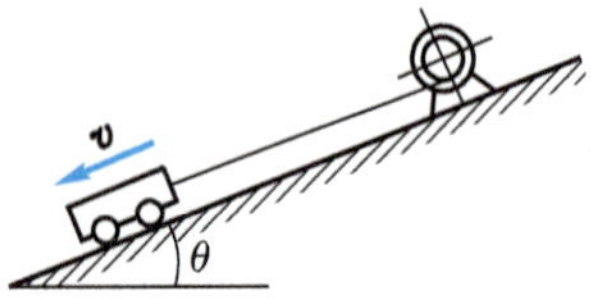

题 15-1 图

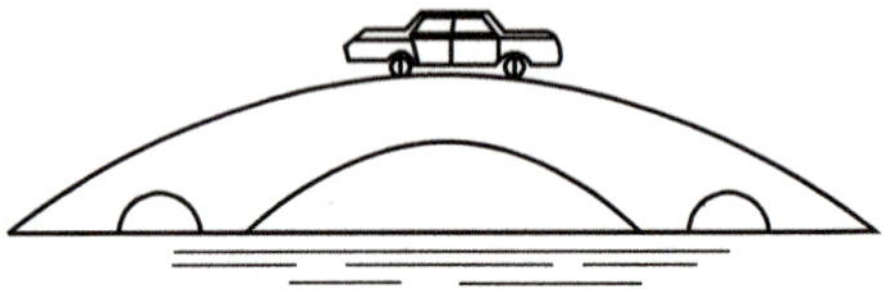
题 15-2 图

15-3 物块 A 和 B 彼此用弹簧连接，其质量分别为 20 kg 和 40 kg，如图所示。已知物块 A 在铅垂方向做自由振动，其振幅 $A=10$ mm，周期 $T=0.25$ s。试求此系统对支承面 CD 的最大和最小压力。

15-4 如图所示，在桥式起重机的小车上用长度为 l 的钢丝绳悬吊着质量为 m 的重物 A。小车以匀速 v_0 向右运动时，钢丝绳保持铅垂方向。设小车突然停止，重物 A 因惯性而绕悬挂点 O 摆动。试求刚开始摆动瞬时钢丝绳的拉力 $\boldsymbol{F}_1$。设重物摆到最高位置时的偏角为 φ，再求此瞬时的拉力 $\boldsymbol{F}_2$。

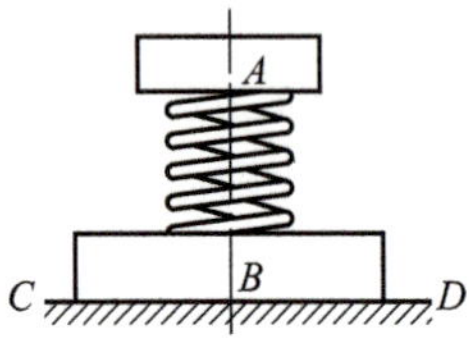

题 15-3 图

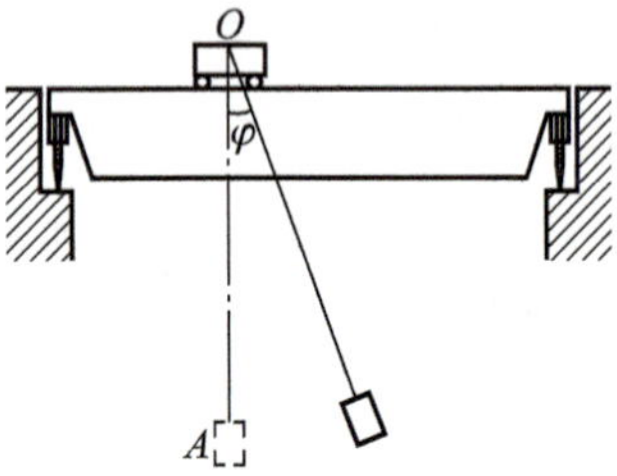

题 15-4 图

15-5 倾角为 30°的楔形斜面以 $a=4$ m/s² 的加速度向右运动，质量为 $m=5$ kg 的小球 A 用软绳维系置于斜面上，试求绳子的拉力及斜面的压力，并求当斜面的加速度达到多大时绳子的拉力为零。

15-6 在曲柄滑块机构中，滑杆与活塞的质量为 50 kg，曲柄长为 30 cm，绕 O 轴匀速转动，转速 $n=120$ r/min。求当曲柄 OA 运动至水平向右及铅垂向上两位置时，作用在活塞上的气体压力。曲柄质量不计。

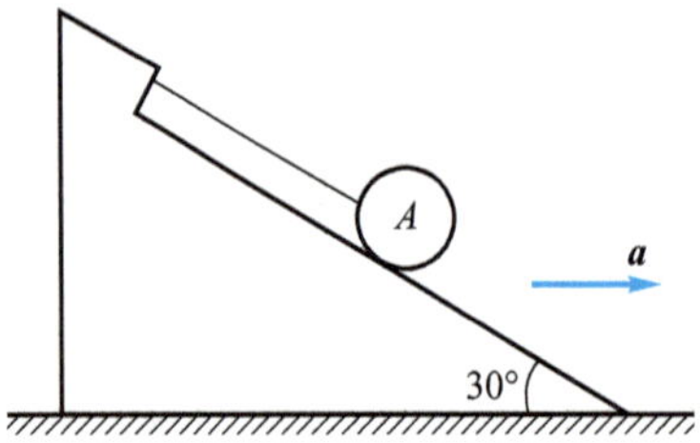

题 15-5 图

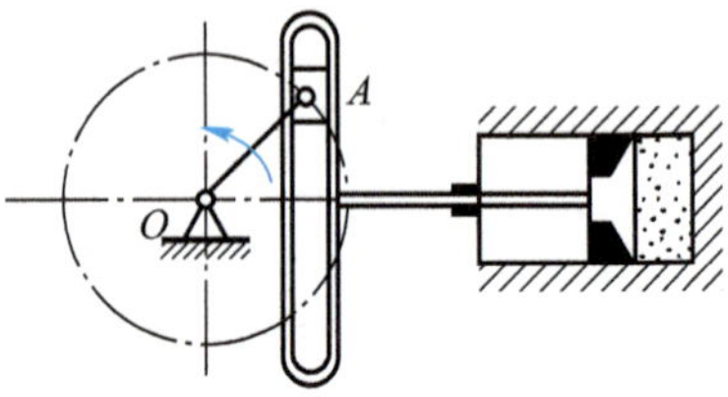

题 15-6 图

15-7 图示排水量为 $m=5\times10^6$ kg 的海船浮在水面时截水面积 $A=150$ m²，海水密度 $\rho=1.03\times10^3$ kg/m³，试通过建立系统的运动微分方程，求船在水面上做铅垂振动时的周期。

15-8 质量为 200 kg 的加料小车沿倾角为 75°的轨道被提升。小车速度随时间而变化的规律如图所示。不计车轮和轨道间的摩擦。试求 t 在 0～3 s、3～15 s、15～20 s 这三个时间段内钢丝绳的拉力。

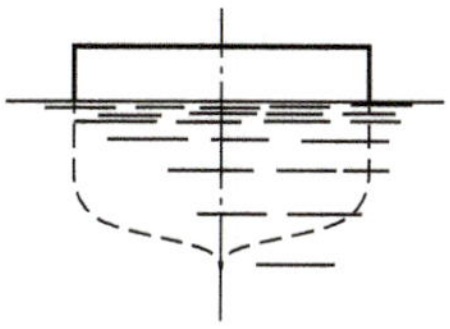

题 15-7 图

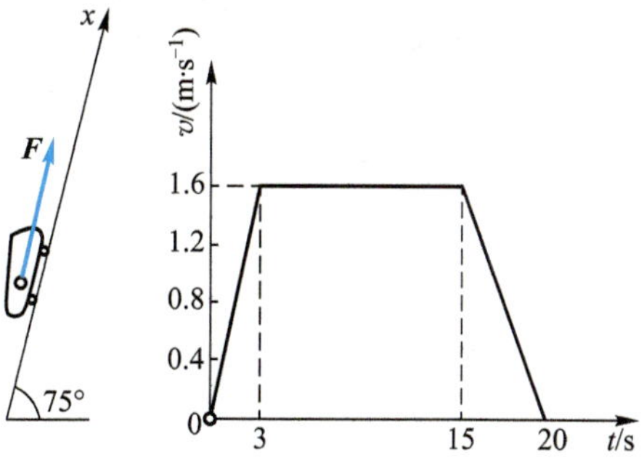

题 15-8 图

15-9 带运输机卸料时，物料以初速度 v_0 脱离带。设 v_0 与水平线的夹角为 θ，试求物料脱离带后在重力作用下的运动方程。

15-10 若一个质量 5 kg 的质点沿着平面轨道运动，轨道方程为 $r=2t+10$ 和 $\theta=1.5t^2-6t$。其中 r 以 m 计，θ 以 rad 计，t 以 s 计。求 $t=2$ s 时，作用在质点上的不平衡力的大小。

15-11 小球重为 W，以两绳悬挂。若将绳 AB 突然剪断，求：(1) 小球开始运动瞬时 AC 绳中的拉力。(2) 小球 A 运动到铅垂位置时，AC 绳中的拉力。

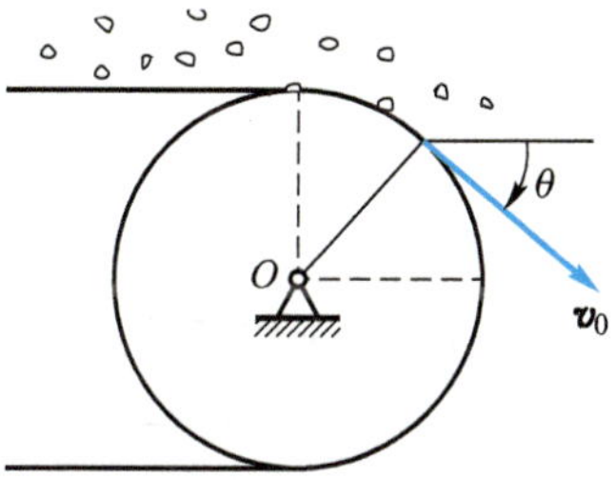

题 15-9 图

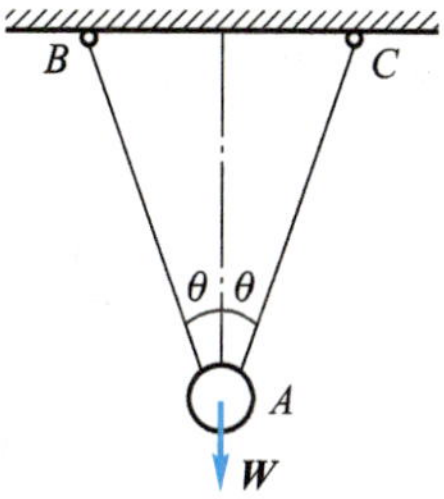

题 15-11 图

15-12 两物体各重 P_1 和 P_2，用长为 l 的绳连接，此绳跨过一半径为 r 的滑轮，如开始时两物体的高差为 h，且 $P_2>P_1$，不计滑轮与绳的质量，求由静止释放后，两物体达到相同高度时所需的时间。

15-13 图示套管 A 的质量为 m，受绳子牵引沿铅垂杆向上滑动，绳子的另一端绕过离杆距离为 l 的滑轮 B 而缠在鼓轮上。当鼓轮转动时，其边缘上各点的速度大小为 v_0。求绳子拉力与距离 x 之间的关系。

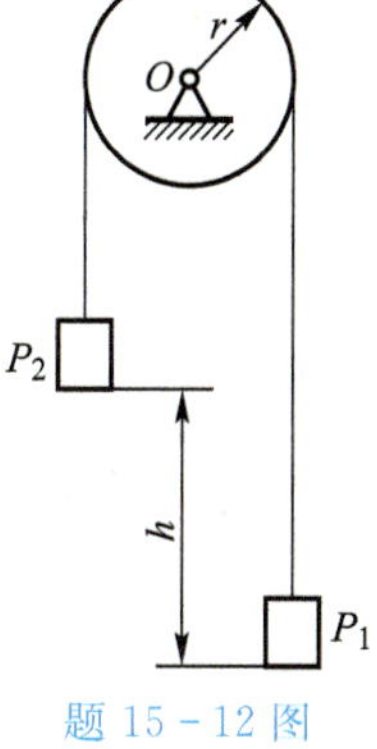

题 15-12 图

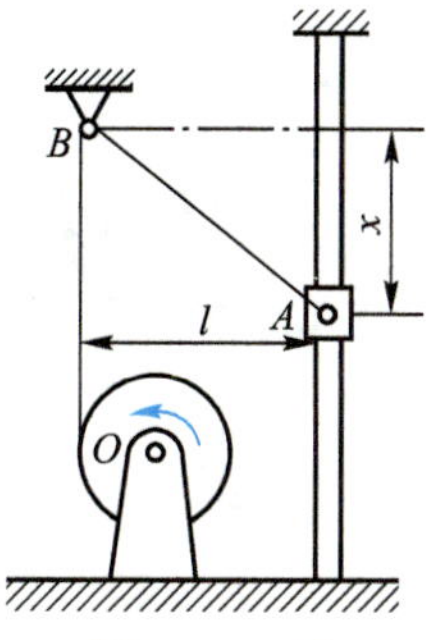

题 15-13 图

15－14 赛车受到空气阻力 $F'_r=\left(\frac{1}{2}\gamma\rho A\right)v_1$，式中 γ 是量纲为一的阻力系数，ρ 是空气密度，v 是车速，$A=2.79\ \mathrm{m^2}$ 是赛车的迎风投影面积。赛车受到的非空气阻力 F_r 为常数，$F_r=0.89\ \mathrm{kN}$。若赛车外形的板金属很好，则 $\gamma=0.3$，相应的最高车速 $v=321.8\ \mathrm{km/h}$，若前端受到轻微碰撞，则 $\gamma'=0.4$，求此时相应的最高车速 v'。

15－15 图示两根细杆的两端用光滑铰链分别与铅垂轴和小球 C 相铰接，$AB=2b$。整个系统以匀角速度 ω 绕铅垂轴转动。设细杆长度均为 l，质量可以不计。小球质量为 m。试求两杆所受的力。

题 15－14 图

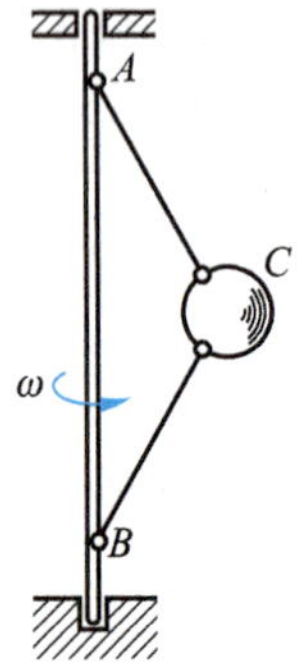

题 15－15 图

15－16 小球 A 从光滑半圆柱的顶点无初速地下滑，求小球脱离半圆柱时的位置角 φ。

15－17 质量为 20 kg 的炮弹由地面射出的速度分量为 $v_x=100\ \mathrm{m/s}$，$v_y=49\ \mathrm{m/s}$。空气阻力 $\boldsymbol{F}_r=-c\boldsymbol{v}$，$c$ 为黏性系数，是常数。若炮弹的射程是 600 m，试求 c。

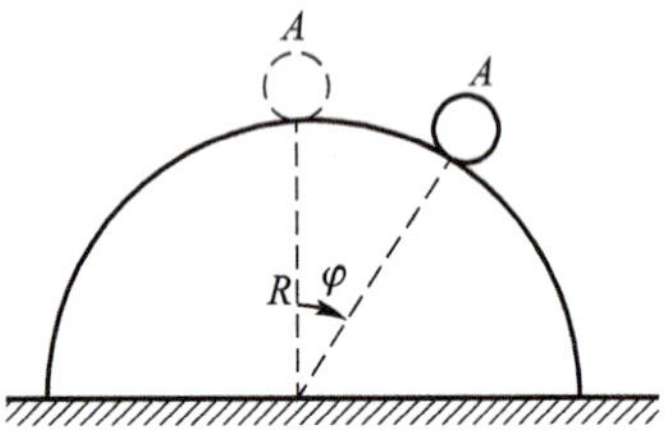

题 15－16 图

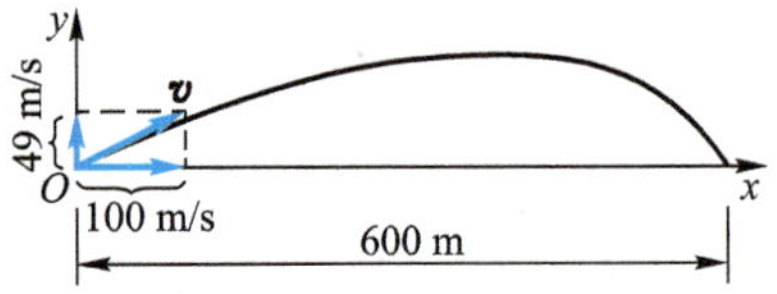

题 15－17 图

15－18 质量为 m 的物块放在匀角速度转动的水平转台上，物块与转轴的距离为 r，如图所示。如物块与台面间的静摩擦因数为 f_s，试求物块不致因转台旋转而滑出的最大线速度。

15－19 为使列车对铁轨的压力垂直于路基，在铁路的弯道部分，外轨要比内轨稍微提高。若弯道的曲率半径为 $\rho=300\ \mathrm{m}$，列车的速度为 12 m/s，内外轨道间的距离为 $b=1.6\ \mathrm{m}$，求外轨应高于内轨的高度 h。

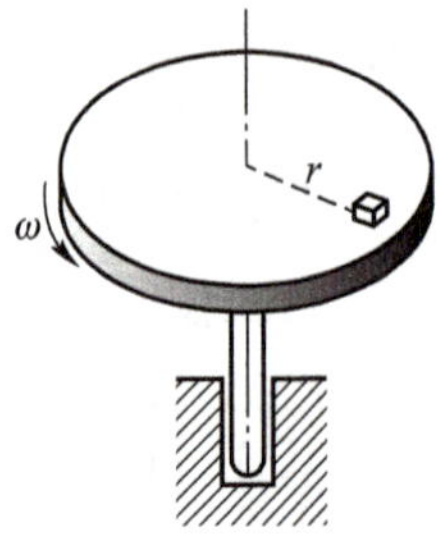

题 15－18 图

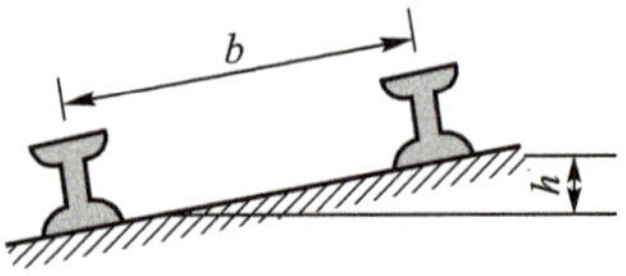

题 15－19 图

15-20 图示质量为 m 的小球从光滑斜面上的 A 点以平行于 CD 方向的初速度开始运动。已知 $v_0=5\ \text{m/s}$，斜面的倾角为 30°，试求小球运动到 CD 边上的 B 点所需要的时间 t 和距离 d。

15-21 质量为 $m=2$ kg 的质点 M 在图示水平面 Oxy 内运动，质点在某瞬时 t 的位置可由方程 $r=t_1-\dfrac{t^2}{3}$ 及 $\theta=2t^2$ 确定，其中 r 以 m 计，t 以 s 计，θ 以 rad 计。当 $t=0$ 及 $t=1$ s 时，分别求质点 M 上所受的径向分力和横向分力。

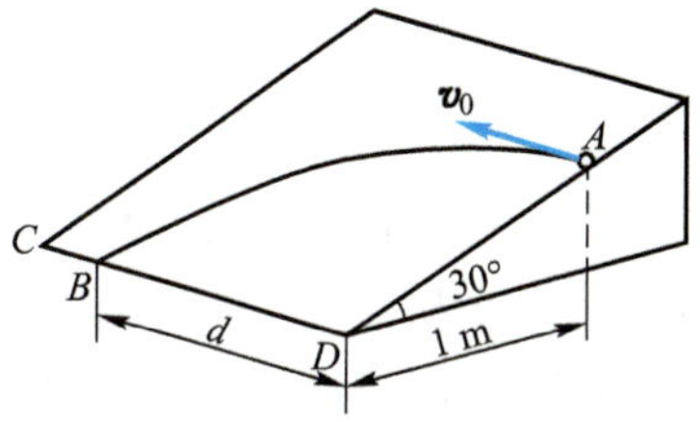

题 15-20 图

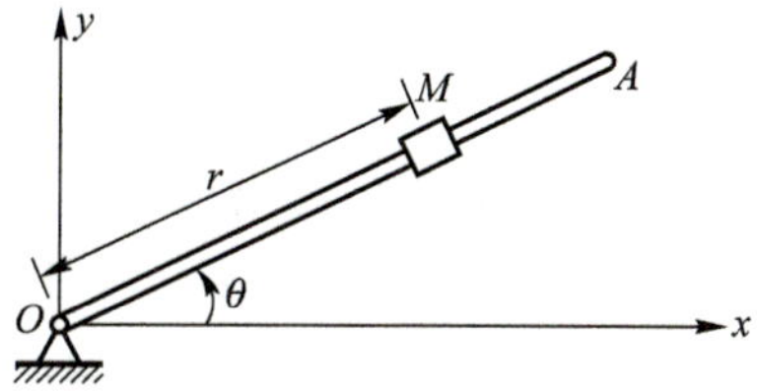

题 15-21 图

15-22 潜水器的质量为 m，受到重力与浮力的向下合力 $\boldsymbol{F}$ 而下沉。设水的阻力 F_1 与速度的一次方成正比，$F_1=kSv$，式中 S 为潜水器的水平投影面积；v 为下沉的瞬时速度；k 为比例常数。若 $t=0$ 时，$v_0=0$，试求潜水器下沉速度和距离随时间而变化的规律。

15-23 在选矿机械中，两种不同矿物沿斜面滑下，在离开斜面 B 点时的速度分别为 $v_1=1$ m/s 和 $v_2=2$ m/s。已知 $h=1$ m，$\theta=30°$，求两种不同矿物在 CD 所隔的距离 s。

15-24 质量为 m 的小球以初速度 v_0 从地面铅垂上抛。设重力不变；空气阻力 F 与速度的平方成正比，$F=kmv^2$，其中 k 为比例常数。试求小球落回到地面时的速度 v_1。

15-25 一质点带有负电荷 e，其质量为 m，以初速度 v_0 进入磁场强度为 H 的均匀磁场中，该速度方向与磁场方向垂直。设已知作用于质点的力为 $F=-e(v\times H)$，求质点的运动轨迹。

（提示：解题时宜采用在自然轴上投影的运动微分方程。）

15-26 图示一倾斜式摆动筛，筛面可近似地认为沿 x 轴做往复运动。曲柄的转速为 n（对应的角速度为 ω）。如曲柄长度远小于连杆时，筛面的运动方程可近似地视为 $x=r\sin\omega t$（r 为曲柄的长度）。已知颗粒料与筛面间的摩擦角为 φ_m，筛面的倾斜角为 α，且 $\alpha<\varphi_m$。求不能通过筛孔的颗粒能自动沿筛面下滑时曲柄的转速 n。

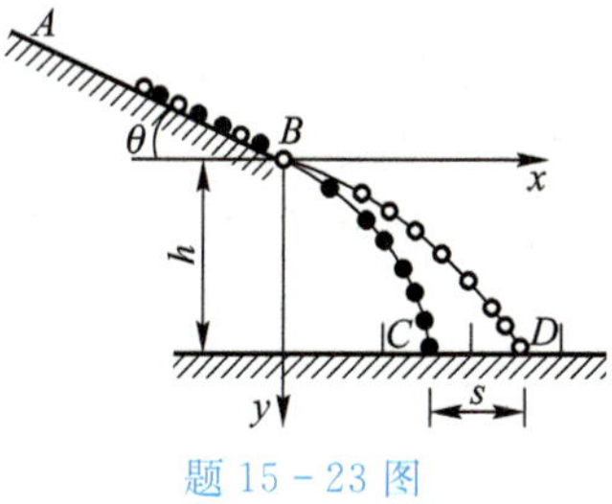

题 15-23 图

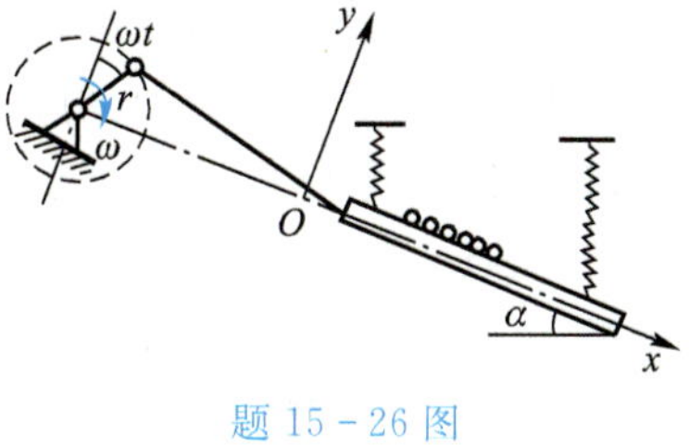

题 15-26 图

15-1
第 15 章
习题答案

第16章 动量定理及动量矩定理

由牛顿第二定律可以推导出描述质点的运动与所受力之间关系的其他表达形式，有时应用起来更方便。在实际问题中，并不是所有的物体都可以抽象为单个质点，更多遇到的是由许多质点所组成的质点系。对于一个由 n 个质点所组成的质点系来说，如果我们对每一个质点都列出方程 $m_i\boldsymbol{a}_i=\boldsymbol{F}_i$，然后再去求解，这样很麻烦，有时甚至是不可能的，另外也没有这个必要。因为，我们只要知道它的整体运动的某些特征量，就足以确定整个质点系的运动情况，而动力学基本定理，则反映了某些描述质点系整体运动的特征量（如动量、动量矩等）与力系对质点系的作用量（如冲量、力矩、力系的主矢等）之间的关系。因此，为了迅速有效地解决质点系的动力学问题，我们有必要研究质点系动力学基本定理。

从这一章起，我们研究动力学的两个基本定理：动量定理和动量矩定理。它们和牛顿定律一样，只适用于惯性坐标系。

动量定理和动量矩定理都可以从动力学基本方程 $\boldsymbol{F}=m\boldsymbol{a}$ 推导出来。但应该说明的是，这些定理是力学现象普遍规律的反映，最初都是各自独立地被人们发现的。

16.1 质点及质点系的动量

1. 质点的动量

首先引入动量这个概念。物体的运动可以相互传递，在传递机械运动的过程中产生的力的大小是与速度和质量都有关系的。如：射击时，子弹质量很小，而速度很大，因此射击冲力很大，足以穿透钢板；轮船停靠码头时，速度虽小，但由于它的质量很大，故具有很大的撞击力。为了度量物体机械运动的强弱，我们定义：

质点的质量 m 与其速度 $\boldsymbol{v}$ 的乘积，称为该质点的动量（momentum），记为 $m\boldsymbol{v}$。质点的动量是矢量，它的方向与质点速度的方向一致，动量的国际单位是 kg · m · s^{-1}，用 $\boldsymbol{p}$ 表示，即

$$\boldsymbol{p}=m\boldsymbol{v} \tag{16-1}$$

动量在应用时常采用投影的形式，动量在空间直角坐标系中的投影为

$$p_x=mv_x,\quad p_y=mv_y,\quad p_z=mv_z \tag{16-2}$$

这三个投影都是代数量，它们之间的关系如下：

$$m\boldsymbol{v}=mv_x\boldsymbol{i}+mv_y\boldsymbol{j}+mv_z\boldsymbol{k} \tag{16-3}$$

2. 质点系的动量

下面研究由多个质点组成的质点系。设一质点系有 n 个质点，各质点的质量分别是 m_1、m_2、…、m_n，某一瞬时各质点的速度分别是 $\boldsymbol{v}_1$、$\boldsymbol{v}_2$、…、$\boldsymbol{v}_n$。我们把质点系中各质点动量的矢量和称为质点系的动量，用$\boldsymbol{P}$来表示，那么

$$\boldsymbol{P}=\sum_{i=1}^{n} m_i \boldsymbol{v}_i \tag{16-4}$$

质点系的动量$\boldsymbol{P}$和它在三个直角坐标轴上的投影 P_x、P_y、P_z之间的关系是

$$\boldsymbol{P}=P_x\boldsymbol{i}+P_y\boldsymbol{j}+P_z\boldsymbol{k}=\sum_{i=1}^{n} m_i v_{ix}\boldsymbol{i}+\sum_{i=1}^{n} m_i v_{iy}\boldsymbol{j}+\sum_{i=1}^{n} m_i v_{iz}\boldsymbol{k} \tag{16-5}$$

在很多情况下，质点系的动量不必用式(16－5)，而可以通过质点系的质心速度得到。

在静力学中，如果以$\boldsymbol{r}_C$表示系统质心的矢径，$\boldsymbol{r}_1$、$\boldsymbol{r}_2$、…、$\boldsymbol{r}_n$表示各质点的矢径，M 表示系统的总质量，m_1、m_2、…、m_n表示各质点的质量。根据质心表达式，可以得到

$$\boldsymbol{r}_C=\frac{\sum_{i=1}^{n} m_i \boldsymbol{r}_i}{\sum_{i=1}^{n} m_i}=\frac{\sum_{i=1}^{n} m_i \boldsymbol{r}_i}{M}$$

将上式两边同时对时间求导数得

$$\frac{\mathrm{d}\boldsymbol{r}_C}{\mathrm{d}t}=\frac{1}{M}\cdot\frac{\mathrm{d}\left(\sum_{i=1}^{n} m_i \boldsymbol{r}_i\right)}{\mathrm{d}t}=\frac{1}{M}\cdot\sum_{i=1}^{n}\frac{\mathrm{d}(m_i \boldsymbol{r}_i)}{\mathrm{d}t}$$

所以

$$M\cdot\frac{\mathrm{d}\boldsymbol{r}_C}{\mathrm{d}t}=\sum_{i=1}^{n} m_i\frac{\mathrm{d}\boldsymbol{r}_i}{\mathrm{d}t}$$

其中$\frac{\mathrm{d}\boldsymbol{r}_C}{\mathrm{d}t}=\boldsymbol{v}_C$，即质心的速度，$\frac{\mathrm{d}\boldsymbol{r}_i}{\mathrm{d}t}=\boldsymbol{v}_i$为第 i 个质点的速度。

因此

$$M\boldsymbol{v}_C=\sum_{i=1}^{n} m_i \boldsymbol{v}_i \tag{16-6}$$

比较式(16－4)和式(16－6)可得

$$\boldsymbol{P}=M\boldsymbol{v}_C \tag{16-7}$$

式(16－7)表明：**质点系的动量等于整个质点系的质量与质心速度的乘积，动量的方向与质心速度的方向相同**。这是计算质点系动量的一个常用的方法。

质点系动量在直角坐标系 $Oxyz$ 下的投影表达式为

$$P_x=Mv_{Cx}$$
$$P_y=Mv_{Cy}$$
$$P_z=Mv_{Cz} \tag{16-8}$$

例 16－1 均质圆轮半径为 R，质量为 M，沿水平直线轨道以角速度 ω 滚动而不滑动(图 16－1)。求圆轮的动量。

解 当圆轮纯滚动时，轮与地面的切点为瞬心，此时轮的质心（即轮心）速度为

$$v_C = \omega R$$

轮的动量为

$$P = Mv_C = M\omega R$$

总之，不论质点系的运动多复杂，其动量总是等于质点系的质量与其质心速度的乘积，也就是说，等于该质点系随同质心一起平移时的动量。因此，可以说，质点系的动量是表示质点系随同质心一起平移时的运动的物理量，而与质点系相对于质心的运动毫无关系。当质点系的质心静止不动时，质点系的动量为零。

例 16-2 已知轮 A 重为 W，匀质杆 AB 重为 P，杆长为 l，图 16-2 所示位置时轮心 A 的速度为 $\boldsymbol{v}$，AB 倾角为 45°。求此瞬时系统的动量。

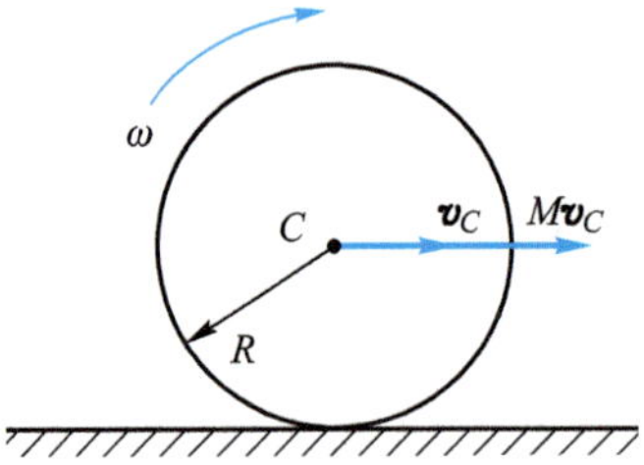

图 16-1

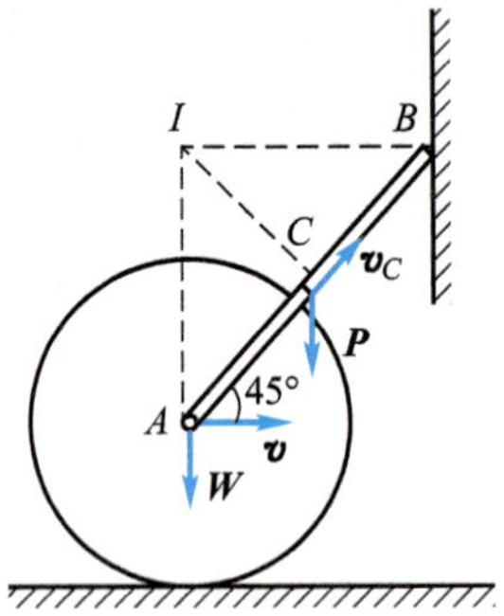

图 16-2

解 I 点为 AB 杆的瞬心，则 AB 杆的角速度为

$$\omega_{AB} = \frac{v}{AI} = \frac{\sqrt{2}\,v}{l}$$

AB 杆质心的速度

$$v_C = IC \cdot \omega_{AB} = \frac{l}{2} \cdot \frac{\sqrt{2}\,v}{l} = \frac{\sqrt{2}}{2}v$$

AB 杆的水平方向动量

$$P_x = \frac{W}{g}v + \frac{P}{g}v_C \cos 45° = \frac{2W+P}{2g}v$$

AB 杆的竖直方向动量

$$P_y = \frac{P}{g}v_C \sin 45° = \frac{P}{2g}v$$

AB 杆的总动量

$$\boldsymbol{P} = \frac{2W+P}{2g}v\,\boldsymbol{i} + \frac{P}{2g}v\,\boldsymbol{j}$$

16.2 力的冲量

1. 力的冲量

物体在力的作用下引起运动变化时，不仅与力的大小和方向有关，而且还与力的作用时间的

长短有关。一般说来，力作用的时间越长，运动的变化就越大。因此将作用在物体上的作用力与其作用时间的乘积，称为力的冲量(impulse)。冲量是矢量，用$\boldsymbol{I}$表示，其方向和力的方向一致，它是力在一段时间间隔内对物体机械作用的强度度量。冲量的国际单位是 N·s(牛顿秒)，不难看出，冲量的单位和动量的单位是一致的，即

$$1\ \mathrm{N\cdot s}=1\ \mathrm{kg\cdot m\cdot s^{-2}\cdot s}=1\ \mathrm{kg\cdot m\cdot s^{-1}}$$

2. 关于力的冲量的具体计算包括下面几种

若作用力为常力，经历时间 t 后，常力的冲量为

$$\boldsymbol{I}=\boldsymbol{F}\cdot t \tag{16-9}$$

若作用力为变力，则力$\boldsymbol{F}$在微小时间间隔 $\mathrm{d}t$ 内的冲量，称为力的元冲量，用 $\mathrm{d}\boldsymbol{I}$表示，即

$$\mathrm{d}\boldsymbol{I}=\boldsymbol{F}\cdot \mathrm{d}t$$

此时力$\boldsymbol{F}$在有限时间间隔 t_2-t_1 内的冲量为

$$\boldsymbol{I}=\int_{t_1}^{t_2}\mathrm{d}\boldsymbol{I}=\int_{t_1}^{t_2}\boldsymbol{F}\cdot \mathrm{d}t \tag{16-10}$$

设力$\boldsymbol{F}$在直角坐标系下的解析投影式 $\boldsymbol{F}=F_x\boldsymbol{i}+F_y\boldsymbol{j}+F_z\boldsymbol{k}$，则式(16-10)在 x、y、z 三个轴上的投影式分别为

$$\left.\begin{aligned}I_x&=\int_{t_1}^{t_2}F_x\cdot \mathrm{d}t\\ I_y&=\int_{t_1}^{t_2}F_y\cdot \mathrm{d}t\\ I_z&=\int_{t_1}^{t_2}F_z\cdot \mathrm{d}t\end{aligned}\right\} \tag{16-11}$$

其中 I_x、I_y、I_z 分别代表力的冲量$\boldsymbol{I}$在 x、y、z 三个轴上的投影。

如果有$\boldsymbol{F}_1$、$\boldsymbol{F}_2$、…、$\boldsymbol{F}_n$这 n 个力组成的共点力系作用在物体上，合力为 $\boldsymbol{F}_{\mathrm{R}}$，则共点力系的合力 $\boldsymbol{F}_{\mathrm{R}}$ 在时间间隔 t_2-t_1 内的冲量为

$$\begin{aligned}\boldsymbol{I}&=\int_{t_1}^{t_2}\boldsymbol{F}_{\mathrm{R}}\cdot \mathrm{d}t=\int_{t_1}^{t_2}\sum_{i=1}^{n}\boldsymbol{F}_i\cdot \mathrm{d}t=\int_{t_1}^{t_2}\boldsymbol{F}_1\cdot \mathrm{d}t+\int_{t_1}^{t_2}\boldsymbol{F}_2\cdot \mathrm{d}t+\cdots+\int_{t_1}^{t_2}\boldsymbol{F}_n\cdot \mathrm{d}t\\&=\sum_{i=1}^{n}\int_{t_1}^{t_2}\boldsymbol{F}_i\cdot \mathrm{d}t=\sum_{i=1}^{n}\boldsymbol{I}_i\end{aligned} \tag{16-12}$$

即：共点力系的合力的冲量等于力系中各分力的冲量的矢量和。

具体应用时同样可以采用解析投影的形式。

16.3 动量定理

1. 质点的动量定理

采用动量这一概念来描述质点的运动，质点动力学基本方程$\boldsymbol{F}=m\boldsymbol{a}$可以表示为另一种形式。

因为

$$\boldsymbol{a}=\frac{\mathrm{d}\boldsymbol{v}}{\mathrm{d}t}$$

所以

$$\boldsymbol{F}=m\cdot\frac{\mathrm{d}\boldsymbol{v}}{\mathrm{d}t}=\frac{\mathrm{d}(m\boldsymbol{v})}{\mathrm{d}t}=\frac{\mathrm{d}\boldsymbol{P}}{\mathrm{d}t}$$

即

$$\mathrm{d}\boldsymbol{P}=\boldsymbol{F}\cdot\mathrm{d}t=\sum_{i=1}^{n}\boldsymbol{F}_i\cdot\mathrm{d}t \tag{16-13}$$

式(16-13)表明：质点的动量的微分等于所有作用于质点上的力的元冲量的矢量和，此式称为质点的微分形式动量定理。

在有限的时间间隔 t_2-t_1 内积分式(16-13)，可得

$$\boldsymbol{P}_2-\boldsymbol{P}_1=\sum_{i=1}^{n}\boldsymbol{I}_i \tag{16-14}$$

即：质点的动量在有限时间间隔内的改变等于作用在质点上的所有力在这段时间间隔内的冲量的矢量和，这就是质点的积分形式的动量定理。

2. 质点系的动量定理

对于由质量分别为 m_1、m_2、…、m_n，速度分别为 $\boldsymbol{v}_1$、$\boldsymbol{v}_2$、…、$\boldsymbol{v}_n$ 的 n 个质点组成的质点系中的任一质点 i 来说，其所受力 $\boldsymbol{F}_i$ 可以分成两部分：质点系内其余质点对该质点施加的力 $\boldsymbol{F}_i^{\mathrm{i}}$，称为内力，质点系以外的物体对该质点施加的力 $\boldsymbol{F}_i^{\mathrm{e}}$，称为外力。

质点系中第 i 个质点的动量定理的表达式可写为

$$\frac{\mathrm{d}\boldsymbol{P}_i}{\mathrm{d}t}=\frac{\mathrm{d}(m_i\boldsymbol{v}_i)}{\mathrm{d}t}=\boldsymbol{F}_i^{\mathrm{e}}+\boldsymbol{F}_i^{\mathrm{i}}\qquad(i=1,2,\cdots,n)$$

将这 n 个式子相加，则有

$$\sum_{i=1}^{n}\frac{\mathrm{d}(m_i\boldsymbol{v}_i)}{\mathrm{d}t}=\sum_{i=1}^{n}\boldsymbol{F}_i^{\mathrm{e}}+\sum_{i=1}^{n}\boldsymbol{F}_i^{\mathrm{i}} \tag{16-15}$$

式(16-15)中右边第二项 $\sum_{i=1}^{n}\boldsymbol{F}_i^{\mathrm{i}}$ 是质点系内力和，表示质点系中 n 个质点之间的相互作用力的矢量和。因为内力总是成对出现的，且每对力大小相等，方向相反，所以 $\sum_{i=1}^{n}\boldsymbol{F}_i^{\mathrm{i}}=\boldsymbol{0}$。式(16-15)中右边第一项 $\sum_{i=1}^{n}\boldsymbol{F}_i^{\mathrm{e}}$ 表示作用在该质点系上的所有外力的矢量和。式中左边项 $\sum_{i=1}^{n}\frac{\mathrm{d}(m_i\boldsymbol{v}_i)}{\mathrm{d}t}=\frac{\mathrm{d}}{\mathrm{d}t}\left(\sum_{i=1}^{n}m_i\boldsymbol{v}_i\right)=\frac{\mathrm{d}}{\mathrm{d}t}(m\boldsymbol{v}_C)=\frac{\mathrm{d}\boldsymbol{P}}{\mathrm{d}t}$。

那么式(16-15)变为

$$\frac{\mathrm{d}\boldsymbol{P}}{\mathrm{d}t}=\frac{\mathrm{d}}{\mathrm{d}t}(m\boldsymbol{v}_C)=\sum_{i=1}^{n}\boldsymbol{F}_i^{\mathrm{e}} \tag{16-16}$$

这就是质点系动量定理的微分形式：质点系的动量对时间的一阶导数等于作用在该质点系上的所有外力的矢量和。

将式(16-16)向直角坐标系 $Oxyz$ 投影可得

$$\left.\begin{aligned}\frac{\mathrm{d}P_x}{\mathrm{d}t}=\sum_{i=1}^{n}F_{ix}^{\mathrm{e}}\\\frac{\mathrm{d}P_y}{\mathrm{d}t}=\sum_{i=1}^{n}F_{iy}^{\mathrm{e}}\\\frac{\mathrm{d}P_z}{\mathrm{d}t}=\sum_{i=1}^{n}F_{iz}^{\mathrm{e}}\end{aligned}\right\}\tag{16-17}$$

式(16-17)表明质点系的动量在某坐标轴上的投影对时间的一阶导数,等于作用在该质点系上的所有外力在该轴上的投影的代数和。

把式(16-16)两边同乘以 dt,然后在时间间隔$[t_1,t_2]$内对时间积分,设 t_1、t_2这两个瞬时,质点系的动量分别为$\boldsymbol{P}_1$、$\boldsymbol{P}_2$,则有

$$\boldsymbol{P}_2-\boldsymbol{P}_1=\sum_{i=1}^{n}\int_{t_1}^{t_2}\boldsymbol{F}_i^{\mathrm{e}}\cdot\mathrm{d}t=\sum_{i=1}^{n}\boldsymbol{I}_i^{\mathrm{e}}\tag{16-18}$$

这就是**质点系动量定理的积分形式:在某一段时间间隔内,质点系动量的改变,等于在这段时间间隔内作用于质点系上的所有外力的冲量的矢量和。**

将式(16-18)投影到直角坐标轴上得

$$\left.\begin{aligned}P_{2x}-P_{1x}=\sum_{i=1}^{n}I_{ix}^{\mathrm{e}}\\P_{2y}-P_{1y}=\sum_{i=1}^{n}I_{iy}^{\mathrm{e}}\\P_{2z}-P_{1z}=\sum_{i=1}^{n}I_{iz}^{\mathrm{e}}\end{aligned}\right\}\tag{16-19}$$

动量定理的投影形式表明:在某一段时间间隔内质点系的动量在某一轴上的投影的增量等于作用于质点系上的所有外力在同一时间间隔内的冲量在同一坐标轴上投影的代数和。

通过质点系动量定理可以看出:质点系的内力可以改变质点系中各质点的动量,但不能改变质点系的总动量,只有外力才能改变质点系的总动量。因此在应用动量定理时,只分析系统所受的外力而不必分析内力。

既然只有外力的矢量和才能改变质点系的动量,那么**当作用于质点系上的外力的矢量和恒为零时,质点系的动量将不改变而恒保持为一个常量,这就是动量守恒定律。**

从式(16-16)知,若 $\sum\boldsymbol{F}_i^{\mathrm{e}}=\boldsymbol{0}$,则$\dfrac{\mathrm{d}\boldsymbol{P}}{\mathrm{d}t}=\boldsymbol{0}$。从而

$$\boldsymbol{P}_2=\boldsymbol{P}_1=m\boldsymbol{v}_C\tag{16-20}$$

此时 $\boldsymbol{v}_C\equiv\boldsymbol{C}$,即质点系的质心做惯性运动。

若外力的矢量和并不等于零,但**作用于质点系上的所有外力在某轴上的投影的代数和恒等于零,则质点系的动量在该轴上的投影为一常量,这就是动量投影守恒定律。**

若有 $\sum\limits_{i=1}^{n}F_{ix}^{\mathrm{e}}=0$,则

$$P_{2x}=P_{1x}=C\tag{16-21}$$

又因为

$$P_x = mv_{Cx}$$

所以

$$v_{Cx} = C$$

即质点系的质心在 x 轴方向做匀速运动或静止。

下面举例来说明质点系的动量定理。

大炮发射炮弹时，炮弹和炮身可以看成一个质点系，若不计地面给炮身的水平约束力，则系统在水平方向所受的外力为零。当火药爆炸时，产生的气体压力是内力，它不能改变整个系统的总动量，但是气体压力(内力)可以使炮弹以极高的速度飞出去，从而获得一个向前的动量，因系统在爆炸前后，总动量在水平方向的投影应当守恒，因此，气体压力应同时使炮身获得一个大小相等，方向相反的动量，即炮身向后运动。这就是反冲作用。

例 16-3 在水平面上有物体 A 与 B，m_A 为 2 kg，m_B 为 1 kg。设 A 以某一速度运动并撞击原来静止的 B，如图 16-3 所示。撞击后 A 与 B 合并为一体向前运动，历时 2 s 停止。设 A、B 与平面间的动摩擦因数 $f=1/4$。试求撞击前 A 的速度，以及撞击至 A、B 静止过程中，A、B 相互作用的冲量。

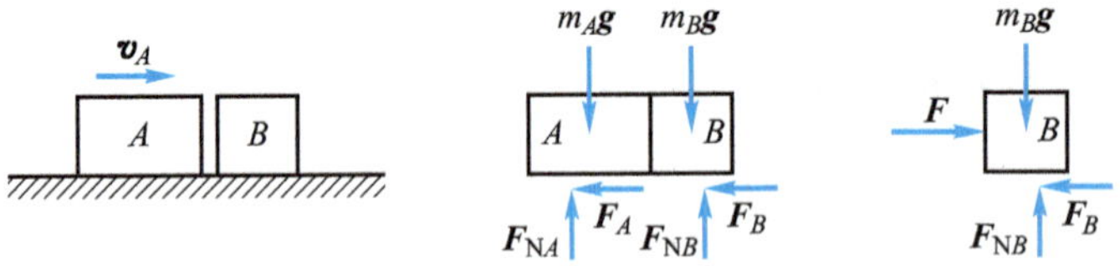

图 16-3

解 以 A、B 组成的系统为研究对象，列写沿水平方向的动量定理

$$0 - m_A v_A = -\int_0^2 (F_A + F_B)\mathrm{d}t$$

因为摩擦力 $F_i = f m_i g\,(i=A,B)$ 为常值，由上式直接解得

$$v_A = \frac{(m_A + m_B)}{m_A} fgt = 7.35\ \mathrm{m/s}$$

以 B 为研究对象，则 A 对 B 的撞击力转化为外力 F，列写沿水平方向的动量定理

$$0 = \int_0^2 (F_x - F_B)\mathrm{d}t$$

沿水平方向的撞击冲量为

$$I_x = \int_0^2 F_x \mathrm{d}t = f m_B g t = 4.9\ \mathrm{kg\cdot m/s}$$

例 16-4 如图 16-4 所示，大炮的炮身重 $P_1=8$ kN，炮弹重 $P_2=40$ N，炮筒的倾角为 30°，炮弹从击发至离开炮筒所需时间 $t=0.05$ s，炮弹出口速度 $v=500$ m/s，不计摩擦。求炮身的后坐速度及地面对炮身的平均法向约束力。

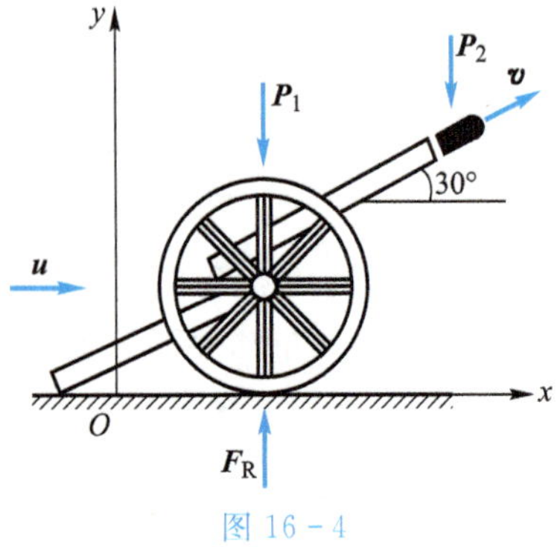

图 16-4

解 以炮身和炮弹为系统。作用于此质点系上的外力有重力 $\boldsymbol{P}_1$、$\boldsymbol{P}_2$ 和地面的法向约束力 $\boldsymbol{F}_R$；在水平方向无外力作用。由此可知，在发射炮弹的过程中，系统的动量在水平方向保持不变。发射前，系统静止，其动量为零，因此，发射后系统的动量在水平方向上仍应为零。现以 $\boldsymbol{u}$ 表示发射炮弹后炮身在水平方向的后坐速度(先假设沿 x 轴正

向），则有

$$\frac{P_1}{g}u+\frac{P_2}{g}v\cos 30^\circ=0$$

由此可求得

$$u=-\frac{P_2}{P_1}v\cos 30^\circ=-\frac{0.04}{8}\times500\times\frac{\sqrt{3}}{2}\ \mathrm{m/s}=-2.17\ \mathrm{m/s}$$

此处的负号表示炮身的后坐速度与所设方向相反，即发射炮弹时炮身向后退。

另外

$$\frac{P_2}{g}v\sin 30^\circ-0=(F_R-P_1-P_2)t$$

求得

$$F_R=P_1+P_2+\frac{P_2}{g}\frac{v\sin 30^\circ}{t}=8\ \mathrm{kN}+0.04\ \mathrm{kN}+\frac{0.04}{9.81}\times\frac{500\times0.5}{0.05}\ \mathrm{kN}=28.4\ \mathrm{kN}$$

显然，这里求得的 F_R是射击过程中地面对炮身的“平均”法向力，因为在计算中是把 $\boldsymbol{F}_R$作为常力对待的，而实际上这个力在射击过程中其大小是变化的。

16.4 质心运动定理

针对质点系动量定理，我们作进一步推导，根据式(16-16)

$$\frac{\mathrm{d}\boldsymbol{P}}{\mathrm{d}t}=\frac{\mathrm{d}(m\boldsymbol{v}_C)}{\mathrm{d}t}=\sum_{i=1}^{n}\boldsymbol{F}_i^{\mathrm{e}}$$

质点系质量是常数，则有

$$M\cdot\frac{\mathrm{d}\boldsymbol{v}_C}{\mathrm{d}t}=\sum_{i=1}^{n}\boldsymbol{F}_i^{\mathrm{e}}$$

所以

$$M\cdot\boldsymbol{a}_C=\sum_{i=1}^{n}\boldsymbol{F}_i^{\mathrm{e}}\tag{16-22}$$

式(16-22)表明：**质点系的质量和其质心加速度的乘积，等于作用于质点系的所有外力的矢量和，这就是质心运动定理。**式(16-22)与质点动力学基本方程形式完全相同，因此，在研究质点系质心的运动时，相当于研究质量和外力都集中在质心上的质点的运动。

将这个定理的式(16-22)向直角坐标系 $Oxyz$ 投影，可得

$$Ma_{Cx}=\sum F_{ix}^{\mathrm{e}}$$

$$Ma_{Cy}=\sum F_{iy}^{\mathrm{e}}$$

$$Ma_{Cz}=\sum F_{iz}^{\mathrm{e}}\tag{16-23}$$

这就是**质心运动定理的直角坐标投影形式：质点系的质量和质心加速度在某轴上的投影的乘积等于作用在质点系上的所有外力在同一轴上投影的代数和。**

由质心运动定理的推导过程可以看出，质心运动定理是动量定理在用于质量是常数的质点系的变形形式，它们在本质上是一个定理，应用质心运动定理也可以解决动力学的两类基本问题。

若式(16-22)中 $\sum\boldsymbol{F}_i^{\mathrm{e}}=\boldsymbol{0}$，即质点系所受的所有外力的矢量和为零，则$\boldsymbol{a}_C=\boldsymbol{0}$。也就是 $\boldsymbol{v}_C$

$=\boldsymbol{C}$，即作用在质点系上的所有外力的矢量和若恒等于零，则质心做匀速直线运动或静止。如果初瞬时质心静止，则无论质点系怎样运动，质心始终保持不动。

若式(16-23)中作用在质点系上的外力在某一轴上的投影的代数和为零（以 x 轴为例），$\sum F_{ix}^{e}=0$，则 $a_{Cx}=0$ 也就是 $v_{Cx}=C$，即质心沿 x 轴的运动是匀速的或质心的 x 方向坐标不变。

以上两点都是质点系质心运动守恒的情况。

可以看出，要改变质点系质心的运动，必须有外力作用，质点系内部各质点之间相互作用的内力不能改变质心的运动。

根据质心运动定理，某些质点系动力学问题可以直接用质点动力学理论来解答。例如，刚体平移时，知道了质心的运动也就知道了整个刚体的运动，所以刚体平移的问题，完全可以作为质点运动问题来求解。

下面举例说明质心运动定理的应用。

汽车开动时，发动机汽缸内的燃气压力对汽车整体来说是内力，不能使车子前进。只有当燃气推动活塞，通过传动机构带动主动轮转动，地面对主动轮作用了向前的摩擦力，汽车才能前进。

在静止于静水中的小船上，人向前走，船往后退也是因为人与小船的质心要保持静止的缘故。

例 16-5 设有一电机用螺栓固定在水平基础上，电机外壳及其定子重为 P_1，质心 O_1 在转子的轴线上，转子重为 P_2，质心 O_2 由于制造上的偏差而与其轴线相距为 r，转子以匀角速 ω 转动，如图 16-5 所示。求螺栓和基础对电机的约束力。

解 取电机为质点系，作用于质点系的外力有重力 $\boldsymbol{P}_1$、$\boldsymbol{P}_2$ 及约束力 $\boldsymbol{F}_{Nx}$、$\boldsymbol{F}_{Ny}$。选固定坐标系 O_1xy，则外壳与定子的质心 O_1 的坐标为 $x_1=0$，$y_1=0$，而转子的质心 O_2 的坐标为 $x_2=r\cos\omega t$，$y_2=r\sin\omega t$，电机质心 C 的坐标为

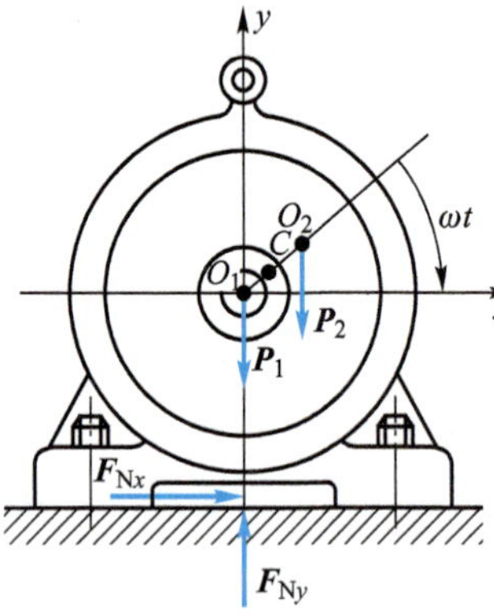

图 16-5

$$\left.\begin{aligned}x_C&=\frac{P_1x_1+P_2x_2}{P_1+P_2}=\frac{P_2r\cos\omega t}{P_1+P_2}\\y_C&=\frac{P_1y_1+P_2y_2}{P_1+P_2}=\frac{P_2r\sin\omega t}{P_1+P_2}\end{aligned}\right\}$$

根据质心运动定理，电机质心 C 的运动微分方程为

$$\left.\begin{aligned}\frac{P_1+P_2}{g}\frac{\mathrm{d}^2x_C}{\mathrm{d}t^2}&=-\frac{P_2}{g}r\omega^2\cos\omega t=F_{Nx}\\\frac{P_1+P_2}{g}\frac{\mathrm{d}^2y_C}{\mathrm{d}t^2}&=-\frac{P_2}{g}r\omega^2\sin\omega t=F_{Ny}-P_1-P_2\end{aligned}\right\}$$

解得

$$\left.\begin{aligned}F_{Nx}&=-\frac{P_2}{g}r\omega^2\cos\omega t\\F_{Ny}&=P_1+P_2-\frac{P_2}{g}r\omega^2\sin\omega t\end{aligned}\right\}$$

可见，由于转子偏心而引起的水平和铅垂方向的动约束力都是随时间周期性变化的，其中附加约束力比静约束力一般大得多，会引起基础的振动和机件的损坏，因此在设计安装时常需考虑附加动约束力。

当 $F_{Ny}>0$ 时，F_{Ny} 是基础给电机的动约束力，而当 $F_{Ny}<0$ 时，则 F_{Ny} 是螺栓对于电机的力。

若不计摩擦和螺栓预紧力时，F_{Nx} 是螺栓给电机的力。实际上，一般是预先拧紧螺帽，形成足够的预紧力，依靠电机与基础间的摩擦力提供水平约束力 F_{Nx}。

例 16-6 物体 A 和 B 的质量分别为 m_1 和 m_2，借一绕过滑轮 C 的不可伸长的绳索相连，这两个物体可沿直角三棱柱的光滑斜面滑动。而三棱柱的底面 DE 放在光滑水平面上，如图 16-6 所示。试求当物体 A 落下高度 $h=10$ cm 时，三棱柱沿水平面的位移。设三棱柱的质量 $m=4m_1=16m_2$，绳索和滑轮的质量都可以忽略不计。初瞬时系统处于静止。

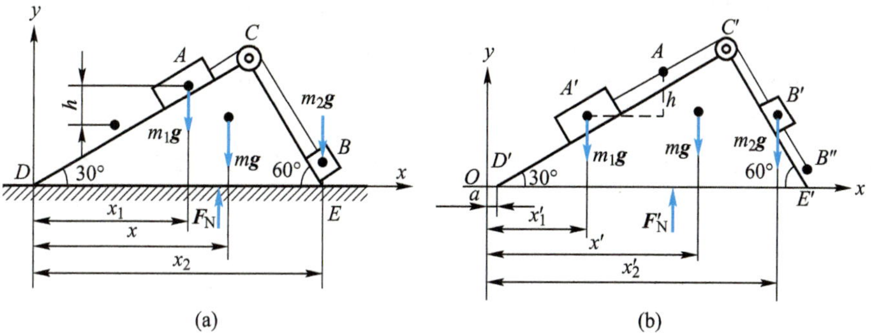

图 16-6

解 取整个系统为研究对象。系统的外力只有铅垂方向的重力 $m_1\boldsymbol{g}$、$m_2\boldsymbol{g}$、$m\boldsymbol{g}$ 和法向约束力 $\boldsymbol{F}_N$。又因系统在初瞬时处于静止，故整个系统的质心在水平方向 x 的位置守恒，即 $x_C=x_{C'}$。

三棱柱移动前系统质心的横坐标

$$x_C=\frac{\sum m_i x_i}{\sum m_i}=\frac{m_1x_1+m_2x_2+mx}{m_1+m_2+m}$$

设三棱柱沿水平面向右的位移是 s，则移动后系统质心的横坐标

$$x_{C'}=\frac{\sum m_i x_i'}{\sum m_i}=\frac{m_1(x_1-h\cot 30^\circ+s)+m_2\left(x_2-\dfrac{h}{\sin 30^\circ}\sin 30^\circ+s\right)+m(x+s)}{m_1+m_2+m}$$

由 $x_C=x_{C'}$ 得三棱柱沿水平面向右的位移

$$s=\frac{\sqrt{3}m_1+m_2}{m_1+m_2+m}=\frac{\sqrt{3}\times 4+1}{4+1+16}\times 10\ \text{cm}=3.77\ \text{cm}$$

例 16-7 如图 16-7 所示，单摆 B 的支点固定在一可沿光滑水平直线轨道平移的滑块 A 上，设 A、B 的质量分别为 m_A、m_B，运动开始时，$x=x_0$，$\varphi=\varphi_0$，$\dot{x}=0$，$\dot{\varphi}=0$。试求单摆 B 的轨迹方程。

解 以系统为对象，其运动可用滑块 A 的坐标 x 和单摆摆动的角度 φ 两个坐标确定。由于沿 x 方向无外力作用，且初始静止，系统沿 x 轴的动量守恒，质心坐标 x_C 应保持常量 x_{C0}，故有

$$x_C=\frac{m_Ax+m_B(x+l\sin\varphi)}{m_A+m_B}=\frac{m_Ax_0+m_B(x_0+l\sin\varphi_0)}{m_A+m_B}=x_{C0}$$

解出

$$x=x_{C0}-\frac{m_B}{m_A+m_B}l\sin\varphi$$

单摆 B 的坐标为

$$x_B=x+l\sin\varphi=x_{C0}+\frac{m_A}{m_A+m_B}l\sin\varphi$$

$$y_B=-l\cos\varphi$$

消去 φ，即得到单摆 B 的轨迹方程

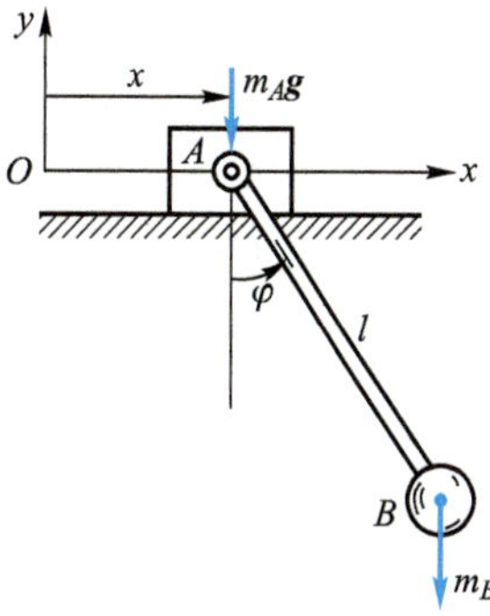

图 16-7

$$\left(1+\frac{m_B}{m_A}\right)^2(x_B-x_{C0})^2+y_B^2=l^2$$

该方程是以 $x=x_{C0}$，$y=0$ 为中心的椭圆方程，因此悬挂在滑块上的单摆也称为椭圆摆。

以上例题表明，质心运动定理和动量定理的解题步骤基本相同：首先选取研究对象，选取坐标系，作受力分析，根据系统所受的外力来判断系统的动量或质心的运动是否守恒，求定理中各物理量，代入表达式求解，等等。通常在涉及速度、力与时间之间的关系问题时，选用动量定理较为方便。对于求质心运动的两类问题和解决某些守恒问题时，则选用质心运动定理较好。由于动量定理、质心运动定理均由牛顿定律导得，故定理中的运动量必须是相对于惯性参考系的。

在计算多刚体系统时，可不必去找系统的质心，而是利用每个刚体的质心位置及质心运动情况。例如，求系统总动量时，

$$\boldsymbol{P}=m\boldsymbol{v}_C=\sum_{i=1}^{n}m_i\boldsymbol{v}_{Ci}$$

应用质心运动定理时，可用关系式 $m\boldsymbol{a}_C=\sum_{i=1}^{n}m_i\boldsymbol{a}_{Ci}$。具体计算时可用矢量式的坐标轴投影形式。其中 m_i、$\boldsymbol{v}_{Ci}$、$\boldsymbol{a}_{Ci}$ 分别表示多刚体系统中第 i 个刚体的质量、质心速度和质心加速度。

16.5 质点及质点系的动量矩

动量定理并不能完全描述出质点系的运动状态。例如，一对称的圆轮绕不动的质心转动时，无论圆轮转动的快慢如何，无论转动状态有什么变化，它的动量恒等于零。因此，我们必须有新的概念来描述类似的运动。

动量矩定理正是描述质点系相对于某一定点（或定轴）或质心的运动状态的理论。

1. 质点的动量矩

在静力学中，我们讲过力 $\boldsymbol{F}$ 对空间固定点 O 的矩 $\boldsymbol{M}_O(\boldsymbol{F})=\boldsymbol{r}\times\boldsymbol{F}$，这里我们用同样的方法来定义质点的动量对空间某一固定点的矩，称为动量矩。设某瞬时，质量为 m 的质点 A 在力 $\boldsymbol{F}$ 的作用下运动，它对某空间固定点 O 的矢径为 $\boldsymbol{r}$，其速度为 $\boldsymbol{v}$，如图 16-8 所示，则该瞬时 A 点的动量为 $m\boldsymbol{v}$。我们把矢径 $\boldsymbol{r}$ 与动量 $m\boldsymbol{v}$ 的矢量积 $\boldsymbol{r}\times m\boldsymbol{v}$ 定义为质点 A 的动量对于固定点 O 的矩，通常称为**质点对 O 点的动量矩**（angular momentum）。用 $\boldsymbol{L}_O$ 表示质点对 O 点的动量矩，则有

$$\boldsymbol{L}_O=\boldsymbol{r}\times m\boldsymbol{v} \tag{16-24}$$

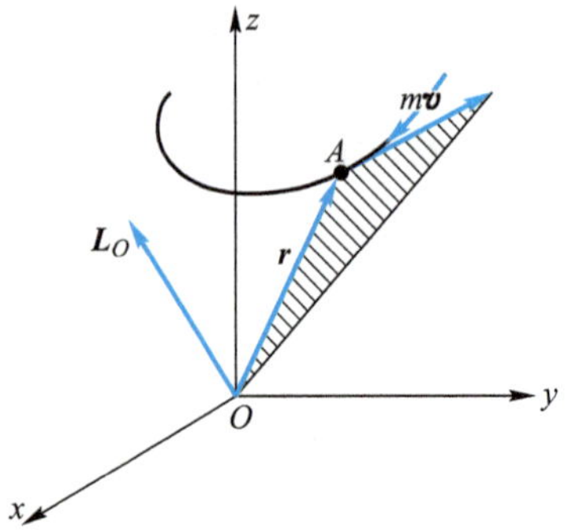

图 16-8

以固定点 O 为原点建立直角坐标系 $Oxyz$，质点 A 的坐标为 (x,y,z)，则有矢径 $\boldsymbol{r}$ 和质点速度 $\boldsymbol{v}$ 的解析投影式

$$\boldsymbol{r}=x\boldsymbol{i}+y\boldsymbol{j}+z\boldsymbol{k}$$

$$\boldsymbol{v}=v_x\boldsymbol{i}+v_y\boldsymbol{j}+v_z\boldsymbol{k}=\dot{x}\boldsymbol{j}+\dot{y}\boldsymbol{j}+\dot{z}\boldsymbol{k}$$

式(16-24)可写为行列式形式

$$\boldsymbol{L}_O=\boldsymbol{r}\times m\boldsymbol{v}=\begin{vmatrix}\boldsymbol{i} & \boldsymbol{j} & \boldsymbol{k}\\ x & y & z\\ m\dot{x} & m\dot{y} & m\dot{z}\end{vmatrix} \tag{16-25}$$

式(16-25)表明质点对某一固定点的动量矩是一个矢量，其方向垂直于由矢径 $\boldsymbol{r}$ 和速度 $\boldsymbol{v}$ 所确定的平面，其大小等于由矢径 $\boldsymbol{r}$ 和动量 $m\boldsymbol{v}$ 所构成的平行四边形的面积，指向由右手螺旋法则确定，且质点对某定点的动量矩是一个定位矢量，应当画在矩心 O 上。

把式(16-25)投影到直角坐标轴上，根据矢量对点的矩和对通过该点的轴的矩之间的关系可知，质点的动量对通过 O 点的各坐标轴的矩分别为

$$\begin{aligned} L_{Ox}&=\boldsymbol{L}_O\cdot\boldsymbol{i}=m(y\dot{z}-z\dot{y})\\ L_{Oy}&=\boldsymbol{L}_O\cdot\boldsymbol{j}=m(y\dot{x}-x\dot{z})\\ L_{Oz}&=\boldsymbol{L}_O\cdot\boldsymbol{k}=m(x\dot{y}-y\dot{x})\end{aligned} \tag{16-26}$$

即

$$\boldsymbol{L}_O=L_{Ox}\boldsymbol{i}+L_{Oy}\boldsymbol{j}+L_{Oz}\boldsymbol{k}$$

上式表明，**动量对某一固定点的矩在经过该点的任一轴上的投影就等于动量对于该轴的动量矩。**因此可以借助动量对定轴的矩求得动量对定点的矩。

动量对轴的矩是一代数量，其符号的规定与力对轴的矩的符号规定相同，在规定了轴的正向之后，可由右手螺旋法则来确定其正方向。

动量矩在国际单位制中的单位是 $\mathrm{kg\cdot m^2/s}$ 或 $\mathrm{N\cdot m\cdot s}$。

2. 质点系的动量矩

设有一质点系，由 n 个质点组成。质点系中所有各质点的动量对某固定点 O 的矩的矢量和称为该**质点系对 O 点的动量矩**，用 $\boldsymbol{L}_O$ 表示，即

$$\boldsymbol{L}_O=\sum_{i=1}^{n}\boldsymbol{m}_O(m_i\boldsymbol{v}_i)=\sum_{i=1}^{n}\boldsymbol{L}_{Oi}=\sum_{i=1}^{n}\boldsymbol{r}_i\times m_i\boldsymbol{v}_i \tag{16-27}$$

式(16-27)中 $\boldsymbol{L}_{Oi}=\boldsymbol{r}_i\times m_i\boldsymbol{v}_i$ 表示质点系中第 i 个质点对于 O 点的动量矩。质点系中所有各质点的动量对于任一轴的矩的代数和，称为**质点系对该轴的动量矩**，相似于质点动量对轴的矩的计算，把质点系对 O 点的动量矩向通过 O 点的直角坐标系 $Oxyz$ 的各轴投影，就得到质点系对过 O 点的轴的动量矩为

$$\left.\begin{aligned} L_x&=\boldsymbol{L}_O\cdot\boldsymbol{i}=\sum m_i(y_i\dot{z}_i-z_i\dot{y}_i)\\ L_y&=\boldsymbol{L}_O\cdot\boldsymbol{j}=\sum m_i(z_i\dot{x}_i-x_i\dot{z}_i)\\ L_z&=\boldsymbol{L}_O\cdot\boldsymbol{k}=\sum m_i(x_i\dot{y}_i-y_i\dot{x}_i)\end{aligned}\right\} \tag{16-28}$$

且有

$$\boldsymbol{L}_O=L_x\boldsymbol{i}+L_y\boldsymbol{j}+L_z\boldsymbol{k}$$

3. 几种刚体的动量矩的计算

如果质点系是作某种特殊形式的运动的刚体，我们可以具体地计算出该刚体的动量矩。

(1) 平移刚体对某固定点的动量矩

设 O 点是空间一固定点，一质量为 m 的刚体在空间平移，刚体的质心为 C，质心 C 的矢径为 $\boldsymbol{r}_C$，质心速度为 $\boldsymbol{v}_C$；刚体内第 i 个质点的质量为 m_i，矢径为 $\boldsymbol{r}_i$，速度为 $\boldsymbol{v}_i$。平移刚体对固定点 O 的动量矩为

$$\boldsymbol{L}_O=\sum\boldsymbol{r}_i\times m_i\boldsymbol{v}_i=\sum\boldsymbol{r}_i\times m_i\boldsymbol{v}_C=\sum m_i\boldsymbol{r}_i\times\boldsymbol{v}_C=(m\boldsymbol{r}_C)\times\boldsymbol{v}_C=\boldsymbol{r}_C\times m\boldsymbol{v}_C \quad (16-29)$$

可见，平移刚体的动量矩计算与质点动量矩的计算公式相似，即平移刚体在计算动量矩时，可以看成是一个质点，这个质点集中了平移刚体的全部质量，位于刚体的质心，且与刚体的质心一起运动。

(2) 绕固定轴转动的刚体对转动轴的动量矩

设刚体绕固定轴 z 以角速度 ω 转动，刚体上第 i 个质点的质量为 m_i，该质点到 z 轴的距离为 d_i，其速度为 $v_i=\omega d_i$，方向如图 16-9 所示。

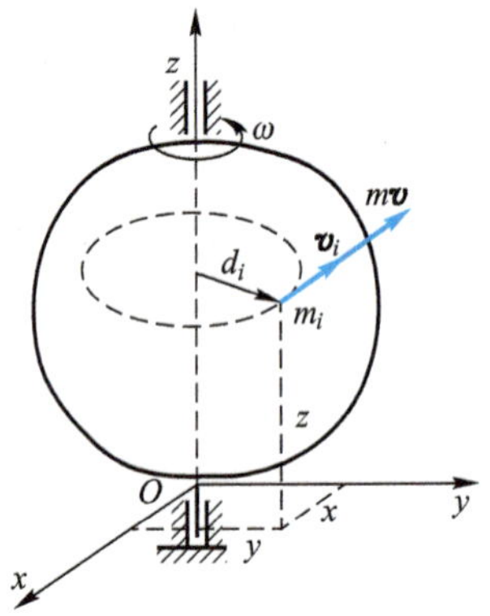

图 16-9

该质点对 z 轴的动量矩为

$$L_{zi}=m_iv_id_i=m_id_i^2\omega$$

而整个刚体对 z 轴的动量矩为

$$L_z=\sum_{i=1}^{n}L_{zi}=\sum_{i=1}^{n}m_id_i^2\omega=\omega\sum m_id_i^2 \quad (16-30)$$

这里 $\sum m_id_i^2$ 是刚体内每一质点的质量与它到 z 轴距离平方的乘积的总和，称为刚体对 z 轴的**转动惯量**(Moment of inertia)，以 J_z 表示，即

$$J_z=\sum_{i=1}^{n}m_id_i^2$$

于是式(16-30)可表示为

$$L_z=J_z\omega \quad (16-31)$$

可见，**绕固定轴转动的刚体对转动轴的动量矩等于刚体的角速度与刚体对该转动轴的转动惯量的乘积。**刚体对轴的转动惯量是一个正数，它的概念与计算，我们将在下一节进一步讨论。这里动量矩 L_z 的符号与角速度 ω 的符号相一致。

16.6　刚体的转动惯量与平行移轴定理

前面，我们讲过计算绕固定轴转动的刚体对转轴的动量矩时要先计算刚体对转动轴的转动惯量 J。

1. 刚体对某轴的转动惯量

刚体对某轴 z 的转动惯量等于刚体内各质点的质量与该质点到 z 轴距离平方的乘积的算术和，如图 16 - 10 所示，即

$$J_z=\sum m_i r_i^2=\sum m_i(x_i^2+y_i^2) \tag{16-32}$$

如果刚体的质量是连续分布的，则式(16 - 32)中的求和就变为求积分的运算，即

$$J_z=\int_m r^2\mathrm{d}m=\int_m (x^2+y^2)\mathrm{d}m \tag{16-33}$$

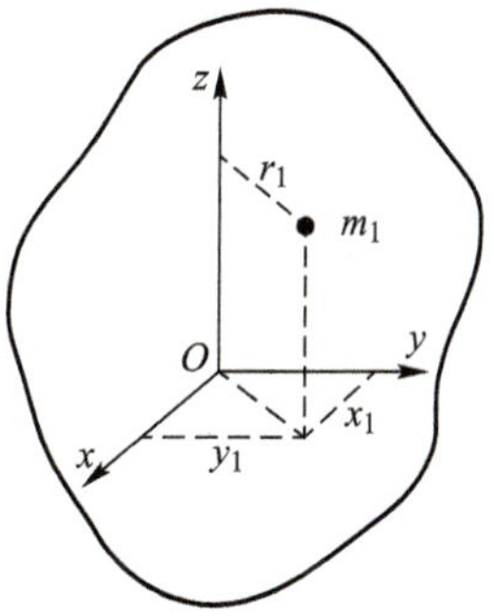

图 16 - 10

对于均质刚体，上式可进一步写为

$$J_z=\iiint_V \rho(x^2+y^2)\mathrm{d}V$$

工程上常把转动惯量写成刚体质量 m 与某一当量长度 ρ 的平方的乘积的形式

$$J_z=m\rho_z^2 \tag{16-34}$$

ρ_z 称为刚体对 z 轴的惯性半径(inertia radius)，或回转半径，它具有长度的量纲，且恒为正。它的物理意义是，设想刚体的质量集中在与 z 轴相距为 ρ_z 的点上，则此集中质量对 z 轴的转动惯量与原刚体的转动惯量相同。一些工程手册中往往给出零件的质量 m，以及它对某轴(尤其是通过质心的轴)的惯性半径，我们可由式(16 - 34)求得零件对轴的转动惯量。

刚体对某轴的转动惯量与刚体的质量有关，也与刚体的质量相对于轴的分布情况有关。同样质量的刚体，质量分布得离轴越远，则转动惯量越大。例如，在设计蒸汽机、冲床等机器的飞轮时，为了增大转动惯量，往往把它们的大部分质量分布在轮缘处，而为了提高仪表的灵敏度，则往往要减少齿轮的转动惯量，尽可能地减少轮缘处的金属。转动惯量是刚体对确定的转轴具有的固定值，与刚体的运动状况无关，且转动惯量永远是一个正的标量。在国际单位制中，它的单位是 $\mathrm{kg\cdot m^2}$。

2. 平行移轴定理

在工程手册中往往给出了刚体对于通过质心的轴的转动惯量，但有时往往需要求出刚体关于与质心轴平行的另一轴的转动惯量，平行移轴定理给出了刚体对于这样的两个轴的转动惯量之间的关系。

设刚体的质量为 m，z_C 为通过刚体质心 C 的一个轴，今有轴 z 与质心轴 z_C 平行，且两轴之间的距离为 d，则刚体对于这两个轴的转动惯量 J_{z_C} 与 J_z 之间有下列关系：

$$J_z = J_{zC} + md^2 \tag{16-35}$$

式(16－35)称为**平行移轴定理：刚体对任一轴 z 的转动惯量等于刚体对平行于 z 轴的质心轴的转动惯量加上刚体的质量与该两轴之间的距离的平方的乘积。**

因为式(16－35)中 $md^2 \geqslant 0$，所以在一组平行轴中，刚体对通过质心的轴的转动惯量最小。

3. 几种常见的均质物体的转动惯量

质量为 m、长为 l 的均质直杆，如图 16－11 所示。

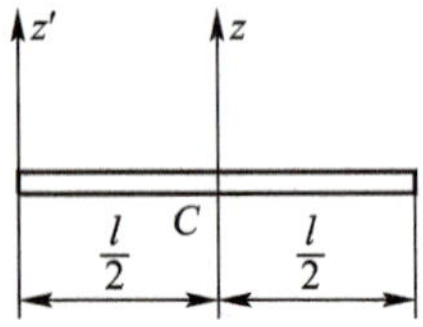

图 16－11

$$J_{zC} = \frac{1}{12}ml^2$$

$$J_{z'} = \frac{1}{3}ml^2$$

质量为 m、半径为 R 的均质薄圆盘，如图 16－12 所示。

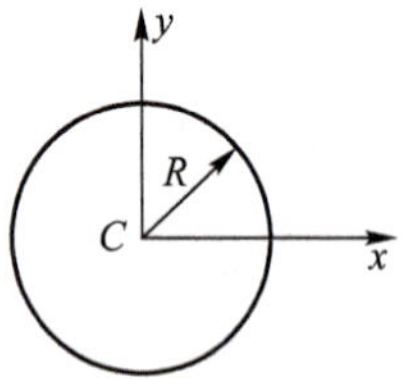

图 16－12

$$J_x = J_y = \frac{1}{4}mR^2$$

$$J_z = \frac{1}{2}mR^2$$

质量为 m 的均质矩形板，如图 16－13 所示。

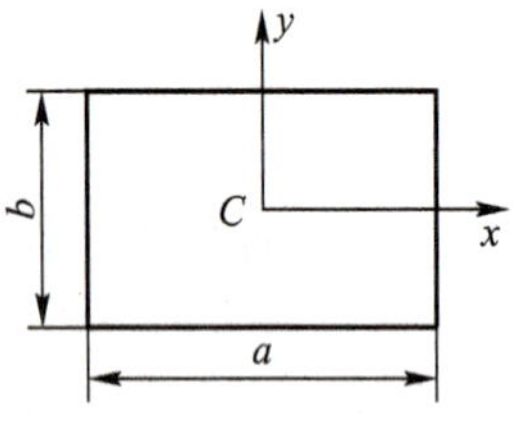

图 16－13

$$J_x = \frac{1}{12}mb^2$$

$$J_y = \frac{1}{12}ma^2$$

$$J_z = \frac{m}{12}(a^2 + b^2)$$

质量为 m 的均质细圆环，如图 16－14 所示。

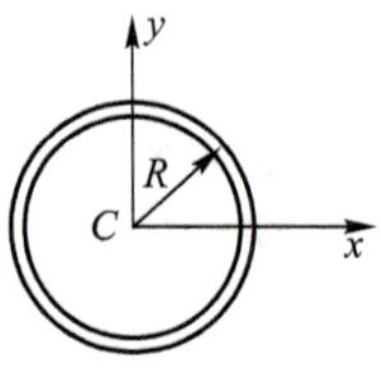

图 16－14

当 $R \gg t$ 时

$$J_x = J_y = \frac{1}{2}mR^2$$

$$J_z = mR^2$$

16.7 动量矩定理

前面，我们研究了质点及质点系动量矩的概念及计算，一般说来，质点或质点系的动量矩是随时间及其所受力而变化的。为了得到质点或质点系的动量矩与其所受力之间的关系，下面我们推导动量矩定理。

1. 质点的动量矩定理

如图 16-15 所示，运动的质点 M，其动量为 $m\boldsymbol{v}$，所受力的合力为 $\boldsymbol{F}$，从空间固定点 O 到质点 M 的矢径为 $\boldsymbol{r}$。

式(16-24)给出了质点对空间固定点 O 的动量矩：$\boldsymbol{L}_O=\boldsymbol{r}\times m\boldsymbol{v}$，将此式两边对时间 t 求导数，得

$$\frac{\mathrm{d}\boldsymbol{L}_O}{\mathrm{d}t}=\frac{\mathrm{d}}{\mathrm{d}t}(\boldsymbol{r}\times m\boldsymbol{v})=\frac{\mathrm{d}\boldsymbol{r}}{\mathrm{d}t}\times m\boldsymbol{v}+\boldsymbol{r}\times\frac{\mathrm{d}(m\boldsymbol{v})}{\mathrm{d}t}$$

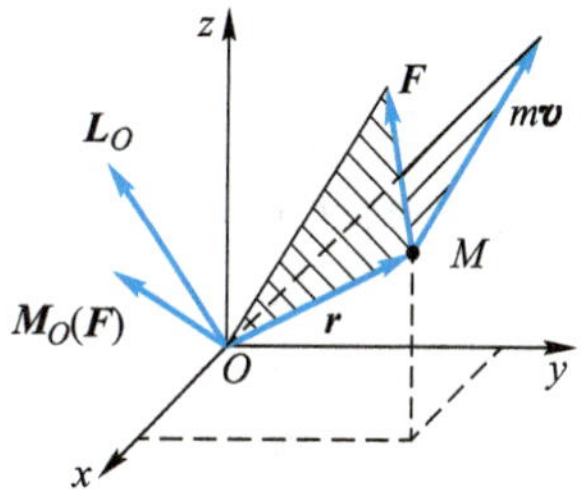

图 16-15

因为

$$\frac{\mathrm{d}\boldsymbol{r}}{\mathrm{d}t}=\boldsymbol{v}\text{ 及 }\boldsymbol{v}\times m\boldsymbol{v}=\boldsymbol{0}$$

所以

$$\frac{\mathrm{d}\boldsymbol{L}_O}{\mathrm{d}t}=\boldsymbol{v}\times m\boldsymbol{v}+\boldsymbol{r}\times\frac{\mathrm{d}(m\boldsymbol{v})}{\mathrm{d}t}=\boldsymbol{r}\times\frac{\mathrm{d}(m\boldsymbol{v})}{\mathrm{d}t}$$

根据质点的动量定理

$$\frac{\mathrm{d}(m\boldsymbol{v})}{\mathrm{d}t}=\boldsymbol{F}$$

$$\frac{\mathrm{d}\boldsymbol{L}_O}{\mathrm{d}t}=\boldsymbol{r}\times\boldsymbol{F}=\boldsymbol{M}_O(\boldsymbol{F}) \tag{16-36}$$

其中，$\boldsymbol{M}_O(\boldsymbol{F})$表示力 $\boldsymbol{F}$ 对固定点 O 的矩。即：**质点对某固定点的动量矩对时间的一阶导数，等于作用于该质点上的力的合力对于同一点的矩，这就是质点的动量矩定理。**

把式(16-36)投影到以矩心 O 为原点的直角坐标轴上，并注意到动量及力对点的矩在某一轴上的投影，就等于动量及力对该轴的矩，可得

$$\frac{\mathrm{d}L_x}{\mathrm{d}t}=M_x,\quad \frac{\mathrm{d}L_y}{\mathrm{d}t}=M_y,\quad \frac{\mathrm{d}L_z}{\mathrm{d}t}=M_z \tag{16-37}$$

即：**质点对于任一固定轴的动量矩对时间的一阶导数，等于作用于该点上的力的合力对同一轴的矩。**

在质点的动量矩定理中，取为矩心的点和所选的投影轴都是惯性坐标系下的固定点和固定轴。**质点在运动过程中，若其所受力的合力 $\boldsymbol{F}$ 对固定点 O 的矩恒等于零，则该质点对固定点 O 的动量矩保持为常量，称为质点对点的动量矩守恒。**

即若

$$\boldsymbol{M}_O(\boldsymbol{F})=\boldsymbol{r}\times\boldsymbol{F}=\boldsymbol{0}$$

则有

$$\frac{\mathrm{d}\boldsymbol{L}_O}{\mathrm{d}t}=\mathbf{0},\quad \boldsymbol{L}_O=\boldsymbol{C}$$

若质点所受力的合力 $\boldsymbol{F}$ 对固定点 O 的矩不等于零,但力 $\boldsymbol{F}$ 对过 O 点的某固定轴(如 x 轴)的矩恒等于零,则该质点对该轴的动量矩保持为常量,称为质点对轴的动量矩守恒。

即若

$$M_x(\boldsymbol{F})=0$$

则有

$$\frac{\mathrm{d}L_x}{\mathrm{d}t}=0,\quad L_x=C$$

例 16-8 如图 16-16 所示,一质量为 m 的光滑小球,放在半径为 R 的固定圆形管内。给小球以初始小扰动,试求小球微小运动的运动规律。

解 小球的运动规律可通过小球与圆形管中心 O 的连线的摆动来描述。它可归为转动类型的动力学问题,适合于应用动量矩定理求解。

首先选小球为研究对象。将小球置于运动的一般位置,其上作用有重力 $m\boldsymbol{g}$ 和管的约束力 $\boldsymbol{F}_\mathrm{N}$,$\boldsymbol{F}_\mathrm{N}$ 的方向指向中心 O。

应用对 O 点(即对通过 O 点而垂直于圆形管平面的轴)的动量矩定理,有

$$\frac{\mathrm{d}}{\mathrm{d}t}M_O(mv)=M_O(F)$$

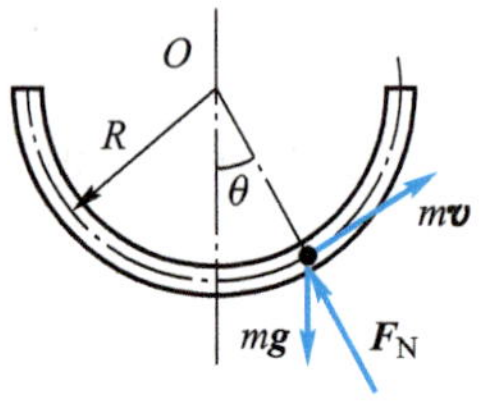

图 16-16

或

$$\frac{\mathrm{d}}{\mathrm{d}t}(mv\cdot R)=-mg\sin\theta\cdot R$$

考虑到

$$v=R\omega=R\frac{\mathrm{d}\theta}{\mathrm{d}t}$$

代入上式得

$$mR^2\frac{\mathrm{d}^2\theta}{\mathrm{d}t^2}=-mg\sin\theta\cdot R$$

或

$$\frac{\mathrm{d}^2\theta}{\mathrm{d}t^2}+\frac{g}{R}\sin\theta=0$$

这就是小球的运动微分方程。考虑到微小运动时 θ 很小,所以 $\sin\theta\approx\theta$,于是方程可化为

$$\frac{\mathrm{d}^2\theta}{\mathrm{d}t^2}+\frac{g}{R}\theta=0$$

此微分方程的解为

$$\theta=\theta_0\sin\left(\sqrt{\frac{g}{R}}\,t+\alpha\right)$$

可见小球做简谐运动。式中任意常数 θ_0、α 可通过运动的初始条件来确定。

例 16-9 如图 16-17 所示，小球 A 的质量是 m。系在细线的一端，而细线的另一端穿过水平面上的光滑小孔 O。小球原来在光滑水平面上做半径是 r 的圆周运动，其速度是 $\boldsymbol{v}_0$。现在把细线的另一端往下拉，一直到小球的运动轨迹缩小成半径等于 $0.5r$ 的圆为止。试求这时小球的速度及细线的拉力 $\boldsymbol{F}$ 的大小。

解 取小球 A 为研究对象，受力如图所示。因为 $\sum M_z(\boldsymbol{F})=0$，故小球对轴 z 的动量矩 L_z 守恒，即

$$mv_0r=mv\cdot\frac{r}{2}$$

故

$$v=2v_0$$

应用质点动力学方程，得细线拉力的大小

$$F=ma_n=m\cdot\frac{v^2}{0.5r}=m\cdot\frac{4v_0^2}{0.5r}=8m\frac{v_0^2}{r}$$

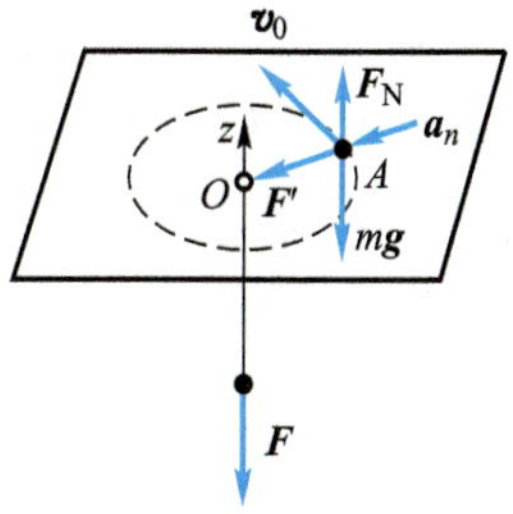

图 16-17

2. 质点系的动量矩定理

设有 n 个质点所组成的质点系，其中第 i 个质点的质量为 m_i，所受外力的合力为 $\boldsymbol{F}_i^{\mathrm{e}}$，内力的合力为 $\boldsymbol{F}_i^{\mathrm{i}}$，该质点对空间某一固定点 O 的矢径为 $\boldsymbol{r}_i$，对该固定点 O 的动量矩为 $\boldsymbol{L}_{Oi}$。根据质点的动量矩定理得

$$\frac{\mathrm{d}\boldsymbol{L}_{Oi}}{\mathrm{d}t}=\boldsymbol{M}_O(\boldsymbol{F}_i^{\mathrm{e}})+\boldsymbol{M}_O(\boldsymbol{F}_i^{\mathrm{i}})\qquad(i=1,2,\cdots,n)$$

对于整个质点系，共可写出 n 个这样的方程，把这 n 个方程相加，得

$$\sum_{i=1}^{n}\frac{\mathrm{d}\boldsymbol{L}_{Oi}}{\mathrm{d}t}=\sum\boldsymbol{M}_O(\boldsymbol{F}_i^{\mathrm{e}})+\sum\boldsymbol{M}_O(\boldsymbol{F}_i^{\mathrm{i}})\tag{16-38}$$

式(16-38)中左边项 $\sum\frac{\mathrm{d}\boldsymbol{L}_{Oi}}{\mathrm{d}t}=\frac{\mathrm{d}}{\mathrm{d}t}\sum\boldsymbol{L}_{Oi}=\frac{\mathrm{d}\boldsymbol{L}_O}{\mathrm{d}t}$，是质点系对于 O 点的动量矩；右边第一项 $\sum\boldsymbol{M}_O(\boldsymbol{F}_i^{\mathrm{e}})$ 表示作用在质点系上的所有外力对于 O 点的矩的矢量和，可写成 $\boldsymbol{M}_O^{\mathrm{e}}$；右边第二项 $\sum\boldsymbol{M}_O(\boldsymbol{F}_i^{\mathrm{i}})$ 表示质点系的内力对于 O 点的矩的矢量和。因为内力总是成对出现的，每对内力大小相等，方向相反，对于任一点的矩的矢量和都为零，所以质点系的内力对于 O 点的矩的矢量和必为零。于是式(16-38)可写为

$$\frac{\mathrm{d}\boldsymbol{L}_O}{\mathrm{d}t}=\boldsymbol{M}_O^{\mathrm{e}}\tag{16-39}$$

即：**质点系对任一固定点的动量矩对时间的一阶导数等于质点系所受外力对同一点的矩的矢量和。这就是质点系的动量矩定理。**

将式(16-39)投影到以 O 为原点的直角坐标系的各轴上，并注意到矢量对定点的矩在通过该点的定轴上的投影等于矢量对该轴的矩，可得

$$\frac{\mathrm{d}L_x}{\mathrm{d}t}=M_x^{\mathrm{e}},\quad\frac{\mathrm{d}L_y}{\mathrm{d}t}=M_y^{\mathrm{e}},\quad\frac{\mathrm{d}L_z}{\mathrm{d}t}=M_z^{\mathrm{e}}\tag{16-40}$$

即：**质点系对任一固定轴的动量矩对时间的一阶导数，等于作用在质点系上的外力对同一轴的矩的代数和。这就是质点系动量矩定理的投影形式。**

由式(16-39)和式(16-40)可知，**若质点系所受外力对固定点 O 的矩的矢量和为零或外力对某固定轴(如 x 轴)的矩的代数和为零，则质点系对 O 点的动量矩守恒或质点系对该固定轴的动量矩守恒。**

若 $\boldsymbol{M}_O^e=\boldsymbol{0}$，则 $\boldsymbol{L}_O=\boldsymbol{C}$；若 $M_x^e=0$，则 $L_x=C$。这个结论称为动量矩守恒定律。

在实际生活中，我们可以举出很多例子，是遵循动量矩守恒定律的。例如：芭蕾舞演员和花样滑冰运动员，在旋转时，都只受铅垂方向的力（摩擦力不计），他们的旋转可以认为是绕定轴的转动。在旋转开始时，他们把手、腿伸开，这时角速度较小，然后突然收拢手、腿，这样角速度就突然增加，其原因就是绕铅垂轴的动量矩守恒，即 $L_z=J_z\omega=C$。当把手腿伸开时，ω 较小，J_z 较大，突然收拢身体时，J_z 变小，ω 就增大了。

应用动量矩定理时，只分析质点系所受外力，而不用分析质点系内力。也就是质点系的各质点间相互作用的内力不能改变质点系的动量矩，只有作用于质点系的外力才能改变质点系的动量矩。另外，动量矩定理只适用于惯性坐标系，即计算动量矩所用的速度必须是绝对速度；取矩的点和轴一定是惯性坐标系中的固定点和固定轴。

例 16-10 如图 16-18 所示，半径为 r，质量不计的滑轮可绕定轴 O 转动，滑轮上绕有一细绳，其两端各系重物 A 和 B，且 $P_A>P_B$。求重物 A 和 B 的加速度及滑轮的角加速度。设绳与轮之间无滑动。

解 取滑轮及两重物为考察对象。设两重物的速度大小为 $v_A=v_B=v$，则系统对转轴 z（图中点 O）的动量矩为

$$L_z=\frac{P_A}{g}v\cdot r+\frac{P_B}{g}v\cdot r=\frac{P_A+P_B}{g}vr$$

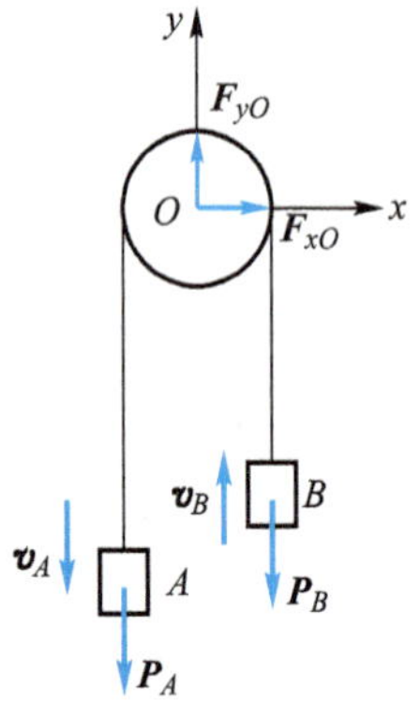

图 16-18

作用于质点系上的外力有重力 $\boldsymbol{P}_A$、$\boldsymbol{P}_B$ 和轴承约束力 $\boldsymbol{F}_{xO}$、$\boldsymbol{F}_{yO}$，于是外力对转轴 z 的力矩为

$$M_z=P_Ar-P_Br=(P_A-P_B)r$$

根据质点系动量矩定理有

$$\frac{(P_A+P_B)r}{g}\frac{\mathrm{d}v}{\mathrm{d}t}=(P_A-P_B)r$$

由此求得重物 A、B 的加速度为

$$a=\frac{P_A-P_B}{P_A+P_B}g$$

而滑轮的角加速度为

$$\alpha=\frac{a}{r}=\frac{P_A-P_B}{r(P_A+P_B)}g$$

例 16-11 重为 P、半径为 R 的水平均质圆盘，绕通过其中心 C 的铅垂固定轴 Cz 以角速度 ω_0 转动。重为 W 的质点 M 开始时相对圆盘静止，然后沿 AB 弦运动，当 M 运动到弦的中点 D 时，相对盘的速度为 u，如图 16-19所示，求这时圆盘的角速度。圆盘对 Cz 轴的转动惯量 $J_z=\dfrac{1}{2}\dfrac{P}{g}R^2$，且圆盘中心 C 到 D 点的距离为 a。

解 取圆盘连同转轴及质点 M 组成的系统为研究对象，画出 M 在任意位置时系统的外力受力图。由受力图可知，在运动过程中所有外力对转轴 Cz 之矩恒等于零，即 $\sum M_z(\boldsymbol{F}^e)\equiv 0$，因此可应用对 Cz 轴的动量矩守恒定理，即

$$L_{z0}=L_{zD}$$

其中 L_{z0} 是初始时系统对轴 Cz 的动量矩，L_{zD} 是 M 点到达 D 点时系统对轴 Cz 的动量矩。由图可知

$$L_{z0}=J_z\omega_0+\frac{W}{g}R\omega_0\cdot R=\frac{1}{2}\frac{P}{g}R^2\omega_0+\frac{W}{g}R^2\omega_0=(P+2W)\frac{R^2}{2g}\omega_0$$

$$L_{zD}=J_z\omega+\frac{W}{g}(a\omega+u)\cdot a=\frac{1}{2}\frac{P}{g}R^2\omega+\frac{W}{g}(a\omega+u)a=(PR^2+2Wa^2)\frac{\omega}{2g}+\frac{Wau}{g}$$

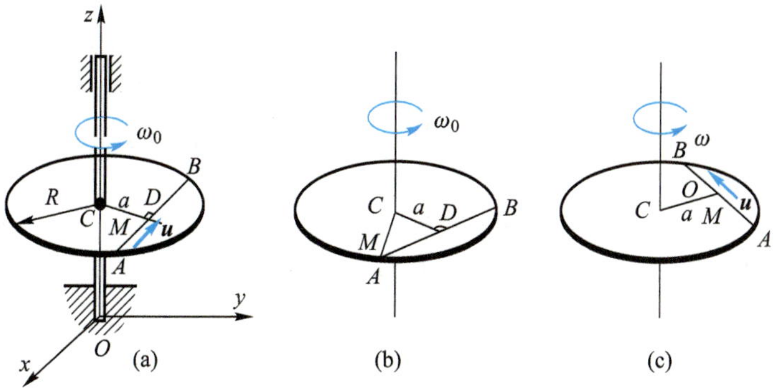

图 16-19

将所得的 L_{z0} 和 L_{zD} 代入动量矩守恒定理得

$$(P+2W)\frac{R^2}{2g}\omega_0=(PR^2+2Wa^2)\frac{\omega}{2g}+\frac{Wau}{g}$$

解得

$$\omega=\frac{(P+2W)R^2\omega_0-2Wau}{PR^2+2Wa^2}$$

16.8 刚体绕定轴转动微分方程

作为动量矩定理的一种应用，我们研究刚体绕固定轴转动的情况。设一刚体绕固定轴 z 转动，转角方程 $\varphi=\varphi(t)$，在 O_1、O_2 处用轴承支承，转动角速度为 $\omega=\omega(t)=\dot{\varphi}(t)$，转动角加速度为 $\alpha=\dot{\omega}(t)=\ddot{\varphi}(t)$，如图 16-20 所示。刚体对 z 轴的转动惯量为 J_z，刚体受空间任意力系 $\boldsymbol{F}_1$，$\boldsymbol{F}_2$，…，$\boldsymbol{F}_n$ 的作用。

由前面的知识，我们知道绕定轴转动刚体对转轴的动量矩为 $L_z=J_z\omega$，代入动量矩定理式(16-40)得

$$\frac{\mathrm{d}L_z}{\mathrm{d}t}=\frac{\mathrm{d}(J_z\omega)}{\mathrm{d}t}=M_z^{\mathrm{e}}$$

因为 J_z 是不随时间变化的常量，而

$$\frac{\mathrm{d}\omega}{\mathrm{d}t}=\alpha=\ddot{\varphi}$$

所以上式变为

$$J_z\ddot{\varphi}=M_z^{\mathrm{e}}$$

或

$$J_z\alpha=M_z^{\mathrm{e}} \tag{16-41}$$

这就是**刚体绕固定轴转动的微分方程。**

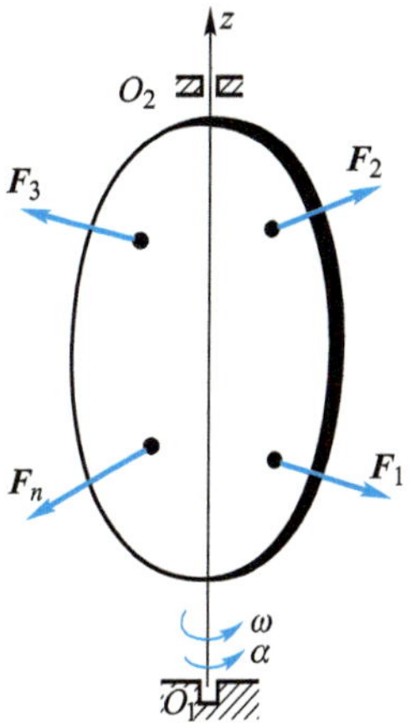

图 16-20

式(16-41)中 M_z^{e} 是作用在刚体上的所有外力(包括 $\boldsymbol{F}_1$，$\boldsymbol{F}_2$，…，$\boldsymbol{F}_n$ 主动力系及转轴对刚体的约束力系)对 z 轴的矩的代数和。外力矩 M_z^{e}、转角 φ、角速度 ω、角加速度 α 的正负号的规定必须一致。当外力

矩 M_z^e 恒等于一常量时，角加速度 α 也是一常量，刚体做匀角加速度的定轴转动；当 M_z^e 恒等于零时，角加速度等于零，角速度等于一常量，刚体做匀角速度的定轴转动。

对于不同的刚体，如果作用于它们的外力对转轴的矩相同，则转动惯量 J 越大的刚体，角加速度 α 越小，即越不容易改变其运动状态。因此 J 是刚体绕定轴转动时的惯性的度量，称为转动惯量，正如质量是刚体平移时的惯性的度量一样。

例 16-12 如图 16-21a 所示为斜面提升机构的简图。卷筒重为 P_O，半径为 r，对于转轴 O 的转动惯量为 J_O，斜面的倾角为 θ，被提升的物体 A 的重量为 P，重物与斜面间的摩擦因数为 f，钢丝绳的质量不计。若作用在卷筒上的力偶矩为 M，求重物的加速度。

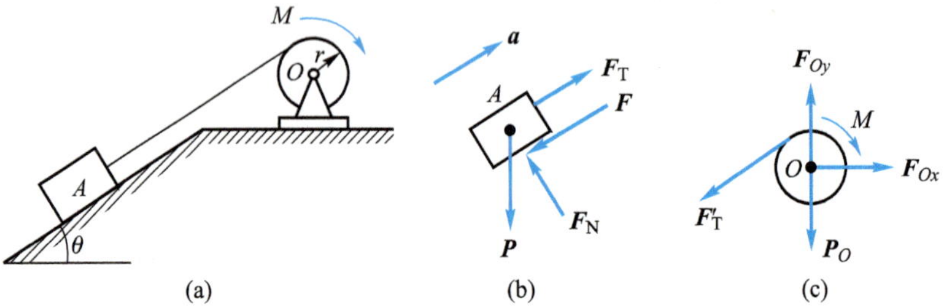

图 16-21

解 先考察重物 A，其受力图如图 16-21b 所示。重物在斜面上移动，由质心运动定理有

$$\frac{P}{g}a = F_T - P\sin\theta - fP\cos\theta \tag{a}$$

再考虑卷筒，其受力图如图 16-21c 所示。卷筒做定轴转动，其转动微分方程为

$$J_O\alpha = M - F'_T r \tag{b}$$

注意到

$$a = r\alpha, \quad F_T = F'_T$$

由式(a)、(b)可解得

$$a = \frac{M - Pr(\sin\theta + f\cos\theta)}{Pr^2 + J_O g} rg$$

例 16-13 如图 16-22 所示，已知滑轮半径为 R，转动惯量为 J，带动滑轮的带拉力为 $\boldsymbol{F}_1$ 和 $\boldsymbol{F}_2$。求滑轮的角加速度 α。

解 根据刚体绕定轴转动微分方程有

$$J\alpha = (F_1 - F_2)R$$

于是得

$$\alpha = \frac{(F_1 - F_2)R}{J}$$

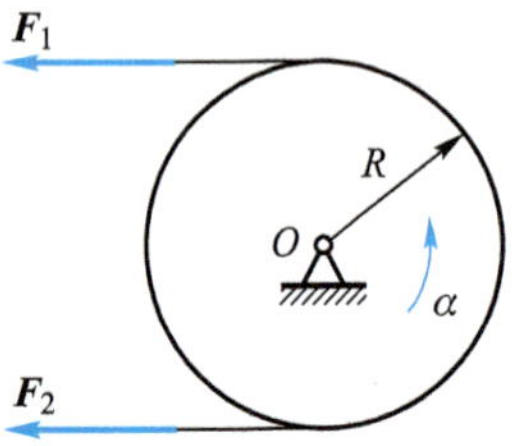

图 16-22

由上式可见，只有当滑轮为匀速转动（包括静止），或虽非匀速转动但可忽略滑轮的转动惯量时，跨过定滑轮的带拉力才是相等的。

16.9　质点系相对质心的动量矩定理

前面讲的动量矩定理都特别强调了“相对于惯性参考系中的固定点或固定轴”，那么当矩心运动时，应当怎样来应用动量矩定理呢？进一步的研究表明，在一定条件下，动量矩定理的形式保持不变。其中最重要的一种情况就是：在随同质心一起运动的平移坐标系中，取质心为矩心，则动量矩定理的形式保持不变。

设 $Oxyz$ 是空间固定坐标系，一质点系在此空间中运动，C 为质点系质心，以质心 C 为原点建立一个随同质心 C 一起运动的平移坐标系 $Cx'y'z'$，称之为质心坐标系，如图 16-23 所示。

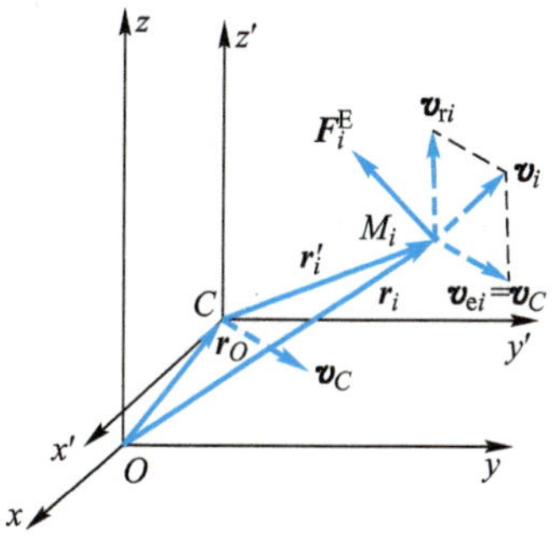

图 16-23

设第 i 个质点 M_i 在定系 $Oxyz$ 中的矢径为 $\boldsymbol{r}_i$，速度为 $\boldsymbol{v}_i$，在质心坐标系 $Cx'y'z'$ 中的矢径为 $\boldsymbol{r}_i'$，相对速度为 $\boldsymbol{v}_{ri}$，质心 C 在定系中的矢径为 $\boldsymbol{r}_C$，速度为 $\boldsymbol{v}_C$，作用在质点 M_i 上的外力为 $\boldsymbol{F}_i^e$，质点 M_i 的质量为 m_i，质点系的运动可以分解为随同质心 C 的平移和相对于质心 C 的运动。质点系的牵连运动是随质心的平移，所以质点 M_i 的牵连速度 $\boldsymbol{v}_{ei}$ 就是质心 C 的速度 $\boldsymbol{v}_C$。根据速度合成定理，质点 M_i 的绝对速度 $\boldsymbol{v}_i$ 为

$$\boldsymbol{v}_i=\boldsymbol{v}_C+\boldsymbol{v}_{ri} \tag{16-42}$$

M_i 的动量为

$$m_i\boldsymbol{v}_i=m_i(\boldsymbol{v}_C+\boldsymbol{v}_{ri})$$

M_i 对定系原点 O 的动量矩为

$$\boldsymbol{L}_{Oi}=\boldsymbol{r}_i\times m_i\boldsymbol{v}_i=(\boldsymbol{r}_C+\boldsymbol{r}_i')\times m_i\boldsymbol{v}_i$$

整个质点系对于 O 点的动量矩为

$$\boldsymbol{L}_O=\sum\boldsymbol{L}_{Oi}=\sum(\boldsymbol{r}_C+\boldsymbol{r}_i')\times m_i\boldsymbol{v}_i=\sum(\boldsymbol{r}_C\times m_i\boldsymbol{v}_i+\boldsymbol{r}_i'\times m_i\boldsymbol{v}_i)=\boldsymbol{r}_C\times\left(\sum m_i\boldsymbol{v}_i\right)+\sum\boldsymbol{r}_i'\times m_i\boldsymbol{v}_i$$

所以

$$\boldsymbol{L}_O=\boldsymbol{r}_C\times m\boldsymbol{v}_C+\sum\boldsymbol{r}_i'\times m_i\boldsymbol{v}_i \tag{16-43}$$

式(16-43)中 $m=\sum m_i$ 是质点系的总质量，$\sum\boldsymbol{r}_i'\times m_i\boldsymbol{v}_i$ 是质点系对于质心的绝对运动动量矩。把式(16-42)代入式(16-43)可得

$$\begin{aligned}\boldsymbol{L}_O&=\sum(\boldsymbol{r}_C+\boldsymbol{r}_i')\times m_i\boldsymbol{v}_i=\boldsymbol{r}_C\times m\boldsymbol{v}_C+\sum\boldsymbol{r}_i'\times m_i(\boldsymbol{v}_C+\boldsymbol{v}_{ri})\\&=\boldsymbol{r}_C\times m\boldsymbol{v}_C+\left(\sum m_i\boldsymbol{r}_i'\right)\times\boldsymbol{v}_C+\sum\boldsymbol{r}_i'\times m_i\boldsymbol{v}_{ri}\\&=\boldsymbol{r}_C\times m\boldsymbol{v}_C+m\boldsymbol{r}_C'\times\boldsymbol{v}_C+\sum\boldsymbol{r}_i'\times m_i\boldsymbol{v}_{ri}\end{aligned}$$

$\boldsymbol{r}_C'$ 表示在动系中质心的矢径，所以有 $\boldsymbol{r}_C'=\boldsymbol{0}$，以及

$$\boldsymbol{L}_O=\boldsymbol{r}_C\times m\boldsymbol{v}_C+\sum\boldsymbol{r}_i'\times m_i\boldsymbol{v}_{ri} \tag{16-44}$$

式(16-44)中 $\sum \boldsymbol{r}'_i \times m_i \boldsymbol{v}_{ri}$ 是质点系对于质心的相对运动动量矩，记为 $\boldsymbol{L}_C$，即

$$\boldsymbol{L}_C = \sum \boldsymbol{r}'_i \times m_i \boldsymbol{v}_{ri}$$

式(16-44)变为

$$\boldsymbol{L}_O = \boldsymbol{r}_C \times m\boldsymbol{v}_C + \boldsymbol{L}_C \tag{16-45}$$

比较式(16-43)和式(16-44)，得到

$$\sum \boldsymbol{r}'_i \times m_i \boldsymbol{v}_i = \sum \boldsymbol{r}'_i \times m_i \boldsymbol{v}_{ri}$$

这就是说，质点系对于质心的绝对运动动量矩等于质点系对于质心的相对运动动量矩。这个结论对质心本身的运动未加任何限制，不论质心如何运动，上述关系都成立，但相对运动是针对做平移的质心坐标系来说的。

下面推导相对于质心的动量矩定理。

将式(16-45)代入质点系的动量矩定理得

$$\frac{\mathrm{d}\boldsymbol{L}_O}{\mathrm{d}t} = \frac{\mathrm{d}(\boldsymbol{r}_C \times m\boldsymbol{v}_C + \boldsymbol{L}_C)}{\mathrm{d}t} = \sum \boldsymbol{r}_i \times \boldsymbol{F}_i^{\mathrm{e}}$$

即

$$\frac{\mathrm{d}(\boldsymbol{r}_C \times m\boldsymbol{v}_C)}{\mathrm{d}t} + \frac{\mathrm{d}\boldsymbol{L}_C}{\mathrm{d}t} = \sum (\boldsymbol{r}_C + \boldsymbol{r}'_i) \times \boldsymbol{F}_i^{\mathrm{e}} \tag{16-46}$$

将式(16-46)左边项展开为

$$\begin{aligned}&\frac{\mathrm{d}\boldsymbol{r}_C}{\mathrm{d}t} \times m\boldsymbol{v}_C + \boldsymbol{r}_C \times \frac{\mathrm{d}(m\boldsymbol{v}_C)}{\mathrm{d}t} + \frac{\mathrm{d}\boldsymbol{L}_C}{\mathrm{d}t}\\ &= \boldsymbol{v}_C \times m\boldsymbol{v}_C + \boldsymbol{r}_C \times \frac{\mathrm{d}(m\boldsymbol{v}_C)}{\mathrm{d}t} + \frac{\mathrm{d}\boldsymbol{L}_C}{\mathrm{d}t}\end{aligned}$$

因为 $\boldsymbol{v}_C \times m\boldsymbol{v}_C = \boldsymbol{0}$，根据质心运动定理 $\frac{\mathrm{d}(m\boldsymbol{v}_C)}{\mathrm{d}t} = m\boldsymbol{a}_C = \sum \boldsymbol{F}_i^{\mathrm{e}}$，其左边项化简为

$$\sum \boldsymbol{r}_C \times \boldsymbol{F}_i^{\mathrm{e}} + \frac{\mathrm{d}\boldsymbol{L}_C}{\mathrm{d}t}$$

将式(16-46)右边项展开为

$$\sum \boldsymbol{r}_C \times \boldsymbol{F}_i^{\mathrm{e}} + \sum \boldsymbol{r}'_i \times \boldsymbol{F}_i^{\mathrm{e}}$$

因此式(16-46)变为

$$\frac{\mathrm{d}\boldsymbol{L}_C}{\mathrm{d}t} = \sum \boldsymbol{r}'_i \times \boldsymbol{F}_i^{\mathrm{e}}$$

其中 $\sum \boldsymbol{r}'_i \times \boldsymbol{F}_i^{\mathrm{e}}$ 是所有质点系上的外力对质心 C 的矩的矢量和，以 $\boldsymbol{M}_C^{\mathrm{e}}$ 表示，则得

$$\frac{\mathrm{d}\boldsymbol{L}_C}{\mathrm{d}t}=\boldsymbol{M}_C^{\mathrm{e}} \tag{16-47}$$

即:**质点系相对于质心的相对运动动量矩对时间的一阶导数,等于作用在质点系上的外力对质心的矩的矢量和。这就是质点系相对于质心的动量矩定理。**

注意定理中质心坐标系是随质心一起运动的平移坐标系。在具体应用时常采用向坐标轴投影的形式。对质心的动量矩定理具有和对定点的动量矩定理相同的形式。如果 $\boldsymbol{M}_C^{\mathrm{e}}$ 为零(或 $M_x^{\mathrm{e}}=0$),则质点系对于质心(或通过质心的轴)的动量矩守恒,这也说明质点系对于质心的动量矩的改变只与质点系的外力有关,而与内力无关,也就是内力不能改变质点系对质心的动量矩。例如,跳水运动员跳离跳板后,受到的外力只有重力,而重力对质心的矩为零,因此运动员对其质心的动量矩保持不变。运动员起跳时伸展身体,使身体对质心的转动惯量较大,在空中蜷曲身体,以减小转动惯量,从而获得较大的角速度。

16.10 刚体平面运动的微分方程

设有一做平面运动的刚体,假定刚体具有一质量对称面,则刚体的质心必位于此质量对称面内。刚体所受外力 $\boldsymbol{F}_1$、$\boldsymbol{F}_2$、…、$\boldsymbol{F}_n$ 可简化为作用在质量对称面内的平面力系,则刚体上各点的初速度均平行于质量对称面,包括初始静止的情况。这样,刚体将做平行于质量对称面的平面运动。我们只需讨论质量对称面截刚体所得的平面图形在与质量对称面重合的固定平面中的运动就可以了。取刚体质心 C 为基点,则刚体的平面运动可以分解为随同质心的平移和绕质心的转动。这样一来,就可以用质心运动定理和相对于质心的动量矩定理来研究刚体的平面运动了。

建立固定坐标系 Oxy 与固定平面固结,以刚体的质心 C 为原点,建立随质心 C 一起运动的平移坐标系 $Cx'y'$,如图 16-24 所示。

由质心运动定理和相对于质心的动量矩定理可知

$$\left.\begin{aligned}M\boldsymbol{a}_C&=\boldsymbol{F}_i^{\mathrm{e}}\\\frac{\mathrm{d}\boldsymbol{L}_C}{\mathrm{d}t}&=\boldsymbol{M}_C^{\mathrm{e}}\end{aligned}\right\} \tag{16-48}$$

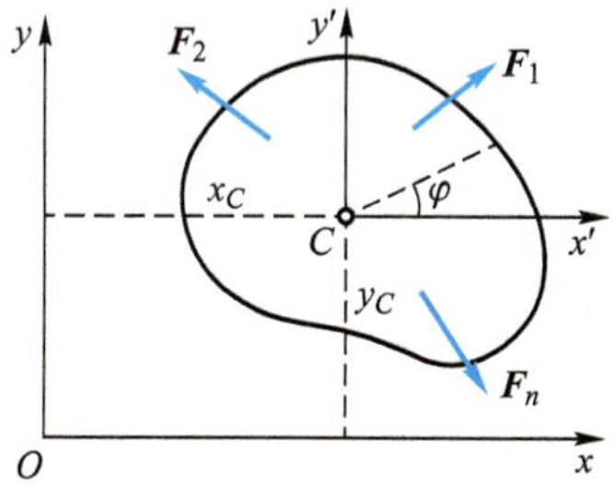

图 16-24

这就是**刚体平面运动微分方程的矢量式**。将上述方程中的质心运动定理向 x、y 轴投影,将相对于质心的动量矩定理向过质心且垂直于 $Cx'y'$ 平面的轴投影,可得

$$\left.\begin{aligned}Ma_{Cx}&=M\ddot{x}_C=\sum F_{ix}^{\mathrm{e}}\\Ma_{Cy}&=M\ddot{y}_C=\sum F_{iy}^{\mathrm{e}}\\\frac{\mathrm{d}L_C}{\mathrm{d}t}&=M_C^{\mathrm{e}}\end{aligned}\right\} \tag{16-49}$$

因刚体相对于动系的相对运动是绕 C 轴的“定轴转动”,角速度为 ω,与计算定轴转动的刚体对转动轴的动量矩相似,可以得到刚体对 C 轴的动量矩等于 $L_C=J_C\omega$,代入式(16-49)中的第三

个式子，可得

$$\left.\begin{aligned} Ma_{Cx} &= M\ddot{x}_C = \sum F_{ix}^{e} \\ Ma_{Cy} &= M\ddot{y}_C = \sum F_{iy}^{e} \\ J_C\alpha &= M_C^{e} \end{aligned}\right\} \tag{16-50}$$

这就是**刚体平面运动的微分方程式在直角坐标轴上的投影式**，用它可以解决动力学的两类基本问题。

式(16－50)中，如果 $M_C^e=0$，则 $\alpha=0$，$\omega=C$，这时刚体绕质心轴做匀角速度转动。式(16－48)在本章是用来研究刚体平面运动的。实际上，这组方程对于刚体以及任意质点系的任何运动都适用。质点系的运动可以看作随同质心的运动与相对于质心的运动的合成，可以用质心运动定理和相对于质心的动量矩定理来研究。知道了质心的运动及相对于质心的运动，也就知道了整个系统的运动。

例 16－14 均质圆轮重为 P、半径为 R，沿倾角为 θ 的斜面滚下，如图 16－25 所示。设轮与斜面间的摩擦因数为 f，试求轮心 C 的加速度及斜面对于轮子的约束力。

解 取坐标系如图所示，并作受力图。考虑到 $\ddot{x}_C=a_C$，$\ddot{y}_C=0$，故轮子的运动微分方程为

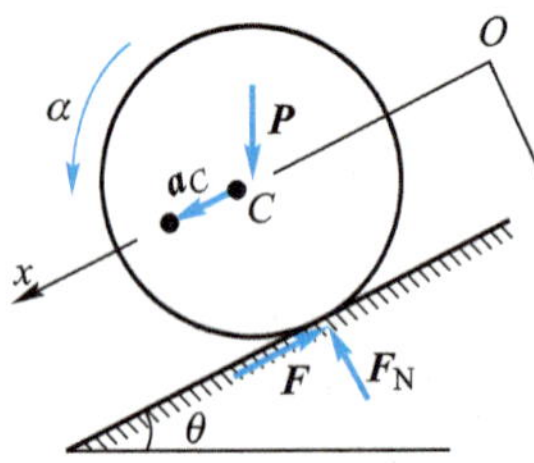

图 16－25

$$\frac{P}{g}a_C=P\sin\theta-F \tag{a}$$

$$0=P\cos\theta-F_N \tag{b}$$

$$J_C\alpha=FR \tag{c}$$

由方程(b)可得

$$F_N=P\cos\theta \tag{d}$$

而在其余两个方程(a)及(c)中，包含三个未知量 a_C、α 及 F，所以必须有一附加条件才能求解。下面分两种情况来讨论：

(1) 假定轮子与斜面间无滑动，这时 $\boldsymbol{F}$ 是静摩擦力，大小、方向都未知，但考虑到 $a_C=R\alpha$，于是，解式(a)、(c)，并以 $J_C=\dfrac{PR^2}{2g}$ 代入，得

$$a_C=\frac{2}{3}g\sin\theta,\quad \alpha=\frac{2g}{3R}\sin\theta,\quad F=\frac{1}{3}P\sin\theta \tag{e}$$

F 为正值，表明其方向如图所设。

(2) 假定轮子与斜面间有滑动，这时 $\boldsymbol{F}$ 是动摩擦力。因轮子与斜面接触点向下滑动，故 $\boldsymbol{F}$ 向上，应有 $F=fF_N$，于是解式(a)、(c)，得

$$a_C=(\sin\theta-f\cos\theta)g,\quad \alpha=\frac{2fg\cos\theta}{R},\quad F=fP\cos\theta \tag{f}$$

轮子有无滑动，需视摩擦力 $\boldsymbol{F}$ 之值是否达到最大静摩擦力 F_{max}。当轮子只滚不滑时，必须 $F<fF_N$，由式(e)得

$$\frac{1}{3}P\sin\theta<fP\cos\theta,\quad 即\frac{1}{3}\tan\theta<f \tag{g}$$

若 $\dfrac{1}{3}\tan\theta<f$ 表示摩擦力未达极限值，轮子只滚不滑，则解答式(e)适用；若 $\dfrac{1}{3}\tan\theta\geqslant f$，表示轮子既滚动又

滑动，则解答式(f)适用。

例 16-15 如图 16-26 所示，已知均质杆 AB 长为 l，质量为 m，$\theta=30°$，$\beta=60°$。试求当绳子 OB 突然断了瞬时滑槽的约束力(滑块 A 的质量不计)及杆 AB 的角加速度。

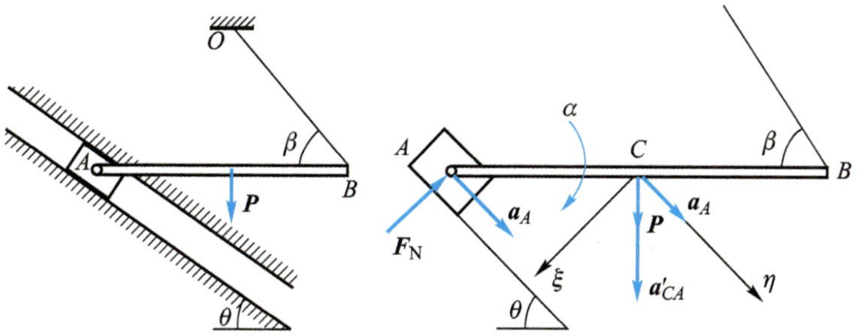

图 16-26

解 在绳 OB 剪断瞬时，杆的角速度为零，但角加速度不为零，该瞬时 AB 受力如图所示。取 ξ 轴垂直于斜面，η 轴平行于斜面，由刚体平面运动微分方程，有

$$ma_{C\xi}=mg\cos\theta-F_N$$

$$ma_{C\eta}=mg\sin\theta$$

$$J_C\alpha=F_N\cos\theta\cdot\frac{l}{2}$$

其中 $J_C=\frac{1}{12}ml^2$。由运动学知，$a_C=a_A+a_{CA}^{\tau}$($a_{CA}^{n}=0$)，注意到点 A 只能沿斜面运动，因此 a_A 方向平行于斜面，又 $a_{CA}^{\tau}=\alpha\cdot\frac{l}{2}$，将 a_C 投影到 ξ、η 轴上，有

$$a_{C\xi}=\alpha\cdot\frac{l}{2}\cos\theta$$

$$a_{C\eta}=a_A+\alpha\cdot\frac{l}{2}\sin\theta$$

从而解得

$$\alpha=\frac{6g\cos^2\theta}{l(1+3\cos^2\theta)}=\frac{18g}{13l}$$

$$F_N=\frac{mg\cos\theta}{1+3\cos^2\theta}=\frac{2\sqrt{3}}{13}mg$$

例 16-16 一质量为 m_A 的圆球 A，沿表面粗糙的质量为 m_B 的斜面 B 向下做纯滚动，如图 16-27 所示。忽略斜面与光滑水平面之间的摩擦力，以 x 和 s 为确定斜面和圆球位置的坐标，试建立系统的运动微分方程组。

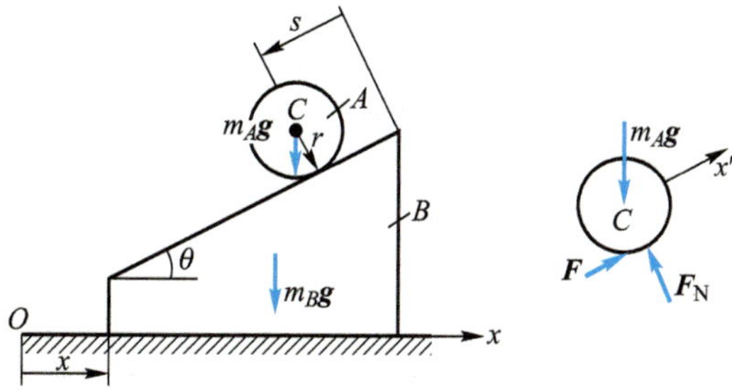

图 16-27

解 要唯一确定系统中圆球和斜面的位置，需列出 2 个运动微分方程。圆球 A 在斜面 B 上做纯滚动时，设圆球半径为 r，则滚动角速度 $\omega=\dot{s}/r$。以斜面为动系，计算圆球球心 C 的速度和加速度，得到

$$\boldsymbol{v}_C=\boldsymbol{v}_r+\boldsymbol{v}_e,\quad \boldsymbol{a}_C=\boldsymbol{a}_r+\boldsymbol{a}_e$$

其中 $v_r=\dot{s}$，$v_e=\dot{x}$，$a_r=\ddot{s}$，$a_e=\ddot{x}$。将以上二式分别向 x 轴和 x' 轴投影，得到

$$v_{Cx}=\dot{x}-\dot{s}\cos\theta$$

$$a_{Cx'}=-\ddot{s}+\ddot{x}\cos\theta$$

系统沿 x 轴无外力作用，以系统为对象，列写动量定理对 x 轴的投影式

$$\frac{\mathrm{d}}{\mathrm{d}t}[m_A(\dot{x}-\dot{s}\cos\theta)+m_B\dot{x}]=0$$

展开后为

$$(m_A+m_B)\ddot{x}-m_A\ddot{s}\cos\theta=0 \tag{a}$$

以圆球 A 为对象，列写质心运动定理沿 x' 轴的投影式

$$m_A(-\ddot{s}+\ddot{x}\cos\theta)=F-m_Ag\sin\theta$$

以及对质心的动量矩定理

$$J_{Cz}\frac{\mathrm{d}\omega}{\mathrm{d}t}=Fr$$

从以上二式中消去摩擦力 F 并展开，将 $J_{Cz}=2m_Ar^2/5$，$\omega=\dot{s}/r$ 代入，得到

$$\frac{7}{5}\ddot{s}-\ddot{x}\cos\theta=g\sin\theta \tag{b}$$

式(a)和式(b)即为系统的运动微分方程。

习题

16－1 计算图示情况下系统的动量。

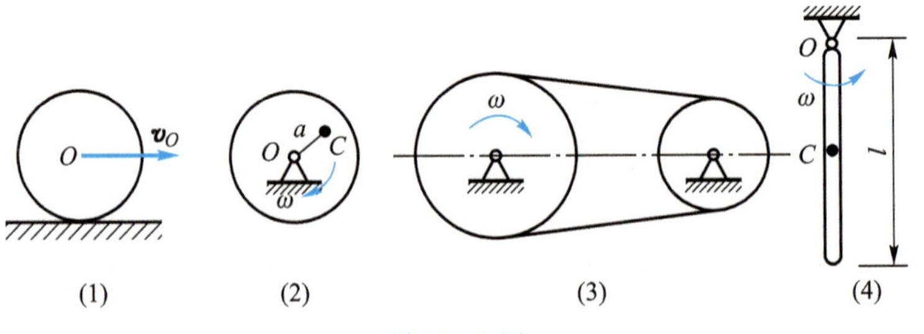

题 16－1 图

(1) 质量为 m 的均质圆盘，圆心具有速度 v_O，沿水平面做纯滚动。

(2) 非匀质圆盘以角速度 ω 绕轴 O 转动，圆盘质量为 m，质心为 C，$OC=a$。

(3) 带轮系统中，设带及带轮的质量都是均匀的 。

(4) 质量为 m 的匀质杆，长度为 l，角速度为 ω。

16－2 计算下列刚体在图示已知条件下的动量。

16－3 锻锤 A 的质量为 $m=300$ kg，其打击速度为 $v=8$m/s，而回跳速度为 $u=2$m/s。试求锻件 B 对锻锤约束力的冲量。

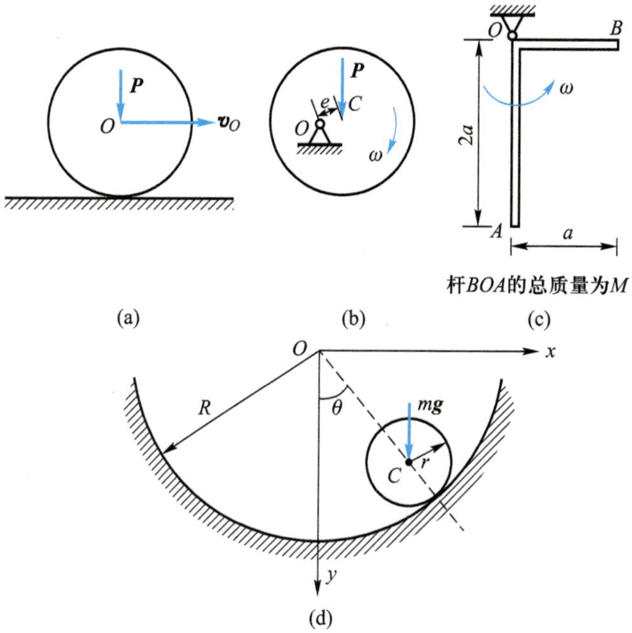

题 16-2 图

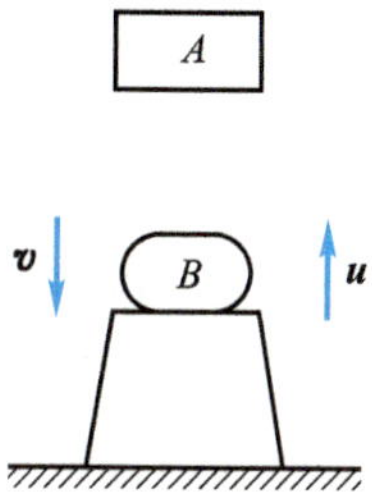

题 16-3 图

16-4 质量为 250 kg 的锻锤 A，从高度 $H=2$ m 处无初速地自由落下，锻击工件 B，如图所示。设锻击时间为 1/40 s，锻锤没有反跳，锻击时间内重力的冲量不计。试求平均锻击力。

16-5 一个质量为 10 kg 的炮弹以出口速度 200 m/s 垂直向上发射。利用冲量和动量定理，求需要多少时间达到最大高度，即速度降至零。

16-6 船 A、B 的重量分别为 2.4 kN 及 1.3 kN，两船原处于静止，间距为 6 m。设船 B 上有一人，重为 500 N，用力拉动船 A，使两船靠拢。若不计水的阻力，求当船靠拢在一起时，船 B 移动的距离。

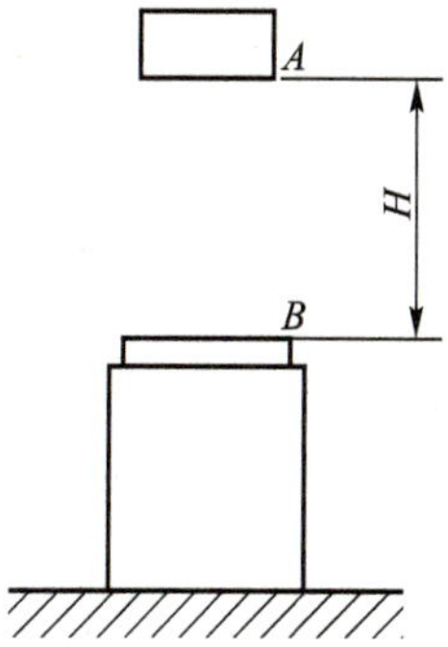

题 16-4 图

题 16-6 图

16-7 汽车以 36 km/h 的速度在水平直道上行驶。设车轮在制动后立即停止转动。求车轮对地面的动摩擦因数 f 应为多大方能使汽车在制动后 6 s 停止。

16-8 如图所示，质量 $m=1$ kg 的小球，以速度 $v_1=4$ m/s 与水平固定面相撞，方向与铅垂线成 $\alpha=30°$ 角（入射角）。设小球弹跳的速度 $v_2=2$ m/s，方向与铅垂线成 $\beta=60°$ 角（反射角）。试求作用于小球的冲量。

16-9 质量为 m 的驳船静止于水面上，船的中间载有质量为 m_1 的汽车和质量为 m_2 的拖车。若汽车和拖车向船头移动了距离 b，试求驳船移动的距离。不计水的阻力。

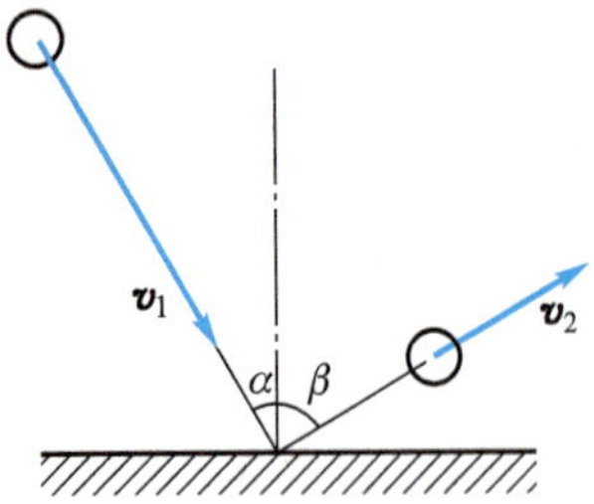

题 16-8 图

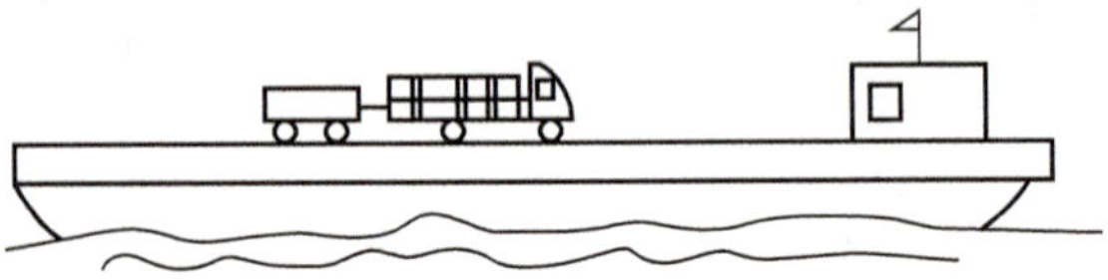
题 16-9 图

16-10 图示水泵的固定外壳 D 和基础 E 的质量为 m_1，曲柄 $OA=d$，质量为 m_2，滑道 B 和活塞 C 的质量为 m_3。若曲柄 OA 以角速度 ω 做匀角速度转动，试求水泵在汲水时给地面的动压力（曲柄可视为匀质杆）。

16-11 施工中浇注混凝土用的喷枪如图所示。喷枪口的直径 $D=80$ mm，喷射速度 $v_1=50$ m/s，混凝土密度 $\rho=2.2$ t/m^3。试求喷浆由于其动量变化而作用于铅垂壁面的压力。

16-12 大直角锲块 A 重为 P，水平边长为 a，放置在光滑水平面上；小锲块 B 重为 W，水平边长为 b（a 大于 b），放置在 A 上，当小锲块 B 完全下滑至图中虚线位置时，求大锲块的位移。假设初始时系统静止。

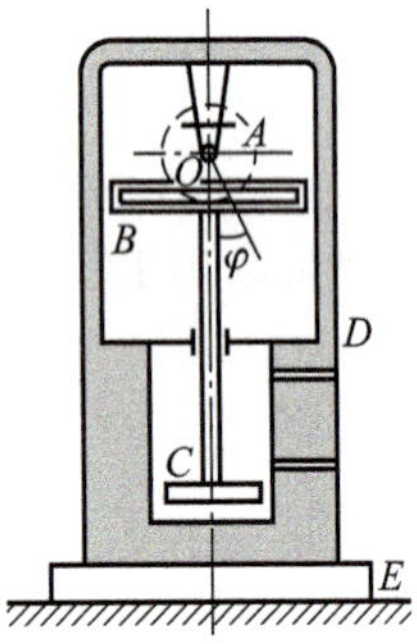

题 16-10 图

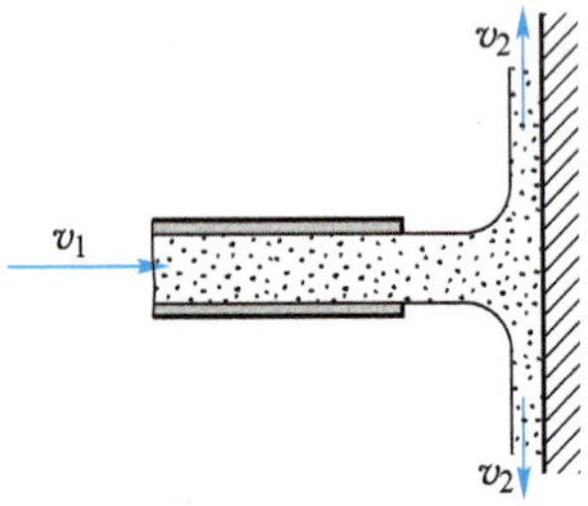

题 16-11 图

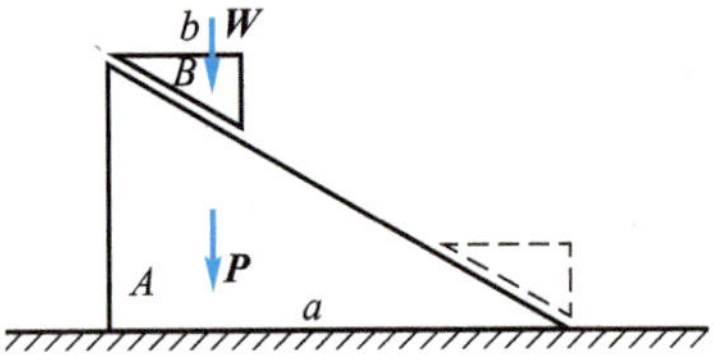

题 16-12 图

16-13 一支步枪质量为 2.3 kg。若枪握得不紧，有一颗 1.4 g 的子弹以 1 300 m/s 的出口速度射出，求刚好射出时步枪的回弹速度。

16-14 凸轮机构如图所示。凸轮为一匀质圆轮，重量为 G，半径为 r，偏心距为 $OC=e$。凸轮以匀角速度 ω 绕 O 轴转动。水平滑杆重量为 W，由于右端弹簧的弹力作用而紧靠在凸轮上。当凸轮转动时，滑杆作水平往复运动。试求在任意瞬时 t 机座所受附加动约束力的主矢。

16-15 两质量都等于 M 的小车停在光滑的水平直轨道上，一质量为 m 的人，自一车跳到另一车，并立刻自第二车跳回第一车。求两车最后速度大小之比。

16-16 质量为 m、长为 $2l$ 的均质杆 OA 绕定轴 O 转动，设在图示瞬时的角速度为 ω，角加速度为 α，求此时轴 O 对杆的约束力。

16-17 如图所示，质量为 m 的滑块 A，可以在水平光滑槽中运动，具有刚度系数为 k 的弹簧一端与滑块相连接，另一端固定。杆 AB 长度为 l，质量忽略不计，A 端与滑块 A 铰接，B 端装有质量为 m_1 的小球，在铅垂平面内可绕点 A 旋转。设在力偶 M 作用下转动角速度 ω 为常数。求滑块 A 的运动微分方程。

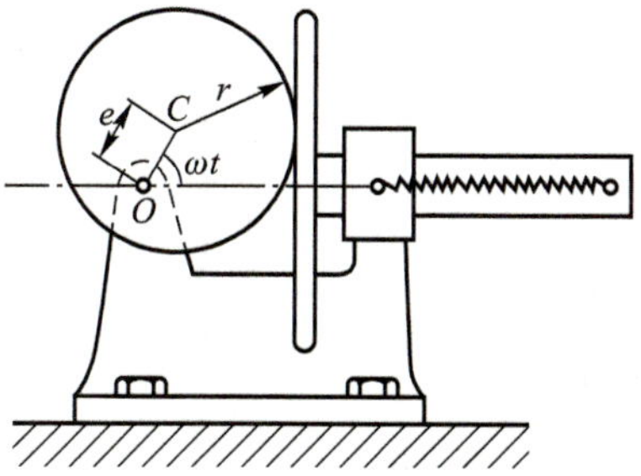

题 16－14 图

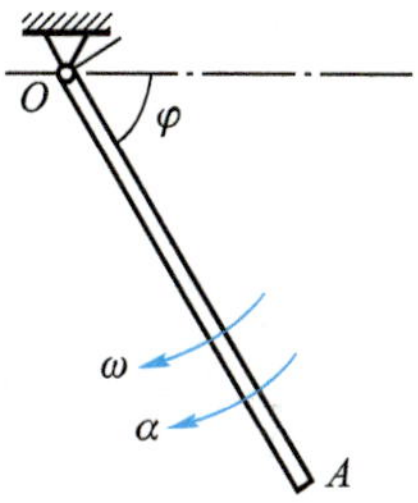

题 16－16 图

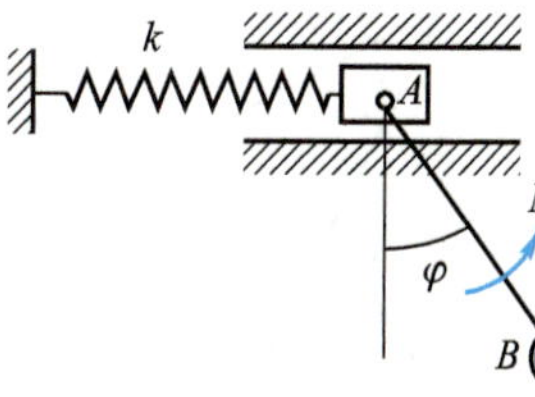

题 16－17 图

16－18 在图示曲柄滑块机构中，曲柄以等角速度 ω 绕 O 轴转动。开始时，曲柄 OA 水平向右。已知：曲柄的质量为 m_1，滑块 A 的质量为 m_2，滑杆的质量为 m_3，曲柄的质心在 OA 的中点，$OA=l$；滑杆的质心在点 C。求：(1) 机构质量中心的运动方程；(2) 作用在轴 O 的最大水平约束力。

16－19 自动带传送如图所示，其运煤量恒为 20 kg/s，带传送速度为 1.5 m/s。试求匀速传送时带作用于煤块的水平推力。

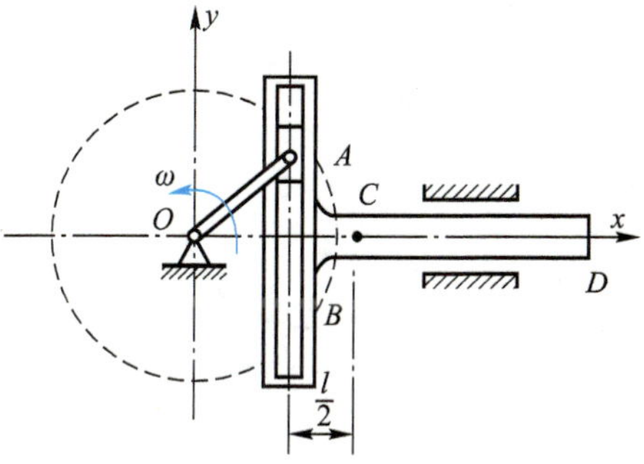

题 16－18 图

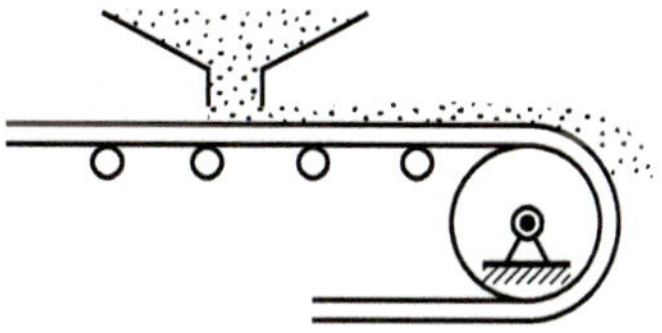

题 16－19 图

16－20 如图所示，长方体形箱子 $ABDE$ 搁置在光滑水平面上，AE 边与水平地面的夹角为 φ。$AB=DE=b$，$BD=AE=e$。试问 φ 取何值时，可使箱子倒下后：

(1) A 点的滑移距离最大，并求出此距离；

(2) A 点恰好滑移已知距离 d（d 小于最大滑移距离）。

16－21 质量等于 10 g 的物体以速度 $v_0=10$ cm/s 运动，忽然受一打击，使它的速度变为 $v_1=20$ cm/s，并改变运动方向 45°，求打击冲量的大小和方向。

16－22 火箭 A 和 B 组成二级火箭，自地面铅垂向上发射，每一级的总质量为 500 kg，其中燃料质量为 450 kg，燃料消耗量为 10 kg/s，燃气喷出的相对速度为 2 100 m/s；当火箭 A 喷完燃料，它的壳体就脱开，火箭 B 立即点火启动。求 A 脱开时的速度及 B 所能获得的最大速度。

16－23 图示为移动式带输送机，每小时输送 109 m^3 的砂子，砂子的密度为 1 400 kg/m^3，输送带速度为 1.6 m/s。设砂子在入口处的速度为 v_1，方向垂直向下，在出口处的速度为 v_2，方向水平向右。如输送机不动，试问此时地面沿水平方向总的约束力有多大？

16－24 已知水的体积流量为 q_V，密度为 ρ。水打在叶片上的速度 $\boldsymbol{v}_1$ 是水平的，水流出口速度 $\boldsymbol{v}_2$ 与水平成 θ 角。求水柱对涡轮固定叶片的动压力的水平分力。

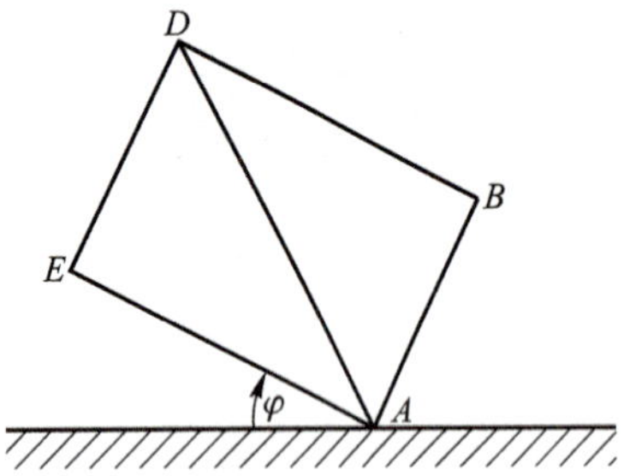

题 16－20 图

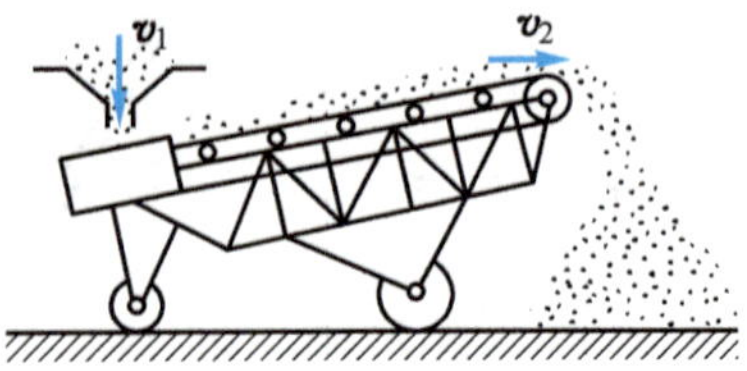

题 16－23 图

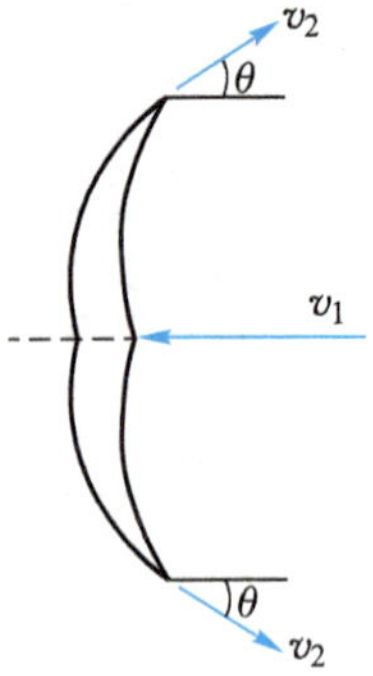

题 16－24 图

16－25 计算下列情况下物体对转轴 O 的动量矩：

(1) 均质圆盘半径为 r、质量为 m，以角速度 ω 转动；

(2) 均质杆长为 l、质量为 m，以角速度 ω 转动；

(3) 均质偏心圆盘半径为 r、偏心距为 e，质量为 m，以角速度 ω 转动。

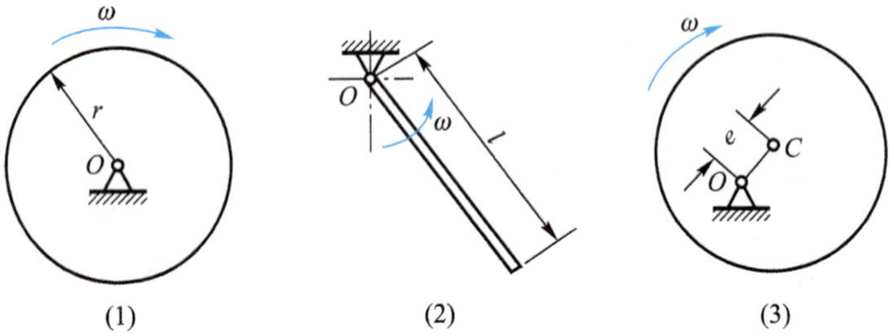

题 16－25 图

16－26 无重杆 OA 以角速度 ω_O 绕轴 O 转动，质量 $m=25$ kg、半径 $R=200$ mm 的均质圆盘以三种方式安装于杆 OA 的点 A，如图所示。在图 a 中，圆盘与杆 OA 焊接在一起；在图 b 中，圆盘与杆 OA 在点 A 铰接，且相对杆 OA 以角速度 ω_r 逆时针向转动；在图 c 中，圆盘相对杆 OA 以角速度 ω_r 顺时针向转动。已知 $\omega_O=\omega_r=4$ rad/s，计算在此三种情况下，圆盘对轴 O 的动量矩。

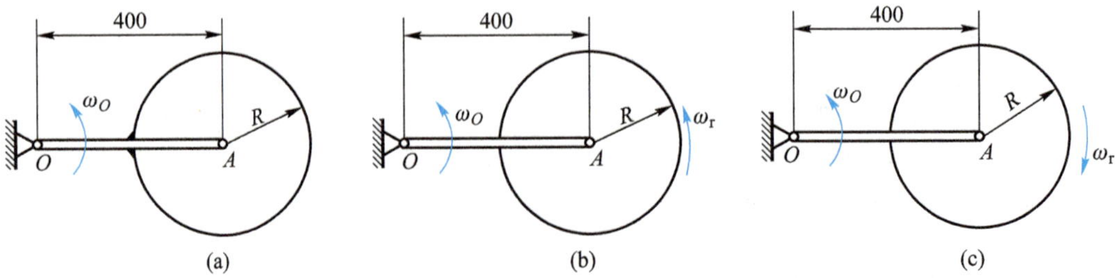

题 16－26 图

16－27 半径为 R、重为 W 的均质圆盘固结在长为 l、重为 P 的均质水平直杆 AB 的 B 端，绕铅垂轴 Oz 以角速度 ω 旋转，求系统对转轴的动量矩。

16－28 均质直杆 AB 长为 l，质量为 m，A、B 两端分别沿水平和铅垂轨道滑动。求该杆对质心 C 和对固

定点 O 的动量矩 L_C 和 L_O（表示为 φ 和 $\dot{\varphi}$ 的函数）。

16-29 质量为 m 的小球系于细绳的一端，绳的另一端穿过光滑水平面上的小孔 O，令小球在此水平面上沿半径为 r 的圆周做匀速运动，其速度为 v_O。如将绳下拉，使圆周半径缩小为 $\frac{r}{2}$，问此时小球的速度 v_1 和绳的拉力各为多少？

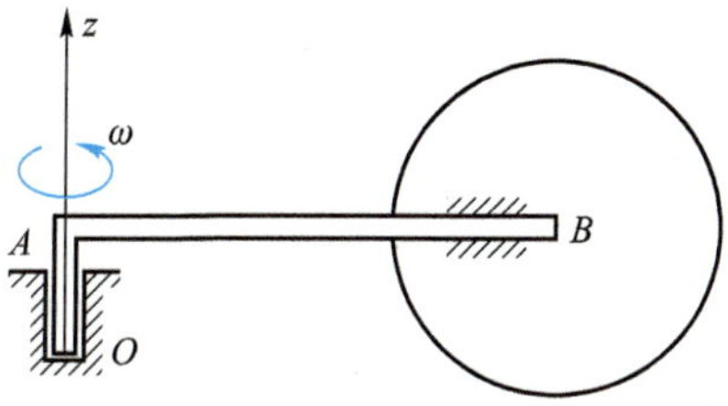

题 16-27 图

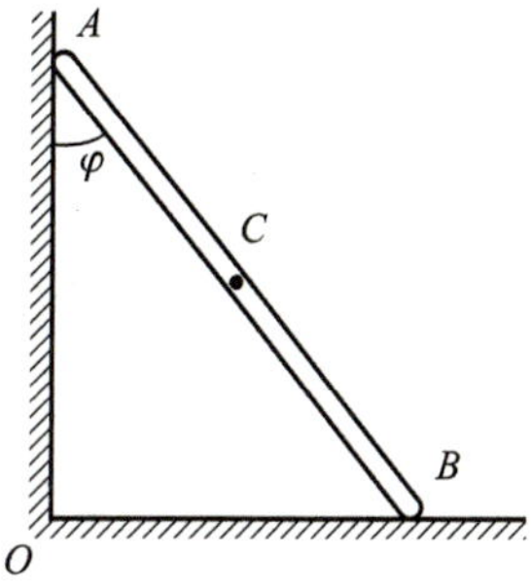

题 16-28 图

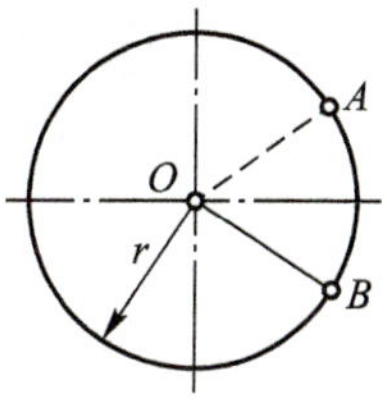

题 16-29 图

16-30 图示 A 为离合器，开始时轮 2 静止，轮 1 具有角速度 ω_0。当离合器结合后，依靠摩擦使轮 2 启动。已知轮 1 和轮 2 的转动惯量分别为 J_1 和 J_2。

(1) 当离合器接合后，求两轮共同转动的角速度；

(2) 若经过 t 两轮的转速相同，求离合器应有多大的摩擦力矩。

16-31 为了确定传送带的紧边和松边拉力，将传动部分安装在滚轴上，并在固定端 C 和传动轴之间连以测力计 D。如测力计读数为 S，传动鼓轮直径为 d，电机功率为 P，传动鼓转速为 n，试求两边的拉力。

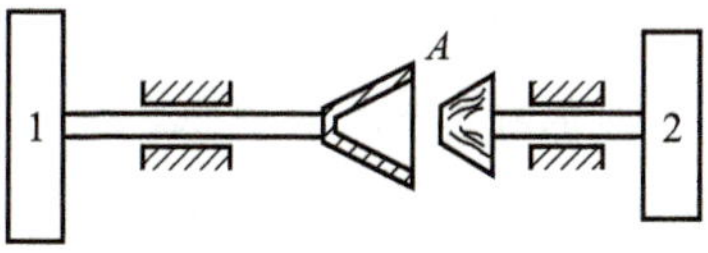

题 16-30 图

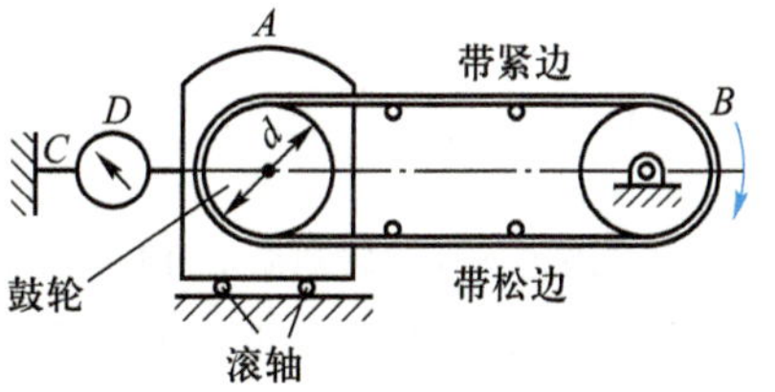

题 16-31 图

16-32 飞轮的质量为 75 kg，对其转轴的回转半径为 0.50 m，受到扭矩 $M=10(1-e^{-t})$ 的作用。M 的单位为 N·m，t 的单位为 s。若飞轮从静止开始运动，试求 $t=3$ s 后的角速度 ω。

16-33 滑轮重为 W、半径为 R，对转轴 O 的回转半径为 ρ；一绳绕在滑轮上，另一端系一重为 P 的物体 A；滑轮上作用一不变转矩 M，忽略绳的质量，求重物 A 上升的加速度和绳的拉力。

16-34 图示双刹块式制动器，滚筒转动惯量为 J，外加转矩 M，提升重物质量为 m，刹车时速度为 v_O，其他尺寸如图所示。闸块与滚筒间的动摩擦因数为 f。试求：

(1) 设 F 为一定值，重物的加速度。

(2) F 至少为多大，可以刹住滚筒。

(3) 制动时间要求小于 t_1，则 F 需多大。

题 16-32 图

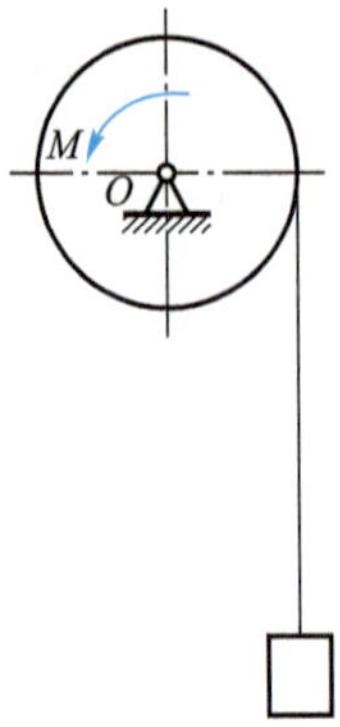

题 16-33 图

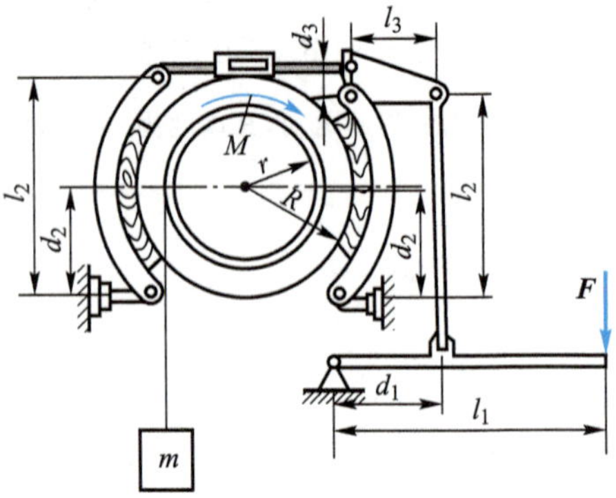

题 16-34 图

16-35 图示匀质钢圆盘直径为 500 mm、厚度为 50 mm，其上除直径为 50 mm 的中心孔外，还有三个均匀分布的直径为 150 mm 的孔。钢的密度为 $\rho=7.85\ \mathrm{t/m^3}$，试计算圆盘对 $c-c$ 轴线的转动惯量。

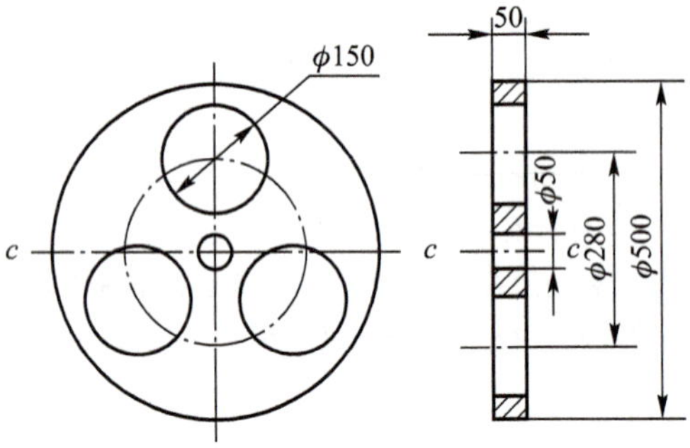

题 16-35 图

16-36 为了求得连杆的转动惯量，用一细圆杆穿过十字头销 A 处的衬套管，并使连杆绕着细圆杆的水平轴线摆动，如图 a、b 所示。摆动 100 次半周期 T 所用的时间为 100 s。另外，如图 c 所示，为了求得连杆重心到悬挂轴的距离 $AC=d$，将连杆水平放置，在点 A 处用杆悬挂，点 B 放置于台秤上，台秤读数 $F=490$ N。已知连杆质量为 80 kg，A 与 B 间的距离 $l=1$ m，十字头销的半径 $r=40$ mm。试求连杆对于通过重心 C 并垂直于图面的轴的转动惯量 J_C。

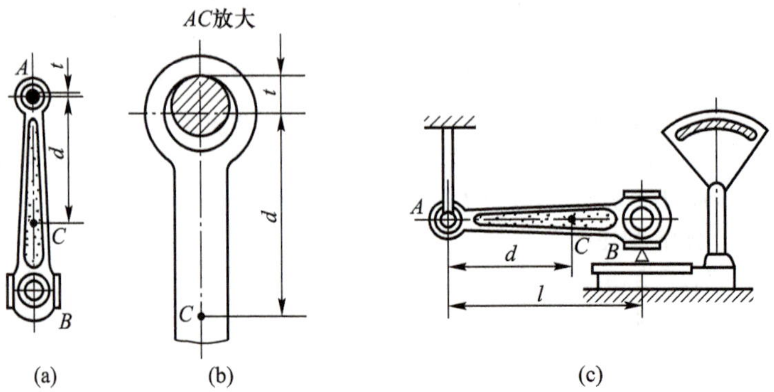

题 16-36 图

16-37 一半径为 r，重为 P_1 的均质水平圆形转台，可绕通过中心 O 并垂直于台面的铅垂轴转动。重为 P_2 的人 A 沿圆台边缘以规律 $s=\frac{1}{2}at^2$ 走动，开始时，人与圆台静止，求圆台在任一瞬时的角速度与角加速度。

16-38 电动绞车提升一重为 P 的物体，在其主动轴上作用有不变转矩 M，主动轴和从动轴部件对各自转轴的转动惯量分别为 J_1 和 J_2，传动比 $\frac{z_2}{z_1}=k$，鼓轮半径为 R；不计轴承摩擦及吊索质量，求重物的加速度。

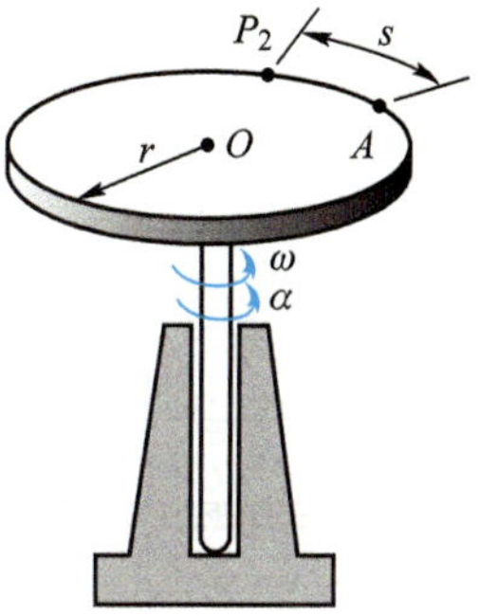

题 16-37 图

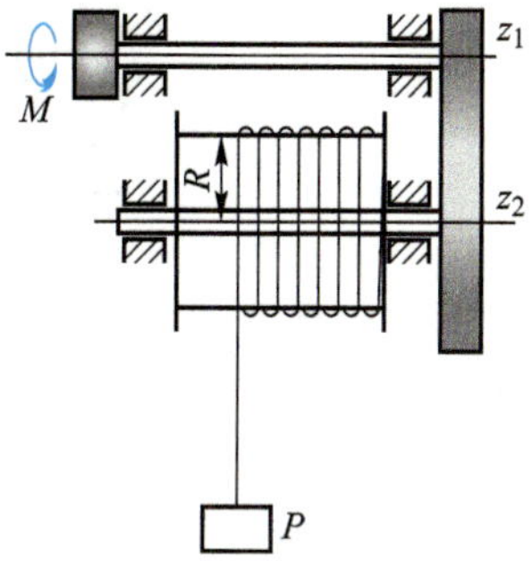

题 16-38 图

16-39 图示重物 A 的质量为 m，当其下降时，借无重且不可伸长的绳使磙子 C 沿水平轨道滚动而不滑动。绳子跨过定滑轮 D 并绕在滑轮 B 上。滑轮 B 与磙子 C 固结为一体。已知滑轮 B 的半径为 R，磙子 C 的半径为 r，二者总质量为 m'，其对于图面垂直的轴 O 的回转半径为 ρ。试求重物 A 的加速度。

16-40 电机对中心轴线 O 的转动惯量为 J_O，它由四个相同的弹簧支承。弹簧左右各有两个，对称分布。每一侧的两个弹簧一前一后成并联布置。已知每个弹簧的刚度系数为 k，左右两侧弹簧相距 $2l$。试求电机绕 O 轴做微小振动的频率。

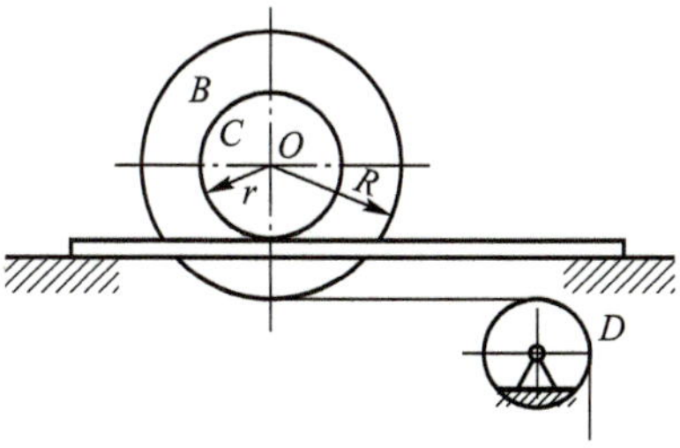

题 16-39 图

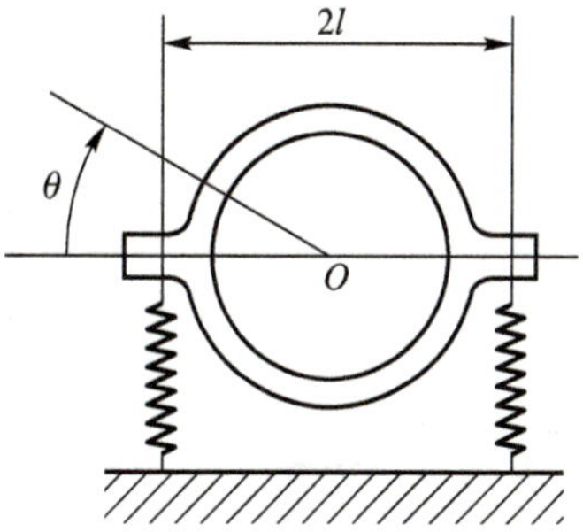

题 16-40 图

16-41 均质直杆 AB 重为 W、长为 l，在 A、B 处分别受到铰链支座、绳索的约束。若绳索突然被切断，求：

(1) 在图示瞬时位置时，支座 A 的约束力；

(2) 当杆 AB 转到铅垂位置时，支座 A 的约束力。

16-42 为求半径 $R=50$ cm 的飞轮 A 对于通过其质心轴的转动惯量，在飞轮上绕以细绳，绳的末端系一质量 $m_1=8$ kg 的重锤，重锤自高度 $h=2$ m 处落下，测得落下的时间 $t_1=16$ s。为消去轴承摩擦的影响，再用质量 $m_2=4$ kg 的重锤做第二次实验，此重锤自同一高度处落下的时间为 $t_2=25$ s。假定摩擦力矩为一常数，且与重锤质量无关，求飞轮的转动惯量。

16-43 图示两小球 A 和 B，质量分别为 $m_A=2$ kg，$m_B=1$ kg，用 $AB=l=0.6$ m 的杆连接。在初瞬时，杆

在水平位置，B 不动，而 A 的速度 $v_A=0.6\ \pi m/s$，方向铅垂向上，如图所示。杆的质量和小球的尺寸忽略不计。求：

(1) 两小球在重力作用下的运动；

(2) 在 $t=2$ s 时，两小球相对于定系 Axy 的位置；

(3) $t=2$ s 时杆轴线方向的内力。

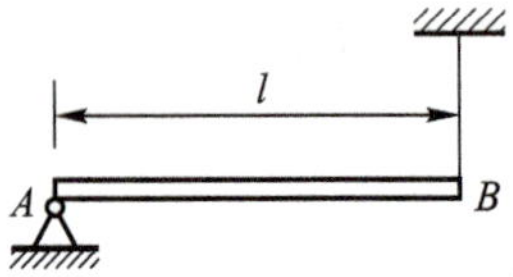

题 16-41 图

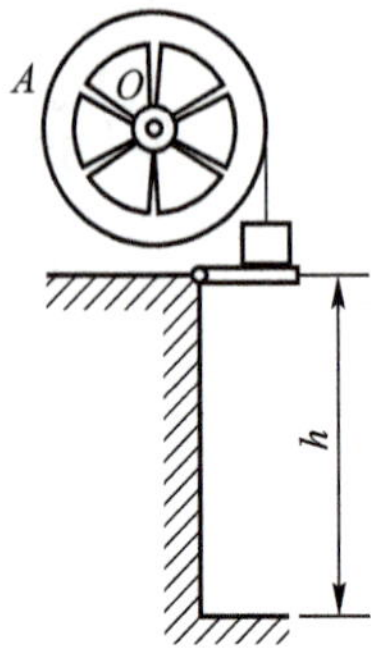

题 16-42 图

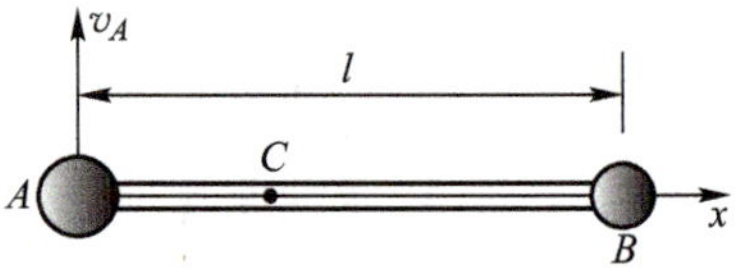

题 16-43 图

16-44 图示匀质长方形放置在光滑水平面上，若点 B 的支承面突然移开，试求此瞬时点 A 的加速度。

16-45 质量为 m 的小球 A 固定在无质量轴 OO_1 的突出短臂上。小球到轴线 OO_1 的距离为 l，如图所示。轴线 OO_1 与铅垂线成 θ 角。试求系统在重力作用下绕 OO_1 轴线做微小振动的周期。

16-46 均质鼓轮由绕于其上的细绳拉动。已知轴的半径 $r=40$ mm，轮的半径 $R=80$ mm，轮重 $P=9.8$ N，对过轮心垂直于轮中心平面的轴的惯性半径 $\rho=60$ mm，拉力 $F=5$ N，轮与地面的摩擦因数 $f=0.2$。试分别求在图(a)、(b)两种情况下圆轮的角加速度及轮心的加速度。

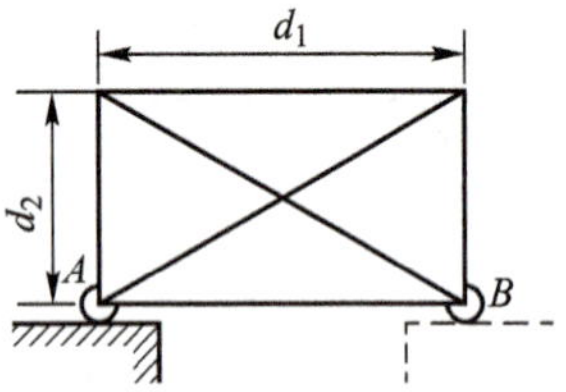

题 16-44 图

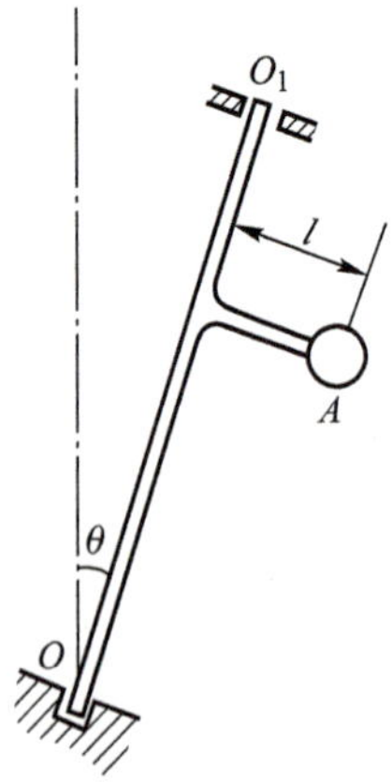

题 16-45 图

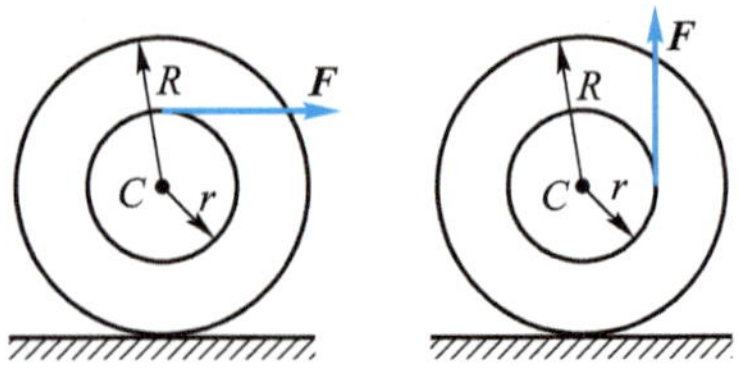

题 16-46 图

16-47 重物 A 的质量为 m_1，系在绳子上，绳子跨过一不计质量的固定滑轮 D，并绕在鼓轮 B 上，如图所示。由于重物下降，带动了轮 C，使它沿水平轨道滚动而不滑动。设鼓轮半径为 r，轮 C 的半径为R，两者固连在一起，总质量为 m_2，对于其水平轴 O 的回转半径为ρ。求重物 A 的加速度。

16-48 A、B 两轮质量皆为 m，转动惯量皆为 mr^2，且有 $R=2r$，如图所示。小定滑轮 C 及绕于两轮上的细绳质量不计，轮 B 沿斜面只滚不滑。求 A、B 两轮心的加速度。

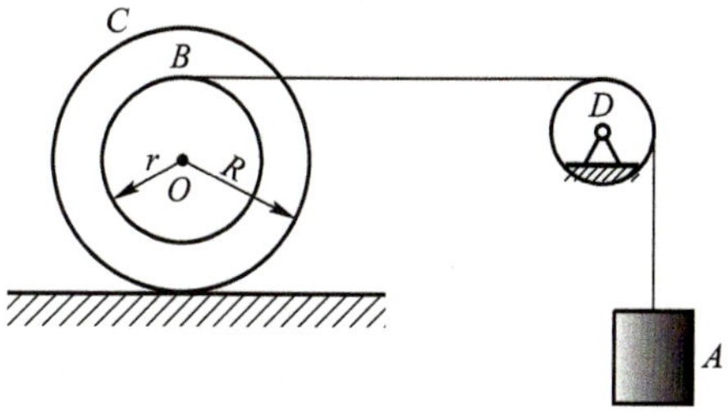

题 16－47 图

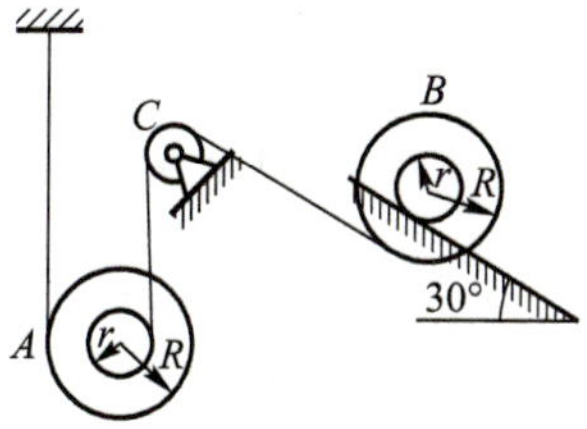

题 16－48 图

16－49 质量为 m_1、长度为 l 的匀质刚性细杆可绕水平轴 O 转动，如图所示。杆的一端固连质量为 m_2 的小球，另一端与刚度系数为 k 的铅垂弹簧相连接。当杆在水平位置时系统处于平衡状态。求此系统绕固定轴 O 做微小振动的频率。

16－50 图示机构位于铅垂平面内，曲柄长 $OA=0.4$ m，角速度 $\omega=4.5$ rad/s（常数）。均质杆 AB 长为1 m，质量为 10 kg。在 A、B 端分别用铰链与曲柄、磙子 B 连接。如磙子 B 的质量不计，求在图示瞬时位置时，地面对磙子的约束力。

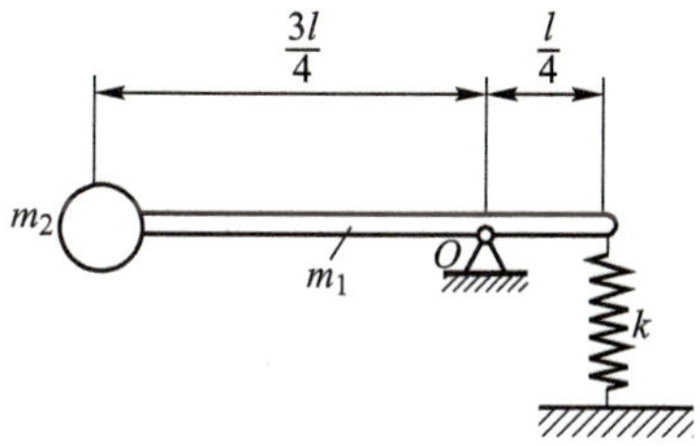

题 16－49 图

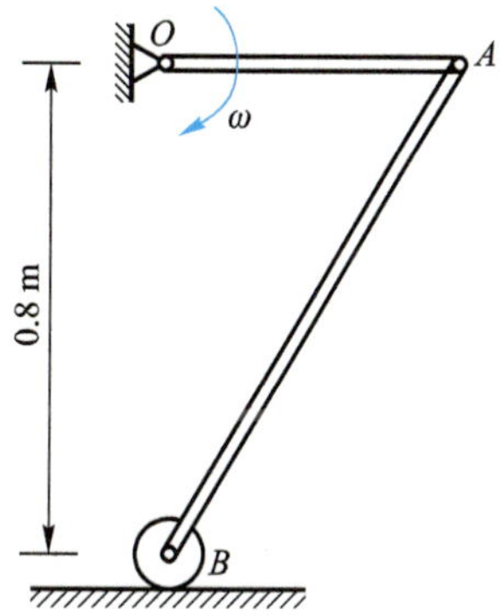

题 16－50 图

16－51 如图所示，板的质量为 m_1，受水平力 $\boldsymbol{F}$ 的作用，沿水平面运动，板与平面间的摩擦因数为 f。在板上放一质量为 m_2 的均质实心圆柱，此圆柱对板只滚动而不滑动。求板的加速度。

16－52 均质实心圆柱体 A 和薄铁环 B 的质量均为 m，半径都等于 r，两者用杆 AB 铰接，无滑动地沿斜面滚下，斜面与水平面的夹角为 θ，如图所示。如杆的质量忽略不计，求杆 AB 的加速度和杆的内力。

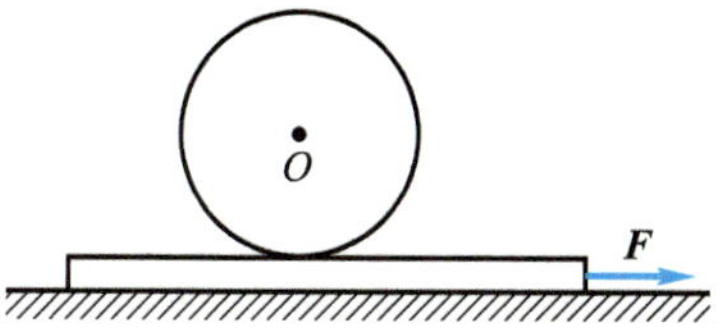

题 16－51 图

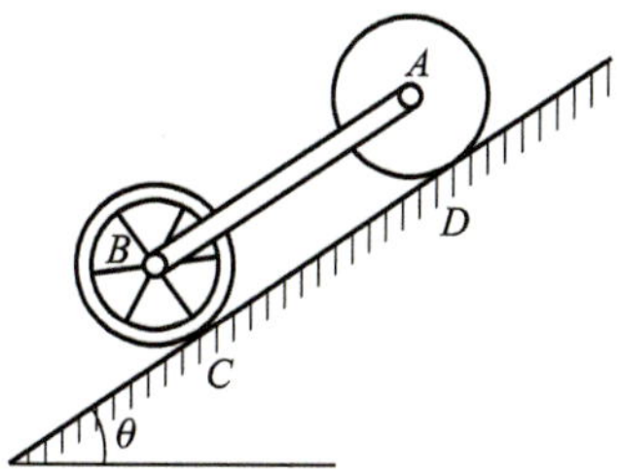

题 16－52 图

16－53 半径为 r 的均质圆柱体的质量为 m，放在粗糙的水平面上，如图所示。设其中心 C 初速度为 v_0，方向水平向右，同时圆柱如图所示方向转动，其初角速度为 ω_0，且有 $\omega_0 r < v_0$。如圆柱体与水平面的摩擦因数为 f，试求经过多少时间，圆柱体才能只滚不滑地向前运动，并求该瞬时圆柱体中心的速度。

16-54 图示均质细长杆 AB，质量为 m，长度为 l，在铅垂位置由静止释放，借 A 端的小滑轮沿倾角为 θ 的轨道滑下。不计摩擦和小滑轮的质量，求刚释放时点 A 的加速度。

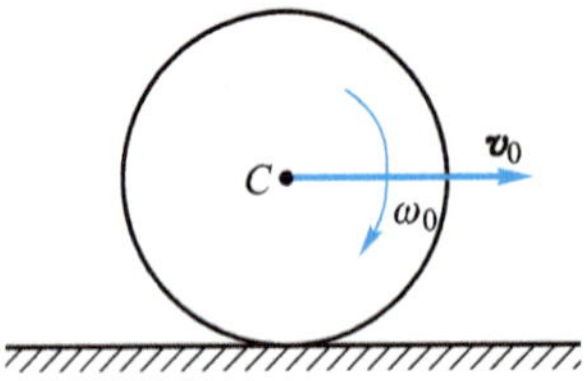

题 16-53 图

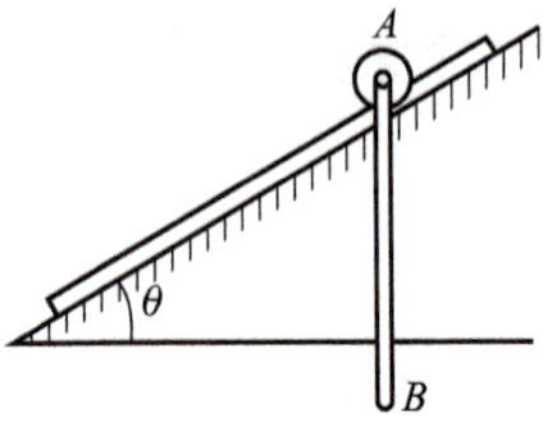

题 16-54 图

16-1
第16章
习题答案

第 17 章　动能定理

动能是力学中的重要概念，是机械运动的另一种度量。当机械运动和其他形式运动如电、热等相互转化时，用动能来度量机械运动。动能定理建立了质点和质点系动能的变化与作用力的功之间的关系，是研究质点和质点系动力学的重要依据。

本章介绍动能定理及其应用，并将综合运用动力学普遍定理分析较复杂的动力学问题。

17.1 力　的　功

1. 功的概念

力作用于物体所产生的效应，不仅与力的大小、方向和作用点有关，还与物体所经过的路程有关。如图 17-1 所示，物体在常力$\boldsymbol{F}$的作用下，由位置 1 运动至位置 2，$W_{12}=F\cdot s\cos\alpha$ 称为力 $\boldsymbol{F}$ 在路程 s 上做的功(work)。功是力在一段路程上作用效果的度量，它表征力在一段路程上对物体作用所产生的累积效应。

在国际单位制中，功的单位是 N·m 或 J(焦耳)

$$1\ \mathrm{J}=1\ \mathrm{N\cdot m}$$

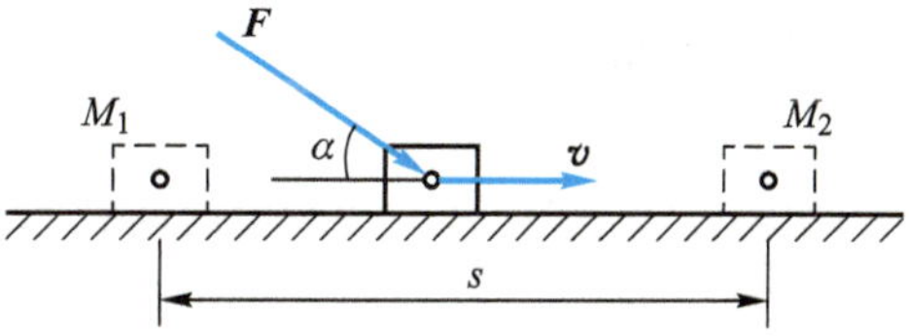

图 17-1

2. 功的计算

(1) 常力在直线运动中的功

$$W=F\cos\alpha\cdot s=\boldsymbol{F}\cdot\boldsymbol{s} \tag{17-1}$$

常力$\boldsymbol{F}$沿直线轨迹所做的功 W 等于力在速度方向的投影与其作用点路程 s 的乘积或等于力矢 $\boldsymbol{F}$ 与物体位移矢 $\boldsymbol{s}$ 的数量积。

式(17-1)中 α 为力 $\boldsymbol{F}$ 与其速度方向的夹角。由式(17-1)可知，功是标量，可为正、负或零。功的单位为 J。

(2) 变力在曲线运动中的功

变力的功可用积分计算。如图 17-2 所示，质点 M 在变力 $\boldsymbol{F}$ 作用下曲线运动，在微小位移 $\mathrm{d}s$ 上，力 $\boldsymbol{F}$ 的大小、方向可近似认为是不变的，$\mathrm{d}s$ 也可近似当作直线，力 $\boldsymbol{F}$ 在微小路段 $\mathrm{d}s$ 上的功为

$$\delta W=F\cos\theta\cdot\mathrm{d}s$$

δW 称为力的元功,上式称为元功的自然坐标式。

由于 ds 很小,所以 $|ds| \approx |d\boldsymbol{r}|$,则上式可改写为

$$\delta W = F\cos\theta \cdot |d\boldsymbol{r}| = \boldsymbol{F} \cdot d\boldsymbol{r} = F_x dx + F_y dy + F_z dz \tag{17-2}$$

上式称为元功的直角坐标式或解析式,其中 F_x、F_y、F_z 和 dx、dy、dz 分别代表力 $\boldsymbol{F}$ 和位移 $d\boldsymbol{r}$ 在直角坐标轴 x、y、z 上的投影。

当质点 M 从 M_1 位置运动至 M_2 位置时,变力 $\boldsymbol{F}$ 的功就等于各元功的总和,即

$$W_{12} = \int_{M_1}^{M_2} F_x dx + F_y dy + F_z dz$$

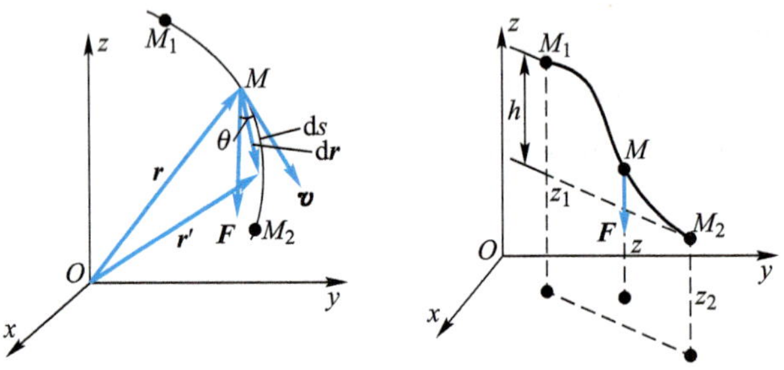

图 17-2

一般说来,功的计算是一个曲线积分,不仅和力作用点的始末位置有关,还和运动的路径有关,并可化为坐标积分。

(3) 几种常见力的功

1) 重力的功

设质点 M 沿曲线轨迹由 M_1 运动到 M_2,作用在质点上的重力 $\boldsymbol{F}$ 在图 17-2 所示直角坐标轴上的投影分别为

$$F_x = 0, \quad F_y = 0, \quad F_z = -mg$$

重力 $\boldsymbol{F}$ 的元功为

$$\delta W = F_z dz = -mg dz$$

所以

$$W_{12} = \int_{z_1}^{z_2} F_z dz = \int_{z_1}^{z_2} (-mg) dz = mg(z_1 - z_2) \tag{17-3}$$

其中 z_1 和 z_2 是质点 M 起始和终了位置的 z 坐标。式(17-3)说明重力的功与质点的轨迹形状无关,只取决于其起始和终了的位置。

若令 $|z_1 - z_2| = h$,则重力的功可表示为

$$W_{12} = \pm mgh$$

h 代表质点上升或下降的高度,当 $z_1 > z_2$,质点下降,W_{12} 取正号,重力做正功;当 $z_1 < z_2$,质点上升,W_{12} 取负号,重力做负功。

对于一个物体来说，其重力的功可表示为

$$W_{12}=Mg(z_{C1}-z_{C2})=\pm Mgh$$

其中 M 为物体的质量，z_{C1} 和 z_{C2} 分别代表物体重心 C 起始和终了的位置坐标，h 则代表重心 C 上升或下降的高度。

2）弹性力的功

设质点 M 轨迹如图 17－3 所示，弹簧的刚度系数为 k，原长为 l_0，在小变形的情况下，弹性力的大小与弹簧的变形成正比。设沿矢径方向的单位矢量为 $\boldsymbol{r}_0$，则弹性力可表示为

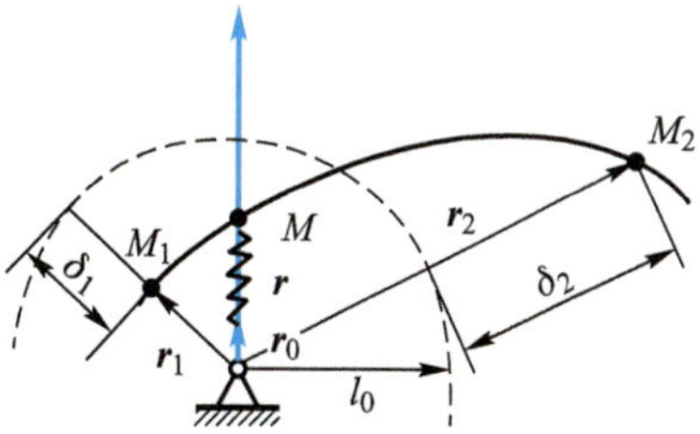

图 17－3

$$\boldsymbol{F}=-k(r-l_0)\boldsymbol{r}_0$$

质点由 M_1 运动到 M_2，弹性力的功为

$$\begin{aligned}W_{12}&=\int_{M_1}^{M_2}\boldsymbol{F}\cdot \mathrm{d}\boldsymbol{r}=\int_{r_1}^{r_2}-k(r-l_0)\boldsymbol{r}_0\cdot \mathrm{d}\boldsymbol{r}=\int_{r_1}^{r_2}-k(r-l_0)\frac{\boldsymbol{r}\cdot \mathrm{d}\boldsymbol{r}}{r}\\&=\int_{r_1}^{r_2}-k(r-l_0)\cdot \mathrm{d}r=-\frac{1}{2}k(r-l_0)^2\Big|_{r_1}^{r_2}\\&=\frac{1}{2}k\left[(r_1-l_0)^2-(r_2-l_0)^2\right]=\frac{1}{2}k(\delta_1^2-\delta_2^2)\end{aligned}\tag{17-4}$$

即弹性力的功等于弹簧刚度系数与始末位置弹簧变形平方之差的乘积之半。

由此可知，弹性力的功正比于弹簧的刚度系数，还取决于弹簧起始和终了时的变形量，但与质点的轨迹形状无关。$\delta_1>\delta_2$ 时弹性力做正功，$\delta_1<\delta_2$ 弹性力做负功。

在式(17－4)的证明中利用了

$$\begin{aligned}\mathrm{d}(\boldsymbol{r}\cdot\boldsymbol{r})&=\mathrm{d}\boldsymbol{r}\cdot\boldsymbol{r}+\boldsymbol{r}\cdot \mathrm{d}\boldsymbol{r}=2\boldsymbol{r}\cdot \mathrm{d}\boldsymbol{r}\\&=\mathrm{d}(r^2)=2r\cdot \mathrm{d}r\end{aligned}$$

故有

$$\boldsymbol{r}\cdot \mathrm{d}\boldsymbol{r}=r\cdot \mathrm{d}r$$

3）万有引力的功

设质量为 m_2 的质点位于坐标系原点（即引力中心），质量为 m_1 的质点在任一位置相对于原点的矢径为 $\boldsymbol{r}$（图 17－4），现求质量为 m_1 的质点由位置(1)运动至位置(2)引力 $\boldsymbol{F}$ 所做的功。

由万有引力定律可知，两质点 m_1 和 m_2 间相互吸引力为

$$F=f\frac{m_1m_2}{r^2}$$

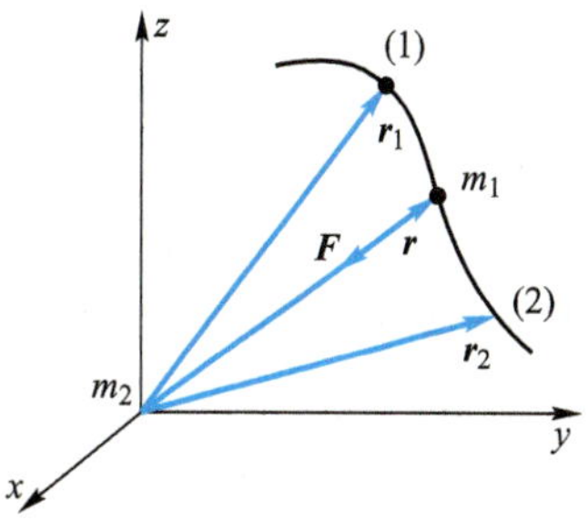

图 17－4

其中 f 为引力常数，r 为两质点间距离。m_2 为坐标原点，m_1 在引力作用下沿曲线轨迹运动，取沿矢径方向的单位矢量 $\boldsymbol{r}_0$，则引力可表示为

$$\boldsymbol{F}=-f\frac{m_1m_2}{r^2}\boldsymbol{r}_0$$

质点由位置(1)运动至位置(2),万有引力的功为

$$\begin{aligned}W_{12}&=\int_{r_1}^{r_2}\boldsymbol{F}\cdot\mathrm{d}\boldsymbol{r}=\int_{r_1}^{r_2}-f\frac{m_1m_2}{r^2}\boldsymbol{r}_0\cdot\mathrm{d}\boldsymbol{r}\\&=\int_{r_1}^{r_2}-f\frac{m_1m_2}{r^2}\frac{\boldsymbol{r}}{r}\cdot\mathrm{d}\boldsymbol{r}\\&=\int_{r_1}^{r_2}-f\frac{m_1m_2}{r^2}\mathrm{d}r=fm_1m_2\left(\frac{1}{r_2}-\frac{1}{r_1}\right)\end{aligned}\tag{17-5}$$

式(17-5)表明,万有引力的功取决于质点起始和终了位置,而与质点的轨迹形状无关。

4) 作用在定轴转动刚体上的力或力偶的功

设刚体绕固定轴 Oz 转动,作用于刚体上 A 点的力为 $\boldsymbol{F}$(图 17-5),现求刚体的转角由 φ_1 位置转到 φ_2 位置时力 $\boldsymbol{F}$ 所做的功。当刚体绕轴 Oz 转一微小转角 $\mathrm{d}\varphi$ 时,力 $\boldsymbol{F}$ 的元功为

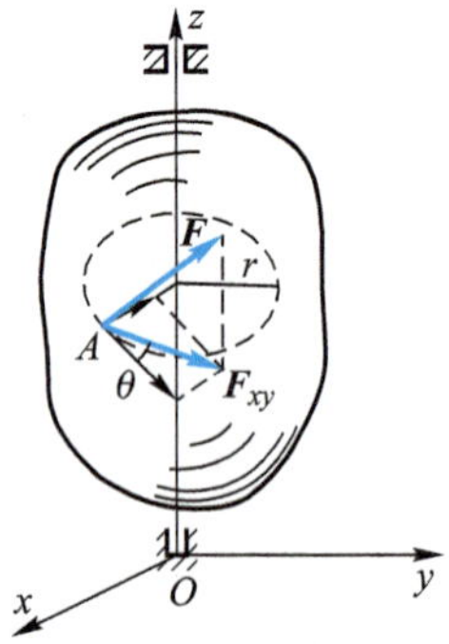

图 17-5

$$\delta W=F_{xy}\cdot\cos\theta\cdot\mathrm{d}s=F_{xy}\cdot\cos\theta\cdot r\mathrm{d}\varphi$$

其中 F_{xy} 为力 $\boldsymbol{F}$ 在 xy 平面上的投影。根据力对轴之矩的定义可知

$$M_z(\boldsymbol{F})=F_{xy}\cos\theta\cdot r$$

所以元功为

$$\delta W=M_z(\boldsymbol{F})\mathrm{d}\varphi$$

在有限转角 $\varphi_2-\varphi_1$ 上,力 $\boldsymbol{F}$ 的功为

$$W_{12}=\int_{\varphi_1}^{\varphi_2}M_z(\boldsymbol{F})\mathrm{d}\varphi$$

若 $M_z(\boldsymbol{F})$ 为常量,则

$$W_{12}=\pm M_z(\boldsymbol{F})(\varphi_2-\varphi_1)$$

对于力偶 m,则有

$$W_{12}=\int_{\varphi_1}^{\varphi_2}m\,\mathrm{d}\varphi$$

若 m 为常量,则

$$W_{12}=\pm m(\varphi_2-\varphi_1)\tag{17-6}$$

式(17-6)中±号说明,如果力矩或力偶的转向与刚体的转向一致则做正功,反之做负功。

5) 内力的功

如图 17-6 所示,$\boldsymbol{F}_A$、$\boldsymbol{F}_B$ 为一对内力,即 $\boldsymbol{F}_A=-\boldsymbol{F}_B$,分别作用于 A、B 两点,这对内力的元功为

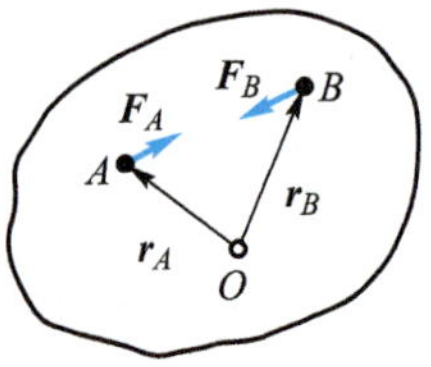

图 17-6

$$\delta W=\boldsymbol{F}_A\cdot\mathrm{d}\boldsymbol{r}_A+\boldsymbol{F}_B\cdot\mathrm{d}\boldsymbol{r}_B=\boldsymbol{F}_A\cdot\mathrm{d}(\boldsymbol{r}_A-\boldsymbol{r}_B)=\boldsymbol{F}_A\cdot\mathrm{d}\,\overrightarrow{BA}$$

所以内力的功为

$$W=\int\boldsymbol{F}_A\cdot\mathrm{d}\,\overrightarrow{BA}$$

内力的功为零的情况：

- 刚体的内力不做功；
- 不可伸缩绳子的内力不做功。

6） 合力的功

设质点 M 受力系 $\boldsymbol{F}_1,\boldsymbol{F}_2,\cdots,\boldsymbol{F}_n$ 的作用，力系的合力为

$$\boldsymbol{F}_{\mathrm{R}}=\boldsymbol{F}_1+\boldsymbol{F}_2+\cdots+\boldsymbol{F}_n$$

则质点沿有限曲线由 M_1 运动至 M_2 合力 $\boldsymbol{F}_{\mathrm{R}}$ 做的功为

$$\begin{aligned}W&=\int_{M_1}^{M_2}\boldsymbol{F}_{\mathrm{R}}\cdot\mathrm{d}\boldsymbol{r}=\int_{M_1}^{M_2}(\boldsymbol{F}_1+\boldsymbol{F}_2+\cdots+\boldsymbol{F}_n)\cdot\mathrm{d}\boldsymbol{r}\\&=\int_{M_1}^{M_2}\boldsymbol{F}_1\cdot\mathrm{d}\boldsymbol{r}+\int_{M_1}^{M_2}\boldsymbol{F}_2\cdot\mathrm{d}\boldsymbol{r}+\cdots+\int_{M_1}^{M_2}\boldsymbol{F}_n\cdot\mathrm{d}\boldsymbol{r}\end{aligned}$$

即

$$W=W_1+W_2+\cdots+W_n$$

上式表明，作用于质点的合力在任一路程中所做的功，等于各分力在同一路程中所做的功的代数和。

(4) 约束力的功为零的理想情况

作用于质点系上的力，可划分为主动力和约束力两大类。在质点系的运动过程中，主动力一般都做功，而在许多理想情况下，约束力或不做功，或做功的总和等于零，这些约束也称为理想约束。研究这些理想约束，有助于简化功的计算。下面列举约束力的功为零的若干理想情况。

1）光滑固定支承面和滚动铰链支座

这两类约束的约束力 $\boldsymbol{F}_{\mathrm{N}}$ 总是垂直于力的作用点 A 的微小位移 $\mathrm{d}\boldsymbol{r}$（图 17-7），因此这种约束力的功为零。

2）光滑固定铰链支座和轴承

这两种约束的约束力作用点的位移为零（图 17-8），因此约束力之功为零。

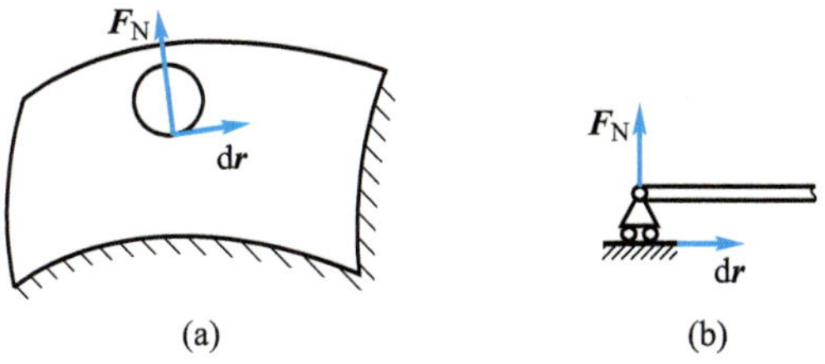

图 17-7

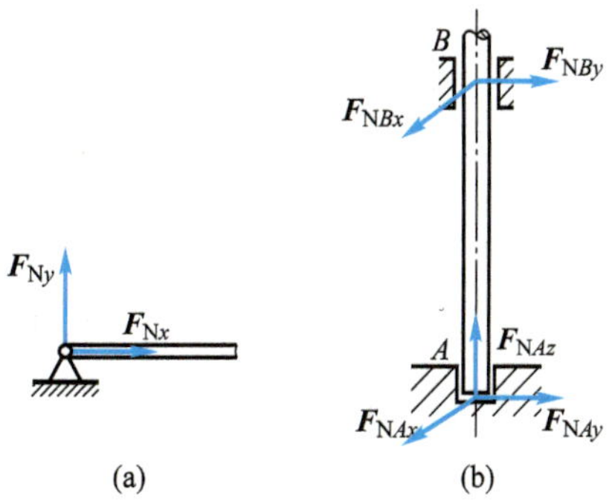

图 17-8

3）连接物体的光滑铰链

连接 AB、AC 杆的光滑铰链，其约束力 $\boldsymbol{F}_{\mathrm{N}}$ 与 $\boldsymbol{F}'_{\mathrm{N}}$ 作用于 A 点（图 17-9），是一对作用力与反作用力，$\boldsymbol{F}_{\mathrm{N}}=-\boldsymbol{F}'_{\mathrm{N}}$。在微小位移 $\mathrm{d}\boldsymbol{r}$ 中，这些力的元功之和为

$$\delta W = \boldsymbol{F}_{\mathrm{N}} \cdot \mathrm{d}\boldsymbol{r} + \boldsymbol{F}'_{\mathrm{N}} \cdot \mathrm{d}\boldsymbol{r} = (\boldsymbol{F}_{\mathrm{N}} + \boldsymbol{F}'_{\mathrm{N}}) \cdot \mathrm{d}\boldsymbol{r} = 0$$

即这种约束力做功的总和为零。

4）无重刚杆

无重刚杆 AB 连接两个物体，由于刚杆重量不计，因此其约束力 $\boldsymbol{F}_{\mathrm{N}}$ 与 $\boldsymbol{F}'_{\mathrm{N}}$应是一对等值、反向、共线的平衡力（图 17－10）。设 A、B 两点的微小位移是 $\mathrm{d}\boldsymbol{r}_A$ 和 $\mathrm{d}\boldsymbol{r}_B$，则 $\boldsymbol{F}_{\mathrm{N}}$ 与 $\boldsymbol{F}'_{\mathrm{N}}$元功之和为

$$\begin{aligned}\delta W &= \boldsymbol{F}_{\mathrm{N}} \cdot \mathrm{d}\boldsymbol{r}_A + \boldsymbol{F}'_{\mathrm{N}} \cdot \mathrm{d}\boldsymbol{r}_B = -F_{\mathrm{N}} |\mathrm{d}\boldsymbol{r}_A| \cos\theta_A + F'_{\mathrm{N}} |\mathrm{d}\boldsymbol{r}_B| \cos\theta_B \\ &= F_{\mathrm{N}} (|\mathrm{d}\boldsymbol{r}_B| \cos\theta_B - |\mathrm{d}\boldsymbol{r}_A| \cos\theta_A)\end{aligned}$$

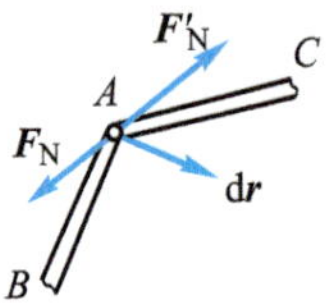

图 17－9

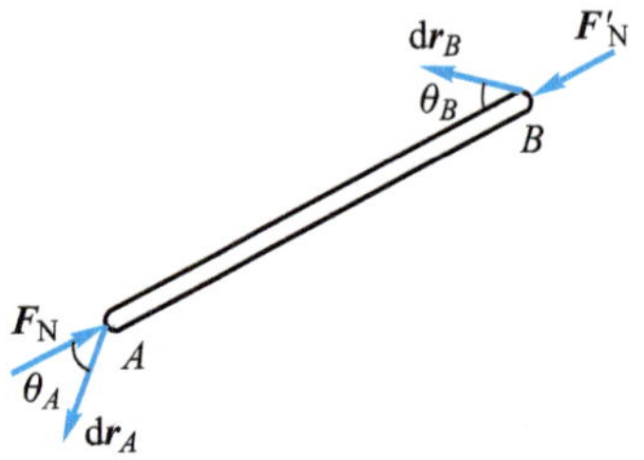

图 17－10

考虑到刚杆上 A、B 两点间距离不变，因此这两点的微小位移在其连线上的投影应相等，有

$$|\mathrm{d}\boldsymbol{r}_A| \cos\theta_A = |\mathrm{d}\boldsymbol{r}_B| \cos\theta_B$$

代入上式得

$$\delta W = 0$$

即无重刚杆约束力做功之和为零。

5）连接两物体的不可伸长的柔索

穿过光滑环 C 的柔索的 A、B 两端分别与物体相连接。柔索作用于物体上的约束力分别为 $\boldsymbol{F}_{\mathrm{T1}}$ 和 $\boldsymbol{F}_{\mathrm{T2}}$，$A$、$B$ 两点的微小位移分别为 $\mathrm{d}\boldsymbol{r}_A$ 和 $\mathrm{d}\boldsymbol{r}_B$（图 17－11）。因此，这两个约束力元功之和为

$$\begin{aligned}\delta W &= \boldsymbol{F}_{\mathrm{T1}} \cdot \mathrm{d}\boldsymbol{r}_A + \boldsymbol{F}_{\mathrm{T2}} \cdot \mathrm{d}\boldsymbol{r}_B \\ &= -F_{\mathrm{T1}} |\mathrm{d}\boldsymbol{r}_A| \cos\theta_A + F_{\mathrm{T2}} |\mathrm{d}\boldsymbol{r}_B| \cos\theta_B\end{aligned}$$

由于 $F_{\mathrm{T1}} = F_{\mathrm{T2}}$，则

$$\delta W = F_{\mathrm{T1}} (|\mathrm{d}\boldsymbol{r}_B| \cos\theta_B - |\mathrm{d}\boldsymbol{r}_A| \cos\theta_A)$$

柔索不可伸长，因此有

$$|\mathrm{d}\boldsymbol{r}_A| \cos\theta_A = |\mathrm{d}\boldsymbol{r}_B| \cos\theta_B$$

于是

$$\delta W = 0$$

6）刚体在固定面上无滑动滚动

此时固定面作用于刚体接触点 P 上的约束力 $\boldsymbol{F}_{\mathrm{N}}$ 和摩擦力 $\boldsymbol{F}$ 如图 17－12 所示。约束力元功之和为

$$\delta W=(\boldsymbol{F}+\boldsymbol{F}_{\mathrm{N}})\cdot \mathrm{d}\boldsymbol{r}_P$$

式中 $\mathrm{d}\boldsymbol{r}_P$ 为 P 点的微小位移，并有 $\mathrm{d}\boldsymbol{r}_P=\boldsymbol{v}_P\mathrm{d}t$，因刚体在固定面上无滑动地滚动，$P$ 点为速度瞬心，故 $\boldsymbol{v}_P=\mathbf{0}$，$\mathrm{d}\boldsymbol{r}_P=\mathbf{0}$，由此得

$$\delta W=0$$

即刚体在固定面上无滑动地滚动时，约束力做功之和为零。

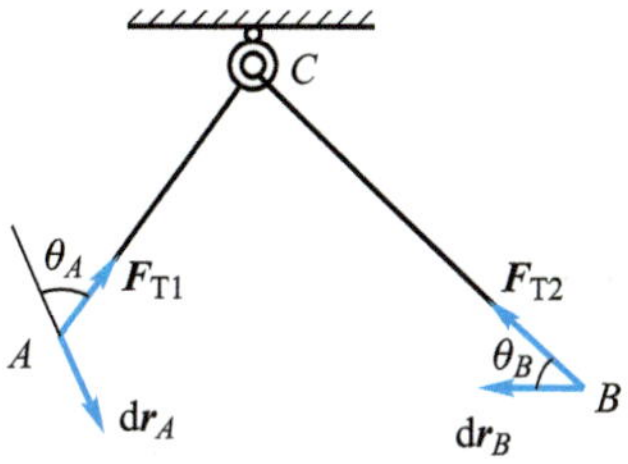

图 17-11

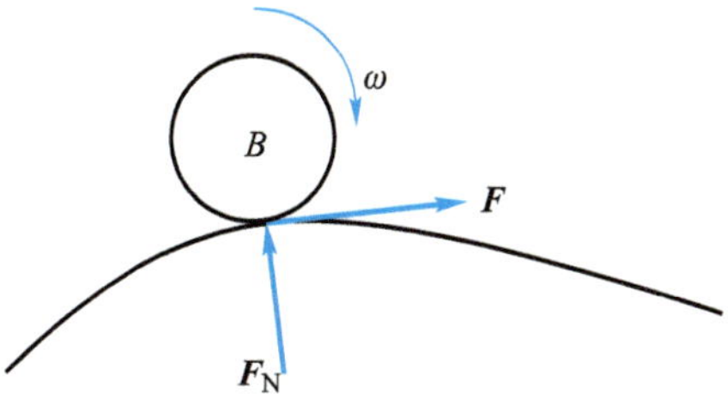

图 17-12

17.2 物体的动能

动能是度量物体机械运动强度的一个物理量。

1. 质点的动能

设质点的质量为 m，速度的大小为 v，则质点的动能(kinetic energy)可表示为

$$T=\frac{1}{2}mv^2$$

动能是一个恒为正值的标量，其单位和功的单位相同，且有 1 kg · m²/s² = 1 N · m = 1 J。

2. 质点系的动能

设质点系由 n 个质点组成，某瞬时系统中第 i 个质点的动能为 $\frac{1}{2}m_iv_i^2$，此瞬时质点系中所有质点动能的总和称为质点系的动能，即

$$T=\sum_{i=1}^{n}\frac{1}{2}m_iv_i^2$$

3. 刚体的动能

刚体是由无数个质点组成的质点系，刚体的运动形式不同，刚体内各点的速度分布也不同，所以刚体的动能表达式与刚体的运动形式有关。

(1) 刚体平移时的动能

刚体平移时，任一瞬时刚体内各质点的速度相同，如以刚体质心 C 的速度 v_C 代表各质点的速度，则刚体的动能为

$$T=\sum_{i=1}^{n}\frac{1}{2}m_iv_i^2=\sum\frac{1}{2}m_iv_C^2=\frac{1}{2}v_C^2\left(\sum_{i=1}^{n}m_i\right)$$

即

$$T=\frac{1}{2}Mv_C^2$$

(2) 刚体定轴转动时的动能

设刚体绕固定轴 Oz 转动，其角速度为 ω（图 17－13），刚体上质量为 m_i 质点的动能为 $\frac{1}{2}m_iv_i^2$，整个刚体的动能为

$$T=\sum_{i=1}^{n}\frac{1}{2}m_iv_i^2=\sum_{i=1}^{n}\frac{1}{2}m_ir_i^2\omega^2=\frac{1}{2}\left(\sum_{i=1}^{n}m_ir_i^2\right)\omega^2$$

即

$$T=\frac{1}{2}J_z\omega^2$$

即刚体定轴转动时的动能，等于刚体对转轴的转动惯量与角速度平方乘积之半。

(3) 刚体平面运动时的动能

设刚体做平面运动，某瞬时刚体的瞬时速度中心为 P，角速度为 ω，C 为其质心（图 17－14）。设刚体上第 i 个质点的质量为 m_i，其速度为 $v_i=\omega r_i$，r_i 为该点到瞬心的距离，则该质点的动能为

$$T_i=\frac{1}{2}m_iv_i^2=\frac{1}{2}m_ir_i^2\omega^2$$

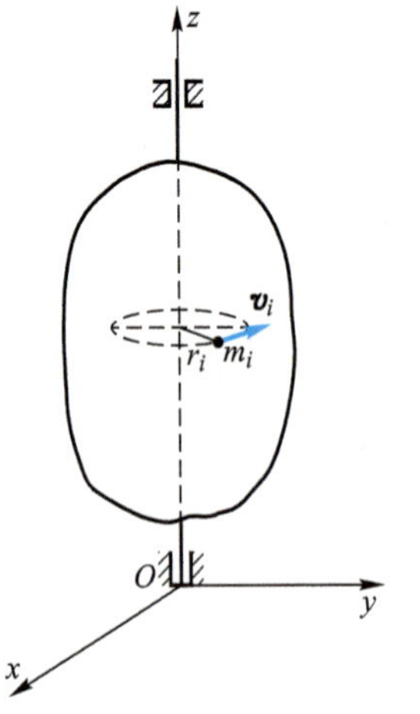

图 17－13

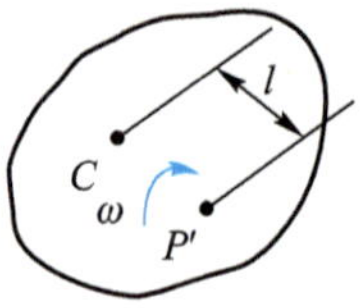

图 17－14

则整个刚体的动能为

$$T=\sum\frac{1}{2}m_iv_i^2=\sum\frac{1}{2}m_ir_i^2\omega^2=\frac{1}{2}\sum m_ir_i^2\omega^2$$

式中 $\sum m_i r_i^2 = J_P$，是刚体对瞬时速度中心 P 的转动惯量，因此有

$$T=\frac{1}{2}J_P\omega^2 \tag{17-7}$$

不同瞬时平面运动刚体是以不同的点为速度瞬心的，所以应用上式计算动能很不方便。C 为平面运动刚体的质心，根据平行移轴定理有

$$J_P = J_C + Mr_C^2 \tag{17-8}$$

式(17－8)中 r_C 是刚体质心 C 至瞬心 P 的距离。代入式(17－7)，有

$$T=\frac{1}{2}J_C\omega^2+\frac{1}{2}M(\omega r_C)^2$$

因 $\omega r_C = v_C$，所以

$$T=\frac{1}{2}Mv_C^2+\frac{1}{2}J_C\omega^2$$

即刚体平面运动时的动能，等于刚体随同质心平移的动能与绕质心转动的动能之和。

17.3 动 能 定 理

1. 质点的动能定理

设质量为 m 的质点在力 $\boldsymbol{F}$ 作用下，沿曲线轨迹运动(图 17－15)，根据质点动力学基本方程

$$m\boldsymbol{a}=\boldsymbol{F}$$

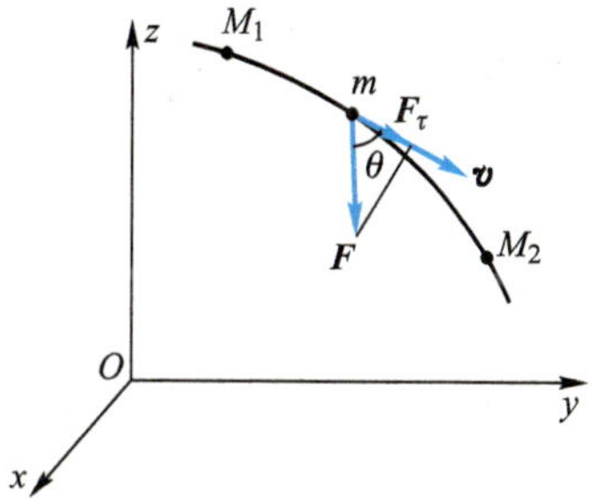

图 17－15

考虑到 $\boldsymbol{a}=\frac{\mathrm{d}\boldsymbol{v}}{\mathrm{d}t}$，代入上式得

$$m\frac{\mathrm{d}\boldsymbol{v}}{\mathrm{d}t}=\boldsymbol{F}$$

等式两边与 $\mathrm{d}\boldsymbol{r}$ 作标积，则有

$$m\frac{\mathrm{d}\boldsymbol{v}}{\mathrm{d}t}\cdot\mathrm{d}\boldsymbol{r}=\boldsymbol{F}\cdot\mathrm{d}\boldsymbol{r}$$

或写为

$$m\boldsymbol{v}\cdot\mathrm{d}\boldsymbol{v}=\boldsymbol{F}\cdot\mathrm{d}\boldsymbol{r} \tag{17-9}$$

由 $\boldsymbol{v}\cdot\mathrm{d}\boldsymbol{v}=\frac{1}{2}\mathrm{d}(\boldsymbol{v}\cdot\boldsymbol{v})=\frac{1}{2}\mathrm{d}(\boldsymbol{v}^2)$，代入式(17－9)有

$$\mathrm{d}\left(\frac{1}{2}mv^2\right)=\boldsymbol{F}\cdot\mathrm{d}\boldsymbol{r}$$

即

$$\mathrm{d}\left(\frac{1}{2}mv^2\right)=\delta W \text{ 或 } \mathrm{d}T=\delta W \tag{17-10}$$

式(17－10)表明，质点动能的微小增量等于作用于质点上的力的元功。这称为微分形式的质点的动能定理。

若质点在 M_1 和 M_2 位置的速度分别为 v_1 和 v_2，弧坐标分别为 s_1 和 s_2，则质点由 M_1 位置运动到 M_2 位置，动能的变化与力的功之间的关系为

$$\int_{v_1}^{v_2} \mathrm{d}\left(\frac{1}{2}mv^2\right) = \int_{s_1}^{s_2} \delta W$$

即

$$\frac{1}{2}mv_2^2 - \frac{1}{2}mv_1^2 = W_{12} \quad 或 \quad T_2 - T_1 = W_{12} \tag{17-11}$$

式(17-11)表明，**质点动能在一有限路程上的增量等于作用在质点上的力在此路程上做的功。这称为积分形式的动能定理。**

质点的动能定理建立了质点动能和力的功之间的关系，它把质点的速度、作用力和质点的路程联系在一起，对于需要求解这三个物理量的动力学问题，应用动能定理是方便的。此外，通过动能定理对时间求导，式中将出现加速度，因此动能定理也常用来求解质点的加速度。

2. 质点系的动能定理

质点系由 n 个质点组成，设作用于第 i 个质点上的力有外力$\boldsymbol{F}_i^{\mathrm{e}}$、内力$\boldsymbol{F}_i^{\mathrm{i}}$，则根据微分形式的质点动能定理有

$$\mathrm{d}T_i = \delta W_i^{\mathrm{e}} + \delta W_i^{\mathrm{i}} \quad (n=1,2,\cdots,n)$$

将 n 个这样的方程相加有

$$\mathrm{d}\sum T_i = \sum \delta W_i^{\mathrm{e}} + \sum \delta W_i^{\mathrm{i}}$$

即

$$\mathrm{d}T = \sum \delta W_i^{\mathrm{e}} + \sum \delta W_i^{\mathrm{i}} \tag{17-12}$$

式(17-12)表明，**质点系动能的微小增量等于作用在质点系上所有外力和内力元功之和。这称为微分形式的质点系的动能定理。**

若质点系由位置(1)运动到位置(2)，且以 T_1 和 T_2 分别代表质点系在位置(1)、(2)时的动能，对上式积分则有

$$T_2 - T_1 = \sum W_i^{\mathrm{e}} + \sum W_i^{\mathrm{i}} \tag{17-13}$$

式(17-13)表明，**在有限位移中质点系动能的增量，等于作用在质点系上所有外力和内力在此位移上做的功。这称为积分形式的质点系的动能定理。**

将作用于质点系的力分为外力和内力，虽然质点系中内力是成对出现的，但对于可变质点系(即质点系内任意两点间的距离可变)，上面式(17-12)中的 $\sum \delta W_i^{\mathrm{i}}$ 及式(17-13)中的 $\sum W_i^{\mathrm{i}}$ 一般并不等于零，所以质点系动能的变化，不仅与外力有关，而且也与内力有关。这是与质点系动量定理和质点系动量矩定理不同之处。然而对于刚体，由于刚体内任意两点间的距离保持不变，所以刚体内各质点相互作用的内力的功之和恒等于零，即 $\sum \delta W_i^{\mathrm{i}} = 0$ 或 $\sum W_i^{\mathrm{i}} = 0$。这样，对于刚体，如果把作用力分为外力和内力，应用质点系动能定理时，只需计算外力的功，因而质点系动能定理的微分及积分形式可写为

$$\mathrm{d}T = \sum \delta W_i^{\mathrm{e}}$$

$$T_2 - T_1 = \sum W_i^{\mathrm{e}}$$

如果将作用于质点系的力分为主动力和约束力，则质点系的动能定理可写为

$$\mathrm{d}T = \sum \delta W_i^{\mathrm{A}} + \sum \delta W_i^{\mathrm{N}}$$

$$T_2 - T_1 = \sum W_i^{\mathrm{A}} + \sum W_i^{\mathrm{N}}$$

在许多理想情况下，约束力不做功或所做元功之和等于零。例如光滑接触面、光滑铰链、固定铰链支座、可动铰支座和不可伸长的柔索等约束，其约束力的功或元功之和都等于零，即$\sum \delta W_i^{\mathrm{N}}=0$及$\sum W_i^{\mathrm{N}}=0$，这类约束称为**理想约束**。因此，在理想约束的情况下，动能定理中不计算约束力的功，只需计算主动力的功，质点系的动能定理可写为

$$\mathrm{d}T = \sum \delta W_i^{\mathrm{A}}$$

$$T_2 - T_1 = \sum W_i^{\mathrm{A}} \tag{17-14}$$

式(17-14)表明，在理想约束情况下，质点系动能的变化仅决定于主动力所做的功。

质点系的动能定理建立了质点系动能的变化与作用于质点系全部力的功之间的关系。可用来解决动力学两类问题，当问题中涉及的力可以表示为距离的函数或力是常量时，就宜于用动能定理求解。

应用质点系动能定理时，要注意动能和各种力功的计算，特别是要注意内力功不为零的情况。

在理想约束情况下，动能定理中不出现未知的约束力，所以对于已知力求系统运动的动力学问题，应用动能定理比较方便。

质点系的动量定理、动量矩定理及动能定理统称为质点系动力学普遍定理。动力学普遍定理揭示了质点系整体运动的变化和所受的力之间的关系，而每一个定理又只是反映了这种关系的一个方面。一般说来，根据问题的条件和要求，恰当选用某一定理求解，可以避开那些无关的未知量(如动量定理不需考虑系统的内力，在动能定理中不出现约束力)，从而可直接求出某些要求的未知量，使问题得到方便的解决。但也正是因为如此，只用一个定理，一般不可能解决质点系动力学的全部问题，所以许多质点系动力学问题，常常需要综合应用这三个定理。

例 17-1 质点的质量为m，沿倾角为α的斜面向上运动，如图 17-16 所示。若质点与斜面间的摩擦因数为f，初速度为v_0，求质点的速度与路程之间的关系，并求质点停止前经过的路程。

解 研究对象：质点。受力分析：重力$\boldsymbol{P}$、法向约束力$\boldsymbol{F}_{\mathrm{N}}$和摩擦力$\boldsymbol{F}$。

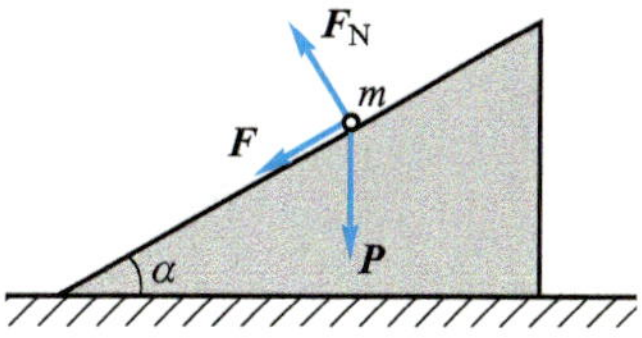

图 17-16

质点开始运动时的动能为

$$T=\frac{1}{2}mv_0^2$$

经过s路程后的动能为

$$T=\frac{1}{2}mv^2$$

作用在质点上的力在路程s上做的功为

$$W=-mgs(\sin\alpha+f\cos\alpha)$$

其中 $-mgs\sin\alpha$ 是重力的功，$-mgsf\cos\alpha$ 是摩擦力的功，法向约束力 $\boldsymbol{F}_N$ 不做功。由质点动能定理，有

$$\frac{1}{2}mv^2-\frac{1}{2}mv_0^2=-mgs(\sin\alpha+f\cos\alpha)$$

解得

$$v=\sqrt{v_0^2-2gs(\sin\alpha+f\cos\alpha)}$$

这就是质点的速度和路程的关系。

令 $v=0$，可得质点停止前经过的路程：

$$s=\frac{v_0^2}{2g(\sin\alpha+f\cos\alpha)}$$

若用质点运动微分方程解此问题，则需先建立运动微分方程，再进行积分，积分上下限由初始条件确定，即

$$m\ddot{x}=-mg(\sin\alpha+f\cos\alpha)$$

经变换有

$$mv\mathrm{d}v=-mg(\sin\alpha+f\cos\alpha)\mathrm{d}x$$

积分上式，并注意初始条件

$$\int_{v_0}^{v}mv\mathrm{d}v=-\int_0^s mg(\sin\alpha+f\cos\alpha)\mathrm{d}x$$

得

$$\frac{1}{2}mv^2-\frac{1}{2}mv_0^2=-mgs(\sin\alpha+f\cos\alpha)$$

这与上面应用动能定理得到的结果相同。

在力是常数或力是位置的函数时，积分形式的动能定理，直接给出了质点运动微分方程的第一次积分，得到了速度和位置的关系。所以，用动能定理解此类问题，比较方便。

例 17-2 撞击试验机的摆锤质量为 m，摆杆长为 l，质量不计，如图 17-17 所示。摆锤在最高位置受微小扰动而下落，不计轴承摩擦，摆锤视为质点，求：

(1) 在任一位置摆锤的速度。

(2) 杆的约束力及其最大值。

解 (1) 研究对象：摆锤。受力分析：作用在摆锤上的力有重力 $\boldsymbol{P}$、约束力 $\boldsymbol{F}_N$。

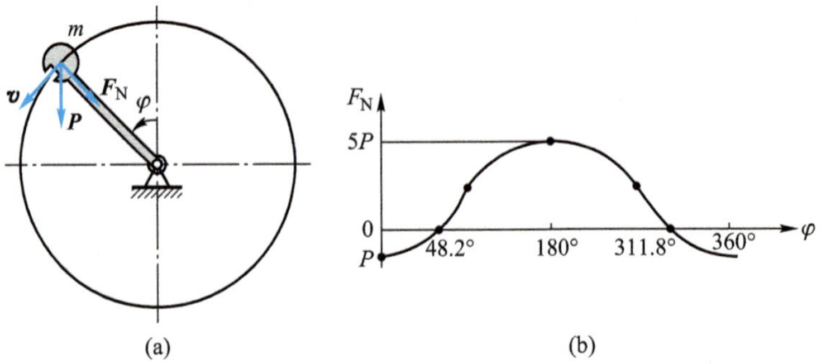

图 17-17

摆锤的初始动能为

$$T_0=0$$

摆锤在任一位置时的动能

$$T=\frac{1}{2}mv^2$$

作用在摆锤上的力在此运动过程中做的功为

$$W=mgl(1-\cos\varphi)$$

根据质点动能定理，得

$$\frac{1}{2}mv^2-0=mgl(1-\cos\varphi)$$

求得摆锤的速度为

$$v=\sqrt{2gl(1-\cos\varphi)}$$

（2）为了求摆锤的约束力 $\boldsymbol{F}_N$，可用质点运动微分方程的自然坐标式：

$$m\frac{v^2}{l}=mg\cos\varphi+F_N$$

将 $v^2=2gl(1-\cos\varphi)$ 代入上式，得

$$F_N=mg(2-3\cos\varphi)$$

这就是摆锤在任一位置时受的约束力，结果表明约束力随 φ 角而变化。显然，当 $\varphi=\pi$，即摆锤运动到最低位置时，约束力 F_N 达到最大值，即 $F_N=5mg$，是静约束力的 5 倍。

例 17－3 挂在吊索上的物体 A，质量为 200 kg，以 $v_0=5$ m/s 的速度下降，如图 17－18 所示。如吊索的上端突然被卡住，求此后吊索中的最大张力。吊索的质量不计，被卡住后的刚度系数为 $k=40$ N/cm。

图 17－18

解 取重物 A 为研究对象，作用力有重力 $\boldsymbol{P}$ 和弹性力 $\boldsymbol{F}$。

重物 A 的初始动能为

$$T_0=\frac{1}{2}mv_0^2$$

重物运动到最低位置时，吊索变形最大，张力也最大，重物的速度为零，动能为

$$T=0$$

重物的速度由 v_0 减小到 0，吊索的变形由原来的静变形 δ_{st} 增加到 $(\delta_{st}+\delta)$，则弹性力 $\boldsymbol{F}$ 的功为

$$\frac{1}{2}k\left[\delta_{st}^2-(\delta_{st}+\delta)^2\right]$$

重力的功为

$$mg\delta$$

根据质点的动能定理可得

$$0-\frac{1}{2}mv_0^2=\frac{1}{2}k\left[\delta_{st}^2-(\delta_{st}+\delta)^2\right]+mg\delta$$

由初始时的平衡条件可得

$$k\delta_{st}=mg$$

代入前式并简化得

$$\frac{1}{2}mv_0^2=\frac{1}{2}k\delta^2$$

所以

$$\delta=\sqrt{\frac{m}{k}}v_0=11.2\text{ cm}$$

吊索的最大变形为$(\delta_{st}+\delta)$，最大张力为

$$F_{max}=k(\delta_{st}+\delta)=46.8\ \text{kN}$$

例 17－4 将一质量为 m 的质点从地球上沿垂直方向抛出，如图 17－19 所示。初速度为 v_0，不计空气阻力和地球自转的影响，求

(1) 质点在地球引力作用下的速度。

(2) 第二宇宙速度。

解 (1) 以质点为研究对象，作用在质点上的力只有引力 $\boldsymbol{F}$，由万有引力定律知

$$F=\frac{gR^2m}{x^2}\quad（指向地心）$$

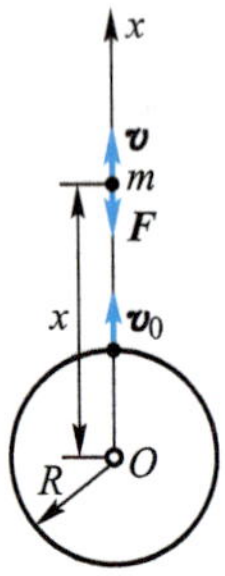

图 17－19

质点初始动能为

$$T_0=\frac{1}{2}mv_0^2$$

运动到 x 处的动能为

$$T=\frac{1}{2}mv^2$$

在此过程中，引力的功为

$$W=\int_R^x -mgR^2\frac{1}{x^2}\mathrm{d}x=mgR^2\left(\frac{1}{x}-\frac{1}{R}\right)$$

根据动能定理可得

$$\frac{1}{2}mv^2-\frac{1}{2}mv_0^2=mgR^2\left(\frac{1}{x}-\frac{1}{R}\right)$$

所以质点的速度为

$$v=\sqrt{(v_0^2-2gR)+\frac{2gR^2}{x}}$$

结果表明，上抛初速度 v_0 一定时，质点的速度随 x 的增加而减小，即越来越慢。

(2) 由速度 $v=\sqrt{(v_0^2-2gR)+\frac{2gR^2}{x}}$ 可见，若 $v_0^2<2gR$，v_0^2-2gR 为负值。故当 x 增加到某一数值时，质点的速度减小为零，此后质点在地球引力作用下落回地面。若 $v_0^2>2gR$，则不论 x 多大，甚至当 x 为无穷大时，质点的速度 v 也不会减小到零，即质点将脱离地球引力场，一去不复返，所以 $v_0^2=2gR$，即

$$v_0=\sqrt{2gR}=11.2\ \text{km/s}$$

就是第二宇宙速度。即从地面发射飞行器，使之脱离地球，进入太阳系，成为人造卫星所需的最小速度。

例 17－5 输送机的主动轮 B 上作用一不变转矩 M，被输送的重物 A 的质量为 m_1，如图 17－20 所示，由静止开始运动。轮 B 和 C 均视为均质圆盘，质量为 m，半径为 r，输送带的质量不计，倾角为 α，不计阻力，求重物 A 的速度和加速度。

解 以整个输送机为研究对象。作用在系统上的主动力有转矩 M，重物 A 的重力 $\boldsymbol{P}=m_1\boldsymbol{g}$，轮 B 和轮 C 的重力 $\boldsymbol{W}=m\boldsymbol{g}$，约束力有 B、C 轮轴承的约束力 $\boldsymbol{F}_{xB}$、$\boldsymbol{F}_{yB}$，$\boldsymbol{F}_{xC}$、$\boldsymbol{F}_{yC}$。

系统由静止开始运动，故初始动能为

$$T_0=0$$

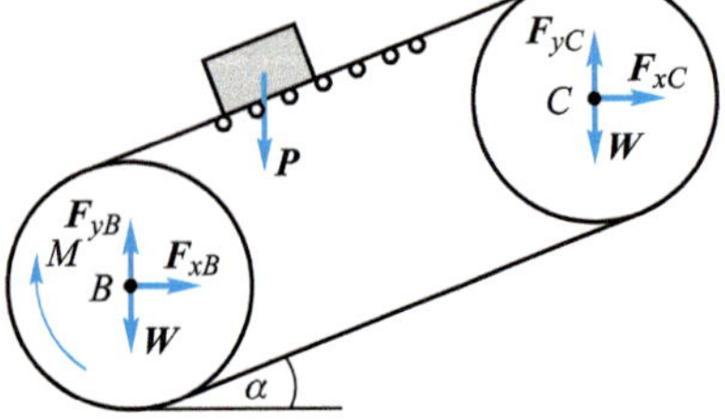

图 17－20

重物 A 运动 s 距离后，系统的动能为

$$T=\frac{1}{2}m_1v^2+2\times\frac{1}{2}J\omega^2=\frac{1}{2}m_1v^2+2\times\frac{1}{2}\cdot\frac{1}{2}mr^2\cdot\left(\frac{v}{r}\right)^2$$

系统受理想约束，故约束力不做功，主动力的功为

$$W=M\varphi-m_1gs\sin\alpha=M\cdot\frac{s}{r}-m_1gs\sin\alpha$$

根据质点系动能定理可得

$$\frac{1}{2}m_1v^2+2\times\frac{1}{2}\cdot\frac{1}{2}mr^2\cdot\left(\frac{v}{r}\right)^2-0=M\cdot\frac{s}{r}-m_1gs\sin\alpha \tag{a}$$

解之得

$$v=\sqrt{\frac{2(M-m_1gr\sin\alpha)s}{(m_1+m)r}}$$

这就是重物 A 的速度。

将式(a)两边同时对时间求导，可得重物 A 的加速度，即

$$a=\frac{M-m_1gr\sin\alpha}{(m_1+m)r}$$

结果表明，加速度为常数，即重物 A 做匀加速运动。

例 17－6 一不变转矩 M 作用在绞车的鼓轮上，鼓轮视为均质圆盘，半径为 r，质量为 m_1，如图 17－21 所示。重物 A 质量为 m_2，沿倾角为 α 的斜面上升，重物与斜面的摩擦因数为 f，绳索质量不计，系统由静止开始运动，求鼓轮的角速度和角加速度。

解 以整个系统为研究对象。作用在系统上的主动力有转矩 M、重力 $m_1\boldsymbol{g}$ 和 $m_2\boldsymbol{g}$，重物 A 与斜面间的摩擦力，故非理想约束。其他约束力都不做功。

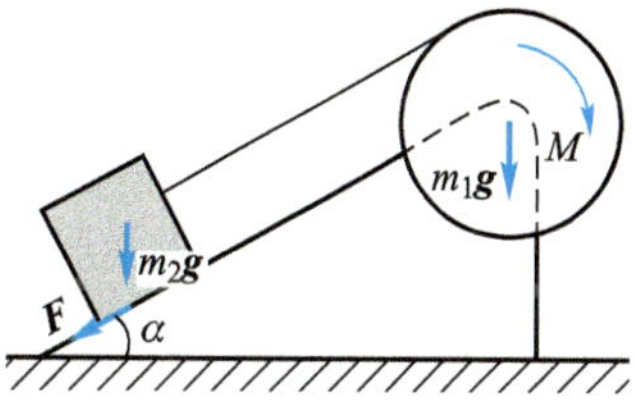

图 17－21

系统的初始动能

$$T_0=0$$

鼓轮转过 φ 角后，系统的动能为

$$T=\frac{1}{2}m_2v^2+\frac{1}{2}J\omega^2=\frac{1}{2}m_2(\omega r)^2+\frac{1}{2}\cdot\frac{1}{2}m_1r^2\omega^2$$

主动力及摩擦力的功

$$W=M\varphi-m_2gs\sin\alpha-fm_2gs\cos\alpha=M\varphi-m_2gr\varphi\sin\alpha-fm_2gr\varphi\cos\alpha$$

根据动能定理可得

$$\frac{1}{2}m_2(\omega r)^2+\frac{1}{2}\cdot\frac{1}{2}m_1r^2\omega^2-0=M\varphi-m_2gr\varphi\sin\alpha-fm_2gr\varphi\cos\alpha \tag{a}$$

解之得

$$\omega=\sqrt{\frac{4[M-m_2gr(\sin\alpha+f\cos\alpha)]\varphi}{(m_1+2m_2)r^2}}$$

将式(a)两边对时间求导可得

$$\alpha=\frac{2[M-m_2gr(\sin\alpha+f\cos\alpha)]}{(m_1+2m_2)r^2}$$

在有摩擦力的情况下，已不是理想约束，但把摩擦力视为主动力，计入摩擦力的功，适用于理想约束的动能定理。

对于整个系统来说，摩擦力也是内力，是成对出现的，但由于作用在斜面上的那个摩擦力不做功，所以这一对大小相等、方向相反、作用线相同的摩擦力所做的功之和并不为零。任何机器或机构，其传动副间的滑动摩擦力总是存在的，它们虽然是一对作用力和反作用力，但做的功不能相互抵消，所以滑动摩擦的存在，总是消耗能量的。

例 17-7 重物 A 质量为 m，当其下落时，借一无重量且不可伸长的绳子，使鼓轮沿水平轨道滚动而不滑动，如图 17-22 所示。已知鼓轮的质量为 M，外轮半径为 R，内轮半径为 r，对质心的回转半径为 ρ，滑轮的质量忽略不计，求重物 A 的加速度。

解 以整个系统为研究对象。系统受理想约束，主动力有 $M\boldsymbol{g}$ 和 $m\boldsymbol{g}$。系统的初始动能 $T_0=0$，任一瞬时系统的动能为

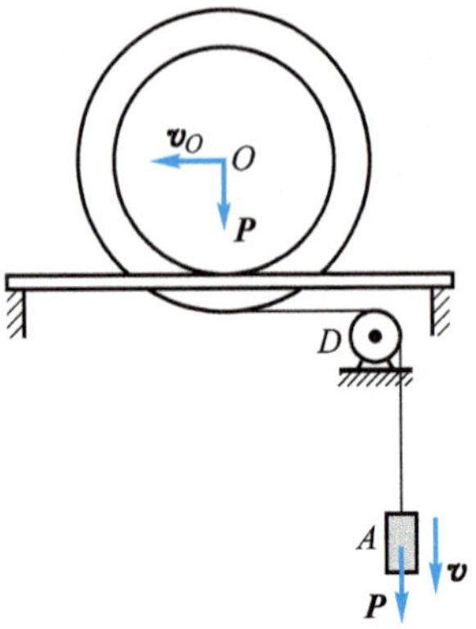

图 17-22

$$T=\frac{1}{2}mv^2+\frac{1}{2}Mv_O^2+\frac{1}{2}J_O\omega^2$$

其中

$$\omega=\frac{v}{R-r},\quad v_O=\omega r=\frac{rv}{R-r},\quad J_O=M\rho^2$$

所以

$$T=\frac{1}{2}\left[m+\frac{M(\rho^2+r^2)}{(R-r)^2}\right]v^2$$

主动力的功为

$$W=mgs$$

根据动能定理得

$$\frac{1}{2}\left[m+\frac{M(\rho^2+r^2)}{(R-r)^2}\right]v^2-0=mgs$$

两边对时间求导，并注意到

$$\frac{\mathrm{d}s}{\mathrm{d}t}=v,\quad \frac{\mathrm{d}v}{\mathrm{d}t}=a$$

得

$$a=\frac{m(R-r)^2}{m(R-r)^2+M(\rho^2+r^2)}g\quad（方向向下）$$

与之前的这道题的做法比较，用动能定理解此题比较简便。这是因为，理想约束的约束力不做功，故在动能方程中不包含未知的约束力。如果用刚体的平面运动微分方程解此题，方程中包含未知约束力，不仅演算较繁，而且当未知数多于方程数时，还要将系统拆开，考虑几个甚至多个研究对象，以寻求足够的独立方程。因此对于具有理想约束的单自由度系统，一般都用动能定理确定其运动。

例 17-8 汽车连同车轮的总质量为 m_1，每个车轮的质量为 m，半径为 r，对轮心的回转半径为 ρ，如图 17-23所示。在主动轮上作用有主动力矩 M，空气阻力与汽车速度的平方成正比，即 $F=\mu v^2$，车轮轴承的总摩擦力矩为 M_T，不计滚动摩擦，求汽车的极限速度。

解 以汽车为研究对象，作用在汽车上的外力有汽车的重力 $m_1\boldsymbol{g}$，空气阻力 $\boldsymbol{F}$，前后轮的摩擦力 $\boldsymbol{F}_1$、$\boldsymbol{F}_2$ 和法向约束力 $\boldsymbol{F}_{N1}$、$\boldsymbol{F}_{N2}$，作用在汽车上的内力有驱动力矩 M 和摩擦力矩 M_T。

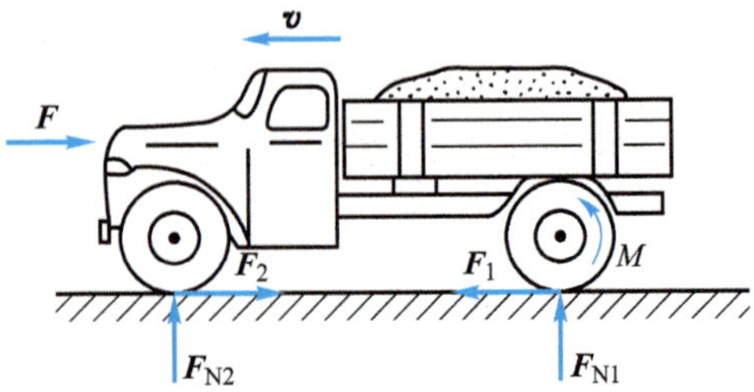

图 17-23

系统的动能为

$$T=\frac{1}{2}m_1v^2+4\times\left(\frac{1}{2}J\omega^2\right)\tag{a}$$

式(a)中

$$v=r\omega,\quad J=m\rho^2$$

所以有

$$T=\frac{1}{2}\left(m_1+4m\frac{\rho^2}{r^2}\right)v^2$$

由于作用力中包含有变力，故应用微分形式的动能定理

$$\mathrm{d}T=\sum\delta W_i^{\mathrm{e}}+\sum\delta W_i^{\mathrm{i}}$$

其中外力的元功为

$$\sum\delta W_i^{\mathrm{e}}=-\mu v^2\mathrm{d}s$$

内力的元功为

$$\sum\delta W_i^{\mathrm{i}}=(M-M_{\mathrm{T}})\mathrm{d}\varphi=(M-M_{\mathrm{T}})\frac{\mathrm{d}s}{r}$$

所以

$$\mathrm{d}\left[\frac{1}{2}\left(m_1+4m\frac{\rho^2}{r^2}\right)v^2\right]=(M-M_{\mathrm{T}})\frac{\mathrm{d}s}{r}-\mu v^2\mathrm{d}s$$

等式两边同除以微小时间间隔 $\mathrm{d}t$，并注意到$\frac{\mathrm{d}s}{\mathrm{d}t}=v$，$\frac{\mathrm{d}v}{\mathrm{d}t}=a$ 得

$$\left(m_1+4m\frac{\rho^2}{r^2}\right)a=\frac{1}{r}(M-M_{\mathrm{T}}-\mu rv^2)$$

这是汽车的运动微分方程，且有

$$a=\frac{\frac{1}{r}(M-M_{\mathrm{T}}-\mu rv^2)}{m_1+4m\frac{\rho^2}{r^2}}$$

显然加速度随速度增加而减小。

当汽车加速度 a 减小为零时，速度达到极值称为极限速度，即

$$M-M_{\mathrm{T}}-\mu rv^2=0$$

所以

$$v_{\max}=\sqrt{\frac{M-M_{\mathrm{T}}}{\mu r}}$$

显然汽车达到极限速度时，系统所有内力和外力做功之和必为零，即来自汽车发动机的驱动力矩之功完全消耗于空气阻力和摩擦阻力，系统的动能不能再继续增加，汽车以极限速度做匀速运动。

例 17－9 如图 17－24 所示，均质杆 OA 长为 l，重为 P，均质圆盘 A 半径为 R，重为 W，与杆在 A 处铰接，初瞬时 OA 杆水平，杆与圆盘均静止。求杆与水平线成 α 角时 OA 杆的角速度与角加速度，以及 O 处的约束力。

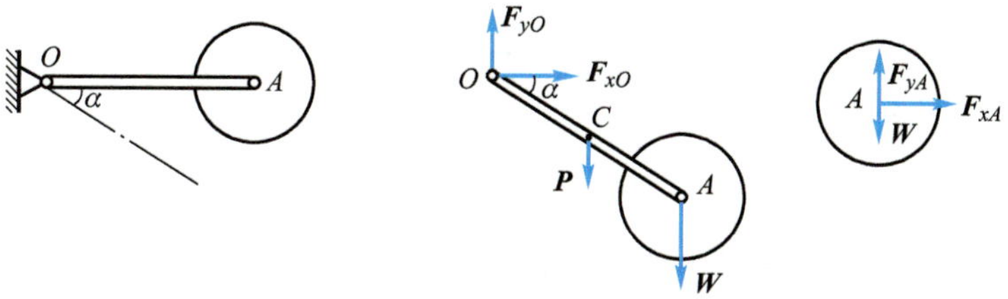

图 17－24

解 先以圆盘为研究对象，受力如图所示，由相对质心的动量矩定理或刚体平面运动微分方程，有

$$\frac{\mathrm{d}}{\mathrm{d}t}(J_B\omega_B)=\sum M_B(\boldsymbol{F}_i)=0$$

故得圆盘的角速度 ω_B 为常量。因圆盘开始静止，即 $\omega_B=0$，所以在运动过程中，圆盘始终做平移。

再以圆盘与杆 OA 一起为研究对象，任一位置受力分析如图，则系统的初动能

$$T_1=0$$

α 角位置时系统动能

$$T_2=\frac{1}{2}\cdot\frac{1}{3}\frac{P}{g}l^2\cdot\omega^2+\frac{1}{2}\cdot\frac{W}{g}(\omega l)^2=\frac{P+3W}{6g}l^2\omega^2$$

由水平位置运动至 α 角位置过程中只有重力 $\boldsymbol{P}$、$\boldsymbol{W}$ 做功，有

$$\sum W_i=P\cdot\frac{l}{2}\sin\alpha+W\cdot l\sin\alpha=\frac{P+2W}{2}l\sin\alpha$$

根据动能定理有

$$\frac{P+3W}{6g}l^2\omega^2=\frac{P+2W}{2}l\sin\alpha \tag{a}$$

可得

$$\omega=\sqrt{\frac{3(P+2W)g\sin\alpha}{(P+3W)l}}$$

将式(a)两边对时间求导，得

$$\frac{P+3W}{6g}l^2\cdot2\omega\cdot\frac{\mathrm{d}\omega}{\mathrm{d}t}=\frac{P+2W}{2}l\cos\alpha\cdot\frac{\mathrm{d}\alpha}{\mathrm{d}t}$$

其中 $\frac{\mathrm{d}\omega}{\mathrm{d}t}=\alpha$，$\frac{\mathrm{d}\alpha}{\mathrm{d}t}=\omega$ 代入上式可得

$$\alpha=\frac{3g(P+2W)\cos\alpha}{2(P+3W)l}$$

求 O 处约束力可应用质心运动定理，即有

$$\frac{P}{g}(-a_C^n\cos\alpha-a_C^\tau\sin\alpha)+\frac{W}{g}(-a_A^n\cos\alpha-a_A^\tau\sin\alpha)=F_{xO}$$

$$\frac{P}{g}(a_C^n\sin\alpha-a_C^\tau\cos\alpha)+\frac{W}{g}(a_A^n\sin\alpha-a_A^\tau\cos\alpha)=F_{yO}-P-W$$

上式中 $a_C^n=\omega^2\frac{l}{2}$，$a_C^\tau=\alpha\frac{l}{2}$，$a_A^n=\omega^2 l$，$a_A^\tau=\alpha l$，代入上式，即可求得 F_{xO}、F_{yO}（略）。

17.4 势力场 势能 机械能守恒定理

1. 势力场

如果质点在某一空间所受到的力的大小和方向完全决定于质点所处空间的位置，则这部分空间称为**力场**(force field)。

例如，地球表面附近的空间是**重力场**。当质点离地面较远时，质点将受到万有引力的作用，引力的大小和方向完全决定于质点的位置，所以这部分空间称为**万有引力场**。系在弹簧上的质点受到弹簧的弹性力作用，弹性力的大小和方向也只与质点的位置有关，因而弹性力所涉及的空

间称为弹性力场。

质点在力场中运动，如果作用在质点上场力的功与质点运动轨迹的形状无关（亦称与路径无关），而与起始和终了的位置有关，这种力场称为势力场。重力场、弹性力场、万有引力场都是势力场。在势力场中，质点所受的场力称为有势力。重力、弹性力和万有引力都是有势力。势力场又称保守力场，有势力又称保守力（conservative force）。

2. 势能

（1）质点的势能

质点在势力场中运动，某瞬时在 $M(x,y,z)$ 位置，若选势力场中任一固定点 $M_0(x_0,y_0,z_0)$ 作为基准点（或称为零势能点），则质点由 M 位置运动到 M_0 位置，有势力 $\boldsymbol{F}$ 做的功称为质点在 M 位置的势能。用 V 表示势能，则

$$V=\int_{M}^{M_0}\boldsymbol{F}\cdot\mathrm{d}\boldsymbol{r}=\int_{(x,y,z)}^{(x_0,y_0,z_0)}(F_x\mathrm{d}x+F_y\mathrm{d}y+F_z\mathrm{d}z)\qquad(17-15)$$

由式（17－15）可见，选定 $M_0(x_0,y_0,z_0)$ 后，势能 V 完全决定于质点的位置，所以势能是坐标的函数，即

$$V=V(x,y,z)$$

（2）质点系的势能

对于由 n 个质点组成的质点系，在势力场中受到 n 个有势力的作用，若选势力场中相应于各质点的任一固定点 $M_{i0}(i=1,2,\cdots,n)$ 分别为各质点的零势能位置，则质点系中各质点从各自某一位置 $M_{i1}(i=1,2,\cdots,n)$ 运动到各自的零势能位置时，作用在各质点上有势力所做功的代数和称为质点系在该位置时所具有的势能，即

$$V=W_{10}=\sum_{i=1}^{n}\int_{M_{i1}}^{M_{i0}}F_{ix}\mathrm{d}x_i+F_{iy}\mathrm{d}y_i+F_{iz}\mathrm{d}z_i$$

下面介绍几种常见有势力的势能。

1）重力的势能

选如图 17－25 所示坐标系，z 轴铅垂向上。选 Oxy 平面上任一点 M_0 为基准点，则质量为 m 的质点在 M 位置的势能为

$$V=\int_{z}^{0}-mg\,\mathrm{d}z=mgz$$

质点系中各质点势能之和，称为质点系的势能，即

$$V=\sum_{i=1}^{n}m_igz_i=g\sum_{i=1}^{n}m_iz_i=Mgz_C$$

其中 M 是质点系的总质量，z_C 是质点系质心的 z 坐标。

2）弹性力的势能

设弹簧一端固定，另一端固接于质点，弹簧原长为 l_0，刚度系数为 k。如图 17－26 所示，质点在 M_1 位置时，变形为 δ_1，在 M_2 位置时，变形为 δ_2。若以 M_1 点为基准点，质点在 M_2 位置弹性力的势能为

$$V=W_{21}=\frac{1}{2}k(\delta_2^2-\delta_1^2)$$

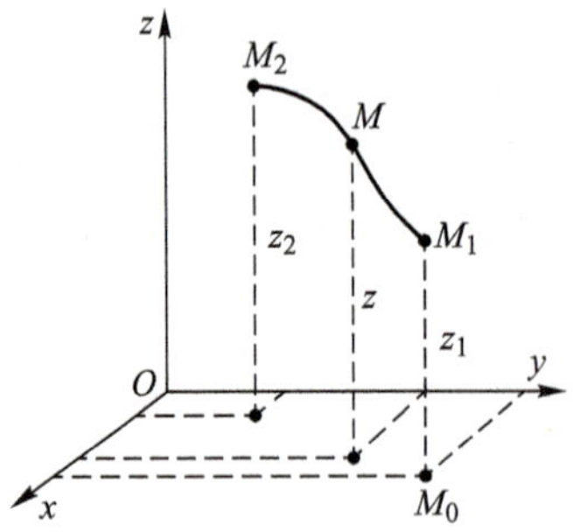

图 17-25

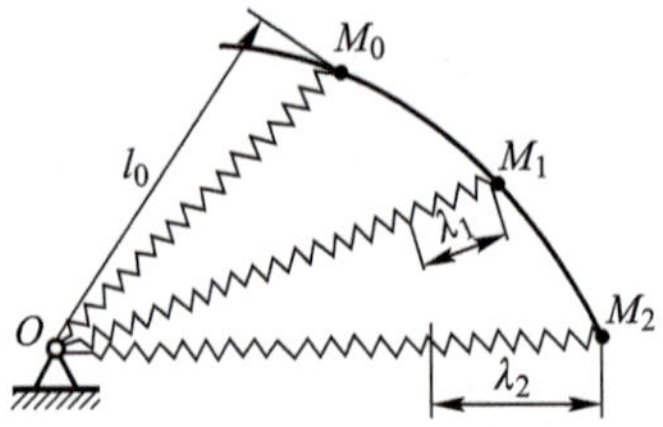

图 17-26

若以 M_0 为基准点，并设此位置弹簧没有变形，则质点在 M_2 位置的弹性势能为

$$V=W_{20}=\frac{1}{2}k\delta_2^2$$

所以把弹簧未变形时质点的位置选作基准点，弹性力势能具有最简单的形式，且恒为正值。

3）万有引力势能

质量为 m 的质点，受到位于固定点 O、质量为 m_2 的质点的引力，如图 17-27 所示，其大小为

$$F=f\frac{mm_2}{r^2}$$

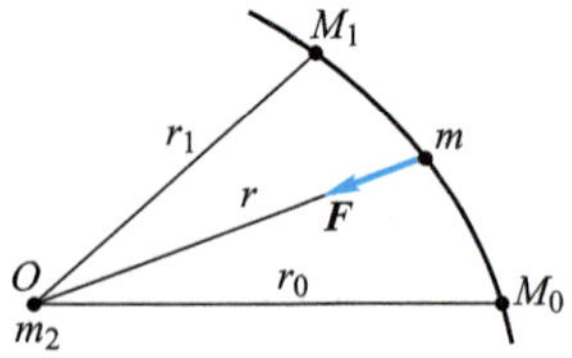

图 17-27

若以 M_0 为基准点，则质点在 M_1 位置的引力势能为

$$V=W_{M_1M_0}=fmm_2\left(\frac{1}{r_0}-\frac{1}{r_1}\right) \tag{17-16}$$

若将基准点选在无穷远处，则因 $r_0\to\infty$，故 $\frac{1}{r_0}\to 0$，代入式(17-16)，得

$$V=-fmm_2\frac{1}{r_1} \tag{17-17}$$

由此可见，若选无穷远处的点作为计算引力势能的基准点，则引力势能具有最简单的形式，且恒为负值。

若 m_2 为地球质量，F 为地球引力，当 $r=R$ 时，引力 $F=mg$，代入引力公式得

$$fm_2=gR^2$$

其中 g 是重力加速度，R 是地球半径，代入式(17-17)得地球的引力势能为

$$V=-gR^2\frac{m}{r_1}$$

式中 r_1 是质点到地心的距离。这里，基准点在无穷远处。

3. 机械能守恒定理

设质点系只受到有势力的作用而运动，若同时还有约束力的作用，但约束力不做功，那么当

质点系由第一位置运动到第二位置时，根据质点系的动能定理有

$$T_2 - T_1 = W_{12} \tag{17-18}$$

式(17－18)中 W_{12} 为有势力所做的功，即

$$W_{12} = \sum_{i=1}^{n} \int_{M_{i1}}^{M_{i2}} F_{ix}\mathrm{d}x_i + F_{iy}\mathrm{d}y_i + F_{iz}\mathrm{d}z_i \tag{17-19}$$

考虑有势力做功与质点运动的路径无关，可以认为第 i 个质点 M_i 先从第一位置 M_{i1} 运动至零势能位置 M_{i0}，然后再由 M_{i0} 位置运动至第二位置 M_{i2}，于是式(17－19)可写成

$$\begin{aligned} W_{12} &= \sum_{i=1}^{n} \int_{M_{i1}}^{M_{i0}} F_{ix}\mathrm{d}x_i + F_{iy}\mathrm{d}y_i + F_{iz}\mathrm{d}z_i + \sum_{i=1}^{n} \int_{M_{i0}}^{M_{i2}} F_{ix}\mathrm{d}x_i + F_{iy}\mathrm{d}y_i + F_{iz}\mathrm{d}z_i \\ &= \sum_{i=1}^{n} \int_{M_{i1}}^{M_{i0}} F_{ix}\mathrm{d}x_i + F_{iy}\mathrm{d}y_i + F_{iz}\mathrm{d}z_i - \sum_{i=1}^{n} \int_{M_{i2}}^{M_{i0}} F_{ix}\mathrm{d}x_i + F_{iy}\mathrm{d}y_i + F_{iz}\mathrm{d}z_i \\ &= V_1 - V_2 \end{aligned}$$

将上式代入式(17－18)可得

$$T_1 + V_1 = T_2 + V_2 \tag{17-20}$$

式(17－20)表明，若质点系只受有势力的作用而运动时，则在任意两位置的动能与势能之和相等，或动能与势能之和保持不变，质点系的动能与势能之和称为机械能，该结论称为**机械能守恒定理**。式(17－20)也可写为

$$T + V = C$$

根据这一定理，质点系在势力场中运动时，动能与势能可以相互转换。动能的减少或增加，必然伴随着势能的增加或减少，而且减少或增加的量相等，机械能保持不变，这样的系统称为**保守系统**。

例 17－10 如图 17－28 所示，AB 杆长度为 l，质量为 m，轮 A 及轮 B 的半径均为 $\frac{1}{10}l$，质量均为 $\frac{1}{2}m$，圆形槽道的半径为 $R=\frac{11}{10}l$，初瞬时静止，且 $\theta=30°$，求运动至 $\theta=90°$ 时轨道作用在轮子 B 上的摩擦力。

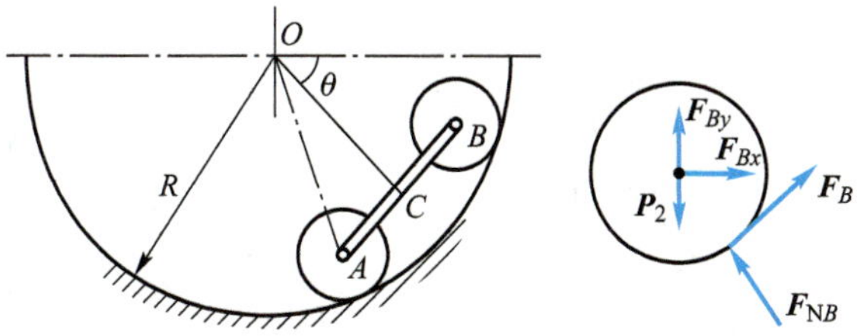

图 17－28

解 取轮 A、轮 B 及 AB 杆组成的系统为研究对象，系统只受重力，约束力及内力均不做功，故系统机械能守恒。由图示的几何关系有，$OB=OA=AB=l$，$OC=\frac{\sqrt{3}}{2}l$，AB 杆做定轴转动，轮 A 及轮 B 做平面运动，$v_B=\dot{\theta}l=\frac{1}{10}l\dot{\varphi}$，$\dot{\varphi}$ 为轮子的角速度，即 $\dot{\theta}=\frac{1}{10}\dot{\varphi}$，$\ddot{\theta}=\frac{1}{10}\ddot{\varphi}$，$v_C=\frac{\sqrt{3}}{2}l\dot{\theta}$，则任一位置 θ 时系统的动能可写为

$$\begin{aligned} T &= \frac{1}{2}\left[\frac{1}{12}ml^2 + m\left(\frac{\sqrt{3}}{2}l\right)^2\right]\dot{\theta}^2 + 2\times\frac{3}{4}\cdot\frac{1}{2}mv_B^2 = \frac{1}{2}\left[\frac{1}{12}ml^2 + m\left(\frac{\sqrt{3}}{2}l\right)^2\right]\dot{\theta}^2 + 2\times\frac{3}{4}\cdot\frac{1}{2}m(\dot{\theta}l)^2 \\ &= \frac{7}{6}ml^2\dot{\theta}^2 \end{aligned}$$

取初瞬时位置，即 $\theta=30°$ 为系统的零势能位置，则在 θ 位置时系统具有的重力势能为

$$V=-\left(m+2\times\frac{1}{2}m\right)g\cdot\frac{\sqrt{3}}{2}l\cdot(\sin\theta-\sin30°)$$

根据系统的机械能守恒，$T+V$ 为常量，有

$$\frac{7}{6}ml^2\dot{\theta}^2-\sqrt{3}mgl\left(\sin\theta-\frac{1}{2}\right)=C$$

由初始条件，即 $t=0$ 时，$\theta=30°$，$\dot{\theta}=0$，代入上式可得 $C=0$。由上式得到

$$\dot{\theta}^2=\frac{6\sqrt{3}g}{7l}\left(\sin\theta-\frac{1}{2}\right)$$

将上式两边对时间求导可得

$$\ddot{\theta}=\frac{6\sqrt{3}g}{7l}\cos\theta$$

当 $\theta=90°$ 时，$\dot{\theta}^2=\dfrac{3\sqrt{3}g}{7l}$，$\ddot{\theta}=0$，所以有 $\ddot{\varphi}=0$。

再取轮 B 为研究对象，受力分析如图所示，列刚体平面运动微分方程有

$$J_B\ddot{\varphi}=F_B\cdot\frac{1}{10}l=0$$

所以

$$F_B=0$$

即轨道作用于轮 B 上的摩擦力为零。

例 17-11 如图 17-29 所示，均质细杆长为 l，质量为 m_1，上端 B 靠在光滑的墙上，下端 A 以铰链和圆柱体的中心相连。圆柱体质量为 m_2，半径为 R，放在粗糙的地面上，自图示位置由静止开始滚动，滚动阻力可不计。如果初瞬时杆与水平线的夹角 $\theta=45°$，求此瞬时 A 点的加速度。

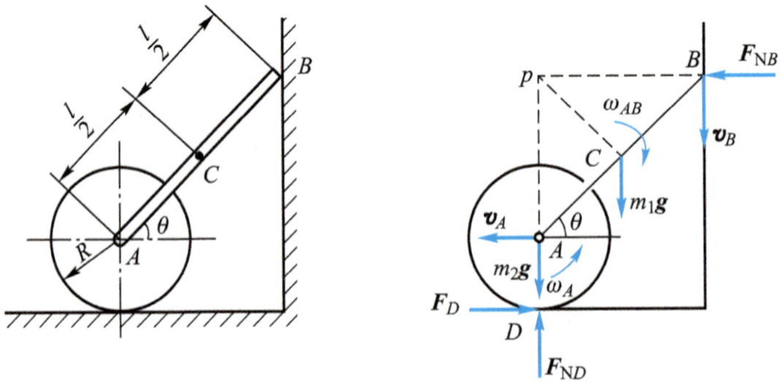

图 17-29

解 取圆柱和 AB 杆组成的系统为研究对象，受力如图所示。在作用于系统上的所有力当中，显然只有重力 $m_1\boldsymbol{g}$ 做功，故该系统在运动中机械能守恒。

以经过圆柱体中心 A 的水平面为势能的零势能位置，则在图示位置 AB 杆的重力势能为

$$V=m_1g\cdot\frac{l}{2}\sin\theta$$

因圆柱体和 AB 杆皆做平面运动，在图示位置它们的速度瞬心分别为 D 点和 P 点，则系统的动能为

$$\begin{aligned}T&=\frac{1}{2}J_D\omega_A^2+\frac{1}{2}J_P\omega_{AB}^2\\&=\frac{1}{2}\left(\frac{1}{2}m_2R^2+m_2R^2\right)\left(\frac{v_A}{R}\right)^2+\frac{1}{2}\left[\frac{1}{12}m_1l^2+m_1(PC)^2\right]\left(\frac{v_A}{PA}\right)^2\\&=\frac{3}{4}m_2v_A^2+\frac{1}{2}\left[\frac{1}{12}m_1l^2+m_1\left(\frac{l}{2}\right)^2\right]\left(\frac{v_A}{l\sin\theta}\right)^2\\&=\frac{3}{4}m_2v_A^2+\frac{1}{6\sin^2\theta}m_1v_A^2\end{aligned}$$

根据机械能守恒定理，$T+V$ 为常量，得

$$\frac{3}{4}m_2v_A^2+\frac{1}{6\sin^2\theta}m_1v_A^2+m_1g\cdot\frac{l}{2}\sin\theta=C \tag{a}$$

将式(a)两端对时间 t 求导，得

$$\frac{3}{2}m_2v_A\cdot\frac{dv_A}{dt}+\frac{m_1}{3\sin^2\theta}v_A\cdot\frac{dv_A}{dt}-\frac{m_1v_A^2}{3\sin^3\theta}\cos\theta\cdot\frac{d\theta}{dt}+\frac{l}{2}m_1g\cos\theta\cdot\frac{d\theta}{dt}=0 \tag{b}$$

式(b)中

$$\frac{dv_A}{dt}=a_A,\quad \frac{d\theta}{dt}=-\omega_{AB}=-\frac{v_A}{l\sin\theta}$$

根据式(b)并注意到初瞬时，$t=0$，$v_A=0$，$\theta=45°$，可得

$$a_A=\frac{3m_1}{4m_1+9m_2}g$$

注：本题亦可用微分形式的动能定理求解。

例 17-12 试用机械能守恒定理计算第二宇宙速度。

解 设飞行器质量为 m，视为质点。发射后在地球引力场中运动，不计空气阻力，则飞行器的机械能保持不变。

飞行器在任一位置时，受地球的引力如图 17-30 所示，其大小为

$$F=fM\frac{m}{r^2}=gR^2\frac{m}{r^2}$$

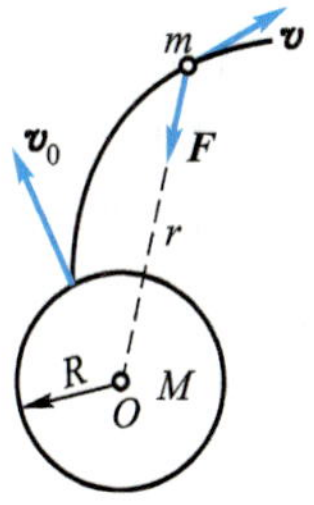

图 17-30

其机械能为(选无穷远处为引力势能的零势能位置)

$$\frac{1}{2}mv^2-gR^2m\left(\frac{1}{r}\right)$$

其中 R 是地球半径，r 是飞行器到地心的距离。

设飞行器在地面的发射速度为 v_0，则机械能为

$$\frac{1}{2}mv_0^2-gR^2m\left(\frac{1}{R}\right)$$

飞行器要脱离地球引力场，成为人造卫星，必须满足条件，$r=\infty$，$v>0$。因为在无穷远处，地球引力 F 趋于零，飞行器速度稍大于零，即可脱离地球引力场，成为人造卫星。显然，应用条件 $r=\infty$，$v>0$ 进行计算，即可求得从地面发射所需之最小初速度，即第二宇宙速度。根据上述条件可知飞行器在无穷远处的机械能为零。

根据机械能守恒定理可得

$$\frac{1}{2}mv_0^2-gR^2m\left(\frac{1}{R}\right)=0$$

从而可算得

$$v_0=\sqrt{2gR}=11.2\ \text{km/s}$$

这就是第二宇宙速度。

第二宇宙速度在前面的例 17－4 中已用动能定理计算过。在此重算之目的在于通过对比，掌握动能定理和机械能守恒定理的内在联系，掌握机械能守恒定理解题的方法和特点。对于在势力场中运动的自由质点和质点系，或受有理想约束的非自由质点和质点系，用机械能守恒定理确定其运动，十分简便。用机械能守恒定理解题，关键在于正确计算势能，故必须正确理解势能的概念，熟练掌握重力、弹性力及万有引力势能的计算。计算势能时要特别注意基准点的选择。

17.5 功率 功率方程 机械效率

1. 功率

功率（power）是指力在单位时间内所做的功。力的功率一般是随时间而变的，因此，要用瞬时值表示，即

$$P=\frac{\delta W}{\mathrm{d}t} \tag{17-21}$$

功率代表了做功的快慢程度，对于一部机器来说，功率代表了机器的工作能力，它是表示机器性能的一个重要指标。

由于力的元功 $\delta W=\boldsymbol{F}\cdot\mathrm{d}\boldsymbol{r}$，代入式（17－21）得

$$P=\frac{\delta W}{\mathrm{d}t}=\boldsymbol{F}\cdot\frac{\mathrm{d}\boldsymbol{r}}{\mathrm{d}t}=\boldsymbol{F}\cdot\boldsymbol{v}=\boldsymbol{F}_{\tau}\cdot\boldsymbol{v} \tag{17-22}$$

式（17－22）表明，功率等于切向力与力作用点速度的乘积。例如，用机床加工零件时，切削力越大，切削速度越高，则要求机床的功率越大。但每台机床能够输出的最大功率是一定的，因此，用机床加工零件时，如果切削力较大，则必须选择较小的切削速度，使二者的乘积不超过机床能够输出的最大功率。

对于定轴转动刚体，若作用于绕 z 轴转动刚体的力对 z 轴的矩为 M_z，则力的元功为 $\delta W=M_z\mathrm{d}\varphi$，代入式（17－21）得

$$P=\frac{\delta W}{\mathrm{d}t}=M_z\cdot\frac{\mathrm{d}\varphi}{\mathrm{d}t}=M_z\omega \tag{17-23}$$

式（17－23）中 ω 为刚体的角速度。

上式表明，作用于定轴转动刚体上的力的功率等于力对于该轴的转矩与角速度的乘积。

在国际单位制中，功率的常用单位是 J/s，或 W，即

$$1\ \mathrm{W}=1\ \mathrm{J/s}=1\ \mathrm{N\cdot m/s}$$

2. 功率方程

质点系动能定理的微分形式为

$$\mathrm{d}T=\sum\delta W_i^{\mathrm{A}}+\sum\delta W_i^{\mathrm{N}}$$

上式两边同除以微小时间间隔 $\mathrm{d}t$，得

$$\frac{\mathrm{d}T}{\mathrm{d}t}=\sum P_i^{\mathrm{A}}+\sum P_i^{\mathrm{N}} \tag{17-24}$$

式(17-24)表明，质点系动能对时间的一阶导数，等于作用于质点系上所有力的功率的代数和。式(17-24)称为功率方程。

对于一部机器而言，作用在机器上所有力的功率一般包括输入功率和输出功率两部分。输出功率一部分用于克服阻力，大部分用于工作。若令输入功率为 P_0，用于工作的功率为 P_1，消耗于阻力的功率为 P_2，则机器的功率方程可改为

$$\frac{\mathrm{d}T}{\mathrm{d}t}=P_0-P_1-P_2$$

或

$$P_0=\frac{\mathrm{d}T}{\mathrm{d}t}+P_1+P_2 \tag{17-25}$$

式(17-25)表明，系统的输入功率等于有用功率、无用功率和系统动能变化率之和。

3. 机械效率

任何一部机器工作时都需要从外界输入功率，一些机械能转化为热能、声能等，都将消耗一部分功率。在工程中，把有效功率(包括克服有用阻力的功率和使系统动能改变的功率)与输入功率的比值称为机器的机械效率，用 η 表示，即

$$\eta=\frac{有效功率}{输入功率}\times 100\% \tag{17-26}$$

其中，有效功率 $=\frac{\mathrm{d}T}{\mathrm{d}t}+P_1$，输入功率 $=P_0$。

由式(17-26)可知，机械效率表明机器对输入功率的有效利用程度，它是评定机器质量好坏的指标之一，它与传动方式、制造精度与工作条件有关。一般机械或机械零件传动的效率可在手册或有关说明书中查到。显然，$\eta<1$。

例 17-13 如图 17-31 所示，车床电动机的功率 $P_0=4.5$ kW，主轴的最低转速 $n=42$ r/min，传动系统中损耗的功率是输入功率的 30%，工件的直径 $d=10$ cm，求切削力大小 F。

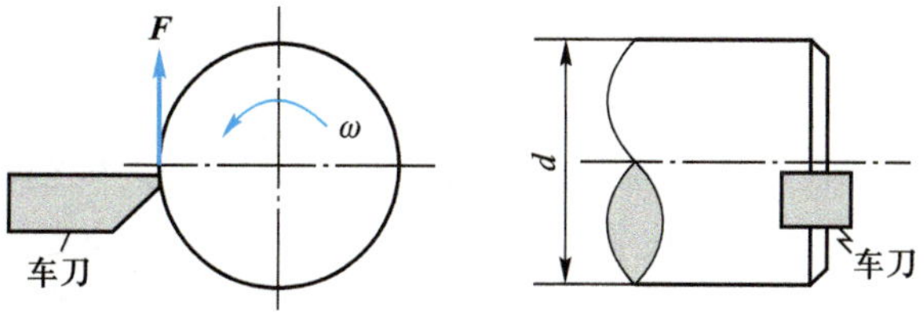

图 17-31

解 车床正常运转时主轴是等角速度转动，故系统动能不随时间变化，即 $\frac{\mathrm{d}T}{\mathrm{d}t}=0$。根据功率方程可得

$$P_0-P_1-P_2=0$$

其中输入功率 $P_0=4.5$ kW，损耗功率 $P_2=0.3\times P_0=1.35$ kW，故用于切削工件的功率为

$$P_1=P_0-P_2=3.15\ \text{kW}$$

又

$$P_1=F\cdot\frac{d}{2}\cdot\omega$$

故切削力

$$F=\frac{2P_1}{d\omega}=\frac{2\times 3.15\times 1\ 000}{0.1\times\frac{\pi\times 42}{30}}\ \mathrm{N}=14.32\ \mathrm{kN}$$

例 17-14 如图 17-32 所示，带输送机的速度 $v=1\mathrm{m/s}$，输送量 $Q=2\times 10^3\ \mathrm{kg/min}$，高度 $h=5\ \mathrm{m}$，损耗功率为输入功率的 40%，求输入功率。

解 输送带在 $\mathrm{d}t$ 时间内输送的质量为 $\mathrm{d}m=Q\mathrm{d}t/60$。

以带上被输送的材料为研究对象(包括将要进入输送带的 $\mathrm{d}m$ 质量)。经 $\mathrm{d}t$ 时间，输送带将 $\mathrm{d}m$ 质量的材料以速度 v 抛出，同时又有 $\mathrm{d}m$ 质量的材料从静止状态进入输送带。由于抛出质量 $\mathrm{d}m$ 的速度大小未改变，而进入质量 $\mathrm{d}m$ 的速度由零增加到 v，故在 $\mathrm{d}t$ 时间内，系统动能的增量为

$$\mathrm{d}T=\frac{1}{2}\mathrm{d}m\cdot v^2=\frac{1}{2}\left(\frac{Q}{60}\mathrm{d}t\right)v^2$$

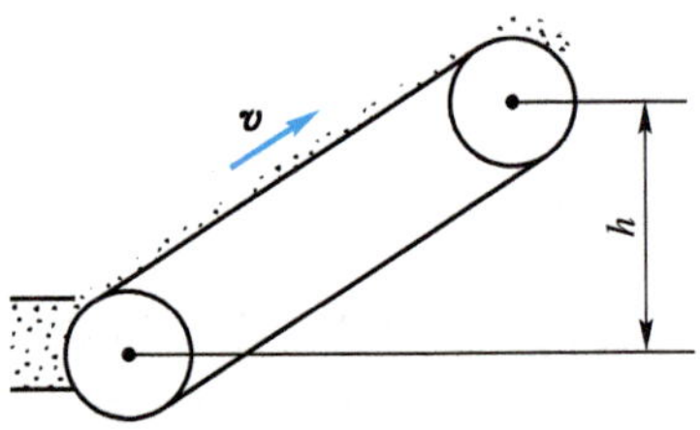

图 17-32

动能对时间的导数为

$$\frac{\mathrm{d}T}{\mathrm{d}t}=\frac{1}{2}\left(\frac{Q}{60}\right)v^2$$

根据功率方程

$$\frac{\mathrm{d}T}{\mathrm{d}t}=P_0-P_1-P_2$$

得

$$P_0=P_1+P_2+\frac{\mathrm{d}T}{\mathrm{d}t}$$

其中 P_1 是工作用的功率，用于在 $\mathrm{d}t$ 时间内将 $\mathrm{d}m$ 质量的材料提高 5 m，即

$$P_1=\frac{\left(\frac{Q}{60}\right)\mathrm{d}t\cdot gh}{\mathrm{d}t}=\left(\frac{Q}{60}\right)gh$$

P_2 是损耗功率，已知 $P_2=0.4P_0$，所以输入功率

$$P_0=\left[\frac{Q}{60}gh+\frac{1}{2}\left(\frac{Q}{60}\right)v^2\right]\times\frac{1}{0.6}=\frac{2\ 000}{60\times 0.6}\left(9.8\times 5+\frac{1}{2}\times 1\right)\ \mathrm{W}=2.75\ \mathrm{kW}$$

17.6 动力学普遍定理综合应用

前面各章节讲述了用于研究质点或质点系的运动变化与所受力之间关系的动量定理、动量矩定理及动能定理，但每一定理只反映了这种关系的一个方面，这些定理既有共性，又各有其特殊性。例如，动量定理和动量矩定理都既反映速度大小的变化，也反映速度方向的变化，而动能定理只反映速度大小的变化。动量定理和动量矩定理涉及所有外力(包括约束力)，却与内力无关，而动能定理则涉及所有做功的力(不论是内力、外力)等都是特殊性的反映。前面各章节中的例题，有的可用不同的定理求解，这是它们共性的表现，而有的只能用某一定理求解，则是各自特殊性的表现。

一般来说，在求解具体问题时，根据质点系的受力情况、约束情况、给定的条件及要求的未知量，就可判定应用某一定理求解最为简洁。只用某一定理，往往不能求得问题的全部解答。例如，应用动能定理可以方便地求出物体在两个位置的速度大小的变化，但一般不能确定速度的方向，也不能确定中间的运动过程，因为不考虑不做功的约束力，自然也就不能用来求那些约束力。

有些问题需要同时使用两个或三个定理才能求解全部解答。因此，我们必须对各定理有较透彻的了解，弄清楚什么样的问题宜用什么定理求解，再进一步掌握各定理的综合应用。

例 17-15 如图 17-33 所示，A、B 轮质量均为 m，半径为 R，视为均质圆柱体。重物 C 质量为 m_C，三角块质量为 M，倾角为 α，固结于地面，轮 A 在斜面上做无滑动滚动。求：

(1) 重物 C 的加速度。

(2) 三角块受地面的约束力。

(3) A、B 轮间绳索的张力。

(4) 轮 A 与斜面间的摩擦力。

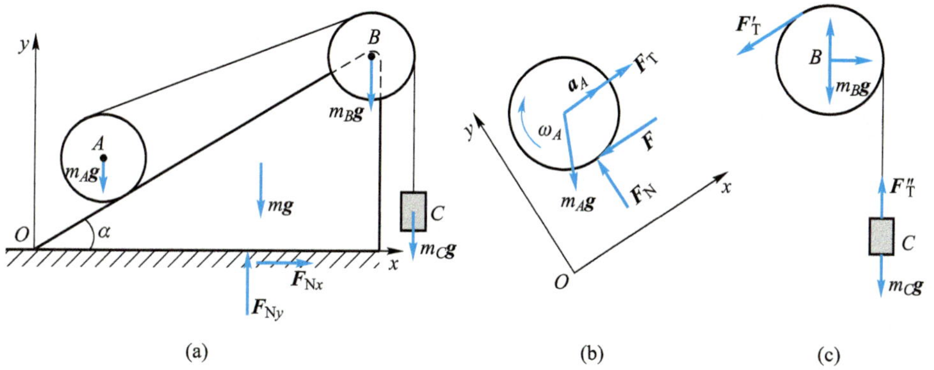

图 17-33

解 (1) 求重物 C 的加速度。

以整个系统为研究对象。系统中重物 C 做平移，轮 B 做定轴转动，轮 A 做平面运动，假设轮心 A 下移距离为 s。作用在系统上的主动力有重力 $m_A\boldsymbol{g}$、$m_B\boldsymbol{g}$、$m_C\boldsymbol{g}$、$M\boldsymbol{g}$ 和约束力 $\boldsymbol{F}_{Nx}$、$\boldsymbol{F}_{Ny}$。由于三角块固定不动，故 $\boldsymbol{F}_{Nx}$、$\boldsymbol{F}_{Ny}$ 不做功。系统内其他各物体均受理想约束。

根据动能定理得

$$\frac{1}{2}m_C v_C^2+\frac{1}{2}J_B\omega_B^2+\frac{1}{2}m_A v_A^2+\frac{1}{2}J_A\omega_A^2-T_0=m_C g s-m_A g s\sin\alpha \tag{a}$$

式中 $v_A=v_C$，$\omega_A=\omega_B=\dfrac{v_C}{R}$，$J_A=J_B=\dfrac{1}{2}mR^2$，$m_A=m_B=m$。

式(a)可简化为

$$\frac{1}{2}(m_C+2m)v_C^2-T_0=(m_C-m\sin\alpha)gs$$

等式两边各项对时间 t 求导，并考虑到 $\dfrac{\mathrm{d}s}{\mathrm{d}t}=v_C$，$\dfrac{\mathrm{d}v_C}{\mathrm{d}t}=a_C$，$\dfrac{\mathrm{d}T_0}{\mathrm{d}t}=0$，可求得重物 C 的加速度为

$$a_C=\frac{m_C-m\sin\alpha}{m_C+2m}g$$

结果表明，当 $m_C-m\sin\alpha>0$ 时，$a_C>0$，A 轮才能由静止向上滚动，重物 C 向下做匀加速度运动。

(2) 求约束力 $\boldsymbol{F}_{Nx}$、$\boldsymbol{F}_{Ny}$

仍以整个系统为研究对象。重物 C 和轮 A 质心加速度已求出，故可用质心运动定理求约束力 $\boldsymbol{F}_{Nx}$、$\boldsymbol{F}_{Ny}$。根据质心运动定理可得

$$ma_A\cos\alpha=F_{Nx}$$

$$ma_A\sin\alpha - m_Ca_C = F_{Ny} - m_Cg - 2mg - Mg$$

所以

$$F_{Nx} = \frac{m(m_C - m\sin\alpha)\cos\alpha}{m_C + 2m}g$$

$$F_{Ny} = m_Cg + 2mg + Mg - \frac{(m_C - m\sin\alpha)^2}{m_C + 2m}g$$

(3) 求张力和摩擦力

以轮 A 为研究对象。作用在其上的力有重力 $m\boldsymbol{g}$，绳索的张力 $\boldsymbol{F}_T$，斜面的法向约束力 $\boldsymbol{F}_N$ 和摩擦力 $\boldsymbol{F}$。轮 A 做平面运动，轮心的加速度已求出，根据滚动无滑动条件，则可求出轮 A 的角加速度，即

$$\alpha_A = \frac{a_A}{R}$$

根据刚体平面运动微分方程可得

$$ma_A = F_T - F - mg\sin\alpha$$

$$0 = F_N - mg\cos\alpha$$

$$J_A\alpha_A = F\cdot R$$

由此可求出

$$F = \frac{m(m_C - m\sin\alpha)}{2(m_C + 2m)}g$$

$$F_T = mg\sin\alpha + \frac{3m(m_C - m\sin\alpha)}{2(m_C + 2m)}g = \frac{m(m\sin\alpha + 2m_C\sin\alpha + 3m_C)}{2(m_C + 2m)}g$$

应该注意，此时斜面的摩擦力是一种约束力，它决定于轮子的运动和作用在轮子上的其他力，而与接触面的物理条件无关，即 $F \neq fF_N$。滚动无滑动时，一般 $F \leqslant F_{max} = fF_N$，否则就要产生相对滑动。

求绳索中张力 F_T，亦可用轮 B 和重物 C 组成的系统作为研究对象，用动量矩定理求解。

受力情况如图 c 所示，根据动量矩定理得

$$\frac{d}{dt}(J_B\omega_B + m_Cv_CR) = m_CgR - F'_TR$$

即

$$J_B\alpha_B + m_CRa_C = m_CgR - F'_TR$$

其中 $J_B = \frac{1}{2}mR^2$，$\alpha_B = \frac{a_B}{R}$。故张力为

$$F'_T = \frac{m(m\sin\alpha + 2m_C\sin\alpha + 3m_C)}{2(m_C + 2m)}g$$

注意，由于考虑了滑轮 B 的质量，所以滑轮 B 两边绳索的张力是不相等的，下边绳索张力 $F''_T = m_C(g + a_C)$。

例 17-16 原长 $l_0 = 2$ m、具有刚度系数 $k = 1\ 200$ N/m 的弹性软绳 OA，一端固定于一光滑水平面上 O 点，另一端系有一重 $P = 200$ N 的小球 A，如图 17-34 所示。开始时，把软绳拉长 $\delta = 0.5$ m，并给予小球与软绳相垂直的初速度 $v_0 = 3$ m/s。求当软绳恢复到原长时，小球的速度大小 v 以及与软绳间的夹角 α。

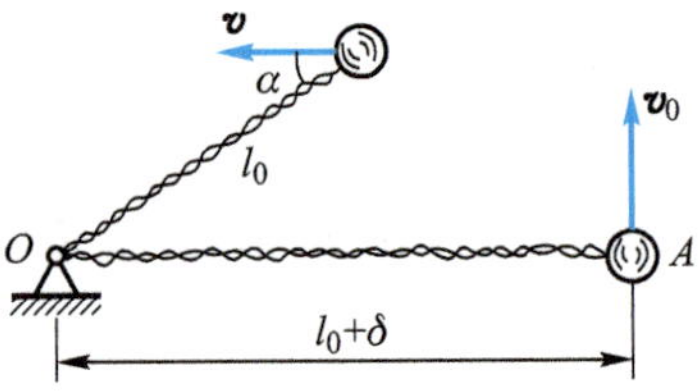

图 17-34

解 因水平面的约束力不做功，故小球 A 处于弹性力场内，因而小

球的机械能守恒，即

$$T_0+V_0=T+V$$

以弹簧原长处为弹性力势能的零势能位置，则

$$\frac{1}{2}\frac{P}{g}v_0^2+\frac{1}{2}k\delta^2=\frac{1}{2}\frac{P}{g}v^2$$

代入已知数值，可解得

$$v=\sqrt{v_0^2+\frac{kg}{P}\delta^2}=\sqrt{3^2+\frac{1\ 200\times 9.8}{200}\times 0.5^2}\ \mathrm{m/s}=4.87\ \mathrm{m/s}$$

小球所受弹簧力是中心力，小球对光滑水平面上 O 点的动量矩守恒，故有

$$\frac{P}{g}v_0(l_0+\delta)=\frac{P}{g}v\sin\alpha\cdot l_0$$

代入已知数值可解得

$$\sin\alpha=\frac{v_0(l_0+\delta)}{vl_0}=\frac{3\times(2+0.5)}{4.87\times 2}=0.77$$

故

$$\alpha=50.36°$$

例 17-17　弹簧两端各系有重物 A 和 B，平放在光滑的水平面上，如图 17-35 所示，其中 A 物重为 P，B 物重为 W。弹簧的原长为 l_0，刚度系数为 k。先将弹簧拉长到 l，然后无初速地释放，问当弹簧回到原长时，A 和 B 两物体的速度各为多少？弹簧质量不计。

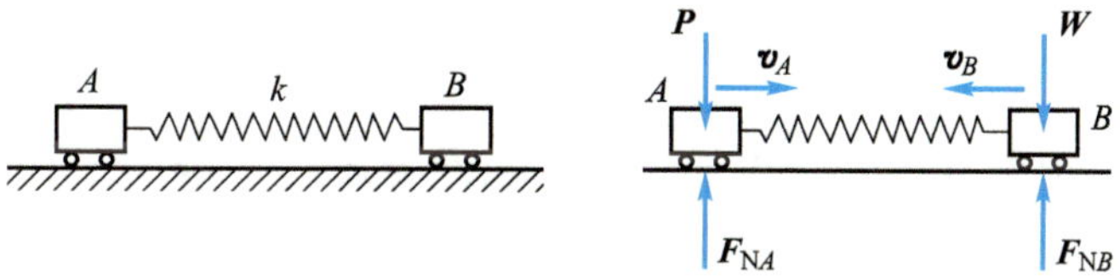

图 17-35

解　取整个系统为研究对象，受力如图所示。由于系统在水平方向无外力作用，故其动量在水平方向守恒。设弹簧恢复到原长时，重物 A 和 B 的速度分别为 $\boldsymbol{v}_A$ 和 $\boldsymbol{v}_B$，方向如图所示。根据动量守恒定理，在水平方向有

$$\frac{P}{g}v_A-\frac{W}{g}v_B=C$$

开始时系统处于静止，动量为零。故有

$$Pv_A-Wv_B=0 \tag{a}$$

作用于系统上的重力、弹性力均为有势力，而约束力 $\boldsymbol{F}_{NA}$、$\boldsymbol{F}_{NB}$ 在运动过程中不做功，故系统机械能守恒。初动能和末动能为

$$T_0=0$$

$$T=\frac{1}{2}\frac{P}{g}v_A^2+\frac{1}{2}\frac{W}{g}v_B^2$$

以弹簧原长处为弹性力势能的零势能位置，则始、末势能为

$$V_0=\frac{1}{2}k(l-l_0)^2,\quad V=0$$

根据机械能守恒定理

$$T_0+V_0=T+V$$

有

$$\frac{1}{2}k(l-l_0)^2=\frac{1}{2}\frac{P}{g}v_A^2+\frac{1}{2}\frac{W}{g}v_B^2 \tag{b}$$

联立求解(a)、(b)两式得

$$v_A=\sqrt{\frac{kWg}{P(P+W)}}(l-l_0)$$

$$v_B=\sqrt{\frac{kPg}{W(P+W)}}(l-l_0)$$

例17-18 质量为m、半径为r的均质圆柱，在其质心C位于与O同一高度时，由静止开始沿斜面滚动而不滑动，如图17-36所示。求滚至半径为R的圆弧AB上时，作用于圆柱上的法向约束力及摩擦力，并表示为θ的函数。

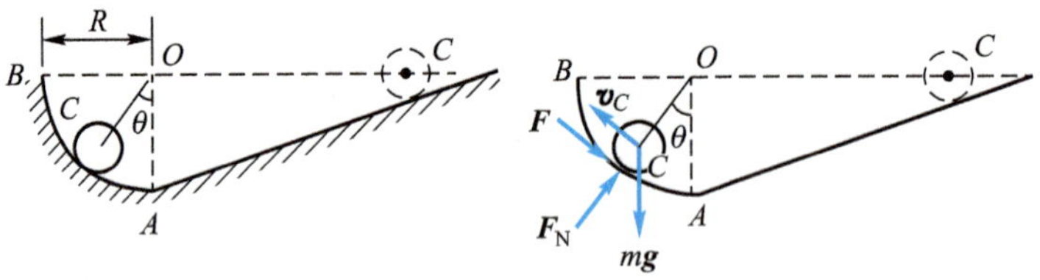

图17-36

解 取圆柱体为研究对象，受力情况如图所示。圆柱体做平面运动，因开始静止，故初动能

$$T_1=0$$

当滚到半径为R的圆弧AB上时，其动能

$$T_2=\frac{1}{2}mv_C^2+\frac{1}{2}J_C\omega^2$$

在圆柱滚动过程中只有重力做功，故

$$\sum W_i=mg(R-r)\cos\theta$$

根据动能定理

$$T_2-T_1=\sum W_i$$

有

$$\frac{1}{2}mv_C^2+\frac{1}{2}J_C\omega^2=mg(R-r)\cos\theta$$

以$J_C=\frac{1}{2}mr^2$，$\omega=\frac{v_C}{r}$代入上式可解得圆柱质心C的速度

$$v_C=\sqrt{\frac{4}{3}g(R-r)\cos\theta}$$

为求作用于圆柱上的法向约束力及摩擦力，可应用质心运动定理或刚体平面运动微分方程，即

$$ma_C^n = F_N - mg\cos\theta$$

$$ma_C^\tau = -F - mg\sin\theta$$

因为

$$a_C^n = \frac{v_C^2}{R-r} = \frac{4}{3}g\cos\theta$$

$$a_C^\tau = \frac{dv_C}{dt} = -\frac{2}{3}g\sin\theta$$

代入方程组并解得

$$F_N = \frac{7}{3}mg\cos\theta$$

$$F = -\frac{1}{3}mg\sin\theta$$

负值表示摩擦力实际方向应与图中所示相反。

习题

17-1 如图所示，圆盘的半径 $r=0.5$ m，可绕水平轴 O 转动。在绕过圆盘的绳上吊有两物块 A、B，质量分别为 $m_A=3$ kg，$m_B=2$ kg。绳与盘之间无相对滑动。在圆盘上作用一力偶，力偶矩按 $M=4\theta$ 的规律变化（M 以 N·m 计，θ 以 rad 计）。求由 $\theta=0$ 到 $\theta=2\pi$ 时，力偶 M 与物块 A、B 重力所做的功之总和。

17-2 如图所示，用跨过滑轮的绳子牵引质量为 2 kg 的滑块 A 沿倾角为 30°的光滑斜槽运动。设绳子拉力 $F=20$ N。计算滑块由位置 A 至位置 B 时，重力与拉力所做的总功。

17-3 图示坦克的履带质量为 m，两个车轮的质量均为 m_1。车轮被看成均质圆盘，半径为 R，两车轮间的距离为 $R\pi$。设坦克前进速度为 v，计算此质点系的动能。

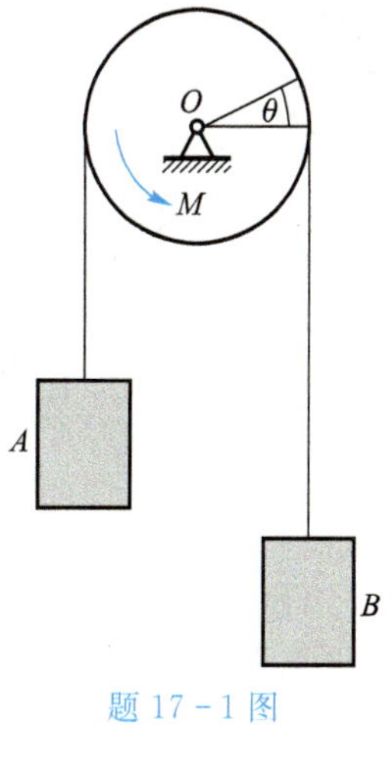

题 17-1 图

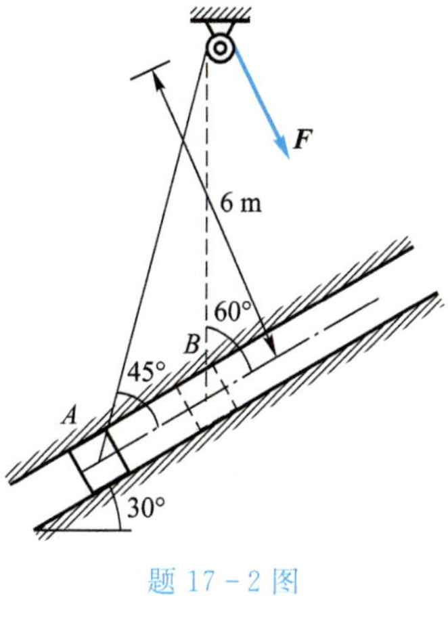

题 17-2 图

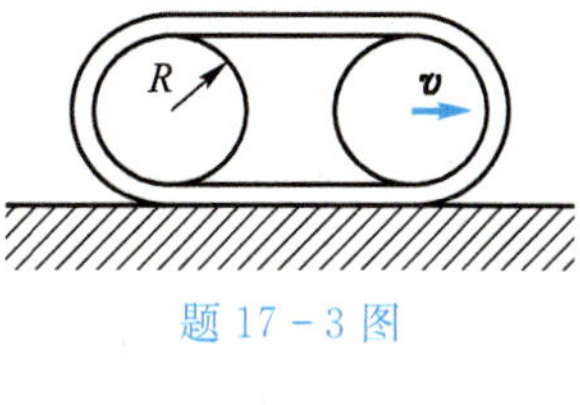

题 17-3 图

17-4 长为 l、质量为 m 的均质杆 OA 以球铰链 O 固定，并以等角速度 ω 绕铅垂线转动，如图所示。如杆与铅垂线的交角为 θ，求杆的动能。

17－5 如图所示，均质杆 AB 的长为 $2L$，质量为 m，在铅垂平面内运动。若初瞬时杆 AB 垂直于水平地面，处于静止状态，由于受到微小扰动进入运动，其 A 端始终在光滑水平面上滑动，在图示位置时 A 点的速度为 v_A，试求 v_A 与 h（质心 C 距地面的高度）表示杆的功能。

17－6 自动弹射器如图所示放置，弹簧在未受力时的长度为 200 mm，恰好等于筒长。欲使弹簧改变 10 mm，需施力 2 N。如弹簧被压缩到 100 mm，然后让质量为 30 g 的小球自弹射器中射出。求小球离开弹射器筒口时的速度。

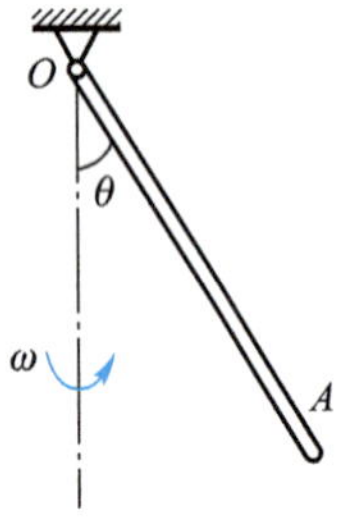

题 17－4 图

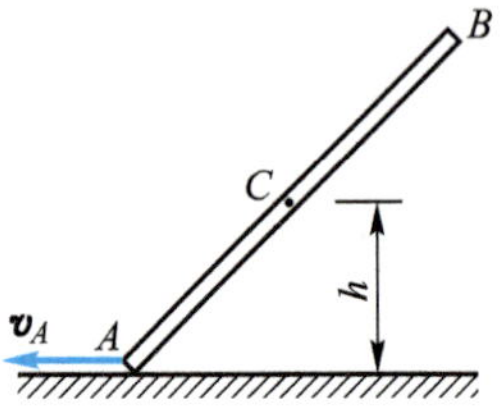

题 17－5 图

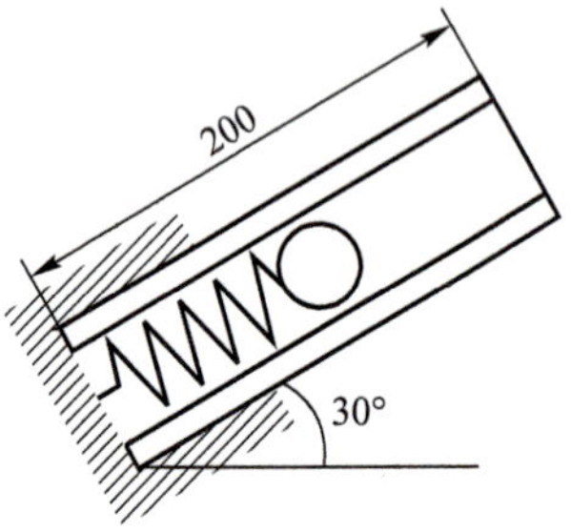

题 17－6 图

17－7 如图所示冲床冲压工件时冲头受的平均工作阻力 $F=52$ kN，工作行程 $s=10$ mm。飞轮的转动惯量 $J=40\ \mathrm{kg\cdot m^2}$，转速 $n=415$ r/min。假定冲压工件所需的全部能量都由飞轮供给，计算冲压结束后飞轮的转速。

17－8 平面机构由两匀质杆 AB、BO 组成，两杆的质量均为 m，长度均为 l，在铅垂平面内运动。在杆 AB 上作用不变的力偶矩 M，从图所示位置由静止开始运动。不计摩擦，求当杆端 A 即将碰到铰支座 O 时杆端 A 的速度。

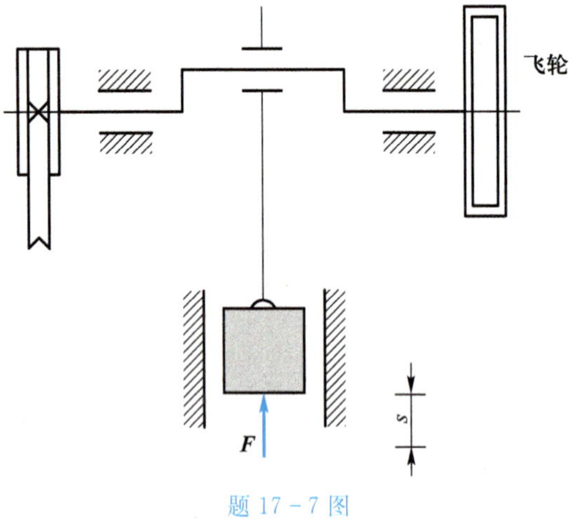

题 17－7 图

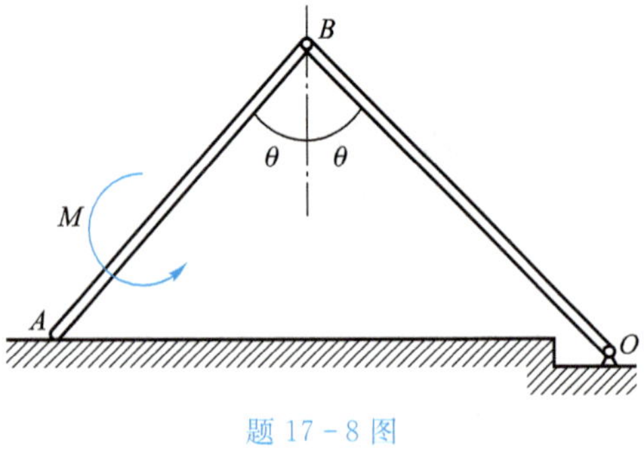

题 17－8 图

17－9 在图所示滑轮组中悬挂两个重物，其中Ⅰ的质量为 m_1，Ⅱ的质量为 m_2。定滑轮 O_1 的半径为 r_1，质量为 m_3；动滑轮 O_2 的半径为 r_2，质量为 m_4。两轮都视为均质圆盘。如绳重和摩擦略去不计，并设 $m_2>2m_1-m_4$。求重物 m_2 由静止下降距离 h 时的速度。

17－10 均质连杆 AB 质量为 4 kg，长 $l=600$ mm。均质圆盘质量为 6 kg，半径 $r=100$ mm。弹簧刚度系数 $k=2$ N/mm，不计套筒 A 及弹簧的质量。如连杆在图所示位置被无初速释放后，A 端沿光滑杆滑下，圆盘做纯滚动。求：

(1) 当 AB 到达水平位置而接触弹簧时,圆盘与连杆的角速度;

(2) 弹簧的最大压缩量 δ。

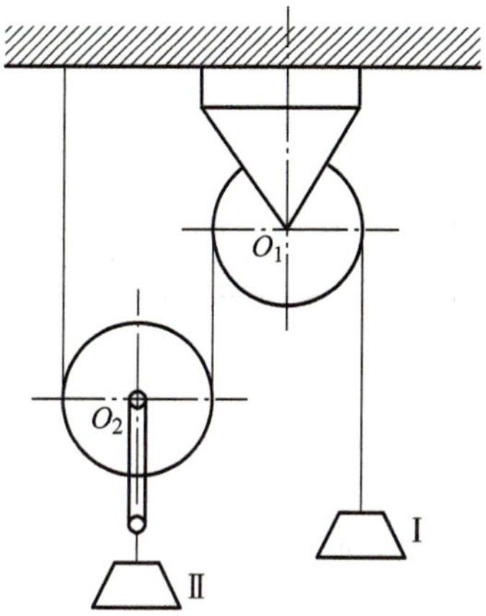

题 17-9 图

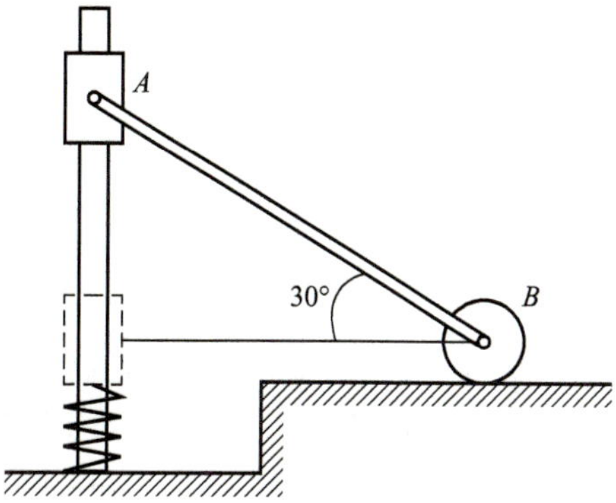

题 17-10 图

17-11 周转齿轮传动机构放在水平面内,如图所示。已知动齿轮半径为 r,质量为 m_1,可看成为均质圆盘;曲柄 OA 的质量为 m_2,可看成为均质杆;定齿轮半径为 R。在曲柄上作用常力偶矩 M,使此机构由静止开始运动。求曲柄转过 θ 角后的角速度和角加速度。

17-12 如图 a、b 所示两种支持情况的均质正方形板,边长均为 a,质量均为 m,初始时均处于静止状态。受某干扰后均沿顺时针方向倒下,不计摩擦,求当 OA 边处于水平位置时,两方板的角速度。

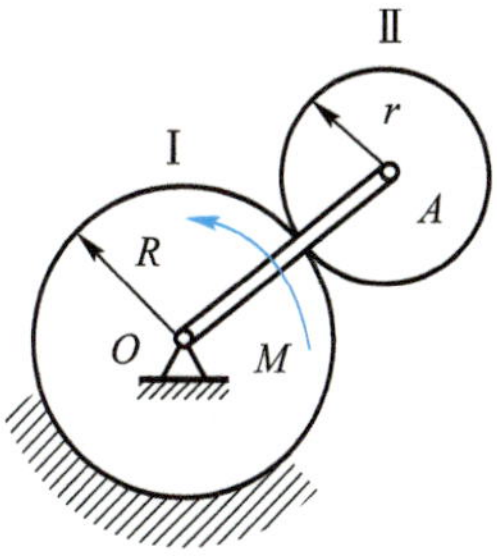

题 17-11 图

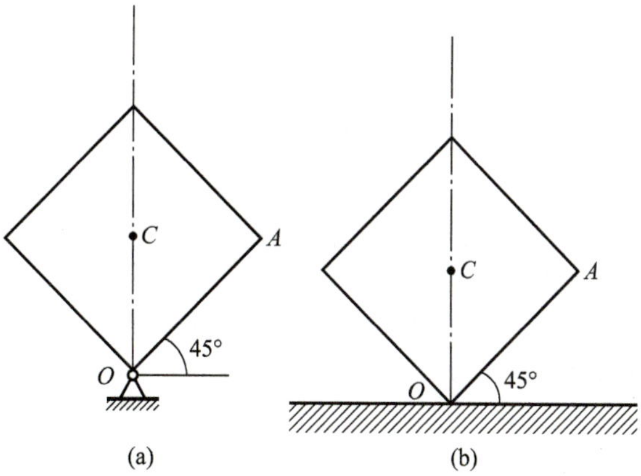

题 17-12 图

17-13 均质圆盘 A 重为 W,半径为 r,沿倾角为 α 的斜面向下做纯滚动。物块 B 重为 P,与水平面的动摩擦因数为 f',定滑轮质量不计,绳的两直线段分别与斜面和水平面平行。已知物块 B 的加速度 a,试求 f'。

17-14 质量分别为 m_A、m_B 的物块 A、B 用刚度系数为 k 的弹簧连接后,放在光滑的水平面上,已知在图示位置弹簧已有伸长 δ,同时剪断绳索 AD、BG 后,试用机械能守恒定理求当弹簧受到最大压缩时,物块 A 的位移 s_A。

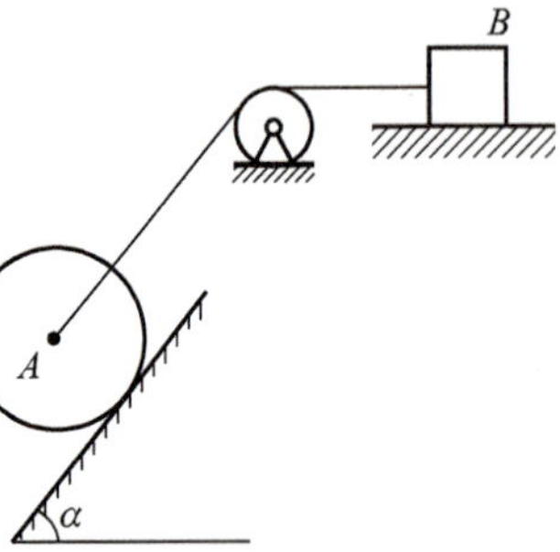

题 17-13 图

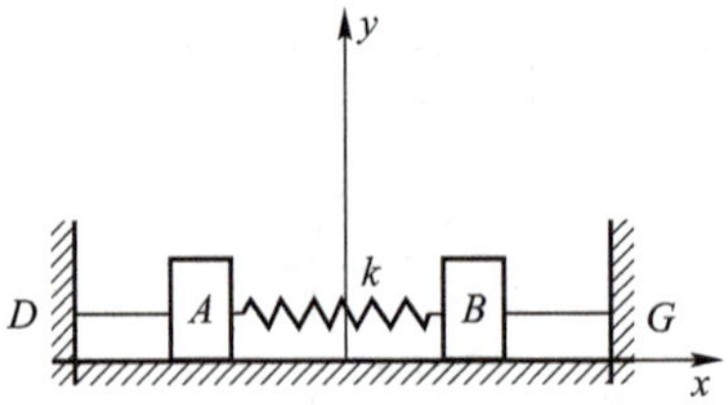

题 17-14 图

17-15 一均质板 C，水平地放置在均质圆轮 A 和 B 上，A 轮和 B 轮的半径分别为 r 和 R，A 轮做定轴转动，B 轮在水平面上滚动而不滑动，板 C 与两轮之间无相对滑动。已知板 C 和轮 A 的重量均为 P，轮 B 重为 W，在 B 轮上作用有矩为 M 的常力偶。试求板 C 的加速度。

17-16 水平均质细杆质量为 m，长为 l，C 为杆的质心。杆 A 处为光滑铰支座，B 端为挂钩，如图所示。如 B 端突然脱落，杆转到铅垂位置时，问 b 值多大能使杆有最大角速度？

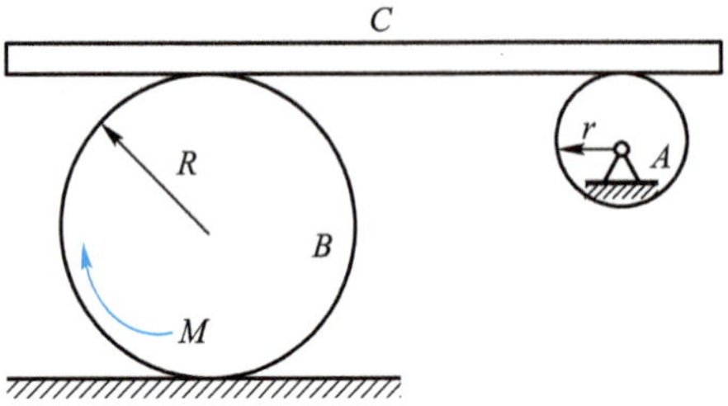

题 17-15 图

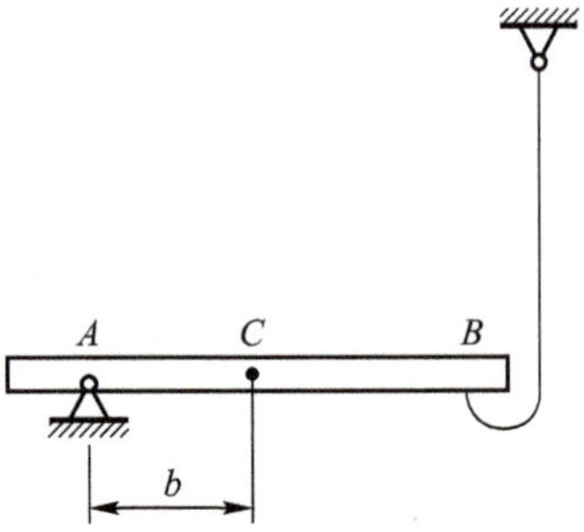

题 17-16 图

17-17 在图所示机构中，已知梁长为 L，其重不计，匀质轮 B 重为 W，半径为 r，其上作用一力偶矩为 M 的常值力偶，物 C 重为 P。试求：

(1) 物块 C 上升的加速度(若力偶矩 M 较大)；

(2) 铰链 B 的约束力。

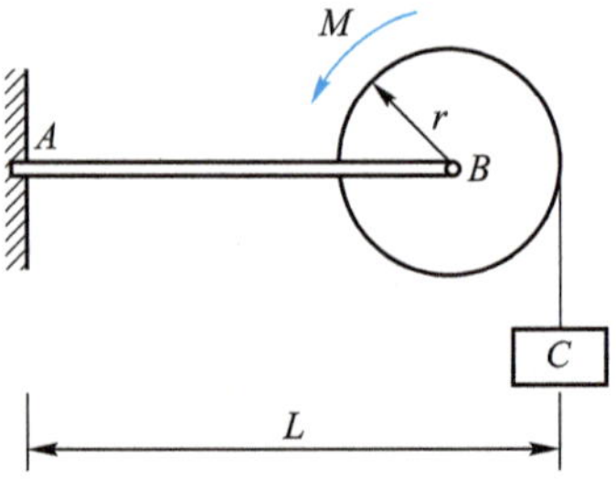

题 17-17 图

17 - 1
第 17 章
习题答案

第18章　达朗贝尔原理

达朗贝尔原理提供了一种解决动力学问题较普遍的方法，这种方法将动力学问题用静力学平衡方程的形式来求解，故也称为动静法。动静法在工程技术中应用很广泛，特别对于求解非自由质点系动力学问题，比较简便。

18.1　质点的达朗贝尔原理

1. 惯性力的概念

惯性力是达朗贝尔原理中一个很重要的概念。当物体受到力的作用而使运动状态发生变化时，物体的惯性引起了对外界抵抗的反作用力，这种力就称为惯性力(inertia force)。

例如若人以力 $\boldsymbol{F}$ 推车，车的质量为 m，加速度为 $\boldsymbol{a}$，根据作用与反作用的性质，车也将以大小相等方向相反的力 $\boldsymbol{F}_g$ 作用于人，如图 18-1 所示。因此，惯性力的大小等于物体的质量与加速度的乘积，但方向与加速度的方向相反，作用在人的手上，即

$$\boldsymbol{F}_g = -m\boldsymbol{a}$$

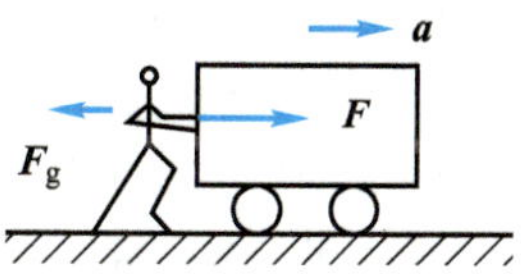

图 18-1

由此可知，惯性力并不是作用在运动的物体上，而是作用在使物体产生加速度的另一物体(即人的手)上。

2. 质点的达朗贝尔原理

设质量为 m 的质点 M 沿某固定曲线轨道运动，如图 18-2 所示。若质点受到主动力的合力为 $\boldsymbol{F}$，约束力的合力为 $\boldsymbol{F}_N$。根据牛顿第二定律有

$$m\boldsymbol{a} = \boldsymbol{F} + \boldsymbol{F}_N \tag{18-1}$$

质点运动的加速度 $\boldsymbol{a}$ 一定沿 $\boldsymbol{F}$ 与 $\boldsymbol{F}_N$ 的合力方向。如果假想在质点 M 上加上一个惯性力 $\boldsymbol{F}_g$，使这个力的大小等于 ma，方向与质点运动的加速度 $\boldsymbol{a}$ 相反，即

$$\boldsymbol{F}_g = -m\boldsymbol{a}$$

代入式(18-1)可得

$$\boldsymbol{F} + \boldsymbol{F}_N + \boldsymbol{F}_g = \boldsymbol{0} \tag{18-2}$$

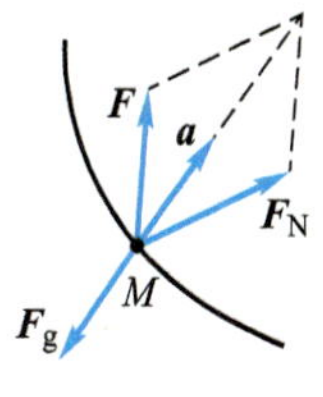

图 18-2

式(18-2)表明当非自由质点 M 运动时，在任一瞬时主动力 $\boldsymbol{F}$、约束力 $\boldsymbol{F}_N$ 与惯性力 $\boldsymbol{F}_g$ 在形式上组成一平衡力系。这就是质点的达朗贝尔原理。

将式(18-2)投影到直角坐标轴上有

$$\begin{cases}F_x+F_{Nx}+F_{gx}=0\\F_y+F_{Ny}+F_{gy}=0\\F_z+F_{Nz}+F_{gz}=0\end{cases}\tag{18-3}$$

投影到自然轴上有

$$\begin{cases}F_\tau+F_{N\tau}+F_{g\tau}=0\\F_n+F_{Nn}+F_{gn}=0\\F_b+F_{Nb}=0\end{cases}\tag{18-4}$$

这样就得到解决动力学问题的新方法，即在任一瞬时通过对运动的物体施加惯性力，就可把动力学问题变为“静力学”问题，然后应用静力学写平衡方程式或图解的方法来解这个“平衡”问题，实际上等于解决了动力学问题。该方法应用起来很方便，只要正确地分析质点运动的加速度，然后在物体上施加与加速度方向相反的惯性力就行了。关于主动力与约束力的分析与静力学完全相同，至于求解“平衡方程式”更是我们所熟悉的。因此，这个方法在工程技术上有着广泛的应用。

如果解决复合运动的问题，那么这个加速度则应理解为绝对加速度。因此，对应于牵连运动及相对运动的加速度，就应同时加上牵连运动的惯性力及相对运动的惯性力。

应该指出，由于质点的惯性力并不作用于质点本身，而是假想地虚加在质点上的，质点实际上也并不平衡。式(18-2)反映了力与运动的关系，实质上仍然是动力学问题，但它提供了将动力学问题转化为静力学平衡问题的研究方法。

例 18-1 质量 $m=10$ kg 的物块 A 沿与铅垂面夹角 $\theta=60°$的悬臂梁下滑，如图 18-3 所示。不计梁的自重，并忽略物块的尺寸，试求当物块下滑至距固定端 O 的距离 $l=0.6$ m，加速度 $a=2$ m/s^2 时固定端 O 的约束力。

解 取物块和悬臂梁一起为研究对象，受主动力 $\boldsymbol{W}$，固定端 O 处的约束力 $\boldsymbol{F}_{Ox}$、$\boldsymbol{F}_{Oy}$ 及 M_O。施加惯性力 $\boldsymbol{F}_g$ 如图所示，$F_g=ma$，方向与 $\boldsymbol{a}$ 相反，加在物块上。

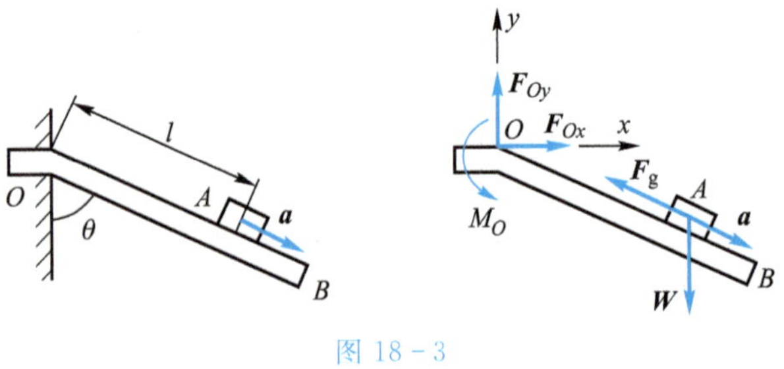

图 18-3

根据达朗贝尔原理，列形式上的平衡方程

$$\begin{cases}\sum F_x=0, & F_{Ox}-F_g\sin\theta=0\\ \sum F_y=0, & F_{Oy}-W+F_g\cos\theta=0\\ \sum M_O(\boldsymbol{F}_i)=0, & M_O-Wl\sin\theta=0\end{cases}$$

可解得

$$F_{Ox}=F_g\sin\theta=17.32\ \text{N}$$

$$F_{Oy}=W-F_g\cos\theta=88\ \text{N}$$
$$M_O=Wl\sin\theta=50.92\ \text{N}\cdot\text{m}$$

从本例可见，应用质点达朗贝尔原理求解时，在受力图上惯性力的方向要与加速度方向相反，惯性力的大小为 $F_g=ma$，不带负号。

18.2 质点系的达朗贝尔原理

设非自由质点系由 n 个质点 M_1、M_2、…、M_n 组成，作用于第 i 个质点 M_i 上的力有主动力 $\boldsymbol{F}_i$ 和约束力 $\boldsymbol{F}_{Ni}$，其加速度为 $\boldsymbol{a}_i$。根据质点的达朗贝尔原理，在质点 $\boldsymbol{M}_i$ 上假想地加上惯性力

$$\boldsymbol{F}_{gi}=-m\boldsymbol{a}_i$$

则 $\boldsymbol{F}_i$、$\boldsymbol{F}_{Ni}$ 和 $\boldsymbol{F}_{gi}$ 构成一平衡力系。有

$$\boldsymbol{F}_i+\boldsymbol{F}_{Ni}+\boldsymbol{F}_{gi}=\boldsymbol{0}$$

对于质点系中的每个质点都作这样的处理，则作用于整个质点系的主动力系、约束力系和惯性力系组成一空间力系，且为一形式上的平衡力系。根据静力学空间力系简化理论及平衡条件，该空间力系向空间内任一点简化得到的主矢、主矩都等于零，即

$$\begin{cases}\sum\boldsymbol{F}_i+\sum\boldsymbol{F}_{Ni}+\sum\boldsymbol{F}_{gi}=\boldsymbol{0}\\ \sum\boldsymbol{M}_O(\boldsymbol{F}_i)+\sum\boldsymbol{M}_O(\boldsymbol{F}_{Ni})+\sum\boldsymbol{M}_O(\boldsymbol{F}_{gi})=\boldsymbol{0}\end{cases}\qquad(18-5)$$

式(18－5)表明，任一瞬时，作用于质点系上的主动力系、约束力系和惯性力系在形式上构成一平衡力系。这就是质点系的达朗贝尔原理。

如果将力系按外力系和内力系划分，则有

$$\sum\boldsymbol{F}_i^{e}+\sum\boldsymbol{F}_i^{i}+\sum\boldsymbol{F}_{gi}=\boldsymbol{0}$$
$$\sum\boldsymbol{M}_O(\boldsymbol{F}_i^{e})+\sum\boldsymbol{M}_O(\boldsymbol{F}_i^{i})+\sum\boldsymbol{M}_O(\boldsymbol{F}_{gi})=\boldsymbol{0}$$

注意到内力都是成对出现的，则上两式可写为

$$\begin{cases}\sum\boldsymbol{F}_i^{e}+\sum\boldsymbol{F}_{gi}=\boldsymbol{0}\\ \sum\boldsymbol{M}_O(\boldsymbol{F}_i^{e})+\sum\boldsymbol{M}_O(\boldsymbol{F}_{gi})=\boldsymbol{0}\end{cases}\qquad(18-6)$$

式(18－6)表明，任一瞬时，作用于质点系上的外力系和虚加在质点系上的惯性力系在形式上构成一平衡力系。

式(18－5)、式(18－6)在具体应用时可向直角坐标轴上投影得到投影方程。

例 18－2 如图 18－4 所示，物块 A、B 的重量均为 W，系在绳子的两端，滑轮的半径为 R，不计绳重及滑轮重，斜面光滑，斜面的倾角为 θ，试求物块 A 下降的加速度及轴承 O 处的约束力。

解 先取物块 B 为研究对象，所受的外力为绳索的拉力 $\boldsymbol{F}_T$、重力 $\boldsymbol{W}$、光滑斜面的约束力 $\boldsymbol{F}_{NB}$，虚加的惯性力为 $\boldsymbol{F}_{gB}$，如图所示。取图所示坐标系，根据质点达朗贝尔原理，可列出平衡方程为

$$\sum F_{yi}=0,\quad F_{NB}-W\cos\theta=0$$

可得

$$F_{NB}=W\cos\theta$$

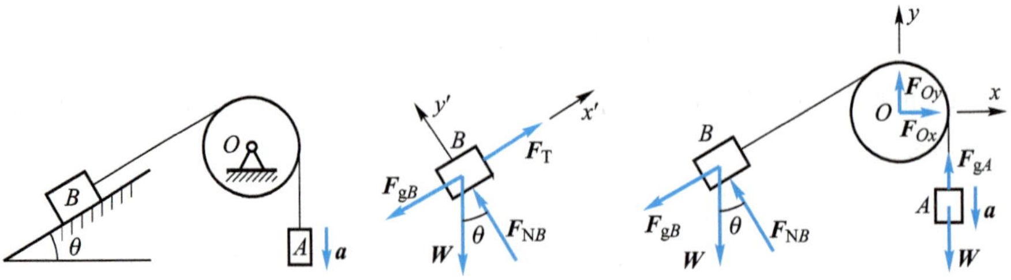

图 18 - 4

再取物块 A、B 及滑轮和绳索所组成的系统为研究对象。质点系的外力有两个物块的重力 $\boldsymbol{W}$,轴承 O 的约束力 $\boldsymbol{F}_{Ox}$ 和 $\boldsymbol{F}_{Oy}$,及光滑斜面的约束力 $\boldsymbol{F}_{NB}$。虚加上惯性力 $\boldsymbol{F}_{gA}$ 和 $\boldsymbol{F}_{gB}$,如图所示。惯性力的大小为

$$F_{gA}=F_{gB}=\frac{W}{g}a$$

质点系的外力和惯性力组成一平面力系。选取图示坐标系,并取 O 点为矩心,根据质点系达朗贝尔原理,列平衡方程,并注意到 $F_{NB}=W\cos\theta$ 有

$$\sum F_{xi}=0,\quad F_{Ox}-F_{gB}\cos\theta-F_{NB}\sin\theta=0 \tag{a}$$

$$\sum F_{yi}=0,\quad F_{Oy}+F_{gA}-W-F_{gB}\sin\theta-W+F_{NB}\cos\theta=0 \tag{b}$$

$$\sum M_O(\boldsymbol{F}_i)=0,\quad WR\sin\theta-WR+F_{gA}R+F_{gB}R=0 \tag{c}$$

由式(a)得

$$F_{Ox}=\frac{W}{g}a\cos\theta+W\sin\theta\cos\theta \tag{d}$$

由式(b)得

$$F_{Oy}=-\frac{W}{g}a(1-\sin\theta)+W(1+\sin^2\theta) \tag{e}$$

由式(c)得

$$a=\frac{g}{2}(1-\sin\theta) \tag{f}$$

将式(f)代入式(d)、式(e)得

$$F_{Ox}=\frac{W}{2}(1+\sin\theta)\cos\theta$$

$$F_{Oy}=\frac{W}{2}(1+\sin\theta)^2$$

18.3 刚体惯性力系的简化

应用达朗贝尔原理解决质点系的动力学问题时,从理论上讲,在每个质点上虚加上惯性力是可行的,但质点系中质点很多时候计算非常困难,对于由无穷多质点组成的刚体更是不可能的。因此,对于刚体动力学问题,一般先用力系简化理论将刚体上的惯性力系加以简化,然后将惯性力系的简化结果直接虚加在刚体上。

下面仅就刚体做平移、定轴转动和平面运动三种情况,来研究惯性力系的简化。

1. 刚体做平移

刚体平移时,刚体上各点的加速度相同,惯性力系为一个空间同向平行力系,如图 18 - 5 所示。将此惯性力系向刚体的质心 C 简化,得惯性力系的主矢为

$$\boldsymbol{F}_{\mathrm{Rg}}=\sum \boldsymbol{F}_{\mathrm{g}i}=\sum(-m_i\boldsymbol{a}_i)=-M\boldsymbol{a}_C$$

惯性力系对质心的主矩为

$$\boldsymbol{M}_{\mathrm{g}C}=\sum \boldsymbol{M}_C(\boldsymbol{F}_{\mathrm{g}i})=\sum \boldsymbol{r}_i\times(-m_i\boldsymbol{a}_i)=-(\sum m_i\boldsymbol{r}_i)\times\boldsymbol{a}_i$$

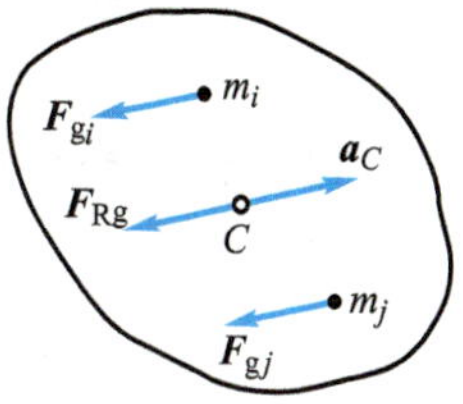

图 18-5

式中 $\boldsymbol{r}_i$ 为质点 M_i 相对于质心 C 的矢径。由质心矢径表达式

$$\sum m_i\boldsymbol{r}_i=M\boldsymbol{r}_C$$

式中 $\boldsymbol{r}_C$ 为质心 C 的矢径，由于质心 C 为简化中心，$\boldsymbol{r}_C=\boldsymbol{0}$，于是有

$$\boldsymbol{M}_{\mathrm{g}C}=-M\boldsymbol{r}_C\times\boldsymbol{a}_C=\boldsymbol{0} \tag{18-7}$$

上述结果表明，刚体做平移时，惯性力系的简化结果为一个通过质心的合力 $\boldsymbol{F}_{\mathrm{Rg}}$，其大小等于刚体的质量与质心加速度的乘积，方向与质心的加速度方向相反。

2. 刚体做定轴转动

设定轴转动刚体具有质量对称平面，且转动轴垂直于质量对称平面，故在此对称平面的两边各质点惯性力的合力必定作用在此对称平面内，这样就把刚体的空间惯性力系简化为作用在对称平面内的平面力系。如图 18-6 所示，设对称平面与转动轴 z 的交点为 O，将该平面力系向 O 点简化，可得惯性力系的主矢 $\boldsymbol{F}_{\mathrm{Rg}}$ 和主矩 $M_{\mathrm{g}O}$。

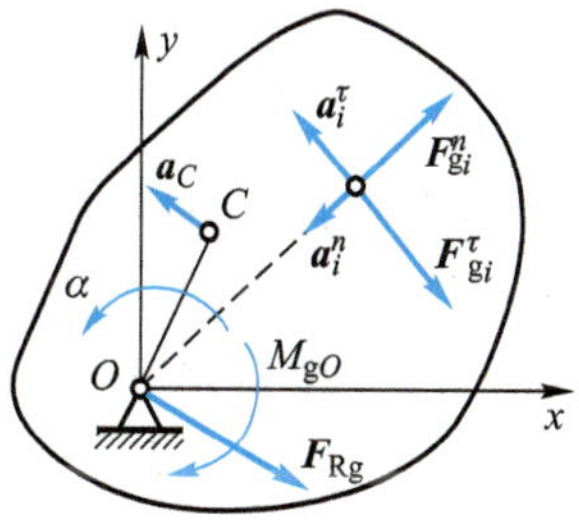

图 18-6

先研究惯性力系的主矢 $\boldsymbol{F}_{\mathrm{Rg}}$。设刚体内任一质点 M_i 的质量为 m_i，加速度为 $\boldsymbol{a}_i$，则惯性力系的主矢为

$$\boldsymbol{F}_{\mathrm{Rg}}=\sum \boldsymbol{F}_{\mathrm{g}i}=\sum(-m_i\boldsymbol{a}_i)=-M\boldsymbol{a}_C$$

即

$$\boldsymbol{F}_{\mathrm{Rg}}=-M\boldsymbol{a}_C$$

再研究惯性力系向 O 点简化的主矩 $M_{\mathrm{g}O}$。由于刚体转动时任一质点 M_i 的惯性力 $\boldsymbol{F}_{\mathrm{g}i}$ 可以分解为切向惯性力 $\boldsymbol{F}_{\mathrm{g}i}^{\tau}$ 和法向惯性力 $\boldsymbol{F}_{\mathrm{g}i}^{n}$，故惯性力系对 O 点的主矩为

$$M_{\mathrm{g}O}=\sum M_z(\boldsymbol{F}_{\mathrm{g}i}^{\tau})+\sum M_z(\boldsymbol{F}_{\mathrm{g}i}^{n})=-\sum r_i(m_ir_i\alpha)=-\alpha\sum m_ir_i^2=-J_z\alpha$$

即

$$M_{\mathrm{g}O}=-J_z\alpha \tag{18-8}$$

式(18-8)中 J_z 为刚体对通过 O 点转轴 z 的转动惯量，α 为刚体转动的角加速度，负号表示主矩的转向与 α 方向相反。

上述结果表明，刚体绕垂直于质量对称平面的转轴转动时，惯性力系向转轴与质量对称平面的交点 O 的简化结果为一个主矢和主矩。主矢的大小等于刚体的质量与质心加速度的乘积，方向与质心加速度的方向相反；主矩的大小等于刚体对转轴的转动惯量与角加速度的乘积，转向与角加速度的转向相反。

根据上面的结论，讨论以下几种特殊情况：

(1) 刚体绕不通过质心的轴做等角速度转动

这时 $\alpha=0$，$M_{\mathrm{g}O}=0$。设刚体绕 O 轴转动的角速度为 ω，质心到转轴的距离为 e，则质心 C 的加速度为 $a_C=e\omega^2$，如图 18-7a 所示。此时惯性力系简化为一通过 O 点，大小等于 $Me\omega^2$，方向与质心法向加速度方向相反，其作用线通过质心 C 的主矢 $\boldsymbol{F}_{\mathrm{Rg}}$，即

$$F_{\mathrm{Rg}}=Me\omega^2$$

(2) 刚体绕通过质心的轴做加速转动

这时 $\boldsymbol{F}_{\mathrm{Rg}}=\mathbf{0}$，惯性力系简化为一个力偶，如图 18-7b 所示。其力偶矩为

$$M_{gC}=-J_C\alpha$$

(3) 刚体以等角速度 ω 绕通过质心的轴转动

这时 $\boldsymbol{F}_{\mathrm{Rg}}=\mathbf{0}$，$M_{gC}=0$，惯性力系本身互相平衡，如图 18-8 所示。

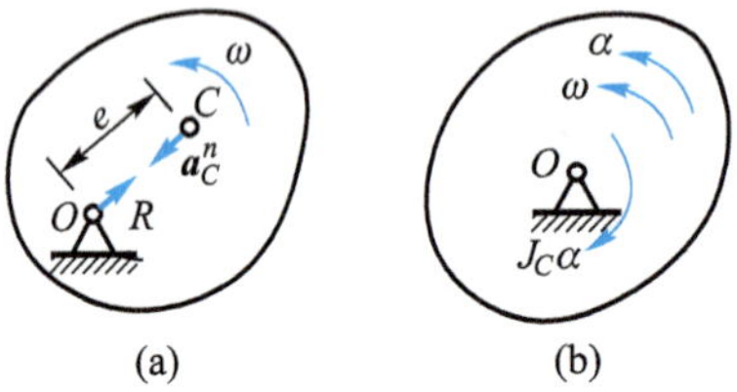

图 18-7

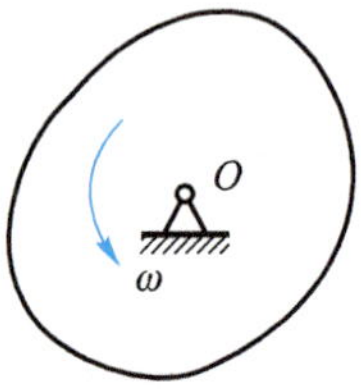

图 18-8

3. 刚体做平面运动

设刚体具有质量对称平面，且平行于此平面运动，如图 18-9 所示。于是惯性力系可简化为在质量对称平面内的平面力系，力系一部分为跟随质心做平移时的牵连惯性力系，简化结果为一合力，即

$$\boldsymbol{F}_{\mathrm{Rg}}=-M\boldsymbol{a}_C \quad (\text{作用线通过质心})$$

另一部分是刚体绕质心转动时的惯性力系，简化结果为一惯性力偶，其力偶矩为

$$M_{gC}=-J_C\alpha$$

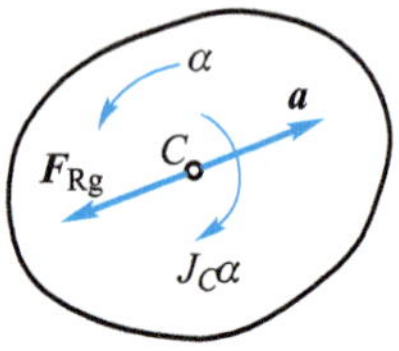

图 18-9

上述结果表明，具有质量对称平面且平行于此平面做平面运动的刚体，惯性力系向质心 C 的简化结果为一个主矢和一个主矩。主矢通过质心 C，大小等于刚体质量与质心加速度的乘积，方向与质心加速度方向相反；主矩的大小等于刚体对质心轴转动惯量与角加速度的乘积，转向与角加速度的转向相反。

由此可看出，由于运动形式的不同，惯性力系的简化结果也是不同的，但无论是哪种情形，惯性力系的主矢都是相同的，都是等于刚体的质量与质心加速度的乘积。

18.4 达朗贝尔原理的应用

应用达朗贝尔原理求解刚体动力学问题时，首先应根据题意选取研究对象，分析其所受的外力，画出受力图；然后再根据刚体的运动方式在受力图上虚加惯性力及惯性力偶；最后根据达朗贝尔原理列平衡方程求解未知量。下面通过举例来说明达朗贝尔原理的应用。

例 18-3 如图 18-10 所示，两均质杆 AB 和 BD，质量均为 3 kg，$AB=BD=1$ m，焊接成直角形刚体，以绳 AF 和两等长且平行的杆 AE、BF 支持。试求割断绳 AF 的瞬时两杆所受的力。杆的质量忽略不计，刚体质

心坐标为 $x_C=0.75\ \mathrm{m}$，$y_C=0.25\ \mathrm{m}$。

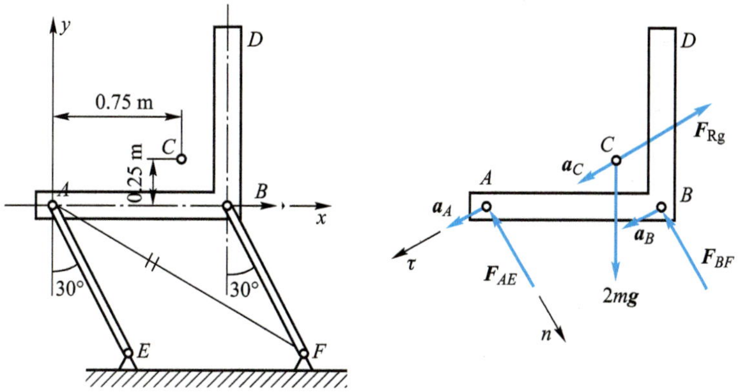

图 18-10

解 (1) 取刚体 ABD 为研究对象，其所受的外力有重力 $2m\boldsymbol{g}$，两杆的约束力 $\boldsymbol{F}_{AE}$ 和 $\boldsymbol{F}_{BF}$。

(2) 虚加惯性力，因两杆 AE、BF 平行且等长，故刚体 ABD 做曲线平移，刚体上各点的加速度都相等。在割断绳的瞬时，两杆的角速度为零，角加速度为 α，平移刚体的惯性力加在质心上，且

$$\boldsymbol{F}_{\mathrm{Rg}}=-2m\boldsymbol{a}_C$$

(3) 根据达朗贝尔原理，列平衡方程

$$\sum F_\tau=0,\quad 2mg\sin 30^\circ-2ma_C=0$$

可得 $a_C=4.9\ \mathrm{m/s^2}$。

$$\sum M_A(\boldsymbol{F}_i)=0,\quad F_{BF}\cos 30^\circ\times 1-2mg\times 0.75-F_{\mathrm{Rg}}\cos 30^\circ\times 0.25+F_{\mathrm{Rg}}\sin 30^\circ\times 0.75=0$$

可得 $F_{BF}=45.5\ \mathrm{N}$。

$$\sum F_n=0,\quad 2mg\cos 30^\circ-F_{AE}-F_{BF}=0$$

可得 $F_{AE}=5.4\ \mathrm{N}$。

例 18-4 如图 18-11 所示，质量为 m_1 和 m_2 的物体 A 和 B，分别系在两条绳子上，绳子又分别绕在半径为 r_1 和 r_2 并装在同一轴的两鼓轮上。已知两轮对转轴 O 的转动惯量为 J，重为 W，且 $m_1r_1>m_2r_2$，鼓轮的质心在转轴上，系统在重力作用下发生运动。试求鼓轮的角加速度及轴承 O 的约束力。

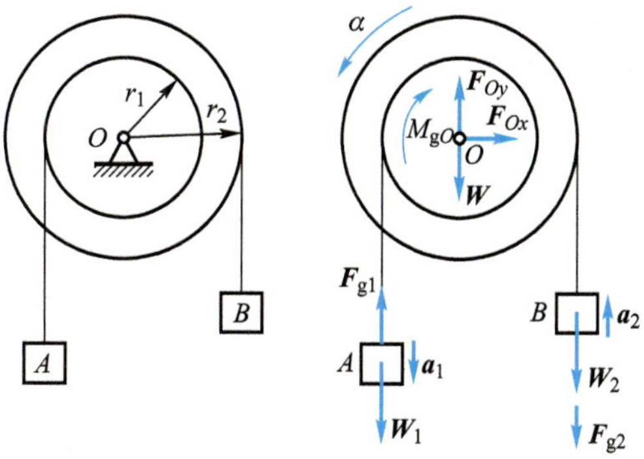

图 18-11

解 (1) 取整个系统为研究对象，系统上作用有主动力 $\boldsymbol{W}_1$、$\boldsymbol{W}_2$、$\boldsymbol{W}$，轴承的约束力 $\boldsymbol{F}_{Ox}$、$\boldsymbol{F}_{Oy}$。

(2) 虚加惯性力和惯性力偶，重物 A、B 平移，因 $m_1r_1>m_2r_2$，故重物 A 的加速度 $\boldsymbol{a}_1$ 方向向下，重物 B 的加速度 $\boldsymbol{a}_2$ 方向向上，分别加上惯性力 $\boldsymbol{F}_{g1}$、$\boldsymbol{F}_{g2}$。鼓轮做定轴转动，且转轴通过质心，加上惯性力偶 M_{gO}，如图所示。

(3) 根据达朗贝尔原理，列平衡方程

$$\sum M_O(\boldsymbol{F}_i)=0,\quad W_1r_1-F_{g1}r_1-M_{gO}-W_2r_2-F_{g2}r_2=0$$

式中 $W_1=m_1g$，$W_2=m_2g$，$a_1=r_1\alpha$，$a_2=r_2\alpha$，$F_{g1}=m_1a_1$，$F_{g2}=m_2a_2$，$M_{gO}=J\alpha$。代入上式，解得

$$\alpha=\frac{(m_1r_1-m_2r_2)g}{m_1r_1^2+m_2r_2^2+J}$$

$$\sum F_x=0,\quad F_{Ox}=0$$

$$\sum F_y=0,\quad F_{Oy}-W_1-W_2-W-F_{g2}+F_{g1}=0$$

得 $F_{Oy}=W_1+W_2+W+m_2a_2-m_1a_1=(m_1+m_2)g+W-\dfrac{(m_1r_1-m_2r_2)^2g}{m_1r_1^2+m_2r_2^2+J}$。

例 18-5 曲柄连杆机构如图 18-12 所示，已知曲柄 OA 长为 r，连杆 AB 长为 l，质量为 m，连杆质心 C 的加速度为 a_{Cx} 和 a_{Cy}，连杆的角加速度为 α。试求曲柄销 A 和滑块 B 的约束力(滑块重量不计)。

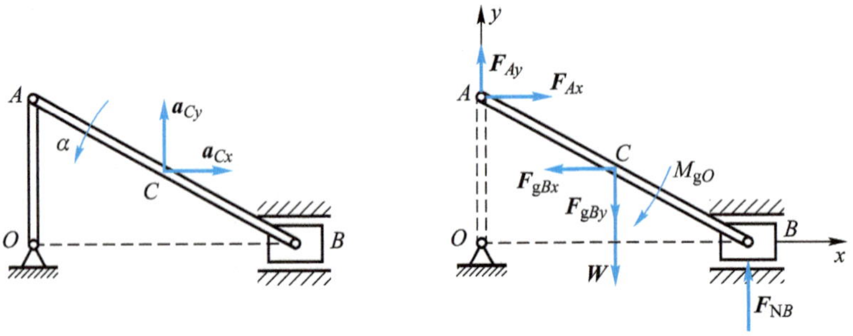

图 18-12

解 (1) 取连杆 AB 和滑块 B 为研究对象。其上作用有主动力 $\boldsymbol{W}$，约束力 $\boldsymbol{F}_{Ax}$、$\boldsymbol{F}_{Ay}$ 和 $\boldsymbol{F}_{NB}$。

(2) 虚加惯性力和惯性力偶，连杆做平面运动，惯性力系向质心简化得到主矢和主矩，它们的方向如图，大小分别为

$$F_{gCx}=ma_{Cx},\quad F_{gCy}=ma_{Cy},\quad M_{gC}=\frac{1}{12}ml^2\alpha$$

(3) 根据达朗贝尔原理，列平衡方程

$$\sum F_x=0,\quad F_{Ax}-F_{gCx}=0$$

$$\sum F_y=0,\quad F_{Ay}+F_{NB}-W-F_{gCy}=0$$

$$\sum M_A(\boldsymbol{F}_i)=0,\quad F_{NB}\sqrt{l^2-r^2}-(W+F_{gCy})\frac{\sqrt{l^2-r^2}}{2}-F_{gCx}\frac{r}{2}-M_{gC}=0$$

解得

$$F_{Ax}=ma_{Cx}$$

$$F_{NB}=\frac{m}{2}\left[g+a_{Cy}+\frac{1}{\sqrt{l^2-r^2}}\left(ra_{Cx}+\frac{l^2}{6}\alpha\right)\right]$$

$$F_{Ay}=\frac{m}{2}\left[g+a_{Cy}-\frac{1}{\sqrt{l^2-r^2}}\left(ra_{Cx}+\frac{l^2}{6}\alpha\right)\right]$$

例 18-6 铅垂轴 AB 以匀角速度 ω 转动，轴上固连两杆 OE,OD。杆 OE 与 AB 轴成 φ 角，杆 OD 垂直于 AB 轴与杆 OE 所组成的平面，如图 18-13 所示。已知：$OE=OD=l$，$AB=2b$。在两杆端点各连一小球 E 与 D，两小球的质量皆为 m，杆的质量不计。求轴承 A 与 B 处的附加动约束力。

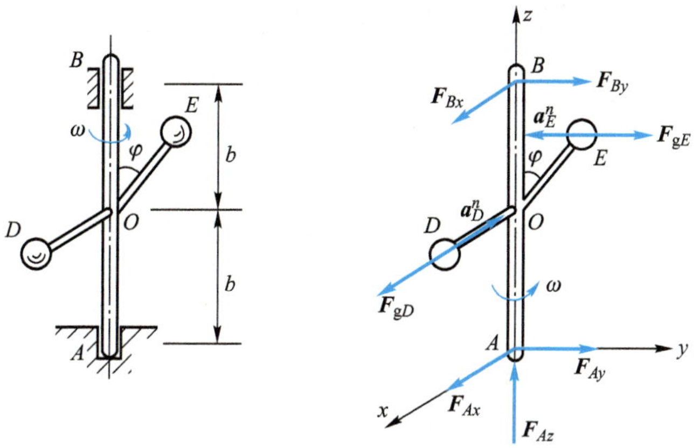

图 18-13

解 取整个系统为研究对象，受力如图所示。因求轴承 A 与 B 处的动约束力，故两小球的重力未画出。

因铅垂轴 AB 以匀角速度 ω 转动，故小球 E 和 D 的加速度分别为

$$a_E=a_E^n=OE\sin\varphi\cdot\omega^2=l\sin\varphi\cdot\omega^2 \quad \text{(方向水平向左)}$$

$$a_D=a_D^n=OD\cdot\omega^2=l\omega^2 \quad \text{(方向沿 } DO\text{)}$$

两小球的惯性力

$$F_{gE}=ma_E^n=ml\sin\varphi\omega^2 \quad \text{(方向水平向右)}$$

$$F_{gD}=ma_D^n=ml\omega^2 \quad \text{(方向沿 } OD\text{)}$$

应用动静法，假想地在两小球上分别加上其惯性力，列出“平衡”方程

$$\sum M_y(\boldsymbol{F}_i)=0,\quad F_{Bx}\cdot 2b+F_{gD}\cdot b=0$$

$$\sum F_x=0,\quad F_{Ax}+F_{Bx}+F_{gD}=0$$

$$\sum M_x(\boldsymbol{F}_i)=0,\quad -F_{By}\cdot 2b-F_{gE}(b+l\cos\varphi)=0$$

$$\sum F_y=0,\quad F_{Ay}+F_{By}+F_{gE}=0$$

将 F_{gD}、F_{gE} 的值代入以上诸式并联立求解，得轴承 A 和 B 处的附加动约束力分别为

$$F_{Ax}=F_{Bx}=-\frac{1}{2}ml\omega^2$$

$$F_{Ay}=\frac{ml\omega^2}{2b}(l\cos\varphi-b)\sin\varphi$$

$$F_{By}=-\frac{ml\omega^2}{2b}(l\cos\varphi+b)\sin\varphi$$

例 18-7 一喷气飞机着陆时的速度为 200 km/h，由于制动力 $\boldsymbol{F}_R$ 的作用，飞机沿着跑道以等减速度运动，如图 18-14 所示。滑动 450 m 后速度减低为 50 km/h。已知飞机的质量为 125 000 kg，质心在 C，求从开始制动到制动终结这段时间内，前轮 B 的正压力 $\boldsymbol{F}_{NB}$。不考虑地面摩擦力，当低速滑行时，空气阻力及上举力均可忽略不计。

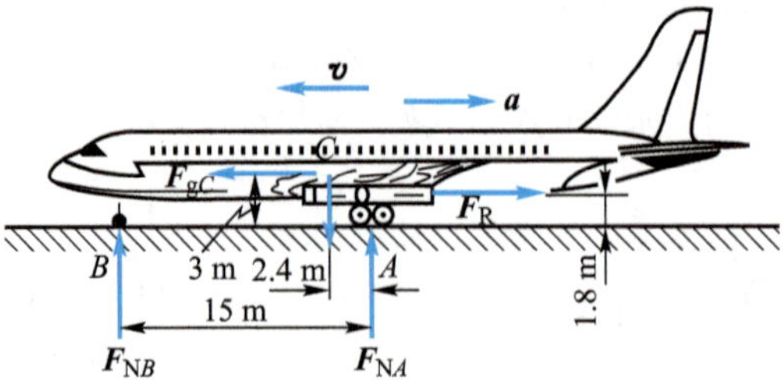

图 18-14

解　第一步应求出飞机减速时的负加速度及对应这个负加速度的惯性力，使它由动力学问题变为"静力学"问题，然后再写出平衡方程即可求出前轮的约束力。

当飞机从速度 $v_0=200\ \mathrm{km/h}=55.56\ \mathrm{m/s}$ 减到 $v=50\ \mathrm{km/h}=13.89\ \mathrm{m/s}$ 时，其负加速度为

$$a=\frac{v_0^2-v^2}{2s}=\frac{(55.56)^2-(13.89)^2}{2\times 450}\ \mathrm{m/s^2}=3.215\ \mathrm{m/s^2}\quad（方向向后）$$

这个加速度的方向与滑行速度相反。因为飞机这时做平移，故它的惯性力 $\boldsymbol{F}_{gC}=-m\boldsymbol{a}$，方向则向前，$m$ 为飞机的质量。这个负加速度是由喷气发动机的制动力产生的。由于不考虑滑行时地面的摩擦力及空气阻力，写出飞机平衡时在水平方向的投影式，即可求得这个制动力 $\boldsymbol{F}_R$ 为

$$F_R=ma$$

画出地面对飞机的约束力 $\boldsymbol{F}_{NA}$、$\boldsymbol{F}_{NB}$，则飞机将在惯性力 $\boldsymbol{F}_{gC}$，制动力 $\boldsymbol{F}_R$，前后轮的约束力及飞机自重共五个力的作用下处于"平衡"。写出该系统对后轮 A 点的力矩平衡方程，即可求出前轮的约束力 $\boldsymbol{F}_{NB}$。

$$\sum M_A(\boldsymbol{F}_i)=0,\quad F_{gC}\times 3+mg\times 2.4-F_R\times 1.8-F_{NB}\times 15=0$$

代入具体数值可求得

$$F_{NB}=228\ \mathrm{kN}$$

例 18-8　鼓轮重为 P_1，半径为 R，作用有力偶矩 M，重物 C 重为 P_2，杆 AB 长为 l，质量不计，如图 18-15 所示。求重物 C 上升的加速度和固定端 A 处的约束力。

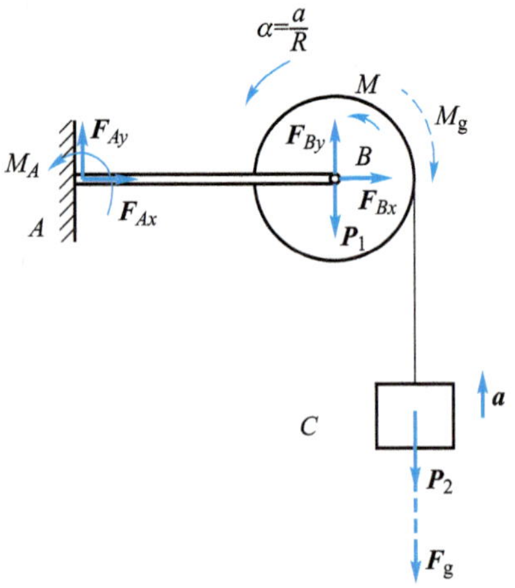

图 18-15

解　(1) 先取鼓轮和重物 C 组成的系统为研究对象，受外力 $\boldsymbol{P}_1$、$\boldsymbol{P}_2$，约束力 $\boldsymbol{F}_{Bx}$、$\boldsymbol{F}_{By}$。

(2) 虚加惯性力和惯性力偶：鼓轮绕质心做定轴转动，重物 C 平移，所加惯性力偶及惯性力的方向如图，大小如下：

$$F_g=\frac{P_2}{g}a,\quad M_g=J_B\alpha=\frac{1}{2}\frac{P_1}{g}R^2\ \frac{a}{R}$$

(3) 根据达朗贝尔原理，列平衡方程

$$\sum M_B(\boldsymbol{F}_i)=0,\quad M-M_g-(P_2+F_g)R=0$$

可得

$$a=\frac{2(M-P_2R)g}{(P_1+2P_2)R}$$

(4) 再取整个系统为研究对象，受外力 $\boldsymbol{P}_1$、$\boldsymbol{P}_2$，固定端 A 处约束力 $\boldsymbol{F}_{Ax}$、$\boldsymbol{F}_{Ay}$ 和 M_A，再虚加惯性力 $\boldsymbol{F}_g$ 及惯性力偶矩 M_g，由达朗贝尔原理，列平衡方程有

$$\sum F_x=0,\quad F_{Ax}=0$$

$$\sum F_y = 0,\quad F_{Ay} - P_1 - P_2 - F_g = 0$$

$$\sum M_A(\boldsymbol{F}_i) = 0,\quad M_A - M_g - (P_2 + F_g)(R + l) - P_1 l = 0$$

联立以上三式即可求得固定端 A 处约束力。(略)

例 18-9 均质细杆 OA 长为 l、重为 P,从静止开始绕通过 O 端的水平轴转动,如图 18-16 所示。试求当杆转到与水平成 θ 角即到达 OA' 位置时的角速度、角加速度和 O 点处的约束力。

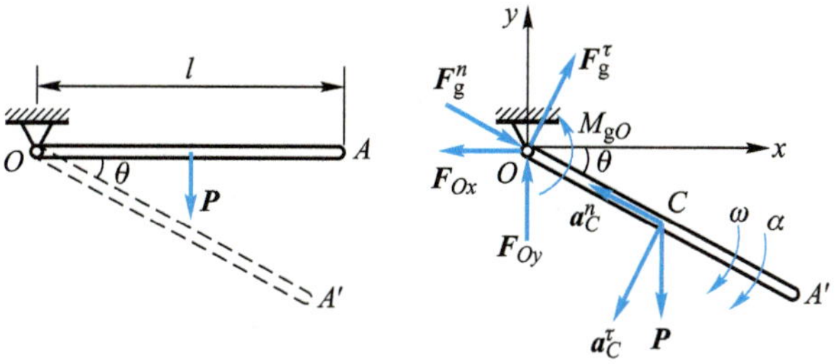

图 18-16

解 取 OA 杆为研究对象,设当杆转到 OA' 位置时,杆的角速度为 ω,角加速度为 α,受力如图所示。

杆的惯性力系向 O 点简化后,得

惯性力系的主矢

$$F_g^\tau = m a_C^\tau = \frac{P}{g}\cdot\frac{l}{2}\alpha$$

$$F_g^n = m a_C^n = \frac{P}{g}\cdot\frac{l}{2}\omega^2$$

方向与质心 C 点的加速度方向相反。

惯性力系对 O 点的主矩

$$M_{gO} = J_O\alpha = \frac{1}{3}\frac{P}{g}l^2\alpha$$

转向与 α 的转向相反。

由动能定理 $T_2 - T_1 = \sum W$ 有

$$\frac{1}{2}J_O\omega^2 - 0 = P\cdot\frac{l}{2}\sin\theta$$

即

$$\frac{1}{2}\cdot\frac{1}{3}\frac{P}{g}l^2\cdot\omega^2 - 0 = P\cdot\frac{l}{2}\sin\theta$$

可解得杆的角速度

$$\omega = \sqrt{\frac{3g}{l}\sin\theta}$$

应用动静法,在转轴 O 上假想地加上杆的惯性力系的主矢 $\boldsymbol{F}_g^\tau$ 和 $\boldsymbol{F}_g^n$ 和在转动平面内假想地加上杆的惯性力系的主矩 M_{gO},列出"平衡"方程

$$\sum F_x = 0,\quad F_g^n\cos\theta + F_g^\tau\sin\theta - F_{Ox} = 0$$

$$\sum F_y=0,\quad F_{Oy}-P+F_g^{\tau}\cos\theta-F_g^n\sin\theta=0$$

$$\sum M_O(\boldsymbol{F}_i)=0,\quad M_{gO}-P\cdot\frac{l}{2}\cos\theta=0$$

将已知数据代入以上三式,并联立解得

$$\alpha=\frac{3g}{2l}\cos\theta$$

$$F_{Ox}=\frac{9P}{4}\cos\theta\sin\theta$$

$$F_{Oy}=\frac{5P}{2}-\frac{9P}{4}\cos^2\theta$$

例 18-10 质量 $m=45.4$ kg 的均质细杆 AB,下端 A 搁在光滑水平面上,上端 B 用质量不计的软绳 BD 系在固定点 D,如图 18-17 所示。杆长 $l=3.05$ m,绳长 $h=1.22$ m。当绳子铅垂时,杆对水平面的倾角 $\theta=30°$,A 点以 $v_A=2.44$ m/s 的匀速度开始向左运动。求在该瞬时,杆的角加速度 α;需加在 A 端的水平力 $\boldsymbol{P}$;绳中的张力 $\boldsymbol{F}_T$。

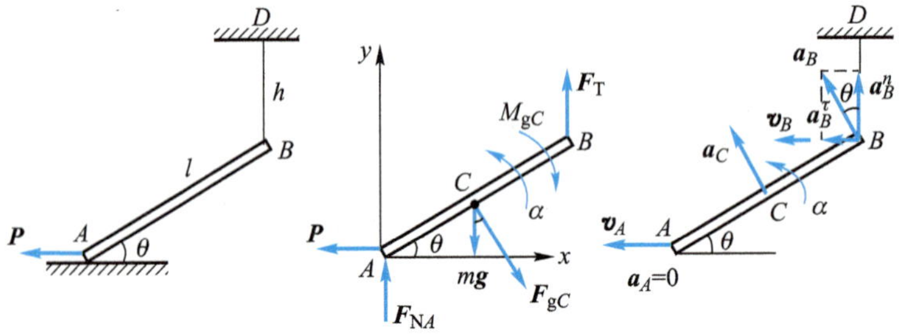

图 18-17

解 以 AB 杆为研究对象。其上受力有:重力 $m\boldsymbol{g}$,绳子张力 $\boldsymbol{F}_T$,A 端水平力 $\boldsymbol{P}$ 以及地面约束力 $\boldsymbol{F}_{NA}$,如图所示。

AB 杆做平面运动,在图示位置,B 点的速度 $\boldsymbol{v}_B /\!/ \boldsymbol{v}_A$,故有

$$v_B=v_A=2.44 \text{ m/s}$$

(注意,这里 v_B 是瞬时值,而 B 点的加速度 $a_B\neq0$)

此时,AB 杆的运动为瞬时平移。故该瞬时 AB 杆的角速度

$$\omega=0$$

设该瞬时 AB 杆的角加速度为 α,取 A 点为基点,则 B 点的加速度为

$$\boldsymbol{a}_B=\boldsymbol{a}_A+\boldsymbol{a}_{BA}^n+\boldsymbol{a}_{BA}^{\tau}$$

式中

$a_A=0$(因 A 点做匀速运动),

$a_{BA}^n=l\omega^2=0$,

$a_{BA}^{\tau}=l\alpha$ 方向垂直于 AB,指向与 α 转向一致。

所以

$$a_B=a_{BA}^{\tau}=l\alpha$$

又 B 点受软绳 BD 约束,故有

$$\boldsymbol{a}_B=\boldsymbol{a}_B^{\tau}+\boldsymbol{a}_B^{n}$$

式中 $a_B^n=\dfrac{v_B^2}{h}$，方向沿着 BD。于是有

$$a_B\cos\theta=a_B^n$$

即

$$l\alpha\cos\theta=\frac{v_B^2}{h}$$

代入已知数据，可解得

$$\alpha=\frac{v_B^2}{hl\cos\theta}=\frac{2.44^2}{1.22\times3.05\times\cos30^\circ}\ \text{rad/s}=1.85\ \text{rad/s}\quad(\text{为逆时针转向})$$

AB 杆的质心 C 点的加速度为

$$a_C=a_{CA}^{\tau}=\frac{l}{2}\alpha=\frac{3.05}{2}\times1.85\ \text{m/s}^2=2.82\ \text{m/s}^2\quad(\text{方向垂直于}\ AC\text{，转向与}\ \alpha\ \text{转向一致})$$

将 AB 杆的惯性力系向其质心 C 点简化，得惯性力系的主矢

$$F_{gC}=ma_C=45.4\times2.82\ \text{N}=128\ \text{N}\quad(\text{方向与}\ \boldsymbol{a}_C\ \text{相反})$$

惯性力系对质心 C 点的主矩为

$$M_{gC}=J_C\alpha=\frac{1}{12}ml^2\alpha=\frac{1}{12}\times45.4\times3.05^2\times1.85\ \text{N}\cdot\text{m}=65.1\ \text{N}\cdot\text{m}\quad(\text{转向与}\ \alpha\ \text{转向相反})$$

应用动静法，在 AB 杆上假想地加上其惯性力系的主矢和主矩，取坐标轴 x、y 如图 18－17 所示，列出“平衡”方程

$$\sum F_x=0,\quad F_{gC}\sin\theta-P=0$$

$$\sum M_A(\boldsymbol{F}_i)=0,\quad F_T\cdot l\cos\theta-mg\cdot\frac{l}{2}\cos\theta-F_{gC}\cdot\frac{l}{2}-M_{gC}=0$$

把已知数据代入以上二式，并联立解得

$$P=64\ \text{N},\quad F_T=321\ \text{N}$$

18.5 刚体绕定轴转动时轴承的动约束力

在高速转动的机械中，由于转子质量的不均匀性以及制造或安装时的误差，转子对于转轴常常产生偏心或偏角，转动时就会引起轴的振动和轴承动约束力。这种动约束力的极值有时会达到静约束力的十倍以上。因此，如何消除轴承动约束力的问题就成为高速转动机械的重要问题。下面将着重研究轴承动约束力的计算和如何消除轴承动约束力。

前面讨论了定轴转动刚体具有质量对称平面，且转动轴垂直于质量对称平面时惯性力系的简化结果。根据达朗贝尔原理，即可求出此时轴承的动约束力，但这是一种特殊情形。现在来讨论在一般情形下轴承动约束力的求法及消除它的基本原理。

设刚体绕 z 轴定轴转动，某瞬时角速度为 ω，角加速度为 α。A 为止推轴承，B 为轴承，在其上作用有主动力系 $\boldsymbol{F}_1,\boldsymbol{F}_2,\cdots,\boldsymbol{F}_n$。如果选 $Axyz$ 为固结在刚体上的动系，并跟随刚体一起转动，如图 18－18 所示。

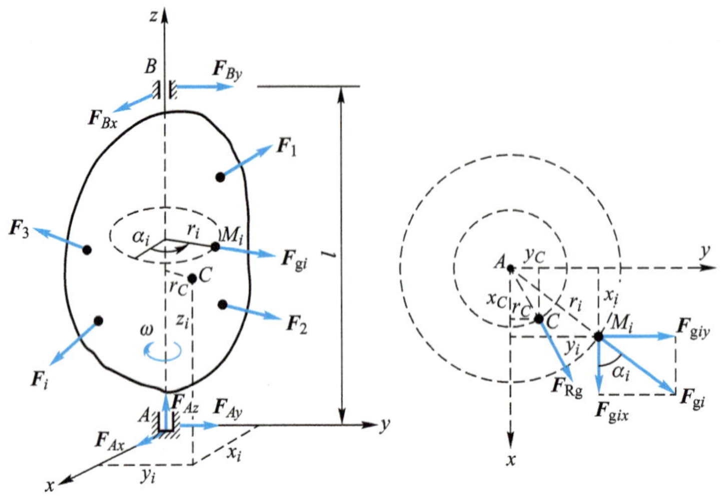

图 18－18

分析刚体上任一点 M_i 的惯性力。设该质点质量为 m_i，它到转动轴的距离为 r_i，故该点的惯性力为

$$F_{gi}^{n}=mr_i\omega^2$$

$$F_{gi}^{\tau}=mr_i\alpha$$

则第 i 个质点的惯性力 $\boldsymbol{F}_{gi}$ 在 x、y 轴上的投影为

$$F_{gix}=m_ir_i\omega^2\cdot\cos\alpha_i+m_ir_i\alpha\cdot\sin\alpha_i=m_ir_i\omega^2\cdot\frac{x_i}{r_i}+m_ir_i\alpha\cdot\frac{y_i}{r_i}=m_ix_i\omega^2+m_iy_i\alpha$$

$$F_{giy}=m_ir_i\omega^2\cdot\sin\alpha_i-m_ir_i\alpha\cdot\cos\alpha_i=m_ir_i\omega^2\cdot\frac{y_i}{r_i}-m_ir_i\alpha\cdot\frac{x_i}{r_i}=m_iy_i\omega^2-m_ix_i\alpha$$

$$F_{giz}=0$$

把刚体上所有各质点惯性力的 x、y、z 方向的投影相加，即得惯性力系的主矢在 x、y、z 方向的投影为

$$F_{Rgx}=\sum m_ix_i\omega^2+\sum m_iy_i\alpha=Mx_C\omega^2+My_C\alpha$$

$$F_{Rgy}=\sum m_iy_i\omega^2-\sum m_ix_i\alpha=My_C\omega^2-Mx_C\alpha$$

$$F_{Rgz}=0$$

式中 x_C、y_C 为刚体的质心坐标。

第 i 个质点的惯性力 $\boldsymbol{F}_{gi}$ 对 x、y、z 轴的力矩为

$$M_x(\boldsymbol{F}_{gi})=M_x(\boldsymbol{F}_{gi}^{n})+M_x(\boldsymbol{F}_{gi}^{\tau})=-m_ir_i\omega^2\sin\alpha_i\cdot z_i+m_ir_i\alpha\cos\alpha_i\cdot z_i$$

$$=-m_iy_iz_i\omega^2+m_iz_ix_i\alpha$$

$$M_y(\boldsymbol{F}_{gi})=M_y(\boldsymbol{F}_{gi}^n)+M_y(\boldsymbol{F}_{gi}^\tau)=m_ir_i\omega^2\cos\alpha_i\cdot z_i+m_ir_i\alpha\sin\alpha_i\cdot z_i$$

$$=m_iz_ix_i\omega^2+m_iy_iz_i\alpha$$

$$M_z(\boldsymbol{F}_{gi})=M_z(\boldsymbol{F}_{gi}^n)+M_z(\boldsymbol{F}_{gi}^\tau)=0-m_ir_i\alpha\cdot r_i$$

$$=-m_ir_i^2\alpha$$

把刚体上所有各质点惯性力对 x、y、z 轴的力矩相加，可得惯性力系的主矩在 x、y、z 轴的投影为

$$M_{Ax}=-\sum m_iy_iz_i\cdot\omega^2+\sum m_ix_iz_i\cdot\alpha=-J_{yz}\omega^2+J_{zx}\alpha$$

$$M_{Ay}=\sum m_iz_ix_i\cdot\omega^2+\sum m_iy_iz_i\cdot\alpha=J_{zx}\omega^2+J_{yz}\alpha$$

$$M_{Az}=-\sum m_ir_i^2\cdot\alpha=-J_z\alpha$$

式中

$$J_{yz}=\sum m_iy_iz_i,\quad J_{xz}=\sum m_iz_ix_i$$

分别称为刚体对 y、z 轴和 z、x 轴的惯性积，表示了刚体对坐标轴的质量分布情况，具有与转动惯量相同的量纲。

根据达朗贝尔原理，刚体在主动力系 $\boldsymbol{F}_1,\boldsymbol{F}_2,\cdots,\boldsymbol{F}_n$，约束力 $\boldsymbol{F}_{Ax}$、$\boldsymbol{F}_{Ay}$、$\boldsymbol{F}_{Az}$，$\boldsymbol{F}_{Bx}$、$\boldsymbol{F}_{By}$ 及惯性力系作用下处于“平衡”，由此可得到下列六个平衡方程式：

$$\sum F_x=0,\quad F_{Ax}+F_{Bx}+\sum F_{ix}+F_{Rgx}=0$$

$$\sum F_y=0,\quad F_{Ay}+F_{By}+\sum F_{iy}+F_{Rgy}=0$$

$$\sum F_z=0,\quad F_{Az}+\sum F_{iz}=0$$

$$\sum M_{Ax}(\boldsymbol{F}_i)=0,\quad -F_{By}\cdot l+\sum M_x(\boldsymbol{F}_i)+M_{Ax}=0$$

$$\sum M_{Ay}(\boldsymbol{F}_i)=0,\quad F_{Bx}\cdot l+\sum M_y(\boldsymbol{F}_i)+M_{Ay}=0$$

$$\sum M_{Az}(\boldsymbol{F}_i)=0,\quad \sum M_z(\boldsymbol{F}_i)+M_{Az}=0$$

把前面求得的惯性力系的简化结果代入以上各式，可求得约束力为

$$F_{Ax}=\frac{1}{l}\left[\sum M_y(\boldsymbol{F}_i)+J_{zx}\omega^2+J_{yz}\alpha\right]-\sum F_{ix}-Mx_C\omega^2-My_C\alpha$$

$$F_{Ay}=-\frac{1}{l}\left[\sum M_x(\boldsymbol{F}_i)-J_{yz}\omega^2+J_{zx}\alpha\right]-\sum F_{iy}-My_C\omega^2+Mx_C\alpha$$

$$F_{Az}=-\sum F_{iz}$$

$$F_{Bx}=-\frac{1}{l}\left[\sum M_y(\boldsymbol{F}_i)+J_{zx}\omega^2+J_{yz}\alpha\right]$$

$$F_{By}=\frac{1}{l}\left[\sum M_x(\boldsymbol{F}_i)-J_{yz}\omega^2+J_{zx}\alpha\right]$$

由以上结果可看出，轴承的约束力由两部分组成。一部分是由主动力引起的约束力，称为**静约束力**。另一部分是由惯性力引起的，称为**动约束力**。这个动约束力是由于质心偏离转动轴，或由于转动轴与刚体的对称轴偏转一个微小角度引起的。要消除这些动约束力，只有消除偏心及偏角的现象，即只有尽可能地使质心在转动轴上，并使转动轴与刚体的对称轴重合，才可使轴承的动约束力等于零。

对转动刚体来说，使得惯性积 J_{yz} 及 J_{zx} 均为零的转动轴 z 称为**惯性主轴**。如果此轴又通过刚体的质心，则此轴就称为**中心惯性主轴**。由此可见，消除转子轴承动约束力的基本方法就在于尽量设法使转动轴成为中心惯性主轴。

动静法用来解决动力学问题是非常方便的。它的主要出发点就是通过加惯性力使动力学问题变为“静力学”问题，然后应用静力学写平衡方程或作图的方法来求解，实际上就等于求解动力学问题。由于它用到的基本概念很少，除了惯性力的概念之外，没再引进其他新的物理量。而静力学的平衡方程式经常使用，人们对它比较熟悉，所以也常常乐于选用这种方法。根据已知主动力，即可求出运动，包括运动规律、速度及加速度，然后根据求出的运动即可求约束力。也就是说，动力学的两大基本问题，应用这个方法都能加以解决。应用这个方法的关键是加惯性力，严格说来，惯性力并不作用在运动的物体上，而是作用在使它产生加速度的另一物体上。但是，当物体运动比较复杂时，有时这个“另一物体”往往并不好找，因此有时也就不再去追问这个“另一物体”到底是哪一物体，因而形式地也就把惯性力当成“真实的”力来处理了。

也可应用达朗贝尔原理分析变形体的动力学问题。

例 18-11 起重机以加速度 $\boldsymbol{a}$ 匀加速提升一根杆件（图 18-19a）。若杆件长为 l，横截面面积为 A，材料比重为 γ。试求杆件内的最大动应力。

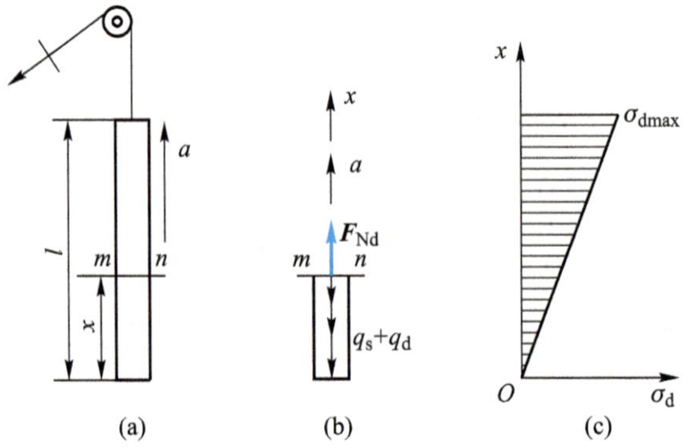

图 18-19

解 设以距下端为 x 的截面 mn 将杆件分为两部分，取下半部分进行研究（图 18-19b）。作用于该部分杆件上的重力沿轴线均匀分布，重力集度为 $q_s=A\gamma$。横截面 mn 上的轴力为 F_{Nd}。根据达朗贝尔原理，对该部分杆件引入惯性力后，可按静力平衡进行分析。本例中，惯性力也沿杆件轴线均匀分布，惯性力集度为 $q_d=\frac{A\gamma}{g}a$，其方向与加速度方向相反。由平衡条件 $\sum F_x=0$ 得

$$F_{Nd}=(q_s+q_d)x=A\gamma x\left(1+\frac{a}{g}\right) \tag{a}$$

杆件上的作用力均沿轴线方向，杆件发生轴向拉伸变形，其横截面上的动应力为

$$\sigma_d=\frac{F_{Nd}}{A}=\gamma x\left(1+\frac{a}{g}\right) \tag{b}$$

当 $a=0$ 时，杆件只承受静载荷（重力）作用，相应的静应力为

$$\sigma=\gamma x$$

将上式代入式(b)，得

$$\sigma_d=\sigma\left(1+\frac{a}{g}\right) \tag{c}$$

引用记号

$$K_d=1+\frac{a}{g} \tag{d}$$

K_d 称为匀加速提升问题的**动载荷因数**。于是式(c)转化为

$$\sigma_d=K_d\sigma \tag{e}$$

式(e)表明，对于匀加速提升问题，动应力等于静应力乘以动载荷因数。

动应力 σ_d 沿轴线按线性规律分布（图 18-19c）。当 $x=l$ 时，有最大动应力为

$$\sigma_{dmax}=\gamma l\left(1+\frac{a}{g}\right)=K_d\sigma_{max}$$

式中，$\sigma_{max}=\gamma l$ 为最大静应力。

例 18-12 一平均直径为 D 的薄壁圆环以角速度 ω 匀速旋转（图 18-20a）。已知圆环横截面面积为 A，壁厚为 t，材料比重为 γ，且有 $D \gg t$。试求圆环的动应力及圆环直径改变量。

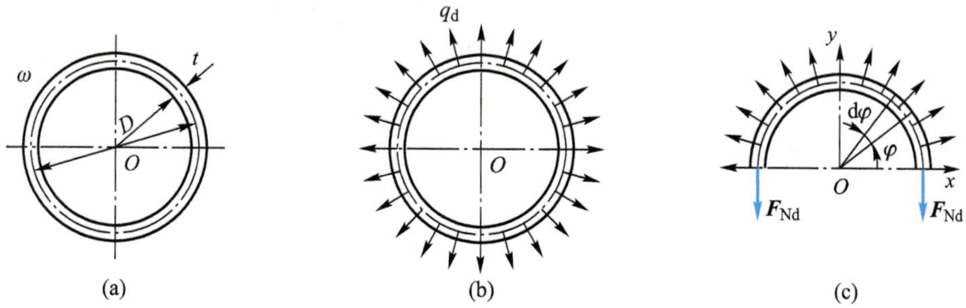

图 18-20

解 圆环等角速度旋转时，各点有向心加速度，因为 $D \gg t$，可近似认为环内各点的向心加速度相同，为$a_n=\frac{D}{2}\omega^2$。根据达朗贝尔原理，圆环沿周向均匀分布的惯性力集度为

$$q_d=\frac{A\gamma}{g}a_n=\frac{A\gamma D}{2g}\omega^2$$

方向与 a_n 相反（图 18-20b）。用通过圆心的水平面将圆环分为两部分，取上半部分为研究对象，由平衡条件 $\sum F_y=0$ 得

$$2F_{\mathrm{Nd}}=\int_{0}^{\pi}q_{\mathrm{d}}\cdot\frac{D}{2}\mathrm{d}\varphi\cdot\sin\varphi=q_{\mathrm{d}}D$$

于是得圆环横截面上的内力为

$$F_{\mathrm{Nd}}=\frac{q_{\mathrm{d}}D}{2}=\frac{A\gamma D^{2}}{4g}\omega^{2}$$

圆环横截面上的应力为

$$\sigma_{\mathrm{d}}=\frac{F_{\mathrm{Nd}}}{A}=\frac{\gamma D^{2}}{4g}\omega^{2}=\frac{\gamma v^{2}}{g} \tag{a}$$

式中，$v=\frac{D}{2}\omega$ 是圆环轴线上各点的线速度。

在分布惯性力作用下，圆环将胀大。令圆环变形后的直径为 D_1，则其直径改变量为 $\Delta D=D_1-D$，其径向应变为

$$\varepsilon_{\mathrm{r}}=\frac{\Delta D}{D}=\frac{\pi(D_1-D)}{\pi D}=\varepsilon_{\mathrm{t}}=\frac{\sigma_{\mathrm{d}}}{E} \tag{b}$$

这里 ε_{t} 是圆环的周向应变。由式(a)和式(b)得

$$\Delta D=\frac{\sigma_{\mathrm{d}}}{E}D=\frac{\gamma v^{2}D}{gE}$$

例 18-13 在 AB 轴的 B 端有一个质量很大的飞轮(图 18-21)，与飞轮相比，轴的质量可以忽略不计。轴的另一端 A 处装有刹车离合器。飞轮的转速为 $n=100$ r/min，转动惯量为 $J=0.5$ kN·m·s^2，轴的直径为 $d=100$ mm。刹车时使轴在 $t=10$ s 内按匀减速停止转动，求此时轴内的最大动应力。

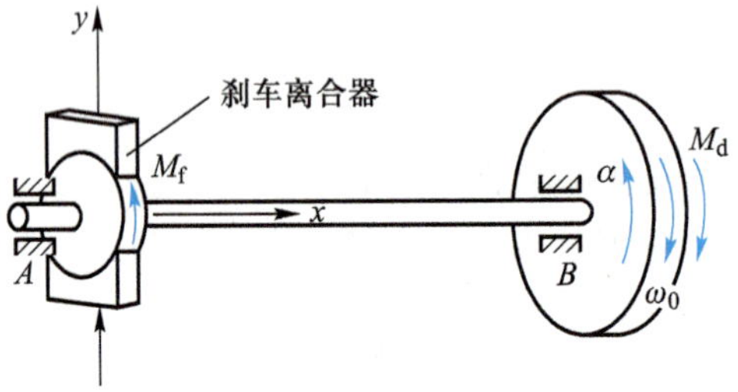

图 18-21

解 飞轮与轴的转动角速度为

$$\omega_0=\frac{\pi\cdot n}{30}=\frac{2\pi(1/\mathrm{r})\times100\ \mathrm{r/min}}{60\ \mathrm{s/min}}=\frac{10}{3}\pi\ \mathrm{s}^{-1}$$

当飞轮与轴同时做匀减速转动时，其角加速度为

$$\alpha=\frac{\omega_1-\omega_0}{t}=\frac{0-\frac{10}{3}\pi\ \mathrm{s}^{-1}}{10\ \mathrm{s}}=-\frac{\pi}{3}\ \mathrm{s}^{-2}$$

等号右边的负号只是表示 α 与 ω_0 的方向相反(图 18-21)。根据达朗贝尔原理，在飞轮上加上方向与 α 相反的惯性力偶矩 M_{d}，且

$$M_{\mathrm{d}}=-J\cdot\alpha=-0.5\ \mathrm{kN\cdot m\cdot s^{2}}\cdot\left(-\frac{\pi}{3}\right)\mathrm{s}^{-2}=\frac{0.5\pi}{3}\ \mathrm{kN\cdot m}$$

设轴上作用的摩擦力矩为 M_{f}，由平衡条件 $\sum M_x=0$ 得

$$M_{\mathrm{f}}=M_{\mathrm{d}}=\frac{0.5\pi}{3}\ \mathrm{kN\cdot m}$$

AB 轴在摩擦力矩 M_f 和惯性力偶矩 M_d 作用下发生扭转变形，横截面上的扭矩为

$$T=M_d=\frac{0.5\pi}{3}\ \mathrm{kN\cdot m}$$

于是得横截面上的最大扭转切应力为

$$\tau_{\mathrm{dmax}}=\frac{T}{W_p}=\frac{\frac{0.5\pi}{3}\times10^3\ \mathrm{N\cdot m}}{\frac{\pi}{16}(100\times10^{-3}\ \mathrm{m})^3}=2.67\times10^6\ \mathrm{Pa}=2.67\ \mathrm{MPa}$$

习题

18-1 机构如图所示，已知：$O_1A=O_2B=r$，且 $O_1A /\!/ O_2B$，O_1A 以匀角速度 ω 绕轴 O_1 转动，直角杆 ADB 质量为 m。试求杆 ADB 惯性力系简化的最简结果。

18-2 图示系统由匀质圆盘与匀质细杆铰接而成。已知：圆盘半径为 r、质量为 M，杆长为 L、质量为 m。在图示位置杆的角速度为 ω、角加速度为 α，圆盘的角速度、角加速度均为零，试求系统惯性力系向定轴 O 简化的主矢与主矩。

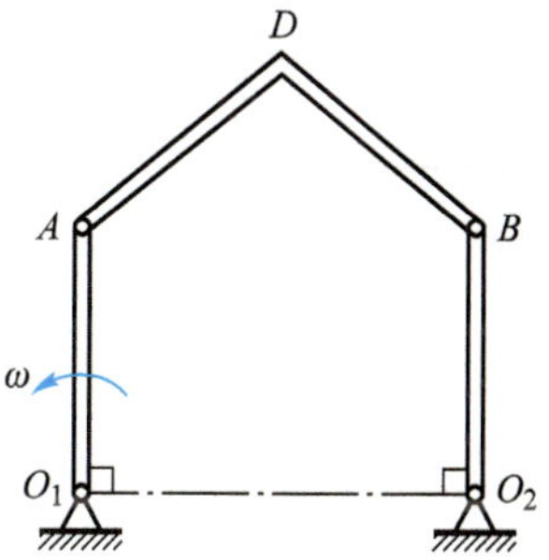

题 18-1 图

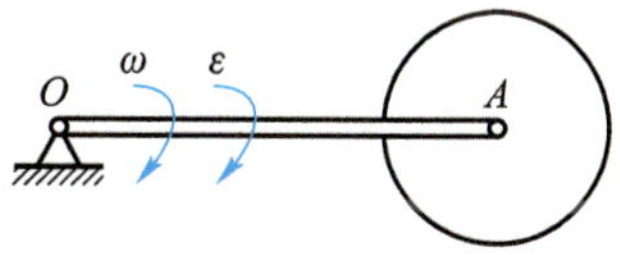

题 18-2 图

18-3 曲柄滑块机构如图所示，已知圆轮半径为 r，对转轴的转动惯量为 J，轮上作用一个不变的力偶 M，ABD 滑槽的质量为 m，不计摩擦。求圆轮的转动微分方程。

18-4 图示为均质细杆弯成的圆环，半径为 r，转轴 O 通过圆心垂直于环面，A 端自由，AD 段为微小缺口，设圆环以匀角速度 ω 绕轴 O 转动，环的线密度为 ρ，不计重力，求任意截面 B 处对 AB 段的约束力。

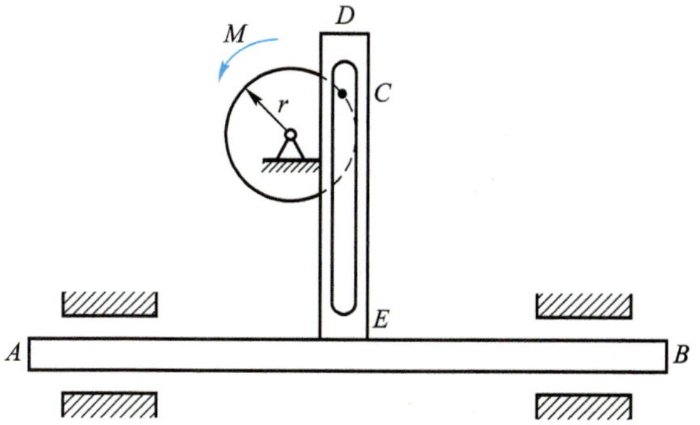

题 18-3 图

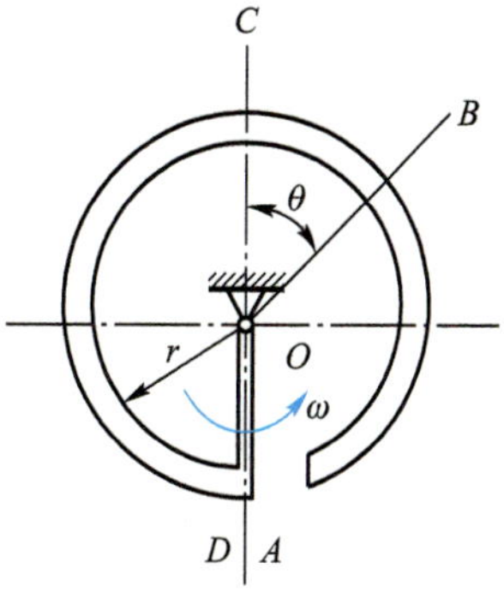

题 18-4 图

18-5 如图所示矩形块质量 $m_1=100$ kg，置于平台车上。车质量为 $m_2=50$ kg，此车沿光滑的水平面运

动。车和矩形块在一起由质量为 m_3 的物体牵引，使之做加速运动。设物块与车之间的摩擦力足够阻止相互滑动，求能够使车加速运动而 m_1 块不倒的质量为 m_3 的最大值，以及此时车的加速度大小。

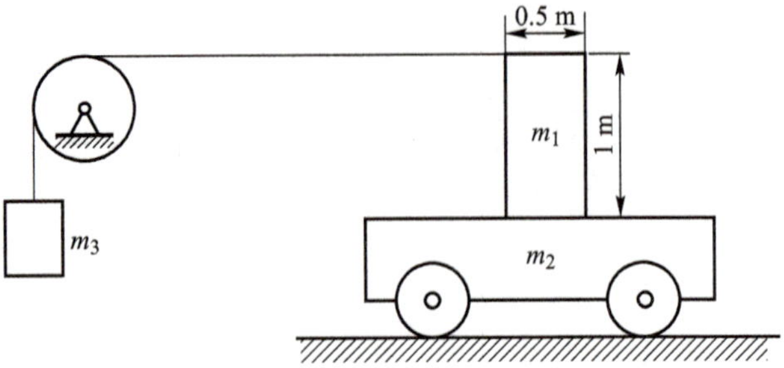

题 18－5 图

18－6 调速器由两个质量为 m_1 的均质圆盘所构成，圆盘偏心地铰接于距转动轴为 a 的 A、B 两点。调速器以等角速度 ω 绕铅垂轴转动，圆盘中心到悬挂点的距离为 l，如图所示。调速器的外壳质量为 m_2，并放在两个圆盘上。如不计摩擦，求角速度 ω 与圆盘离铅垂线的偏角 φ 之间的关系。

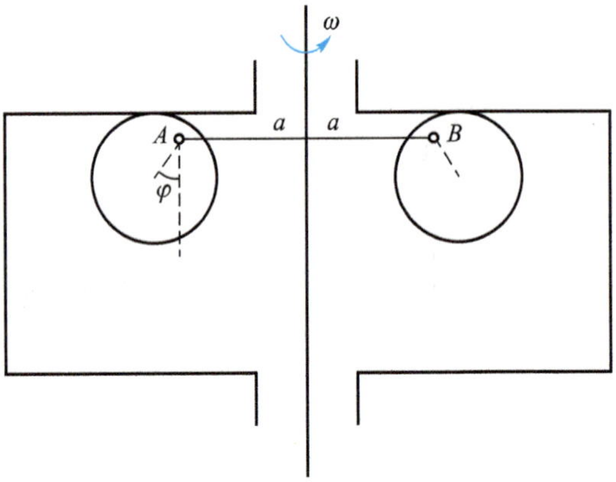

题 18－6 图

18－7 如图所示均质曲杆 $ABCD$ 刚性地连接于铅垂转轴上，已知 $CO=OB=b$，转轴以匀角速度 ω 转动。欲使 AB 及 CD 段截面只受沿杆的轴向力，求 AB、CD 段的曲线方程。

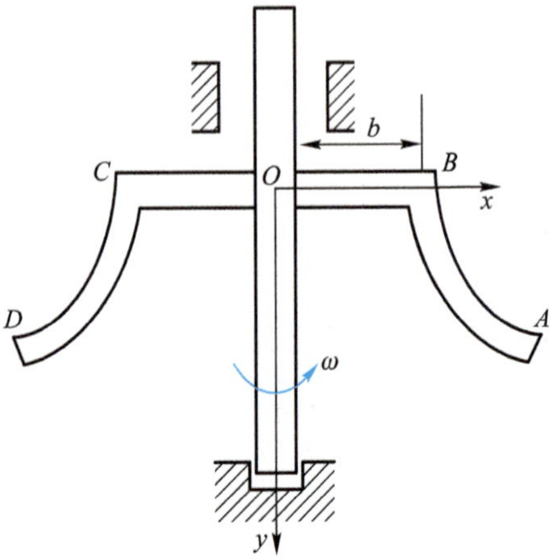

题 18－7 图

18-8 如图所示，长方形匀质平板，质量为 27 kg，由两个销 A 和 B 悬挂。如果突然撤去销 B，求在撤去销 B 的瞬时平板的角加速度和销 A 的约束力。

18-9 图示匀质细杆由三根绳索维持在水平位置。已知：杆的质量 $m=100$ kg，$\theta=45°$。试用动静法求割断绳 BO_1 的瞬时，绳 BO_2 的张力。

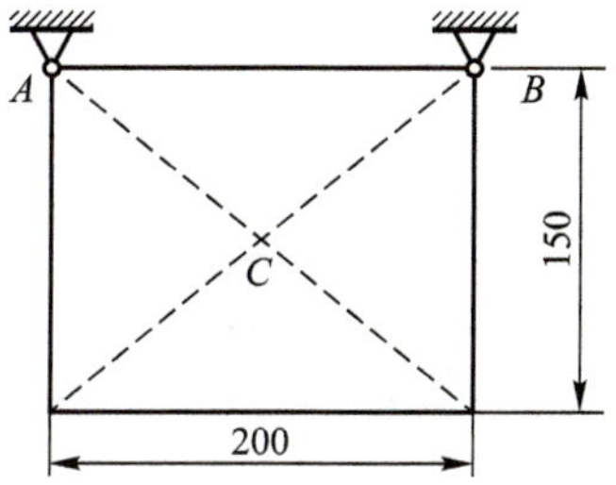

题 18-8 图

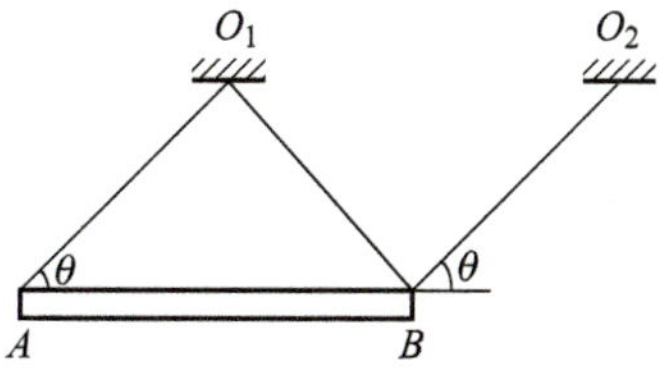

题 18-9 图

18-10 如图所示，质量为 m_1 的物体 A 下落时，带动质量为 m_2 的均质圆盘 B 转动，不计支架和绳子的重量及轴上的摩擦，$BC=a$，盘 B 的半径为 R。求固定端 C 的约束力。

18-11 如图所示，曲柄 OA 质量为 m_1，长为 r，以等角速度 ω 绕水平的 O 轴反时针方向转动。曲柄 OA 推动质量为 m_2 的滑杆 BC，使其沿铅垂方向运动。忽略摩擦，求当曲柄与水平方向夹角 30°时的力偶矩 M 及轴承 O 的约束力。

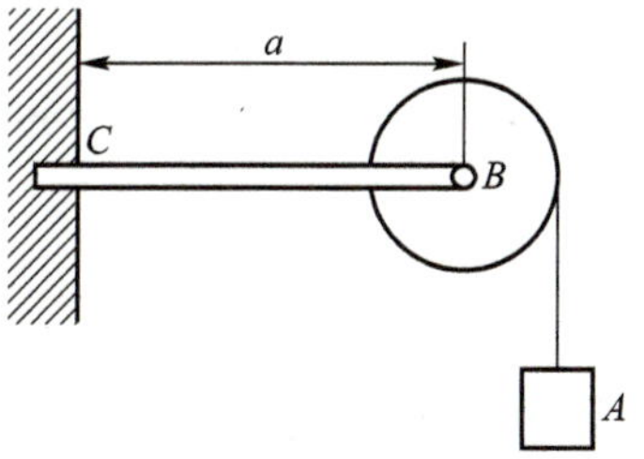

题 18-10 图

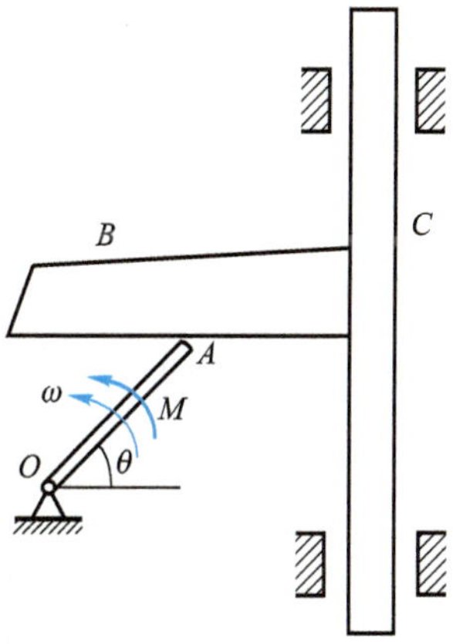

题 18-11 图

18-12 曲柄摇杆机构的曲柄 OA 长为 r，质量为 m，在力偶 M(随时间而变化)驱动下以匀角速度 ω_0 转动，并通过滑块 A 带动摇杆 BD 运动。OB 铅垂，BD 可视为质量为 $8m$ 的均质等直杆，长为 $3r$。不计滑块 A 的质量和各处摩擦；如图所示瞬时，OA 水平、$\theta=30°$。求此时驱动力偶矩 M 和 O 处约束力。

18-13 如图所示，均质板质量为 m，放在 2 个均质圆柱碾子上，碾子质量皆为 $m/2$，其半径均为 r。如在板上作用一水平力 $\boldsymbol{F}$，并设碾子无滑动，求板的加速度。

18-14 铅垂面内曲柄连杆滑块机构中，均质直杆 $OA=r$、$AB=2r$，质量分别为 m 和 $2m$，滑块质量为 m。曲柄 OA 匀速转动，角速度为 ω_0。在图所示瞬时，滑块运行阻力为 $\boldsymbol{F}$。不计摩擦，求滑道对滑块的约束力及 OA 上的驱动力偶矩 M_0。

18-15 图示匀质定滑轮装在铅垂的无重悬臂梁上，用绳与滑块相接。已知：轮半径 $r=1$ m，重 $W=20$ kN，滑块重 $P=10$ kN，梁长为 $2r$，斜面的倾角 $\tan\theta=3/4$，动摩擦因数 $f'=0.1$。若在轮 O 上作用一常力偶矩 $M=10$ kN · m。试用动静法求：(1) 滑块 B 上升的加速度；(2) 支座 A 处的约束力。

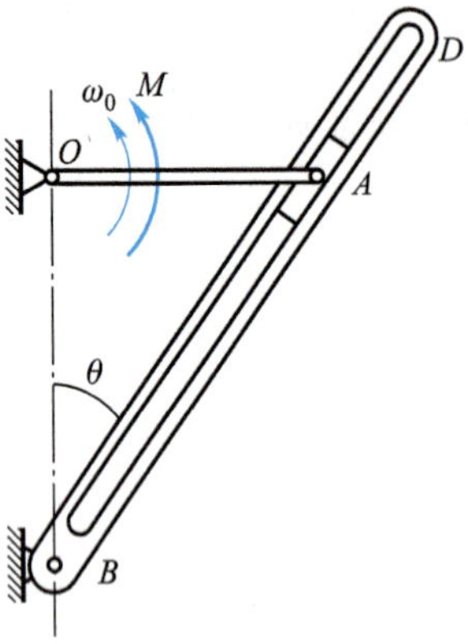

题 18-12 图

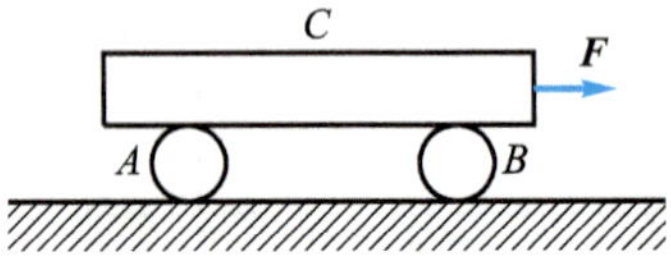

题 18-13 图

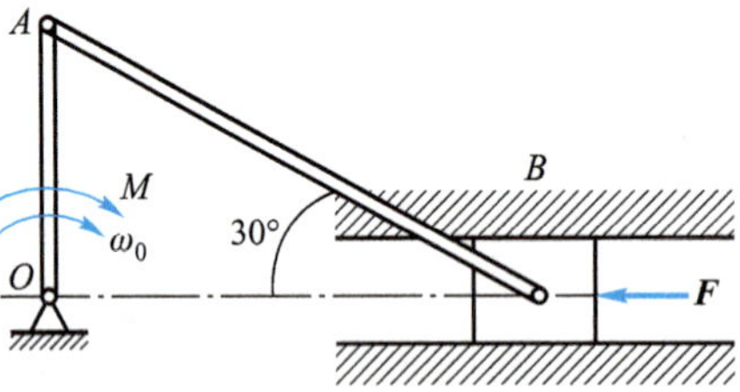

题 18-14 图

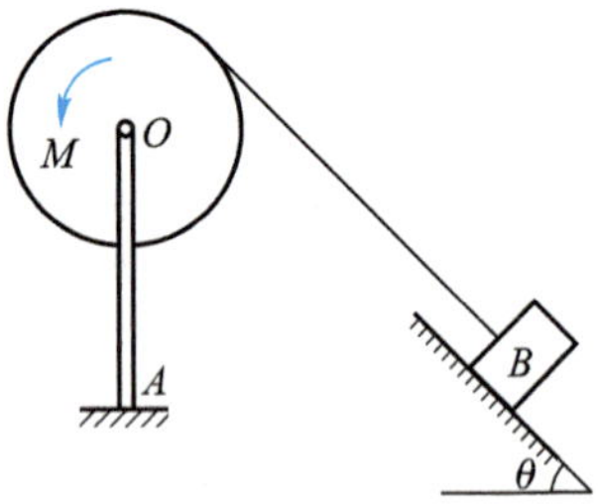

题 18-15 图

18-16 如图所示卷扬机卷起重为 $W_1=40$ kN 的物体以等加速度 $a=5$ m/s^2 向上运动。鼓轮重为 $W=4$ kN，直径为 $D=1.2$ m，安装在轴的中点 C，轴长为 $l=1$ m，材料的许用应力为$[\sigma]=100$ MPa。试按第三强度理论设计轴的直径 d。

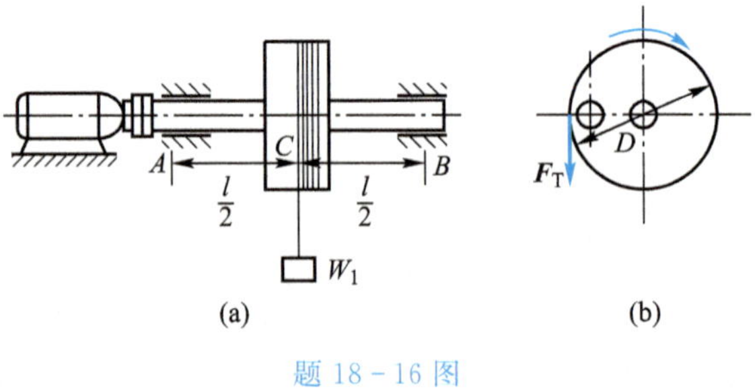

题 18-16 图

18-17 一圆轴上装有一钢质圆盘，盘上有一圆孔，如图所示。若轴与盘以 $\omega=40$ rad/s 的匀角速度旋转，试求轴内由这一圆孔引起的最大正应力。已知钢的密度为 7.8 g/cm^3。

18-18 在直径为 100 mm 的轴上装有转动惯量 $J=0.5$ kN · m · s^2 的飞轮，轴的转速为 $n=300$ r/min。制动器开始作用后，在 20 转内将飞轮刹停。试求飞轮刹停过程中轴内最大切应力。设在制动器作用前，轴已与驱动装置脱开，且轴承内的摩擦力可以不计。

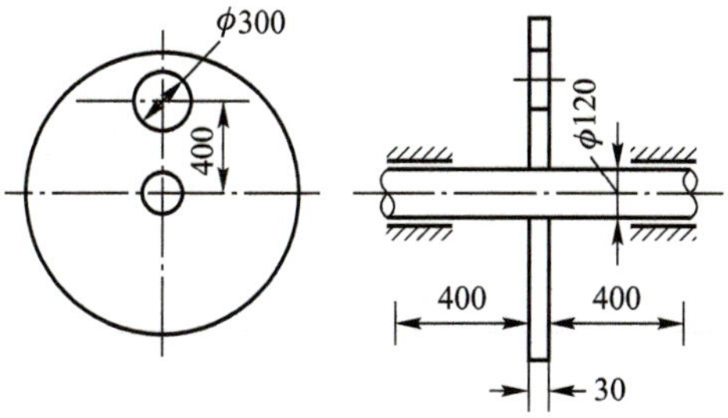

题 18－17 图

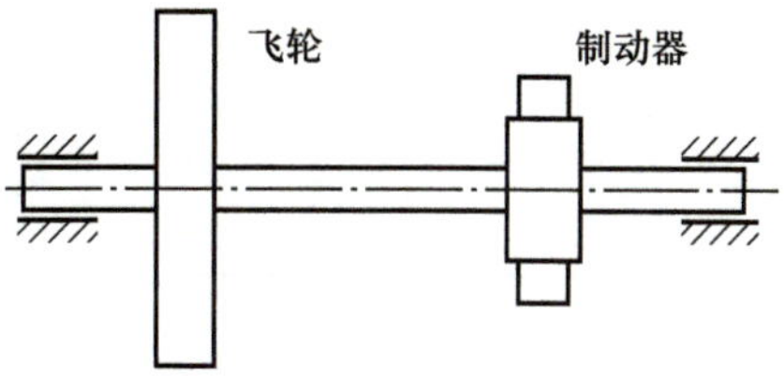

题 18－18 图

18－1
第 18 章
习题答案

第19章 分析力学基础

对于非自由质点系统的动力学分析问题，从力学的发展看，前面我们接触到的力学可以认为是初等动力学，或称为牛顿力学。下面要学习的虚位移原理和由此建立的第二类拉格朗日方程，则属于拉格朗日力学。

初等动力学中的基本力学量为力、质量、加速度。

基本定理是牛顿定律。

对于一个质点而言，其动力学方程为 $\boldsymbol{F}=m\boldsymbol{a}$。

其优点是直观性强，这部分内容称为牛顿力学。

但在工程实际中所遇到的问题大多是非自由系统——即所研究的对象的位置、速度在运动中常受到预先规定的某些限制，这些限制统称为约束。用牛顿定律直接解决这一类问题时，往往显得很困难。例如：由 N 个质点组成的系统，首先要解除约束，代之以约束力，通常是未知的，然后列出 $3N$ 个包含未知约束力在内的二阶微分方程组，再加上约束方程就组成一个数目很大的方程组；方程的数目越多，求解就越困难，在有些情况下很可能无法求解。

在这种情况下拉格朗日从另一个途径出发来研究关于非自由质点系统的问题。拉格朗日力学的基本力学量是能量和功。

基本原理是虚功原理。由此可以用数学分析的方法统一处理任意非自由质点系统的动力学问题。

1788 年他的巨著《分析力学》问世。这一巨著的出版标志着动力学问题研究的完善，从而派生出分析力学。

下面用一章的篇幅介绍一下有关分析力学中所用到的一些基本概念。

19.1 约　　束

1. 约束

设一个系统由 N 个质点 $P_i(i=1,2,\cdots,N)$ 组成。为了描述该系统在空间的位置，可以采用直角坐标系(笛卡儿坐标系)。第 i 个质点的空间位置由惯性参考系中一固定点 O 所引的矢径 $\boldsymbol{r}_i$ 或直角坐标(x_i,y_i,z_i)所确定。为了便于叙述，有时也将系统的所有坐标按统一序号记为 x_1，$x_2,\cdots,x_{3N}$。这样，第 i 个质点的坐标为$(x_{3i-2},x_{3i-1},x_{3i})$。各质点的位置确定以后，整个系统的位置和形状也就确定了，我们称之为位形(configuration)。系统运动时位形也将随时间不断发生变化。系统运动时如果各质点的位置、速度等受到一定的限制，则称这种限制为约束(constraint)。

例如，用一根无质量的刚性杆连接两个小球（质点），运动时由于刚性杆的存在使两球心的距离始终保持不变。这里刚性杆构成了对质点系统的约束。

又如导弹追踪目标时，要求其飞行方向（即速度方向）应时时对准目标。这里并没有一个具体的实物来限制导弹的飞行速度的方向，这种约束关系是通过导弹的控制系统来实现的。

2. 约束方程

从上面的两个例子中我们可以看出约束的形式和机理是不同的，但它们却有共同的本质，那就是使得系统中的某些或全部质点的位置、速度等一些运动学要素受到一定的限制，换句话说，这些运动学要素必须满足一定的条件，这种条件可以用下面一般形式的数学方程来统一表示，即

$$f_\alpha(x,t)=0 \quad (\alpha=1,2,\cdots,l) \tag{19-1}$$

或

$$f_\beta(x,\dot{x},t)=0 \quad (\beta=1,2,\cdots,g) \tag{19-2}$$

其中 x 是 $x_1,x_2,\cdots,x_{3N}$ 的全体，$\dot{x}$ 中的“·”表示该字母的量对时间的导数$\left(\text{如 } \dot{x}=\dfrac{\mathrm{d}x}{\mathrm{d}t}\right)$，而 $\dot{x}$ 则是 $\dot{x}_1,\dot{x}_2,\cdots,\dot{x}_{3N}$ 的全体。（这种用一个不带下标的字母代表有下标的同一字母的全体的简化记法今后将一直采用，不再作说明。）

我们将这种用来描述约束关系的数学方程式(19-1)或式(19-2)称为约束方程(constraint equation)。有时为了简便起见，也将约束方程表示成如下矢径形式：

$$f_\alpha(\boldsymbol{r},t)=0 \quad (\alpha=1,2,\cdots,l) \tag{19-3}$$

或

$$f_\beta(\boldsymbol{r},\dot{\boldsymbol{r}},t)=0 \quad (\beta=1,2,\cdots,g) \tag{19-4}$$

其中 $\boldsymbol{r}$ 是质点的矢径，代表 $\boldsymbol{r}_1,\boldsymbol{r}_2,\cdots,\boldsymbol{r}_N$ 的全体。

例 19-1 一个质点被限制在一个不断膨胀的球面上运动，如图 19-1 所示。写出此情况下质点的约束方程。

解 将球的半径记为 $R(t)$，则约束方程为

$$x^2+y^2+z^2-R^2(t)=0$$

例 19-2 用一个不计质量且不断改变长度的细杆将质点 A 与固定点连接，如图 19-2 所示。写出此情况下质点的约束方程。

解 将杆的长度记为 $l(t)$，则约束方程为

$$x^2+y^2+z^2-l^2(t)=0$$

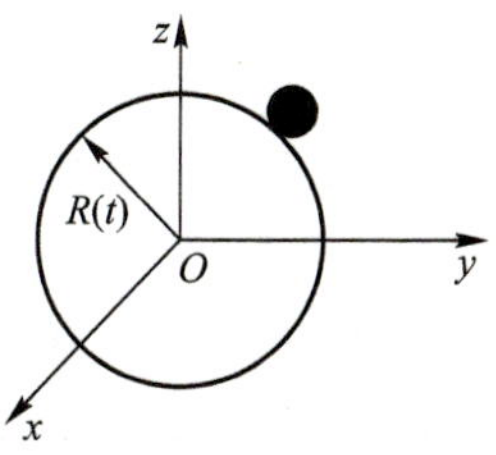

图 19-1

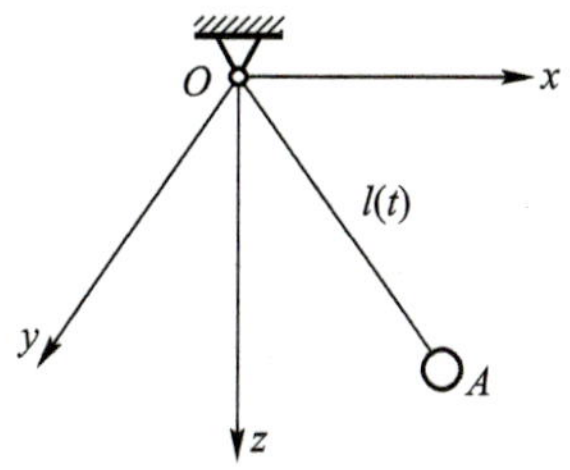

图 19-2

例 19-3 如图 19-3 所示，导弹 A 追击目标 B，如果导弹速度方向总指向目标，试写出约束方程。

解 系统由 A、B 两个质点组成，位置可用 $\boldsymbol{r}_A$、$\boldsymbol{r}_B$ 来描述其直角坐标应为 (x_A, y_A, z_A)、(x_B, y_B, z_B)；而速度应分别为 $\dot{\boldsymbol{r}}_A$、$\dot{\boldsymbol{r}}_B$，其坐标为 $(\dot{x}_A, \dot{y}_A, \dot{z}_A)$、$(\dot{x}_B, \dot{y}_B, \dot{z}_B)$。根据题意，约束方程应表示为

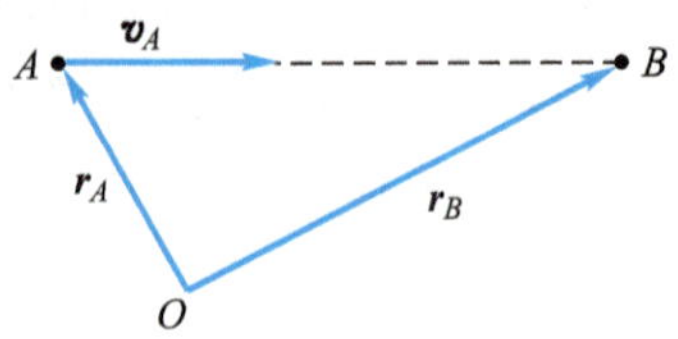

图 19-3

$$\frac{\boldsymbol{r}_A}{|\dot{\boldsymbol{r}}_A|}=\frac{\boldsymbol{r}_B-\boldsymbol{r}_A}{|\dot{\boldsymbol{r}}_B-\dot{\boldsymbol{r}}_A|}$$

实际计算时，我们应将上式向三个坐标轴方向投影，这样有

$$\frac{1}{|\dot{\boldsymbol{r}}_A|}\dot{x}_A=\frac{1}{|\dot{\boldsymbol{r}}_B-\dot{\boldsymbol{r}}_A|}(x_B-x_A)$$

$$\frac{1}{|\dot{\boldsymbol{r}}_A|}\dot{y}_A=\frac{1}{|\dot{\boldsymbol{r}}_B-\dot{\boldsymbol{r}}_A|}(y_B-y_A)$$

$$\frac{1}{|\dot{\boldsymbol{r}}_A|}\dot{z}_A=\frac{1}{|\dot{\boldsymbol{r}}_B-\dot{\boldsymbol{r}}_A|}(z_B-z_A)$$

也可将上面三式写成如下更为简单的形式：

$$\left(\frac{1}{x_B-x_A}\right)\dot{x}_A-\left(\frac{1}{y_B-y_A}\right)\dot{y}_A=0$$

$$\left(\frac{1}{x_B-x_A}\right)\dot{x}_A-\left(\frac{1}{z_B-z_A}\right)\dot{z}_A=0$$

从例 19-1 和例 19-2 中可以看出，两个结构不同的约束却有着相同的约束方程。在分析力学中，由于我们关心的是各质点间的位置、速度等所应满足的关系，而不是约束的具体结构，因而对于例 19-1 和例 19-2 中的两种约束也就无须区别。也就是说，今后所说的约束，仅是指约束方程，而不追究其具体结构。因此约束可完全按约束方程的不同类型而区分。

完整约束——在约束方程(19-1)或(19-3)中，如果仅含坐标 x 和时间 t，而不含速度 $\dot{x}$，则约束称为**完整约束**(holonomic constraint)或**几何约束**(geometrical constraint)。**也就是说，完整约束只限制系统各质点的位置而不限制速度。**

完整约束(19-1)也可以写成微分形式，只要将式(19-1)微分处理即可：

$$\sum_{s=1}^{3N}\frac{\partial f_\alpha}{\partial x_s}\mathrm{d}x_s+\frac{\partial f_\alpha}{\partial t}\mathrm{d}t=0,\quad (\alpha=1,2,\cdots,l)$$

非完整约束——在约束方程(19-2)或(19-4)中既含有坐标 x 和时间 t，又含有速度 $\dot{x}$，则约束称为**非完整约束**(nonholonomic constraint)。**也就是说，非完整约束对于各质点的速度也进行了限制。**

只有完整约束的系统称为**完整系统**(holonomic system)。具有非完整约束的系统称为**非完整系统**(nonholonomic system)。

完整系统不能任意占据空间位置，这是因为完整系统对系统各点的位置加上了限制。若系统只有非完整约束，则系统可以占据空间的任何位置，但在这些位置上各点的速度都要受到非完整约束的限制。

当约束方程中不显含时间 t 时，称这种约束为**定常约束**(steady constraint)。当约束方程中

显含时间 t 时，称这种约束为非定常约束（unsteady constraint）。只具有定常约束的系统称为定常系统（time-invariant system）。具有非定常约束的系统称为非定常系统（time-dependent system）。

在约束方程中，用等式表示的约束称为双面约束（bilateral constraint）。约束方程如果用不等式表示，则称单面约束（unilateral constraint）。

例 19-4 一单摆由质量为 m、长为 l 的轻杆组成，悬挂点以 $y=u(t)$ 运动，如图 19-4 所示。试列写问题的约束方程，并说明约束是完整的还是非完整的，是定常的还是非定常的，是双面的还是单面的。

解 设摆的坐标为 (x_m, y_m)，则约束方程为

$$x_m^2+(y_m-u(t))^2=l^2$$

$$x_m^2+y_m^2-2y_m u(t)=l^2-u^2(t)$$

约束是完整的、非定常的、双面的。

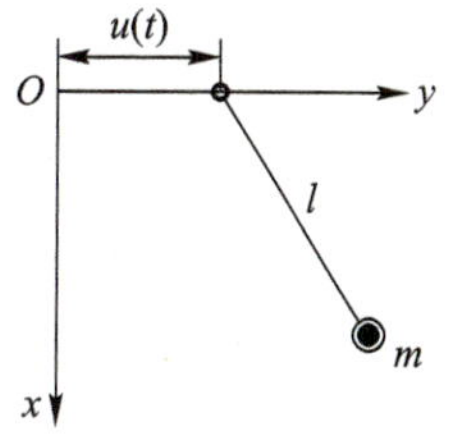

图 19-4

19.2 广 义 坐 标

在上面的讨论中，我们确定系统的位形均采用了笛卡儿坐标，也就是用了这样一组参数 x_1, x_2, …, x_{3N}，那么描述系统的位形是否一定要用这样 $3N$ 个参数呢？很显然，不一定非得要这样做，如图 19-5 所示的机构，确定系统的位形只用一个角度 φ 就可以了。对于图 19-6 所示机构，确定系统位形所需要的坐标可以用两个角度 α 和 β。这些参数不是通常意义上的直角坐标，但它们同样可以描述系统的位形，而且数目明显比用直角坐标参数描述要少得多。由此，可以看出直角坐标存在着某种不平衡性（具有非独立性）。下面我们从理论上来具体阐述广义坐标的定义。

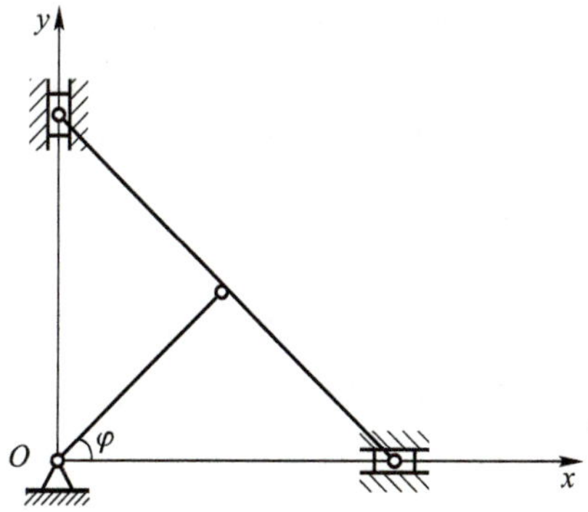

图 19-5

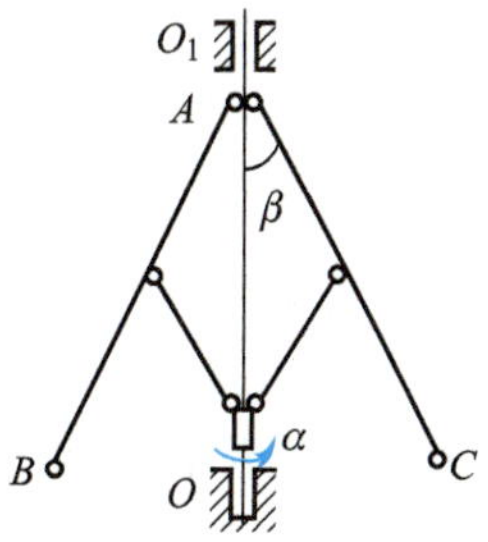

图 19-6

1. 笛卡儿坐标的不平衡性

设有由 N 个质点组成的完整系统，其约束方程为

$$f_\alpha(x,t)=0 \quad (\alpha=1,2,\cdots,l<3N) \tag{19-5}$$

如果这些方程是相互独立的，则按线性代数的理论，其雅可比（Jacobi）矩阵

$$\frac{\partial(f_1,f_2,\cdots,f_l)}{\partial(x_1,x_2,\cdots,x_{3N})}=\begin{bmatrix}\dfrac{\partial f_1}{\partial x_1} & \dfrac{\partial f_1}{\partial x_2} & \cdots & \dfrac{\partial f_1}{\partial x_{3N}}\\ \dfrac{\partial f_2}{\partial x_1} & \dfrac{\partial f_2}{\partial x_2} & \cdots & \dfrac{\partial f_2}{\partial x_{3N}}\\ \vdots & \vdots & & \vdots\\ \dfrac{\partial f_l}{\partial x_1} & \dfrac{\partial f_l}{\partial x_2} & \cdots & \dfrac{\partial f_l}{\partial x_{3N}}\end{bmatrix} \tag{19-6}$$

的秩为 l，则按隐函数存在定理由方程组(19-1)可以将 l 个坐标作为 t 及其余 $3N-l$ 个坐标的函数解出来。不失一般性，假定被解出的是前 l 个坐标，即

$$x_1=x_1(x_{l+1},x_{x+2},\cdots,x_{3N},t)$$

$$x_2=x_2(x_{l+1},x_{x+2},\cdots,x_{3N},t)$$

$$\cdots\cdots$$

$$x_l=x_l(x_{l+1},x_{x+2},\cdots,x_{3N},t)$$

上式表明，确定系统在 t 时刻位形的 $3N$ 个坐标中，只有 $n=3N-l$ 个是独立的，其余 l 个是不独立的。这就是说，确定系统在 t 时刻的位形只需要 n 个独立的参数坐标，而不是 $3N$ 个，由于笛卡儿坐标参数的这种不平衡性(即有的独立有的不独立)，使得在具体问题的处理中，取笛卡儿坐标参数作为确定系统位形的参数往往很不方便。

2. 广义坐标

由于笛卡儿坐标的不平衡性，我们可以根据系统的具体结构选取另外一组 $n=3N-l$ 个独立的参数 $q_1,q_2,\cdots,q_n$ 来确定系统的位形。这样一组参数称为**广义坐标**(generalized coordinates)。**它们是决定系统位形所必需的、最少的独立参数。**它们的数目是 $n=3N-l$。

上面我们详细阐述了什么是广义坐标，但在具体问题中广义坐标的选取，往往并不需要按上述方式通过一组代数方程来选定，而是根据系统的结构和问题的要求凭直观判断选取确定系统位形所需的 n 个最少的独立参数，而且这样一组 n 个独立的参数并不是唯一的，可以有多组，然后择优选用。这 n 个独立的参数不再是通常意义上的直角坐标参数，它们可以是角度坐标、面积坐标或其他可以用来描述位置的参数坐标，总之在数学上它就是一组 n 个相互独立的参数。

对于非自由质点系统，原来我们是在直角坐标空间中用初等动力学的知识来研究问题，现在我们可以换到另外一个空间(即广义坐标空间)中研究系统的位形及其运动，其最直接的好处就是所用的坐标参数减少了，而且不必再考虑完整约束了。

例 19-5 如图 19-7 所示的双摆，由两个质点用长度为 l_1 及 l_2 的刚性杆铰接而成，试选取广义坐标来描述系统的位形。

解 约束方程有两个

$$x_1^2+x_2^2=l_1^2$$

$$(x_2-x_1)^2+(y_2-y_1)^2=l_2^2$$

由于是平面问题，所以独立的参数个数应为 $n=2N-l$，即 $n=2\times2-2=2$。所以广义坐标的个数是 2，这样我们取图示 φ_1，φ_2 为广义坐标，可知道广义坐标和直角坐标的一一对应关系为

$$x_1=l_1\sin\varphi_1$$

$$y_1=l_1\cos\varphi_1$$

$$x_2=l_1\sin\varphi_1+l_2\sin\varphi_2$$

$$y_2=l_1\cos\varphi_1+l_2\cos\varphi_2$$

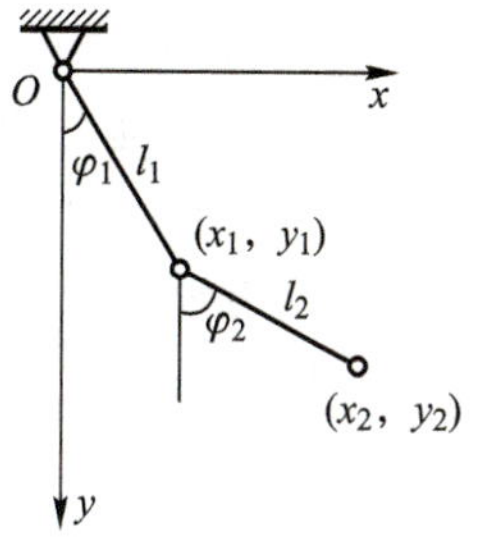

图 19－7

19.3 虚 位 移

1. 可能位移及实位移

设在由 N 个质点组成的系统上作用 l 个完整约束和 g 个一阶线性非完整约束，将这些约束统一写成微分形式：

$$\sum_{s=1}^{3N}A_{rs}\mathrm{d}x_s+A_r\mathrm{d}t=0\quad(r=1,2,\cdots,l+g)\tag{19-7}$$

当$(r=1,2,\cdots,l)$时有

$$A_{rs}=\frac{\partial f_s}{\partial x_s},\quad A_r=\frac{\partial f_s}{\partial t}$$

对给定的 t 和 x，满足上述方程的无限小位移 $\mathrm{d}x_1,\mathrm{d}x_2,\cdots,\mathrm{d}x_{3N}$ 称为系统在时刻 t 由位形 x 出发，在 $\mathrm{d}t$ 时间内的可能位移(possible displacement)，**也就是说是约束所允许的无限小位移，也是系统有可能实现的位移**。

如图 19－8、19－9 所示的约束所允许的无限小位移就是可能位移。

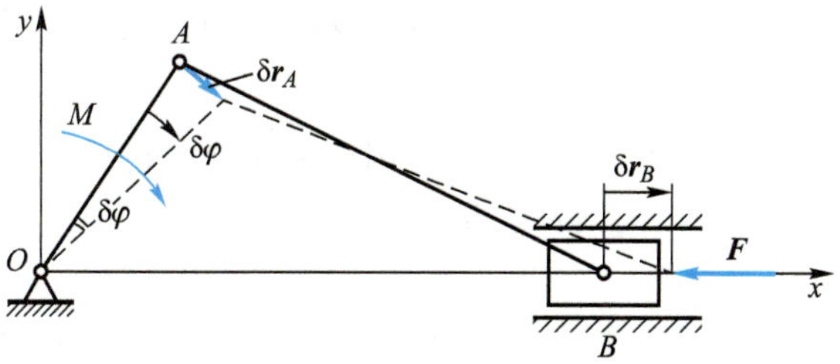

图 19－8

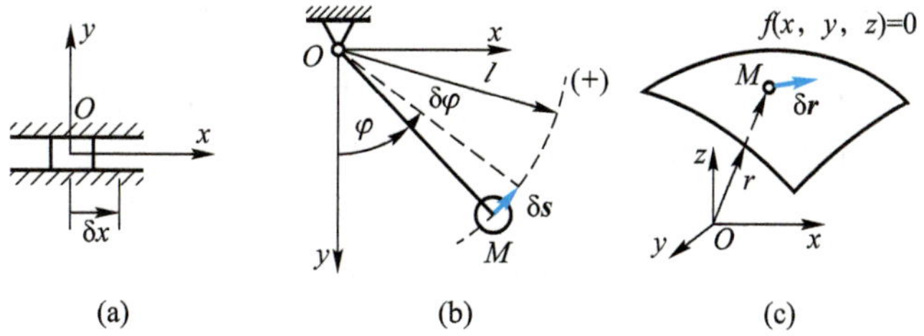

图 19－9

图19-8中B点的$\delta \boldsymbol{r}_B$和A点的$\delta \boldsymbol{r}_A$，图19-9中沿x轴的δx、沿圆弧线$\mathrm{d}s$以及沿曲面任一切线的$\delta \boldsymbol{r}$，都是约束所允许的无限小位移，也是系统可能实现的位移。图19-9c中的$\delta \boldsymbol{r}$在曲面M点处可沿曲面任一切线方向，所以可能位移不是唯一的。图19-9a如果滑道随时间而上下移动，则滑道所允许的可能位移仍为水平的δx。

另外，将式(19-7)写成

$$\sum_{s=1}^{3N} A_{rs}\dot{x}_s + A_r = 0 \quad (r=1,2,\cdots,l+g) \tag{19-8}$$

将满足该式的$\dot{x}_1, \dot{x}_2, \cdots, \dot{x}_{3N}$称为系统的**可能速度**(possible velocity)；同样，将满足约束方程的运动$x_s(t)(s=1,2,\cdots,3N)$称为系统的**可能运动**(possible motion)。

既满足约束方程，又满足动力学方程和初始条件的运动才是系统实际发生的运动，称为**真运动**(real motion)。**真运动只是可能运动集合中的一个**。在真运动中，由时刻t经无限小时间间隔$\mathrm{d}t$所发生的无限小位移称为时刻t的**实位移**(real displacement)。显然**实位移也是可能位移集合中的一个**。

2. 虚位移

在时刻t系统自同一位形出发，经过同一无限小时间间隔$\mathrm{d}t$所发生的任何两个可能位移$\mathrm{d}x$和$\mathrm{d}x'$之差称为系统在时刻t的虚位移(virtual displacement)，记作δx，即

$$\delta x = \mathrm{d}x' - \mathrm{d}x \tag{19-9}$$

式中

$$\delta x = [\delta x_1, \delta x_2, \cdots, \delta x_{3N}]^{\mathrm{T}} \tag{19-10}$$

$$\delta x_s = \mathrm{d}x_s' - \mathrm{d}x_s \quad (s=1,2,\cdots,3N) \tag{19-11}$$

上式中δ为变分符号，它表示变量的无限小“变更”。值得注意的是，由上式所定义的无穷小量δx_s与函数$x_s(t)$由于t的无限小变化而产生的无穷小增量不同，由函数$x_s(t)$无限小变化而产生的无穷小增量记作微分。也可以这样理解，真实位移的无穷小变化增量称为微分，而可能位移的“无穷小增量”称为变分。

下面我们将看到δx_s就是$x_s(t)$的等时变分，因而采用变分符号。

由于$\mathrm{d}x'$和$\mathrm{d}x$都是可能位移，因而都满足约束方程，即

$$\sum_{s=1}^{3N} A_{rs}(x,t)\mathrm{d}x_s + A_r(x,t)\mathrm{d}t = 0 \quad (r=1,2,\cdots,l+g) \tag{19-12}$$

$$\sum_{s=1}^{3N} A_{rs}(x,t)\mathrm{d}x_s' + A_r(x,t)\mathrm{d}t = 0 \quad (r=1,2,\cdots,l+g) \tag{19-13}$$

两式相减，并考虑到两组可能位移$\mathrm{d}x'$和$\mathrm{d}x$是由同一时刻、同一位形出发，经由同一时间间隔$\mathrm{d}t$所发生的，即A_{rs}、A_r在两式中是相同的，于是得

$$\sum_{s=1}^{3N} A_{rs}(\mathrm{d}x_s' - \mathrm{d}x_s) = 0 \tag{19-14}$$

即

$$\sum_{s=1}^{3N} A_{rs}\delta x_s = 0 \quad (r = 1,2,\cdots,l+g) \tag{19-15}$$

这是虚位移 δx 所应满足的方程。

该方程与约束方程

$$\sum_{s=1}^{3N} A_{rs}\mathrm{d}x_s + A_r\mathrm{d}t = 0 \quad (r = 1,2,\cdots,l+g) \tag{19-16}$$

比较仅差一项 $A_r\mathrm{d}t$，因此，也可以形象地说，虚位移就是约束被“冻结”时的可能位移。所谓“冻结”是对时间 t 而言的，即令约束方程中的时间 t 不变。因为虚位移是在 t 不变时系统位形 $x(t)$ 的无限小变化，因而称为函数 $x(t)$ 的等时变分。另外，如果约束是定常的，则虚位移与可能位移一致。

3. 用广义坐标表示的虚位移

设表示一力学系统位形的广义坐标为 $q_1, q_2, \cdots, q_n$，根据变换式 $x_s = x_s(q_1, q_2, \cdots, q_n, t)$ 可得到各质点的实位移为

$$\mathrm{d}x_s = \sum_{j=1}^{n} \frac{\partial x_s}{\partial q_j}\mathrm{d}q_j + \frac{\partial x_s}{\partial t}\mathrm{d}t \quad (s = 1,2,\cdots,3N) \tag{19-17}$$

各质点的虚位移为

$$\delta x_s = \sum_{j=1}^{n} \frac{\partial x_s}{\partial q_j}\delta q_j \quad (s = 1,2,\cdots,3N) \tag{19-18}$$

或

$$\delta \boldsymbol{r}_i = \sum_{j=1}^{n} \frac{\partial \boldsymbol{r}_i}{\partial q_j}\delta q_j \quad (i = 1,2,\cdots,N) \tag{19-19}$$

4. 自由度

系统独立坐标变分的个数又可以称为系统的**自由度数**(degrees of freedom)，用字母 m 表示。

对于完整系统，n 个广义坐标 q_j 是互相独立的，它们的变分 δq_j 也是互相独立的。因此，对于完整系统，$m = 3N - l = n$，即**对于完整系统，自由度数等于广义坐标的个数**。

例 19-6 如图 19-10 所示，一长为 l 的杆两端在半径为 R 的铅垂固定圆环上运动，试列写杆的约束方程、虚位移方程、并指出系统的自由度数。

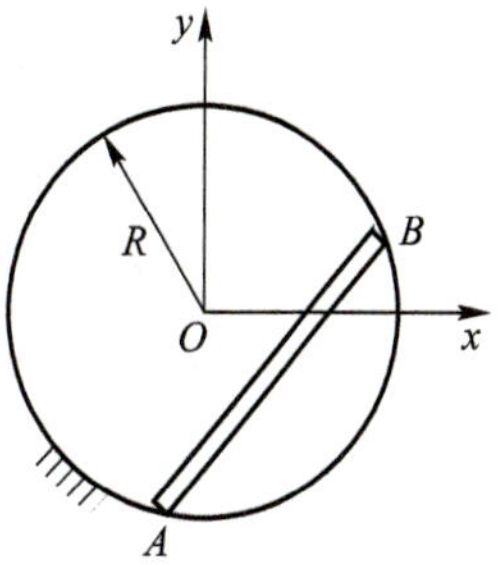

图 19-10

解 设杆 AB 两端坐标分别为 (x_A, y_A)、(x_B, y_B)。约束方程有三个：

$$x_A^2 + y_A^2 = R^2$$

$$x_B^2 + y_B^2 = R^2$$

$$(x_A - x_B)^2 + (y_A - y_B)^2 = l^2$$

虚位移方程为

$$x_A\delta x_A+y_A\delta y_A=0$$

$$x_B\delta x_B+y_B\delta y_B=0$$

$$(x_A-x_B)(\delta x_A-\delta x_B)+(y_A-y_B)(\delta y_A-\delta y_B)=0$$

自由度数 $m=2\times2-3=1$。

19.4 虚位移原理

1. 虚功

将作用在 P_i 上的力 $\boldsymbol{F}_i$ 在其虚位移 $\delta\boldsymbol{r}_i$ 上所做的功称为 $\boldsymbol{F}_i$ 的虚功(virtual work)，记作 $\delta'W_i$，即

$$\delta'W_i=\boldsymbol{F}_i\cdot\delta\boldsymbol{r}_i \tag{19-20}$$

2. 几种常见约束力的虚功

(1) 质点沿光滑曲面运动

光滑曲面的约束力 $\boldsymbol{F}_R$ 沿曲面的法线方向作用，质点在曲面上运动时，不论约束曲面是固定的还是运动或变形的，虚位移 $\delta\boldsymbol{r}$ 都在曲面的切平面上。因此，约束力的虚功为零，即

$$\boldsymbol{F}_R\cdot\delta\boldsymbol{r}=0 \tag{19-21}$$

(2) 光滑铰链约束

对于固定铰，因为没有可能位移，虚位移为零。对于运动铰，设销轴作用在铰所连接的两个物体上，A、B 上的约束力分别为 $\boldsymbol{F}_{R1}$、$\boldsymbol{F}_{R2}$，如图 19-11 所示，销质量略去不计，则 $\boldsymbol{F}_{R1}+\boldsymbol{F}_{R2}=\boldsymbol{0}$，因而铰链约束力的虚功之和

$$\boldsymbol{F}_{R1}\cdot\delta\boldsymbol{r}_A+\boldsymbol{F}_{R2}\cdot\delta\boldsymbol{r}_B=(\boldsymbol{F}_{R1}+\boldsymbol{F}_{R2})\cdot\delta\boldsymbol{r}_A=0 \tag{19-22}$$

(3) 两个刚体在运动中以其光滑表面接触

由于光滑接触，所以约束力沿公法线方向，而且 $\boldsymbol{F}_{R1}+\boldsymbol{F}_{R2}=\boldsymbol{0}$，如图 19-12 所示。设接触点 P、Q 的矢径分别为 $\boldsymbol{r}_P$、$\boldsymbol{r}_Q$，则 $\mathrm{d}\boldsymbol{r}_P-\mathrm{d}\boldsymbol{r}_Q$(即相对位移在接触面公法线上的投影)必然为零(否则发生嵌入)，因此，$\mathrm{d}\boldsymbol{r}_P-\mathrm{d}\boldsymbol{r}_Q$ 与约束力垂直，约束力的虚功

$$\begin{aligned}\boldsymbol{F}_{R1}\cdot\delta\boldsymbol{r}_P+\boldsymbol{F}_{R2}\cdot\delta\boldsymbol{r}_Q&=\boldsymbol{F}_{R1}\cdot(\mathrm{d}\boldsymbol{r}'_P-\mathrm{d}\boldsymbol{r}_P)+\boldsymbol{F}_{R2}\cdot(\mathrm{d}\boldsymbol{r}'_Q-\mathrm{d}\boldsymbol{r}_Q)\\&=\boldsymbol{F}_{R1}\cdot(\mathrm{d}\boldsymbol{r}'_P-\mathrm{d}\boldsymbol{r}'_Q)-\boldsymbol{F}_{R1}\cdot(\mathrm{d}\boldsymbol{r}_P-\mathrm{d}\boldsymbol{r}_Q)=0\end{aligned} \tag{19-23}$$

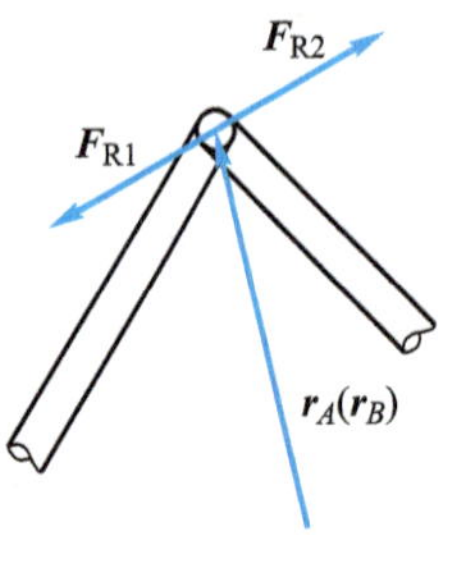

图 19-11

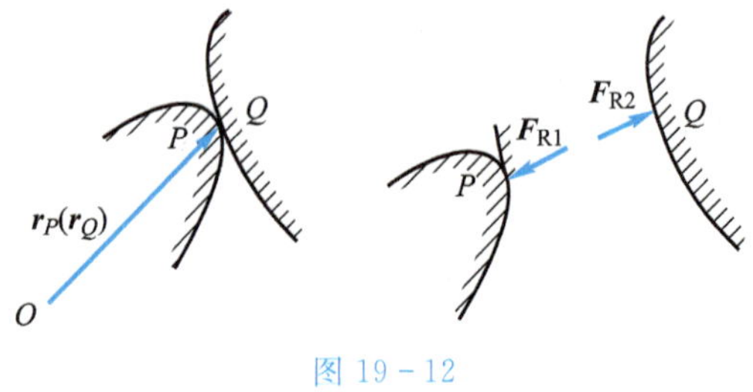

图 19-12

(4) 刚性约束

设有质点 P_1 及 P_2，与质量不计且不变形的刚性杆相连接。设质点加在杆上的力分别为 $\boldsymbol{F}_{N1}$ 和 $\boldsymbol{F}_{N2}$，如图 19－13 所示。由于杆的质量不计，故有 $\boldsymbol{F}_{N1}+\boldsymbol{F}_{N2}=\boldsymbol{0}$。

由相对于质心的动量矩定理可知，$\boldsymbol{F}_{N1}$、$\boldsymbol{F}_{N2}$ 对杆上任一点之主矩为零，即 $\boldsymbol{F}_{N1}$、$\boldsymbol{F}_{N2}$ 沿杆方向作用，大小相等，方向相反。根据作用与反作用定律，杆对质点的约束力 $\boldsymbol{F}_{R1}$、$\boldsymbol{F}_{R2}$ 分别与 $\boldsymbol{F}_{N1}$、$\boldsymbol{F}_{N2}$ 大小相等，方向相反，即 $\boldsymbol{F}_{R1}+\boldsymbol{F}_{R2}=\boldsymbol{0}$。

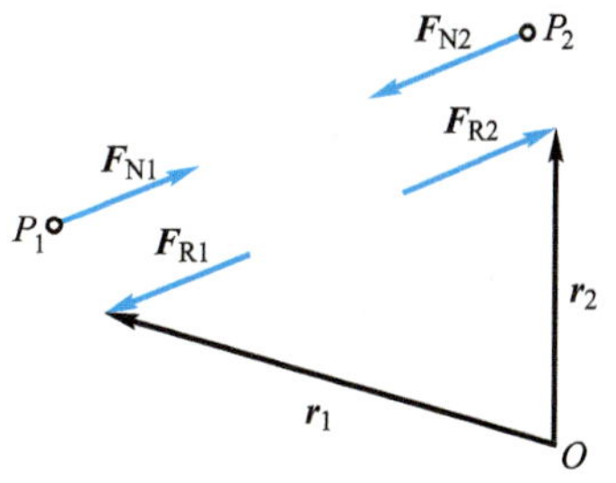

图 19－13

设 P_1、P_2 的矢径分别为 $\boldsymbol{r}_1$、$\boldsymbol{r}_2$，则 $\boldsymbol{F}_{R2}=-\boldsymbol{F}_{R1}=\lambda(\boldsymbol{r}_2-\boldsymbol{r}_1)$（$\lambda$ 是比例系数）。约束力的虚功为

$$\boldsymbol{F}_{R1}\cdot\delta\boldsymbol{r}_1+\boldsymbol{F}_{R2}\cdot\delta\boldsymbol{r}_2=\lambda(\boldsymbol{r}_2-\boldsymbol{r}_1)\cdot\delta(\boldsymbol{r}_2-\boldsymbol{r}_1)=\lambda\delta(\boldsymbol{r}_2-\boldsymbol{r}_1)^2=0 \tag{19-24}$$

这是因为$(\boldsymbol{r}_2-\boldsymbol{r}_1)^2=l^2$（$l$ 是杆长）是不会改变的，即刚性轻杆的约束力的虚功之和为零。不可伸长的软绳也属于这种情况。

刚体可以看成是任何两个质点都由刚性轻杆连接而成的质点系，所以其间约束力的虚功之和必为零。以后在计算约束力的虚功时，不必再考虑刚体内力之虚功。

(5) 两刚体在运动中以其完全粗糙表面相接触（纯滚动），如图 19－14 所示。

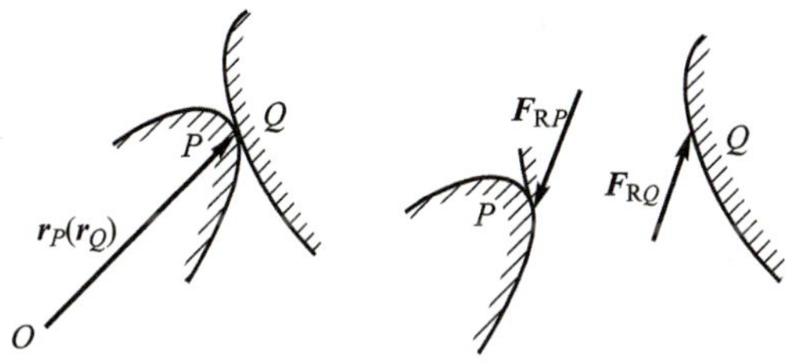

图 19－14

接触面完全粗糙是指它们不能产生相对滑动，即接触点速度 $\boldsymbol{v}_P$、$\boldsymbol{v}_Q$ 相等。因而约束力的虚功之和

$$\begin{aligned}\boldsymbol{F}_{RP}\cdot\delta\boldsymbol{r}_P+\boldsymbol{F}_{RQ}\cdot\delta\boldsymbol{r}_Q&=\boldsymbol{F}_{RP}\cdot(\delta\boldsymbol{r}_P-\delta\boldsymbol{r}_Q)\\&=\boldsymbol{F}_{RP}\cdot[(\mathrm{d}\boldsymbol{r}'_P-\mathrm{d}\boldsymbol{r}_P)-(\mathrm{d}\boldsymbol{r}'_Q-\mathrm{d}\boldsymbol{r}_Q)]\\&=\boldsymbol{F}_{RP}\cdot[(\boldsymbol{v}'_P-\boldsymbol{v}'_Q)-(\boldsymbol{v}_P-\boldsymbol{v}_Q)]\mathrm{d}t=0\end{aligned} \tag{19-25}$$

3. 理想约束

作用于系统上的约束力的虚功之和为零，这种约束称为理想约束（ideal constraint）。所以，上面所介绍的几种约束都是理想约束。

理想约束的数学表达式为

$$\sum_{i=1}^{N}\boldsymbol{F}_{Ri}\cdot\delta\boldsymbol{r}_i=0 \tag{19-26}$$

或直角坐标形式为

$$\sum_{s=1}^{3N} R_s \delta x_s = 0 \tag{19-27}$$

综上所述，工程实际中的大多数约束均为理想约束。

4. 虚位移原理

对于具有理想约束的系统，其平衡的必要和充分条件是作用在系统上的主动力在任何虚位移中所做元功之和为零。

数学表达式为

$$\sum_{i=1}^{N} \boldsymbol{F}_i \cdot \delta \boldsymbol{r}_i = 0 \tag{19-28}$$

或

$$\sum_{s=1}^{3N} X_s \delta x_s = 0 \tag{19-29}$$

证明：设系统有 N 个质点，由于系统处于平衡状态，因此系统中每个质点均处于平衡状态，由静力学中的二力平衡条件，作用于任一质点 i 上的主动力 $\boldsymbol{F}_i$ 和约束力 $\boldsymbol{F}_{Ri}$ 应满足关系式

$$\boldsymbol{F}_i + \boldsymbol{F}_{Ri} = \boldsymbol{0} \tag{19-30}$$

现给系统各个质点以虚位移 $\delta \boldsymbol{r}_i$，这样有

$$(\boldsymbol{F}_i + \boldsymbol{F}_{Ri}) \cdot \delta \boldsymbol{r}_i = 0 \tag{19-31}$$

对上式求和有

$$\sum_{i=1}^{N} (\boldsymbol{F}_i + \boldsymbol{F}_{Ri}) \cdot \delta \boldsymbol{r}_i = 0 \tag{19-32}$$

将上式展开，并考虑到理想约束式(19-26)，则有

$$\sum_{i=1}^{N} \boldsymbol{F}_i \cdot \delta \boldsymbol{r}_i = 0 \tag{19-33}$$

5. 虚位移原理应用举例

例 19-7 如图 19-15 所示椭圆规，连杆 AB 长为 l，所有构件重量不计，摩擦力忽略不计。求在图示平衡位置时，主动力 $\boldsymbol{F}_A$ 和 $\boldsymbol{F}_B$ 之间的关系。

解 研究整个机构平衡，系统的约束为理想约束，取坐标轴如图所示。根据虚位移原理，可建立主动力 $\boldsymbol{F}_A$ 和 $\boldsymbol{F}_B$ 的虚功方程

$$F_A \delta r_A - F_B \delta r_B = 0 \tag{a}$$

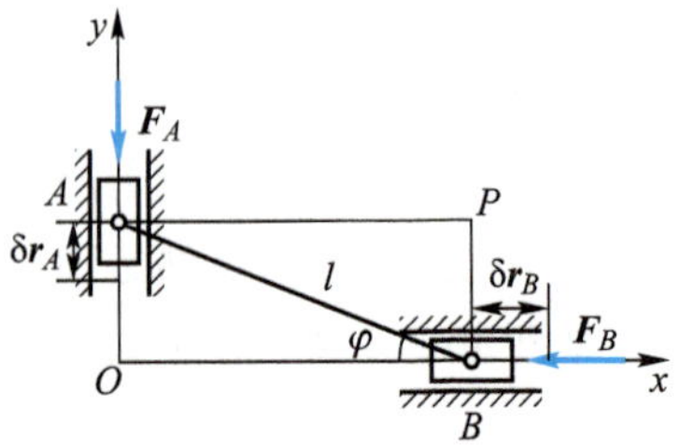

图 19-15

为解此方程，必须找出两个虚位移 δr_A 与 δr_B 之间的关系，由于 AB 杆不可伸缩，AB 两点的虚位移在 AB 线上的投影应该相等，由图有

$$\delta r_B \cos\varphi = \delta r_A \sin\varphi$$

或

$$\delta r_A = \delta r_B \cot\varphi$$

将式(b)代入式(a)，解得

$$(F_A \cot\varphi - F_B)\delta r_B = 0$$

因 δr_B 是任意的，因此有

$$F_A \cot\varphi = F_B$$

为了求虚位移之间的关系，也可以用所谓“虚速度”法。我们给系统某个虚位移 δr_A、δr_B，如图 19-15 所示，我们可以假想虚位移是在某个极短的时间 dt 内发生的，这时对应点 B 和点 A 的速度 $\boldsymbol{v}_B=\dfrac{\delta \boldsymbol{r}_B}{\mathrm{d}t}$ 和 $\boldsymbol{v}_A=\dfrac{\delta \boldsymbol{r}_A}{\mathrm{d}t}$ 称为虚速度。这样 B、A 两点虚位移大小之比也就等于虚速度大小之比，即

$$\frac{\delta r_B}{\delta r_A}=\frac{v_B}{v_A}$$

杆 AB 做平面运动，P 为其瞬心，由瞬心法可建立 B、A 两点的速度关系

$$\frac{v_B}{v_A}=\frac{PB}{PA}=\tan\varphi$$

因此有

$$\frac{\delta r_B}{\delta r_A}=\tan\varphi$$

代入式(a)，同样解得

$$\frac{F_A}{F_B}=\frac{\delta r_B}{\delta r_A}=\tan\varphi$$

这个方法中的速度也是虚设的，所以称为**虚速度法**。事实上寻求虚速度之间的关系既可用上面的瞬心法，同样可以用点的合成运动理论中点的速度合成定理、平面运动中求点的速度的基点法及速度投影定理。

例 19-8 如图 19-16 所示，杆 OA 可绕 O 转动，通过滑块 B 可带动水平杆 BC，忽略摩擦及各构件重量，求平衡时力偶矩 M 与水平拉力大小 F 之间的关系。

解 给杆 OA 以虚位移 $\delta\theta$，点 C 有相应虚位移 $\delta \boldsymbol{r}_C$，虚功方程为

$$M\delta\theta - F\delta r_C = 0$$

由点的合成运动理论有

$$\boldsymbol{v}_a=\boldsymbol{v}_e+\boldsymbol{v}_r$$

由图中几何关系有

$$v_a=\frac{v_e}{\sin\theta}$$

这样由虚速度法（虚速度之比等于虚位移之比，略）有

$$\delta r_C=\frac{h\delta\theta}{\sin^2\theta}$$

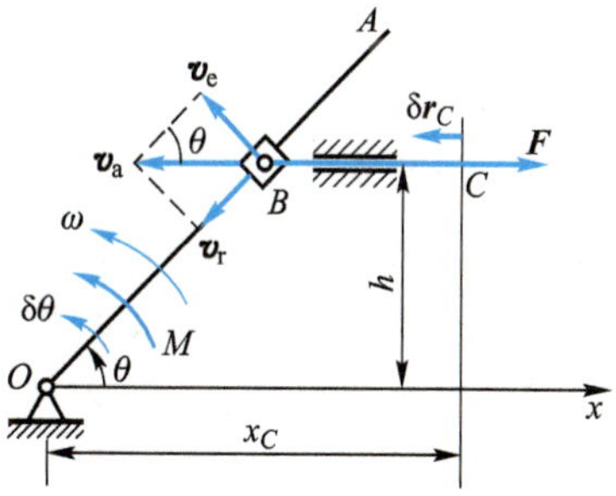

图 19-16

代入上式有

$$M=\frac{Fh}{\sin^2\theta}$$

例 19-9 求如图 19-17 所示的组合梁支座 A 的约束力。

解 解除支座 A 的约束而代之以约束力 $\boldsymbol{F}_A$，并将力 $\boldsymbol{F}_A$ 看作是主动力，给此系统以虚位移，并建立虚功方程

$$F_A\delta s_A - F_1\delta s_1 + F_2\delta s_2 + F_3\delta s_3 = 0$$

其中

$$\frac{\delta s_1}{\delta s_A}=\frac{3}{8},\quad \frac{\delta s_2}{\delta s_A}=\frac{\delta s_2}{\delta s_M}\cdot\frac{\delta s_M}{\delta s_A}=\frac{4}{7}\cdot\frac{11}{8}=\frac{11}{14}$$

将上式代入虚功方程，得

$$F_A=\frac{3}{8}F_1-\frac{11}{14}F_2$$

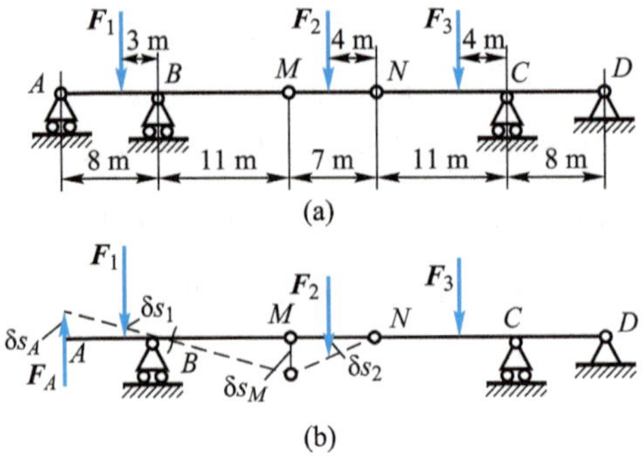

图 19-17

例 19-10　如图 19-18 所示，均质杆 $AB=a$，重为 P，一端靠在铅垂光滑墙上，如欲使杆在任意位置都能平衡，试求此侧面的形状。

解　建立图示坐标系 Oxy，杆 AB 在平衡位置，受重力 $\boldsymbol{P}$ 的作用。

根据虚位移原理，有 $P\delta y_C=0$，因 $P\neq 0$，则需 $\delta y_C=0$，即 y_C 为常数

当杆铅垂时，$y_C=\dfrac{a}{2}$，则在任意位置时

$$y_C=y_A+\frac{a}{2}\cos\varphi=\frac{1}{2}a \tag{1}$$

而

$$x_A=a\sin\varphi \tag{2}$$

由(1)、(2)两式消去参数 φ，得

$$x_A^2+(2y_A-a)^2=a^2$$

侧面呈椭圆形状。

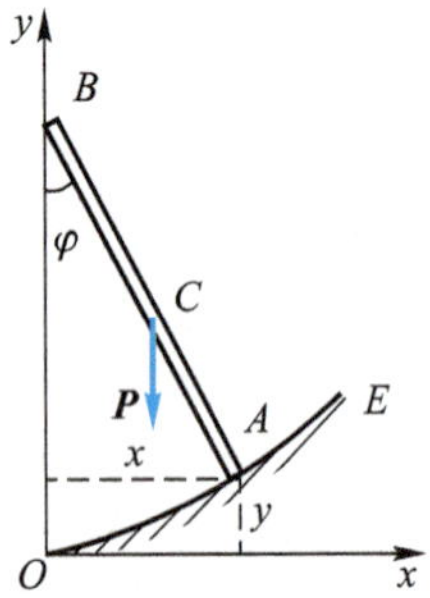

图 19-18

从上面的例子中可以看出，应用虚位移原理可以求解主动力之间的关系，也可以求结构中某一支座的约束力。在求支座约束力时，只需解除该支座的约束而代之以约束力，并给予虚位移，但要注意不破坏结构的其他约束条件。这样在虚功方程中只有一个未知的约束力，计算大为简化。这个优点在解决一些复杂结构的平衡问题时尤为突出。

从上面的例子中可见，求解虚功方程的关键是要找到各虚位移之间的关系。一般可采用以下三种方法建立各虚位移之间的关系。

(1) 作图法：作图给出机构的微小运动，直接按几何关系，确定各有关虚位移之间的关系。

(2) 坐标法：确定描述位形的坐标，写出完整约束方程，再对方程求变分；各变分之间的比例，即为各虚位移之间的比例关系。

(3) 虚速度法：由于静力系统均为定常系统，所以虚位移也就是可能位移，将可能位移均除以一个时间小量，称为虚速度。显然虚速度之比等于虚位移之比。从而可按运动学的方法，计算各有关点的虚速度。计算虚速度时，可采用运动学中各种方法，如点的合成运动、平面运动基点法、速度投影定理、瞬心法以及给出运动方程再求导数等。

建立虚功方程时，常常用虚位移的绝对值，而按机构的微小运动情况在图上画出虚位移的方向，再确定各项虚功的正或负。当采用坐标方程的变分来计算虚位移的大小时，由于坐标及其变分都是代数量，应注意取其绝对值。这样也可以将力的投影及虚位移都作为代数值，列出虚功的

分析表达式。

6. 虚位移原理的广义坐标表达形式

虚位移原理还可写成广义坐标虚位移的表达形式，由关系式

$$\boldsymbol{r}_i=\boldsymbol{r}_i(q_1,q_2,\cdots,q_n,t)\quad(i=1,2,\cdots,N)\tag{19-34}$$

两边取变分

$$\delta\boldsymbol{r}_i=\sum_{j=1}^{n}\frac{\partial\boldsymbol{r}_i}{\partial q_j}\delta q_j\tag{19-35}$$

将其代入虚功原理的数学表达式有

$$\sum_{j=1}^{n}\sum_{i=1}^{N}\boldsymbol{F}_i\cdot\frac{\partial\boldsymbol{r}_i}{\partial q_j}\delta q_j=0\tag{19-36}$$

另外可将上式记为

$$\sum_{j=1}^{n}Q_j\delta q_j=0\tag{19-37}$$

上式中 δq_j 为广义虚位移，而 $Q_j\delta q_j$ 又具有功的量纲，所以，该式中的 Q_j 称为和广义坐标 q_j 相对应的广义力。

$$Q_j=\sum_{i=1}^{N}\boldsymbol{F}_i\cdot\frac{\partial\boldsymbol{r}_i}{\partial q_j}\tag{19-38}$$

对于完整系统，这 n 个广义坐标的虚位移 δq_j 是相互独立的，并且都是不等于零的微小量，所以由 $\sum\limits_{j=1}^{n}Q_j\delta q_j=0$ 应有

$$Q_j=0\quad(j=1,2,\cdots,n)\tag{19-39}$$

这就是用广义坐标表示的虚位移原理，即具有理想约束的完整系统，处于平衡的必要和充分条件为：作用在系统上的和每一个广义坐标相对应的广义力都等于零。

如果质点系具有 N 个自由度，就有 N 个广义力，同时有 N 个相互独立的平衡方程(19-39)，可联立求解一般质点系的平衡问题。工程中的多数机构往往只有一个自由度，所以，只需列出一个广义力等于零的平衡方程即可求其主动力之间的关系。这也正是使用广义力求解质点系平衡问题的优点。

利用广义坐标表示的平衡条件求解实际问题时，关键在于如何表达其广义力。

求广义力通常有两种方法：

(1) 利用公式(19-38)计算

$$Q_j=\sum_{i=1}^{N}\boldsymbol{F}_i\cdot\frac{\partial\boldsymbol{r}_i}{\partial q_j}=\sum_{i=1}^{N}\left(F_{xi}\frac{\partial x_i}{\partial q_j}+F_{yi}\frac{\partial y_i}{\partial q_j}+F_{zi}\frac{\partial z_i}{\partial q_j}\right)\quad(j=1,2,\cdots,n)\tag{19-40}$$

或写为

$$Q_j=\sum_{s=1}^{3N}F_{xs}\cdot\frac{\partial x_s}{\partial q_j}\quad(j=1,2,\cdots,n)\tag{19-41}$$

(2) 只给质点系一个广义虚位移 δq_j 不等于零，而其他 $(N-1)$ 个广义虚位移都等于零，所有主动力在相应虚位移中所做的虚功的和用 $\sum \delta W_j'$ 表示，则有

$$\sum \delta W_j' = \sum_{j=1}^{n} Q_j \delta q_j = Q_j \delta q_j \tag{19-42}$$

由此可求出广义力

$$Q_j = \frac{\sum \delta W_j'}{\delta q_j} \tag{19-43}$$

在解决实际问题时往往使用这种方法。

例 19-11 杆 OA 和 AB 以铰链相连，$OA=a$，$AB=b$，受力如图 19-19 所示，试求平衡时 φ_1、φ_2 与 F_A、F_B、F 之间的关系。

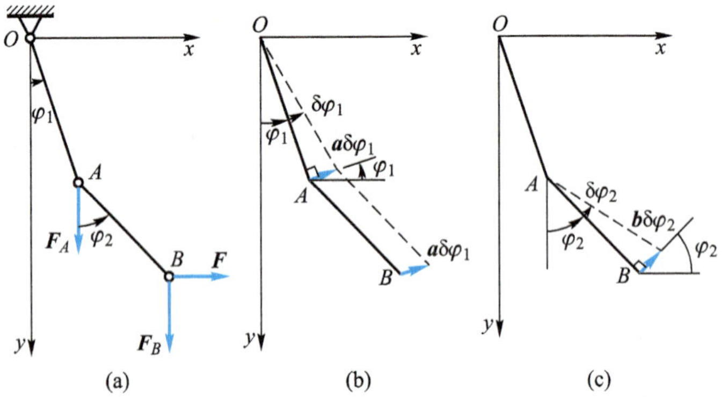

图 19-19

解 用第一种方法：

直角坐标参数：x_A, y_A, x_B, y_B

广义坐标参数：φ_1, φ_2

坐标变换关系式：$x_A = a\sin\varphi_1$

$y_A = a\cos\varphi_1$

$x_B = a\sin\varphi_1 + b\sin\varphi_2$

$y_B = a\cos\varphi_1 + b\cos\varphi_2$

则按式(19-43)有

$$Q_{\varphi_1} = F_{Ax}\frac{\partial x_A}{\partial \varphi_1} + F_{Ay}\frac{\partial y_A}{\partial \varphi_1} + F_{Bx}\frac{\partial x_B}{\partial \varphi_1} + F_{By}\frac{\partial y_B}{\partial \varphi_1} \tag{a}$$

$$Q_{\varphi_2} = F_{Ax}\frac{\partial x_A}{\partial \varphi_2} + F_{Ay}\frac{\partial y_A}{\partial \varphi_2} + F_{Bx}\frac{\partial x_B}{\partial \varphi_2} + F_{By}\frac{\partial y_B}{\partial \varphi_2} \tag{b}$$

$$F_{Ax}=0,\quad F_{Ay}=F_A,\quad F_{Bx}=F,\quad F_{By}=F_B$$

$$\frac{\partial x_A}{\partial \varphi_1}=a\cos\varphi_1,\quad \frac{\partial y_A}{\partial \varphi_1}=-a\sin\varphi_1,\quad \frac{\partial x_B}{\partial \varphi_1}=a\cos\varphi_1,\quad \frac{\partial y_B}{\partial \varphi_1}=-a\sin\varphi_1$$

$$\frac{\partial x_A}{\partial \varphi_2}=0,\quad \frac{\partial y_A}{\partial \varphi_2}=0,\quad \frac{\partial x_B}{\partial \varphi_2}=b\cos\varphi_2,\quad \frac{\partial y_B}{\partial \varphi_2}=-b\sin\varphi_2$$

将上式分别代入(a)、(b)两式有

$$Q_{\varphi_1}=-(F_A+F_B)a\sin\varphi_1+Fa\cos\varphi_1=0 \tag{c}$$

$$Q_{\varphi_2}=-F_Bb\sin\varphi_2+Fb\cos\varphi_2=0 \tag{d}$$

联立(c)、(d)两式则有

$$\tan\varphi_1=\frac{F}{F_A+F_B},\quad \tan\varphi_2=\frac{F}{F_B}$$

用第二种方法计算。

保持 φ_2 不变,只有 $\delta\varphi_1$ 时,由式(b)的变分可得一组虚位移

$$\delta y_A=\delta y_B=-a\sin\varphi_1\delta\varphi_1,\quad \delta x_B=a\cos\varphi_1\delta\varphi_1 \tag{e}$$

则对应于 φ_1 的广义力为

$$Q_1=\frac{\sum\delta W_1}{\delta\varphi_1}=\frac{F_A\delta y_A+F_B\delta y_B+F\delta x_B}{\delta\varphi_1}$$

将式(e)代入上式,得

$$Q_1=-(F_A+F_B)a\sin\varphi_1+Fa\cos\varphi_1$$

保持 φ_1 不变,只有 $\delta\varphi_2$ 时,由式(b)的变分可得另一组虚位移

$$\delta y_A=0,\quad \delta y_B=-b\sin\varphi_2\delta\varphi_2,\quad \delta x_B=b\cos\varphi_2\delta\varphi_2$$

代入对应于 φ_2 的广义力表达式,得

$$Q_2=\frac{\sum\delta W_2}{\delta\varphi_2}=\frac{F_A\delta y_A+F_B\delta y_B+F\delta x_B}{\delta\varphi_2}$$
$$=-F_Bb\sin\varphi_2+Fb\cos\varphi_2$$

7. 应用虚位移原理研究保守系统平衡的稳定性

只有有势力作用的系统称为保守系统,由势能的概念及其计算可知,质点系的势能等于各质点势能的代数和。质点在势能场中不同的位置,势能的数值不同,因此势能是坐标的函数。

(1) 有势力场的性质

设有势力 $\boldsymbol{F}$ 的作用点从点 M 移到点 M',如图 19-20 所示,这两点的势能分别为 $V(x,y,z)$ 和 $V(x+\mathrm{d}x,y+\mathrm{d}y,z+\mathrm{d}z)$,另外有势力的元功可用势能的差计算,即

$$\delta W=V(x,y,z)-V(x+\mathrm{d}x,y+\mathrm{d}y,z+\mathrm{d}z)=-\mathrm{d}V \tag{19-44}$$

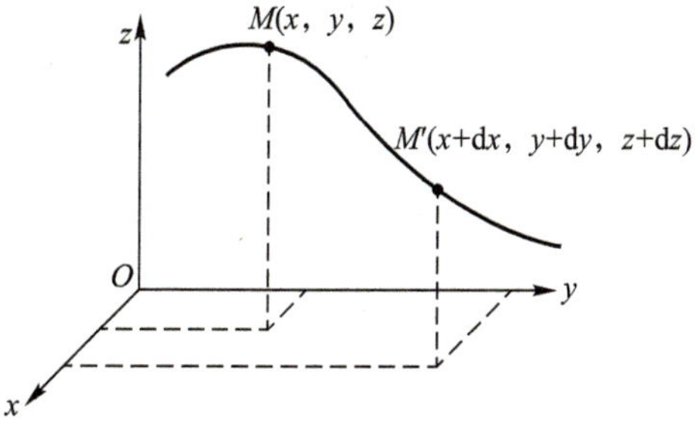

图 19-20

由高等数学知,势能 V 的全微分可写为

$$\mathrm{d}V=\frac{\partial V}{\partial x}\mathrm{d}x+\frac{\partial V}{\partial y}\mathrm{d}y+\frac{\partial V}{\partial z}\mathrm{d}z \tag{19-45}$$

于是

$$\delta W=-\frac{\partial V}{\partial x}\mathrm{d}x-\frac{\partial V}{\partial y}\mathrm{d}y-\frac{\partial V}{\partial z}\mathrm{d}z \tag{19-46}$$

设有势力 $\boldsymbol{F}$ 在直角坐标轴上的投影为 F_x,F_y,F_z，则力的元功解析式为

$$\delta W=\boldsymbol{F}\cdot\delta\boldsymbol{r} \tag{19-47}$$

即

$$\delta W=F_x\mathrm{d}x+F_y\mathrm{d}y+F_z\mathrm{d}z \tag{19-48}$$

比较以上两式，得

$$F_x=-\frac{\partial V}{\partial x},\quad F_y=-\frac{\partial V}{\partial y},\quad F_z=-\frac{\partial V}{\partial z} \tag{19-49}$$

从该式可知，如果势能函数表达式已知，应用上式可求得作用于物体上的有势力。

如果系统有多个有势力，总势能 V 可表示为

$$V=V(x_1,y_1,z_1,x_2,y_2,z_2,\cdots,x_N,y_N,z_N) \tag{19-50}$$

则对于作用点坐标为 x_i,y_i,z_i 的有势力 $\boldsymbol{F}_i$，其相应的投影为

$$F_{xi}=-\frac{\partial V}{\partial x_i},\quad F_{yi}=-\frac{\partial V}{\partial y_i},\quad F_{zi}=-\frac{\partial V}{\partial z_i} \tag{19-51}$$

(2) 保守系统的平衡条件

对于保守系统，主动力即为有势力，所以由虚位移原理主动力的虚功为

$$\begin{aligned}\sum\delta W_F&=\sum(F_{xi}\delta x_i+F_{yi}\delta y_i+F_{zi}\delta z_i)\\&=-\sum\left(\frac{\partial V}{\partial x_i}\delta x_i+\frac{\partial V}{\partial y_i}\delta y_i+\frac{\partial V}{\partial z_i}\delta z_i\right)\\&=-\delta V\end{aligned} \tag{19-52}$$

这样，对于保守系统虚位移原理的表达式成为

$$\delta V=0 \tag{19-53}$$

上式说明：**在势力场中，具有理想约束的质点系的平衡条件为质点系的势能在平衡位置处一阶变分为零。**

(3) 由广义坐标表示的保守系统的平衡条件

如果有广义坐标 $q_1,q_2,\cdots,q_n$ 表示质点系的位置，则质点系的势能可以写成广义坐标的函数，即

$$V=V(q_1,q_2,\cdots,q_n) \tag{19-54}$$

有势力的虚功

$$\sum\delta W_F=-\delta V=\sum_{j=1}^{n}\left(-\frac{\partial V}{\partial q_j}\right)\delta q_j=\sum_{j=1}^{n}Q_j\delta q_j \tag{19-55}$$

其中

$$Q_j=-\frac{\partial V}{\partial q_j} \tag{19-56}$$

这样，由广义坐标表示的平衡条件可写成如下形式：

$$Q_j=-\frac{\partial V}{\partial q_j}=0 \quad (j=1,2,\cdots,n) \tag{19-57}$$

即在势力场中，具有理想约束的质点系的平衡条件是势能对每一个广义坐标的偏导数分别等于零。

(4) 保守系统平衡稳定性问题分析

满足平衡条件的保守系统可以处于不同的平衡状态，如图 19－21 所示的三个小球，就具有三种不同的平衡状态。

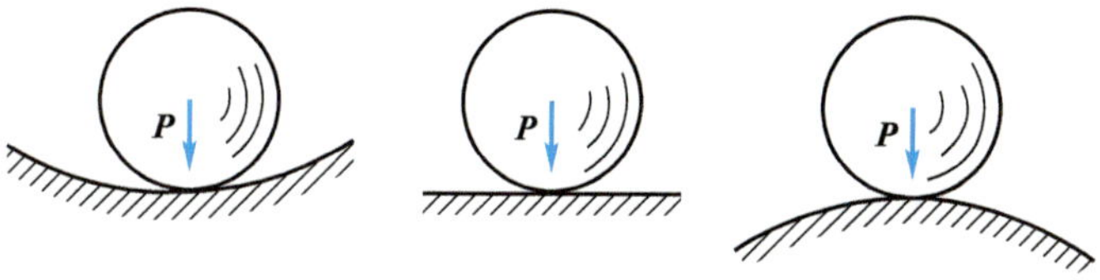

图 19－21

图 19－21a 所示小球在一个凹曲面的最低点处平衡，当给小球一个很小的扰动后，小球在重力作用下，仍然会回到原来的平衡位置，这种平衡状态称为**稳定平衡**(stable equilibrium)。图 19－21b 所示小球在一水平面上平衡，小球在周围平面上的任一点都可以平衡，这种平衡状态称为**随遇平衡**(neutral equilibrium)。图 19－21c 所示小球在一个凸曲面的顶点上平衡，当给小球一个很小的扰动后，小球在重力作用下会滚下去，不再回到原来的平衡位置，这种平衡状态称为**不稳定平衡**(unstable equilibrium)。

上述三种平衡状态都满足势能在平衡位置处 $\delta V=0$ 的平衡条件，即满足势能对广义坐标的一阶偏导数等于零的条件，即

$$\frac{\partial V}{\partial q_j}=0 \tag{19-58}$$

从图中可以看出，在稳定平衡位置处，当系统受到扰动后，在新的可能位置处，系统的势能都高于平衡位置处的势能。因此，在稳定平衡的平衡位置处，系统的势能具有极小值。系统可以从高势能位置回到低势能位置。相反在不稳定平衡位置上，系统势能具有极大值。没有外力作用时，系统不能从低势能位置回到高势能位置。对于随遇平衡，系统在某位置附近其势能是不变的，所以其附近任何可能的位置都是平衡位置。

对于单自由度系统，系统具有一个广义坐标 q，因此系统势能可以表示为 q 的一元函数，即 $V=V(q)$。当系统平衡时，在平衡位置处有

$$\frac{\mathrm{d}V}{\mathrm{d}q}=0 \tag{19-59}$$

如果系统处于稳定平衡状态，则在平衡位置处，系统势能具有极小值，即系统势能对广义坐标的二阶导数大于零

$$\frac{\mathrm{d}^2V}{\mathrm{d}q^2}>0 \tag{19-60}$$

上式是单自由度系统平衡的稳定性判据。对于多自由度系统，平衡的稳定性判据可参考其

他书籍。

例 19-12 如图19-22所示一倒置的摆，摆重量为P，摆杆长为l，在摆杆的点A连有一刚度系数为k的水平弹簧，摆在铅垂位置时，可以保持平衡。高$OA=a$，摆杆重量不计，试问在什么条件下，系统的平衡是稳定的？

解 该系统是单自由度系统，选择摆角φ为广义坐标，摆的铅垂位置为重力和弹性力的零势能点。系统在一微小摆角φ处的势能等于摆锤的重力势能与弹簧弹性势能的和，即

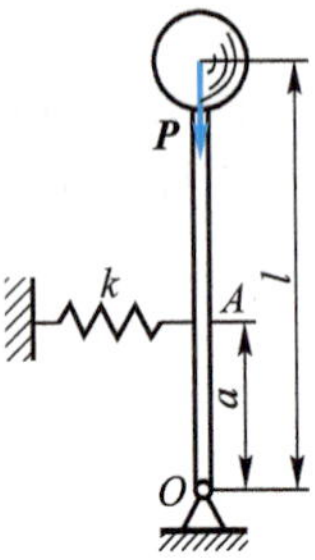

图 19-22

$$V=-Pl(1-\cos\varphi)+\frac{1}{2}ka^2\varphi^2$$

$$=-2Pl\sin^2\frac{\varphi}{2}+\frac{1}{2}ka^2\varphi^2$$

φ为小量，有$\sin\frac{\varphi}{2}\approx\frac{\varphi}{2}$。上述势能表达式成为

$$V=-\frac{1}{2}Pl\varphi^2+\frac{1}{2}ka^2\varphi^2=\frac{1}{2}(ka^2-Pl)\varphi^2$$

将势能V对φ求一阶导数，有

$$\frac{dV}{d\varphi}=(ka^2-Pl)\varphi$$

由$\frac{dV}{d\varphi}=0$，得系统在$\varphi=0$处平衡。为判断系统是否处于稳定平衡，将势能对φ求二阶导数，有

$$\frac{d^2V}{d\varphi^2}=ka^2-Pl$$

对于稳定平衡，要求$\frac{d^2V}{d\varphi^2}>0$，即

$$ka^2-Pl>0$$

或

$$a>\sqrt{\frac{Pl}{k}}$$

虚位移原理是分析静力学的基础，它是从能量的观点来讨论和研究系统的平衡问题，和初等动力学相比，最显著的特点是不论约束力如何，都不影响解题的困难程度。

19.5 动力学普遍方程

第18章我们曾引入惯性力的概念，建立了质点系的达朗贝尔原理，从而可以利用静力学中求解平衡问题的方法来处理动力学问题；这一章我们又建立了虚位移和虚功的概念，应用虚位移原理来解决静力学中的平衡问题。这两个原理结合起来，就可以建立质点系动力学普遍方程和第二类拉格朗日方程。

设有一质点系由N个质点组成，其中第i个质点的质量为m_i，其上作用的主动力为$\boldsymbol{F}_i$，约束力为$\boldsymbol{F}_{Ri}$。如果假想地加上该质点的惯性力$\boldsymbol{F}_{gi}=-m_i\boldsymbol{a}_i$，则根据达朗贝尔原理，$\boldsymbol{F}_i$、$\boldsymbol{F}_{Ri}$与$\boldsymbol{F}_{gi}$应组成形式上的平衡力系。若对质点系的每个质点都做同样的处理，则作用于整个质点系的主动力、约束力和惯性力应组成平衡力系，即

$$m_i \ddot{\boldsymbol{r}}_i = \boldsymbol{F}_i + \boldsymbol{F}_{Ri} \tag{19-61}$$

这样的式子我们可以列出 N 个，将这 N 式子相加有

$$\sum_{i=1}^{N} m_i \ddot{\boldsymbol{r}}_i = \sum_{i=1}^{N} \boldsymbol{F}_i + \sum_{i=1}^{N} \boldsymbol{F}_{Ri} \tag{19-62}$$

式(19-62)可写成

$$\sum_{i=1}^{N} \boldsymbol{F}_{Ri} = \sum_{i=1}^{N} (\boldsymbol{F}_i - m_i \ddot{\boldsymbol{r}}_i) \tag{19-63}$$

如果系统具有理想约束，则对于系统的任何一组虚位移($\delta\boldsymbol{r}_1, \delta\boldsymbol{r}_2, \cdots, \delta\boldsymbol{r}_N$)，作用于系统上的约束力的虚功之和为零，即

$$\sum_{i=1}^{N} \boldsymbol{F}_{Ri} \cdot \delta\boldsymbol{r}_i = 0 \tag{19-64}$$

这样便有

$$\sum_{i=1}^{N} (\boldsymbol{F}_i - m_i \ddot{\boldsymbol{r}}_i) \cdot \delta\boldsymbol{r}_i = 0 \tag{19-65}$$

上式称为动力学普遍方程，写成分析表达式为

$$\sum_{i=1}^{N} [(F_{xi} - m_i \ddot{x}_i)\delta x_i + (F_{yi} - m_i \ddot{y}_i)\delta y_i + (F_{zi} - m_i \ddot{z}_i)\delta z_i] = 0 \tag{19-66}$$

上述方程表明：**在理想约束的条件下，质点系的各个质点在任一瞬时所受的主动力和惯性力在虚位移上所做虚功的和等于零。**

动力学普遍方程将达朗贝尔原理与虚位移原理结合起来，可以求解质点系的动力学问题，特别适合于求解非自由质点系的动力学问题，下面举例说明。

例 19-13 如图 19-23 所示的滑轮系统中，动滑轮上悬挂着质量为 m_1 的重物，绳子绕过定滑轮后悬挂质量为 m_2 的重物。设滑轮和绳子的重量以及轮轴摩擦都忽略不计，求 m_2 物体下降的加速度。

解 取整个滑轮系统为研究对象，系统具有理想约束。系统所受的主动力为重力 $m_1\boldsymbol{g}$ 和 $m_2\boldsymbol{g}$，假想加入系统的惯性力为 $\boldsymbol{F}_{g1}$、$\boldsymbol{F}_{g2}$，而

$$F_{g1} = m_1 a_1, \quad F_{g2} = m_2 a_2$$

给系统以虚位移 δs_1 和 δs_2，由动力学普遍方程，得

$$(m_2 g - m_2 a_2)\delta s_2 - (m_1 g + m_1 a_1)\delta s_1 = 0$$

这是单自由度系统，所以 δs_1 和 δs_2 中只有一个是独立的。由定滑轮和动滑轮的传动关系，有

$$\delta s_1 = \frac{\delta s_2}{2}, \quad a_1 = \frac{a_2}{2}$$

代入前式，有

$$(m_2 g - m_2 a_2)\delta s_2 - \left(m_1 g + m_1 \frac{a_2}{2}\right)\frac{\delta s_2}{2} = 0$$

消去 δs_2，得

$$a_2 = \frac{4m_2 - 2m_1}{4m_2 + m_1} g$$

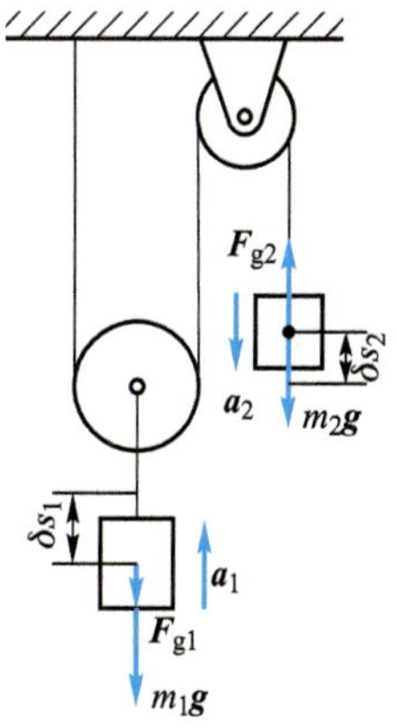

图 19-23

例 19－14 两个半径皆为 r 的均质轮，中心用连杆相连，在倾角为 θ 的斜面上做纯滚动，如图 19－24 所示。设轮子质量均为 m_1，对轮心的转动惯量均为 J，连杆的质量为 m_2，试求连杆运动的加速度。

解 研究整个刚体系，作用在系统上的主动力有每个轮子的重力 $m_1\boldsymbol{g}$ 和杆的重力 $m_2\boldsymbol{g}$。虚加在每个轮子上的惯性力系可以简化为一个通过轮心的惯性力 $\boldsymbol{F}_{g1}=m_1\boldsymbol{a}$ 及一个惯性力偶，其矩 $M_g=J\alpha=J\ \dfrac{a}{r}$；因连杆做平移，加在连杆上的惯性力系简化为一个力 $\boldsymbol{F}_{g2}=m_2\boldsymbol{a}$，这些力的方向如图所示。

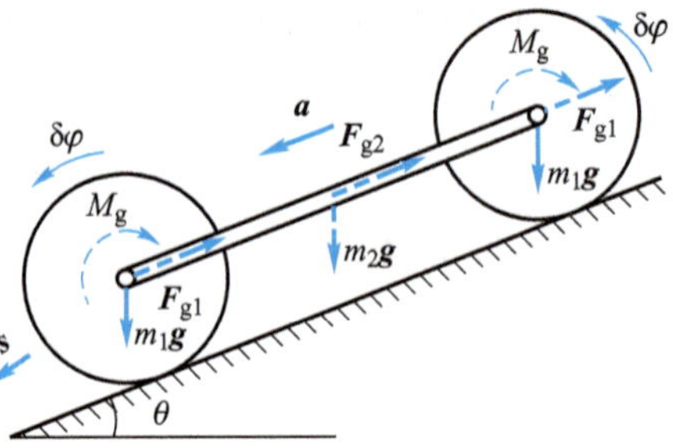

图 19－24

给连杆以平行斜面向下移动的虚位移 δs，则轮子相应有逆时针转动的虚位移 $\delta\varphi=\dfrac{\delta s}{r}$，根据动力学普遍方程，得

$$-(2F_{g1}+F_{g2})\delta s-2M_g\delta\varphi+(2m_1+m_2)g\sin\theta\delta s=0$$

或

$$-(2m_1+m_2)a\delta s-2\ \frac{Ja}{r^2}\delta s+(2m_1+m_2)g\sin\theta\delta s=0$$

解得

$$a=\frac{(2m_1+m_2)r^2\sin\theta}{(2m_1+m_2)r^2+2J}g$$

例 19－15 如图 19－25 所示，一物体 A 重为 P，当下降时借一无重量且不可伸长的绳使一轮 C 沿轨道滚而不滑。绳子跨过定滑轮 D 并绕在半径为 R 的动滑轮上，动滑轮固定地装在半径为 r 的 C 轴上，两者共重为 W，对中心 O 的惯性半径为 ρ。试用动力学普遍方程求重物 A 的加速度。

解 取整个系统为研究对象。因为轮 C 在轨道上纯滚动，故重物 A 的位移 s 与轮 C 的转角 φ 间有关系

$$s=(R-r)\varphi$$

取变分并求导得

$$\delta s=(R-r)\delta\varphi \tag{1}$$

$$a=(R-r)\varepsilon \tag{2}$$

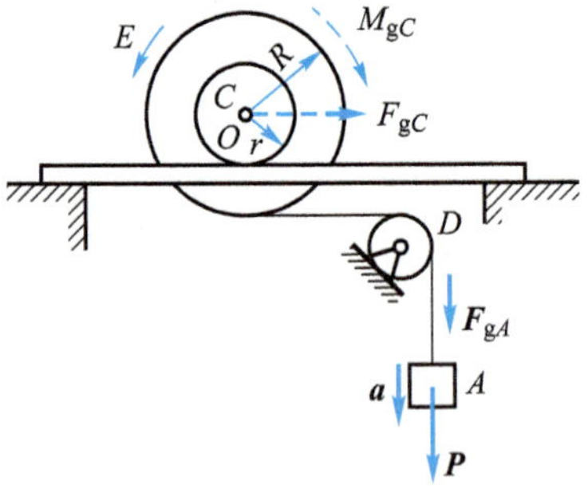

图 19－25

重物 A 的惯性力为 $F_{gA}=\dfrac{P}{g}a$，轮轴 B 和 C 对 O 的惯性力为 $F_{gC}=\dfrac{Wr\varepsilon}{g}$，而惯性力矩为 $M_{gC}=\dfrac{W\rho^2\varepsilon}{g}$。根据动力学普遍方程，有

$$\left(P-\frac{P}{g}a\right)\delta s-\frac{Q}{g}(\rho^2+r^2)\varepsilon\delta\varphi=0 \tag{3}$$

将式(1)和式(2)代入式(3)，得

$$\left(P-\frac{P}{g}a\right)(R-r)\delta\varphi-\frac{Q}{g}(\rho^2+r^2)\frac{a}{R-r}\delta\varphi=0$$

由此解得

$$a=\frac{P(R-r)^2}{P\ (R-r)^2+Q(\rho^2+r^2)}g$$

19.6 第二类拉格朗日方程

上节所讨论的动力学普遍方程中，由于系统存在约束，各质点的虚位移可能不全是独立的，解题时需找出虚位移之间的关系，有时这是很不方便的。对于完整系统，如果采用广义坐标，则由于广义坐标的相互独立性，其广义虚位移也是相互独立的。所以，将动力学的普遍方程用独立的广义坐标表示就成了动力学普遍方程向前发展的必然途径之一。第二类拉格朗日方程就是在这个发展途径下的产物。这一部分内容也可称为拉格朗日力学。

拉格朗日力学的特点是：1）在广义坐标位形空间中描述任何非自由系统；2）用能量及变分的方法建立运动微分方程，因而理想约束的约束力能自动消除；3）方程数目和系统自由度数相一致，方程形式极为简明。

由于以上原因，拉格朗日力学在分析力学发展史上占有十分重要的地位，是继牛顿力学之后的一个新的里程碑。

1. 第二类拉格朗日方程的一般形式

设一质点系由 N 个质点组成，系统具有 l 个完整、双侧约束，并且都是理想约束，因此是具有 $n=3N-l$ 个自由度的系统。取系统的广义坐标为 $q_1, q_2, \cdots, q_n$，设系统第 i 个质点的质量为 m_i、矢径为 $\boldsymbol{r}_i$。矢径 $\boldsymbol{r}_i$ 可表示为广义坐标和时间的函数，即

$$\boldsymbol{r}_i=\boldsymbol{r}_i(q_1, q_2, \cdots, q_n, t) \quad (i=1,2,\cdots,N) \tag{19-67}$$

质点的动力学普遍方程(19-65)可写成

$$\sum_{i=1}^{N}\boldsymbol{F}_i\cdot\delta\boldsymbol{r}_i-\sum_{i=1}^{N}m_i\ddot{\boldsymbol{r}}_i\cdot\delta\boldsymbol{r}_i=0 \tag{19-68}$$

将 $\delta\boldsymbol{r}_i=\sum\limits_{j=1}^{n}\dfrac{\partial\boldsymbol{r}_i}{\partial q_j}\delta q_j$ 代入上式，并注意交换求和顺序有

$$\sum_{j=1}^{n}\sum_{i=1}^{N}\boldsymbol{F}_i\cdot\frac{\partial\boldsymbol{r}_i}{\partial q_j}\delta q_j-\sum_{j=1}^{n}\sum_{i=1}^{N}m_i\ddot{\boldsymbol{r}}_i\cdot\frac{\partial\boldsymbol{r}_i}{\partial q_j}\delta q_j=0 \tag{19-69}$$

根据广义力的定义，上式又可写成

$$\sum_{j=1}^{n}Q_j\delta q_j-\sum_{j=1}^{n}Z_j\delta q_j=0 \tag{19-70}$$

即

$$\sum_{j=1}^{n}(Q_j-Z_j)\delta q_j=0 \tag{19-71}$$

对上式进一步简化，有

$$Z_j=\sum_{i=1}^{N}m_i\ddot{\boldsymbol{r}}_i\cdot\frac{\partial\boldsymbol{r}_i}{\partial q_j}=\frac{\mathrm{d}}{\mathrm{d}t}\left(\sum_{i=1}^{N}m_i\dot{\boldsymbol{r}}_i\cdot\frac{\partial\boldsymbol{r}_i}{\partial q_j}\right)-\sum_{i=1}^{N}m_i\dot{\boldsymbol{r}}_i\cdot\frac{\mathrm{d}}{\mathrm{d}t}\frac{\partial\boldsymbol{r}_i}{\partial q_j} \tag{19-72}$$

为了对式(19－72)做进一步简化，先证明两个重要的恒等式：

$$\frac{\partial \boldsymbol{r}_i}{\partial q_j}=\frac{\partial \dot{\boldsymbol{r}}_i}{\partial \dot{q}_j} \tag{19-73}$$

$$\frac{\mathrm{d}}{\mathrm{d}t}\left(\frac{\partial \boldsymbol{r}_i}{\partial q_j}\right)=\frac{\partial \dot{\boldsymbol{r}}_i}{\partial q_j} \tag{19-74}$$

(1) 关于式(19－73)的证明

在完整约束情况下，$\boldsymbol{r}_i=\boldsymbol{r}_i(q_1,q_2,\cdots,q_n,t)$，对时间求导数

$$\frac{\mathrm{d}\boldsymbol{r}_i}{\mathrm{d}t}=\dot{\boldsymbol{r}}_i=\sum_{j=1}^{n}\frac{\partial \boldsymbol{r}_i}{\partial q_j}\dot{q}_j+\frac{\partial \boldsymbol{r}_i}{\partial t} \tag{19-75}$$

由于是完整系统，$\dot{q}_1,\dot{q}_2,\cdots,\dot{q}_n$ 是彼此独立的，且$\dfrac{\partial \boldsymbol{r}_i}{\partial q_j}$和$\dfrac{\partial \boldsymbol{r}_i}{\partial t}$是广义坐标和时间的函数，而不是广义速度的函数，所以将式(19－75)对 $\dot{q}_j$ 求偏导数，得证

$$\frac{\partial \boldsymbol{r}_i}{\partial q_j}=\frac{\partial \dot{\boldsymbol{r}}_i}{\partial \dot{q}_j}$$

(2) 关于式(19－74)的证明

将式(19－75)对某一广义坐标 q_j 求偏导数，得

$$\begin{aligned}\frac{\partial \dot{\boldsymbol{r}}_i}{\partial q_j}&=\frac{\partial}{\partial q_j}\left[\sum_{k=1}^{n}\frac{\partial \boldsymbol{r}_i}{\partial q_k}\dot{q}_k+\frac{\partial \boldsymbol{r}_i}{\partial t}\right]=\sum_{k=1}^{n}\frac{\partial^2 \boldsymbol{r}_i}{\partial q_j\partial q_k}\dot{q}_k+\frac{\partial^2 \boldsymbol{r}_i}{\partial q_j\partial t}\\&=\sum_{k=1}^{n}\frac{\partial}{\partial q_k}\left(\frac{\partial^2 \boldsymbol{r}_i}{\partial q_j}\right)\dot{q}_k+\frac{\partial}{\partial t}\left(\frac{\partial^2 \boldsymbol{r}_i}{\partial q_j}\right)\\&=\frac{\mathrm{d}}{\mathrm{d}t}\left(\frac{\partial \boldsymbol{r}_i}{\partial q_j}\right)\end{aligned} \tag{19-76}$$

式(19－73)和式(19－74)常称为拉格朗日经典关系，是推导拉格朗日方程的关键公式，将式(19－73)、式(19－74)代入式(19－72)，有

$$\begin{aligned}Z_j&=\frac{\mathrm{d}}{\mathrm{d}t}\left(\sum_{i=1}^{N}m_i\dot{\boldsymbol{r}}_i\cdot\frac{\partial \boldsymbol{r}_i}{\partial q_j}\right)-\sum_{i=1}^{N}m_i\dot{\boldsymbol{r}}_i\cdot\frac{\mathrm{d}}{\mathrm{d}t}\frac{\partial \boldsymbol{r}_i}{\partial q_j}\\&=\frac{\mathrm{d}}{\mathrm{d}t}\left(\sum_{i=1}^{N}m_i\dot{\boldsymbol{r}}_i\cdot\frac{\partial \dot{\boldsymbol{r}}_i}{\partial \dot{q}_j}\right)-\sum_{i=1}^{N}m_i\dot{\boldsymbol{r}}_i\cdot\frac{\partial \dot{\boldsymbol{r}}_i}{\partial q_j}\\&=\frac{\mathrm{d}}{\mathrm{d}t}\frac{\partial}{\partial \dot{q}_j}\left(\sum_{i=1}^{N}\frac{1}{2}m_i\dot{\boldsymbol{r}}_i^2\right)-\frac{\partial}{\partial q_j}\left(\sum_{i=1}^{N}\frac{1}{2}m_i\dot{\boldsymbol{r}}_i\right)\\&=\frac{\mathrm{d}}{\mathrm{d}t}\frac{\partial T}{\partial \dot{q}_j}-\frac{\partial T}{\partial q_j}\end{aligned} \tag{19-77}$$

其中 T 为质点系的动能，代入式(19－71)，便有

$$\sum_{j=1}^{n}\left(Q_j-\frac{\mathrm{d}}{\mathrm{d}t}\frac{\partial T}{\partial \dot{q}_j}+\frac{\partial T}{\partial q_j}\right)\cdot\delta q_j=0 \tag{19-78}$$

由于 δq_j 彼此相互独立，上式欲成立则必有

$$\frac{\mathrm{d}}{\mathrm{d}t}\frac{\partial T}{\partial \dot{q}_j}-\frac{\partial T}{\partial q_j}=Q_j\quad(j=1,2,\cdots,n) \tag{19-79}$$

这就是著名的第二类拉格朗日方程，该方程组中方程式的数目等于质点系的自由度的数目，每个方程都是二阶常微分方程。所以，为了建立第二类拉格朗日方程，只需写出基于运动学分析的动能（动能应表示成广义坐标和广义速度的函数），及基于主动力虚功的广义力，按统一步骤列出即可。

2. 第二类拉格朗日方程中动能 T 的结构

关于系统的动能结构，我们仅从理论上分析如下：

$$\begin{aligned}T&=\frac{1}{2}\sum_{i=1}^{N}m_i\dot{\boldsymbol{r}}_i\cdot\dot{\boldsymbol{r}}_i=\frac{1}{2}\sum_{s=1}^{3N}m_s\dot{x}_s^2\\&=\frac{1}{2}\sum_{s=1}^{3N}m_s\left(\sum_{j=1}^{n}\frac{\partial x_s}{\partial q_j}\dot{q}_j+\frac{\partial x_s}{\partial t}\right)\left(\sum_{j=1}^{n}\frac{\partial x_s}{\partial q_j}\dot{q}_j+\frac{\partial x_s}{\partial t}\right)\\&=\frac{1}{2}\sum_{i,j=1}^{n}A_{ij}\dot{q}_i\dot{q}_j+\sum_{i=1}^{n}A_i\dot{q}_i+T_0\end{aligned} \tag{19-80}$$

其中

$$A_{ij}=\sum_{s=1}^{3N}m_s\frac{\partial x_s}{\partial q_i}\frac{\partial x_s}{\partial q_j} \tag{19-81}$$

$$A_i=\sum_{s=1}^{3N}m_s\frac{\partial x_s}{\partial q_i}\frac{\partial x_s}{\partial t} \tag{19-82}$$

$$T_0=\frac{1}{2}\sum_{s=1}^{3N}m_s\left(\frac{\partial x_s}{\partial t}\right)^2 \tag{19-83}$$

系数 A_{ij}、A_i 及 T_0 都是 t 和 q 的函数，而且 $A_{ij}=A_{ji}$，上式说明系统的动能 T 是广义速度的二次函数，为了简明起见常将动能式写为

$$T=T_2+T_1+T_0 \tag{19-84}$$

T_2、T_1、T_0 分别表示广义速度的二次项、一次项及零次项。

另外，对于定常系统由于约束方程中不显含时间 t，所以总可以经适当地选取广义坐标而使得直角坐标和广义坐标的变换关系式中同样不含时间 t，这样便有 $\frac{\partial x_s}{\partial t}=0$，因而有 $T_1=0$，$T_0=0$ 于是 $T=T_2$，即定常系统的动能 T 是广义速度 $\dot{q}$ 的二次型，而且 A_{ij} 不显含时间。

3. 保守系统的第二类拉格朗日方程及拉格朗日函数

如果作用于质点系上的主动力都是有势力（保守力），则广义力 Q_j 可写成用质点系势能表

达的形式，即

$$Q_j=-\frac{\partial V}{\partial q_j} \tag{19-85}$$

将该式代入(19－79)式有

$$\frac{\mathrm{d}}{\mathrm{d}t}\frac{\partial T}{\partial \dot{q}_j}-\frac{\partial T}{\partial q_j}=-\frac{\partial V}{\partial q_j}\quad (j=1,2,\cdots,n) \tag{19-86}$$

定义函数

$$L=T-V \tag{19-87}$$

称为拉格朗日函数。

另外，因为势能不是广义速度 $\dot{q}_j$ 的函数，所以有 $\frac{\partial V}{\partial \dot{q}_j}=0$，这样式(19－79)用拉格朗日函数可写为

$$\frac{\mathrm{d}}{\mathrm{d}t}\frac{\partial L}{\partial \dot{q}_j}-\frac{\partial L}{\partial q_j}=0\quad (j=1,2,\cdots,n) \tag{19-88}$$

这就是保守系统的拉格朗日方程。

拉格朗日方程是解决具有完整约束的质点系动力学问题的普遍方程，是分析力学中重要的方程。拉格朗日方程的表达式非常简洁，应用时只需计算系统的动能和广义力；对于保守系统，只需计算系统的动能和势能。因此，拉格朗日方程常用来求解较复杂的非自由质点系的动力学问题。

4. 第二类拉格朗日方程应用举例

例 19－16 如图 19－26 所示的系统中，A 轮沿水平面纯滚动，质量为 m_1 的物块 C 以细绳跨过定滑轮 B 连于 A 点。A、B 二轮皆为均质圆盘，半径为 R，质量为 m_2。弹簧刚度系数为 k，质量不计。当弹簧较软，在细绳能始终保持张紧的条件下，求此系统的运动微分方程。

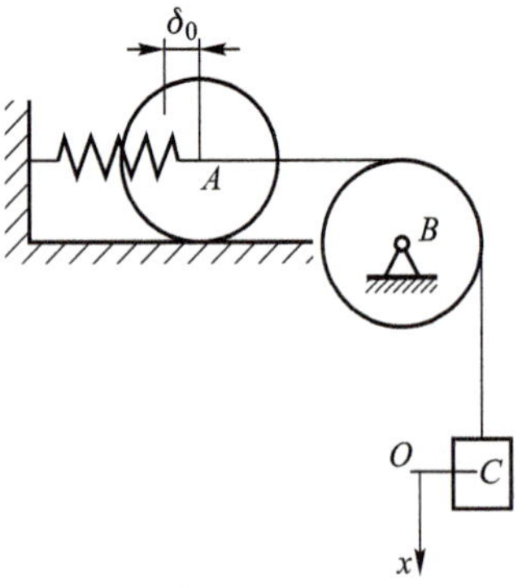

图 19－26

解 此系统具有一个自由度，以物块平衡位置为原点，取 x 为广义坐标，如图所示。以重物平衡位置为重力势能的零点，取弹簧原长处为弹性力势能的原点，则系统在任意位置处的势能为

$$V=\frac{1}{2}k\,(\delta_0+x)^2-m_1gx$$

其中 δ_0 为平衡位置处弹簧的伸长量。物块速度为 $\dot{x}$ 时，B 轮的角速度为 $\frac{\dot{x}}{R}$，A 轮质心速度为 $\dot{x}$，角速度亦为 $\frac{\dot{x}}{R}$，此时系统的动能为

$$T=\frac{1}{2}m_1\dot{x}^2+\frac{1}{2}\cdot\frac{1}{2}m_2R^2\left(\frac{\dot{x}}{R}\right)^2+\frac{1}{2}m_2\dot{x}^2+\frac{1}{2}\cdot\frac{1}{2}m_2R^2\left(\frac{\dot{x}}{R}\right)$$

$$=\left(m_2+\frac{1}{2}m_1\right)\dot{x}^2$$

系统的拉格朗日函数为

$$L=T-V=\left(m_2+\frac{1}{2}m_1\right)\dot{x}^2-\frac{1}{2}k\,(\delta_0+x)^2+m_1gx$$

代入拉格朗日方程

$$\frac{\mathrm{d}}{\mathrm{d}t}\frac{\partial L}{\partial \dot{x}}-\frac{\partial L}{\partial x}=0$$

得

$$(2m_2+m_1)\ddot{x}+k\delta_0+kx-m_1g=0$$

注意到 $k\delta_0=m_1g$，则系统的运动微分方程为

$$(2m_2+m_1)\ddot{x}+kx=0$$

例 19-17 双摆机构，由两个质点 A 和 B 及无重刚杆 OA 和 AB 组成，如图 19-27 所示，设质点 A 和 B 的质量均为 m，两杆长均为 l，物体 B 受水平力 $\boldsymbol{F}$，系统只在铅垂平面内运动，且不计系统中的摩擦，试分析系统的运动。

解 该系统是完整理想约束系统，具有两个自由度。

首先计算系统的动能，即

$$T=T_A+T_B=\frac{1}{2}m(\dot{x}_A^2+\dot{y}_A^2)+\frac{1}{2}m(\dot{x}_B^2+\dot{y}_B^2) \tag{1}$$

由变换方程两边求导数，得

$$\dot{x}_A=l\dot{\varphi}_1\cos\varphi_1$$

$$\dot{y}_A=-l\dot{\varphi}_1\sin\varphi_1$$

$$\dot{x}_B=l\dot{\varphi}_1\cos\varphi_1+l\dot{\varphi}_2\cos\varphi_2$$

$$\dot{y}_B=-l\dot{\varphi}_1\sin\varphi_1-l\dot{\varphi}_2\sin\varphi_2 \tag{2}$$

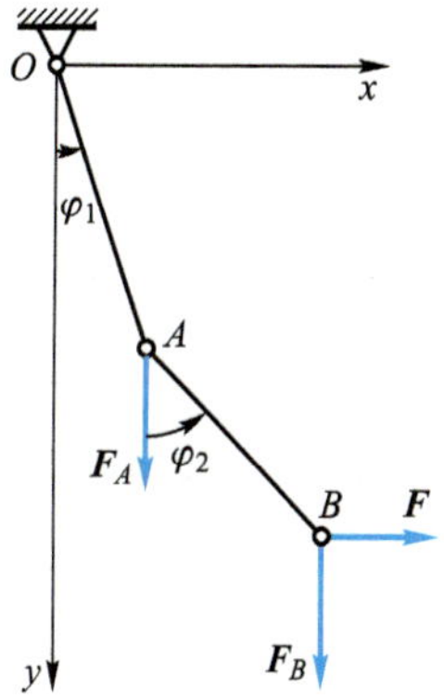

图 19-27

将式(2)代入式(1)得

$$T=ml^2\left[\dot{\varphi}_1^2+\frac{\dot{\varphi}_2^2}{2}+\dot{\varphi}_1\dot{\varphi}_2\cos(\varphi_2-\varphi_1)\right] \tag{3}$$

计算得到广义力为

$$Q_{\varphi 1}=-mgl\sin\varphi_1+Fl\cos\varphi_1 \tag{4}$$

$$Q_{\varphi 2}=-mgl\sin\varphi_2-Fl\cos\varphi_2 \tag{5}$$

将式(3)、(4)、(5)代入拉格朗日方程得系统的运动微分方程为

$$2ml^2\ddot{\varphi}_1+ml^2\ddot{\varphi}_2\cos(\varphi_2-\varphi_1)-ml^2\dot{\varphi}_2(\dot{\varphi}_2-\dot{\varphi}_1)\sin(\varphi_2-\varphi_1)-ml^2\dot{\varphi}_1\dot{\varphi}_2\sin(\varphi_2-\varphi_1)$$
$$=-mgl\sin\varphi_1+Fl\cos\varphi_1 \tag{6}$$

$$ml^2\ddot{\varphi}_2+ml^2\ddot{\varphi}_1\cos(\varphi_2-\varphi_1)+ml^2\dot{\varphi}_1\dot{\varphi}_2\sin(\varphi_2-\varphi_1)$$
$$=-mgl\sin\varphi_2-Fl\cos\varphi_2 \tag{7}$$

式(6)、(7)即为用广义坐标 φ_1、φ_2 所表示的系统的运动微分方程。

该方程组是非线性的，很难求得解析形式的解，所以常用数值方法求解。

习题

19-1 一柔软不可伸长的线，一端固定，另一端拴一小球。小球所受约束是单面的还是双面的？试写出约束方程。

19-2 一半径为 r 的圆盘在铅垂平面内沿直线做纯滚动。这约束是完整的还是非完整的？试写出约束方程。

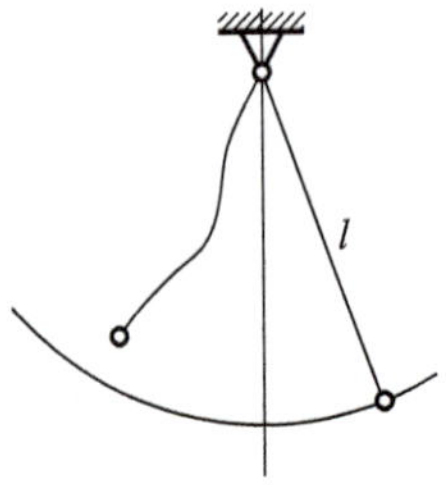

题 19-1 图

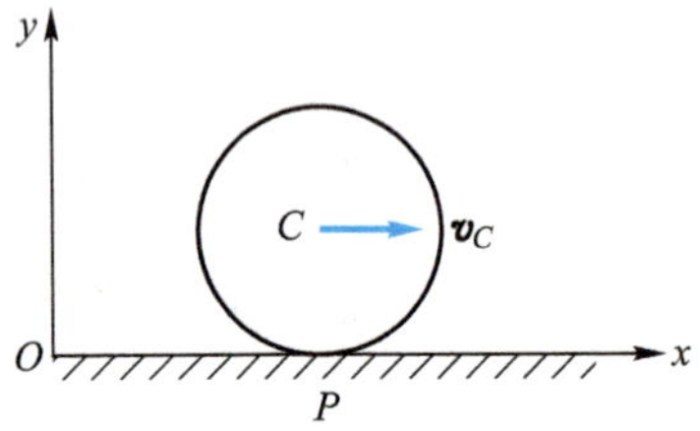

题 19-2 图

19-3 一直杆以常角速度 ω 绕铅垂轴转动，杆与铅垂线夹角 α 为常值。杆上有一小环，小环可沿杆滑动。取小环相对杆与铅垂线交点 O 的距离 r 为坐标。试将环的直角坐标用 r 表示。写出其直角坐标系中的约束方程。

19-4 试列写图示系统的约束方程。

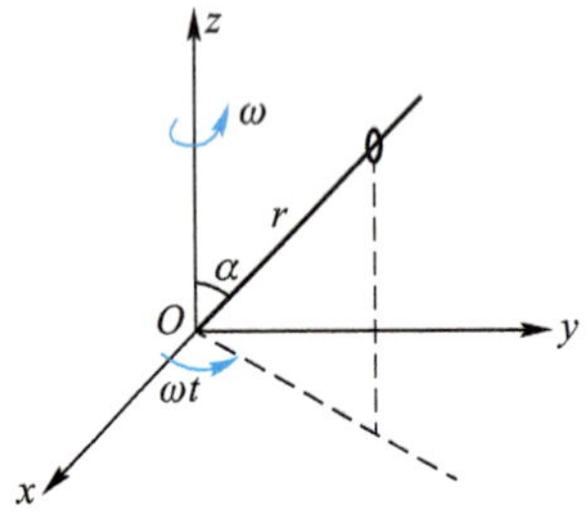

题 19-3 图

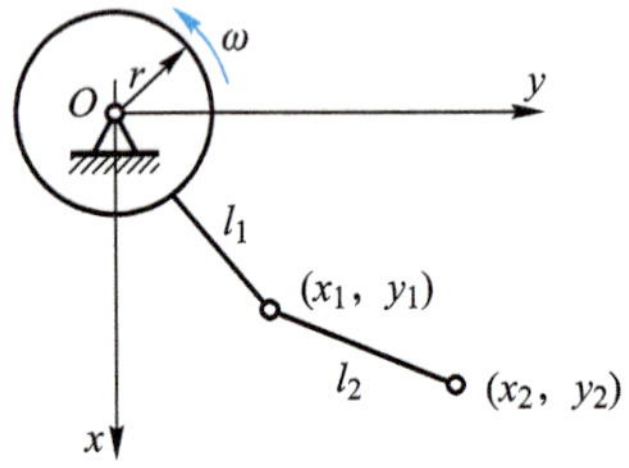

题 19-4 图

19-5 平面上有两质点 m_1 和 m_2，系统运动时 m_1 对 m_2 进行追踪，m_1 的速度始终对准 m_2。试写出约束方程。

19-6 长为 l 的均匀细杆被限制在 xy 平面运动，且其 A 端恒保持在 x 轴上，若采用(x,θ) 作为广义坐标，试求杆中心的速度和加速度的大小。

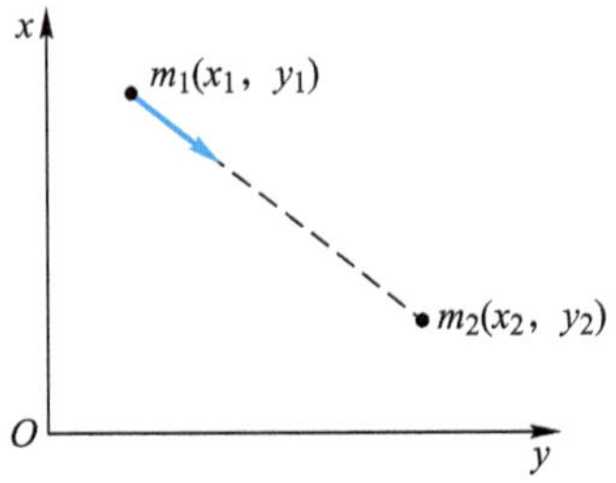

题 19-5 图

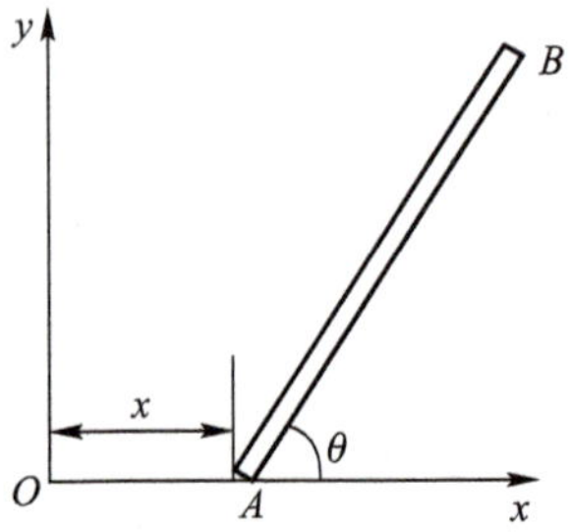

题 19-6 图

19-7 楔式压榨机，力 $\boldsymbol{F}_1$ 垂直于手柄轴，手柄长为 a，螺距为 h，楔尖顶角为 α，试求平衡时力 $\boldsymbol{F}_1$ 与力 $\boldsymbol{F}_2$ 之间的关系。

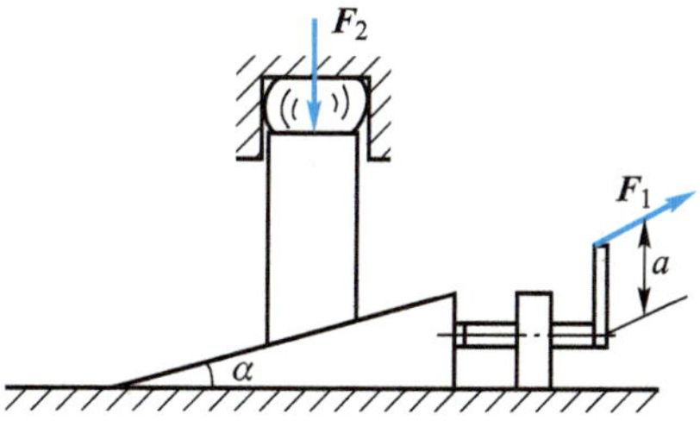

题 19-7 图

19-8 力 $\boldsymbol{F}$ 铅垂地作用于杠杆 AO 上。$AO=6BO$，$CO_1=5DO_1$。若在所给位置上杠杆水平，杆 BC 与 DE 垂直，求物体 M 所受的挤压力 $\boldsymbol{F}_s$ 的大小。

19-9 图示为一绞车，匀速提升重为 W 的货物，求垂直作用于手柄 A 点上的力 $\boldsymbol{F}$。鼓轮直径 $d=30$ cm，手柄长 $l=50$ cm，机构上齿轮点数 $z_1=125$，$z_2=25$，$z_3=63$，$z_4=21$。

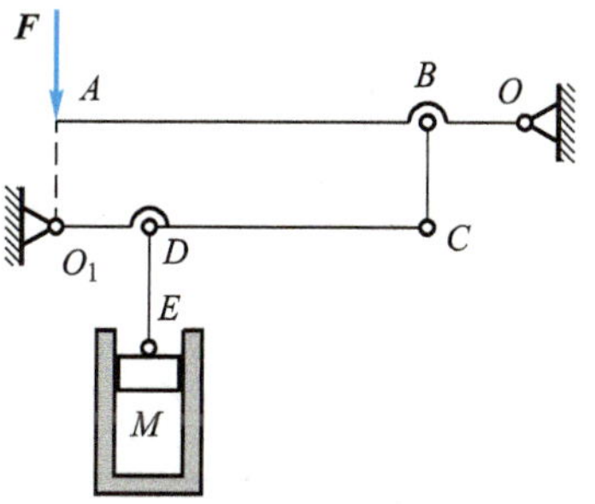

题 19-8 图

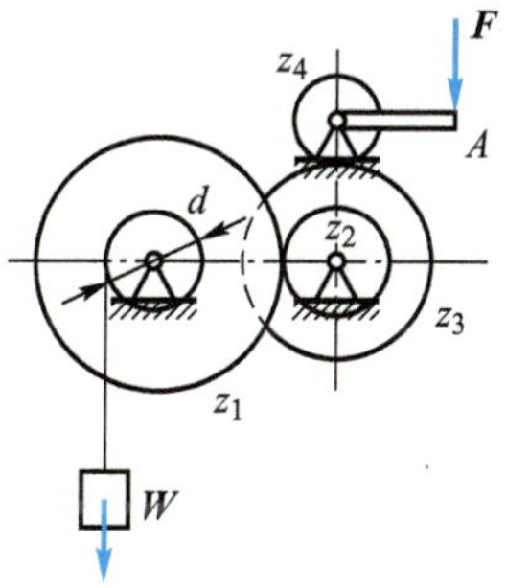

题 19-9 图

19-10 在十字形滑块 K 上沿杆 AB 方向作用力 $\boldsymbol{F}$，不计摩擦，求作用在 C 点且与曲柄 OC 垂直的平衡力 $\boldsymbol{F}_1$ 的大小。

19-11 在机构的活塞 B 上施加一力 $\boldsymbol{F}$。在曲柄 O_1C 上施加力矩 $M_1=\dfrac{3}{2}Fr$，不计摩擦，曲柄长度 $OA=r$，$O_1C=3r$，且都处于铅垂位置。试求使机构平衡而作用于曲柄 OA 上的力矩 M。

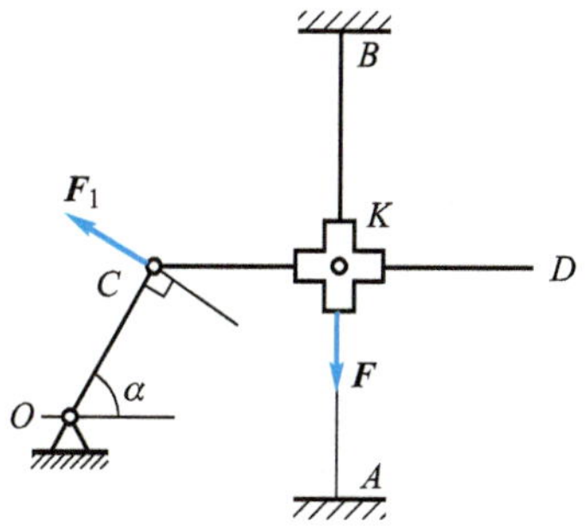

题 19-10 图

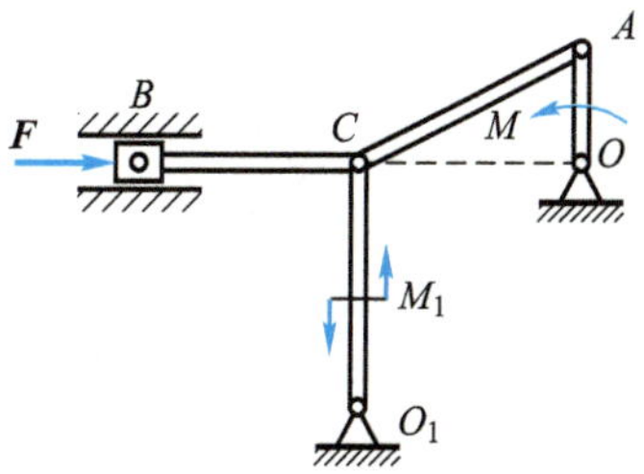

题 19-11 图

19-12 对图示的连杆机构，为使机构于任何位置 θ 都能支持住滑块 W，求作用在 A 点的水平力(杆重不计)。若在 A 点作用一向下的力,能否支持住 W?若用一逆时针的力偶 M 来代替力,问 M 需多大?

19-13 图示连杆机构,A、B 轮可在水平杆上自由地滑动。求为保持平衡所需的力 $\boldsymbol{F}$ 的大小。

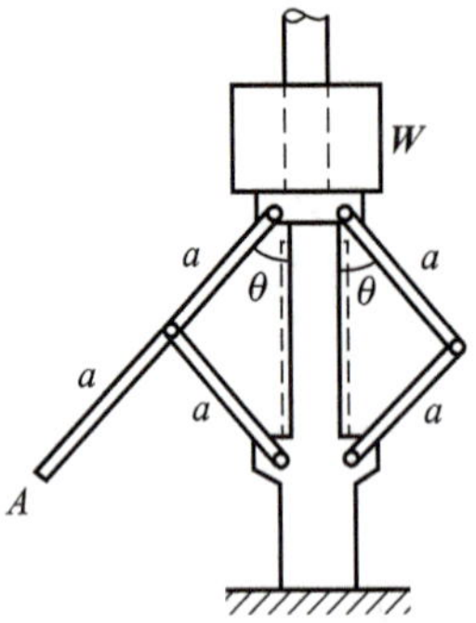

题19-12图

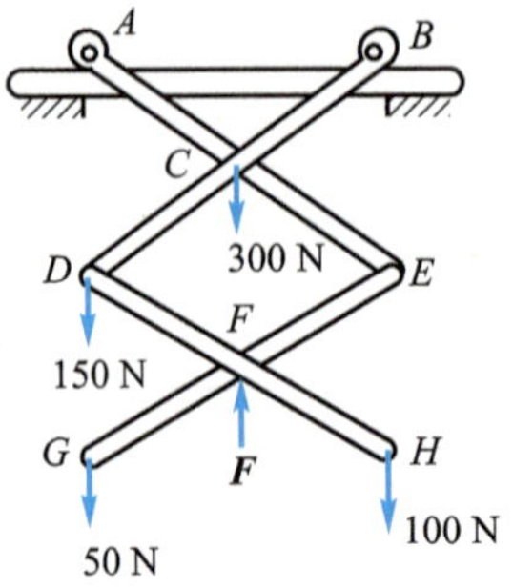

题19-13图

19-14 已知图示机构处于平衡。$OA=40$ cm,力偶矩 $M=200$ N·m。试求力 $\boldsymbol{F}$ 的大小。

19-15 重量为 P 的竖立鼓轮可视为一空心圆柱,其外半径为 R,内半径为 r。鼓轮上缠以无重绳索,拖动一均质圆柱碾子沿水平面无滑动滚动。碾子重量为 W。如在鼓轮上作用一矩为 M 的力偶,试求其角加速度。

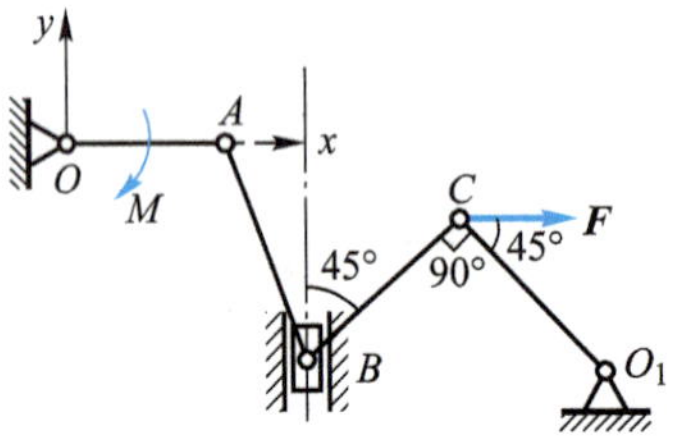

题19-14图

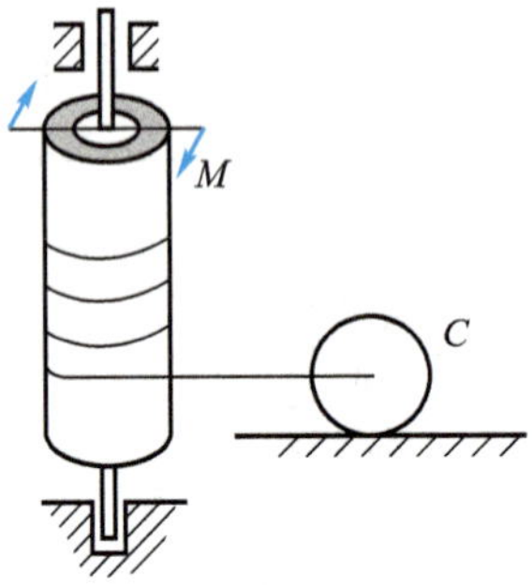

题19-15图

19-16 重量为 P 的实心圆柱,在其中间缠以绳子,此绳的另一端跨过滑轮 O 同重量为 W 的重物 M 相连接。设重物 M 上升,不计滑轮和绳的质量,试求重物 M 及圆柱轴 C 的加速度。

19-17 均质圆柱体半径为 r,重为 P,在半径为 R 的圆柱形槽内滚而不滑。求:(1) 微小摆动的周期;(2) 如起始时的 OO_1 线与铅垂线成 φ_0 角,圆柱体无初速地滚下,求当圆柱滚到最低位置时对圆槽的正压力和摩擦力。

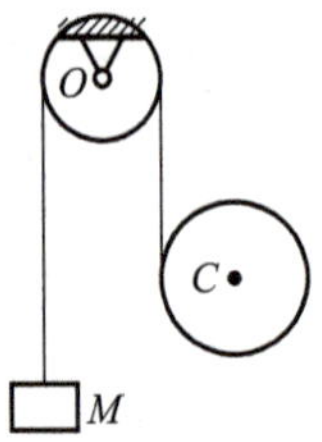

题19-16图

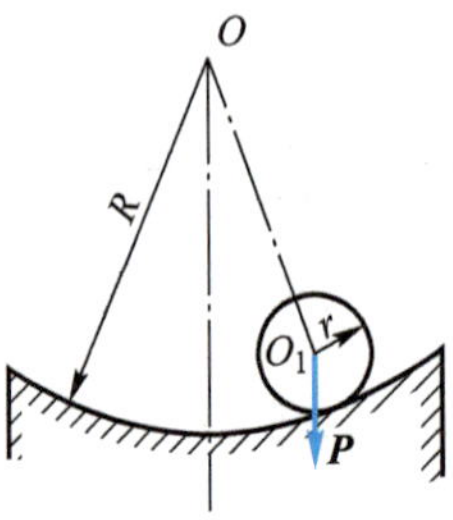

题19-17图

19-1 第19章 习题答案

第 20 章 单自由度系统的振动

20.1 振动问题绪论

1. 工程振动

振动(vibration)是指物体在其平衡位置附近的往复运动。在日常生活和工程技术中这种运动现象是普遍存在的,如钟摆、琴弦的运动,行驶车辆的颠簸,高层建筑和高耸烟囱在风力作用下的晃动,机械加工时刀杆的抖动,地震时地面的运动,以及各种转动机械运转时引起的自身和载体的运动。

工程中的振动有有害的一面。它影响精密仪器的测试精度,降低机械加工的精度和光洁度,强烈的振动可能导致工程结构(如桥梁、飞行器、船舶等)的毁坏,行驶车辆的振动给人以不舒服的感觉,振动引起的噪声已成为一种公害,等等。然而,钟摆摆动的等时性却是人类早期计时工具的基础,琴弦振动发出的美妙悦耳的声音给人们带来了无尽的生活情趣。人们还利用振动现象制作各种工具,如振动筛、夯实机、振捣棒等,极大地提高了生产效率。

学习研究工程振动这部分内容的目的,就是要了解各种工程振动现象的机理(定性方面),掌握振动的基本规律和计算求解方法(定量方面),从而能有效地抑制振动产生的不良后果(如吸振、减振、隔离技术的广泛应用),改进结构设计规范,增强抗振能力,使结构免于破坏。当然也可以设计制造出更多的有利于人们生活、工作的器具和设备。

科学技术发展到今天,可以说工程设计已由仅考虑结构刚度、强度的所谓"静态"设计阶段进入更加以人为本的"动态"设计阶段。不仅要设计制造出坚固耐用的桥梁、建筑物、飞机、汽车、空调、洗衣机等供人们使用,更要让人们在使用它们时感到舒适,其中首要的是减少振动、降低噪声,而这恰恰是工程振动理论要研究和解决的基本问题之一。

2. 振动系统的模型

能够产生振动的物体或物体系称为振动系统(vibration system)。

模型是对振动系统的抽象。振动系统的模型包括物理(力学)模型和数学模型,前者是对振动系统进行定性分析时对其结构构成方面的抽象,这一过程就是建立系统力学模型的过程;后者是对振动系统进行定量计算时对其计算原则的抽象,本课程是指运用基本假设、定律、定理建立起来的运动微分方程。力学模型和数学模型来源于实际,又高于实际,在一定条件下更深刻、更正确、更全面地反映实际。

根据单摆的运动机理可知，质点是在一种能使之回到平衡位置的恢复力和质点惯性联合作用下实现往复运动的。同理，一个振动系统也应具有可产生惯性的质量和产生恢复力的能力，一般这种能力来自系统中的弹簧或变形体变形后所产生的弹性力，某些情况下包括重力的分力。因此，质量和恢复力是形成振动系统的基本要素。由于系统运动过程中不可避免地要克服各种阻力（主要是来自摩擦），消耗能量，因此，在建立模型的过程中必须考虑这一因素，即在振动系统中引入各种阻尼，否则不能得到与实验相符合的计算结果。振动系统的质量一般用 m 表示，刚度系数用 k 表示，阻尼用 c 表示，这些参数常被称为系统的特征参数。

振动系统因其力学模型不同而分成两大类，即离散系统（或称集中参数系统）和连续系统（或称分布参数系统）。前者中的质量、弹性，有时也包括阻尼，可以分离开来，以质量元件（如质点或圆环、板、杆、盘状的刚体等）、弹性元件（如不计质量的弹性杆、弹簧等）和阻尼元件的形式出现。如进行振动分析时，安装在基础上的设备有时可以采用如图 20 - 1a 和图 20 - 1b 所示的力学模型。图 20 - 2 所示的多自由度离散系统的力学模型常在振动分析中采用。

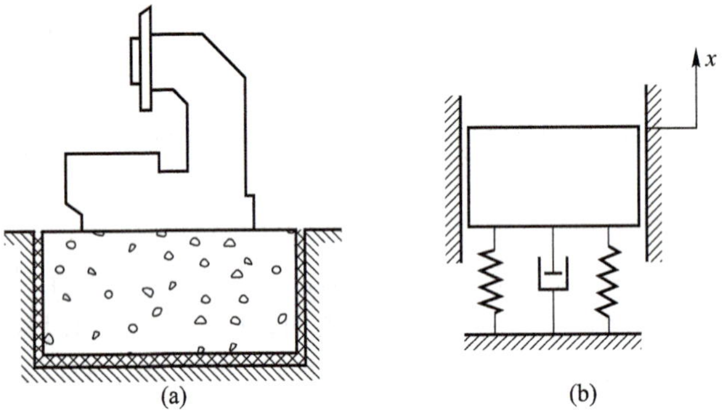

图 20 - 1

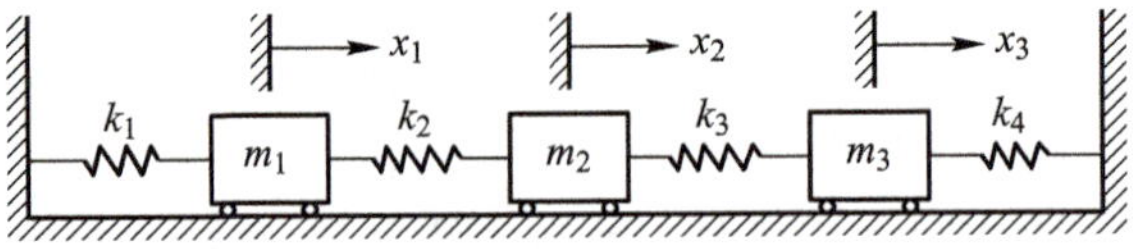

图 20 - 2

离散系统的数学模型为二阶常系数线性齐次或非齐次常微分方程（组）。

连续系统的质量、弹性和阻尼是连续分布的，不便于用分离的元件来表示，故称为分布参数系统。如对单个弹性体（如材料力学中的杆、板、壳等）进行振动分析，其力学模型常是将其分割成无数连续的具有质量的微元体，在微元体的表面通常作用有正应力、剪力或弯矩等弹性力，而阻尼则来自微元体（实质上是晶粒）间的摩擦力。因而其数学模型是关于时间和空间的偏微分方程。当然也可以建立有限元、子结构之类的数学模型，这已超出本课程讨论的范围。

在有些情况下上述两种力学模型可以交叉使用。对于一个大型振动系统，可以部分采用离散系统模型，部分采用连续系统模型。例如在对舰炮射击精度方面问题的研究中，将整个系统分成炮筒、弹仓、支架和炮座等几大部分，整炮通过炮座固定在舰艇甲板上。考虑到炮座、支架、弹仓结构复杂，刚性好，故可将它们视为刚体，而炮筒细长可视为弹性体，在上述部分的交界处加装弹性元件和阻尼元件，以模拟接触处的变形作用和摩擦影响，整个系统又经弹性元件和阻尼元件支承在刚性甲板上，如图 20-3 所示。

在对同一结构进行振动分析时，可以根据具体情况采用不同的模型。孰好孰不好视振动分析的目的和物质条件而定。估算或手算时可以采用较简单的模型，乃至采用近似计算方法；精确计算或用计算机计算时可以采用较为复杂的模型。但复杂模型并不总能换来好的计算结果，计算结果与实验结果的吻合程度是检验模型好坏的唯一标准。总之，建立振动系统的模型应力求简单，能准确反映客观实际，且计算结果在工程允许的误差范围内。

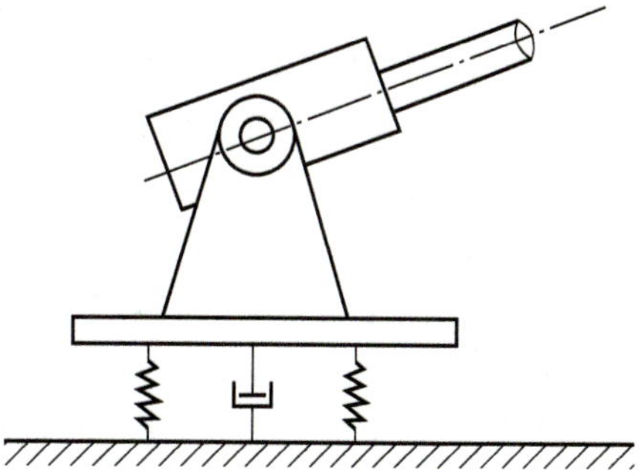

图 20-3

3. 激励和响应

一个振动系统不会无缘无故地振动起来。引起系统振动的原因，称为**激励**(excitation)。激励包括系统的初始扰动(如初瞬时的位移或速度)，系统支座的运动(基础激励)，或作用于系统上的力(力激励)，等等。系统在激励作用下产生的运动，称为响应。响应可以是系统中任何一点的位移、速度或加速度。

相对于振动系统而言，激励就是系统的输入，响应就是系统的输出，如图 20-4 所示。这种理解将有助于对振动系统特性的研究，与由电阻、电容和电感组成的电回路(系统)在电压(输入)的作用下产生回路电流(输出)比较，两者具有相同的数学模型。由此产生了机一电比拟这一振动系统分析方法。

图 20-4

系统的激励可以分成两大类，即确定性激励和非确定性(亦称随机性)激励。能够用一个确定性的函数关系描述的激励称为确定性激励，如用脉冲函数(δ 函数)描述的冲击载荷，用正弦、余弦函数描述的简谐激励，用阶跃函数描述的突加恒力及用周期函数如方波、锯齿波等描述的载荷等。工程实际中多数激励可以用确定性的函数来描述。振动系统如果具有确定性的特征参数(即有确定的 m、k、c，可以是常数也可以随时间变化)，并在确定性的激励作用下，其响应必然也是确定性的。然而有些激励，如作用于建筑物上的风力、作用于舰船壳体上的海浪力等都无法用确定性的函数关系来描述。也就是说，人们无法预知在某一瞬时风力、海浪力的大小，但这种激励具有一定的统计规律，可以利用概率论和数理统计的理论进行研究，这些统计规律包括概率分布函数、概率密度函数以及诸如均值(数学期望)、方差(用来描述某瞬时取值偏离平均值的程度)、相关函数、功率谱等数字特征，这种类型的激励称为随机激励。对于具有确定性特征参数的系统，如果激励是随机的，那么系统的响应也具有随机性。关于这方面的问题将在“随机振动”这门课程中专门研究。

本书将只限于讨论具有确定性特征参数的系统，并且激励和响应都是确定性的。

4. 振动的分类

从不同的角度研究振动系统都可能找到一些特定规律，导致了振动问题的不同分类方法。

如对前面所介绍的离散振动系统和连续振动系统引入自由度的概念，则离散系统的振动状态可以用有限个独立坐标（广义坐标）来描述，称为多自由度振动系统，单自由度系统是其中最简单的一种形式。弹性体可以看作是由无数个质点组成的，各质点间有弹性连接，只要满足连续条件，各个质点的任何微小位移都是可能的，因此它有无穷多个自由度。

如果考虑振动系统的特征参数（质量、弹性、阻尼）是否随时间而变化，可将其分为常参数振动系统和变参数振动系统。

根据振动系统的数学模型（即所建立的动力学微分方程或微分方程组），可将其分为线性振动系统和非线性振动系统。如果系统的质量是定常的，弹性力（或恢复力）和阻尼力可用线性函数描述则该系统是线性系统，否则是非线性系统。如单摆在摆动过程中，恢复力是摆锤重力在自然坐标系切向轴上的分量，与摆杆（或摆绳）和铅垂线间的夹角正弦值有关，不是线性的，因此，所得到的数学模型也不是线性的。但如果假设单摆做微小摆动（即摆角 φ 很小），那么上述摆角正弦值可近似等于摆角的弧度值，运动微分方程转化成为线性的，亦即在此假设下，单摆这一振动系统为线性振动系统。

根据系统激励与响应的性质，可将振动分为确定性振动和随机振动。

此外，还可根据激励的方式不同将振动分为以下几类：

(1) 自由振动：它一般是指振动系统仅因初始扰动而运动，系统除受有恢复力、阻尼力外无其他外力，其运动微分方程是齐次的。

(2) 受迫振动：系统在外界激励（如基础激励、力激励等）的作用下运动，其运动微分方程是非齐次的。

(3) 自激振动：激励力的大小受振动系统本身控制，在适当的反馈下，系统会自动激起定幅振动，一旦振动被抑制，激励也随同消失。收音机的电子线路在一定条件下会产生自激振动（如伴有啸叫声），机翼的颤振也是自激振动。线性振动系统不会发生自激振动，因此，它是非线性振动理论讨论的内容。

(4) 参激振动：振动系统的激励是通过周期地或随机地改变系统的特征参数来实现的。本教材不讨论这部分内容。

本书主要研究具有定常特征参数的单自由度的自由振动和受迫振动问题。

5. 振动问题及其解决方法

工程中所涉及的振动问题，目前可分为两大类，即正问题和逆问题。所谓的正问题包括两个方面：一是已知系统的特征参数分析其固有频率和模态（或振型函数），二是已知系统的特征参数和激励求其响应。两者统称为系统的振动分析。

随着振动测试设备、仪器和技术的发展，特别是计算机技术的迅猛发展，人们开始有能力解决振动系统的逆问题，即根据实验测得的响应值（如位移、速度或加速度）确定系统的特征参数或激励，一般称前者为参数识别或系统识别，称后者为环境监测。与此同时，尚可对设备运行状况进行判断，如是否需要大、中、小修，俗称故障诊断。十分明显，对于新产品（如飞机、汽车、冰箱、空调等）运用参数识别的理论和方法有助于修改新产品的振动特征参数，使其振动和噪声满足设计规范，而环境监测在日益重视环境保护的今天也显得十分重要。

工程中的实际问题往往是复杂的、综合性的，它可能同时包含识别、分析、综合等几个方面的问题。实际上,从实际结构中抽象出力学模型就是一个系统识别的问题。特征参数的大小只能通过实验测试而得到。针对力学模型建立数学模型求解的过程就是振动分析的过程。而分析并不是问题的终了,分析问题的结果还必须用于改进产品的设计,排除原有设计的不良或潜在不良的后果,这就是振动设计或综合的问题。

解决振动问题的方法是理论和实验相结合,二者相辅相成,缺一不可。

本书只涉及振动正问题,其中建立的一些基本公式也是解决振动逆问题的基础。通过学习,读者对于工程中的基本振动现象能够进行定性分析和定量计算。

20.2 单自由度系统的自由振动 固有频率的能量法

系统在空间中的位置只用一个广义坐标即可描述,则属本章讨论的内容。力学模型如图 20-5 所示的振动系统在一定条件下均可归入单自由度振动系统,其中 x、s、θ 均为描述系统在空间中位置的广义坐标。本章将讨论单自由度系统在有阻尼和无阻尼情况下的自由振动和强迫振动的正问题。

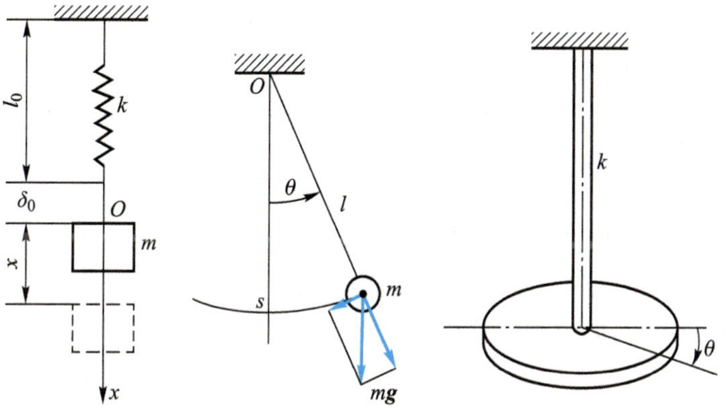

图 20-5

1. 无阻尼自由振动

如图 20-5 所示的振动系统的运动可以用如下数学模型描述:

$$m\frac{\mathrm{d}^2x}{\mathrm{d}t^2}+kx=0 \tag{20-1}$$

$$ml\frac{\mathrm{d}^2\theta}{\mathrm{d}t^2}+mg\theta=0 \quad \text{或} \quad m\frac{\mathrm{d}^2s}{\mathrm{d}t^2}+mg\frac{s}{l}=0 \tag{20-2}$$

$$J\frac{\mathrm{d}^2\theta}{\mathrm{d}t^2}+k\theta=0 \tag{20-3}$$

上述三个方程均为二阶常系数线性齐次微分方程,其中 m 为质点的质量,k 为弹簧的刚度系数或弹性杆的扭转刚度系数,J 为刚性圆盘绕弹性杆轴线转动时的转动惯量,单位分别为 kg、

N/m 或 N·m/rad、kg·m^2。由常微分方程理论知，对于上述微分方程，只要找到方程的两个线性无关的特解，通解就是两者的线性组合。

方法之一是令其特解具有如下形式：

$$x(t)=e^{rt} \tag{20-4}$$

代入上述方程得到特征方程

$$r^2+\omega_n^2=0 \tag{20-5}$$

则

$$r_{1,2}=\pm\omega_n i \quad (i=\sqrt{-1}) \tag{20-6}$$

通解可表示为

$$x(t)=C_1 e^{i\omega_n t}+C_2 e^{-i\omega_n t} \tag{20-7}$$

利用欧拉公式，上式又可化为正余弦形式。事实上，可直接猜得 $\sin\omega_n t$、$\cos\omega_n t$ 为微分方程的两个线性无关的特解，其线性组合

$$x(t)=C_1\sin\omega_n t+C_2\cos\omega_n t \tag{20-8}$$

则是微分方程的通解。一般情况下，利用三角公式可进一步将其化为

$$x(t)=X\sin(\omega_n t+\phi) \tag{20-9}$$

的形式。式中的 C_1、C_2 或 X、ϕ 为待定常数，需用一组初始条件(即 $t=0$ 时的广义坐标及其导数的值，分别称为初始位移和初始速度)确定。通常称 X 为**振幅**(amplitude)，ϕ 为**初相位**(initial phase)。如图 20-5 所示的振动系统存在一个平衡位置，如无外界激励系统会静止于此平衡位置，此时若给系统一个初始位移和(或)一个初始速度，系统亦可运动起来，运动的强弱(振幅)和初相位，即待定常数的大小，取决于初始条件。称这种**仅由初始条件而无其他外界激励引起的振动为自由振动，其微分方程是齐次的。**

式(20-9)是一个关于时间 t 的确定性的周期函数，代表了一种往复运动，称为**简谐运动**(simple harmonic vibration)，其中 ω_n 为**固有(圆)频率**(natural frequency)，之所以加“固有”二字，是因为**其值仅取决于系统本身的特征参数**。图 20-5 所示三种情况下的 ω_n 分别为

$$\omega_n=\sqrt{\frac{k}{m}},\quad \omega_n=\sqrt{\frac{g}{l}},\quad \omega_n=\sqrt{\frac{k}{J}}$$

ω_n 与系统固有频率 f 之间的关系是 $\omega_n=2\pi f$，也可表示为 $\omega_n=\dfrac{2\pi}{T}$，T 为系统振动的**周期，即完成一次全振动所需的时间。**

若方程(20-1)、(20-2)、(20-3)的初始条件分别为

$$x(0)=x_0,\quad \dot{x}(0)=\dot{x}_0;\quad s(0)=s_0,\quad \dot{s}(0)=\dot{s}_0;\quad \theta(0)=\theta_0,\quad \dot{\theta}(0)=\dot{\theta}_0$$

则三个方程的解可分别表示为

$$x(t)=\frac{\dot{x}_0}{\omega_n}\sin\omega_n t+x_0\cos\omega_n t \tag{20-10}$$

$$s(t)=\frac{\dot{s}_0}{\omega_n}\sin\omega_n t+s_0\cos\omega_n t \tag{20-11}$$

$$\theta(t)=\frac{\dot{\theta}_0}{\omega_n}\sin\omega_n t+\theta_0\cos\omega_n t \tag{20-12}$$

也可以表示为 $x(t)=X\sin(\omega_n t+\phi)$ 这种形式，其中的振幅和初相位分别为

$$X=\sqrt{x_0^2+\left(\frac{\dot{x}_0}{\omega_n}\right)^2},\quad \phi=\arctan\frac{\omega_n x_0}{\dot{x}_0} \tag{20-13}$$

$$X=\sqrt{s_0^2+\left(\frac{\dot{s}_0}{\omega_n}\right)^2},\quad \phi=\arctan\frac{\omega_n s_0}{\dot{s}_0} \tag{20-14}$$

$$X=\sqrt{\theta_0^2+\left(\frac{\dot{\theta}_0}{\omega_n}\right)^2},\quad \phi=\arctan\frac{\omega_n \theta_0}{\dot{\theta}_0} \tag{20-15}$$

2. 固有频率的能量法

对于保守系统，从能量观点出发，只有有势力做功，系统的总能量(亦即系统的机械能，为系统动能和势能之和)既不会增加也不会减少，处于守恒状态，即系统在运动过程中两部分能量相互转换，但总能量值不变。势能是一个相对值，系统所处的任一位置均可视为零势能位置，系统由另一位置运动到零势能位置有势力所做的功即为系统在该位置的势能。在振动理论中一般取系统的静平衡位置为系统的零势能位置，这样，系统所受的重力将不会在运动微分方程中出现。若记系统的动能为 T，势能为 U，则有

$$T+U=\text{常数} \tag{20-16}$$

对上式求微分，则有

$$\mathrm{d}(T+U)=0 \tag{20-17}$$

或求导，则有

$$\frac{\mathrm{d}}{\mathrm{d}t}(T+U)=0 \tag{20-18}$$

如果将系统在 t_1 时刻所处的空间位置记为 1，在 t_2 时刻所处的空间位置记为 2，而相应的动能、势能分别记为 T_1、U_1、T_2、U_2，则由式(20-16)有

$$T_1+U_1=T_2+U_2 \tag{20-19}$$

可以用式(20-17)、(20-18)、(20-19)建立系统的运动微分方程。对于做简谐运动的保守系统，设在 t_1 时刻系统运动至平衡位置，此时 $U_1=0$，而系统的动能 T_1 取极大值，$T_1=T_{max}$；设在 t_2 时刻系统运动到极端位置，此时 $T_2=0$，而系统的势能取极大值，$U_2=U_{max}$，则由(20—19)式有

$$T_{max}=U_{max} \tag{20-20}$$

对于简谐振动

$$x(t)=X\sin(\omega_n t+\phi) \tag{20-21}$$

$$\dot{x}(t)=\omega_n X\cos(\omega_n t+\phi) \tag{20-22}$$

则位移和速度的幅值分别为 X 和 $\omega_n X$，即速度幅值为位移幅值的 ω_n 倍。可以利用这种关系求得系统的固有频率 ω_n。

例 20-1 图 20-5 所示的质量弹簧系统为保守系统，质量为 m，刚度系数为 k，不计弹簧的质量和系统的阻尼，求系统的固有频率。

解 由式(20-20)及系统位移和速度幅值的关系，有

$$T_{\max}=\frac{1}{2}m\dot{x}^2\Big|_{\dot{x}=\omega_n X}=\frac{1}{2}m\omega_n^2X^2$$

$$U_{\max}=\frac{1}{2}kx^2\Big|_{x=X}=\frac{1}{2}kX^2$$

于是得

$$\omega_n=\sqrt{\frac{k}{m}}$$

例 20-2 图 20-5 所示的单摆系统为保守系统，质量为 m，不计摆绳质量，求系统的固有频率。

解 取摆绳与铅垂线间的夹角 θ 为广义坐标，振幅最大值为 Θ，则

$$T_{\max}=\frac{1}{2}m(\dot{\theta}l)^2\Big|_{\dot{\theta}=\omega_n\Theta}=\frac{1}{2}m\omega_n^2\Theta^2l^2$$

$$U_{\max}=mgl(1-\cos\Theta)=2mgl\sin^2\frac{\Theta}{2}=\frac{1}{2}mgl\Theta^2$$

在最大势能 $U_{\max}$ 中考虑了系统微振动，$\sin\dfrac{\theta}{2}\approx\dfrac{\theta}{2}$，则由式(20-20)有

$$\omega_n=\sqrt{\frac{g}{l}}$$

例 20-3 图 20-5 所示的扭转振动系统为保守系统，无重弹性杆的扭转刚度为 k，圆盘对杆轴线的转动惯量为 J，求系统的固有频率。

解 取圆盘的扭转角 θ 为广义坐标，则

$$T_{\max}=\frac{1}{2}J(\dot{\theta})^2\Big|_{\dot{\theta}=\omega_n\Theta}=\frac{1}{2}J\omega_n^2\Theta^2$$

$$U_{\max}=\frac{1}{2}k\theta^2\Big|_{\theta=\Theta}=\frac{1}{2}k\Theta^2$$

则由(20-20)式有

$$\omega_n=\sqrt{\frac{k}{J}}$$

例 20-4 如图 20-6 所示的均质圆盘质量为 m，受初始扰动后在图示圆形轨道上做纯滚动，并在平衡位置附近往复运动，求系统的固有频率。

解 取如图所示的 θ 角为系统的广义坐标，则

$$T_{\max}=\frac{3}{4}m\dot{\theta}^2(R-r)^2\Big|_{\dot{\theta}=\omega_n\Theta}=\frac{3}{4}m\omega_n^2\Theta^2(R-r)^2$$

$$U_{\max}=mg(R-r)(1-\cos\Theta)=2mg(R-r)\sin^2\frac{\Theta}{2}$$

$$\approx\frac{1}{2}mg(R-r)\Theta^2$$

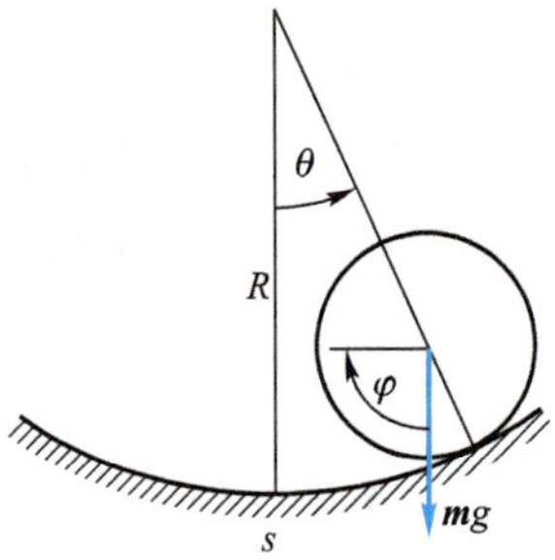

图 20-6

则由(20－20)式有

$$\omega_n=\sqrt{\frac{2g}{3(R-r)}}$$

20.3 单自由度系统的有阻尼自由振动

1. 有阻尼自由振动方程

如果振动系统在运动过程中受到的阻力与速度的大小成正比，与速度的方向相反，即 $F_d=-c\dot{x}$，则称这种系统具有黏性阻尼。其中 c 为**黏性阻尼系数**(viscous damping coefficient)。对于具有黏性阻尼的单自由度振动系统，常采用如图 20－7 所示的力学模型，其中 c 亦代表黏性阻尼元件。

该系统的数学模型即运动微分方程为

$$m\ddot{x}+c\dot{x}+kx=0 \tag{20-23}$$

将上式化为标准形式有

$$\ddot{x}+2n\dot{x}+\omega_n^2x=0 \tag{20-24}$$

其中 $2n=\dfrac{c}{m}$，$\omega_n^2=\dfrac{k}{m}$。

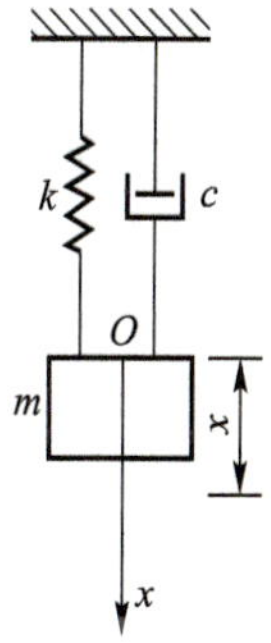

图 20－7

根据微分方程理论，设其特解为 e^{st}，代入式(20－24)中得特征方程

$$s^2+2ns+\omega_n^2=0 \tag{20-25}$$

其特征根为 $s_{1,2}=-n\pm\sqrt{n^2-\omega_n^2}$，于是式(20－24)的解可表示为

$$x(t)=e^{-nt}(C_1e^{\sqrt{n^2-\omega_n^2}\,t}+C_2e^{-\sqrt{n^2-\omega_n^2}\,t}) \tag{20-26}$$

由上式可以看出，当 $n=\dfrac{c}{2m}>\omega_n$ 时，系统不会做往复运动；当 $n=\omega_n$ 时，特征方程有重根，此时，其线性无关的两个特解只能选为 e^{-nt} 和 te^{-nt}，式(20－24)的通解为 $x(t)=e^{-nt}(C_1t+C_2)$，同样系统也不会做往复运动；仅当 $n<\omega_n$ 时，由欧拉公式，式(20－24)的通解(20—26)式可化为正(余)弦函数，代表了一种具有往复运动性质的简谐振动。

2. 临界阻尼和阻尼比

为了讨论上述三种情况，引入临界阻尼和阻尼比的概念。

定义 $n=\omega_n$ 时的阻尼系数为**临界阻尼系数**(critical damping coefficient)，记为 c_c，则有

$$\frac{c_c}{2m}=\sqrt{\frac{k}{m}} \quad 即 \quad c_c=2m\omega_n=2\sqrt{mk} \tag{20-27}$$

定义阻尼系数与临界阻尼系数之比为**阻尼比**(damping ratio)，记为 ξ，则有

$$\xi=\frac{c}{c_c},\quad n=\xi\omega_n=\frac{c}{2m}=\xi\cdot\frac{c_c}{2m} \tag{20-28}$$

这样，式(20-24)可表示为

$$\ddot{x}+2\xi\omega_n\dot{x}+\omega_n^2x=0 \tag{20-29}$$

此时微分方程的通解可表示为

$$x(t)=e^{-\xi\omega_nt}(C_1e^{\sqrt{\xi^2-1}\omega_nt}+C_2e^{-\sqrt{\xi^2-1}\omega_nt}) \tag{20-30}$$

其是否与往复运动对应，取决于阻尼比 ξ 的值。**当 $\xi=1$ 时，称为临界阻尼状态，即阻尼系数 c 等于临界阻尼系数 c_c**，微分方程的通解为

$$x(t)=e^{-\omega_nt}(C_1t+C_2) \tag{20-31}$$

此时系统的运动是随时间的增长而无限地趋于平衡位置，因此运动已不具有振动性质。

当 $\xi>1$ 时，称为过阻尼状态，即阻尼系数大于临界阻尼系数，微分方程的通解为

$$x(t)=e^{-\xi\omega_nt}(C_1e^{\sqrt{\xi^2-1}\omega_nt}+C_2e^{-\sqrt{\xi^2-1}\omega_nt}) \tag{20-32}$$

式中的待定常数 C_1、C_2 由初始条件确定，在 $x_0>0$，$\dot{x}_0<0$ 或 $\dot{x}_0>0$ 的情况下，式(20-32)的运动曲线有如图 20-8 所示的三种形式。显然运动也不具有振动性质。

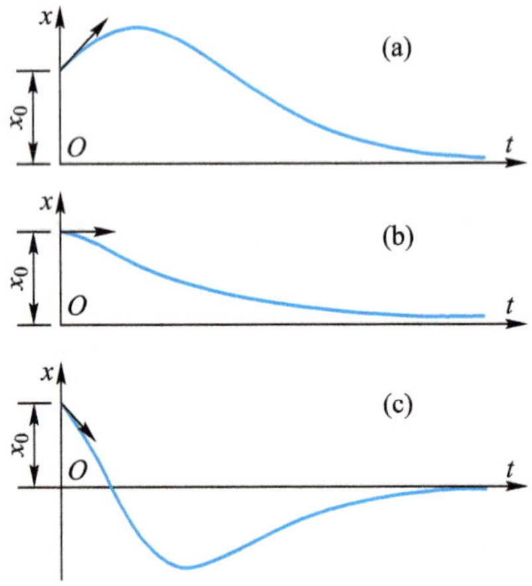

图 20-8

当 $\xi<1$ 时，称为欠阻尼状态，即阻尼系数小于临界阻尼系数，微分方程的通解为

$$x(t)=e^{-\xi\omega_nt}(C_1e^{i\sqrt{1-\xi^2}\omega_nt}+C_2e^{-i\sqrt{1-\xi^2}\omega_nt}) \tag{20-33}$$

由欧拉公式，可将式(20-32)表示成正、余弦函数的形式

$$x(t)=e^{-\xi\omega_nt}(C_1'\sin\sqrt{1-\xi^2}\,\omega_nt+C_2'\cos\sqrt{1-\xi^2}\,\omega_nt) \tag{20-34}$$

或

$$x(t)=Xe^{-\xi\omega_nt}\sin(\sqrt{1-\xi^2}\,\omega_nt+\phi) \tag{20-35}$$

此种运动具有振动性质。用初始条件确定式(20-34)及式(20-35)中的待定常数

$$C_1'=\frac{\dot{x}_0+\xi\omega_nx_0}{\sqrt{1-\xi^2}\,\omega_n},\quad C_2'=x_0$$

$$X=\sqrt{x_0^2+\left(\frac{\dot{x}_0+\xi\omega_n x_0}{\sqrt{1-\xi^2}\,\omega_n}\right)^2}$$

$$\phi=\arctan\frac{\sqrt{1-\xi^2}\,\omega_n^2}{\dot{x}_0+\xi\omega_n x_0}x_0 \tag{20-36}$$

有时称 $\omega_d=\sqrt{1-\xi^2}\,\omega_n$ 为阻尼固有频率。十分明显，当阻尼比 ξ 比较小时，它对 ω_d 影响不大，但对振幅影响较大。式(20－35)的函数曲线如图 20－9 所示。

从图 20－9 中可以看出，简谐振动的幅值是按指数规律衰减，当 $t\to\infty$时，幅值趋近于 0；阻尼比越大，则振幅衰减得越快；振动系统的固有频率减小至$\sqrt{1-\xi^2}$倍。这种振动已不满足周期函数的定义，不再属于周期振动。但因相邻两峰值的时间间隔相同，习惯上仍称为衰减周期，记为 T_d，$T_d=\dfrac{2\pi}{\omega_d}=\dfrac{2\pi}{\sqrt{1-\xi^2}\,\omega_n}$。

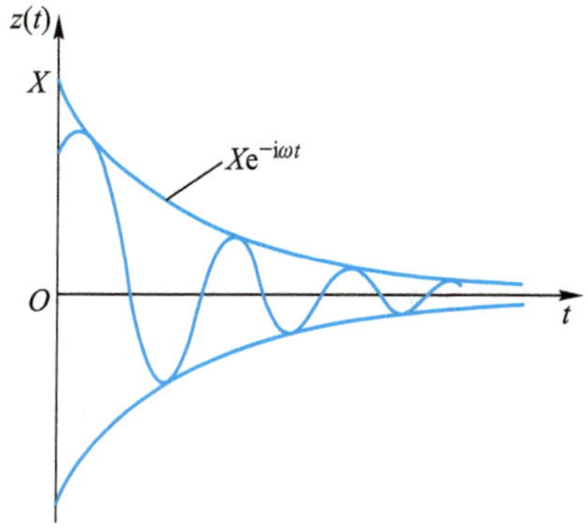

图 20－9

3. 对数衰减率

确定单自由度黏性阻尼振动系统阻尼参数大小的最简单办法是测定系统振幅的衰减量。设在某瞬时 t_i，振动系统相对于平衡位置达到的最大偏离值为 A_i，有 $A_i=X\mathrm{e}^{-\xi\omega_n t_i}$，经过一个周期 T_d 后，系统到达另一个比前者小的最大偏离值 $A_{i+1}=X\mathrm{e}^{-\xi\omega_n(t_i+T_d)}$。**定义相邻两次振动最大偏离值之比为振幅衰减率**(amplitude decay rate)

$$\frac{A_i}{A_{i+1}}=\frac{X\mathrm{e}^{-\xi\omega_n t_i}}{X\mathrm{e}^{-\xi\omega_n(t_i+T_d)}}=\mathrm{e}^{\xi\omega_n T_d}$$

定义振幅减缩率的自然对数值为对数衰减率(logarithmic decrement)，记为 δ，$\delta=\ln\dfrac{A_i}{A_{i+1}}=\xi\omega_n T_d$，将 $T_d=\dfrac{2\pi}{\omega_n\sqrt{1-\xi^2}}$代入有

$$\delta=\frac{2\pi\xi}{\sqrt{1-\xi^2}}\approx 2\pi\xi$$

有时为了提高测量和计算精度，可测定相隔多个周期 nT_d 的两个最大偏离值之比，并遵从上述定义有

$$\delta'=\frac{2\pi n\xi}{\sqrt{1-\xi^2}}=n\delta$$

例 20－5 对于特征参数为 m、k、c 的单自由度黏性阻尼振动系统，其物块重为 0.5 N，弹簧质量不计，刚度系数为 2 N/cm，系统产生自由振动后，测得相邻两个振幅之比为 100/98，求系统的临界阻尼系数和阻尼系数。

解 首先求对数衰减率

$$\delta=\ln\frac{A_i}{A_{i+1}}=\ln\frac{100}{98}=0.020\ 2$$

阻尼比
$$\xi \approx \frac{\delta}{2\pi} = 0.003\ 215$$

临界阻尼系数
$$c_c = 2\sqrt{mk} = 2\sqrt{\frac{0.5\times 2}{980}}\ \text{N}\cdot\text{s/cm} = 0.063\ 9\ \text{N}\cdot\text{s/cm}$$

阻尼系数
$$c = \xi c_c = 2.05\times 10^{-4}\ \text{N}\cdot\text{s/cm}$$

20.4 单自由度系统的受迫振动

本节讨论具有黏性阻尼的单自由度振动系统在简谐激励作用下的振动特性。假设系统的力学模型如图 20－10 所示，特征参数为 m、k、c，选取静平衡位置为广义坐标 x 的原点，简谐激励用 $F_0\sin\omega t$ 表示，其中 ω 为激励频率。由牛顿第二定律得

$$m\ddot{x} + c\dot{x} + kx = F_0\sin\omega t$$

从中可以看出，其数学模型已呈二阶常系数线性非齐次微分方程的形式。非齐次性是强迫振动系统数学模型的特点。

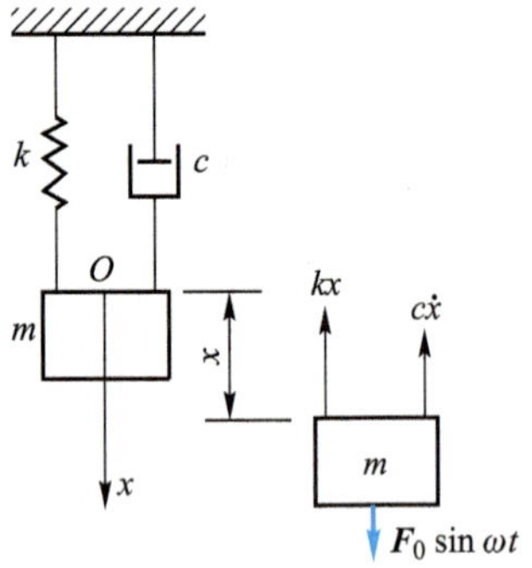

图 20－10

由微分方程理论，其通解 $x(t)$ 应由两部分构成，即 $x(t)=x_1(t)+x_2(t)$。其中 $x_1(t)$ 是齐次微分方程 $m\ddot{x}+c\dot{x}+kx=0$ 的通解，在自由振动理论中已经讨论了这种解的形式。而 $x_2(t)$ 为非齐次微分方程的特解。可以断定 $x_2(t)=X\sin(\omega t-\phi)$。这一特解形式表明，系统振动频率与激励力频率相同，但振动的幅值和初相位与激励力的幅值和系统特征参数有关。不难求出

$$X = \frac{F_0}{\sqrt{(k-m\omega^2)^2+(c\omega)^2}} \tag{20-37}$$

$$\tan\phi = \frac{c\omega}{k-m\omega^2} \tag{20-38}$$

另一种解法是考虑强迫振动微分方程具有特定的力学含义，由于简谐振动的速度和加速度较位移在相位上分别超前 $\frac{\pi}{2}$ 和 π（这可由位移表达式的正弦形式 $x(t)=X\sin(\omega t-\phi)$ 的一阶导数——速度和二阶导数——加速度的表达式中看出），而速度幅值和加速度幅值分别是位移幅值的 ω 和 ω^2 倍，于是有图 20－11 所示的矢量关系图。

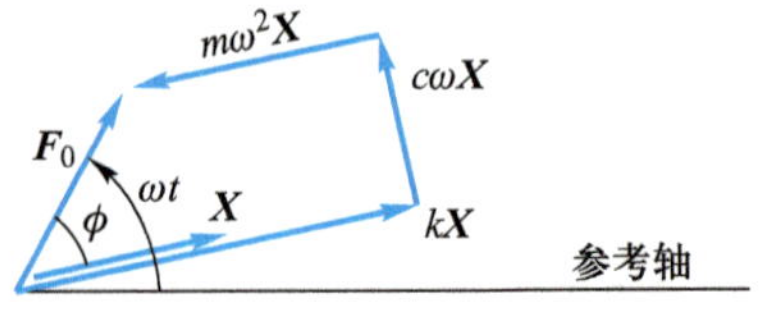

图 20－11

应用中常将 X、ϕ 表示成量纲一的形式，以便画出更简明的函数曲线。将式(20－37)和式(20－38)两边同时除以 k，并代入 $\omega_n=\sqrt{\frac{k}{m}}$、$c_c=2m\omega_n$、$\xi=c/c_c$、$\frac{c\omega}{k}=\frac{c}{c_c}\cdot\frac{c_c\omega}{k}=2\xi\frac{\omega}{\omega_n}$ 等关系式，有

$$\beta=\frac{X}{\delta_s}=\frac{X\cdot k}{F_0}=\frac{1}{\sqrt{\left[1-\left(\frac{\omega}{\omega_n}\right)^2\right]^2+\left[2\xi\left(\frac{\omega}{\omega_n}\right)\right]^2}} \tag{20-39}$$

$$\tan\phi=\frac{2\xi\left(\frac{\omega}{\omega_n}\right)}{1-\left(\frac{\omega}{\omega_n}\right)^2} \tag{20-40}$$

其中 $\delta_s=\frac{F_0}{k}$ 的物理意义是弹簧在大小等于简谐激励幅值的静力作用下产生的静变形；$\beta=\frac{X}{\delta_s}$ 的物理意义是系统做简谐振动时的振幅与静变形之比，俗称放大系数(amplification factor)。式(20-39)反映了系统振幅和激励频率的关系，称为**幅频特性曲线**(amplitude-frequency curve)；式(20-40)反映了系统相位和激励频率的关系，称为**相频特性曲线**(phase-frequency curve)。

如用前面所述的 e 指数形式表示激励力，即 $F=F_0e^{i\omega t}$。此时幅频特性和相频特性可以合并，用一个复函数表示，反映了系统的响应与输入频率之间的关系，称为**频响函数**(frequency response function)。**换句话说，频响函数既包含有振动的振幅信息又包含有振动的相位信息。**图 20-12 表示出了幅频特性曲线和相频特性曲线的一般形式。

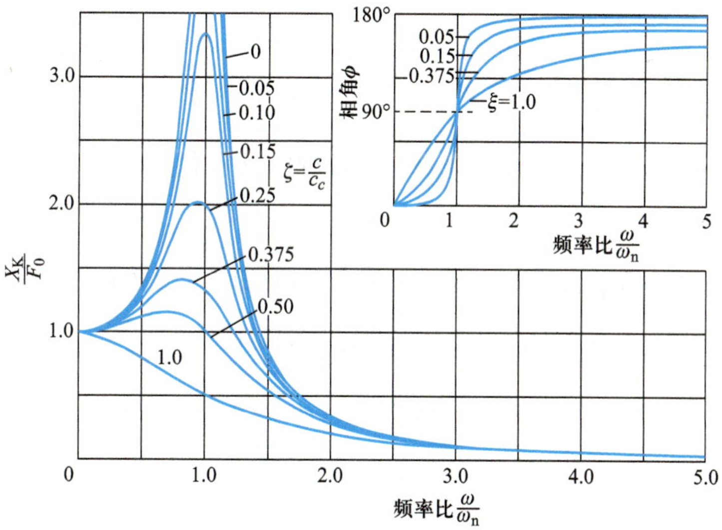

图 20-12

从幅频特性曲线中可以看出，有阻尼时振幅的最大值并不发生在 $\frac{\omega}{\omega_n}=1.0$ 处，而是向左偏移，根据式(20-39)可知当 $\omega=\omega_n\sqrt{1-2\xi^2}$ 时振幅最大，放大系数 $\beta=\frac{1}{2\xi\sqrt{1-\xi^2}}$，此时振动系统处于**共振状态**(resonance)，称 $\omega=\omega_n\sqrt{1-2\xi^2}$ 为**共振频率**(resonance frequency)。然而当 $\xi\ll1$ 时人们仍称 $\omega=\omega_n$(无阻尼系统的固有频率)为共振频率，$\beta\approx\frac{1}{2\xi}$。从幅频特性曲线中还可以看

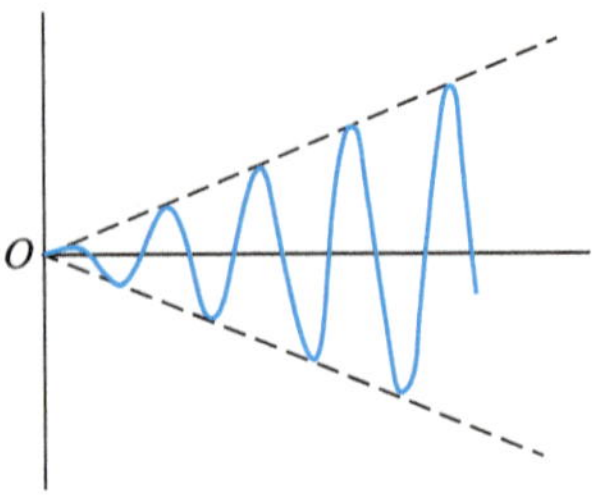

图 20－13

到，当 $\xi=0$（即无阻尼振动系统）、$\frac{\omega}{\omega_n}=1.0$ 时，放大系数 $\beta\to\infty$，是真正意义下的共振状态，此时 $x_2(t)=\frac{F_0}{2m\omega_n}t\cos\omega_n t$，对应的无阻尼振动系统的共振函数曲线如图 20－13 所示。

从式（20－40）和相频特性曲线可以看出，当 $\frac{\omega}{\omega_n}=1.0$ 时，$\phi=90°$。

为了深入了解振动系统的特性，对照图 20－12，讨论 $\frac{\omega}{\omega_n}=1.0$，$\frac{\omega}{\omega_n}\ll1.0$ 和 $\frac{\omega}{\omega_n}\gg1.0$ 时的情况。上述三种情况对应的矢量图如图 20－14 所示。

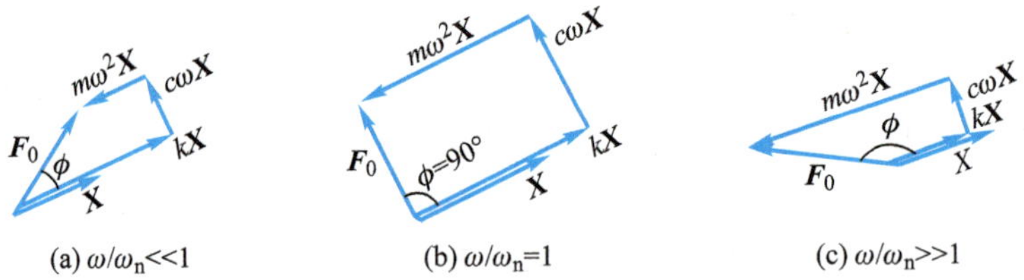

图 20－14

当 $\frac{\omega}{\omega_n}\ll1.0$ 时，惯性力和阻尼力都很小，相位角 ϕ 亦很小，其外力大小接近于弹性力。

当 $\frac{\omega}{\omega_n}=1.0$ 时，相位角 $\phi=90°$，惯性力较大，且被弹性力平衡；而外加力用于克服阻尼力。此为前述的共振状态。

当 $\frac{\omega}{\omega_n}\gg1.0$ 时，相位角 ϕ 接近 180°，惯性力很大，外加力几乎全部用于克服惯性力。

最后，写出简谐强迫振动下非齐次微分方程的通解形式

$$x(t)=x_1(t)+x_2(t)=X_1\mathrm{e}^{-\xi\omega_n t}\sin(\sqrt{1-\xi^2}\,\omega_n t+\phi_1)+$$

$$\frac{F_0}{k}\frac{1}{\sqrt{\left[1-\left(\frac{\omega}{\omega_n}\right)^2\right]^2+\left[2\xi\left(\frac{\omega}{\omega_n}\right)\right]^2}}\sin(\omega t-\phi) \tag{20－41}$$

其中 X_1、ϕ_1 由系统的初始条件确定，ϕ 由式（20－40）给出的函数关系求得。式（20－41）描述了振动系统在简谐激励作用后系统振动的全部过程，借用电学中的一个术语，称为过渡过程。它表示了一种与外界激励并存且与外界激励同频率的简谐振动之中叠加了一个振幅可衰减为零的振动。尽管后者在理论上是 $t\to\infty$ 时才消失，但一般理解为经过一段时间后此振动的幅值便可达到工程上可以忽略的程度。称仅存的前者为**稳态振动**（steady-state vibration）。以后在讨论强迫振动的响应时，一般仅讨论稳态振动，即忽略衰减振动部分而仅求稳态解。

20.5 振动隔离(隔振)

减少旋转失衡系统引起的基座振动对外界的影响，称为隔振(vibration isolation)。可以采取以下两种方案：其一是在振源处采取措施，态度是积极的，是一种治本的方法，称为主动隔振(active vibration isolation)(积极隔振)；其二是在受影响处采取措施，称为被动隔振(passive vibration isolation)(消极隔振)。下面分别讨论上述两种情况。

1. 主动隔振

设简谐激励力 $F_0\sin\omega t$ 引起系统的振动是通过弹簧和阻尼器传递给地面的。改变弹簧的刚度和阻尼器的阻尼，可以改变这部分力的大小。经弹簧传递给基座的力与经阻尼器传递给地面的力在相位上相差 90°，其合力的幅值可表示为

$$F_T=\sqrt{(kX)^2+(c\omega X)^2}=kX\sqrt{1+\left(\frac{c\omega}{k}\right)^2} \tag{20-42}$$

其中 X 为系统质量块的振幅，可由式(20-37)给出，代入式(20-42)有

$$\frac{F_T}{F_0}=\frac{\sqrt{1+\left(\frac{c\omega}{k}\right)^2}}{\sqrt{\left(1-\frac{m\omega^2}{k}\right)^2+\left(\frac{c\omega}{k}\right)^2}}=\frac{\sqrt{1+\left[2\xi\left(\frac{\omega}{\omega_n}\right)\right]^2}}{\sqrt{\left[1-\left(\frac{\omega}{\omega_n}\right)^2\right]^2+\left[2\xi\left(\frac{\omega}{\omega_n}\right)\right]^2}} \tag{20-43}$$

称 $\frac{F_T}{F_0}$ 为力传递率。

2. 被动隔振

为了减小地面振动对本地设施(结构、机械设备或测试仪器)的影响，可在本地设施下面加装弹簧和阻尼器，改变其参数值可以将地面振动的影响减至最小。讨论被动隔振的问题即是讨论在基础激励下系统振动响应的问题，其力模型如图 20-15 所示。

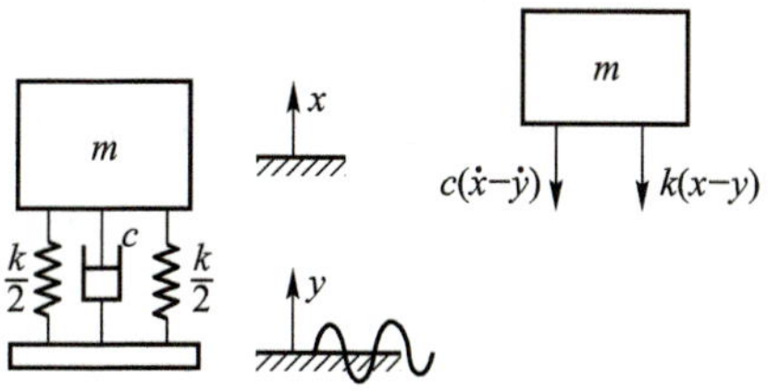

图 20-15

质量块离开平衡位置后所受的力来自弹簧和阻尼器，其大小取决于弹簧两端的位移，即弹簧的相对伸长，和阻尼器两端的速度差，由牛顿第二定律有

$$m\ddot{x}=-k(x-y)-c(\dot{x}-\dot{y})$$

令 $z=x-y$，且设基础运动规律 $y=Y\sin\omega t$，则有

$$m\ddot{z}+c\dot{z}+kz=-m\ddot{y}=m\omega^2 Y\sin\omega t \tag{20-44}$$

其稳态解具有如下形式：

$$z=Z\sin(\omega t-\phi)$$

$$Z=\frac{m\omega^2 Y}{(k-m\omega^2)^2+(c\omega)^2} \tag{20-45}$$

$$\tan\phi=\frac{c\omega}{k-m\omega^2} \tag{20-46}$$

倘若求质量块的绝对位移 x，可通过 $x=z+y$ 求出。为此引入 e 指数形式，即设

$$y=Y\mathrm{e}^{\mathrm{i}\omega t}$$

$$z=Z\mathrm{e}^{\mathrm{i}(\omega t-\phi)}=(Z\mathrm{e}^{-\mathrm{i}\phi})\cdot\mathrm{e}^{\mathrm{i}\omega t}$$

$$x=X\mathrm{e}^{\mathrm{i}(\omega t-\psi)}=(X\mathrm{e}^{-\mathrm{i}\psi})\cdot\mathrm{e}^{\mathrm{i}\omega t}$$

代入方程(20-44)得

$$Z\mathrm{e}^{-\mathrm{i}\phi}=\frac{m\omega^2 Y}{k-m\omega^2+\mathrm{i}\omega c}$$

$$x=(Z\mathrm{e}^{-\mathrm{i}\phi}+Y)\mathrm{e}^{\mathrm{i}\omega t}=\frac{k+\mathrm{i}\omega c}{k-m\omega^2+\mathrm{i}\omega c}\cdot Y\mathrm{e}^{\mathrm{i}\omega t}$$

稳态振动的振幅和相位有如下关系：

$$\left|\frac{X}{Y}\right|=\sqrt{\frac{k^2+(\omega c)^2}{(k-m\omega^2)^2+(\omega c)^2}}=\sqrt{\frac{1+\left(\frac{c\omega}{k}\right)^2}{\left(1-\frac{m\omega^2}{k}\right)^2+\left(\frac{c\omega}{k}\right)^2}} \tag{20-47}$$

$$\tan\psi=\frac{mc\omega^2}{k(k-m\omega^2)^2+(\omega c)^2} \tag{20-48}$$

称 $\left|\frac{X}{Y}\right|$ 为位移传递率。比较式(20-43)和式(20-47)可知，比值 $\frac{F_T}{F_0}$ 和 $\left|\frac{X}{Y}\right|=\left|\frac{\omega^2 X}{\omega^2 Y}\right|$ 相等，即隔离干扰力(主动隔振)和隔离支座的运动(被动隔振)是等价问题。其函数曲线可共用图 20-16 表示。

从图中可以看出，当 $\frac{\omega}{\omega_n}>\sqrt{2}$ 时隔振才有可能实现，两种传递率才小于 1；而且就降低传递率而言，无阻尼质量弹簧系统要比有阻尼质量弹簧系统效果更好。但当激励力的频率越过共振区时，阻尼起了限幅作用。

把机器装在大的质量块 M 上，如采用较大的混凝土基础也可以达到限幅的目的。由式(20-44)可知，欲保证传递率不变，在加大系统质量的同时，必须增大弹簧刚度系数 k，以使系统固有频率 ω_n 不变，然而由式(20-39)

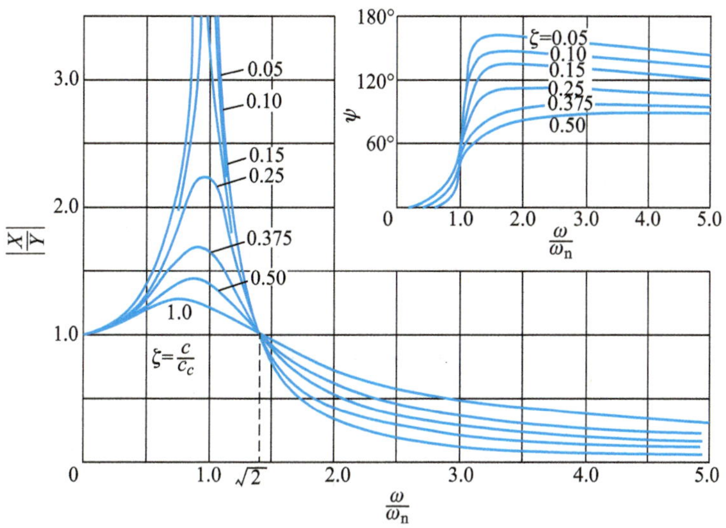

图 20-16

$$X=\frac{F_0/k}{\sqrt{\left[1-\left(\frac{\omega}{\omega_n}\right)^2\right]^2+\left[2\xi\left(\frac{\omega}{\omega_n}\right)\right]^2}}$$

可以看到 k 增大，X 减小。

前面讨论了单自由度振动系统对简谐激励的响应。当激励是时域内的周期函数时，根据高等数学中的傅里叶级数理论，在一般情况下，可用常数和不同幅值的简谐（正、余弦）函数的线性组合表示。设周期函数的周期为 T，且在 $\left(-\frac{T}{2},\frac{T}{2}\right)$ 内绝对可积，则

$$x(t)=\frac{a_0}{2}+\sum_{k=1}^{\infty}a_k\cos k\omega t+b_k\sin k\omega t$$

利用正余弦函数的正交性

$$a_k=\frac{2}{T}\int_{-\frac{T}{2}}^{\frac{T}{2}}x(t)\cos k\omega t\,\mathrm{d}t \quad (k=0,1,2,\cdots)$$

$$b_k=\frac{2}{T}\int_{-\frac{T}{2}}^{\frac{T}{2}}x(t)\sin k\omega t\,\mathrm{d}t \quad (k=1,2,\cdots)$$

称 $\omega=\frac{2\pi}{T}$ 为基频，$k\omega$ 为第 k 阶倍频，$k=0$ 时的 a_0 为常数项，代表了函数 $x(t)$ 在 $\left(-\frac{T}{2},\frac{T}{2}\right)$ 区间内的均值。

本书所涉及的振动系统均是线性系统。线性系统的一个重要性质是可叠加性，即线性系统对多个激励共同作用的响应等于各个激励单独作用的响应之和。利用线性系统的叠加原理，不难获得时域内的周期函数均值化零之后的响应。而常数项在力学意义上代表突加的恒力，其作用于系统上的响应以及其他以时间为自变量的非周期函数的响应，因其具有特殊性，需引入一些新的概念和方法，可在振动问题的瞬态振动中讨论。

习题

20－1 转动惯量为 J 的圆盘由三段扭转刚度系数分别为 k_1、k_2 和 k_3 的轴约束，如图所示。试求系统的固有频率。

20－2 在图示系统中，已知弹簧刚度系数 $k_i(i=1,2,3)$、物块质量 m、横杆长度 a 和 b，横杆质量不计。试求系统的固有频率。

20－3 质量为 m、半径为 R 的均质圆柱在水平面上做无滑动的微幅滚动，在 $CA=a$ 的 A 点系有两根刚度系数为 k 的水平弹簧，如图所示。试求系统的固有频率。

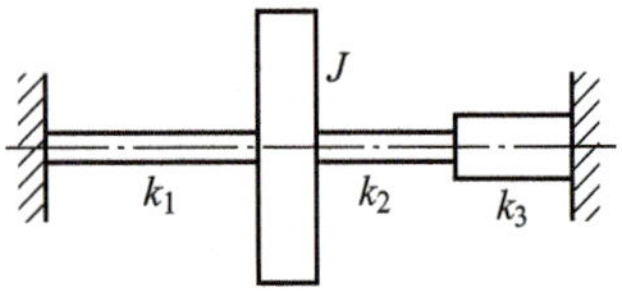

题 20－1 图

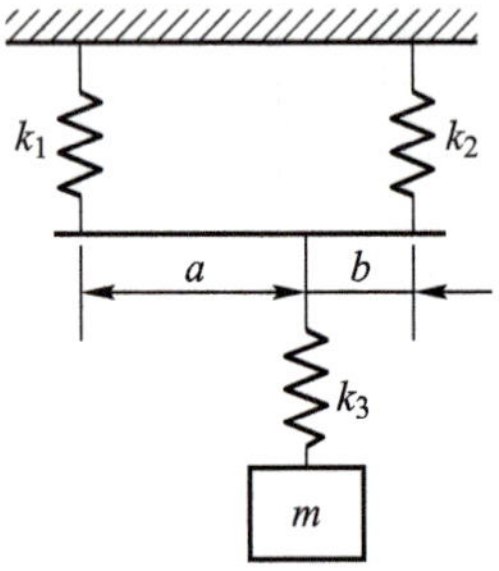

题 20－2 图

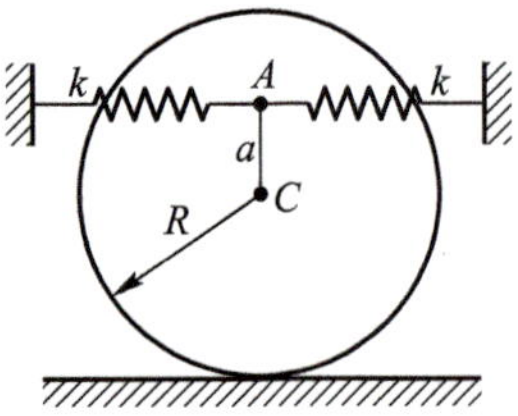

题 20－3 图

20－4 图示均质刚性杆长为 l，质量为 m，试求在下列两种情况下系统的固有频率：

(1) 平衡时杆处于水平位置；

(2) 平衡时杆处于铅垂位置。

20－5 如图所示，半径为 R、质量为 m_1 的滑轮为均质圆柱，其一端通过刚度系数为 k_1 的弹簧 1 与固定端相连；质量为 m_2 的质量块一端与刚度系数为 k_2 的弹簧 2 相连，另一端与绳相连。绳不可伸长，且与滑轮间无相对滑动，绳右下端与地面固接，试求系统微幅振动的固有频率。

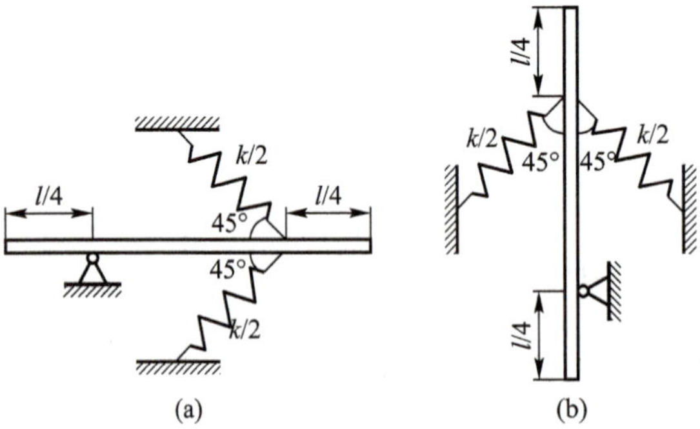

题 20－4 图

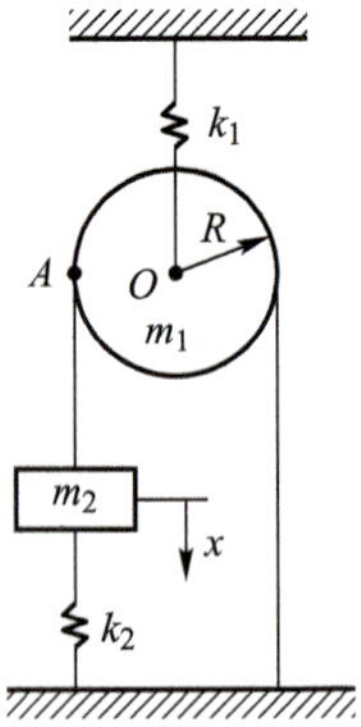

题 20－5 图

20－6 如图所示，一个质量为 m、转动惯量为 J_O、半径为 r 的圆柱体在刚度系数为 k 的弹簧限制下做纯滚动，试求其固有频率。

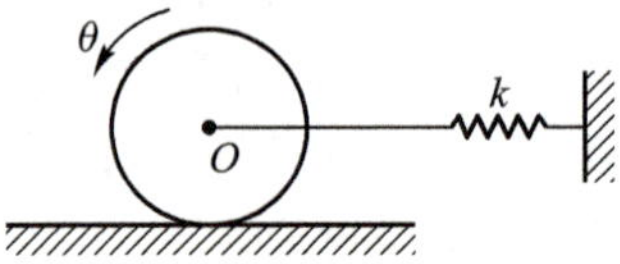

题 20－6 图

20-7 有一简支梁，抗弯刚度 $EI=2\times10^{10}\ \text{N}\cdot\text{cm}^2$，跨度 $l=4\ \text{m}$。用图示两种方式在梁跨中连接一螺旋弹簧和重块。弹簧刚度系数 $k=5\ \text{kN/cm}$，重块重量 $W=4\ \text{kN}$。试求这两种弹簧质量系统的固有频率。

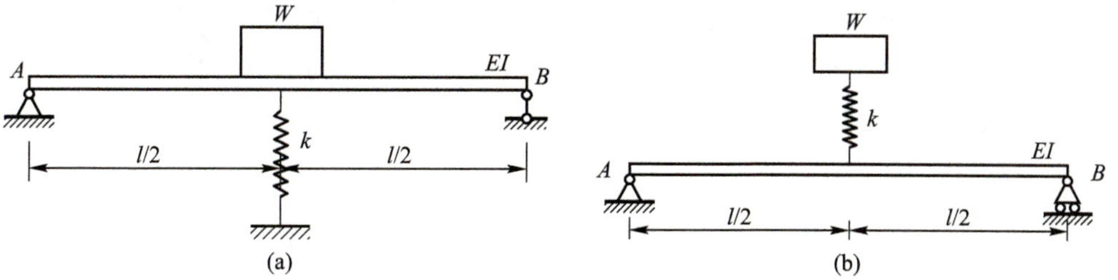

题 20-7 图

20-8 一弹簧质量系统沿光滑斜面做自由振动，如图所示。已知 $\alpha=30^\circ$，$m=1\ \text{kg}$，$k=49\ \text{N/cm}$，开始运动时弹簧无伸长，速度为零，试求系统的运动规律。

20-9 如图所示，重物 W_1 悬挂在刚度系数为 k 的弹簧上并处于静平衡位置，另一重物 W_2 从高度 h 处自由下落到 W_1 上而无弹跳。试求 W_2 下降的最大距离和两物体碰撞后的运动规律。

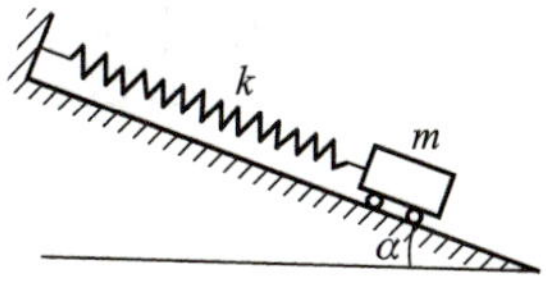

题 20-8 图

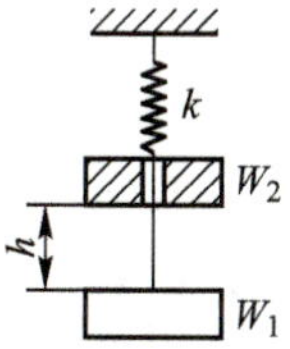

题 20-9 图

20-10 质量为 m_1 的物块在倾角为 α 的光滑斜面上从高度 h 处滑下，无反弹碰撞质量为 m_2 的物块，如图所示。试确定系统由此产生的自由振动方程和固有频率。

20-11 不计质量的等截面悬臂梁长为 l，抗弯刚度为 EI，自由端有集中质量 m_1 和 m_2，如图所示。梁静止时突然释放质量 m_1，试求 m_2 的自由振动方程和固有频率。

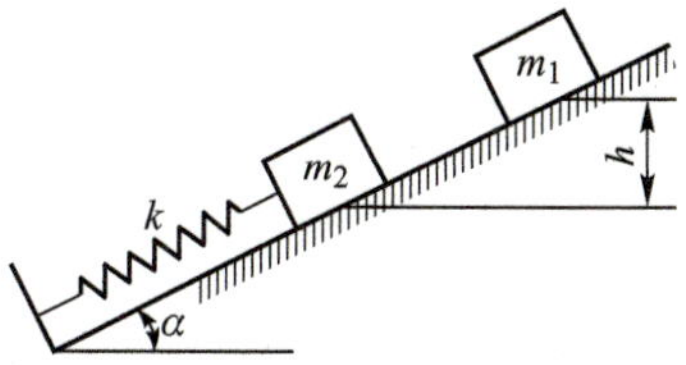

题 20-10 图

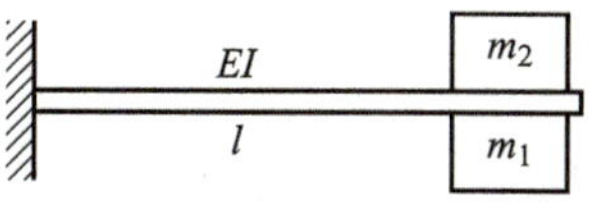

题 20-11 图

20-12 一个长度为 l、质量为 m 的均质刚性杆铰接于 O 点并以弹簧和黏性阻尼器支撑，如图所示。试写出杆的运动微分方程，并求其临界阻尼系数和固有频率的表达式。

20-13 如图所示，系统中水平刚性杆质量不计，试写出系统做微幅运动的运动微分方程，并求其临界阻尼系数及阻尼衰减振动频率。

20-14 有一起重机，起吊货物时受到冲击振动，接着振动逐渐衰减。现测得由冲击产生的最大振幅为 10 mm，周期 $T=0.04\ \text{s}$，设系统的阻尼比 $\xi=0.02$，试求振幅衰减到 0.5 mm 所需的时间。

20-15 一个有阻尼的弹簧质量系统，质量 $m=17.5\ \text{kg}$，弹簧刚度系数 $k=70\ \text{N/cm}$，阻尼系数 $c=0.7\ \text{N}\cdot\text{s/cm}$，试求系统的阻尼比 ξ、有阻尼衰减振动的固有频率 ω_d、对数衰减系数 δ 及两相邻振幅之比 η。

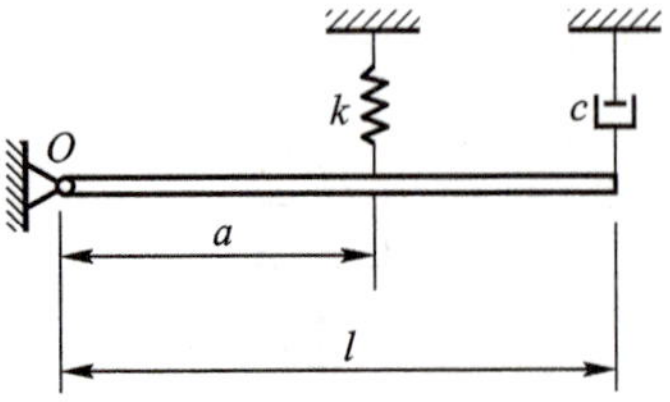

题 20-12 图

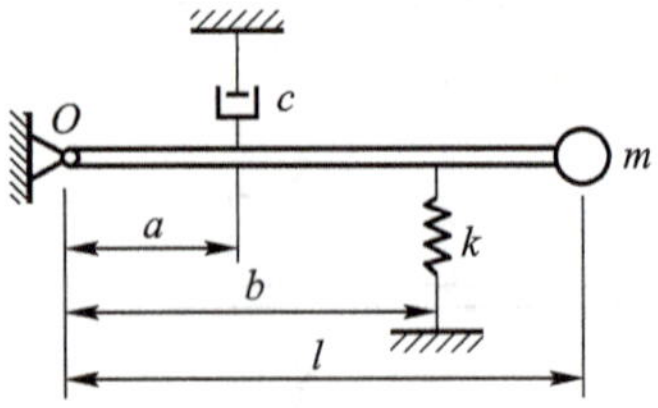

题 20-13 图

20-16 如图所示，重量为 W 的薄板挂在弹簧的下端，在空气中的振动周期为 T_1，在某种液体中的振动周期为 T_2，不计空气阻力，液体阻力可以表示为 $2\mu Av$，其中 $2A$ 为薄板的总面积，v 为速度。试证明这种液体的黏滞系数 μ 为

$$\mu=\frac{2\pi W}{gAT_1T_2}\sqrt{T_2-T_1}$$

20-17 如图所示弹簧质量系统，在质量块上作用有简谐力 $F=F_0\sin\omega_0 t$。同时，在弹簧固定端有支承运动 $x_s=a\cos\omega_0 t$。试写出此系统的振动微分方程和稳态振动的解。

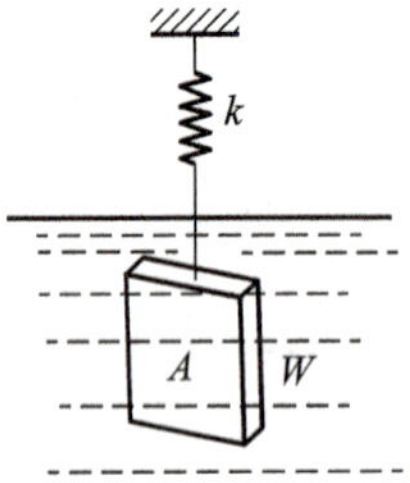

题 20-16 图

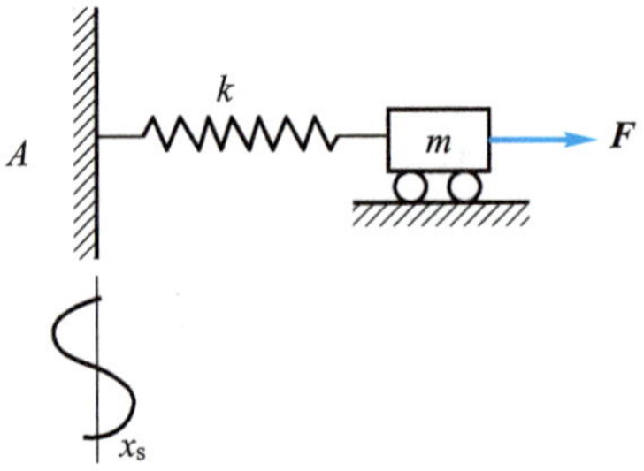

题 20-17 图

20-18 如图所示，已知 m、k、c，弹簧右端的运动规律为 $x_1=B\sin\omega t$，试求系统的运动微分方程以及系统的稳态响应。

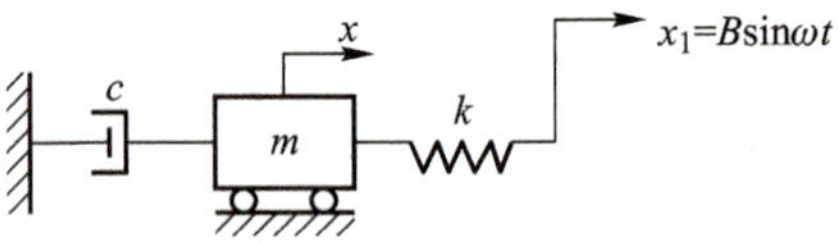

题 20-18 图

20-19 图示系统两端有支承运动 $x_i=A_i\sin\omega_i t(i=1,2)$。已知 c_i 和 $k_i(i=1,2)$，试求稳态响应。

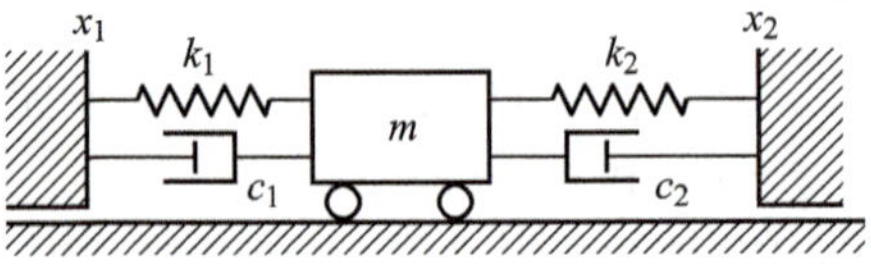

题 20-19 图

20-20 一质量为 1.95 kg 的物体在黏性阻尼介质中做强迫振动，激励力为 $F(t)=25\sin(2\pi ft)$。

(1) 测得系统共振时的振幅为 1.27 cm，周期为 0.2 s，试求系统的阻尼比 ξ 及阻尼系数 c；

(2) 如果 $f=4$ Hz，除去阻尼后的振幅是有阻尼时振幅的多少倍？

20-21 一个有阻尼的弹簧质量系统，已知 $m=196$ kg，$k=19\ 600$ N/m，$c=2\ 940$ N·s/m，作用在质量块

上的激振力为 $F(t)=160\sin 19t$（单位为 N）。试求忽略阻尼及考虑阻尼两种情况中，系统的振幅放大因子及位移。

20-22 已知系统的弹簧刚度系数 $k=800$ N/m，做自由振动时阻尼振动周期为 1.8 s，相邻两振幅的比值为$\dfrac{A_i}{A_{i+1}}=\dfrac{4.2}{1}$，若质量块受激振力 $F(t)=360\cos 3t$ 的作用，试求系统的稳态响应。

20-23 一个无阻尼弹簧质量系统受简谐激振力作用，当激振频率为 $\omega_1=6$ rad/s 时，系统发生共振；给质量块增加 1 kg 的质量后重新试验，测得共振频率为 $\omega_2=5.86$ rad/s。试求系统原来的质量及弹簧刚度系数。

20-24 图示弹簧质量阻尼系统，设质量块 $m=10$ kg，弹簧静伸长 $\lambda_s=1$ cm。系统在衰减过程中，经过 20 个周期振幅由 0.64 cm 减为 0.16 cm，试求阻尼系数 c。

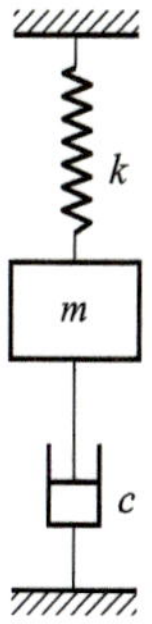

题 20-24 图

20-25 题 20-24 图所示系统，若 $m=20$ kg，$k=8$ kN/m，$c=130$ N·s/m，受 $F(t)=24\sin 15t$（单位为 N）的激振力作用。设 $t=0$ 时，$x(0)=0$，$\dot{x}(0)=100$ mm/s。试求系统的稳态响应、瞬态响应和总响应。

第三篇
工程材料与力学设计

第21章 工程材料概述

前面章节系统介绍了构件的静力学和动力学性质。在变形体力学问题分析中，材料本身的性质是影响构件力学性能和经济效益的关键一环。因此，针对不同的工作环境，选取合适的材料是结构设计者的重要工作。为了更好地了解不同材料所具有的不同性能，尤其是力学性能，并为合理选材奠定基础，本章介绍不同材料的微观组织对其宏观性能的影响。

21.1 材料的分类

1. 材料的发展

从古至今，社会的发展和进步都与材料的发展密不可分。早期文明的划分便是根据材料的发展水平制定的，如石器时代、青铜时代、铁器时代等。在整个材料发展过程中，人类从对天然材料的认识与应用，到发明人造材料技术，再到根据材料的结构特征与性质之间的关系，改善材料的某些性能，无不体现着材料发展与科技进步之间的相互影响。人类对某一材料认识程度的进步，往往是这个时代技术进步的前奏。人类已经跨入人工合成材料的崭新时代，没有新材料就没有发展高科技的物质基础，掌握新材料是一个国家在科技上处于领先地位的标志之一。21 世纪，新材料的发展趋势将主要集中在以下几个领域：

(1) 继续重视对新型金属材料的研究开发；

(2) 开发非晶态合金材料；

(3) 发展在分子水平设计高分子材料的技术；

(4) 继续发掘复合材料和半导体硅材料的潜在价值；

(5) 大力发展纳米材料、信息材料、智能材料、生物材料和高性能陶瓷材料等。

2. 材料科学与工程

“材料科学与工程”有时分为“材料科学(material science)”和“材料工程(material engineering)”。材料科学主要研究材料结构(structure)和材料性质(property)之间的关系，而材料工程则主要是基于结构与性质之间的关系，设计或制造(processing)具有某些预期使用性能(performance)的材料。从功能的角度来看，材料科学家的角色是开发或合成新材料，而材料工程师则侧重于使用现有材料创建新产品、新系统或者改进材料加工技术。这便出现了和材料科学与工程相关的四个要素：加工、结构、性质和使用性能。

材料的结构一般包含电子层次、原子或分子排列层次、纳米层次、显微层次和宏观层次。

本书主要关注显微层次和宏观层次。

显微组织(微观结构,microstructure)是指使用显微镜才能观察的结构(结构的特征尺寸在100 nm到几mm之间),如多晶材料的微观形貌、晶体学结构和取向、晶界、相界、位错、孪晶、固溶和析出偏析等。

宏观组织(宏观结构,macrostructure)则是可以用肉眼或放大镜观察到的晶粒或相的集合状态(尺度范围在几毫米到一米的数量级之间)。

性质是指材料在使用期间,由于外部刺激而发生的某种反应。性质的定义与材料的形状和尺寸无关,属于材料的固有属性,源于材料特定的结构,是材料经合成或加工后由其结构与成分的变化而产生的结果。实际上,固体材料的所有重要性质都可以分为六个不同的类别:力(mechanics)、电(electrics)、热(thermotics)、磁(magnetics)、光(optics)和老化(ageing)。

(1) 力学性质——弹性模量(刚度)(elastic modulus)、强度(strength)和韧性(ductility);

(2) 电学性质——电导率(electroconductivity)和介电常数(dielectric constant);

(3) 热学性质——热容(thermal capacity)和热导率(thermal conductivity);

(4) 磁学性质——磁导率(permeability);

(5) 光学性质——折射率(refractivity)和反射率(reflectivity);

(6) 老化性质——与材料的化学活性(chemical activity)有关,如金属的抗腐蚀性(corrosion resistance)。

除了结构和性质之外,材料科学和工程还涉及另外两个重要组成部分——加工和使用性能。材料的合成与加工过程实质上是一个建立原子、分子的新排列,从原子尺度到宏观尺度上对材料结构进行控制的过程。材料的使用性能指材料在服役条件下所表现的特性。这四种要素之间的关系可以简单表述为:材料的结构取决于它的加工方式,从而影响材料的性质,而材料的使用性能又是其性质的函数。因此,材料科学和工程四要素可以通过图21-1来描述。

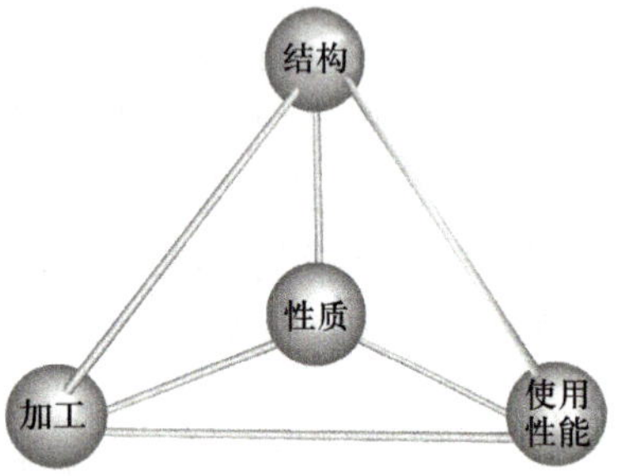

图21-1

3. 材料类型

本书主要关注固体材料,可以基于材料的化学组成和原子结构将固体材料分为:金属材料(metals)、无机非金属材料(广义的陶瓷,ceramics)和有机高分子材料(聚合物、高聚物,polymers)。而由两种或两种以上化学性质或组织结构不同的材料组合而成的材料称为复合材料(composites)。目前,人类已跨入人工合成材料的崭新时代,各种高性能材料被开发出来,并应用于高科技领域,如半导体(semiconductors)、生物材料(biomaterials)、智能材料(smart materials)、纳米材料(nanomaterials)、超材料(meta-materials)等。本书将着重介绍金属、陶瓷、聚合物和复合材料的相关性质。

(1) 金属材料是由元素周期表中的金属元素组成的材料,可分为由一种金属元素构成的单质(纯金属);由两种或两种以上的金属元素或金属与非金属元素构成的合金。金属材料中的原子排列相对紧密,所以较陶瓷和高分子材料致密度高。金属材料有相对较高的强度,良好的韧性,不易断裂;另外,金属材料中具有大量的自由电子,使得金属具有良导电和导热性,以及不透明性和光泽性。

(2) 陶瓷是金属和非金属元素之间的化合物,它们多为氧化物、氮化物和碳化物。生活中常见的瓷(黏土矿物质)、水泥和玻璃都是传统的陶瓷。陶瓷具有很高的刚度与强度,但是韧性较差,常表现为很大的脆性,易断裂。但是鉴于陶瓷材料的结构特征,它是典型的电绝缘体和热绝缘体,与金属和高分子材料相比,陶瓷更耐高温和恶劣环境,有良好的抗腐蚀性能。

(3) 聚合物是由一种或几种简单低分子化合物经聚合而组成的相对分子质量很大的化合物,很多是由碳、氢和其他非金属元素组成的有机化合物,如塑料和橡胶。其结构以较庞大的分子链为特征,聚乙烯(PE)、尼龙、聚氯乙烯(PVC)、聚碳酸酯(PC)、聚苯乙烯(PS)和硅橡胶都是较为常见的高聚物。这些材料的密度通常较低,具有较低的强度和硬度,良好的延展性和可塑性,低电导率和非磁性性质。某些聚合物具有黏弹性性质,可用于吸能、减振、降噪等领域。其最主要的缺点是在一定的温度下易软化或分解。

(4) 复合材料是由两种或两种以上的单类材料组合而成。复合材料往往可以实现单类材料所不具备的某些性质。除大量人造复合材料之外,还有一些天然的复合材料,如木材和骨头等。本书主要介绍人造复合材料:颗粒增强和纤维增强复合材料。

21.2 金属的晶体结构

自然界中许多固体物质基本质点(如原子、分子、离子)的排列具有一定的规律性,并且这些固体物质具有规则的外形和一定的熔点等特征,称为晶体材料(crystalline materials),如氯化钠;反之称为非晶体材料(noncrystalline or amorphous materials,无定形),如玻璃。换言之,原子在大原子距离上以重复或周期性阵列排列的材料,即存在长程有序的材料,称为晶体材料。不具备长程原子序的材料称为非晶体材料。在正常冷却条件下,所有的金属、许多陶瓷材料和某些高聚物会形成晶体结构。

金属一般是晶体,但是随着近年的发展,在工业生产和科学研究中采用特殊制备工艺和手段,已经可以制备固态的非晶态金属,如 Ni-P 合金。本节主要讨论金属的晶体结构。

1. 晶体结构的基本概念

(1) 晶格(或点阵)(lattice)

组成金属的原子都在它自己的固定位置上做热振动,要描述这种状态下原子的排列和规律性是比较困难的。为了简化,可以把原子或离子看作静止不动的刚性小球,把金属晶体中原子排列状态抽象成这些小球按某一几何规律的排列和堆积,称为原子堆积模型(图 21-2a)。但是,这种小球排列堆积模型在研究金属晶体原子的空间结构和规律性时并不方便,因此将小球堆积模型进一步抽象为空间格架,称为晶格或点阵(图 21-2b)。

(2) 晶胞(unit cell)

由于晶体原子的排列具有周期性,只需要从晶格中取出一个具有整个晶体全部几何特征的最小几何单元(称为晶胞,图 21-2c),就可以研究和表达整个晶格特性,它是晶体结构的基本结构单元或组成单元。金属晶体中原子排列周期性就是晶胞在三维空间中排列和堆积的结果。

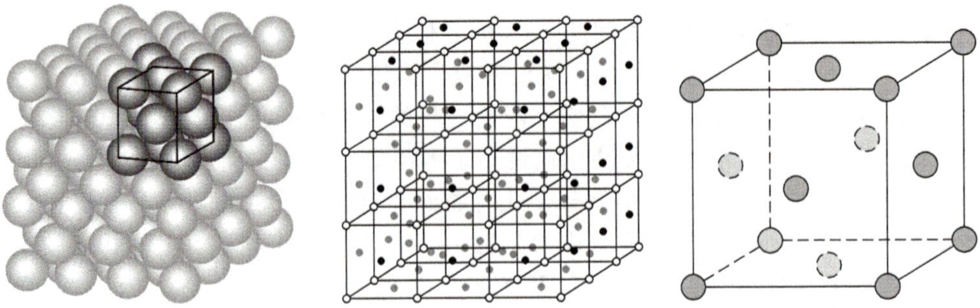

(a) (b) (c)

图 21－2

可以利用晶胞的几何形状和其中的原子位置来定义晶体结构。大多数晶体结构的晶胞是具有三组平行面的平行六面体（如长方体、立方体）或棱柱。方便起见，通常要求平行六面体的顶点与刚球原子的中心重合。此外，对于特定的晶体结构，晶胞选择并不唯一，通常使用具有最高几何对称性的晶胞。

(3) 晶系(crystal system)

在三维空间中，用晶胞的三条棱的边长 a、b、c 及其夹角 α、β、γ 这六个参数来描述晶胞的几何形状及大小，其中 a、b、c 称为晶体结构的**晶格常数**(lattice parameters)。布拉菲通过数学运算指出，依据六个晶胞参数之间的不同关系，可以把所有晶体点阵分为 7 个晶系，如表 21－1 所示。

表 21－1

晶系	立方	六方	四方	菱方	正交	单斜	三斜
轴向关系	$a=b=c$	$a=b\neq c$	$a=b\neq c$	$a=b=c$	$a\neq b\neq c$	$a\neq b\neq c$	$a\neq b\neq c$
轴间角度	$\alpha=\beta=\gamma=90°$	$\alpha=\beta=90°$，$\gamma=120°$	$\alpha=\beta=\gamma=90°$	$\alpha=\beta=\gamma\neq 90°$	$\alpha=\beta=\gamma=90°$	$\alpha=\gamma=90°\neq\beta$	$\alpha\neq\beta\neq\gamma\neq 90°$
晶胞几何	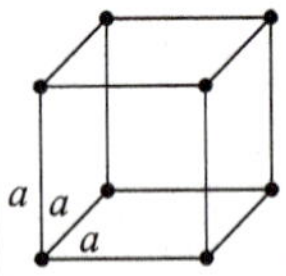	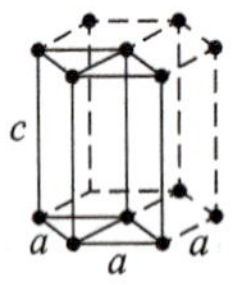	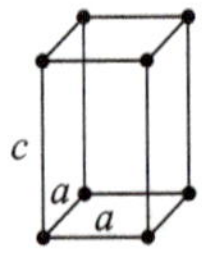	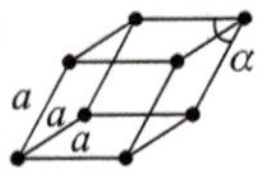	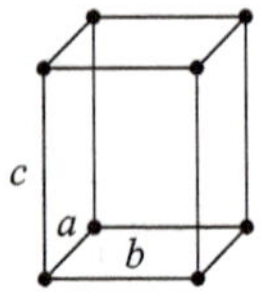	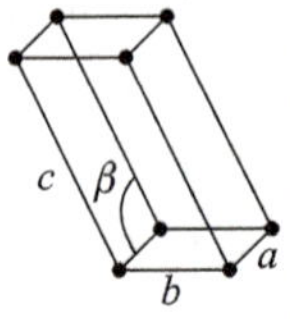	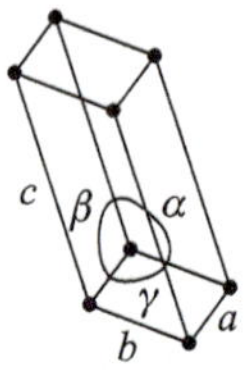

(4) 晶向(crystallographic direction)、**晶面**(crystallographic plane)**与各向异性**(anisotropic)

科学研究和工程实践表明，不同晶格结构的材料性能有很大差异，而且在同一类型晶胞的不同方向上的性能也有差异。人们采用晶向、晶面的概念表达这种差异，国际上采用米勒(Miller)指数来统一标定晶向指数与晶面指数。

1）晶向

通过原子中心的直线为原子列，它所代表的方向称为晶向，用晶向指数进行表示。确定晶向指数的一般步骤为：

① 建立右手坐标系 xyz，坐标系的原点常选为晶胞的某一个顶点；

② 确定位于晶向上任意两点的三个坐标值；

③ 用终点坐标减去起点坐标，得到一个矢量的三个分量；

④ 将该矢量的三个分量，乘以或除以同一个正整数，使它们化简成互质的整数值；

⑤ 将所得到的三个指数加上方括号，不用逗号隔开，即为晶向指数。

如果出现负指数，则在指数上画一横来表示。晶向指数表示一组平行的晶向。但是，对于某些晶体结构，具有不同指数的几个非平行方向在晶体学上却是等效的，即沿每个方向原子的排列情况完全相同（具有相同的原子间距）。例如，在立方晶体中，由以下指数表示的所有方向都是等效的：$[100]$、$[\bar{1}00]$、$[010]$、$[0\bar{1}0]$、$[001]$ 和 $[00\bar{1}]$。为方便起见，这些原子排列相同、方向不同的晶向可以归纳为一个晶向族，用尖括号表示：＜100＞。此外，具有相同指数的立方晶体中的晶向与顺序或符号无关——例如，[123]和[213]是等效的。一般来说，其他晶系并非如此。

2）晶面

通过晶格中原子中心的平面称为晶面，用晶面指数表示，确定晶面指数的一般步骤为：

① 建立右手坐标系 xyz，坐标系的原点通常选为不在晶面上的晶胞的某一个顶点；

② 确定晶面与三个坐标轴的截距，并取截距的倒数；

③ 将这三个截距倒数同时乘以或除以同一个正整数，简化成互质整数；

④ 将得到的三个指数加上圆括号( )，不用逗号隔开，即为晶面指数。

如果所求截距为负数，则通过在指数上加一横来表示。此外，改变所有晶面指数的符号得到的是一个与之平行、方向相反，且到原点距离相等的平面。晶面指数表示一组原子排列相同的平行晶面，但是，如果几个非平行晶面内的原子排列方式完全相同，则这些晶面在晶体学上是等效的，称为晶面族，将三个晶面指数用花括号{ }表示。在立方晶体中，具有相同指数的晶面和晶向是互相垂直的，在其他晶系中，不具备这种关系。

另外，六方晶系的晶面指数和晶向指数一般都采用四指数方法表达，如有需要，读者可以参阅余永宁的《材料科学基础》。

3）各向异性

晶体在不同方向上宏观性能不同的现象称为各向异性，它是区别晶体与非晶体的重要特征之一。非晶体在各个方向上的宏观性能完全相同，这种现象称为各向同性（isotropic）。

2. 金属晶体中的典型晶胞

人们利用 X 射线衍射分析技术研究测定了金属的晶体结构，发现除了少数金属具有复杂晶体结构以外，绝大多数金属都属于体心立方（body centred cubic-BCC，图 21－3a）、面心立方（face centred cubic-FCC，图 21－3b）和密排六方（hexagonal closed packing-HCP，图 21－3c）三种典型结构，其中 FCC 和 HCP 由原子密排面堆积而成，即等大圆球在平面内以正六边形围绕一个中心圆球的方式进行最致密的排列。

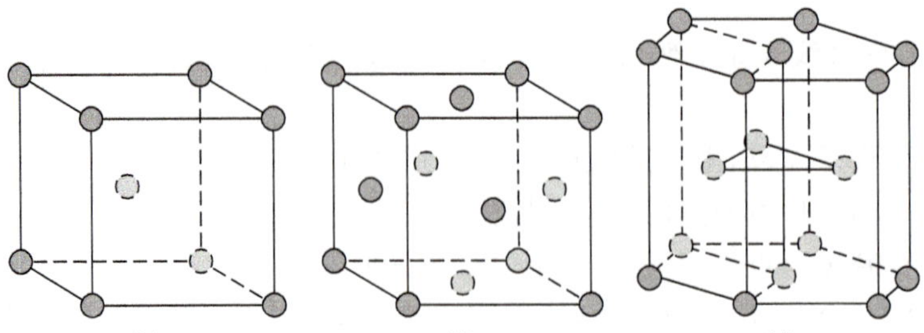

图 21－3

描述晶胞性质的几个重要参数有：晶胞内的**实际原子数**，**配位数**(coordination number)**和致密度**(atomic packing factor，APF)。

如图 21－3 所示，晶胞中每一个顶点上的原子实际上同时属于相邻的几个单胞，因此一个晶胞中的实际原子数 N 可以使用以下公式计算：

$$N=N_i+N_f/2+N_c/8 \tag{21-1}$$

其中 N_i 表示晶胞独立占有的内部原子数，N_f 表示相邻两个晶胞共用的面原子数，N_c 表示相邻八个晶胞共用的顶点原子数。

金属中每个原子具有相同数量的最近邻或相互接触原子，这个最近邻原子数即配位数，它表示晶格中与任一原子处于等距离且相距最近(相接触)的原子数目。对于面心立方，配位数为12：正面的面心原子周围有四个顶点最近邻原子，还有四个面心原子(上下左右)从后面接触，另外还有四个类似的面心原子位于前面的另一个晶胞中。

致密度是金属晶胞中的全部原子的体积与晶胞总体积的比，显然配位数越大，原子排列的致密度越高。

$$K_{APF}=\text{晶胞中原子的总体积}/\text{晶胞总体积} \tag{21-2}$$

(1) 体心立方晶体结构

如图 21－3a 所示，体心立方晶胞中，金属原子分布在立方晶胞的八个顶点和立方体的中心上。中心原子和顶点原子沿立方体对角线相互接触，则晶胞长度 a 和原子半径 R 的关系为

$$a=4R/\sqrt{3} \tag{21-3}$$

金属铬、铁、钨等都具有 BCC 结构。每个 BCC 晶胞有八个顶点原子和一个中心原子，根据式(21－1)可知，每个 BCC 晶胞的原子数为 $N=N_i+N_f/2+N_c/8=1+0+8/8=2$；BCC 晶体结构的配位数为 8，每个中心原子都有八个顶点原子与其相接触。因为 BCC 的配位数比 FCC 的小，所以 BCC 的致密度也较低，约为 0.68(68%)。

(2) 面心立方晶体结构

如图 21－3b 所示，面心立方晶胞中，金属原子分布在立方晶胞的八个顶点和六个面的中心上。许多金属，如铜、铝、银和金都具有这种晶体结构。

晶胞面心原子和顶点原子沿立方体表面的对角线相互接触，则晶胞长度 a 和原子半径 R 的关系为

$$a=2\sqrt{2}R \tag{21-4}$$

根据式(21-1),每个 FCC 晶胞的原子数为 $N=N_i+N_f/2+N_c/8=0+6/2+8/8=4$,即共有四个完整的原子属于一个给定的 FCC 晶胞。同理,根据式(21-2)可知,FCC 晶体结构的致密度为 0.74(74%)。

(3) 密排六方晶体结构

并非所有金属都具有立方对称的晶胞。图 21-3c 所示为密排六方晶体结构,该结构晶胞的顶面和底面各由六个原子组成,这些原子形成正六边形并围绕一个中心原子。在顶部和底部平面中间还存在一个平面,又为该晶胞提供了三个原子。该中间平面中的原子在上下相邻的两个平面中都具有最近邻原子。为了计算 HCP 晶体结构的每个晶胞的原子数,将式(21-1)修改如下:

$$N=N_i+N_f/2+N_c/6 \tag{21-5}$$

也就是说,每个顶点原子被 6 个晶胞共享。因为对于 HCP,顶面和底面各有 6 个顶点原子、2 个面中心原子(顶面和底面各一个)和 3 个中间平面内部原子,因此由式(21-5)可知 HCP 晶胞的实际原子数 N 为 6。HCP 晶体结构的配位数和致密度与 FCC 相同:分别为 12 和 0.74。常见的 HCP 金属有镉、镁、钛和锌等。

某些金属在条件改变时,金属晶体会从一种结构转变为另一种结构,这种性质称为晶体的多晶型性。由于面心立方和密排六方的致密度大于体心立方的致密度,因此前者转变为后者时,晶体的体积要增加,反之后者转变为前者时,体积要减小。

3. 单晶体和多晶体

如果晶体材料中的原子排列呈现无间断的完美周期性,则称之为"单晶体"(single crystal)。单晶体中的所有晶胞都以相同的方式连接在一起,并且具有相同的取向。

大多数材料都是由很多小的晶体(small crystals)或晶粒(grains)组成,称为多晶体材料。一个晶粒内的所有原子都按相同的方式和方位排列,但是晶粒彼此之间的位向却不尽相同,晶粒之间的接触界面称为"晶界"(grain boundary)。一个多晶体样品在凝固过程最初,在不同位置形成结晶取向随机分布的小晶体或晶核(crystal nucleus)。随着凝固过程的进行,液体中的原子逐渐聚集在小晶粒上使其慢慢变大,即为微晶生长过程。凝固过程结束后,会形成形状不规则的晶粒,相邻晶粒的表面彼此接触,形成晶界。

单晶体材料往往具有各向异性,而多晶体材料往往具有各向同性的物理性质。

前面提到的非晶体材料(noncrystalline materials)是一类在相对较大的原子距离内缺乏系统有序的原子排列的材料。由于非晶体的原子结构跟液体类似,有时也称为无定形材料(amorphous materials)或者过冷液体。

21.3 金属晶体结构的缺陷

工程中应用的金属材料,除了极其特殊的场合使用理想的单晶体,绝大多数使用的都是多晶体。多晶体是由许多小的单晶体组成的,多晶体中的单晶体称为晶粒,即使在一个晶粒内,金属的结构与前述理想完美的状态也有许多差异。所以理想化的金属固体并不存在,其内部包含有大量的各种偏离理想晶体的微观区域,即存在着许多不同类型的晶体缺陷(crystalline defects or imperfections)。事实上,材料的许多性质对晶体缺陷的存在都非常敏感,晶体内的缺陷会严重影响材料性质。因此，需要了解固体材料中存在的晶体缺陷类型以及它们在影响材料性质方面所起的作用。

晶体缺陷是指具有原子直径量级的一个或多个尺寸的晶格不规则性。按照缺陷的几何特征可以分为点缺陷（与一个或两个原子位置相关的缺陷）、线（或一维）缺陷、二维的面缺陷和三维的体缺陷四种类型。

1. 点缺陷与扩散

点缺陷主要有空位（vacancies）、自间隙原子（self-interstitial atoms）和杂质原子（foreign atoms or impurity atoms）。

（1）空位

空位是最简单的点缺陷，表示原有晶格原子缺失的现象（图 21－4a），即没有原子占据的晶格结点。如果离位原子迁移到晶体的外表面或内界面，这种空位称为肖特基（Schottky）空位；如果其进入点阵间隙中，则形成弗兰克尔（Frenkel）空位，并出现自间隙原子。

（2）自间隙原子

自间隙原子是指晶体中的一个原子被挤入到间隙位置（通常情况下不被占据的小空隙空间），如图 21－4a 所示。在金属中，由于被挤入间隙的原子尺寸远大于间隙位置的尺寸，会引起周围晶格产生相对较大的扭曲，因此这种缺陷形成的可能性较低，它的浓度明显低于空位浓度。

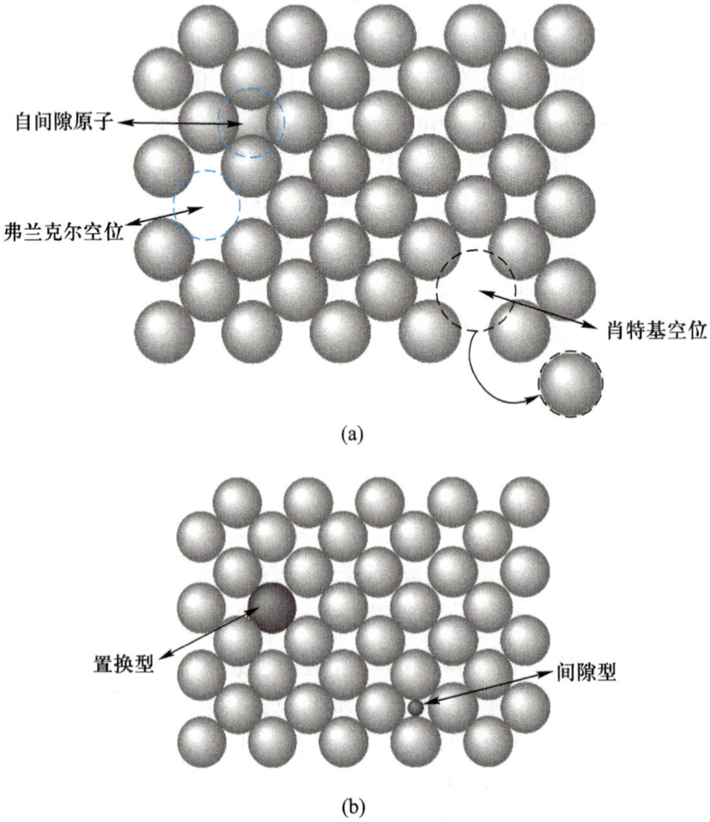

图 21－4

(3) 杂质原子与合金化

杂质原子是指组成材料的基本原子以外的其他原子，也叫外来原子。即使使用相对复杂的技术，也很难将金属提炼到纯度超过 99.999 9%的水平，即 1 m^3 的材料中大约有 10^{22} 到 10^{23} 个杂质原子。大多数常见金属都不是纯金属，而是合金(alloy)，即由两种或两种以上金属元素或金属与非金属元素组成的具有金属特性的物质。组成合金的最基本的独立单元(元素或稳定化合物)称为组元(component)。合金化可用于提高金属的力学性质和抗腐蚀性质。

根据杂质的种类、浓度和合金化的温度不同，合金可以分为固溶体(solid solutions)和金属间化合物。固溶体中，金属的晶体结构保持为某一组元的晶体结构且不形成新相。保持原有晶体结构的组元称为溶剂(solvent，主体材料)，其余组元称为溶质(solute)。溶剂是材料中浓度最大的元素或化合物，溶质则表示材料中浓度较小的元素或化合物。溶质原子添加到溶剂原子中形成晶格类型和特性完全不同于任一组元的新固相时，这种合金称为金属间化合物。

根据溶质原子在溶剂晶体结构中的位置，固溶体可分为置换固溶体和间隙固溶体。所以，存在于固溶体中的杂质点缺陷有置换型(substitutional atoms)和间隙型(interstitial atoms)两种(图 21-4b)。

1) 置换固溶体

置换固溶体中的溶质或杂质原子替代主体原子(溶剂原子)，按照溶质原子在溶剂中的溶解度可以把置换固溶体分为有限固溶体和无限固溶体。如果溶质在溶剂中的溶解度可以达到100%也不改变晶格类型，则是无限固溶体，否则是有限固溶体。因此形成无限固溶体的必要条件是溶质和溶剂的晶格类型完全相同。

根据休姆—罗瑟里定则(Hume-Rothery rules)可知，当两种原子类型之间的原子半径差异约小于 15%，且溶质和溶剂原子的晶体结构相同时，才可能获得较大的固溶度。两种元素的电负性相差越大，越容易形成金属间化合物，并且在其他元素相同的情况下，溶剂更易溶解化合价高的溶质。

2) 间隙固溶体

间隙固溶体的杂质原子(溶质原子)分布于溶剂晶格的间隙之中。由于金属材料具有相对较高的致密度，原子间隙位置相对较小，因此间隙杂质的原子直径必须远小于主体原子的直径。间隙杂质原子的最大允许浓度较低(小于 10%)，即使是非常小的杂质原子通常也比间隙位置大，因此在相邻的主体原子上会出现晶格畸变。

以上便是常见的几种点缺陷，和点缺陷直接相关的物理现象是扩散，通过原子运动(迁移，migration)而形成的物质输运现象。工程中需要通过热处理改善材料的性质，热处理过程中发生的现象往往涉及原子扩散。因此，有必要了解扩散以及点缺陷和扩散之间的关系。

(4) 扩散

固体中基本上不发生对流，固态物质中的输运只能靠原子或离子的扩散完成。在固体中发生的很多重要物理化学过程都和扩散过程相关。

1) 菲克第一和第二定律

扩散是一个随时间变化的过程，在宏观意义上，一种物质在另一种物质中传输的量是时间的函数。因此，需要了解扩散发生的快慢，即传质速率(rate of mass transfer)。这个速率通常用扩散通量(diffusion flux，J)表示，定义为单位时间内垂直通过单位横截面面积上的扩散物质质量

m(或原子数)。

$$J=m/(At) \tag{21-6}$$

其中,A 表示扩散发生的横截面面积,t 为扩散时间;J 的单位是 $kg/(cm^2 \cdot s)$或 $mol/(cm^2 \cdot s)$。

在各向同性介质中,扩散粒子(原子、分子或离子)沿着浓度梯度的反方向移动,从浓度高处向浓度低处流动,其通量与浓度梯度成正比,这个关系称为菲克第一定律(Fick's first law),可以写成如下方程式:

$$J=-D\nabla C \tag{21-7}$$

其中 D 称为扩散系数(diffusion coefficient),单位是 cm^2/s;C 是体积浓度(concentration),单位是 kg/cm^3或 mol/cm^3。

当物质内各点的体积浓度 C 不随时间变化,即$\partial C/\partial t=0$ 时,称为稳态扩散。一维稳态扩散(steady-state diffusion)问题较为简单,扩散通量和浓度之间的关系可以用菲克第一定律给出

$$J=-D\frac{dC}{dx} \tag{21-8}$$

考虑通过一个厚度为 d 的薄板的扩散。扩散系数为 D,板的两侧表面 $x=0$ 和 $x=d$ 处的浓度分别为 C_1 和 C_2,假设浓度沿厚度线性变化。扩散经过相当时间后达到稳态,因此

$$\frac{dC}{dx}=\frac{C_2-C_1}{d}$$

若知道板厚和板两侧表面的浓度,就可以从实验中得到通量,从而求出扩散系数。

实际中常见的扩散是非稳态的,也就是物质中各点处的浓度会随时间发生变化的扩散。如果认为系统没有物质的源和阱,在扩散过程中也没有化学反应,那么根据物质守恒可得

$$\nabla\cdot J+\frac{\partial C}{\partial t}=0 \tag{21-9}$$

式中第一项是通量的散度,表示在某处单位时间、单位体积的物质的变化量;第二项表示该处的浓度随时间的变化率。把式(21-7)代入式(21-9)可得

$$\frac{\partial C}{\partial t}=\nabla\cdot(D\nabla C) \tag{21-10}$$

这就是菲克第二定律(Fick's second law)。一维非稳态扩散可以用菲克第二定律描述如下:

$$\frac{\partial C}{\partial t}=\frac{\partial}{\partial x}\left(D\frac{\partial C}{\partial x}\right) \tag{21-11}$$

2) 扩散机制(mechanism of diffusion)和分类

从原子角度来说,扩散是原子在晶格位置间的逐步迁移,要求材料具备以下两个条件:必须有一个空的相邻位点(空位和间隙);必须有足够的能量打破原子之间的束缚,而这种能量的本质是原子的热振动。

由第一个条件可知,金属的扩散机制主要有空位机制(vacancy diffusion)和间隙机制(interstitial diffusion)。因此,空位缺陷的数目直接影响扩散发生的概率,空位浓度越大,发生扩散的概率越高。间隙扩散机制常见于氢、碳、氮、氧原子的杂质扩散,这些原子小到足以进入间隙位置,主体原子或置换杂质原子很少占据间隙,一般不发生这种机制的扩散。在大多数合金中,间

隙扩散比空位扩散快得多，因为间隙原子很小，容易移动。此外，晶格中间隙位置比空位多，间隙原子运动的概率大于空位扩散。

根据迁移原子是否为自身原子，扩散分为自扩散（self-diffusion）和互扩散（inter-diffusion）或杂质扩散（impurity diffusion）。由于主体原子的尺寸相较间隙大得多，因此主体原子发生间隙扩散的可能性较小，所以自扩散的扩散机制往往是空位扩散，而互扩散的扩散机制既可以是空位扩散，也可以是间隙扩散。

3）影响扩散的因素

扩散系数是表征扩散量的一个重要参数，受扩散物质和基体材料的共同影响，也受外界条件（例如温度、压力等）的影响。

根据经验可知，扩散系数与温度具有如下指数关系：

$$D=D_0\exp\left(-\frac{Q_d}{RT}\right) \tag{21-12}$$

其中，D_0是近似看作不随温度变化的常数，称为频率因子；Q_d 为扩散激活能（J/mol）；R 为气体常数，8.31 J/(mol·K)；T 为绝对温度（K）。因此，温度越高，扩散系数越大。实际应用中，少许提高温度，就可以较大幅度地提高扩散速度。

除此之外，晶体结构、成分、应力等也会影响扩散速度。

2. 位错与塑性变形

除了上节讲的点缺陷，晶体中还大量存在着线缺陷。晶体中线缺陷的特点是空间中某一维度的尺寸远大于另两个维度的尺寸，体现原子错位（misalignment）的**位错**（dislocation）分为**刃型位错**（edge dislocation）和**螺型位错**（screw dislocation）。

（1）刃型位错

图 21－5a 所示为刃型位错示意图，材料内部存在一个额外排列的半原子平面（图中深色原子所示），其边缘终止于晶体内部，就好像一把刀刃切入晶体，停止在内部，使上下原子面不能对齐。刃型位错的**位错线**定义为额外的原子半平面的末端连线，垂直于图 21－5a 所在平面。在位错线周围区域会出现局部晶格畸变：图 21－5a 中位错线上方的原子被挤压在一起，而下方的原子被拉分开。但是这种畸变主要集中在位错线附近，畸变程度随着与位错线距离的增大而减小；在距离位错线足够远的位置，晶格畸变逐渐趋于 0，原子排列重新接近完整晶体的排列。图 21－5a 所示的刃型位错中，额外的半个原子面位于晶体上方，称为正刃型位错，用符号⊥表示，也表示位错线的位置。当额外的半个原子面位于晶体下方时，称为负刃型位错，用符号⊤表示。

（2）螺型位错

图 21－6 所示为螺型位错示意图，图 21－6b 表示剪切应力作用下的晶格畸变。图 21－6a 表示晶体的上方区域相对于底部向上移动了一个原子距离。螺型位错的位错线即上下位错区域的交线 AB，用符号⟲表示。在晶体材料中发现的大多数位错可能既不是纯刃型位错也不是纯螺型位错，而是两种类型的组合，称为混合位错。

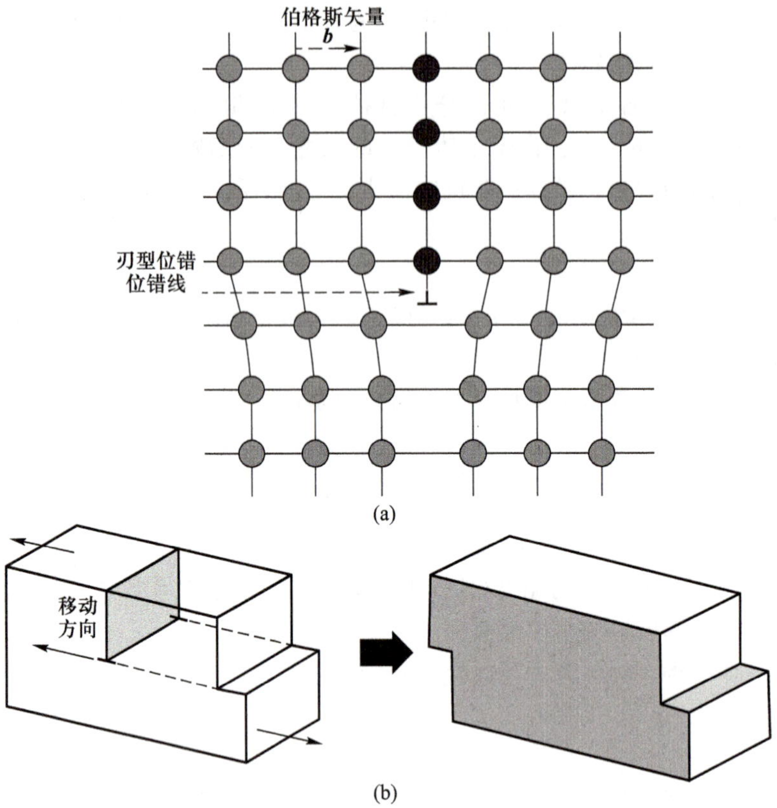

图 21-5

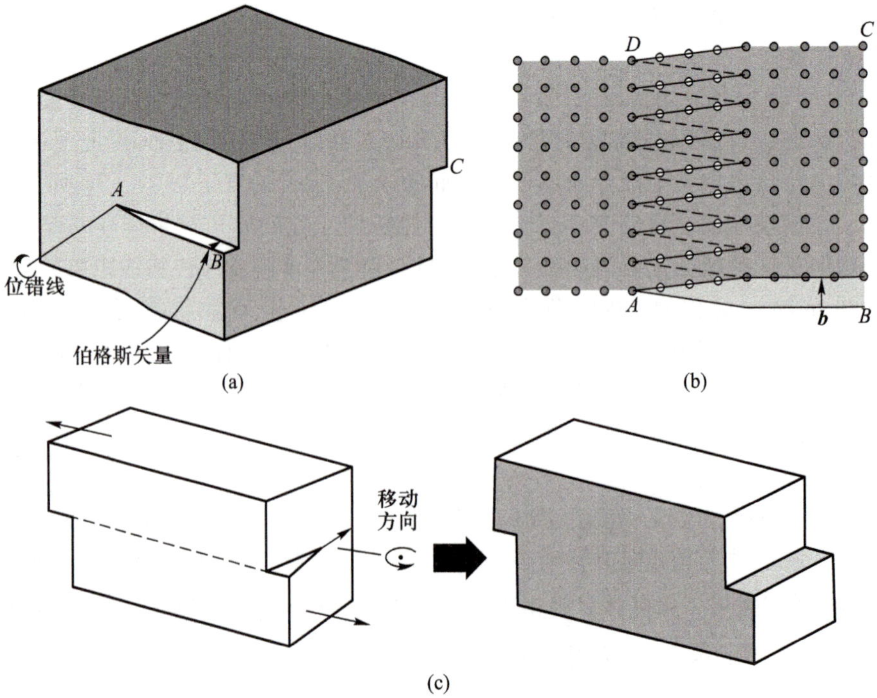

图 21-6

与位错相关的晶格畸变的大小和方向用伯格斯(Burgers)矢量 $\boldsymbol{b}$(形成一个位错的滑移矢量)表示。刃型位错和螺型位错的伯格斯矢量分别如图 21－5a 和图 21－6a 所示，刃型位错的伯格斯矢量与位错线垂直，而螺型位错的伯格斯矢量与位错线平行。对于金属材料，位错的滑移方向指向紧密堆积的晶体学方向，其大小等于原子间距。

(3) 位错的特征

考虑图 21－5a 所示的刃型位错，由于存在额外的原子半平面，位错线周围存在晶格畸变，在位错线附近会出现压缩、拉伸和剪切应变。例如，紧靠位错线上方的原子与位于完美晶体中且远离位错的原子相比，要承受压应变，而在半平面正下方的晶格原子要承受拉伸应变，如图 21－7 所示。此外，刃型位错附近也存在剪切应变。对于螺型位错，晶格只发生纯剪切应变。晶格畸变可以看作从位错线辐射的应变场，应变延伸到周围的原子中，它们的大小随着与位错径向距离的增大而减小。

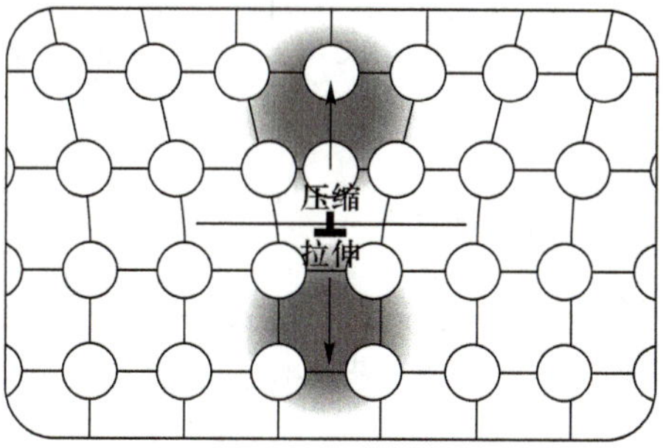

图 21－7

相邻位错周围的应变场会发生相互作用。考虑两个具有相同符号和相同滑移面的刃型位错，两者的压缩或拉伸应变场位于滑移面的同一侧，应变场相互作用使这两个位错之间出现互斥力。反之，两个符号相反、滑移面相同的位错会相互吸引，当它们相遇时发生位错湮灭，使得两个额外的原子半平面对齐成为一个完整的平面。

材料中的位错数或位错密度用单位体积的总位错长度来表示，位错密度的单位是 mm^{-2}。有时另一种定义使用更方便：单位面积上截过的位错数目，其单位也是 mm^{-2}。精细制备(carefully solidified)的金属晶体的位错密度可以低至 $10^3\ mm^{-2}$。严重变形的金属，位错密度可能高达 $10^9 \sim 10^{10}\ mm^{-2}$。充分退火的金属晶体的位错密度可以降低到 $10^5 \sim 10^6\ mm^{-2}$之间。相比之下，陶瓷材料的典型位错密度在 $10^2 \sim 10^4\ mm^{-2}$之间，而用于集成电路的硅单晶的位错密度通常介于 $0.1 \sim 1\ mm^{-2}$之间。

(4) 位错与塑性变形的关系

塑性变形(plastic deformation)是永久性的，即外力撤除之后，无法恢复的变形。强度和硬度是衡量材料抵抗这种变形的能力。在微观尺度上，塑性变形对应于大量原子在应力作用下的净运动，涉及原子间键的破坏与重构。

常温或低温下，单晶体塑性变形的基本方式有滑移、孪生和扭折三种。滑移(slip)是指在外力作用下晶体沿某些特定的晶面和晶向相对滑开的变形方式。孪生(twinning)是指在外力作用下或退火过程中，晶体的一部分相对于另一部分沿着一定的晶面和晶向发生切变，切变之后两部分晶体的位向以切变面为镜面呈对称关系。发生切变的晶面和方向分别叫孪生面和孪生方向。那些既不能发生滑移也不能发生孪生的地方，为了使晶体的形状与外力相适应，当外力超过某一临界值时晶体将会产生局部弯曲，这种变形方式称为**扭折**(link)。扭折是一种协调性变形，它能引起应力松弛，使晶体不致断裂。扭折后，晶体取向与原取向不再相同，有可能使该区域内的滑移系处于有利取向而发生滑移，故而本节主要介绍滑移和孪生，孪生产生的塑性变形量通常小于滑移产生的塑性变形量。

1) 滑移

大多数晶体材料的塑性变形由位错运动引起。位错运动产生塑性变形的过程称为滑移。研究发现，材料的理论强度总是远大于其实际测量的强度便是位错运动导致的。对于刃型位错，垂直于位错线施加的切应力会使位错线(额外的半原子平面)沿着切应力方向滑移，此过程伴随着连续重复的键断和重构。最终，这个额外的半原子平面从晶体的右表面出现，形成一个原子距离宽的移动，如图 21－8c 所示。对于螺型位错，在平行于位错线方向的切应力作用下，位错线会沿着与切应力垂直的方向运动，最终也会形成一个原子距离宽的移动。刃型位错和螺型位错运动时位错线的运动方向虽然不同，但是都会形成相同的塑性变形(图 21－5b 和图 21－6c)。

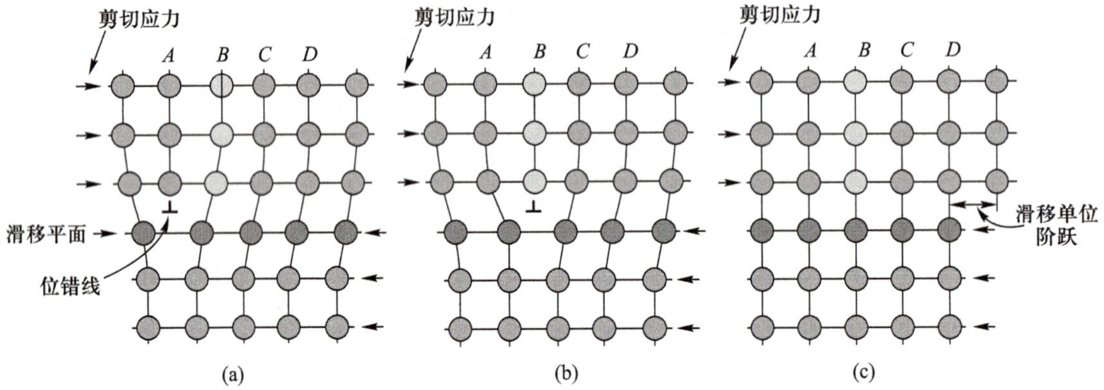

图 21－8

滑移发生的特定晶面称为**滑移面**，特定晶向称为**滑移方向**，一个滑移面和该面上的一个滑移方向构成一个**滑移系**(slip system)。滑移系依赖于金属的晶体结构，使得伴随位错运动而产生的原子畸变最小。一般情况下，滑移面和滑移方向是晶体的密排(具有最密集原子堆积的平面)和较密排面及密排方向(原子最紧密堆积的方向)。表 21－2 给出了几种金属的滑移系，晶体的滑移系越多，金属的塑性变形能力越大。

表 21－2

晶体结构	金属	滑移面	滑移方向	滑移系数量
BCC	α－Fe、W、Mo、Na　(0.26～0.50T_m)	{110}	〈111〉	12
	α－Fe、W、Na　(0.08～0.24T_m)	{211}	〈111〉	12
	α－Fe、K	{321}	〈111〉	24
FCC	Cu、Au、Ni、Ag、Al	{111}	〈110〉	12

续表

晶体结构	金属	滑移面	滑移方向	滑移系数量
HCP	Cd、Zn、Mg、Ti、Be	{0001}	⟨11 $\bar{2}$0⟩	3
	Mg、Ti、Zr	{10 $\bar{1}$0}	⟨11 $\bar{2}$0⟩	3
	Mg、Ti	{10 $\bar{1}$1}	⟨11 $\bar{2}$0⟩	6

具有 FCC 或 BCC 晶体结构的金属具有相对多的滑移系(至少 12 个),所以这些金属具有很强的延展性,可以发生较大的塑性变形。相反,HCP 金属的滑移系较少,所以通常较脆。由于滑移方向对滑移的作用大于滑移面,因此 FCC 面心立方(3 个滑移方向)金属的塑性优于 BCC 金属(2 个滑移方向),且 BCC 和 HCP 金属在高温下才容易发生滑移。

2) 孪生

除了滑移,一些金属材料中的塑性变形以形变孪生(机械孪生,mechanical twinning)或退火孪生(annealing twinning)的形式发生,孪生是产生孪晶的过程。孪晶是指晶体中原子排列以某一晶面(孪生面)呈镜面对称的部分(图 21－9)。

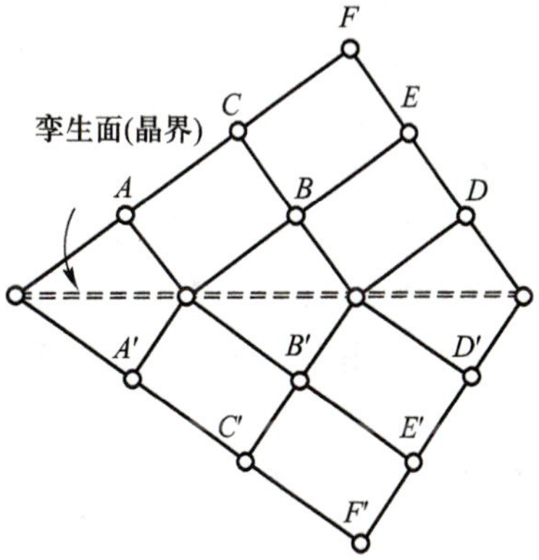

图 21－9

机械孪晶是施加切应力引起机械变形而产生的孪晶,通常呈透镜状或片状;退火孪晶是变形金属在其再结晶退火过程中形成的孪晶,往往以相互平行的孪生面为界横贯整个晶粒,是再结晶过程中通过堆垛层错的生长形成的。

孪生发生在特定的晶面和晶向上,并且与晶体结构有关。退火孪晶一般出现在具有 FCC 晶体结构的金属中,而形变孪晶则出现在具有 BCC 和 HCP 晶体结构的金属中,因为具有这两种晶体结构的金属在低温和冲击载荷下,滑移过程较难发生。

图 21－10 对单晶体受到剪切应力作用后发生的滑移和孪生变形进行了比较:

① 滑移是滑移面两侧相对滑动一个完整的平移矢量,而孪生时孪晶内所有的面都滑动,滑动的距离并非是完整的平移矢量,每个面的滑动量和距孪生面的距离成正比;

② 滑移后整个晶体的位向没有改变,而孪生则使孪晶部分的位向与基体对称;

③ 滑移使表面出现台阶(滑移线),重新抛光后,滑移线消失;孪生则使表面出现浮凸,因孪晶与基体的取向不同,故表面重新抛光并浸蚀后仍能看到。

3. 其他缺陷

除了点缺陷和线缺陷之外,固体中还存在面缺陷和体缺陷。面缺陷的特点是空间二维尺寸很大,第三维尺寸较小,通常是具有不同晶体结构或晶体取向材料的分界区域,属于二维缺陷,包括外表面(external surface)和内界面,如前面介绍的孪晶界、晶界(grain boundary)、相界(phase boundary)等。体缺陷则是尺寸较大的三维缺陷,包括孔隙、裂缝、夹杂和其他相等,通常出现在加工和制造过程中。

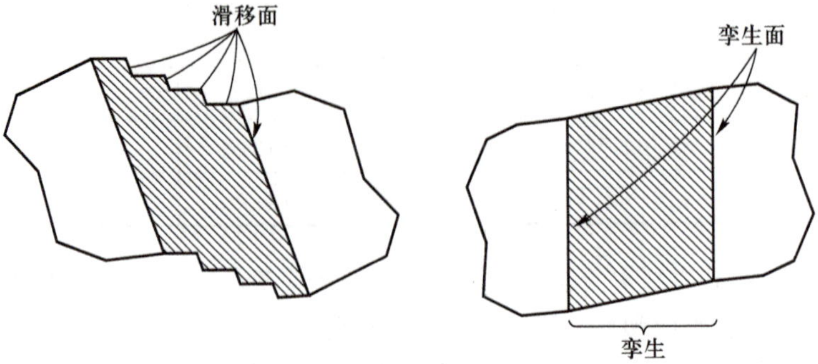

图 21－10

(1) 外表面

最明显的面缺陷类型是外表面，晶体结构在此处终止。因为表面原子不能与最大数量的最近邻原子键合，所以具有比内部原子更高的能量状态，这些未能键合的表面原子会产生表面能 (J/m^2)。表面能越高越不稳定，因此材料往往会尽量减少其总表面积。例如，液体会呈现具有最小面积的形状——液滴变成球形。

(2) 晶界

另一个面缺陷是晶界，即多晶材料中两个具有不同晶体取向的小晶粒或晶体的接触界面，属于同相界面。图 21－11a 从原子角度展示了小角度晶界和大角度晶界。晶界区域内存在从一个晶粒取向往相邻晶粒取向过渡的原子错配，这种错配通常只有几个原子的宽度。相邻原子之间有不同程度的位相差，位相差较小时，称为小(或低)角度晶界(small-angle grain boundary)，这些小角度晶界可以用位错阵列进行描述。刃型位错按照图 21－11b 的方式进行排列时形成的小角度晶界称为倾斜晶界(tilt boundary)。位相差平行于晶界时，便产生了可以用螺型位错阵列描述的扭转晶界(twist boundary)。

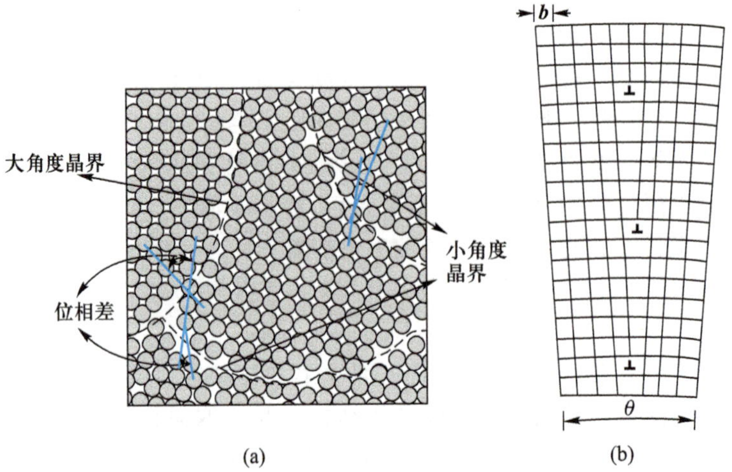

图 21－11

由于原子沿晶界键合不规则(键角更长),所以有与表面能相似的界面或晶界能,它是位相差的函数,位相差越大,晶界能越大。由于晶界能的存在,晶界的化学性质比晶粒本身更加活跃,因此杂质原子通常优先沿这些边界分离。**大晶粒或粗晶粒材料的总界面能低于细晶粒材料,因为前者的总边界面积较小**。

(3) 相界

多相材料中存在相界,相界的两侧存在具有不同物理或化学性质的相,属于异相界面。相界在确定一些多相金属合金的力学性能方面起着重要作用。

21.4 金属中的位错与强化机制

上一节介绍了位错的性质及其在塑性变形过程中的作用,有助于我们利用其潜在机制进行材料强化,改变力学性质。提高材料强度意味着产生塑性变形需要更大的外力。由于材料的塑性变形主要依赖于材料中的位错运动,所以可以通过阻断或降低位错运动来实现强化的目的,具体方法主要有**冷作硬化**(cold working/strain strengthening/work hardening)、**细晶强化**(grain size reduction/grain boundary strengthening)、**固溶强化**(solid solution strengthening/alloying)和**沉淀强化**(precipitation strengthening)。前三种方法主要用来强化单相合金,最后一种方法则多用来强化多相合金。

1. 冷作硬化与退火

冷作硬化是韧性金属在塑性变形后变得更硬和更强的现象,有时也称为**加工硬化**(work hardening)或**形变硬化**(strain hardening)。因为大多数金属在室温下即可实现形变硬化,发生变形的温度相对于金属的绝对熔化温度来说是"冷"的,所以叫冷作硬化。材料在外力作用下越过屈服极限未达到强度极限时,会发生塑性变形但不断裂,此时将外力全部卸掉,已经产生的**塑性变形**无法恢复,**导致材料内部的位错密度增大**。根据上一节内容可知,位错周围的应变场之间会相互作用,一般位错应变之间相互排斥,使得一个位错的运动被其他位错阻碍。当位错密度增加时,其他位错对该位错运动的阻碍会更加明显。因此,如果重新对材料进行加载,则需要更大的外力才会引起新的塑性变形,也就意味着材料强度的提高。但是,由于冷作硬化牺牲了材料的部分塑性变形能力,所以冷作硬化后的材料,塑性往往会有所降低。

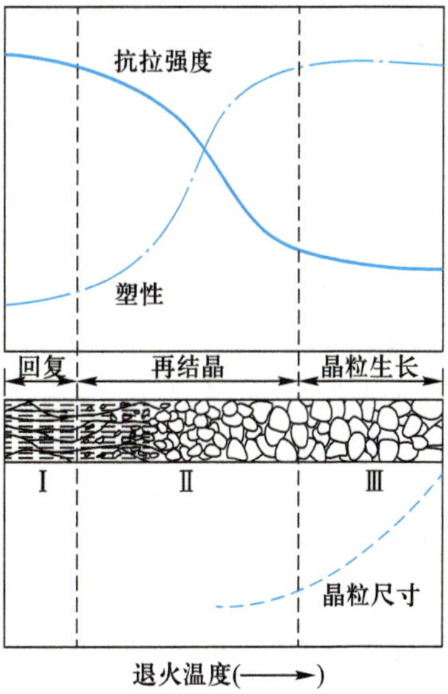

图 21-12

金属经塑性变形后,晶粒沿着变形方向被拉长,甚至被拉成纤维组织(图 21-12),使金属性能出现各向异性,纤维方向的强度及塑性大于其垂直方向。

冷作硬化的作用效果可以通过退火热处理消除,使材料的力学性质回复到冷加工之前的状态。退火主要分为三个阶段:**回复**(recovery)、**再结晶**(re-crystallization)和**晶粒生长**(grain growth)。

(1) 回复

退火初期加热温度较低，原子扩散能力不大，金属不会发生显微组织的变化。随着温度升高，原子的热振动使晶格中的大量空位扩散到晶界、表面或与间隙原子结合而消失。此时，位错发生移动，并重新排列为更为稳定的状态，导致位错数量减少，缺陷减少，形成具有低应变能的位错形态。宏观表现为金属的电阻和内应力显著降低，塑性略有恢复，强度和硬度稍有降低。这一过程称为回复。

(2) 再结晶

回复过程结束后，晶粒仍处于较高的应变能状态。随着温度的进一步提高，原子扩散能力增大，塑性变形的显微组织发生显著变化。高温下原子进一步向低能状态运动，在塑性变形中被拉长、碎化和纤维化的晶粒在温度作用下转变为均匀、细小的等轴晶粒(即在所有方向上具有大致相等的尺寸)。宏观表现为金属的强度和硬度显著降低，塑性和韧性明显提高，这个阶段称为再结晶。产生这种新晶粒结构的驱动力是形变的材料和未发生形变的材料之间的内能差异。新晶粒首先形成非常小的核，然后逐渐生长直至消耗完全部母体材料，这些过程涉及短程扩散。图 21－12 区域Ⅱ中斑点表示已经再结晶的颗粒。因此，冷加工金属的再结晶可用于细化晶粒组织。

再结晶过程与再结晶温度和再结晶的晶粒度有关。影响再结晶温度的主要因素是金属的变形程度，变形程度越大，金属的缺陷越多，组织越不稳定，开始再结晶的温度就越低。一般认为，变形程度(冷作硬化时的变形)大于 70%，保温 1 h，能完成再结晶的最低温度为再结晶温度。另外，晶粒大小、保温时间和金属的熔点都会影响再结晶温度。

影响再结晶晶粒度的因素有加热温度和变形度。再结晶退火温度越高，原子扩散能力越大，晶粒生长越快。图 21－12 区域Ⅱ表明，再结晶晶粒度随时间的增加而增加。增加变形程度或者提高温度都可以提高再结晶的速率。高于再结晶温度进行的塑性加工方法称为热加工(hot working)，反之称为冷加工。冷作硬化后的变形很小时，不足以引起再结晶。随着变形程度的增大，发生变形的晶粒越来越多，变形越均匀，再结晶的晶核就越多，再结晶后的晶粒就越细小。

(3) 晶粒生长

再结晶完成后，如果金属试样继续置于高温下，无应变晶粒将继续生长(图 21－12 区域Ⅲ)，这个通过晶界迁移进行的过程称为晶粒生长，晶粒生长在所有的多晶体材料、金属和陶瓷中都可能出现。

如前所述，随着晶粒尺寸的增加，总晶界面积减小，总晶界能减少，这便是晶粒生长的驱动力——原子总是向低能状态移动。

与再结晶不同，晶粒生长时，晶界向其曲率中心移动，大晶粒会吞食小晶粒。因此，平均晶粒尺寸随时间增加，并且在任何时刻都存在一定范围的晶粒尺寸。图 21－12 中的曲线给出了退火过程中材料强度、塑性和晶粒尺寸随温度的变化趋势。

2. 细晶强化

多晶体金属中的晶粒尺寸或平均晶粒直径会影响其力学性质。一般来说，晶粒越细小，金属的力学性能如强度、塑性、韧性就越好。如果相邻晶粒具有不同的晶体取向，那么它们之间就会存在晶界。在塑性变形过程中，滑移或位错运动必然要越过这个晶界，如图 21－13 所示，晶界会对位错运动起到阻碍作用，原因有二：

(1) 由于两个晶粒的取向不同，位错从一侧晶粒进入另一侧晶粒时，必须改变其运动方向；晶界处的位相差越大，该阻碍作用越明显；

(2) 由于晶界区域内原子的无序排列，位错从一侧晶粒到另一侧晶粒移动时，滑移面会出现不连续性。

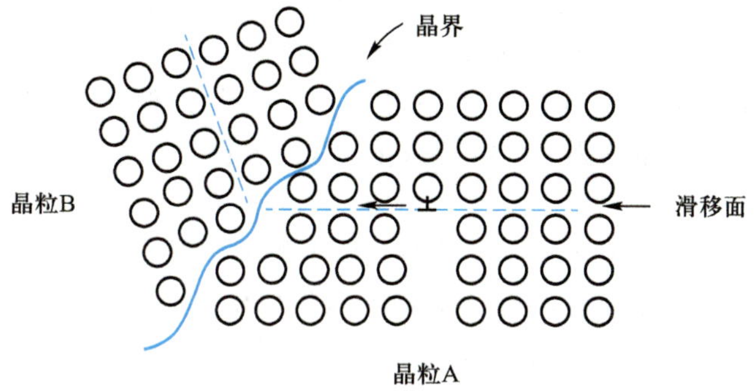

图 21-13

特别地，对于大角度晶界，变形过程中位错较难穿过晶界，因而在晶界处发生“塞积”(pile)。这些塞积会引起应力集中，从而在相邻晶粒中产生新的位错。晶粒越小，产生的应力集中越小，位错越不容易越过晶界。

细晶材料(具有小晶粒的材料)的总晶界面积较大，更易于阻止位错运动，所以比粗晶材料强度高。另外，由于细晶材料中的晶界较短，因此位错塞积引起的应力集中不足以推动位错越过晶界，所以强度较高。

细晶强化现象也可以通过屈服强度 σ_y 随晶粒尺寸变化的 Hall-Petch 关系进行揭示：

$$\sigma_y=\sigma_0+k_y d^{-\frac{1}{2}} \tag{21-13}$$

其中 d 是平均晶粒直径，σ_0、k_y 是材料常数。由该式可知，材料的屈服强度随着平均晶粒直径的减小而增大。但是，该公式不适用于粗晶粒和极细晶粒的多晶体材料。实际工程应用中，可以通过液相的凝固速率以及塑性变形加适当热处理来调控材料的晶粒尺寸。

有别于冷作硬化，减小晶粒尺寸不仅可以提高许多合金的强度，还可以同时提高其韧性和塑性。由于细晶结构中单个晶界处的位错塞积较小，应力集中较弱，不易形成初始裂纹，所以其韧性也有所提升。

3. 固溶强化

经验表明，大多数高纯度金属比其合金更软、更弱。所以，在高纯度金属中掺入杂质原子，使其通过置换或间隙扩散进入主体原子(溶剂原子)中，对原高纯度金属进行合金化，可以有效提高原金属的力学强度，这便是固溶强化。

固溶强化的机制是，杂质原子与主体原子和间隙之间的尺寸差异，会导致杂质原子周围出现应变场，且溶质的原子浓度越高晶格畸变越大。这种由杂质原子引起的晶格畸变会和位错周围的晶格畸变发生相互作用，从而阻碍位错的运动，使金属的滑移变形变得困难，导致塑性和韧性略有下降,但合金的强度和硬度却较纯金属有所提高。

4. 沉淀强化

过饱和固溶体在时效过程中使合金的强度和硬度升高的现象,称为"沉淀强化"或"沉淀硬化",其实质是第二相产生的弥散强化作用,即通过新相的形成来提高某些金属合金强度的方法。因强度随时间的推移而增强,所以也称为合金时效或时效硬化(age strengthening)。通过沉淀处理硬化的例子包括铝-铜、铜-铍、铜-锡和镁-铝合金以及一些铁合金。

由 A、B 两组元组成的合金,当 B 在 A 中的固溶度有限,并随温度的降低而减小时,可以采用沉淀强化的方法来提高合金的强度。沉淀强化过程主要包含固溶处理(固溶淬火)和沉淀热处理两个阶段。

固溶处理阶段是先将合金加热到固溶度曲线以上的某一温度 T_0,并保持足够长的时间,如图 21-14 所示,使溶质元素充分溶入到固溶体中,获得单相固溶体。然后通过快速冷却,将温度迅速降至 T_1(对于许多合金,T_1 为室温),防止新相的形成。此时的固溶体为非平衡凝固过程产生的过饱和固溶体(图 21-16a),只有一种相存在。

再将固溶处理获得的过饱和单相固溶体加热到某一适当温度 T_2(介于 T_0 和 T_1 之间),溶质原子在固溶体点阵中的一定区域内聚集成第二相,该过程即为时效过程或老化过程,此时合金的机械性能、物理性能、化学性能等发生变化。时效处理如采用室温下放置的方式,则称为自然时效或室温时效;如采用加热到一定温度的方式,则称为人工时效。沉淀颗粒的性质以及沉淀强化后合金的强度都取决于沉淀温度 T_2 和老化时间,如图 21-15 所示。

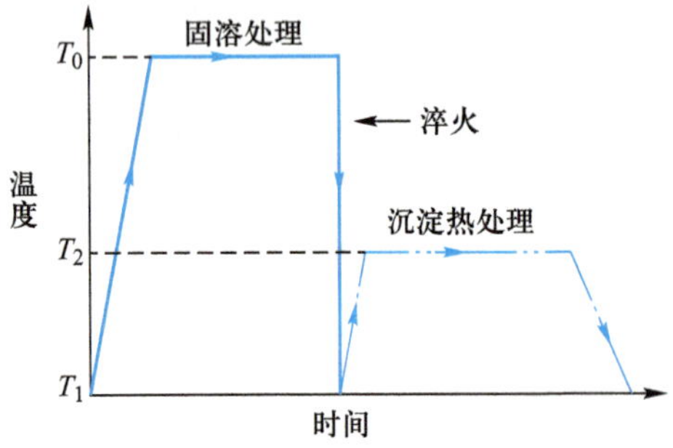

图 21-14

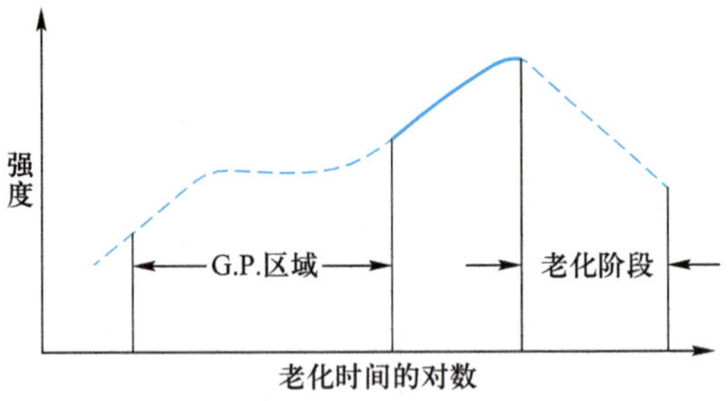

图 21-15

强化机制:沉淀强化通常用于高强度铝合金,以铝铜合金为例,如图 21-16 所示,α 是铜在铝中的固溶体,金属间化合物 $CuAl_2$ 为 θ 相。成分为 96 wt% Al-4 wt% Cu 的铝-铜合金,在通过沉淀热处理形成最终平衡相 θ(图 21-16c)之前,往往要经过几个过渡阶段,即 G. P. 区(Gunier-Preston zone)、θ'' 和 θ' 相(图 21-15)。

G. P. 区是溶质原子聚集区,它的点阵结构与过饱和固溶体的点阵结构相同,即过饱和固溶体形成 G. P. 区时,晶体结构并未发生变化,所以一般把它当作"区",而不把它当作新的"相"。G. P. 区与过饱和固溶体(基体)是完全共格的,这种共格关系需要靠正应变来维持。

θ'' 和 θ' 相都是亚平衡(亚稳定)的过渡相,它们的点阵结构与过饱和固溶体不同,且内部具有一定的化学成分($CuAl_2$),这是它们与溶质原子偏聚的 G. P. 区的主要区别。但是 θ'' 相与过饱和固溶体仍是完全共格的,而 θ' 相与过饱和固溶体变为部分共格。因此,在形成 θ'' 相的过程中,由于点阵共格引起的晶格畸变(图 21-16b)会与位错引起的晶格畸变相互作用,从而阻碍位错运动,再加上沉淀颗粒相本身对位错运动的阻碍作用,最终实现硬化的目的。但是随着继续加热,过渡相与过饱和固溶体间的点阵共格逐渐消失。θ' 相周围基体相中的应力、应变和弹性应变能越来越大,当 θ' 相长大到一定尺寸时,它与基体相完全脱离,而以完全独立的平衡相 θ 出现。这个过程中沉淀相与基体相点阵共格引起的晶格畸变逐渐消失,所以合金强度有所下降,如图 21-15 老化阶段所示。

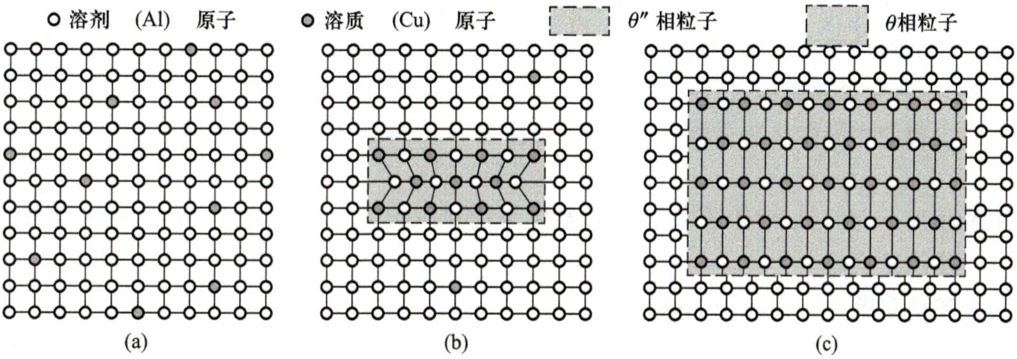

图 21-16

事实上,沉淀颗粒和基体的界面相当于内部相界,会导致位错在相界附近的塞积,从而引起应力集中,因此沉淀颗粒的分布会影响位错塞积程度,可以通过沉淀热处理对其进行相应调整。

21.5 二元合金的相图

材料的某些性能是其显微组织的函数,而材料的显微组织又和加工,尤其是热处理过程密不可分,相图有助于我们更好地设计和控制材料的热处理过程。相图还提供了有关熔化、结晶和其他现象的宝贵信息,因此有必要学习和相图有关的知识。尽管大多数相图代表稳定(或平衡)状态及相应显微组织,但它们仍然有助于我们了解非平衡状态下的显微组织及其相应特性的发展。在多元素中,二元系是最基本、也是目前研究最充分的体系。这里的"元"指组元(component),表示组成合金的纯金属或化合物。"系"指某一材料或一系列相同组元组成但含量不同的合金。

1. 相图的基本知识

(1) 相(phases)和相平衡(phase equilibria)

相可以定义为体系的均质部分,具有均匀的物理和化学特性。对于材料中的相,"均匀"是指成分、结构及性质宏观上完全相同或呈现连续变化而没有突变现象。每一种纯物质都是一个相,每一种固体、液体和气体也可以看成一个相。糖水溶液是一种相,固体糖是另一种相,每一种相都有不同的物理性质(一种是液体,另一种是固体)或不同的化学成分(一种是纯糖,另一种是水和糖的溶液)。如果给定的体系中存在多个相,则每个相都具有其独特的性质,并且相与相之间存在相界，使得物理和化学性质出现不连续和突变。相的物理和化学性质之一存在明显差异即为不同的相。例如，冰水混合物的物理性质不同，但化学成分相同，它们仍然属于两个独立的相。当一种物质可以以两种或多种晶体结构存在时（例如，同时具有 FCC 和 BCC 结构），每一种晶体结构都是单独的相，因为它们各自的物理性质不同。

单相体系有时也称为匀质（homogeneous）系统，由两相或多相组成的体系称为混合或异质（heterogeneous）体系。大多数金属合金以及陶瓷、聚合物和复合材料体系都是异质的。通常多相体系的性质不同于任何一个单独的相，而是优于单相的性质。

相平衡是指合金系中各相经历很长时间而不相互转化，始终处于平衡状态。意味着该体系的宏观特性不随时间变化，即体系是稳定的。当平衡系统的温度、压力或成分发生变化而导致自由能增加时，就会自发变化到另一种状态，从而降低自由能。

本节出现的相平衡泛指平衡，适用于多相体系，反映的是体系内相的特性不随时间变化的现象。

通常情况下，尤其是固体系统，永远不会完全达到平衡状态，因为趋于平衡的速度非常缓慢，称为非平衡或亚稳态。

(2) 溶解度极限(solubility limit)

合金体系在某些特定温度下，能够溶解在溶剂中形成固溶体的溶质原子的最大浓度就是溶解度极限。

添加超过该溶解度极限的溶质会导致形成另一种固溶体或具有明显不同组成的化合物。为了说明这一概念，考虑糖-水（$C_{12}H_{22}O_{11}-H_2O$）系统。将糖加入水中会形成糖水溶液或糖浆。随着糖的不断加入，其浓度越来越高，直到达到溶解度极限，溶液不能再溶解更多的糖，多余未溶解的糖只能沉降到容器底部。因此，该系统此时由两种独立的物质组成：糖浆溶液和未溶解的固体糖。

糖在水中的溶解度极限取决于水的温度，可以将温度作为纵坐标，成分（以糖的重量百分比计）作为横坐标绘成图线，如图 21－17 所示。沿着横轴，糖的浓度从左到右递增，水的百分比从右到左递增。因为只涉及两种组元（糖和水），所以任一点处的浓度总和等于 100 wt%，溶解度极限在图中表示为几乎垂直的蓝线。位于溶解度极限左侧的点，仅存在糖浆液体溶液；极限的右边，糖浆和固体糖并存。某个温度下的溶解度极限即为温度坐标与溶解度极限的交点。例如，在 20 ℃时，糖在水中的最大溶解度为 65 wt%。

(3) 显微组织(microstructure)

材料的物理性能，尤其是力学性能取决于它的显微组织，显微组织可以通过光学或电子显微镜进行观察。在金属合金中，显微组织的特征由相的数目、相的相对量、相的分布和排列方式表示。合金的显微组织取决于组成合金的组元、组元的含量和合金的热处理等因素。

(4) 相图(phase diagram)

相图是用图解的方法表示在极其缓慢的冷却速度下，相的不同状态及显微组织随压强、温度和成分的变化关系，也称为平衡图（equilibrium diagram）或状态图。

单组元体系的相图最简单易懂，因其成分保持不变（即纯物质），所以变量只有压强和温度，也称为压强-温度（或 $P-T$）图。

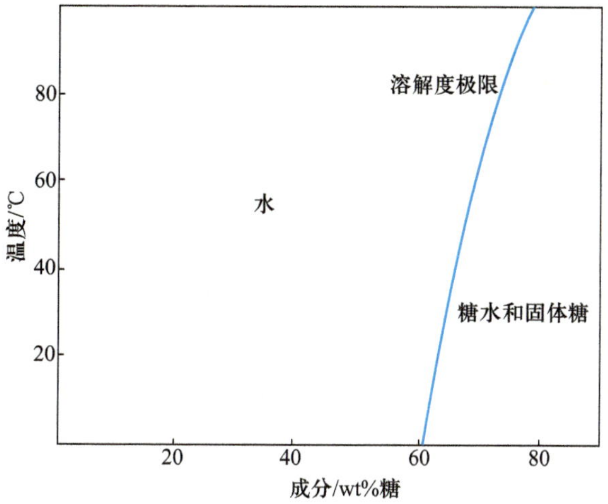

图 21-17

2. 二元系相图的分析和使用

二元系相图用于表示二元合金在极其缓慢的冷却速度下，状态随温度(纵轴)和成分的变化关系，由于压强对液固相或固相之间的变化影响不大，故认为压强恒定。许多显微组织产生于由温度改变而引发的相变，通过相图可以预测合金在缓慢冷却或者加热过程中组织的形成和变化规律，为制定熔铸、锻造、热处理等工艺提供理论依据。许多实际合金的相图比较复杂，但都是由以下基本相图组成的。

(1) 匀晶相图

如果两组元在任何成分下都可以相互溶解，则称为无限互溶(complete solubility)；在液相和固相中都可以无限互溶的体系，称为匀晶体系(isomorphous systems)。匀晶体系平衡凝固时发生匀晶转变，形成的相图为匀晶相图，图 21-18a 为铜镍体系的二元相图。

图中纵轴表示温度，横轴表示合金成分，从左向右为铜的重量百分比(wt% Cu)。α 是 Cu 和 Ni 形成的无限置换固溶体，即固相；L 是 Cu 和 Ni 形成的均匀溶液，即液相；$\alpha+L$ 是固相和液相共存的双相区。不同区域通过相界加以区分，各相在各自的区域中满足平衡条件。

由于 Cu 和 Ni 具有相同的晶体结构(FCC)、几乎相同的原子半径和电负性以及相似的化合价，所以低于 1 080 ℃时，对于任何成分，铜和镍都可以以固态相互溶解，即可以无限互溶。

在二元合金相图中，通常用小写希腊字母(α、β、γ 等)表示固溶体，用液相线表示液体(L)相和 $\alpha+L$ 两相区的相界，固相线表示固体(α)相和 $\alpha+L$ 两相区的相界，如图 21-18a 所示。固相线和液相线的两个交点，分别表示两纯金属组元的熔化温度，即熔点，图中所示纯铜和纯镍的熔点分别为 1 085 ℃和 1 455 ℃。纯金属在达到其熔点之前会保持固态，达到熔点后，固相开始转变为液相，在该转变完成之前，进一步加热不会导致温度继续升高。

(2) 共晶相图

两组元在液态能无限互溶，在固态仅有限互溶，凝固发生共晶转变的相图为共晶相图。图 21-19 为铜-银体系的二元共晶相图，图中存在三个单相区域：α 相、β 相和液相 L。α 相是富含铜的 FCC 固溶体，银为溶质。β 相是富含银的 FCC 固溶体，铜为溶质。纯铜和纯银也可分别

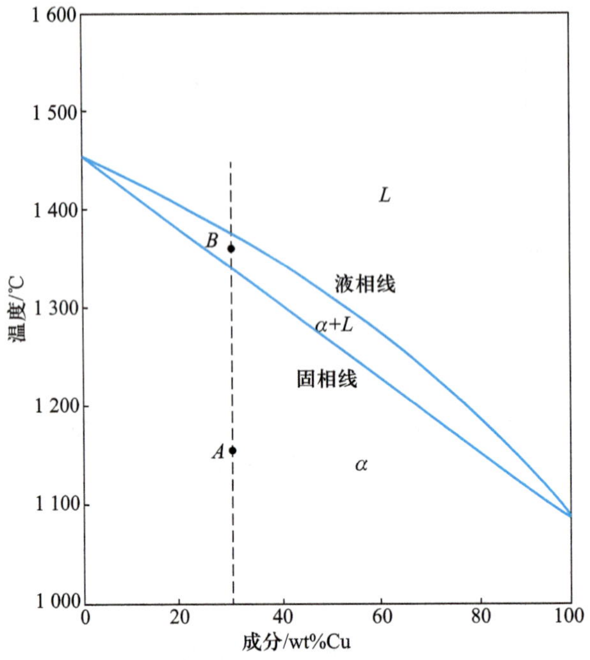

(a)

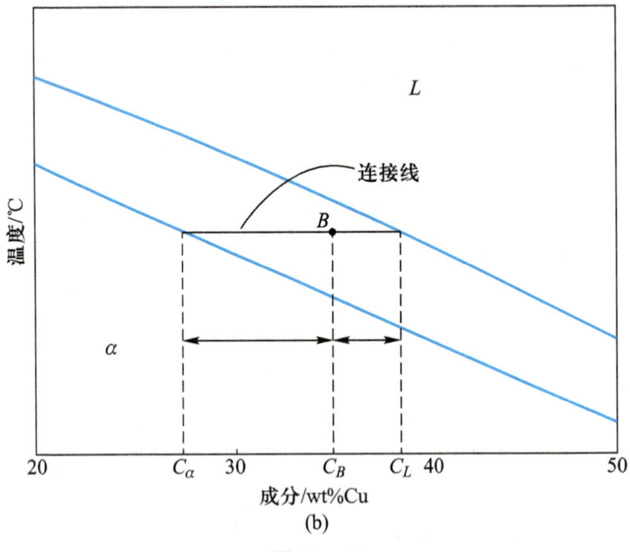

(b)

图 21-18

表示为 α 相和 β 相。两个单相区之间是相邻单相的共存区，形成 $\alpha+L$、$\beta+L$ 和 $\alpha+\beta$ 三个双相区，$\alpha+L$、$\beta+L$ 与液相 L 的分界线 EG 和 AE 称为**液相线**(liquidus line)。

如图 21-19 所示，任何温度下的 α 相和 β 相都不能贯穿整个横轴(各个成分)，因此，α 相和 β 相的溶解度都是有限的，也就是 α 相中只有有限浓度的银溶解在铜中，同样 β 相中只有有限的铜溶于银中。图中分界线 CBA 是 Cu 在 Ag 中的溶解度曲线，温度低于 779 ℃时，将 β 相和 $\alpha+\beta$ 相分开的溶解度线 CB 称为**固溶线**(solvus line)，β 相和 $\beta+L$ 相之间的分界线 AB 称为**固相线**(solidus line)。α 相也存在固溶线和固相线，分别为 FD 和 GF。

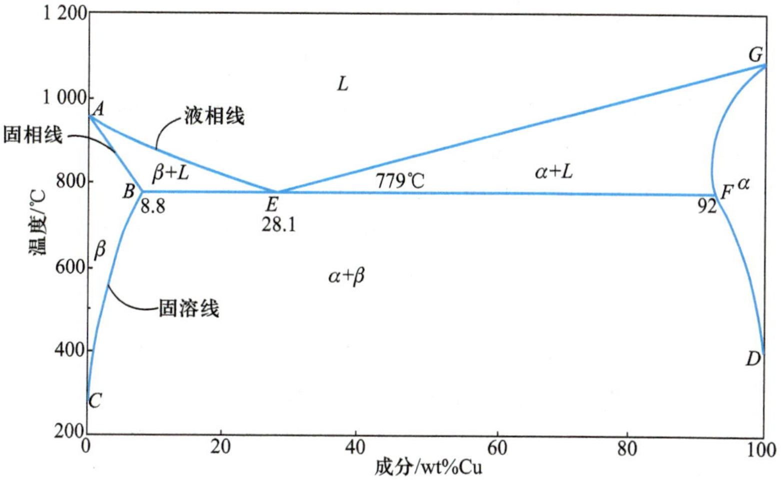

图 21-19

水平线 BEF 也是一条固相线，表示任何处于平衡状态的铜银合金中存在液相的最低温度。该水平恒温线是 $\alpha+\beta+L$ 的三相共存线，称为**共晶转变线**，或共晶等温线。液相线 AE 和 EG 在相图中的交点 E，称为共晶点，该点的横纵坐标分别记为 C_E和 T_E，对于铜-银体系，C_E和 T_E的值分别为 28.1wt% Cu 和 779 ℃。

当温度达到共晶温度 T_E时，成分为 C_E的合金会发生**共晶转变**（eutectic reaction，共晶的意思是容易熔化）：冷却时，在温度 T_E 处，液相同时转变为 α 相和 β 相；加热时，在温度 T_E处，α 相和 β 相同时转变为液相。另一个常见的共晶体系是铅-锡体系。

(3) 包晶相图（peritectic phase diagram）

有些合金凝固到一定温度时，已结晶出来的一定成分的固相与剩余液相反应形成另一固相的恒温转变为包晶转变。两组元在液态时能无限互溶，在固态时仅有限互溶且具有包晶转变的相图为二元包晶相图。具有包晶转变的相图有铁-碳、铜-锌、银-锡、铂-银等。图 21-20 所示水平线是包晶转变线，D 为包晶点。

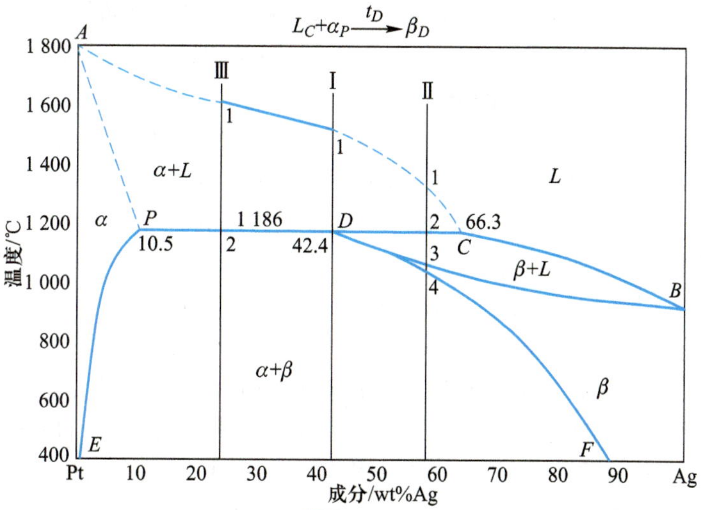

图 21-20

(4) 具有中间相或化合物的平衡相图

对于许多二元合金体系，其相图并不始终像匀晶和共晶相图那样简单，通常较为复杂。共晶铜-银相图和铅-锡相图中都只有两个固相，由于这两个固相在相图中的成分取值范围位于浓度的极值处，因此称为终端固溶体(terminal solid solutions)。对于其他合金体系，除了两个成分极值处的固相外，还存在中间固溶体(intermediate solid solutions，或中间相)，例如，铜-锌体系。还有一些体系，相图中出现的是物理或化学性质不连续的中间化合物，而不是固溶体。对于金属-金属体系，这种化合物称为金属间化合物(intermetallic compounds)，例如，镁-铅体系。

(5) 相图分析

对于一个二元系相图，如果已知其平衡时的成分和温度，那么至少可以获得三种重要信息：① 存在的相；② 这些相的成分(composition)；③ 这些相的含量(amount)。

1) 存在的相

只需在相图上定位温度-成分点，就可以确定相应点处所存在的相。图 21-18a 中的 A 点和 B 点分别为 α 相和 $\alpha+L$ 相。

2) 相成分的确定

确定相图中各点处所包含各个相的成分，通常分为以下几步：① 首先确定相图上的点；② 如果是单相区，则该相的成分即为该点的横坐标(也就是合金的成分)，例如，35wt% Cu 合金在 1 150 ℃(点 A，图 21-18a)，α 相的成分为 35wt% Cu；③ 如果是两相区，可以过相图中的点绘制水平线，称为连接线(tie line)，有时也称为等温线。连接线横穿整个两相区，并与两相区两侧的相界相交而终止。这两个交点所对应的横坐标即为各个相的成分(与液相线的交点对应的便是该两相点处液体相的成分，与固相线的交点对应的便是该两相点处固体相的成分)。例如，35wt% Cu 合金在温度 1 370 ℃时，位于图 21-18b 中的 B 点，属于 $\alpha+L$ 两相区，因此需要分别确定 α 相和 L 相的成分。绘制连接线，与液相线的交点对应的横轴坐标即为液相的成分 C_L。同样，与固相线交点对应的横轴坐标即为固相的成分 C_α。

3) 各相相对量的确定

通过相图还可以计算平衡状态时存在相的相对含量(分数或百分比)。单相区域只存在一个相，所以合金完全由这一个相组成，相的含量是 1.0，或者百分比是 100%。

如果是两相区，需要结合连接线和杠杆定律(lever rule)进行分析：

(a) 过分析点，构建横跨两相区的连接线；

(b) 整体合金的成分即为该分析点的横坐标 C_0，该点处两相的成分分别为 C_L 和 C_α；

(c) 两个相的成分差即为连接线的总长度($C_\alpha-C_L$)，某个相的长度用另一个相与整体合金的成分差来表示，该相所占的分数即为其长度与总长度的比值；

(d) 以相同方式确定其他相所占的分数；

(e) 如果需要得到相的百分比，则将每个相所占分数乘以 100 即可。

当成分轴(横轴)为重量百分比时，使用杠杆定律计算的是质量分数——特定相的质量(或重量)除以总的合金质量(或重量)。每个相的质量由每个相所占的分数和总合金质量的乘积计算而得。在使用杠杆定律时，线段的长度也可以通过线性标尺从相图中直接测量得来，最好以 mm 为单位。

如图 21-18b 所示，在图中的 B 点处固液共存，需要计算固相和液相各占多少。首先，构建连接线，找到整体合金的成分为 $C_0=C_B$，液相和固相的成分分别为 C_L 和 C_α；然后计算液相和固相的质量分数分别为$W_L=\frac{C_\alpha-C_0}{C_\alpha-C_L}$和$W_\alpha=\frac{C_0-C_L}{C_\alpha-C_L}$。

(6) 显微组织

1）匀晶合金的结晶过程

(a) 平衡凝固(equilibrium cooling)

研究匀晶合金在凝固过程中显微组织的变化具有重要意义。我们先分析无限缓慢冷却的情况，此时系统一直处于相平衡状态，称为平衡凝固。

考虑图 21－18a 所示铜-镍体系中的 B 点，合金成分为 35wt%Cu。当该合金从 1 450 ℃开始缓慢冷却时，相变会由上至下沿虚线垂直发生，如图 21－21 所示。图中点 1 对应 1 450 ℃，此时为液态合金，相应的圆圈表示此时的显微组织。随着冷却过程的进行，温度到达点 2，此时合金发生匀晶反应，从液相中逐渐析出固相 α（对金属，显微组织表现为**枝状晶** dendrites）。过该点绘制黑色连接线，可知此时 α 相的成分。进一步冷却，液相和 α 相的成分以及含量都会发生变化，液相和 α 相的成分分别沿着液相线和固相线连续变化，而且随着冷却过程的持续进行，α 相的含量会逐步增大（图中点 3 和点 4 处所示圆圈为此过程的显微组织）。但是整个合金的成分在冷却过程中始终保持不变，只是内部的铜和镍在不同相之间进行了重组。

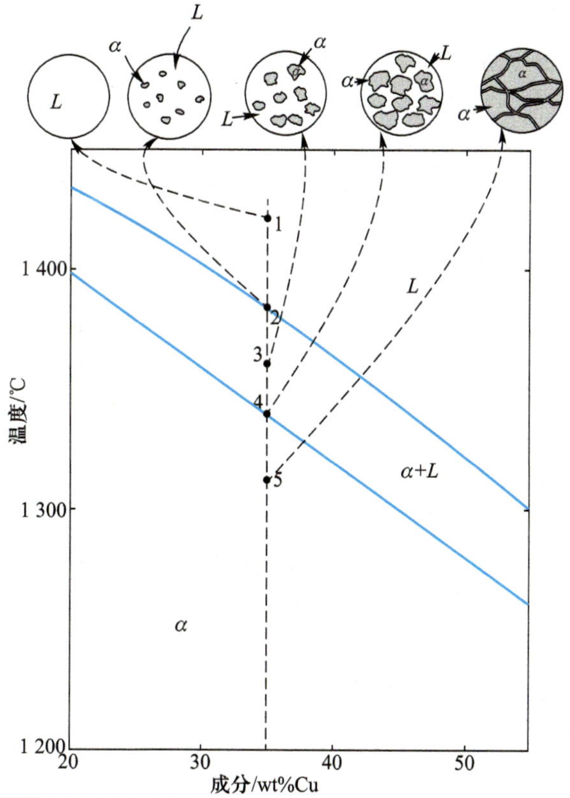

图 21－21

到达图中的点 4，液相几乎全部凝固为 α 相，最后剩余的液相会在穿越固相线时全部凝固，最终产物是成分为 35wt% Cu 的多晶 α 相固溶体。此后，继续冷却不会再引起合金显微组织和成分的变化。

(b) 非平衡凝固(nonequilibrium cooling)

在极慢的冷却速率下才能实现平衡凝固。随着温度的变化,液相和固相的成分必须根据相图(即液相线和固相线)进行重组,而这些重组需要一定时间的扩散才能完成。如果要在冷却过程中保持平衡,每个温度都需要留出足够的时间来进行适当的成分重组。实际冷却过程往往是快速的,由于固相的扩散速率(即扩散系数的大小)很低,并且对于任一相来说,扩散速率都随着温度的降低而降低,所以各相并没有足够的时间进行成分重组来维持平衡,因此会形成不同于平衡凝固时的显微组织。

固溶体非平衡结晶时,从液体中先后结晶出来的固相成分不同,使得一个晶粒内部化学成分并不均匀,这种现象称为晶内偏析(segregation)。固溶体一般都以树枝状方式结晶,树枝的晶轴含高熔点组元较多,而晶枝间含低熔点组元较多,故晶内偏析又称为枝晶偏析。具有枝晶偏析的合金,会导致合金塑性、韧性下降,易引起晶内腐蚀,降低合金的抗蚀性能,特别是给合金的热加工带来困难,因此可以通过均匀化退火消除枝晶偏析。

2) 共晶合金的平衡凝固和组织

按照相变特点和组织特征,可将共晶系合金的平衡凝固分为端部固溶体合金、亚共晶合金、共晶合金、过共晶合金四类合金的凝固。掌握了这四类合金的凝固过程,就可以分析该系中任意一个合金的平衡凝固过程。现以铅-锡体系相图为例进行相应介绍。

首先,讨论组元成分在室温(20 ℃)下,介于纯金属和最大固溶度(solid solubility)之间的情况。对于铅-锡体系,该成分范围为0～2wt% Sn的富铅合金(即α相固溶体)和99～100wt% Sn的富锡合金(即β相固溶体)。该过程与图21-21所示平衡凝固过程类似,发生匀晶结晶。

然后,讨论组元成分介于其室温固溶度极限和共晶温度固溶度极限之间的合金。对于铅-锡体系,该成分范围为2～18.3wt% Sn或97.8～99wt% Sn。考虑成分为C_2的合金,沿着图21-22中的垂直线Ⅰ冷却。开始阶段,冷却过程是和图21-21类似的匀晶结晶,如图21-22中点1、2、3处的插图所示。在虚线与固溶线交点上方的点3,显微组织由成分为C_2的α相晶粒组成。在越过固溶线后,因为Sn在α相中的溶解度减少,因此从α相中析出小的β相颗粒,如图中点4插图所示的显微组织。随着持续冷却,这些颗粒的尺寸会增大,β相的质量分数会随着温度的降低而略有增加。

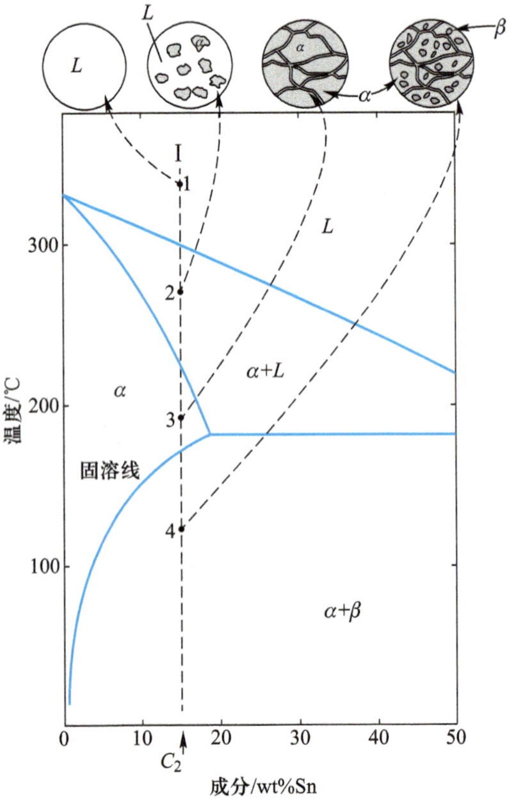

图21-22

再次,讨论共晶成分C_E处的平衡凝固,如图21-23中的点2。该点处的合金从液相区沿图中的垂直线Ⅱ向下冷却。随着温度的降低,在达到共晶温度183 ℃之前,液相不会发生任何变化。穿过共晶等温线后，液相 L 同时转变为 α 相和 β 相两个固相。为了保证液相向两个固相转变时的扩散时间相同，会形成如图 21－23 中点 2 处插图所示的层状结构(lamellae or alternating layers)，称为共晶组织(eutectic structure)。

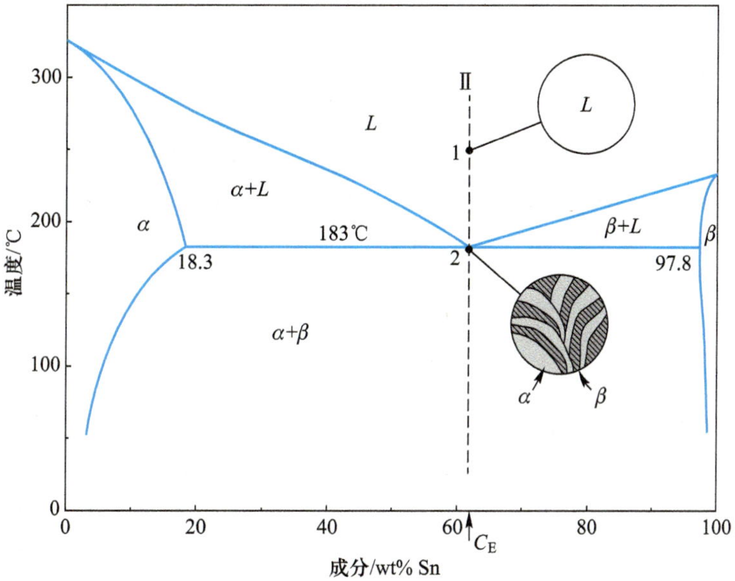

图 21－23

图 21－24 所示为铅锡合金共晶组织形成示意图，小箭头表示铅原子和锡原子的扩散方向。液体相转变为固相 α 和 β 时，因为各自的成分不同，所以需要铅原子和锡原子的再分配，该过程通过共晶－液相界前端的扩散实现：α 层中的锡原子向 β 层扩散，铅原子则向相反方向扩散。由于铅锡原子在层状结构中所需的扩散距离最小、最容易发生，因此形成了层状的共晶组织。

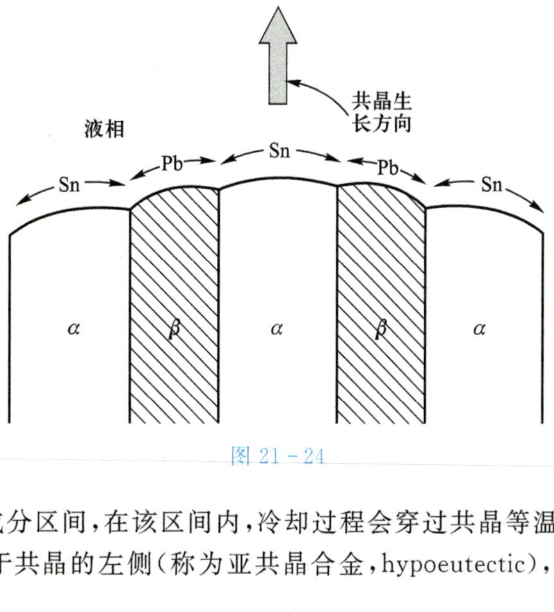

图 21－24

最后，讨论剩余的成分区间，在该区间内，冷却过程会穿过共晶等温线，如图 21－25 中成分为 C_4 的铅锡合金，它位于共晶的左侧(称为亚共晶合金，hypoeutectic)，冷却过程沿图中Ⅲ线向下移动。1、2、3 阶段的显微组织和匀晶转变类似。**到达共晶等温线时，$\alpha+L$ 区中的 α 相的含量达到最大值，这一部分 α 相称为初晶 α 相**(primary α)，呈现枝状晶。随着温度的继续降低，初晶 α 相所占的百分比不再发生变化，剩余的液相转变为共晶组织(即交替的 α 和 β 薄片)，显微组织见图 21－25 中点 4 处的插图。共晶组织中的 α 相称为**共晶 α 相**(eutectic α)。

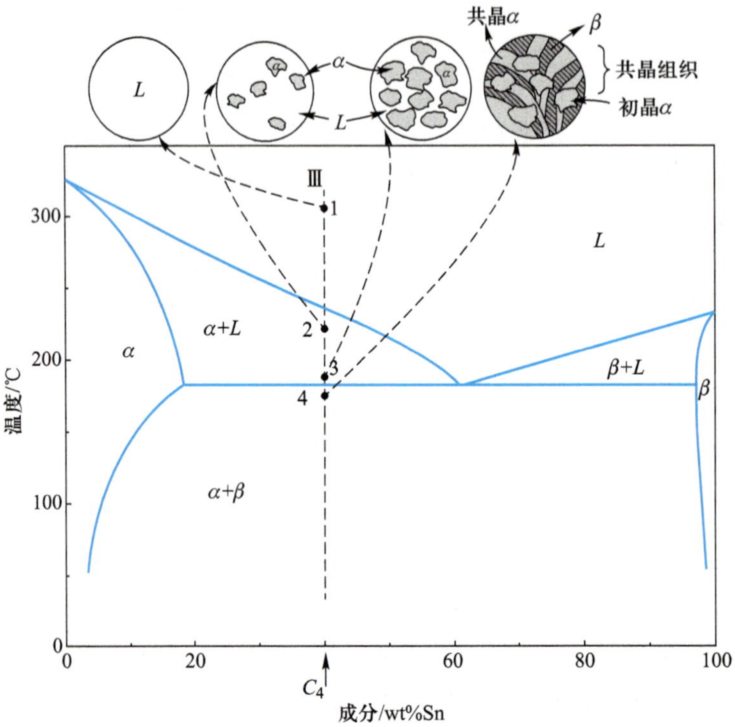

图 21－25

利用连接线和杠杆定律可以计算初晶 α 相和共晶组织的含量，二者之和等于 1。注意，**初晶 α 相在共晶等温线处全部形成，且不随温度降低发生变化**，因此，初晶 α 相的含量计算所需的连接线为共晶等温线从 α 相到 $\beta+L$ 区的一段(即认为共晶组织的成分为共晶成分 C_E)。图 21－25 所示的情况同样适用于共晶反应点右侧部分(**过共晶合金**，hypereutectic)，即从 L 到 $\beta+L$ 再到 $\alpha+\beta$ 的冷却过程。

篇幅所限，本书不对共晶合金的非平衡凝固和组织进行介绍，感兴趣的同学可以自行查阅相关资料和书籍，如刘智恩的《材料科学基础》。

3）共析合金的平衡凝固

两组元在液态能无限互溶，但是固态仅有限互溶，且有共析转变的合金相图，称为共析相图，如图 21－26 所示的部分铜-锌体系相图。冷却经过图中 E 点时，会出现类似共晶转变的现象，固相 δ 会同时转变为其他的两个固相(γ 相和 ε 相)，加热时该反应可逆，这称为**共析转变**(eutectoid reaction)，**E 点的横纵坐标分别称为共析成分和共析温度。** 共析合金的结晶过程将以铁碳体系相图为例进行介绍。

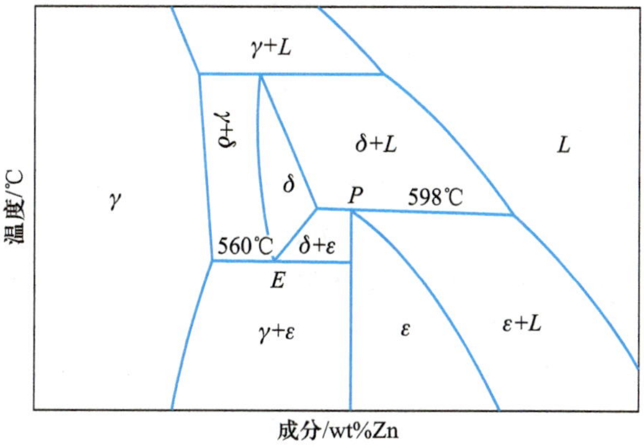

图 21-26

3. 铁碳体系

在所有二元合金体系中，铁碳体系尤其重要。钢和铸铁技术是文化进步过程中的重要结构材料，它们本质上都是铁碳合金。本书主要介绍该体系的相图以及几种可能的显微组织的变化。

(1) 铁碳相图中的组元和基本相

图 21-27 中的横轴(成分轴)仅延伸到 6.70wt% C，在此浓度下，会形成中间化合物**碳化铁**或**渗碳体**(cementite，Fe_3C)，**在相图上用垂直线表示**。因此，铁-碳体系可分为两部分：富含铁的部分，如图 21-27 所示，另一部分(未显示)是组成范围从 6.70 至 100wt% C(纯石墨)的部分。实际上，所有钢和铸铁的碳含量都低于 6.70wt% C，因此我们只考虑图 21-27 所示的铁-碳相图，记为 Fe-Fe_3C 相图，此时 Fe_3C 可以看作相图中的一种组元。但是，按照惯例，横轴仍以“wt% C”而非“wt% Fe_3C”的形式表示成分，即 6.70wt% C 对应于 100wt% Fe_3C。

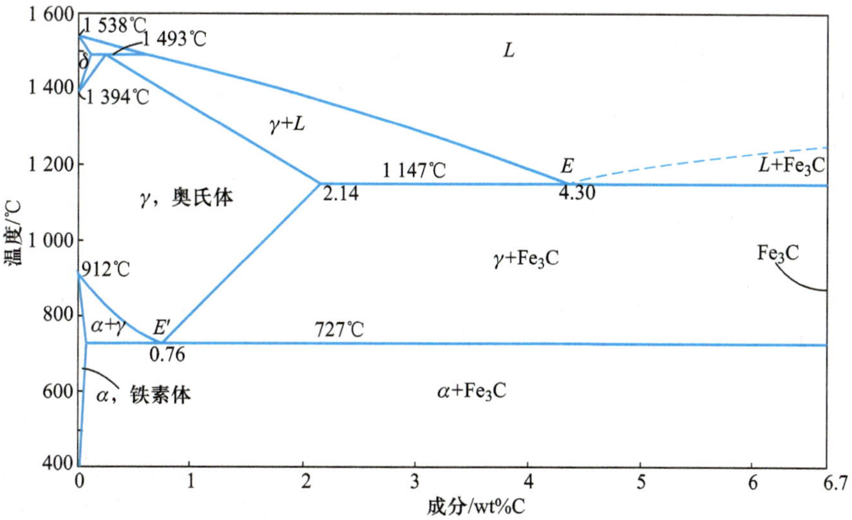

图 21-27

除铁和碳在一定温度下生成的液相熔体外，碳会以间隙杂质(interstitial impurity)的形式，与铁形成 α-铁、δ-铁素体和奥氏体固溶体，如图 21-27 中所示的 α、δ、γ 单相区。纯铁在室温下的稳定形式是铁素体(ferrite)或称为 α-铁，其晶体结构为 BCC 型。铁素体在 912 ℃时经历同素异形转变，形成具有 FCC 晶体结构的奥氏体(austenite)或称为 γ-铁。到 1 394 ℃，FCC 奥氏体恢复为具有 BCC 晶体结构的 δ-铁素体，最终在 1 538 ℃时熔化。

BCC 型 α-铁素体中的碳在 727 ℃时达到最大溶解度 0.022wt% C。因为 BCC 间隙位置的形状和大小难以容纳碳原子，即使以相对较低的浓度存在，碳也会显著影响铁素体的力学性能。这种特殊的铁碳相相对较软，在低于 768 ℃时会有磁性，密度为 7.88 g/cm^3。

如图 21-27 所示，在 1 147 ℃时，碳在奥氏体中的溶解度达到最大：2.14wt%，约为 α-铁素体最大值的 100 倍。因为 FCC 八面体位点比 BCC 四面体位点大，因此，前者碳原子施加在周围铁原子上的应变低得多。

除了存在的温度范围不同，δ-铁素体和 α-铁素体几乎是一样的。因为 δ-铁素体仅在相对较高的温度下保持稳定，所以意义不大，不作进一步讨论。

在低于 727 ℃时，如果碳的浓度超过了在 α-铁素体中的固溶度极限(对应于 α+ Fe_3C 相区域内的成分)，就会形成渗碳体(Fe_3C)。如图 21-27 所示，Fe_3C 在 727 ℃和 1 147 ℃之间也与 γ 相共存。**力学上，渗碳体非常硬且脆，一些钢的强度会因此而大大增强。**

严格来说，渗碳体是亚稳态的，它在室温下是一种长期稳定的化合物，然而在 650～700 ℃下维持数年，它将逐渐转变成石墨形式的 α-铁和碳，且在随后冷却到室温的过程中保持不变。因此，图 21-27 中的相图不是真正的平衡相图，因为渗碳体不是一个稳定的化合物。然而，由于渗碳体的分解速度非常缓慢，所以钢中几乎所有的碳都是 Fe_3C 而非石墨。

(2) 铁-碳合金结晶过程

铁碳合金中会产生几种不同的微观组织，现借助铁碳相图加以介绍。研究结果表明，形成的显微组织形式与碳含量和热处理方式有关。本部分内容只讨论冷却速度非常缓慢的平衡凝固过程。

如图 21-27 所示，在 4.30wt% C 和 1 147 ℃处存在一个共晶点 E，铁碳体系中出现共晶转变：液相凝固形成奥氏体和渗碳体相(这种共晶混合物称为莱氏体 ledeburite)，共晶合金的结晶过程如前所述。

在 0.76wt% C 和 727 ℃处存在一个共析点 E'，铁碳体系中出现共析转变：奥氏体凝固成 α-铁素体和渗碳体相。以上反应逆过程同样成立。

(a) 共析钢

从 γ 相区进入 α+Fe_3C 相区(图 21-27)时发生的共析转变，类似于前面描述的共晶转变。在共析成分处的合金(0.76wt% C)，从 γ 相区(图 21-28 中的点 1)开始冷却，冷却过程沿图中虚线Ⅰ垂直自上而下进行。

合金在高于共析温度(727 ℃)的 γ 相区时，其显微组织如图 21-28 中点 1 处的插图所示，晶粒间有明显的晶界。越过共析温度到达图中的点 2 时，固相 γ 会同时转变为两个固相 α-铁素体和渗碳体相，发生共析转变。相应的显微组织为交替而成的层状结构，两层的厚度比约为 8 比 1，如图中点 2 处的插图所示，这种显微组织称为珠光体(pearlite)。珠光体以晶粒的形式存在，通常称为珠光体团(colonies)，**每一个珠光体团内部，片层的取向是一致的，而不同珠光体团中的**

片层取向是不同的。铁素体相对较厚(浅色相),渗碳体相对较薄,大部分呈暗色。许多渗碳体层非常薄,相邻的相界非常接近,难以区分,因此看起来很暗。从力学上讲,珠光体的性能介于柔软的韧性铁素体和坚硬的脆性渗碳体之间。

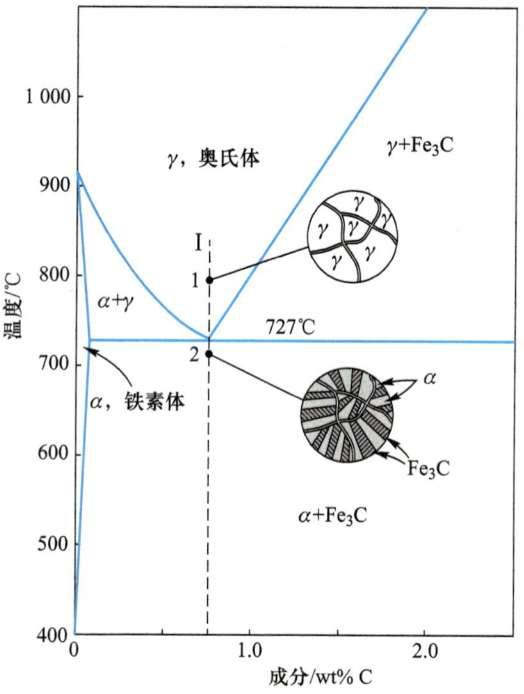

图 21-28

珠光体中交替的 α 和 Fe_3C 层形成的原因与形成共晶组织的原因相同——因为基体相的成分[该例中,奥氏体(0.76wt% C)]与生成相[α-铁素体(0.022wt% C)和渗碳体(6.70wt% C)]的不同,所以在相变时,碳通过扩散重新分布。图 21-29 为共析反应显微组织的形成过程,小箭头表示碳扩散的方向。珠光体从晶界向奥氏体晶粒中生长时,碳原子从 0.022wt%的 α-铁素体区域扩散到 6.70wt%的渗碳体层。因为层状结构使得碳原子的扩散距离最小,所以便形成了层状珠光体组织。

(b) 亚共析钢和过共析钢

和共晶转变类似,共析转变也有相应的亚共析(hypoeutectoid)和过共析(hypereutectoid)凝固,其平衡凝固过程中的显微组织变化示意图分别如图 21-30a、b 所示。以亚共析钢为例,在图 21-30a 中 B、E'两点的横坐标覆盖的横轴范围内的合金,冷却过程中,会在 γ 相的晶界处析出 α-铁素体(nucleation),如图 21-30a 中点 2 所示,伴随着温度的降低,α-铁素体晶粒沿着初始的 γ 相晶界生长(grow),如图 21-30a 中点 3 处插图所示。共析温度之前形成的 α-铁素体称为先共析(proeutectoid)α 相,该相所占的分数在共析温度处达到极值。过了共析温度,剩余的 γ 相会以共析反应的形式转变成 α-铁素体和渗碳体交替的珠光体组织,先共析 α 相和珠光体组织所占百分比可以通过连接线和杠杆定律计算得出。过共析钢有类似的冷却过程,如图 21-30b 所示。

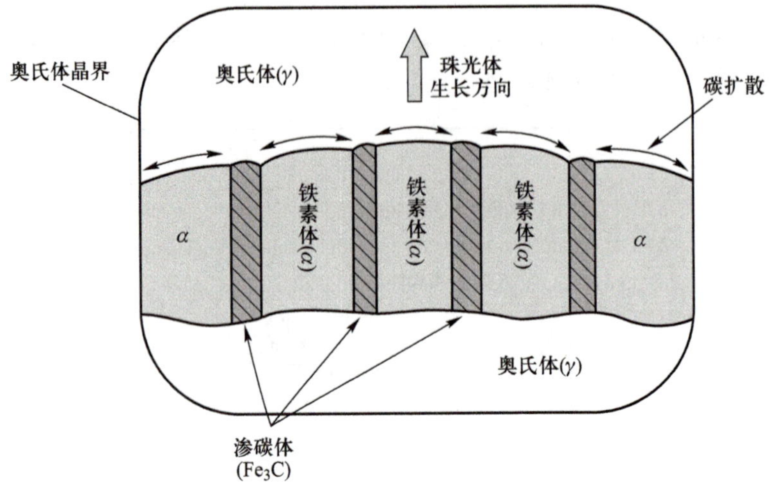
奥氏体晶界
奥氏体(γ)
珠光体
生长方向
碳扩散
α
铁素体(α)
铁素体(α)
铁素体(α)
α
奥氏体(γ)
渗碳体
(Fe3C)

图 21－29

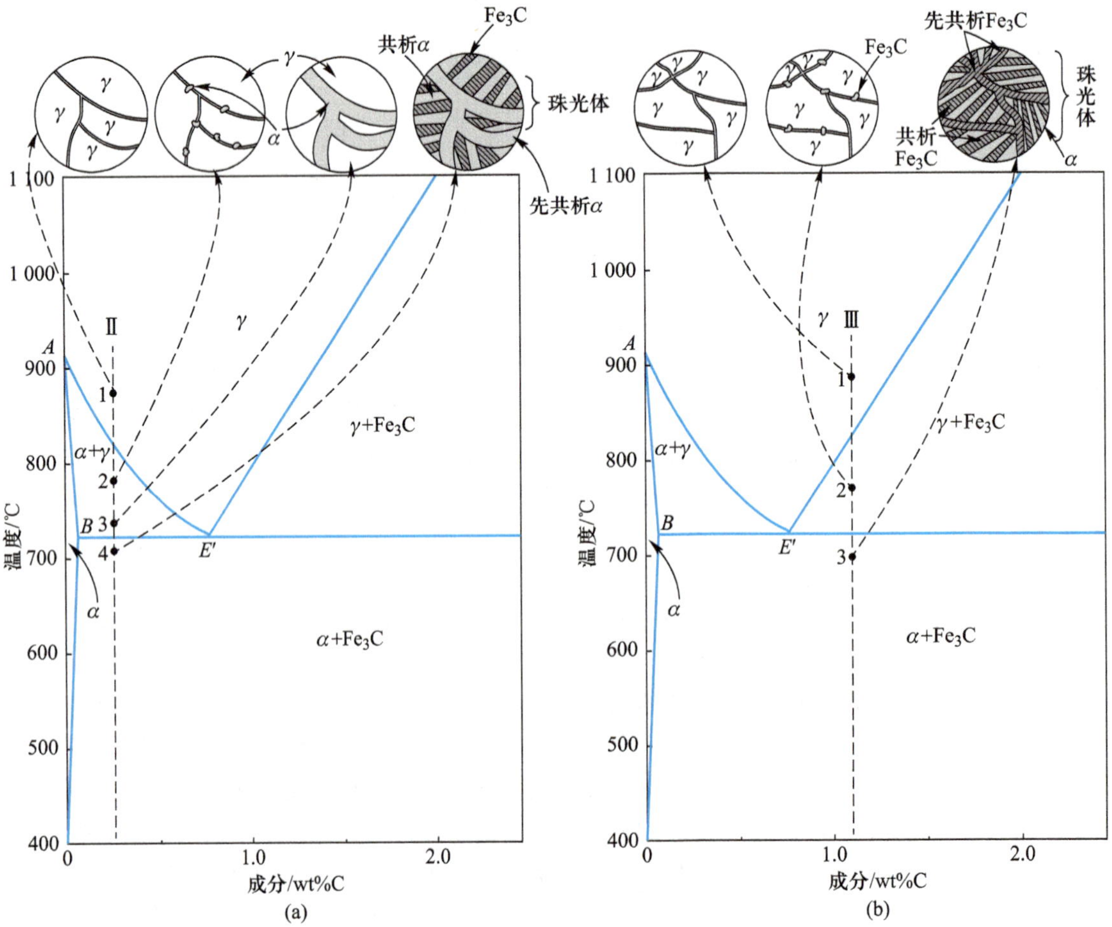
γ
γ
γ
γ
γ
α
γ
共析α
Fe3C
珠光体
先共析α
1 100
1 000
900
800
700
600
500
400
温度/℃
A
Ⅱ
1
2
3
4
B
E′
α+γ
α
γ+Fe3C
α+Fe3C
0
1.0
2.0
成分/wt%C
(a)
先共析Fe3C
Fe3C
珠光体
共析
Fe3C
α
γ
Ⅲ
(b)

图 21－30

21.6 陶瓷材料

陶瓷材料(ceramics)是无机非金属材料，主要是金属和非金属元素之间的化合物。材料的结合键通常有离子键、共价键、金属键和分子键四种典型结合键，大多数无机非金属材料的物质结构是由离子键构成的离子晶体和由共价键组成的共价晶体。许多陶瓷材料表现出这两种键合类型的组合，其中离子键的含量取决于相关原子的电负性。

离子晶体的基本质点是正、负离子(即阳离子 cations 和阴离子 anions)，它们依靠静电作用力(库仑力)相结合，键合能力高，正、负离子的结合比较牢固。然而，部分由共价键组成共价键晶体的陶瓷，由于共价键电子分布不均匀，往往出现“堆积”在相较负电性的离子一边的“极化效应”。极化的共价键具有一定的离子键特性，常常使结合更加牢固，它与高分子化合物的共价键不同，具有相当高的结合能。所以，离子键和共价键的键合能力都较高，陶瓷具有较高的熔点和硬度。

1. 陶瓷的微观结构

陶瓷的微观结构可以帮助我们更好的理解其宏观特性。

对于主要由离子键构成的陶瓷材料，其晶体结构是由带电离子组成的。键合过程中金属离子或阳离子将价电子提供给带负电的非金属离子或阴离子，所以带正电。在晶体陶瓷材料中，每种组分离子的电价和阴阳离子的相对大小会影响其晶体结构。根据鲍林(Pauling)规则可知：① 晶体的电中性使所有阳离子的正电荷必须等于所有阴离子的负电荷。② 阳离子通常小于阴离子，假设阳离子和阴离子的大小或离子半径分别为 r_c 和 r_a，则 r_c/r_a 的比值小于 1，当阳离子周围的阴离子全部与该阳离子接触时，就会形成稳定的陶瓷晶体结构。配位数(即与阳离子接触的阴离子的数量)与阳离子-阴离子半径比有关。表 21-3 给出了不同配位数对应的半径比值范围和晶体结构构型。

表 21-3

配位数	2	3	4	6	8
阳离子-阴离子半径比	<0.155	0.155～0.225	>0.225～0.414	>0.414～0.732	>0.732～1.0
配位构型				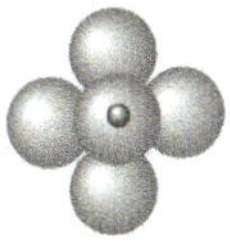	

(1) 晶体结构

氧化物结构和硅酸盐结构的结合键主要是离子键或含有一定比例的共价键，它们是陶瓷晶体中最重要的两类结构。

1) AB 型晶体结构

一些常见的陶瓷材料的阳离子和阴离子数量相等，通常被称为 AB 化合物，其中 A 表示阳离子，B 表示阴离子。AB 化合物有几种不同的晶体结构：氯化铯（CsCl）结构、氯化钠结构（sodium chloride，NaCl）、闪锌矿结构（zinc blende 或 sphalerite，即硫化锌 ZnS）如图 21－31 所示。

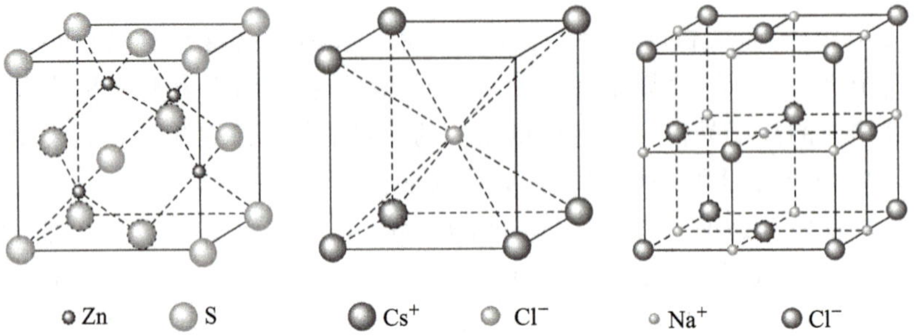

图 21－31

2）A_xB_y 型晶体结构

如果阳离子和阴离子电价不相同，则化合物以化学式 A_xB_y 的形式存在，其中 x 和 y 至少有 1 个不等于 1。例如，萤石（CaF_2）、金红石（TiO_2）、刚玉（Al_2O_3）、立方 ZrO_2、Cr_2O_3、Ti_2O_3 等。

3）$A_xM_zB_y$ 型晶体结构

陶瓷化合物也可能具有多种阳离子。有两种类型的阳离子（用 A 和 M 表示）时，它们的化学式可以表示为 $A_xM_zB_y$，如钛酸钡（$BaTiO_3$）具有 Ba^{2+} 和 Ti^{4+} 两种阳离子。这种材料具有钙钛矿晶体结构（Perovskite crystal structure，$CaTiO_3$），如 $SrTiO_3$、$PbTiO_3$ 等。此外，方解石（$CaCO_3$）结构、尖晶石（$MgAl_2O_4$）结构也属于这一类型。

对于金属，密排原子平面会产生 FCC 和 HCP 晶体结构。类似地，可以根据离子的密排平面以及晶胞分析陶瓷晶体结构，通常密排平面由大阴离子组成。这些平面相互堆叠产生小的间隙位点，阳离子可以驻留其中。

4）硅酸盐（silicates）陶瓷结构

硅酸盐陶瓷主要由地壳中最丰富的两种元素硅和氧组成，大部分土壤、岩石、黏土和沙子都属于硅酸盐类别。与其用晶胞来表征这些材料的晶体结构，不如使用 SiO_4-四面体结构来进行描述（图 21－32）。由于 Si－O 键具有显著的共价特性，具有方向性且键合较强，通常认为硅酸盐不是离子晶体，其结合键为离子键与共价键的混合键，但习惯上称为离子键。SiO_4-四面体在一维、二维和三维方向上的不同排列方式产生了不同的硅酸盐结构：① 含有限硅氧团的岛状硅酸盐结构；② 链状结构；③ 层状结构；④ 骨架状结构。

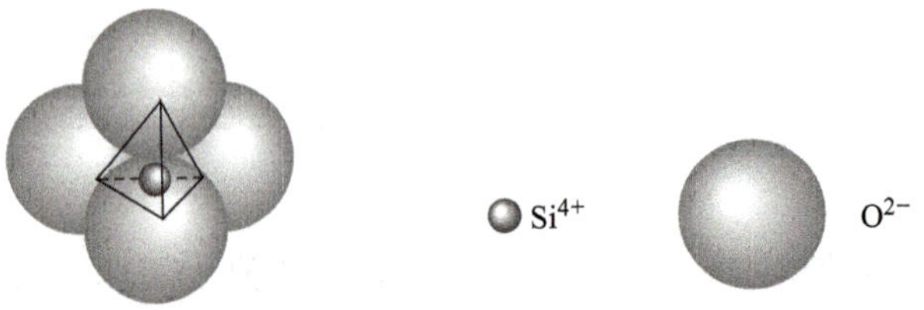

图 21－32

(2) 非晶体结构

非晶体实质上是一种过冷液体，其主要特点为：近程有序、远程无序性和亚稳态性；外观上不具有特定的形状，在微观上内部质点无序。常见的非晶态结构有玻璃、非晶态聚合物、凝胶、非晶态薄膜等。玻璃体结构多为金属或非金属物质经高温熔融后快速冷却，从而使质点排列无序而成；聚合物由于分子链很长，容易保持其无规线团或缠绕状非晶体结构；胶体脱水凝聚形成凝胶，其质点间以范德华力连接，形成无序结构；气相沉积形成的非晶态薄膜也是无规则的非晶态结构。

2. 陶瓷分类

大多数陶瓷材料可以分为玻璃（glasses）——非晶态硅酸盐及其氧化物，具有透光性和易加工性；玻璃陶瓷（vitreous ceramics）——大多数无机玻璃通过高温热处理可以使非晶态转换为晶态，具有相对较高的力学强度、低的热膨胀系数、良好的耐高温性能、良好的介电性能和良好的生物兼容性；黏土产品（clay products）——结构性黏土制品和白色陶瓷，如砖、瓷砖和下水管道等；耐火陶瓷（refractory ceramics）——耐火黏土、硅土、碱性和特种耐火材料，具有耐高温、热绝缘特性；磨料陶瓷（abrasive ceramics）——高强度、高韧性和耐磨性；水泥和混凝土（cement and concretes）；铸石和非金属矿（rocks and mineral ）；先进陶瓷（(high-performance) advanced ceramics）。

3. 陶瓷的宏观力学性能

对于晶体陶瓷，不管是离子键为主还是共价键为主，位错运动或滑移都很难发生。因为离子携带电荷，所以离子键为主的晶体陶瓷材料在某些方向上滑移时，会使得同号离子相互靠近，出现静电排斥效应，因此内部滑移受到很大限制。而共价键较强、不易断裂，滑移系有限且位错结构复杂，因此也不容易发生滑移。这些微观结构特征表明，晶体陶瓷结构不易发生塑性变形，所以表现出硬度高、脆性大的力学性质。

对于非晶体陶瓷，由于内部原子结构的不规则排列，位错运动不产生塑性变形。这类材料发生类似液体的黏性变形，变形速率与外加应力成正比，在外力作用下，原子或离子通过键合的断开和重构产生滑移。这种滑移和位错滑移不同，没有确定的发生方式和方向。

综上所述，**陶瓷材料硬度高、耐磨性好、耐高温、耐腐蚀、韧性差、脆性好、弹性模量比金属稍高、拉伸强度低、压缩强度高。在室温静载下，晶体和非晶体陶瓷几乎都是在无明显塑性变形时发生突然断裂。**

陶瓷内部无处不在的缺陷，导致大多数陶瓷材料的测量断裂强度大大低于原子间键合力理论预测的值，也是陶瓷材料抗拉能力差的原因。陶瓷材料的应力-应变行为通过弯曲而非拉伸试验来确定。减少陶瓷材料中的杂质和气孔，细化晶粒，提高其致密度和均匀度，都有利于提高其强度。

21.7 聚合物材料

高分子材料是以有机高分子化合物为主要组分的材料，又称聚合物。木材、天然橡胶、棉花、羊毛、皮革和丝绸都是天然存在的聚合物，许多塑料、合成橡胶和纤维材料是合成聚合物。合成物的生产成本低廉、性能优异，在某些应用中已经取代了金属和木质部件。聚合物普遍具有质轻、高弹、耐腐蚀、绝缘性好、容易成型加工、性能可变性大、生产能耗低、加工成型投资少、周期短、利润高、原材料来源丰富等优点。

与金属材料相比，聚合物也存在一些缺点：强度、刚度差；容易发生蠕变、应力松弛现象；热膨胀系数较大；耐热温度普遍较低；使用过程中会出现“老化”现象。

1. 聚合物的微观结构

与金属和陶瓷一样，聚合物的特性与材料的微观结构特征有着错综复杂的关系。

(1) 聚合物分子

大多数聚合物都是有机的，许多有机材料是由氢和碳两种元素组成的**碳氢化合物**(烃类，hydrocarbons)。

聚合物分子是巨大的，因此被称为**高分子**(macro molecules)，**且每个分子中的原子均通过共价键连接**。对于碳链聚合物，每个链的支撑是一根碳原子链，构成这些长链分子的基本结构被称为**重复单元**(repeat units)。**单体**(monomer)是指聚合物合成过程中的最小分子。因此，单体和重复单元指代不同，但有时会将重复单元表述为单体或者单体链节。简单重复单元的个数称为聚合度 DP(degree of polymerization)。

高聚物具有非常大的分子量，聚合过程中聚合物的分子链长短不一，通常用平均分子量来表示。一般高分子的主链都有一定的内旋转自由度，可以使主链弯曲从而具有柔性性质。构成高聚物的每个分子链都可能发生弯曲、蜷曲和扭结(bend, coil and kink)，导致大量的链内缠绕和链间缠结(intertwining and entanglement)。这些无规则蜷曲(coils)和分子缠绕(molecular entanglement)对高分子的性能有重要影响。

(2) 高分子链结构

聚合物的物理特性不仅取决于其分子量和形状，还取决于分子链结构的差异。现代聚合物合成技术可以对分子链结构进行各种可能的控制。本节讨论几种主要的分子链结构：线型(linear polymers)、支化型(branched polymers)、交联型(crosslinked polymers)和网状型结构(network polymers)，高度交联的聚合物也可归为网状型，所以常将高聚物分为线型、支化型和网状型。

1) 线型聚合物

线型聚合物是指重复单元首尾相连在一个链上的高分子，如图 21-33a 所示。线型聚合物的链与链之间存在大量的范德华力和氢键，分子间无化学键结合，在受热或受力情况下分子间可以互相移动(流动)，因此线型聚合物可在适当溶剂中溶解，加热时可熔融，易于加工成型。常见的线型聚合物有聚乙烯、聚氯乙烯、聚苯乙烯、聚甲基丙烯酸甲酯、尼龙和碳氟化合物。

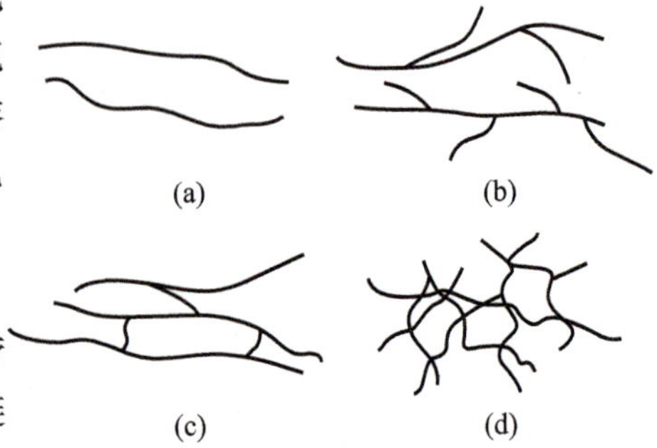

图 21-33

2) 支化型聚合物

自由基的链转移易产生支化高分子，即分子链上带有一些长短不一的支链高分子。支化型聚合物中的主链和侧支链连接，如图 21-33b 所示。有无规支化(长支链、短支链)和有规支化(星形与梳形)之分。单体中取代基构成的侧链不属于支链,称为侧基。

3) 交联型聚合物

在交联型聚合物中,相邻的线型链在不同位置通过共价键相互连接,如图 21-33c 所示。交联是在合成反应或不可逆化学反应过程中形成的,通常通过添加与链形成共价键的原子或分子实现,许多弹性橡胶材料都是交联的,称为硫化。

4) 网状型聚合物

多功能单体可以形成三个或更多活性共价键,从而形成三维网状结构,如图 21-33d 所示。实际上,高度交联的聚合物也可以归类为网状型聚合物。这些材料具有独特的力学和热学性能:环氧树脂、聚氨酯和酚醛树脂都属于这一类。

聚合物通常不止有一种特定的结构类型。例如,一个线型为主的高分子也可以有少量的分支和交联。

(3) 聚合物的结晶(polymer crystallinity)

聚合物材料中也存在结晶态(crystalline state),结晶是分子链的有序堆垛排列,聚合物的晶体结构一般较为复杂。聚合物结晶度用来表示聚合物中结晶区域所占的比例。图 21-34 所示为聚乙烯的晶胞及其与分子链有序堆垛结构的关系,这个单胞属于正交晶系(表 21-1)。

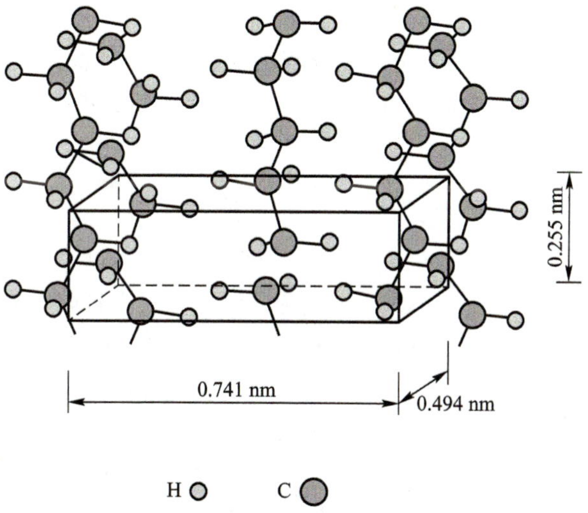

图 21-34

由于高分子的大尺寸和复杂性,聚合物分子通常只是部分结晶(或半结晶 semicrystalline),晶态区域会分散在其余非晶态(amorphous)或无定形区域中。金属材料通常是晶态的,陶瓷材料要么为晶态,要么为非晶态,而聚合物的结晶度范围可以从完全非晶态到几乎完全(高达约95%)晶态,所以在某种意义上,半结晶聚合物类似于前面讨论过的两相金属合金。

线型聚合物中链的排列限制较少,所以结晶度较高。侧链会影响结晶,所以支化型聚合物的结晶度都不高。交联会阻止聚合物链的重新排列和排列成晶体结构,所以大多数的网状和交联型聚合物都是非晶态的。

晶态聚合物的密度大于具有相同材料和分子量的非晶态聚合物,且晶态聚合物通常强度大,更能抵抗热分解和软化。

半结晶聚合物是由小的结晶区域(微晶,crystallites)组成的,每个区域都整齐排列,分散在取向各异的非晶态区域中。结晶区域的结构可以通过检测稀溶液中长成的聚合物单晶获得:晶体形状规则,薄的片晶厚为10～20 nm,长约10 μm,这些片晶通常是多层结构。每个片晶上的分子链来回折叠,在晶体表面形成褶皱,称为折叠链模型(chain-folded model),如图21-35所示。

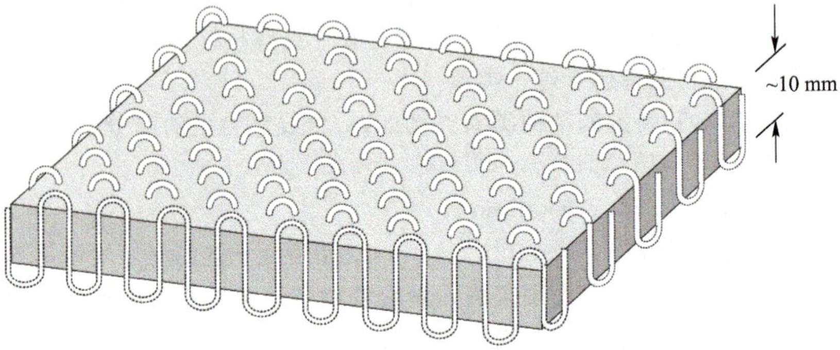

图21-35

许多从熔融状态结晶出的大块高分子是半结晶体,并形成球晶结构(spherulite structure)。每个球晶都会长成类球形,由从中心位置向外辐射的片层状链折叠微晶(片晶)分布在非晶态区域中集合而成,如图21-36所示。

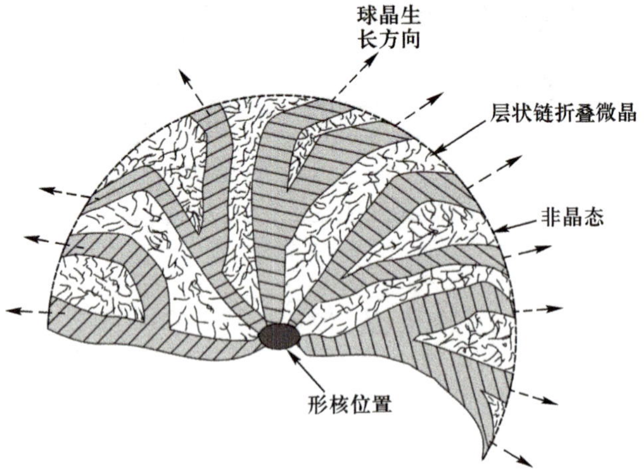

图21-36

2. 不同聚合物的特点

(1) 热塑体(thermoplastic,TP)特点

大多数线型聚合物和一些具有柔性链的支化型聚合物是热塑性的。常见的热塑性聚合物有聚乙烯、聚苯乙烯、聚对苯二甲酸乙二醇酯和聚氯乙烯。

① 热塑性塑料在加热时软化(并最终液化),冷却时硬化,软化和硬化过程是完全可逆且可重复的,所以热塑性材料具有可回收性;

② 随着温度的升高,分子运动加剧,导致次价键合力减小直至消失,因此外力作用下相邻链之间会发生相对运动;

③ 当熔融的热塑性聚合物温度过高时,会导致不可逆的降解;

④ 热塑性塑料相对较软。

(2) 热固体(thermosets,TS)特点

大多数交联和网状型聚合物,像硫化橡胶、环氧树脂、酚醛树脂和一些聚酯树脂都是热固性的。

① 热固体在形成过程中会永久变硬,不可恢复,多数不可回收;

② 网状型聚合物中的相邻分子链通过共价键连接,在热处理过程中,共价键会阻碍高温下链的振动和旋转,因此材料在加热时不会软化;

③ 热固体中通常存在交联,只有加热到超高温度才会导致这些交联键的断裂和聚合物的降解;

④ 热固性聚合物通常比热塑性塑料更硬、更坚固,并且具有更好的尺寸稳定性。

(3) 弹性体(elastomer)特点

绝大多数的聚合物都可以归为塑料,如前所述的热塑体和热固体。弹性体材料中的高分子主链是柔性链,分子间次价键较弱,因此柔软且易卷曲变形。通过引入适度的化学交联或物理交联,可以使分子链的变形恢复如初,所以弹性体可以产生非常大的弹性变形。丁腈橡胶、天然橡胶、丁钠橡胶、氯丁橡胶和硅氧树脂都属于弹性体范畴。

纤维聚合物是一种可以被加工成长度-直径比不低于 100∶1 的长丝状化合物,大多数纤维用于纺织行业,也可用于复合材料行业。纤维具有较高的抗拉强度、弹性模量和抗磨损能力。先进高分子材料在新科技发展中起着重要作用,如具有超高分子量的聚乙烯(ultra-high-molecular-weight polyethylene,UHM-WPE)、液晶聚合物(liquid crystal polymers,LCP)、热塑性弹性体(thermoplastic elastomers,TPE 或 TE)。

(4) 热塑性弹性体特点

热塑性弹性体是一种在常温下为高弹性橡胶,高温下又能塑化成型的高分子材料,它是不需要硫化的橡胶,被认为是橡胶界有史以来最大的革命,被称为第三代橡胶。热塑性弹性体具有以物理“交联”为主的结构特性,这样的“交联”具有可逆性,温度升高时,“交联”消失,冷却到室温时,这些“交联”又都起到类似橡胶“交联”时的作用。

3. 聚合物的性质

(1) 聚合物的熔融和玻璃化转变

1) 熔融(melt)

聚合物晶体的熔化对应于将具有有序排列分子链结构的固体材料转变为结构高度无序的黏性液体的过程,发生熔融时的温度称为熔点 T_m,如图 21-37 所示,此时材料的体积会发生突变。由于聚合物的分子结构和层状结晶形态,使得聚合物的熔化具有和金属、陶瓷不同的几个特征:① 聚合物的熔融发生在一定的温度范围内;② 熔融行为依赖于试样的前期加工过程,尤其是试样的结晶温度——链层的厚度取决于结晶温度，片层越厚，熔融温度越高；③ 聚合物中的杂质和晶体缺陷也会降低熔融温度；④ 聚合物的熔化行为是速率的函数，增加加热速率会提高熔化温度。通过略低于熔化温度的退火可以增加层状厚度并减少聚合物晶体中的空位和其他缺陷，从而提高熔化温度。

2）玻璃化转变（glass transition）

玻璃化转变发生在无定形（或玻璃状）和半结晶聚合物中，是温度降低时分子链的大片段扩散速度降低造成的。随着液体温度的降低，玻璃化转变对应于从液体逐渐转变为橡胶状材料，最后转变为刚性固体的过程。聚合物从橡胶态转变为刚性态的温度称为玻璃化转变温度（T_g）。材料从液态以较大速率冷却时，没有足够的时间形成晶态，使液态过冷到低温而形成非晶玻璃态，该过程中体积-温度曲线发生转折（连续无跳跃），如图 21－37 所示。当温度低于 T_g 的刚性玻璃被加热时，会先变为橡胶态，再变为液态。此外，玻璃化转变过程还伴随着其他物理特性的突然变化：如刚度、热容和热膨胀系数。

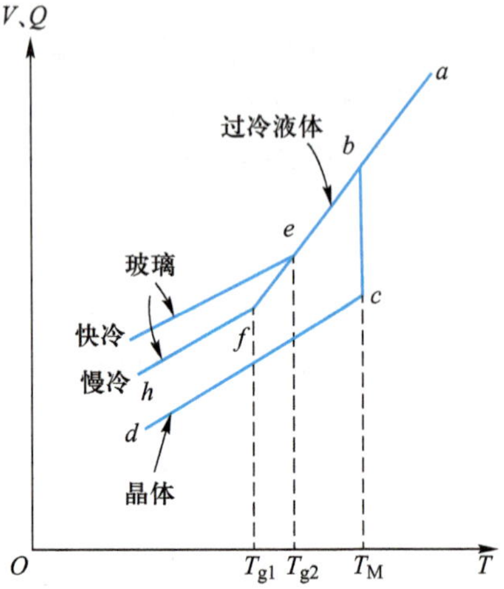

图 21－37

熔融温度和玻璃化转变温度是与聚合物实际应用相关的重要参数。它们分别定义了许多应用的温度上限和下限，尤其是半结晶聚合物。玻璃化转变温度也可以定义玻璃态非晶聚合物的最高使用温度。

（2）聚合物的黏弹性行为

无定形聚合物（非晶聚合物）的力学性能与温度息息相关，在低温时表现为玻璃态，加热到一特定温度[玻璃化温度 T_g：材料从液态以较大速率冷却时，没有足够的时间形成晶态，使液态过冷到低温而形成非晶玻璃态，该过程中体积－温度曲线发生转折（连续无跳跃）处的温度]时，由于分子链产生了流动而变得柔顺，一旦温度高于玻璃化温度，分子开始在链轴上自由转动，会出现体积和密度的突然改变，性能变得富有弹性，表现为橡胶状固体，高温时表现为黏性液体。小变形下，低温时聚合物的力学性能是线弹性的，应力应变满足胡克定律；在高温下，黏性或类流体行为占主导地位；中等温度下，聚合物是一种橡胶状固体，力学性能为两种极端状态下力学性质的组合，称为黏弹性（viscoelasticity）。高聚物的黏弹性是聚合物分子间的内摩擦作用使弹性形变的发展和恢复进程受阻而推迟表现的结果，表现为应力松弛、蠕变和内耗（交变应力下出现的黏弹性现象），此处仅介绍应力松弛和蠕变。

1）应力松弛（stress relaxation）

聚合物材料的黏弹性与时间和温度有关。在温度不变的情况下，聚合物维持某一特定应变 ε_0 所需要的应力 $\sigma(t)$ 与时间有关，将黏弹性聚合物与时间相关的弹性模量——弛豫模量（relaxation modulus）$E_r(t)$ 定义为

$$E_r(t)=\frac{\sigma(t)}{\varepsilon_0} \tag{21-14}$$

用同样的方法测量绘制不同温度下的等温弛豫模量-时间曲线，如图 21－38a 所示：弛豫模量随时间发生指数级衰减；温度越高弛豫模量越低。

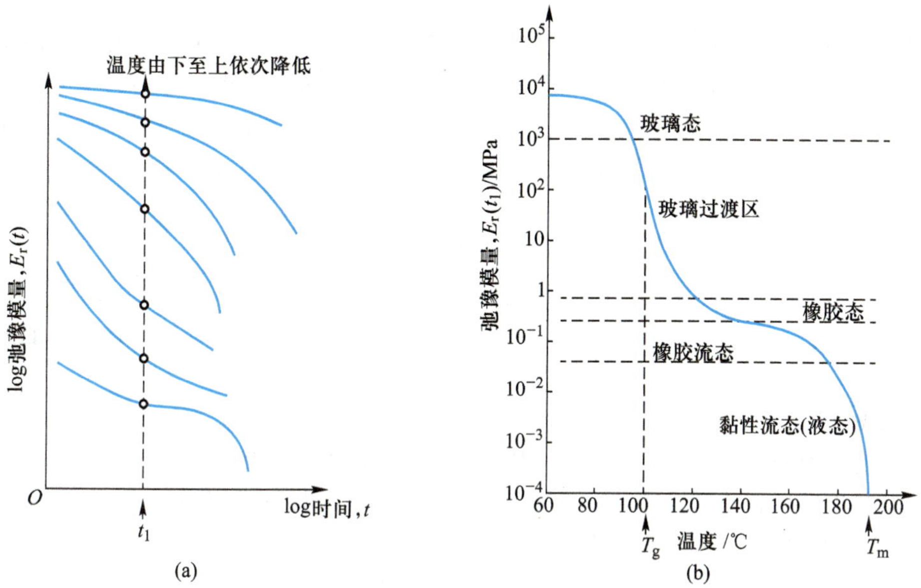

图 21-38

从图 21-38a 中任选一个特定的时间点，即可绘制弛豫模量-温度曲线，如图 21-38b 所示，纵轴为 $E_r(t_1)$。低温区为玻璃态(glassy)区域，聚合物的弹性模量较高，因此表现出硬而脆的力学性质，因为低温时，长分子链基本上被冻结而不易发生变形，具有较高的抵抗变形的能力。随着温度的升高，弛豫模量急剧下降，该区域被称为革质或玻璃过渡区(leathery)，玻璃化转变温度(T_g)位于玻璃态温度上限的附近。随后会出现一个平台状的橡胶态(rubbery)区域，此时聚合物表现为黏弹性。

最后两个高温区域是橡胶流(rubbery flow)和黏性流态(viscous flow/liquid)。随着温度提高，材料会逐渐转变为柔软的橡胶状，最后转变为黏性液体。在橡胶流区域，聚合物是一种非常黏稠的液体，同时具有弹性和黏性流动成分。在黏性流区域内，链运动的强度很大，链段在很大程度上可以相互独立地振动和旋转，因此表现为完全黏性的力学行为，基本上不会发生弹性行为。

2) 蠕变(creep)

应力水平保持恒定时，许多聚合物的变形会随时间发生变化，这种变形称为黏弹性蠕变。即使在室温和低于材料屈服强度的应力作用下，蠕变也会很明显。聚合物的蠕变试验与金属相同，在温度不变的情况下，保持某个恒定的应力水平 σ_0，测量应变随时间变化的规律，用蠕变模量 $E_C(t)=\dfrac{\sigma_0}{\varepsilon(t)}$来表示。通常材料的结晶度越高，抵抗蠕变的能力越强，即 $E_C(t)$越大。

(3) 聚合物的应力-应变行为

聚合物的力学性质也可以通过简单的应力-应变实验测量的弹性模量、屈服强度和抗拉强度等参数表示。但是，聚合物的力学性质很大程度上依赖于变形率(应变率)、温度以及环境的化学性质(水、氧气、有机溶剂等的存在)。因此，需要对用于金属的测试技术和试样配置进行适当修改。

聚合物材料具有三种典型的应力-应变行为，如图21－39所示。曲线Ⅰ表示脆性聚合物的应力-应变特性，该聚合物在弹性变形阶段发生断裂。曲线Ⅱ表示塑料聚合物的应力-应变特性，该曲线与许多金属材料的应力-应变曲线相似：先是弹性阶段，产生弹性变形，然后进入屈服阶段，产生塑性变形，最后断裂。曲线Ⅲ表示的是弹性体聚合物的应力-应变特性，整个变形都是完全弹性的。

用与金属相同的方法即可测定聚合物的弹性模量（称为抗拉模量或聚合物模量）和延展性（延伸率）。材料的屈服强度（σ_s）对应于线弹性区域附近的最高点，抗拉强度（tensile strength）对应于发生断裂处的应力，抗拉强度与屈服强度相比，可大可小。塑性聚合物的强度性能通常指抗拉强度。

聚合物的力学性能与金属材料大相径庭，其弹性模量可以低至7 MPa，也可高达4 GPa；而金属的弹性模量要大得多，范围在48 GPa～410 GPa之间。聚合物的最大拉伸强度约为100 MPa，而某些金属合金的最大拉伸强度为4.1 GPa。金属的塑性伸长率很少超过100%，但一些高弹性聚合物的伸长率可以达到1 000%以上。

此外，聚合物的力学性质对温度变化异常敏感，如图21－40所示。**随着温度的升高：弹性模量降低；抗拉强度降低；延展性增强。**应变率对力学性能的影响也非常重要。一般来说，减小变形率与提高温度对应力-应变特性的影响相同。也就是说，材料变得更柔软，更具延展性。

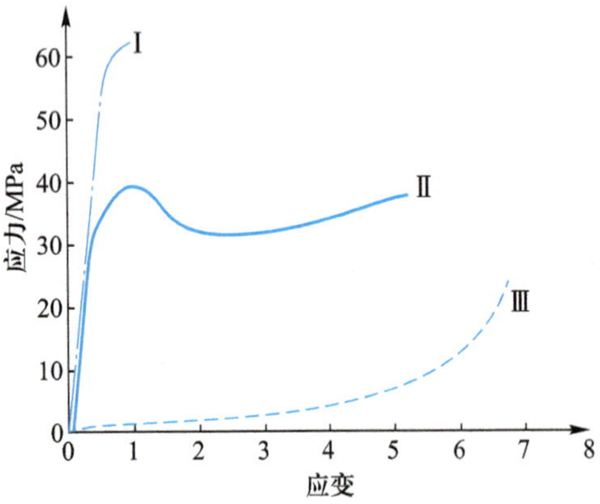

图21－39

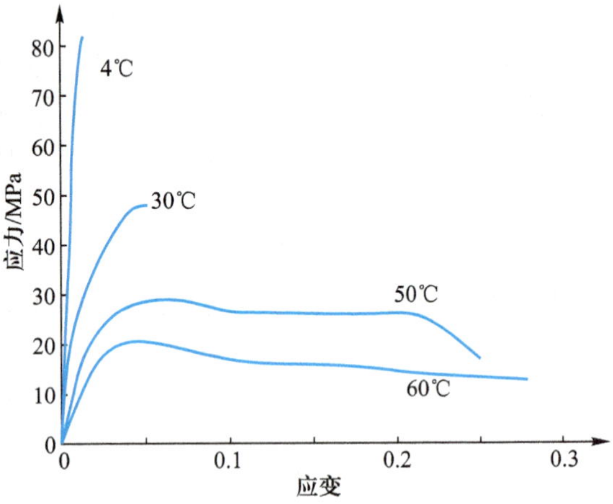

图21－40

图21－41给出了半结晶聚合物的拉伸应力-应变曲线，以及试样在不同变形阶段的轮廓示意图。图中表明，应力达到屈服点时，试样会出现明显的颈缩变形，越过屈服点之后会出现一个接近水平的区域。在颈缩区域内，链的取向趋于一致（即所有链轴均变得与伸长方向平行）——链条定向现象，导致局部强化，使得继续变形受阻，试样将会在该颈缩区域内沿拉伸方向继续伸长，且后续变形都局限在该颈缩区域。这种拉伸变形现象与韧性金属的拉伸变形现象形成鲜明对比，**一旦颈缩形成，所有后续变形都被限制在颈缩区域内**。

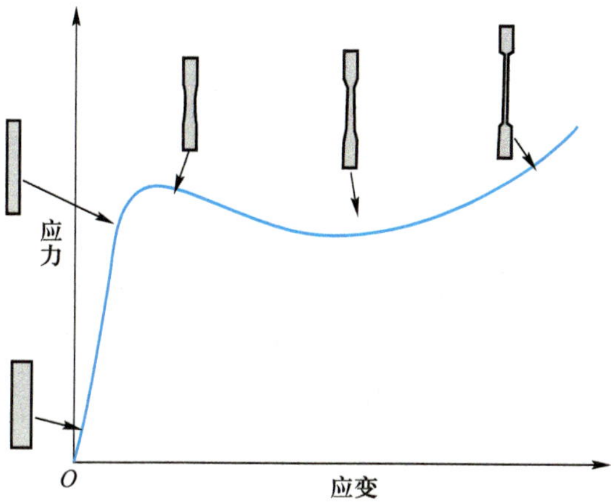

图 21-41

21.8 复合材料

1. 复合材料的概念及分类

复合材料(composites)作为一种独特的材料分类，最早出现于 20 世纪中叶，当时生产出了许多用于满足生产需求的多相复合材料，例如玻璃纤维增强型聚合物。尽管多相材料，如木材、由稻草增强黏土制成的砖块、贝壳，甚至钢等合金已为人所知，但将各种不尽相同的材料组合成为一种新的复合材料，却可以设计实现传统单一材料(金属合金、陶瓷和聚合物)所不具备的性能。

随着科技的不断发展，许多领域，如航空航天、海洋、生物工程和运输行业，都对材料提出了轻质、高强度、高刚度、耐磨、耐腐蚀、抗冲击等高性能的要求。传统单一材料基本不可能同时具备以上全部或部分性能，因为传统意义上，强度高的材料，密度往往也高，而提升材料的强度往往意味着降低材料的韧性。

因此，科学家把研究目标转向了人造复合材料，甚至是人造结构化材料。复合材料是一种人工合成的多相材料，而非偶然发生或自然形成的，并且构成相必须具有界面清晰的不同的化学性质。大多数复合材料是两相的，一种被称为基体相(matrix)，另一种被称为弥散相(dispersed phase，或增强相)。复合材料的宏观性质和组成相本身的物理性质、基体相的体积分数和弥散相的几何特征有关。常见的复合材料有颗粒增强型、纤维增强型、结构型和纳米型。

颗粒增强复合材料又分为大颗粒复合材料和弥散强化复合材料。“大”表示颗粒与基体的相互作用不能在原子或分子水平上分析，而要使用连续介质力学进行分析。大多数大颗粒型的复合材料中的颗粒相比基体更加坚硬和难以移动，这些增强粒子将抑制其邻近基体相的运动。复合材料宏观力学性能的提高程度取决于基体-颗粒之间的相互作用和联结程度。一些高分子材料的填充剂、混凝土、金属陶瓷、炭黑强化型橡胶等都属于这一类。

根据混合率法则，可以近似给出大颗粒增强复合材料宏观有效弹性模量的上下限：

$$E_c^u = E_m V_m + E_p V_p \tag{21-15}$$

$$E_c^l = \frac{E_m E_p}{E_m V_p + E_p V_m} \tag{21-16}$$

其中，E 和 V 分别表示弹性模量和体积分数，下标 c、m、p 分别表示复合材料、基体相和颗粒相，u 和 l 分别表示上限和下限。

弥散强化复合材料的颗粒要小得多，直径在 0.01 μm 和 0.1 μm（10 nm 和 100 nm）之间。引起强化作用的颗粒-基体的相互作用，多发生在原子或分子水平。强化机制类似于第 21.4 节中讨论的沉淀强化机制。虽然基体承受了大部分的施加载荷，但分散的小颗粒阻碍或抑制位错的运动。因此，塑性变形受到限制，从而提高了屈服强度和抗拉强度以及硬度。

2. 纤维增强复合材料

目前最重要的复合材料便是纤维增强复合材料，也就是增强相是纤维的复合材料。纤维增强复合材料往往可以获得高比强度（specific strength）和高比刚度（specific modulus），分别对应于拉伸强度与密度的比值和弹性模量与密度的比值。根据增强纤维长度的不同，可以将纤维增强复合材料细分为短纤维和连续纤维增强复合材料。由于短纤维复合材料的纤维太短，无法显著提高强度，所以本节着重介绍连续纤维增强复合材料。

(1) 纤维相

纤维可以分为：晶须状纤维（whiskers）、纤维状纤维和丝状纤维。晶须状纤维如石墨、碳化硅、氧化硅、氧化铝，具有极薄的单晶结构和极大的长径比，强度高，但是因为价格昂贵而未被广泛应用。

纤维材料可分为多晶或者非晶，且直径较小，通常是高分子或陶瓷材料，如芳纶聚合物、玻璃、碳纤维、硼材料、氧化铝以及碳化硅等。

细丝状纤维的直径相对较大，典型的材料包括钢、钼和钨。

(2) 基体相

纤维增强复合材料的基体相可以是聚合物、金属和陶瓷。一般来说，金属和聚合物因具有较好的延展性而常用作基体材料，而陶瓷基复合材料在提高基体的断裂韧性时选用。

聚合物基复合材料（polymer-matrix composites，PMC）或树脂基复合材料采用环氧树脂或聚酯等树脂作为基体，纤维作为增强相，如玻璃纤维增强树脂复合材料、碳纤维增强树脂复合材料、芳纶纤维增强树脂复合材料等。该类复合材料加工容易，成本低廉，在多个领域得到了广泛应用，但是其在海洋环境下的耐受性（水密性、老化性等）仍然是一个亟待解决的问题。

金属基复合材料（metal-matrix composites，MMC）的基体是可延展的金属，与 PMC 相比，这种材料的优点是耐高温、不可燃、抗降解，但是却比 PMC 昂贵许多，因此应用相对受限。通常以镁、铝、钛和铜合金为基体材料。

(3) 有效刚度

根据等应变和等应力模型，可以分别给出连续纤维增强复合材料在纵向（longitudinal）和横向（transversal）的有效刚度：

$$E_c^l = E_m V_m + E_f V_f \tag{21-17}$$

$$E_c^t=\frac{E_m E_f}{E_m V_f+E_f V_m} \tag{21-18}$$

E 和 V 分别表示弹性模量和体积分数，下标 c、m、f 分别表示复合材料、基体相和纤维相，l、t 分别表示纵向和横向。

3. 结构复合材料

结构复合材料(structural composites)通常是一种多层且低密度的复合材料，用于需要结构完整性、高拉伸、压缩和扭转强度以及高刚度的环境中。这类复合材料的性能不仅取决于组成材料的性能，还取决于结构单元的几何设计。**层合板**(laminar composites)和**夹芯板**(sandwich panels)**是两种最常见的结构复合材料**。

(1) 层合板

由相互黏合的二维片材或面板(层片或薄片)组成。每层都有一个相应的高强度方向，如同连续纤维增强树脂基复合材料一样，这样形成的多层结构称为层合板。层合板的宏观力学性能取决于其铺层角度和铺层顺序等。

(2) 夹芯板

主要用于具有较高强度和刚度的轻质横梁或面板材料。夹芯板由上下面板和芯子组成。面板通常采用强度和刚度较高的材料，如铝合金、钢材、纤维增强塑料等，主要承受弯曲载荷。芯子则采用轻质且低模量的材料，通常有：硬质聚合物泡沫、木材和蜂窝状物质：

① 热塑性和热固性聚合物都可用作硬质泡沫材料。按价格从低到高排列有：聚苯乙烯、苯酚甲醛(酚醛)、聚氨酯、聚氯乙烯、聚丙烯、聚醚酰亚胺和聚甲基丙烯酰亚胺；

② 轻木由于密度低、便宜、具有较高的抗压和抗剪强度，也常用作芯材；

③ “蜂窝”结构的力学性能是各向异性的，拉伸和压缩强度在平行于孔轴的方向上最大；剪切强度在面板平面内最高。蜂窝结构的强度和刚度取决于孔的大小、孔壁的厚度和材料的性能。由于每个单元内的空气体积分数很高，蜂窝结构还具有出色的隔声和振动阻尼特性。蜂窝结构通常由金属合金(铝、钛、镍基和不锈钢)、聚合物(聚丙烯、聚氨酯、牛皮纸)和芳纶纤维制作而成。

夹芯板用于各种飞机、建筑、汽车和船舶领域，包括飞机前缘和后缘、天线罩、整流罩、机舱(涡轮发动机周围的整流罩和风扇管道部分)、襟翼、方向舵、直升机的稳定器和旋翼桨叶；建筑——建筑物的建筑覆层、装饰外墙和内表面、隔热屋顶和墙壁系统、洁净室面板和嵌入式橱柜；汽车——顶篷、行李箱地板、备胎罩和客舱地板；船舶——家具、墙壁、天花板和隔板。

习题

21-1 试证明 BCC 晶胞中的晶胞长度与原子半径之间满足关系 $a=4R/\sqrt{3}$。

21-2 试证明 BCC 晶胞的致密度 K_{APF} 为 0.68。

21-3 试给出 BCC 晶胞中各原子的球心坐标。

21-4 给出图中所示 A、B、C、D 四个方向的晶向指数。

21-5 给出图中所示两个晶面的晶面指数。

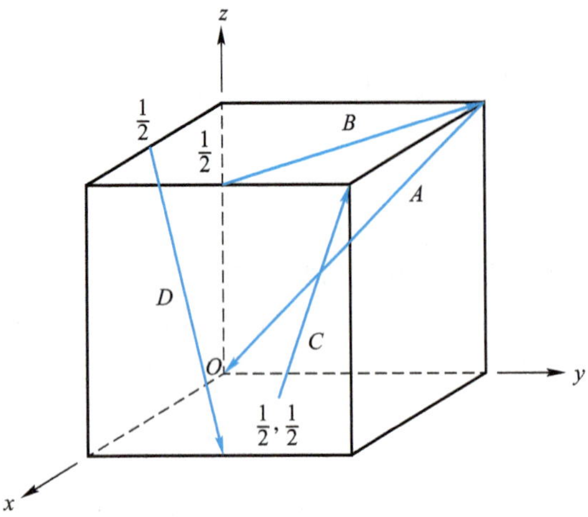

题 21－4 图

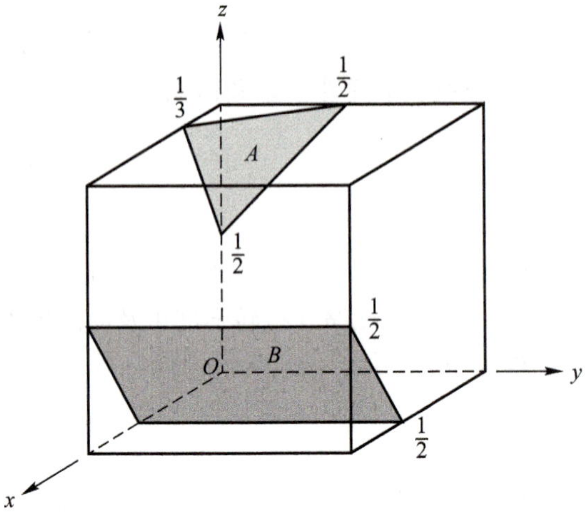

题 21－5 图

21－6 图中所示晶向，哪个的晶向指数为[121]？

21－7 图中所示晶面的晶面指数为（　　）

A. (201)；　　B. $\left(1\infty\frac{1}{2}\right)$；　　C. $\left(10\ \frac{1}{2}\right)$；　　D. (102)

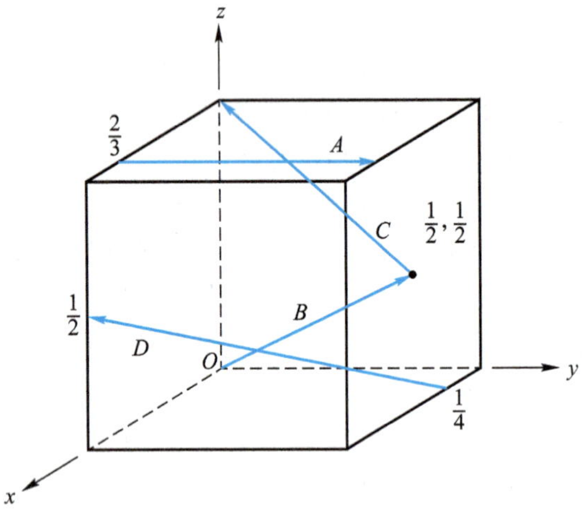

题 21－6 图

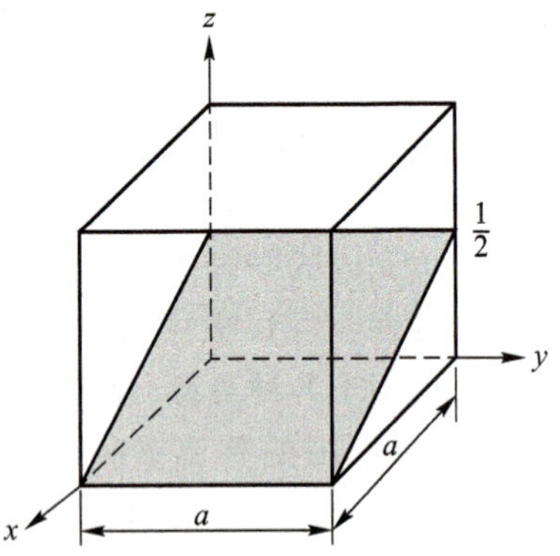

题 21－7 图

21－8 为什么只有置换固溶体的两个组元之间才能无限互溶，而间隙固溶体则不能？

21－9 请阐述刃型位错和螺型位错中伯格斯矢量与位错线方向的关系。

21－10 试比较形变孪生与退火孪生的区别。

21－11 孪生与滑移主要异同点是什么？为什么在一般条件下发生塑性变形时锌中容易出现孪晶，而纯铁中容易出现滑移带？

21－12 试简述自扩散与互扩散的区别，并比较间隙和空位两种扩散机制。

21－13 室温下对金属试样进行塑性加工，然后卸载，一般会影响材料的（　　）

A. 提高材料的强度并降低其韧性；　　B. 降低材料的强度并提高其韧性；

C. 提高材料的强度和韧性；　　D. 降低材料的强度和韧性

21－14 试简述冷作硬化、细晶强化、固溶强化和沉淀强化的强化机制。

21－15 说明金属在冷作硬化、回复、再结晶及晶粒生长各阶段的显微组织、机械性能特点与主要区别。

21－16 相图中，成分区间Ⅱ冷却凝固后形成的合金显微组织是（　　）

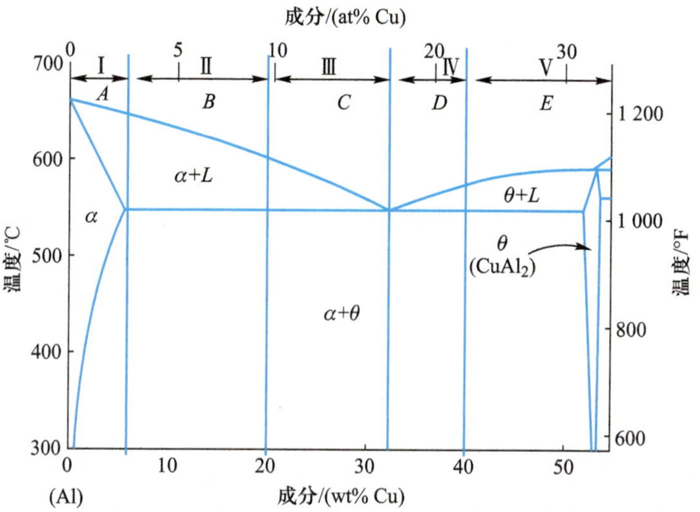

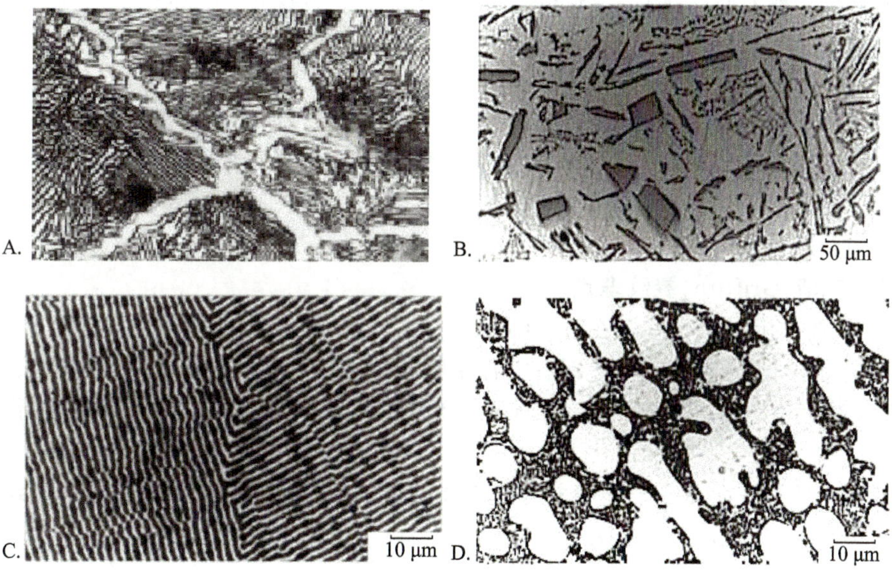

题 21－16 图

21－17 试计算图 21－25 所示相图中，温度 T_E 处，成分为 40wt% Sn 的合金中 α 和 β 两相各自的成分和相对量。

21－18 与金属相比，陶瓷材料的变形有何特点？为什么？

21－19 试比较热固体和热塑体的宏观性质与微观结构之间的关系。

21－20 试阐述基体相、增强相和界面在复合材料中起的作用。

第22章 工程材料的失效

构件或结构的设计要同时满足经济和安全需求，需要工程师将发生故障的可能性降至最低。因此，了解各种失效(failure)模式(断裂 fracture、疲劳 fatigue、蠕变 creep 和腐蚀 corrosion)的内在机制非常重要。

22.1 材料的静力学失效

按本书变形体静力学内容，材料在达到许用应力时静力失效，但实际工程中，应力远小于许用应力时会发生低应力脆断现象。这是由材料内部不可避免的缺陷所致。

1. 断裂力学初步

材料内部的缺陷和裂纹会使其测量强度远低于基于原子键能得出的理论计算强度。因为施加的应力会在缺陷处被放大，放大程度取决于裂纹的方向和几何形状，这就是应力集中(stress concentration)现象。研究表明，材料内部的应力会随着到裂纹尖端距离的增大而减小，且在足够远处趋于施加载荷下的名义应力σ_0。

(1) 格里菲斯(Griffith)裂纹理论

Griffith 认为实际材料中总存在许多细小的裂纹或缺陷，在外力作用下，这些裂纹和缺陷附近就会产生应力集中现象，当应力达到一定程度时，裂纹开始扩展并最终导致断裂，这就是著名的 Griffith 裂纹理论。根据该理论可知，断裂并不是两部分晶体同时沿整个界面拉断，而是裂纹扩展的结果。

假设裂纹为长轴方向垂直于外载方向的椭圆形开口，根据断裂力学理论可知，裂纹处的最大应力出现在裂纹尖端处，且可近似为

$$\sigma_m = 2\sigma_0 \left(\frac{a}{\rho_t}\right)^{\frac{1}{2}} \tag{22-1}$$

ρ_t为裂纹的曲率半径，a 为表面裂纹的长度，或内部裂纹长度的一半。

将σ_m / σ_0 定义为应力集中因数(stress concentration factor)：

$$K_t = 2\left(\frac{a}{\rho_t}\right)^{\frac{1}{2}} \tag{22-2}$$

应力集中不仅局限于微观缺陷处，在宏观几何尺寸突变处，如空隙、夹杂物、尖角、划痕和缺口等处也会出现。此外，应力集中在脆性材料中的影响比在韧性材料中更明显。因为韧性金属在最大应力超过屈服强度时会发生塑性变形，从而使应力集中附近的应力分布趋于均匀化，降低

应力集中因数。

Griffith 从能量观点，给出脆性材料中裂纹扩展所需的临界应力 σ_c 为

$$\sigma_c = \left(\frac{2E\gamma_s}{\pi a}\right)^{\frac{1}{2}} \tag{22-3}$$

其中，E 是弹性模量，γ_s 是表面能密度。值得说明的是，该公式只适用于脆性固体。

(2) 断裂韧性(fracture toughness)

断裂力学理论还给出了裂纹扩展所需的临界应力与裂纹长度之间的关系

$$K_c = Y\sigma_c\sqrt{\pi a} \tag{22-4}$$

其中，Y 是和裂纹及试样的尺寸、几何形状以及加载方式有关的量纲为一的参数。K_c 为断裂韧性，表示材料抵抗脆性断裂的能力。

根据式(22－4)可知，给定断裂韧性和裂纹长度，就可以得到临界应力

$$\sigma_c = \frac{K_c}{Y\sqrt{\pi a}} \tag{22-5}$$

同理，如果已知应力 σ 和断裂韧性，就可以求得所允许的最大裂纹尺寸

$$a_c = \frac{1}{\pi}\left(\frac{K_c}{\sigma Y}\right)^2 \tag{22-6}$$

2. 脆性(brittle)断裂和韧性(ductile)断裂

低温(相对于材料的熔化温度)、静载(恒定或随时间缓慢变化)下材料的力学失效形式多表现为分成两块或多块的简单断裂。疲劳(交变应力作用下)和蠕变(高温下，应力恒定，随时间变化的变形)引起的断裂，将在本章第 2、3 节进行介绍。

尽管外加载荷形式多样，但本章主要讨论由轴向拉伸引起的断裂。韧性断裂在断裂前会产生明显的塑性变形并吸收大量的能量。而脆性断裂在断裂前往往没有或产生很小的塑性变形，且能量吸收低。这两种断裂的拉伸应力-应变曲线如图 22－1 所示。

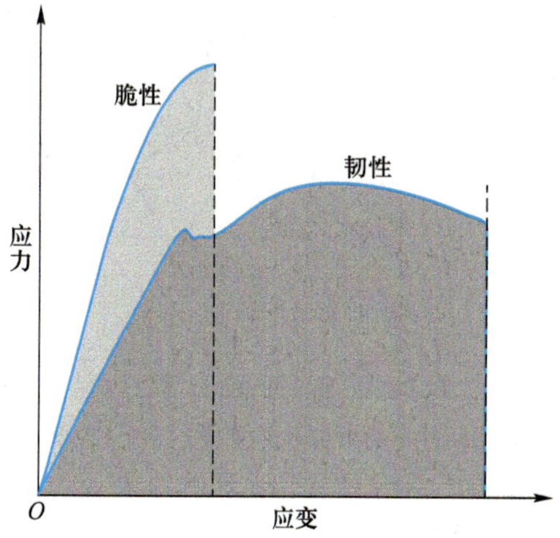

图 22－1

韧性和脆性是相对的概念：判断一种断裂是韧性断裂还是脆性断裂需要视情况而定。韧性可以通过延伸率和截面收缩率进行量化(见 § 4.4)。此外，韧性还是材料温度、应变率和应力状态的函数。**韧性材料也可能发生脆性断裂。**

外力作用下的任何断裂过程都涉及两个步骤——裂纹生长和扩展。断裂模式高度依赖于裂纹扩展机制。韧性断裂的特点是扩展中的裂纹附近会产生大量的塑性变形。随着裂纹长度增加，裂纹扩展过程会相对缓慢地进行。这种裂纹通常被认为是稳定的，除非施加的应力增加，否则裂纹不会自行扩展。然而，脆性断裂的裂纹会迅

速扩展，伴随有很少的塑性变形。这种裂纹是不稳定的，裂纹扩展一旦开始，就会在不需要增加应力的情况下，自发进行。

一般来说，韧性断裂比脆性断裂安全。首先，快速自发扩展的裂纹会导致脆性断裂毫无预兆地突然发生；而韧性断裂中塑性变形的产生可以起到预警作用，以便采取预防措施。其次，韧性材料通常具有较高的韧性(toughness)，比较高的应变能才能使其发生断裂。在拉力作用下，许多金属合金具有良好的韧性，而陶瓷通常很脆，聚合物则可能表现出各种性能。

(1) 脆性断裂

脆性断裂发生时没有明显的塑性变形特征，而是裂纹快速扩展，宏观上形成近似为平面的断口。常能在断口上看见两个明显的特征：一为小刻面(facets)，一为人字纹(V-shaped chevron)或山形纹(radial fan-shaped ridges)，人字纹尖端指向和山形纹汇集方向即为裂纹源。通常，人字纹和山形纹足够粗糙，肉眼可见。强度很高的细晶金属没有明显的断裂图案，非晶态材料如陶瓷玻璃的脆性断裂，则会产生相对平滑和有光泽的断面。

脆性断裂断口的微观样貌：

对于大多数脆性晶体材料来说，裂纹扩展伴随着原子键沿特定晶面发生的连续重复的断裂，该过程称为解理(cleavage)，这种断裂称为穿晶断裂(transgranular fracture)，如图 22 - 2a 所示。宏观上，当对光转动刚裂开的断口时，断口上有闪闪发光的小平面，称为断口小刻面。

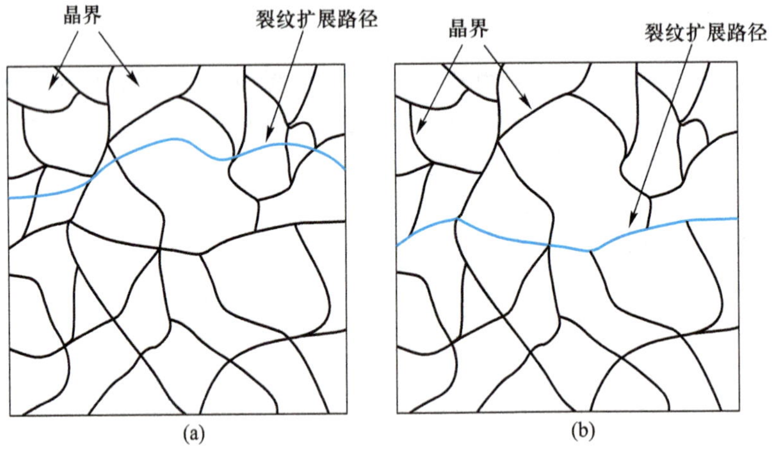

图 22 - 2

对于某些合金，断裂过程中裂纹沿着晶界发生扩展，称为沿晶断裂，或晶间断裂(intergranular fracture)，如图 22 - 2b 所示。这种断裂形式主要是由于在晶界处出现了使其弱化或脆化的夹杂物或其他环境因素。

(2) 韧性断裂

韧性断裂断口在宏观和微观层面上都具有鲜明的特征。常见的韧性断裂断面表现出较为明显的颈缩(necking)现象(图 22 - 3)。首先，出现颈缩现象后，材料横截面内部会形成小的空腔或微孔；然后，随着变形的增大，这些微孔会增大并逐渐聚集在一起，形成一个椭圆形的裂纹，裂纹的长轴方向垂直于加载方向；最后，由于与拉伸轴成大约 45°的方向上的切应力，使得裂纹在颈缩附近快速扩展，并最终导致断裂。这种断口样貌称为杯锥状(cup-cone)断口。图 22 - 4a 所示为塑性材料的杯锥状断口样貌，图 22－4b 为脆性材料的断口样貌。

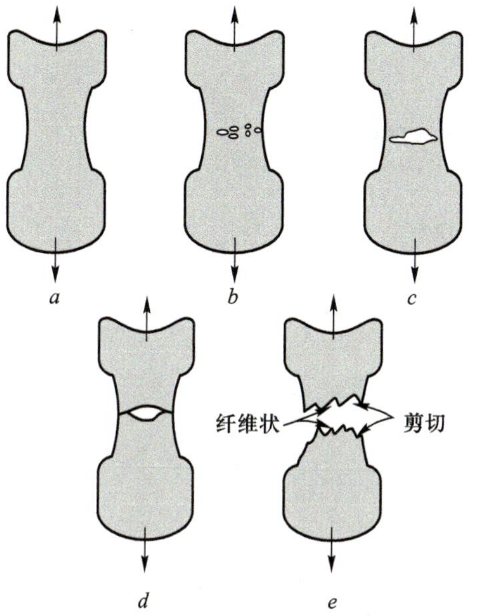

图 22－3

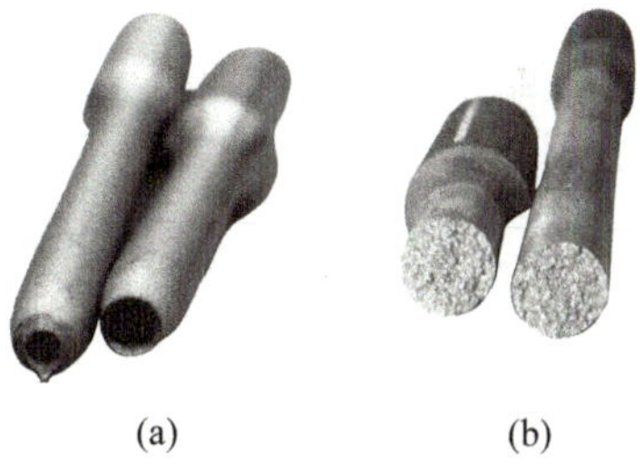

图 22－4

扫描电镜可以观测微观的断口样貌，更利于分析断裂机制，韧性断裂的微观断口常见韧窝(dimples)样貌。用电子显微镜观察杯锥状断面可以发现，单轴拉伸导致的破坏断面上有许多球形“凹坑”，称为等轴韧窝(equiaxed dimples)，如图 22－4a 所示；剪切导致的破坏断面上出现被拉长的抛物线形凹坑(parabolic-shaped dimples)，称为撕裂韧窝，如图 22－4b 所示。微观断口信息可以用来分析断裂模式、应力状态和裂纹产生的位置等。通常韧窝越大越深，材料的塑性越好。

3. 材料的韧-脆性转变

某些材料在温度降低时会出现韧-脆性转变(ductile-brittle transition)，这种转变与其吸收冲击能的能力随温度变化有关。具有这种韧-脆性转变行为的合金构成的结构，应该在高于转变温度的环境下使用，以避免灾难性事故的发生。在第二次世界大战期间，许多未参与战争的合金钢运输船突然断成两半，就是由于原本在室温下具有良好韧性的合金钢，在大约 4 ℃的低温环境下发生了韧-脆性转变，从而引起突然的脆性断裂。

图 22－5 表明，随着温度的降低，低强度 FCC 金属(一些铝和铜合金)和一些 HCP 金属不会发生韧-脆性转变，而是保持较高的冲击能吸收能力(即韧性)。高强度材料(如高强度钢和钛合金)对冲击能的吸收能力对温度也不太敏感，但是由于材料很脆，所以吸能能力较差。对于某些低强度钢，如 BCC 钢，则表现出了韧-脆性转变行为，因为在低温下 BCC 晶体结构不太容易发生塑性变形。大多数陶瓷和聚合物也会经历韧性到脆性的转变。对于陶瓷材料，转变通常只发生在超过 1 000 ℃的高温情况下。

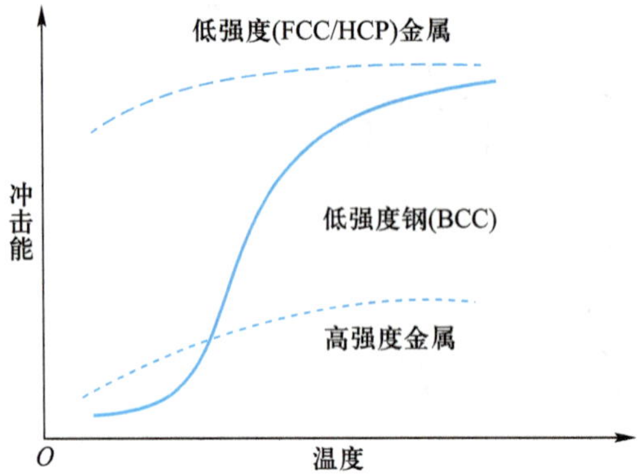

图 22-5

22.2 材料的疲劳失效

1. 疲劳的基本概念

构件在工程应用中除了承受前面所讲的静载荷之外，还会承受外力随时间变化的动载荷作用。**交变应力**(cyclic stresses)就是其中一种，如图 22-6 所示，它是指随时间做周期性变化的应力。承受交变应力的构件会发生疲劳失效，也就是构件会在远低于静载强度的应力作用下发生突然断裂。疲劳破坏是金属失效的主要原因之一，约占所有金属失效的 90%，聚合物和陶瓷(玻璃除外)也容易发生此类失效，且常突然发生，破坏性较大，因此需要学习疲劳破坏的相关知识。

因为构件发生疲劳破坏时的塑性变形很小甚至没有，所以即使是韧性金属的疲劳破坏本质上也是脆性的，对应于材料内部的裂纹萌生和扩展过程。

材料的疲劳破坏受多种因素的共同影响，所受承受的交变应力便是其中之一。

每个交变应力随时间的变化曲线都有一个应力的最大值σ_{max}和最小值σ_{min}，描述交变应力特征的参数为循环特性 r、应力幅σ_a和平均应力σ_m，分别定义为

$$r=\frac{\sigma_{min}}{\sigma_{max}} \tag{22-7}$$

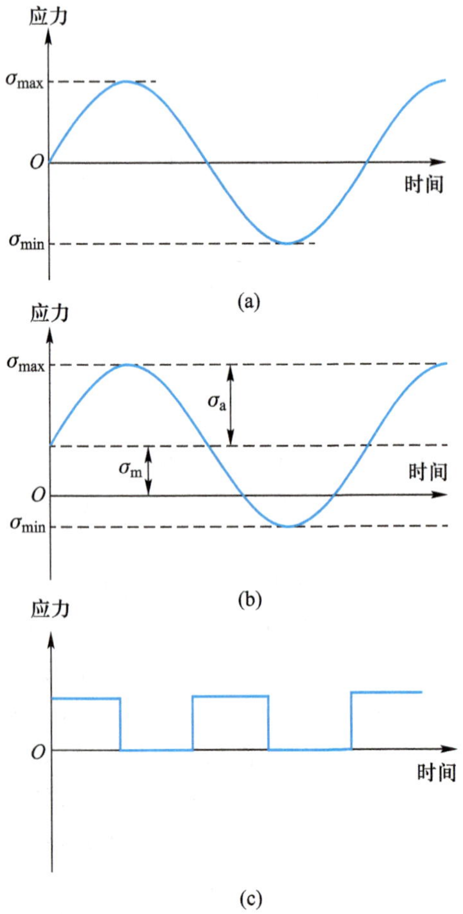

图 22-6

$$\sigma_a=\frac{\sigma_{max}-\sigma_{min}}{2} \tag{22-8}$$

$$\sigma_m=\frac{\sigma_{max}+\sigma_{min}}{2} \tag{22-9}$$

$r=-1$ 表示对称循环(symmetrical reversed cycle),$r=0$ 表示脉动循环(fluctuating cycle),$r=1$ 表示静载荷(static load)。

由应力幅和平均应力的定义式可知

$$\sigma_{max}=\sigma_m+\sigma_a \tag{22-10}$$

$$\sigma_{min}=\sigma_m-\sigma_a \tag{22-11}$$

可见,平均应力σ_m相当于静载荷引起的静应力,应力幅σ_a则是交变应力中的动应力部分。

注意:式(22-8)~(22-11)中最大与最小应力是指代数值,拉应力为正,压应力为负。而式(22-7)中的最大与最小应力是指绝对值,且规定:若某个应力循环,应力只有大小的改变,而无方向的改变,则 r 为正值;若应力既有大小的改变又有方向的改变,则 r 为负值。因此,对一切交变应力,循环特性 r 的数值只在-1与$+1$之间变化。

下面介绍交变应力的几种情况。

(a) 对称循环,如图 22-6a 所示。应力循环中最大应力与最小应力大小相等而方向相反,即 $\sigma_{max}=-\sigma_{min}$,称为对称(应力)循环。对称循环下

$$r=-1,\quad \sigma_a=\sigma_{max},\quad \sigma_m=0$$

(b) 非对称循环,如图 22-6b、c 所示。除对称循环外其他的应力循环统称为非对称循环。非对称循环的平均应力 $\sigma_m\neq0$。由式(22-10)和式(22-11)可知,任一非对称循环都可以看成是静应力 σ_m 和应力幅为 σ_a 的对称循环叠加的结果。在非对称循环中常遇到脉动循环,脉动循环是指应力方向不变,大小自零增至最大之后又递减至零的应力循环,即 $\sigma_{min}=0$。在脉动循环中,

$$r=0,\quad \sigma_a=\sigma_m=\frac{1}{2}\sigma_{max}$$

(c) 静应力也可以看成是交变应力的一种特例。此时,

$$r=1,\quad \sigma_a=0,\quad \sigma_m=\sigma_{max}=\sigma_{min}$$

静应力的 $\sigma-t$ 曲线是一条平行于横轴的直线。

这里还要注意,上面所指的最大应力、最小应力都是对一点应力随时间变化过程中的数值而言的。既不是指横截面上应力分布不均匀性所引起的最大应力与最小应力,也不是指一点应力状态中的最大与最小应力。另外,上面概念的说明中应力都用 σ 表示,当构件处在交变切应力下,上述概念也全部适用,只需将 σ 换成 τ 即可。(以下相同)

2. 对称循环下材料持久极限的测定

(1) 疲劳试验

实验表明，材料抵抗对称循环交变应力的能力最差，故材料在对称循环下的极限应力是表示材料疲劳强度的一个基本参数。与其他力学性能一样，材料的疲劳性能也可通过试验测量确定。

测定材料在弯曲交变应力下的疲劳极限应力的试验，一般在疲劳试验机(图 22－7)上进行。试件做成直径为 7～10 mm、表面磨光的光滑小试样。每组试验需用试样 6～10 根。将试样装夹在试验机上，载荷作用下试样中间部分发生纯弯曲，弯矩 $M=Fa$。试样横截面上的最大弯曲应力 $\sigma_{max}=\frac{M}{W}=\frac{Fa}{W}$($W$ 为试样的弯曲截面系数)，当试验机开动时试样随之转动，由图 22－7 可知，在旋转过程中试样的下表面受到拉伸(即正)应力的作用，而上表面则受到压缩(即负)应力的作用，并且二者大小相等。每转一周，横截面上的点便受一次对称应力循环。循环次数通过计数器读出。试样断裂时试验机自动停机。

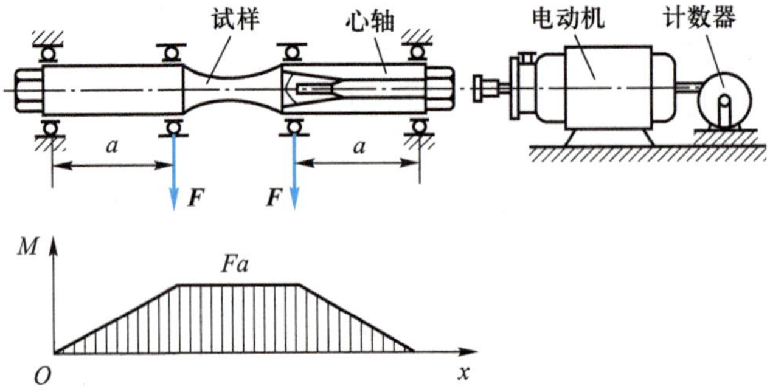

图 22－7

试验时，根据上式选择适当载荷，使第一根试样的最大应力 σ_{max1} 约等于材料强度极限的 60%左右。经过N_1次循环后，试样断裂，称为试样的疲劳寿命。然后卸去部分载荷，使第二根试样的最大应力 σ_{max2} 略低于第一根试样的最大应力 σ_{max1}，测出第二根试样的疲劳寿命N_2……。这样逐步降低最大应力的数值，得出对应于每一个最大应力 σ_{max} 的试样的疲劳寿命 N。以最大应力 σ_{max} 为纵坐标，疲劳寿命 N 为横坐标，将试验结果描成一曲线，称为疲劳寿命曲线或 $S-N$ 曲线(图 22－8)。S 参数通常取最大应力 σ_{max}(或应力幅值 σ_a)。

(2) 材料的持久极限(fatigue limit，疲劳极限)

图 22－8 给出了两种不同类型的 $S-N$ 曲线，如图所示，应力越大，寿命越短。对于某些铁(铁基)和钛合金，$S-N$ 曲线(图 22－8a)存在一个极限应力(应力最大值 σ_{max} 的极限值)，称为持久极限，当材料所受交变应力的最大值低于该极限时，可以承受无限次应力循环而不发生疲劳失效。

大多数有色金属合金(例如铝、铜)没有持久极限，因为 $S-N$ 曲线在 N 值越来越大时呈下降趋势(图 22－8b)。因此，无论应力大小如何，最终都会发生疲劳破坏。对于这些材料，将某个特定的循环次数 N(如 10^7)所对应的应力最大值定义为材料的疲劳强度(fatigue strength)，用来反映材料抵抗疲劳破坏的能力，近似为材料的持久极限。

实验表明，材料的持久极限还与应力变化规律(循环特性)以及变形形式有关。材料的持久极限用符号 σ_r 表示(剪切持久极限用 τ_r 表示)，下标 r 为循环特性。例如对于对称循环，$r=-1$，σ_{-1} 表示对称循环下的持久极限。非对称循坏下材料的持久极限也可以用相应的试验测定。各种材料的持久极限可通过查阅相关资料获得。

不同变形形式下，同一循环特性 r 的持久极限也有差别。实验表明，钢材在弯曲、扭转和拉压对称循环下的持久极限与其静载强度极限 σ_b 存在以下近似关系：

$$\sigma_{-1}^{弯}\approx 0.4\sigma_b,\quad \sigma_{-1}^{拉压}\approx 0.28\sigma_b,\quad \tau_{-1}^{扭}\approx 0.22\sigma_b$$

表征材料疲劳特性的另一个重要参数是疲劳寿命(fatigue life) N_f，也就是在指定应力水平下导致失效的循环数，如图 22 - 8b 所示。

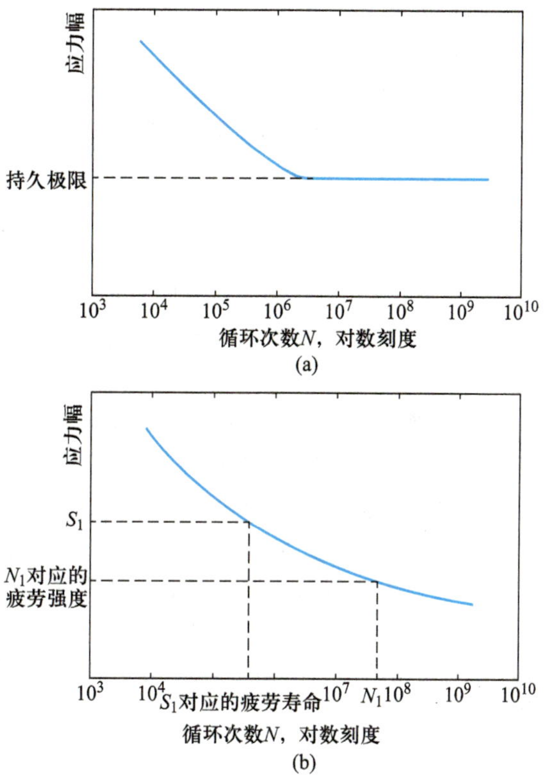

图 22 - 8

图 22 - 8a、b 中表示的疲劳行为可以分为两大类。一个对应较高的负载，在每个循环中不仅会产生弹性应变，还会产生一些塑性应变。因此，疲劳寿命相对较短，称为**低周疲劳**(low-cycle fatigue)，循环次数小于 10^4 到 10^5。另一个对应较低的负载，每个应力循环中只产生弹性变形，寿命较长，称为**高周疲劳**(high-cycle fatigue)，需要相对多的循环才能产生疲劳失效，循环次数大于 10^4 到 10^5。

3. 裂纹萌生和扩展

大量实践表明，疲劳破坏与静力载荷作用下的破坏有明显不同。疲劳破坏的主要特点有：

(1) 破坏时的最大应力远低于材料的强度极限，甚至显著低于屈服极限，同时构件在一定的交变应力下，经过多次应力循环才发生破坏；

(2) 破坏前没有明显的塑性变形，即使是塑性很好的材料，在疲劳破坏时也呈现脆性断裂，并且断口明显分成两个区：光滑区和颗粒状的粗糙区；

(3) 疲劳破坏往往没有明显预兆，因而极具危险性。

目前研究结果表明，疲劳破坏的原因可用微裂纹的萌生和扩展过程加以简单解释：承载的构件上会存在一些缺陷，当交变应力超过某一限度时，首先在构件应力最大区域内有缺陷处产生微裂纹，形成疲劳源。由于裂纹尖端处应力集中，随应力循环次数的增加，裂纹逐渐扩展。在这一过程中，裂纹两侧不断开合，类似研磨作用，形成断口的光滑区。在此区域内，可看到以疲劳源为起点逐渐向外扩展的明暗相间的弧形线。随裂纹的扩展构件截面被逐渐削弱，类似在构件上做成“切口”。“切口”不仅造成构件上的应力集中，使局部应力达到很大数值，而且使附近区域材料处于三向应力状态。由于二者的共同作用,当裂纹达到一定尺寸时,便发生失稳扩展,形成断口上的粗糙区。

疲劳失效的断口样貌具有明显的三个区域:裂纹源(origin)、光滑区(裂纹扩展区,region of slow crack propagation)和粗糙区(快速断裂区,region of rapid failure or final rupture),分别对应疲劳失效的三个明显阶段:

(1) 裂纹萌生,高应力集中处的内部缺陷形成小裂纹;

(2) 裂纹扩展,裂纹随着每个应力循环递增地扩展;

(3) 最终破坏,一旦裂纹达到临界尺寸,失效就会非常迅速地发生。

与疲劳失效相关的裂纹大多在构件表面的应力集中点处萌生。裂纹萌生部位包括表面划痕、尖锐的圆角、键槽、螺纹、凹痕等。此外,循环加载会产生由位错滑移而引起的微观表面不连续性,也会出现应力集中,从而导致裂纹萌生。

裂纹扩展所对应的光滑区具有明显的贝纹线(beach marks)和疲劳辉纹(striations)纹理。这两个特征都表明了裂纹尖端在某个时间点的位置,并表现为从裂纹源向外扩展的同心线,通常呈圆形或半圆形图案。贝纹线(有时也称为沙滩纹理)是宏观尺寸的,可以用肉眼观察到。在裂纹扩展阶段发生断裂的构件断口上会呈现贝壳状纹理。

疲劳辉纹的尺寸很小,需要用电子显微镜(TEM 或 SEM)观察。每个辉纹代表单个应力循环内,裂纹尖端的前进距离。辉纹宽度取决于应力的变化范围,并随着应力变化范围的增大而增加。

疲劳裂纹扩展过程中的微观尺度上,即使每个应力循环的最大应力都低于金属的屈服强度,裂纹尖端局部也会存在塑性变形。因为在裂纹尖端处会出现应力集中,使得局部应力超过屈服强度。疲劳辉纹便是这种塑性变形的表现。

需要强调的是,虽然贝纹线和疲劳辉纹具有相似的外观,但是,它们的起源和大小都不尽相同。一个贝纹线内可能有数千条疲劳辉纹。此外,即使没有明显的贝纹线或疲劳辉纹,也不能排除疲劳失效的可能。

在快速断裂区不会出现贝纹线或疲劳辉纹,且该断裂区视金属材料的塑性高低显示韧性断裂斜断口或脆性断裂平断口。

4. 影响疲劳寿命的因素

如前所述,影响疲劳性能的因素很多,包括循环特性、变形形式、平均应力等。另外,在理解持久极限时,应区别材料的持久极限与构件的持久极限,前者是实验室中用光滑小尺寸试样测出的,后者是在前者对各种影响因素修正后得到的实际构件的持久极限。

试验表明,构件的持久极限不仅与材料有关,还与构件的几何形状、尺寸大小、表面加工质量等因素有关。因此,考虑这些影响因素,对由光滑小试样测得的材料持久极限进行修正,可得到适用于构件的持久极限。

(1) 构件尺寸的影响

构件的持久极限随着构件尺寸的增大而降低。这是因为构件尺寸越大,材料包含的缺陷相应增加,产生疲劳裂纹的可能性就越大;另外,弯曲、扭转变形时,大构件高应力作用区也相应较大,因而持久极限降低。构样尺寸的影响可通过对比试验确定。设对称循环下光滑大试样的持

久极限为 $\sigma_{-1\varepsilon}$，同样几何形状的光滑小试样的持久极限为 σ_{-1}，两者的比值表示构件尺寸的影响：

$$\varepsilon_{\sigma}=\frac{\sigma_{-1\varepsilon}}{\sigma_{-1}} \tag{22-12}$$

ε_{σ} 称为尺寸系数，它的数值一般小于 1。常用钢材的尺寸系数列于表 22－1 中。尺寸系数和材料的强度极限、构件尺寸及弯、扭变形形式等有关。构件尺寸越大，材料强度越高，则尺寸系数越小，尺寸影响越严重。另外，实验表明尺寸大小对轴向拉压构件的持久极限并无影响，这时 $\varepsilon_{\sigma}=1$。

表 22－1

直径 d/mm		>20～30	>30～40	>40～50	>50～60	>60～70	>70～80	>80～100	>100～120	>120～150	>150～500
ε_{σ}	碳钢	0.91	0.88	0.84	0.81	0.78	0.75	0.73	0.70	0.68	0.60
	合金钢	0.83	0.77	0.73	0.70	0.68	0.66	0.64	0.62	0.60	0.54
各种钢 ε_{τ}		0.89	0.81	0.78	0.76	0.74	0.73	0.72	0.70	0.68	0.60

(2) 构件外形突变引起应力集中的影响

由于使用及工艺上的需要，构件常带有轴肩、小孔、键槽等，使横截面产生突变。邻近突变处存在应力集中，容易形成疲劳源及裂纹扩展，从而使构件的持久极限显著降低。

构件外形引起的应力集中影响程度，也可通过对比试验确定。设对称循环下没有应力集中的光滑小试样的持久极限为 σ_{-1}，而有应力集中的试样的持久极限为 σ_{-1k}，两者的比值表示外形应力集中的影响：

$$K_{\sigma}=\frac{\sigma_{-1}}{\sigma_{-1k}} \tag{22-13}$$

称为有效应力集中系数。由于 $\sigma_{-1}>\sigma_{-1k}$，所以 $K_{\sigma}>1$。

工程中为了使用方便，把有关有效应力集中系数的实验数据整理成曲线或表格，如图 22－9 和图 22－10 所示曲线。图中用 K_{σ} 和 K_{τ} 分别表示构件在弯曲和扭转时的有效应力集中系数。

从这些图线可以看出：

(a) 对钢材来说，σ_b 越高，有效应力集中系数越大，即材料的强度越高，对应力集中系数越敏感。这一点反映出在交变应力和静应力两种情况下应力集中的区别。在静应力情况下讨论的应力集中系数仅与构件的几何形状有关，称它为理论应力集中系数。在交变应力下，有效应力集中系数不仅仅与构件几何形状有关，而且与材料的强度极限 σ_b 有关；

(b) 有效应力集中系数还随受力形式的不同而改变；

(c) 构件截面尺寸改变越剧烈(如 r/d 越小)，有效应力集中系数越大，构件持久极限降低越明显。因此，使构件截面尺寸平稳过渡可降低应力集中的影响。

(3) 表面加工质量

对于许多常见的负载，构件内的最大应力发生在表面。因此，大多数导致疲劳失效的裂纹都起源于表面位置，特别是应力集中处。因此，表面光洁度和加工质量对构件的持久极限有很大影响。

构件表面的粗糙度、划痕和擦伤都会引起应力集中，从而降低持久极限。构件表面质量的影

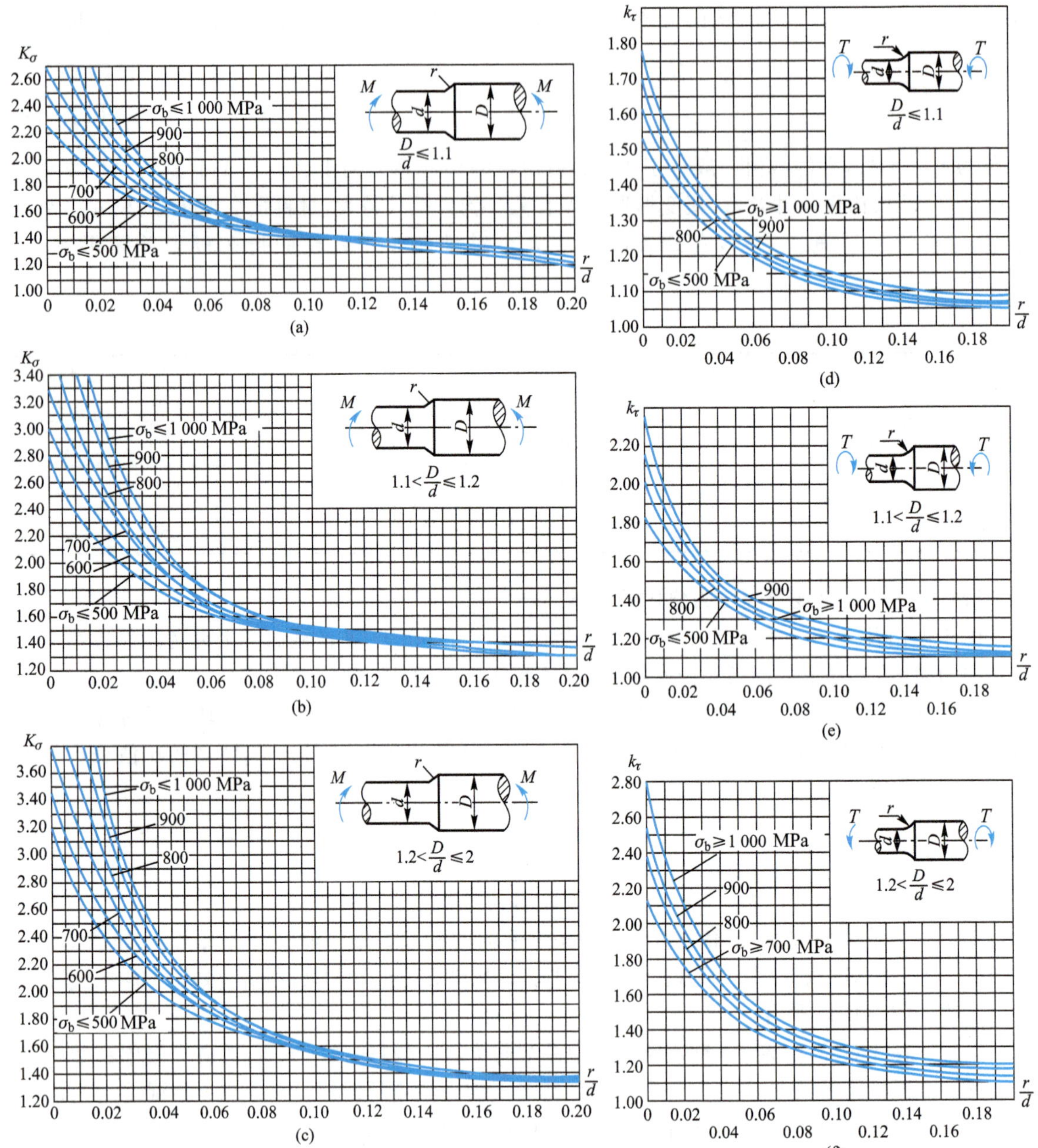

图 22-9

响，也可通过对比试验来测定。设对称循环时各种不同表面加工条件下试样的持久极限为 $\sigma_{-1\beta}$，表面磨光试样的持久极限为 σ_{-1}，用两者的比值表示表面加工质量的影响：

$$\beta=\frac{\sigma_{-1\beta}}{\sigma_{-1}} \tag{22-14}$$

称为表面质量系数。显然，当构件的表面质量低于磨光试样的表面质量时，$\beta<1$；而表面经强化处理后，$\beta>1$；不同表面光洁度的表面质量系数列于表 22-2 中。另外，不同的表面加工质量对

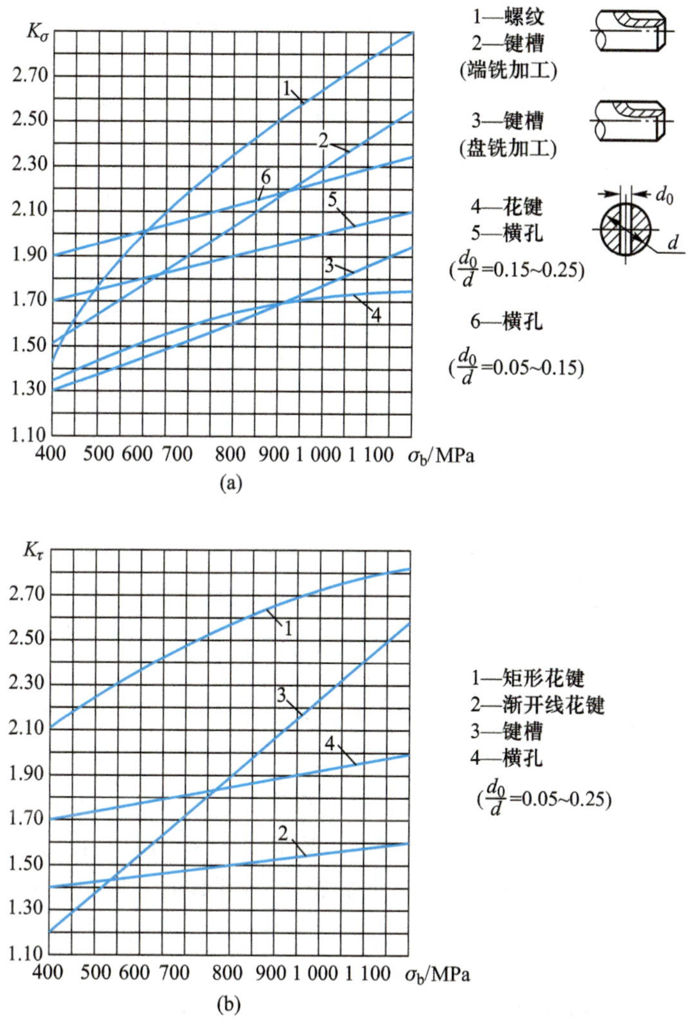

图 22-10

高强度钢持久极限的影响更为明显。所以高强度钢要有较高的表面加工质量，才能充分发挥其高强度的作用。各种强化方法的表面质量系数列于表 22-3 中。

表 22-2

加工方法	轴表面粗糙度 Ra/μm	σ_b/MPa		
		400	800	1 200
磨削	0.4～0.2	1	1	1
车削	3.2～0.8	0.95	0.90	0.80
粗车	25～6.3	0.85	0.80	0.65
未加工的表面	∽	0.75	0.65	0.45

表 22-3

强化方法	心部强度 σ_b/MPa	β		
		光轴	低应力集中的轴 $K_\sigma \leqslant 1.5$	高应力集中的轴 $K_\sigma \geqslant 1.8 \sim 2$
高频淬火	600～800 800～1 000	1.5～1.7 1.3～1.5	1.6～1.7	2.4～2.8
氮化	900～1 200	1.1～1.25	1.5～1.7	1.7～2.1
渗碳	400～600 700～800 1 000～1 200	1.8～2.0 1.4～1.5 1.2～1.3	3 2	
喷丸硬化	600～1 500	1.1～1.25	1.5～1.6	1.7～2.1
磙子滚压	600～1 500	1.1～1.3	1.3～1.5	1.6～2.0

综合考虑上述三种因素后，对称循环下构件的持久极限应该是

$$\begin{cases}(\sigma_{-1})_{构件}=\dfrac{\varepsilon_\sigma\beta}{K_\sigma}\sigma_{-1}\\[2ex](\tau_{-1})_{构件}=\dfrac{\varepsilon_\tau\beta}{K_\tau}\tau_{-1}\end{cases}\tag{22-15}$$

式中 σ_{-1}、τ_{-1}是对称循环下标准光滑小试样的持久极限。

除上述三种因素对构件的持久极限有影响外，其他如腐蚀介质、高温等因素也会降低构件的持久极限。这些环境因素的影响也可以用修正系数表示，其数值可从有关手册中查阅。

5. 对称循环下构件的疲劳强度

通过疲劳试验，我们得到材料在对称循环下的持久极限 σ_{-1}。考虑到实际构件的尺寸要比小试样大，而且还有槽、孔、截面尺寸改变的外形变化所引起的应力集中，以及不同表面质量这三个主要因素的影响后，得到构件的持久极限如式(22-15)所示。这就是对称循环下构件的极限应力。若规定的安全系数为 n，则构件的许用应力为

$$[\sigma_{-1}]=\frac{(\sigma_{-1})_{构件}}{n}=\frac{\varepsilon_\sigma\beta}{K_\sigma}\frac{\sigma_{-1}}{n}$$

要校核构件的疲劳强度，仍然要保证构件危险截面上危险点的工作应力 σ_{max}不超过构件的许用应力。于是强度条件可写成

$$\sigma_{max}\leqslant[\sigma_{-1}]=\frac{\varepsilon_\sigma\beta}{K_\sigma}\frac{\sigma_{-1}}{n}\tag{22-16}$$

式(22-16)是按许用应力进行强度校核的，故称为“许用应力法”。

除了“许用应力法”外，目前工程上大多采用“安全系数法”进行疲劳强度校核。所谓安全系数法就是将构件承载时的工作安全系数 n_σ 与规定的安全系数 n 比较，前者大于等于后者，则构件是安全的；反之则不安全。因此，由式(22-16)，强度条件又可写成

$$n_\sigma=\frac{(\sigma_{-1})_{构件}}{\sigma_{\max}}=\frac{\sigma_{-1}}{\dfrac{\varepsilon_\sigma\beta}{K_\sigma}\sigma_{\max}}\geqslant n \tag{22-17}$$

式中，n_σ 称为工作安全系数，n 为规定的安全系数，其数值可以根据有关设计规范确定。

由于对称循环下，$\sigma_{\max}=\sigma_a$，所以强度条件也可表示为

$$n_\sigma=\frac{\sigma_{-1}}{\dfrac{K_\sigma}{\varepsilon_\sigma\beta}\sigma_a}\geqslant n \tag{22-18}$$

完全类似，当构件承受对称循环交变切应力时，强度条件为

$$n_\tau=\frac{\tau_{-1}}{\dfrac{K_\tau}{\varepsilon_\tau\beta}\tau_a}\geqslant n \tag{22-19}$$

例 22-1 某减速器的轴如图 22-11 所示，表面车削，键槽为端铣加工，$A-A$ 截面上的弯矩 $M=860$ N·m，轴的材料为碳钢，$\sigma_b=520$ MPa，$\sigma_{-1}=220$ MPa。若规定安全系数 $n=1.4$，试校核 $A-A$ 截面的强度。

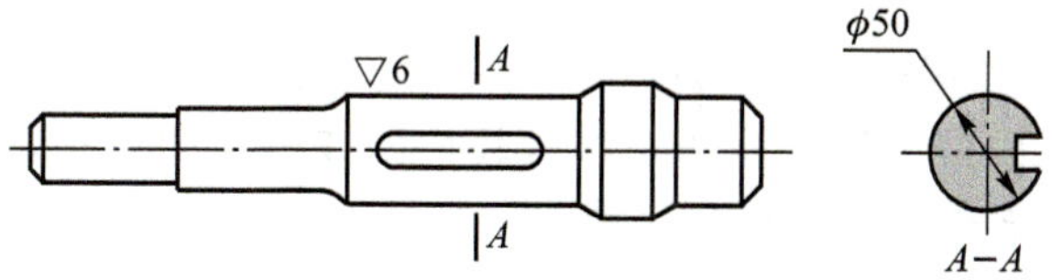

图 22-11

解 (1) 根据受力情况计算最大工作应力

轴在不变弯矩 M 作用下旋转，故为弯曲变形下的对称循环。若不计键槽对抗弯截面模量的影响，则

$$\sigma_{\max}=\frac{M}{W}=\frac{860\ \text{N}\cdot\text{m}\times 32}{\pi\times(5\times10^{-2}\ \text{m})^3}=70\times10^6\ \text{N/m}^2=70\ \text{MPa}$$

(2) 根据构件的外形、尺寸及表面质量确定各个系数

由图 22-10a 中曲线 2 查得端铣加工的键槽，当材料 $\sigma_b=520$ MPa 时，$K_\sigma=1.65$。由于应力 $\sigma_{\max}$ 是按轴直径等于 50 mm 计算的，所以尺寸系数也是按轴的直径 50 mm 来确定。由表 22-1 查得 $\varepsilon_\sigma=0.84$。由表 22-2，使用线性插值求得 $\beta=0.935$。

(3) 强度校核

由式(22-17)

$$n_\sigma=\frac{\sigma_{-1}}{\dfrac{K_\sigma}{\varepsilon_\sigma\beta}\sigma_{\max}}=\frac{220\ \text{MPa}}{\dfrac{1.65}{0.84\times0.935}\times70\ \text{MPa}}=1.5>n$$

故轴在 $A-A$ 界面处的疲劳强度是足够的。

6. 非对称循环下构件的疲劳强度计算

(1) 材料的持久极限曲线

为了解决在任意循环特性下构件疲劳强度的计算问题，同样也要测定材料在此循环特性下的持久极限 σ_r。与测定对称循环持久极限 σ_{-1} 的方法相似，分别在不同循环特性下进行疲劳试验，可以得到不同 r 值的持久极限，但实验设备较为复杂。

根据上述试验结果，选取以平均应力 σ_m 为横轴，应力幅 σ_a 为纵轴的坐标系(图 22-12)。在

该坐标系中可以绘出材料的持久极限曲线，说明如下：

任一应力循环在已知其应力幅 σ_a 和平均应力 σ_m 后，就可以在 $\sigma_m - \sigma_a$ 坐标系中确定一个对应的点 C。反之，坐标系中任一点都对应着一个特定的应力循环。由式(22－10)可知，若把一点的纵坐标和横坐标相加，便有 $\sigma_a + \sigma_m = \sigma_{max}$，所以一点纵、横坐标之和就是该点表示的应力循环的最大应力。由原点向 C 点作一射线，其斜率为

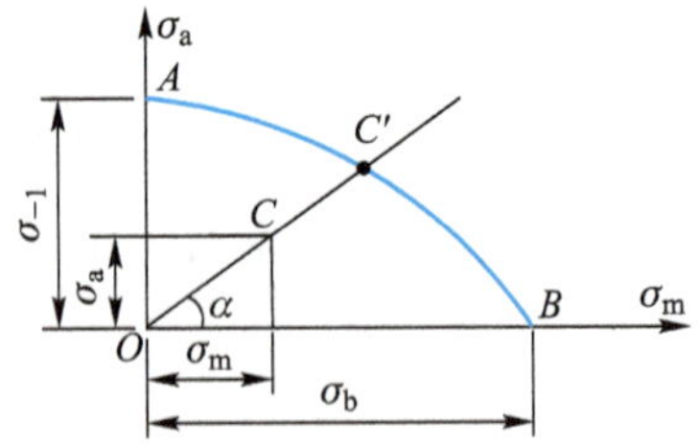

图 22－12

$$\tan\alpha = \frac{\sigma_a}{\sigma_m} = \frac{\sigma_{max} - \sigma_{min}}{\sigma_{max} + \sigma_{min}} = \frac{1-r}{1+r}$$

由上式可见，循环特性 r 相同的所有应力循环都可表示在同一射线上。此射线上的点离原点越远，纵、横坐标之和越大，σ_{max} 也越大。但只要它不超过同一 r 下的持久极限就不会发生疲劳破坏，所以在每一条由原点出发的射线上，都有一个由持久极限确定的临界点。

持久极限曲线与纵、横坐标轴所包围的范围内任一点 C 所对应的最大应力都小于相应的持久极限 σ_r，所以不会引起疲劳破坏。

(2) 简化的持久极限曲线——简化折线

绘制图 22－12 表示的持久极限曲线必须有较多的疲劳实验数据，并且需要系统精确的测量。这样做，工作量大，耗费甚巨。同时这种形式的曲线在工程实际中也不便于应用。工程中通常采用简化的持久极限曲线。最常用的简化曲线是由材料的 σ_{-1}、σ_b 和 σ_0 在 $\sigma_m - \sigma_a$ 坐标平面上确定的 A、B、C 三点，用折线 ACB 代替持久极限曲线，称为简化折线(图 22－13)。

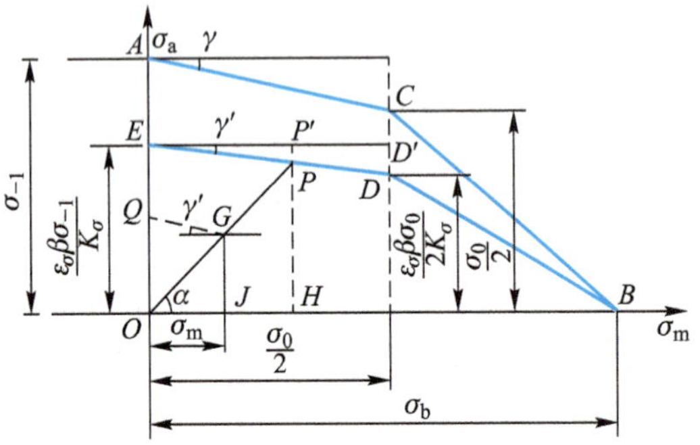

图 22－13

考虑到构件应力集中、尺寸大小、表面质量等因素对构件持久极限的影响，上述简化折线还应乘以相应的折减系数。实验表明，这些系数只对应力幅 σ_a 有影响，对平均应力 σ_m 并无影响。在对称循环和脉动循环下，考虑了上述因素的影响后，应力幅分别为 $\frac{\varepsilon_\sigma\beta\sigma_{-1}}{K_\sigma}$ 和 $\frac{\varepsilon_\sigma\beta\sigma_0}{2K_\sigma}$，在图 22－13 中相当于 E、D 两点，因此实际构件的简化折线为图中的 EDB。

在构件的持久极限简化折线中 ED 部分的斜率为

$$\tan\gamma' = \frac{D'D}{ED'} = \frac{\varepsilon_\sigma\beta}{K_\sigma}\left[\frac{\sigma_{-1} - \frac{\sigma_0}{2}}{\frac{\sigma_0}{2}}\right]$$

引用记号

$$\psi_\sigma = \frac{\sigma_{-1} - \frac{\sigma_0}{2}}{\frac{\sigma_0}{2}} \tag{22-20}$$

于是有

$$\tan\gamma'=\frac{\varepsilon_\sigma\beta}{K_\sigma}\psi_\sigma \tag{22-21}$$

由图 22-13 和式(22-20)可以看出 $\psi_\sigma=\tan\gamma$，它是材料的持久极限折线 AC 段的斜率。ψ_σ 是只和材料有关的一个常数，称为材料对应力循环不对称性的一个敏感系数，一般可以由式(22-20)算出。在缺乏实验数据时，对普通钢材，可采用表 22-4 中的 ψ 值。

表 22-4

系数 ψ	静载强度极限 σ_b/MPa				
	350～550	520～750	700～1 000	1 000～1 200	1 200～1 400
ψ_σ（拉、压、弯曲）	0	0.05	0.10	0.20	0.25
ψ_τ（扭转）	0	0	0.05	0.10	0.15

(3) 非对称循环下构件的疲劳强度校核

构件持久极限的简化折线是非对称循环下构件疲劳强度计算的依据。若构件工作时，危险点的交变应力由图 22-13 中 G 点表示，G 点的纵、横坐标分别代表危险点的 σ_a、σ_m。设 G 点落在折线 EDB 与坐标轴围成的区域内，因而构件不发生疲劳破坏。下面求其安全系数。

在保持 r 不变的情况下，延长射线 OG 与折线 EDB 交于 P 点（图 22-13），P 点的纵、横坐标之和就是构件的持久极限 σ_r。当构件的循环特性 r 在 -1 到 0 的范围内时，射线 OG 与线段 ED 相交。此时构件的工作安全系数应为

$$n_\sigma=\frac{\sigma_r}{\sigma_{\max}}=\frac{PH+OH}{GJ+OJ}=\frac{OP(\sin\alpha+\cos\alpha)}{OG(\sin\alpha+\cos\alpha)}=\frac{OP}{OG}$$

为计算上述比值，过 G 点作平行于 PE 的直线交纵轴于 Q，显然

$$n_\sigma=\frac{OP}{OG}=\frac{OE}{OQ}=\frac{\dfrac{\varepsilon_\sigma\beta\sigma_{-1}}{K_\sigma}}{\sigma_a+\sigma_m\tan\gamma'}$$

将式(22-21)代入上式得

$$n_\sigma=\frac{\dfrac{\varepsilon_\sigma\beta\sigma_{-1}}{K_\sigma}}{\sigma_a+\sigma_m\dfrac{\varepsilon_\sigma\beta}{K_\sigma}\psi_\sigma}$$

化简后，构件的工作安全系数 n_σ 应满足的条件为

$$n_\sigma=\frac{\sigma_{-1}}{\dfrac{K_\sigma}{\varepsilon_\sigma\beta}\sigma_a+\psi_\sigma\sigma_m}\geqslant n \tag{22-22}$$

式中 n 为对疲劳破坏规定的安全系数。

对于塑性材料制成的构件，除应满足疲劳强度条件外，危险点的最大应力不应超过屈服极

限，即 $\sigma_{max}=\sigma_a+\sigma_m\leqslant\sigma_s$，否则构件将由于屈服而发生塑性变形。在坐标系中

$$\sigma_m+\sigma_a=\sigma_s$$

是一条在横纵坐标轴上截距均为 σ_s 的斜直线，如图 22-14 中的直线 LJ。这样，为保证构件既不发生疲劳破坏，也不发生屈服破坏，代表最大应力的点必须落在图 22-14 中折线 EKJ 与坐标轴围成的区域内。

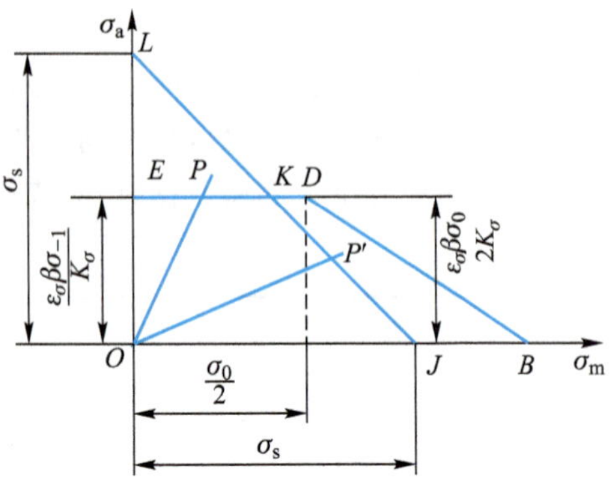

图 22-14

由此可见，如果由循环特性 r 所确定的射线与直线 EK 相交，则应校核构件的疲劳强度（式(22-22)）。如果上述射线与 KJ 相交，则表示构件因塑性变形而破坏。这时工作安全系数 n_σ 为

$$n_\sigma=\frac{\sigma_s}{\sigma_{max}}$$

而强度条件是

$$n_\sigma\geqslant n_s \tag{22-23}$$

这里 n_s 为对塑性破坏规定的安全系数。

实验结果表明，对以塑性材料制成的构件，在 $r<0$ 时，通常发生疲劳破坏；而在 $r>0$ 时，通常要同时校核构件的疲劳强度和屈服强度。

例 22-2 如图 22-15 所示，圆杆上有一个沿直径的贯穿圆孔，不对称交变弯矩为 $M_{max}=512\ \text{N}\cdot\text{m}$，$M_{min}=100\ \text{N}\cdot\text{m}$。材料为合金钢，$\sigma_b=950$ MPa，$\sigma_s=540$ MPa，$\sigma_{-1}=430$ MPa，$\psi_\sigma=0.2$。圆杆表面经磨削加工。若规定安全系数 $n=2$，$n_s=1.5$，试校核此杆的强度。

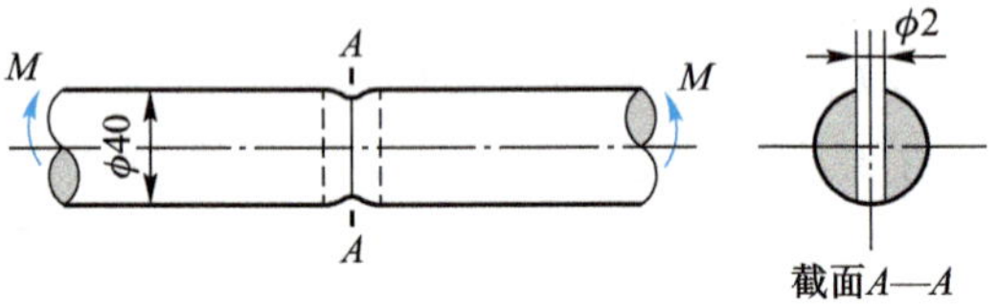

图 22-15

解 (1) 计算构件的工作应力

$$W=\frac{\pi}{32}d^3=\frac{\pi}{32}\times(4\ \text{cm})^3=6.28\ \text{cm}^3$$

$$\sigma_{max}=\frac{M_{max}}{W}=\frac{512\ \text{N}\cdot\text{m}}{6.28\times10^{-6}\ \text{m}^3}=81.5\ \text{MPa}$$

$$\sigma_{min}=\frac{1}{5}\sigma_{max}$$

$$r=\frac{\sigma_{min}}{\sigma_{max}}=\frac{1}{5}=0.2$$

$$\sigma_m=\frac{1}{2}(\sigma_{max}+\sigma_{min})=48.9\ \text{MPa}$$

$$\sigma_a=\frac{1}{2}(\sigma_{max}-\sigma_{min})=32.6\ \text{MPa}$$

(2) 确定系数 K_σ、ε_σ、β

按照圆杆的尺寸，$\frac{d_0}{d}=\frac{2\ \text{mm}}{40\ \text{mm}}=0.05$。由图 22-10a 中的曲线 6 可查得，当 $\sigma_b=950$ MPa 时，$K_\sigma=2.18$；由

表 22-1 查出，$\varepsilon_\sigma=0.77$；由表 22-2 查出，对表面经磨削加工的杆件，$\beta=1$。

(3) 疲劳强度校核

由式(22-22)计算工作安全系数

$$n_\sigma=\frac{\sigma_{-1}}{\frac{K_\sigma}{\varepsilon_\sigma\beta}\sigma_a+\psi_\sigma\sigma_m}=\frac{430\ \mathrm{MPa}}{\frac{2.18}{0.77\times1}\times32.6\ \mathrm{MPa}+0.2\times48.9\ \mathrm{MPa}}=4.21>n$$

疲劳强度是足够的。

(4) 屈服强度校核

因为 $r=0.2>0$，所以需要校核屈服强度。由式(22-23)

$$n_\sigma=\frac{\sigma_s}{\sigma_{max}}=\frac{540\ \mathrm{MPa}}{81.5\ \mathrm{MPa}}=6.63>n_s$$

屈服强度条件也是满足的。

7. 弯扭组合交变应力下构件的疲劳强度计算

在静载荷下，构件在弯扭组合变形时的静强度条件为

$$\sqrt{\sigma^2+3\tau^2}\leqslant[\sigma]=\frac{\sigma_s}{n_s}$$

式中：σ 和 τ 分别是危险点弯曲正应力和扭转切应力；σ_s 是材料的屈服极限；n_s 是安全系数。将上式两边同时平方后除以 σ_s^2，并注意按第四强度理论有 $\tau_s=\frac{\sigma_s}{\sqrt{3}}$，则上式变为

$$\frac{1}{\left(\frac{\sigma_s}{\sigma}\right)^2}+\frac{1}{\left(\frac{\tau_s}{\tau}\right)^2}\leqslant\frac{1}{n_s^2}$$

这里比值 $\frac{\sigma_s}{\sigma}$ 和 $\frac{\tau_s}{\tau}$ 可分别理解为仅考虑弯曲正应力和仅考虑扭转切应力时的工作安全系数，并分别用 n_σ 和 n_τ 表示。这样，上式又可写成

$$\frac{1}{n_\sigma^2}+\frac{1}{n_\tau^2}\leqslant\frac{1}{n_s^2}$$

由此得

$$\frac{n_\sigma n_\tau}{\sqrt{n_\sigma^2+n_\tau^2}}\geqslant n_s$$

实验表明，上述静强度条件也可推广应用于弯扭组合交变应力下的构件，即

$$n_{\sigma\tau}=\frac{n_\sigma n_\tau}{\sqrt{n_\sigma^2+n_\tau^2}}\geqslant n \tag{22-24}$$

这就是弯扭组合交变应力下构件的疲劳强度条件(通常称为高夫公式)。式中，$n_{\sigma\tau}$ 为弯扭组合交变应力下构件的工作安全系数；n 是规定的安全系数；n_σ、n_τ 则由式(22-22)计算可得。应当指出，由于引用了第四强度理论，式(22-24)只适用于塑性材料构件，引用第三强度理论也可得出一致结果。

8. 提高构件疲劳强度的措施

构件持久极限是决定交变应力下构件疲劳强度的直接依据。因而，提高构件的持久极限对于增加构件抵抗疲劳破坏的能力是一个很重要的问题。由于疲劳裂纹一般都是从构件的表层及应力集中处开始的，一般从下述几个方面去提高构件抵抗疲劳破坏的能力。

（a）采用合理的设计以降低有效应力集中系数。在设计构件外形时，要避免出现方形或带有尖角的孔和槽。在截面尺寸突然改变处要采用半径足够大的过渡圆角。有时因构件上的原因，难以加大过渡圆角的半径，这时可以在直径较大的部分上开减荷槽（图 22－16a）或退刀槽（图 22－16b），这些都可使应力集中有明显的减弱。

（b）适当提高表面光洁度，以减小切削伤痕造成的应力集中影响，从而提高构件的持久极限。

（c）通过一些工艺措施来提高构件表层材料的强度，以增加构件的持久极限。常用方法有表面热处理和表面强化两种。表面强化是一种提高钢合金表面硬度和疲劳寿命的技术，可以通过渗碳或渗氮工艺实现。

（d）在交变应力下工作的构件，注意避免超载，防止在运输及使用时表面碰伤。这些措施对提高疲劳强度有实际意义。

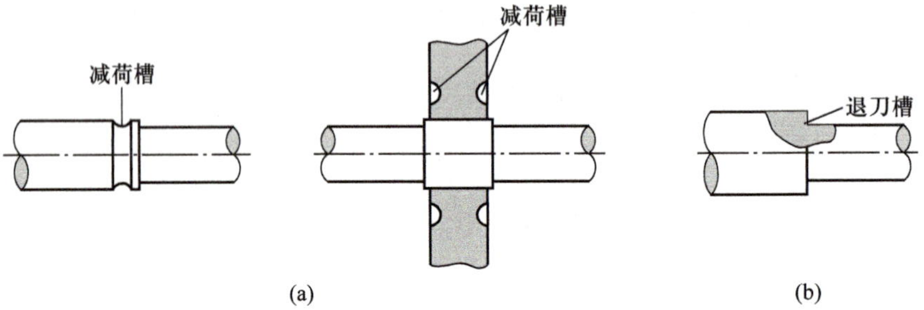

图 22－16

22.3 材料的蠕变失效

1. 蠕变的基本概念

材料在恒载荷的持续作用下发生与时间相关的塑性变形，称为蠕变。高温静载作用下的材料，通常会发生蠕变（creep）失效（例如，喷气发动机中的涡轮转子和承受离心应力的蒸气发生器；高压蒸气管线）。所有材料都可能发生蠕变。当温度高于 0.4 T_m 时，金属的蠕变尤为重要，非晶态聚合物（包括塑料和橡胶）则对蠕变特别敏感，如 21.7 节所述。

2. 蠕变的三个阶段

图 22－17 是金属的典型恒载蠕变行为示意图，即反映应变与时间关系的蠕变曲线。如图所示，载荷施加时，会发生瞬时变形 ε_0，若应力低于该温度下的屈服极限则 ε_0 是弹性的。该曲线分

为三个阶段，首先发生初级或瞬时蠕变，蠕变速率会持续降低——即曲线的斜率随时间减小。这表明材料的抗蠕变性或应变硬化正在增加，该阶段称为初始阶段或减速蠕变阶段。第二个阶段的蠕变速率是恒定的，表现为一条斜直线，该过程通常是持续时间最长的蠕变阶段，称为恒速或稳态蠕变。蠕变速率的恒定性可基于应变硬化和回复两个过程之间的平衡来解释，回复过程是指材料变软并保持其变形能力的过程。第三个阶段的蠕变速率会持续增加并导致最终破坏，称为加速蠕变阶段，是由微观结构或金相组织变化引起的——例如，晶界分离，以及内部裂纹、空洞和空隙的形成。此外，对于拉伸载荷，可能会在变形区域内的某个点处形成颈缩现象。这些都会导致有效横截面面积的减小和应变率的增加。

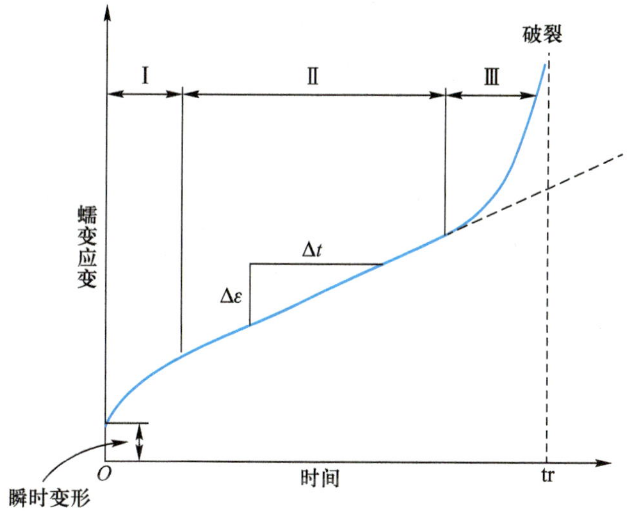

图 22-17

对于大多数材料来说，蠕变特性与加载方式无关。蠕变测试中最重要的参数便是第二个阶段的直线斜率，称为最小或稳态蠕变率 $\dot{\boldsymbol{\varepsilon}}_s$。长时间使用的材料需要重点考虑这一参数，例如运行数十年的核电站组件。然而，对于许多寿命相对较短的蠕变情况（例如，军用飞机和火箭发动机喷嘴中的涡轮叶片），断裂时间或断裂寿命 t_r（图 22-17）则是主要的设计考虑因素。

3. 影响蠕变的因素

(1) 应力和温度效应

温度和应力水平都会影响蠕变特性（图 22-18）。温度低于 0.4 T_m，且初始变形完成之后，应变几乎与时间无关，即不发生明显蠕变。随着应力或温度的增加：施加应力时的瞬时应变增加；稳态蠕变速率增加；断裂寿命降低。

这一规律可以通过蠕变速率与应力和温度之间的函数关系来反映：

$$\dot{\varepsilon}_s = K_2 \sigma^n \exp\left(-\frac{Q_c}{RT}\right) \tag{22-25}$$

其中，K_2 和 Q_c 是常数，Q_c 被称为蠕变活化能，R 为气体常数，T 为温度。

有几种不同的理论解释各种材料的蠕变行为，这些机制涉及应力引起的空位扩散、晶界扩

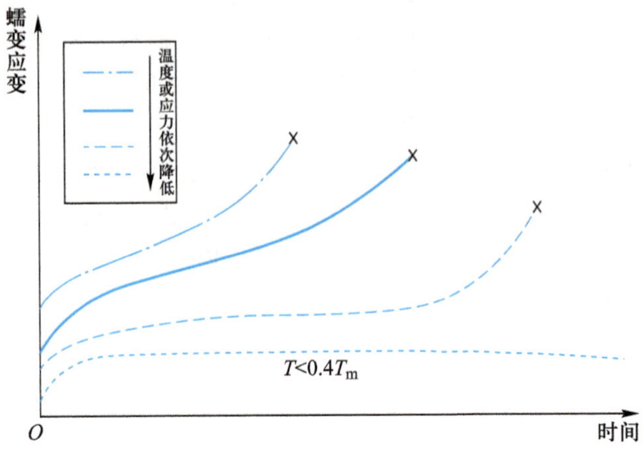

图 22-18

散、位错运动和晶界滑动。每个机制得到的应力指数 n 不尽相同。通过实验测量 n 值与各种机制的预测值进行比较，可以阐明相应的蠕变机制。此外，蠕变活化能(Q_c)和扩散活化能（Q_d）也存在一定的关系。

(2) 耐高温合金

影响金属蠕变性质的因素有很多，包括熔融温度、弹性模量、晶粒尺寸。通常，熔化温度越高，弹性模量越大；晶粒尺寸越大，材料的抗蠕变性越好。**因为晶粒越小，就会出现更多的晶界滑移，从而出现较高的蠕变速率，这一点与细晶强化有所不同。**

22.4 材料的腐蚀失效

1. 腐蚀基础

大多数材料会在不同类型的环境中服役。环境的影响通常会使材料的力学性能和其他物理性能减弱，或使材料的外观受损。因此，考虑材料的腐蚀(corrosion)和降解(degradation)性非常重要。

在金属中，由于腐蚀或非金属结垢或氧化薄膜的形成，会出现材料损失。陶瓷材料具有良好的耐腐蚀性能，但在高温或极端恶劣的环境中也会发生恶化，这个过程通常也称为腐蚀。而聚合物的腐蚀机制和结果与金属和陶瓷不同，通常称为降解，与之相关的聚合物材料的损失破坏称为老化。聚合物浸于液体溶剂时可能会溶解，也可能会吸收溶剂而膨胀；此外，电磁辐射(主要是紫外线)和热量可能会导致其分子结构发生变化。本节主要讨论金属材料的腐蚀问题。

腐蚀分为化学腐蚀、电化学腐蚀和物理腐蚀三大类。金属的腐蚀主要是电化学腐蚀。腐蚀过程的化学反应称为氧化还原反应，是电子从一种化学物质转移到另一种化学物质的化学反应，通常始于表面。

金属原子失去电子，称为氧化反应(oxidation reaction)。发生氧化的部位称为阳极(anode)，因此氧化有时也被称为阳极反应。金属原子氧化产生的电子必须转移到另一种化学物质中成为其一部分，称为还原反应(reduction reaction)。发生还原的部位称为阴极(cathode)，有时同时发生两个或两个以上的还原反应。一个完整的电化学反应必须包含至少一个氧化反应和一个还原反应，通常单个氧化或还原反应称为半反应(half-reaction)。

金属材料的氧化能力并不相同。如图 22-19 所示的一个铁-铜电化学电池(原电池)，左边是一块纯铁，沉浸在浓度为 1 mol/L 的二价铁离子溶液中，另一边是一块纯铜，沉浸在浓度为 1 mol/L 的二价铜离子溶液中，中间由隔膜分开。如果将铁电极和铜电极用导线连接，外接电路中会有从铁电极流向铜电极的电子，铜离子会将铁氧化，自身发生还原反应。这种现象称为电偶(两种金属通过电解液连接，一种金属成为阳极被氧化，另一种作为阴极被还原)。在外接电路中连接电压表，可以测量出铜铁原电池的电势差为 0.780 V。

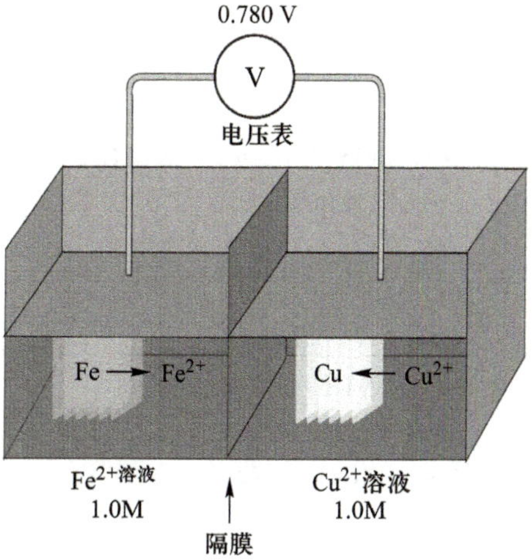

图 22-19

25 ℃时，纯金属电极浸入浓度为 1 mol/L 的氢离子溶液中，形成的半电池称为标准半电池(standard half-cell)。可以将氢作为电势参考点，建立标准氢参比电池，测量各种金属的标准电动势排序(standard emf (electromotive force) series)，见表 22-5。表中金属的活泼性自下向上依次降低，被氧化程度依次降低，钾和钠的化学活性最高，最易被氧化。表中的电动势是作为还原半反应的电动势，电极位于化学方程式的左边；对于氧化反应，反应方向是相反的，电动势符号也要相应发生变化。

表 22-5

电极反应	标准电极电位/V	电极反应	标准电极电位/V
$Au^{3+}+3e^-\rightarrow Au$	1.420	$Ni^{2+}+2e^-\rightarrow Ni$	−0.250
$O_2+4H^++4e^-\rightarrow 2H_2O$	1.229	$Co^{2+}+2e^-\rightarrow Co$	−0.277
$Pt^{2+}+2e^-\rightarrow Pt$	~1.2	$Cd^{2+}+2e^-\rightarrow Cd$	−0.403
$Ag^+e^-\rightarrow Ag$	0.800	$Fe^{2+}+2e^-\rightarrow Fe$	−0.440
$Fe^{3+}+e^-\rightarrow Fe^{2+}$	0.771	$Cr^{3+}+3e^-\rightarrow Cr$	−0.744
$O_2+2H_2O+4e^-\rightarrow 4(OH^-)$	0.401	$Zn^{2+}+2e^-\rightarrow Zn$	−0.763
$Cu^{2+}+2e^-\rightarrow Cu$	0.340	$Al^{3+}+3e^-\rightarrow Al$	−1.662
$2H^++2e^-\rightarrow H_2$	0.000	$Mg^{2+}+2e^-\rightarrow Mg$	−2.363
$Pb^{2+}+2e^-\rightarrow Pb$	−0.126	$Na^++e^-\rightarrow Na$	−2.714
$Sn^{2+}+2e^-\rightarrow Sn$	−0.136	$K^++e^-\rightarrow K$	−2.924

↑ 惰性增强(阴极)　　↓ 活性增强(阳极)

标准电动势序是在高度理想化的条件下获得的，使用条件有限，可以用来反应金属的相对反应活性，与其相比，电偶序或伽伐尼序(galvanic series)更加实用，见表 22-6。电偶序表示金属和合金在海水中的相对反应活性，自上而下活性逐渐增加。

表 22-6

惰性增强（阴极）↑	铂 金 石墨 钛 银 镍合金（铬镍合金825、铬镍合金625、哈氏合金C、铬镍合金3） 不锈钢（410,304,316）（钝化） 蒙乃尔400 铬镍合金600（钝化） 镍200（钝化） 铜合金（C27000、C44300、C44400、C44500、C60800、C61400、C23000、C11000、C61500、C65500、C71500、C92300、C92200） 镍合金（哈氏合金8、氯化物2）	镍铬合金600（活性） 镍200（活性） 铜（C28000、C67500、C46400、C46500、C46600、C46700） 锡 铅 不锈钢（410、304、316）（活性） 铸铁 锻铁 低碳钢 铝合金（2117、2017、2024） 镉 铝合金（5052、3004、3003、1100、6053） 锌 镁及合金	活性增强（阳极）↓

2. 金属的腐蚀形态

金属腐蚀分为全面腐蚀和局部腐蚀两大类。按照金属腐蚀的外观特征，金属腐蚀通常分为八种形式：均匀腐蚀（uniform attack）、电偶腐蚀（galvanic corrosion）、缝隙腐蚀（crevice corrosion）、孔腐蚀（pitting）、晶间腐蚀（intergranular corrosion）、选择性腐蚀（selective corrosion）、磨损腐蚀（erosion corrosion）和应力腐蚀（stress corrosion）。

(1) 均匀腐蚀

电化学腐蚀的一种形式，在整个暴露表面上以相同的强度发生（属于全面腐蚀），并且通常会留下水垢或沉积物。在微观意义上，氧化和还原反应在表面上随机发生。常见的例子包括钢和铁的一般生锈和银器失去光泽。这是最常见的腐蚀形式，也是最容易预防的腐蚀。

(2) 电偶腐蚀

如前所述，含有不同成分的两种金属或合金在电解质溶液中较易发生电偶腐蚀。在特定环境中，活性较高的金属会发生腐蚀，而惰性金属，即阴极，会受到保护而免受腐蚀（属于局部腐蚀）。例如，钢螺钉在海洋环境中与黄铜接触时会发生腐蚀，如果在家用热水器中连接铜管和钢管，则钢会在连接处附近腐蚀。

可以采取许多措施降低电化学腐蚀的影响，如：

(a) 在需要用到不同金属耦合作用时，尽量选择电位序中相邻的金属；

(b) 避免不利的阳极与阴极表面积比，使用尽可能大的阳极面积；

(c) 电隔离不同类的金属；

(d) 外接第三种阳极金属，这是一种阴极保护方法。

(3) 缝隙腐蚀

电化学腐蚀的发生也可能是由于电解质溶液中两个区域之间离子或溶解的气体浓度的差异

造成的。对于这样的浓差电池，腐蚀发生在浓度较低的地方。这种类型的腐蚀发生在裂缝、凹槽、污垢或腐蚀产物的沉积上，在这些地方溶液无法流动并且溶氧局部耗尽得不到补充。优先发生在这些位置的腐蚀称为缝隙腐蚀。缝隙必须足够宽以使溶液能够进入，但又必须足够窄以使溶液滞留，通常宽度为千分之几英寸。

可以使用焊接代替铆接或螺栓连接来防止缝隙腐蚀，尽可能使用非吸收性垫圈，经常清除堆积的沉积物，并设计安全壳避免溶液滞留，确保完善的排水系统。

(4) 孔腐蚀

孔腐蚀是另一种局部腐蚀形式，腐蚀集中在金属表面某些活性点上并向金属内部扩展的腐蚀会形成小凹坑或孔洞。机理与缝隙腐蚀的机理基本相同，氧化反应发生在坑内部，与之互补的还原反应发生在表面。此外孔腐蚀还能引发和加剧晶间腐蚀和应力腐蚀等。可以通过表面抛光等提高抗孔腐蚀能力。

(5) 晶间腐蚀

特定环境下的某些合金中，晶间腐蚀会优先沿晶界发生，从而导致宏观试样沿其晶界解体。这种腐蚀在一些不锈钢中尤为普遍。因为不锈钢在热处理过程中会形成碳化铬的小沉淀颗粒，这些颗粒沿晶界形成，铬和碳都必须扩散到晶界以形成沉淀物，从而在晶界附近留下贫铬区。因此，这个晶界区域容易发生腐蚀。

晶间腐蚀是不锈钢焊接中一个特别严重的问题，通常称为焊缝腐蚀(weld decay)。可以通过以下措施保护不锈钢免受晶间腐蚀：对敏化处理后的不锈钢进行高温热处理，使所有碳化铬颗粒重新溶解；使碳含量低于 0.03 wt% C，从而实现碳化物的形成最小化；将不锈钢与另一种金属如铌或钛合金化，这种金属比铬更容易形成碳化物，从而使铬保留在固溶体中。

(6) 选择性腐蚀

常见于固溶体合金中，当一种组元(通常是电极电位较负的活泼金属元素)由于腐蚀而被优先消耗时，就会发生选择性腐蚀。最常见的例子是黄铜的脱锌，在铜-锌黄铜合金上，锌被选择性腐蚀，合金的力学性能显著受损。

(7) 磨损腐蚀

磨损腐蚀是流体运动下化学腐蚀和机械磨损的综合作用引起的。几乎所有金属合金都容易受到磨损腐蚀的影响，尤其是对具有保护镀膜的合金来说。研磨作用可能会侵蚀掉保护膜，使得金属裸露在外，发生严重腐蚀。

流体的性质会对腐蚀行为产生显著影响。增加流体速度通常会提高腐蚀速率。此外，当存在气泡和悬浮固体颗粒时，溶液的腐蚀性更强。磨损腐蚀常见于管道中，特别是在弯头、三通和管道直径的突然变化处。螺旋桨、涡轮叶片、阀门和泵也容易受到这种形式的腐蚀。

减少磨损腐蚀的最佳方法之一是改变设计以消除流体湍流和冲击效应，也可以使用特殊的抗腐蚀材料。此外，去除溶液中的微粒和气泡也会降低其侵蚀能力。

(8) 应力腐蚀

应力腐蚀有时也称为应力腐蚀破裂，是拉伸应力和腐蚀环境共同作用的结果，二者缺一不可。即使一些在特定腐蚀介质中几乎呈惰性的材料，在受到应力作用时，也会变得容易发生应力腐蚀。应力腐蚀是脆性材料特有的失效行为。

产生应力腐蚀裂痕的应力并非一定是外加应力，也可能是由快速温度变化和不均匀收缩引起的残余应力，或两相合金的膨胀系数不同所导致的应力。

减少或完全消除应力腐蚀的最佳措施是降低应力的大小，如减少外载，增大横截面面积或者退火消除残余应力。

金属材料除了在与电解质溶液接触时发生电化学反应之外，在干燥气体介质中也能通过化学反应被氧化形成氧化膜。

3. 腐蚀防护

除了前述与各种腐蚀相对应的防护措施之外，还有一些普适的防腐措施，包括材料选择、环境变更、设计、涂层和阴极保护等。

最有效的防腐措施就是根据不同的腐蚀环境选取合适的材料。当然，在可能的情况下，改变工作环境也可以有效预防腐蚀，比如降低流体温度、速度，增加或减少某种物质的浓度等。

针对某些合金或者腐蚀环境，可以通过向环境中添加**抑制剂**(inhibitors)的方式减少腐蚀。该方法通常用于汽车散热器和蒸汽锅炉等封闭系统。

涂层是预防腐蚀的一种物理屏障，有多种多样的金属或非金属涂层材料或者涂料。涂层需要具有较高的表面附着力，多数情况下，涂层不会发生腐蚀反应，并且能够保护金属免受机械损伤。金属、陶瓷和聚合物都可作为金属涂层材料。

阴极保护(cathodic protection)也是预防腐蚀的有效方法。该方法适用于前面八种不同形式的腐蚀，某些情况下可以完全阻止腐蚀的发生。金属发生腐蚀或氧化时需要失去电子，选取活性较高的金属作为阳极，这样就会使得该金属发生氧化反应丢失电子，而被保护的金属获得电子成为阴极。通常将被氧化的金属称为牺牲阳极(sacrificial anode)，镁和锌是常用的牺牲阳极，因为它们活性较高。

阴极保护的另一种方法是外加电源，电源的负极接线柱连接到被保护的结构，另一端连接惰性阳极(通常是石墨)，此时惰性阳极被深埋土中，高导电性回填材料使得阳极和周围土壤保持良好的电接触。阴极和阳极之间的电路穿过土壤完成回路。阴极保护对热水器、地下水槽、管道以及船用设备的防腐尤为有用。

前面两章系统介绍了材料微观组织对其宏观性质的影响，以及材料的几种主要失效模式。在今后的结构设计中，可以根据结构的轻量化、耐腐蚀、易制备、低成本等多方面需求，结合工程材料的整本知识，初步筛选几种常用材料，然后通过力学分析，在保证安全性的前提下，择优使用。在此过程中，要大胆突破传统材料限制，敢于应用新型材料，从而促进新材料和工业科技相辅相成，共同进步。

总之，结构及其工作环境制约着材料的选择和运用，决定着材料和结构设计的制作工艺。材料又丰富着结构的样式及其应用环境，传统材料的不断拓展、新型材料的不断产生以及制备技术的不断进步为不同环境下的结构提供了广阔的选择和创造空间。

习题

22-1 试从断口样貌和微观机制两个方面，比较脆性断裂和韧性断裂的异同。

22-2 五种金属材料的吸收冲击能随温度变化曲线如图所示，A、B 两幅图给出了材料断裂时的电镜照片，试判断与曲线 5 相对应的微观断口样貌。

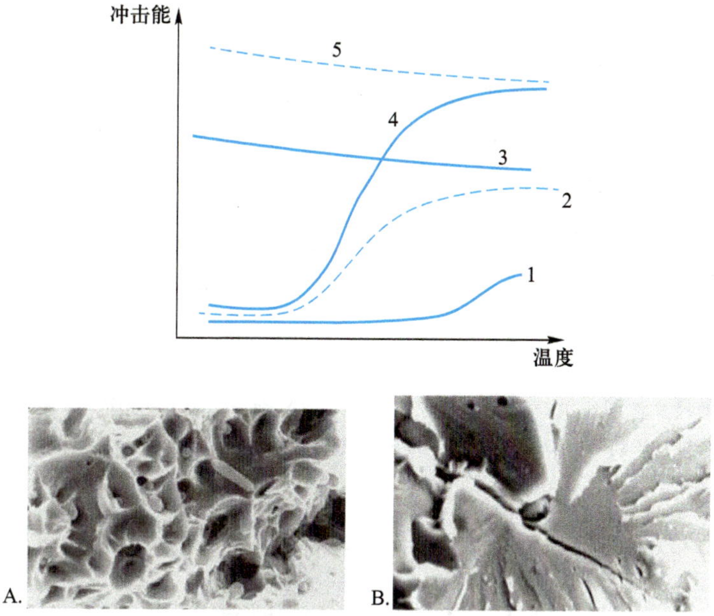

题 22-2 图

22-3　计算图示各交变应力的平均应力、应力幅及循环特性。

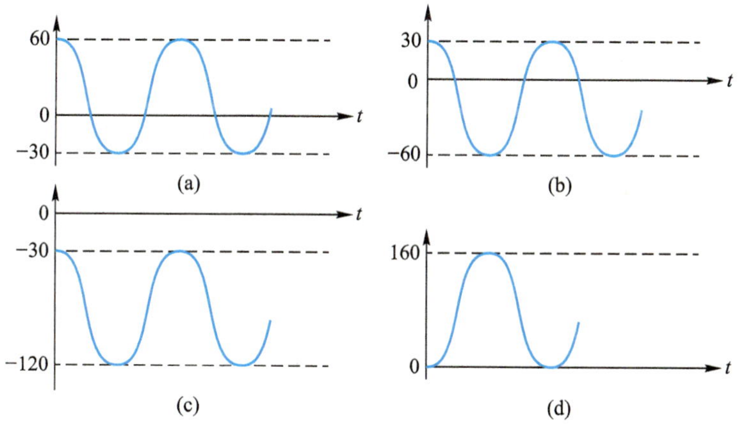

题 22-3 图

22-4　一重物 Q 的重量为 10 kN，通过轴承作用在圆轴 AB 上，轴直径 $D=40$ mm。若轴在 $\pm30°$ 范围内摆动（重物 Q 不动），求轴的危险截面上 1、2 两点处交变正应力的循环特性、平均应力。

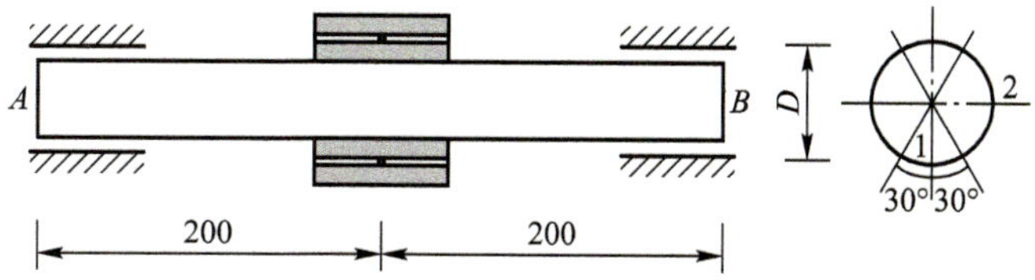

题 22-4 图

22-5　图示碳钢轴，其 $\sigma_b=600$ MPa，$\sigma_{-1}=250$ MPa，轴上受到对称循环交变弯矩 $M=750$ N·m 的作用。

若轴规定的安全系数 $n=1.8$，轴表面磨削加工，试校核该轴的强度。

22-6 阶梯形圆轴，受对称循环交变扭矩 $T=800$ N·m 作用，材料是碳钢，$\sigma_b=500$ MPa，$\tau_{-1}=110$ MPa。若轴规定的安全系数 $n=1.8$，轴表面磨削加工，试校核该轴的强度。

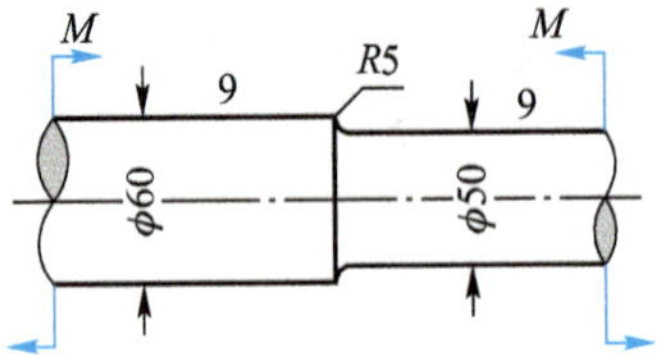

题 22-5 图

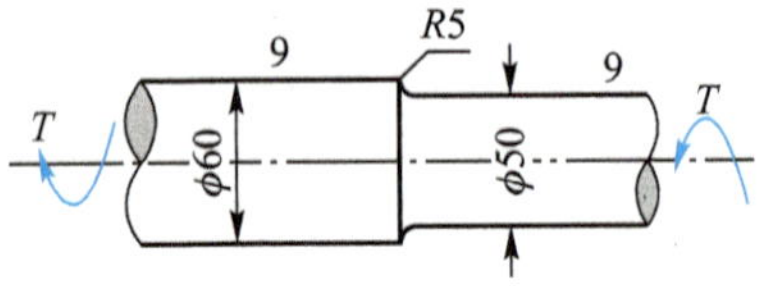

题 22-6 图

22-7 阶梯轴的尺寸如图所示。材料为合金钢 $\sigma_b=900$ MPa，$\sigma_{-1}=410$ MPa，$\tau_{-1}=240$ MPa。作用于轴上的弯矩变化于 $-1\ 000$ N·m 到 $+1\ 000$ N·m 之间，扭矩变化于 0 到 1 500 N·m 之间，若规定的安全系数 $n=2$，试校核轴的疲劳强度。

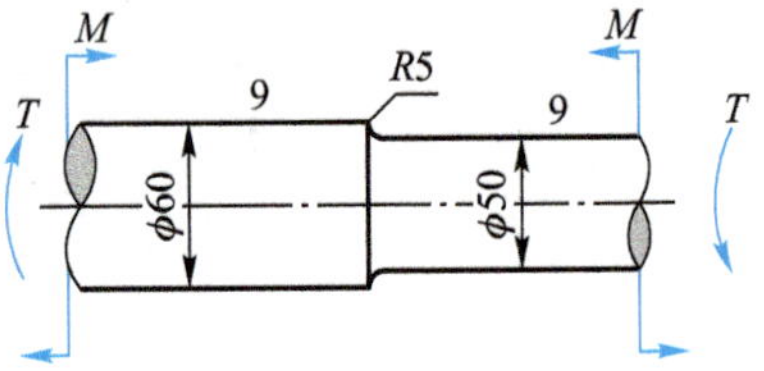

题 22-7 图

22-8 分析蠕变的三个阶段，并说明影响蠕变的几个因素。

22-9 简要说明电化学反应中氧化反应与还原反应的区别。

22-10 参照标准电动势排序表 22-5，判断下列哪组材料的电势差最大。

A. Co 和 Fe；　　B. Pb 和 Ni；　　C. Sn 和 Cr；　　D. Cu 和 Fe

第23章 工程装备力学设计

23.1 船体甲板板架结构设计

1. 设计背景及目的

甲板(deck)是船体的重要构件,是位于船体内底板以上的平面结构(图 23－1),一般由板与骨架构成,骨架显著提升了甲板的承载能力。因此,在实际甲板结构设计工作中,对骨架中的每根梁开展力学设计和校核工作至关重要。通过甲板中骨架的简单设计分析,希望读者可以掌握船体甲板板架结构中骨架的力学模型简化方法和设计分析过程,达到熟练运用静力学知识开展船舶结构典型部件设计的目的。

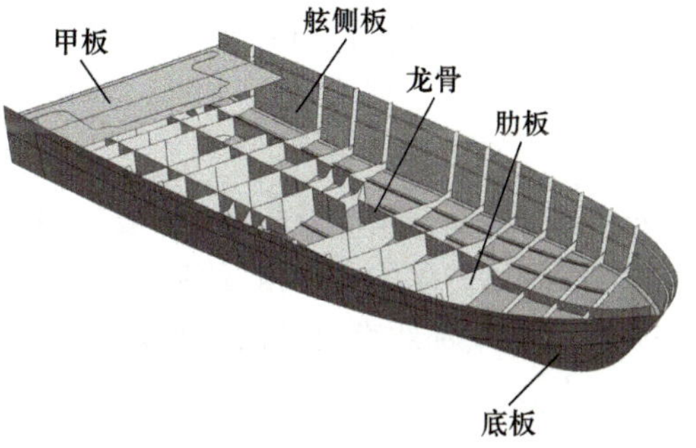

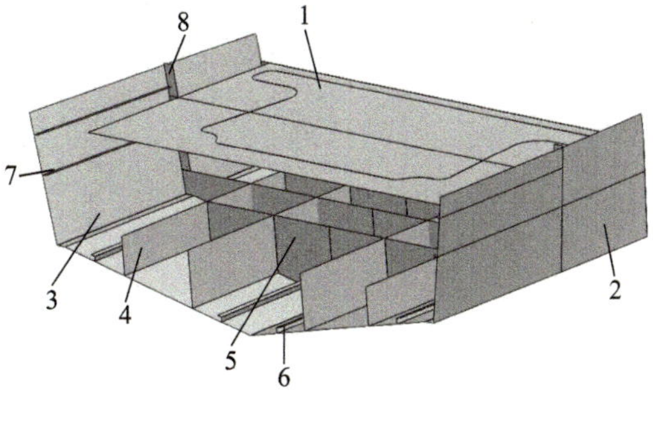

图 23－1

1—甲板;2—舷顶列板;3—舷侧板;4—舭列板;5—船底板;6—中内龙骨;7—平板龙骨;8—旁内龙骨

2. 设计内容

本案例拟对船体甲板中骨架结构开展如下设计：

(a) 对给定尺寸的船体甲板中骨架结构进行模型简化，将实际结构抽象建立力学模型。

(b) 根据强度条件，对骨架结构进行材料选择和截面设计，并对纵骨进行稳定性校核。

(c) 应用商业有限元软件 ABAQUS 仿真分析梁的应力分布情况和极限承载能力，验证理论分析结果。

(1) 力学模型

1) 结构形成

现设计一块长 8 m、宽 6 m 的甲板板架，采用纵骨架式的甲板结构，纵向设置一根纵骨，纵骨的长度与截面惯性矩分别设为 l_z 和 I_z；横向等距布置 3 根相同的横梁，横梁的长度与截面惯性矩分别设为 l_h 和 I_h，则纵骨间距为 2 m，如图 23-2 所示。

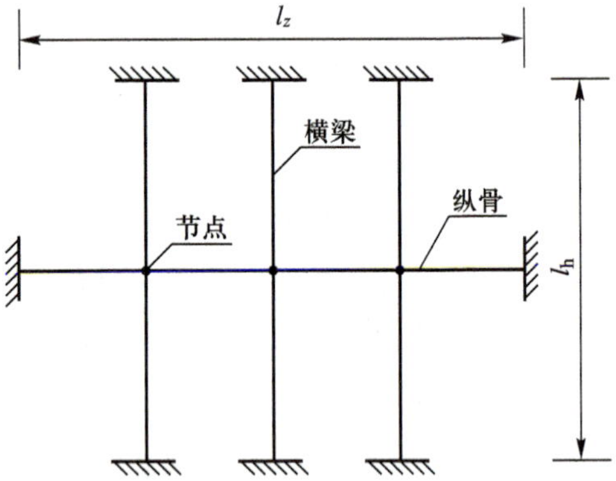

图 23-2

船体板架结构中的梁与纵骨一般是正交的，并且数目一般是不等的。我们称数目较多的一组梁为“主向梁”，与其交叉的数目较少的梁为“交叉构件”。在本设计中，3 根横梁为“主向梁”，1 根纵骨为“交叉构件”。此外，板架中梁的交叉点叫作板架的“节点”。

2) 端部约束简化

对于纵骨架式的甲板板架结构，纵骨与横舱壁固连，一般在模型简化时采用两端固支约束；横梁与肋骨相连，一般来说在端部可以产生一定转角，约束可简化为介于简支和固支之间的弹性约束，在此为了简化计算，假定横梁的端部约束也是固支约束。

3) 载荷设置

设板架受到垂向均布载荷 q（q 设为 5 kPa/m^2，为单位面积的载荷）。由于实际外载荷由甲板板面传给纵骨，再由纵骨传至横梁，因此在计算中通常认为板架上的外载荷全部由横梁承受，因此，根据静力等效原则，单根横梁上的外载荷合力为

$$F_q=\frac{1}{4}ql_zl_h \tag{23-1}$$

其中，$\frac{1}{4}l_z$ 为横梁之间的距离。

(2) 模型计算

1) 计算思路

根据图 23-2 所示的力学模型可知，本设计中的纵骨与横梁均为静不定结构，可采用力法求解这一问题。计算思路为：将板架的纵骨与横梁在相交节点处拆解，忽略梁的扭转，拆解之后，它们之间的相互作用力即为集中力，可利用变形协调条件建立补充方程求解。

基于这一计算思路，拆解后得到的横梁计算模型如图 23-3a 所示，其中横梁承受均布外载

荷F_q/l_h与纵骨施加的集中力 F_p；纵骨的计算模型如图 23－3b 所示，纵骨在 3 个节点处分别承受横梁施加的作用力F_{p1}、F_{p2}、F_{p3}。考虑到载荷与结构的对称性，可知$F_{p1}=F_{p3}$。

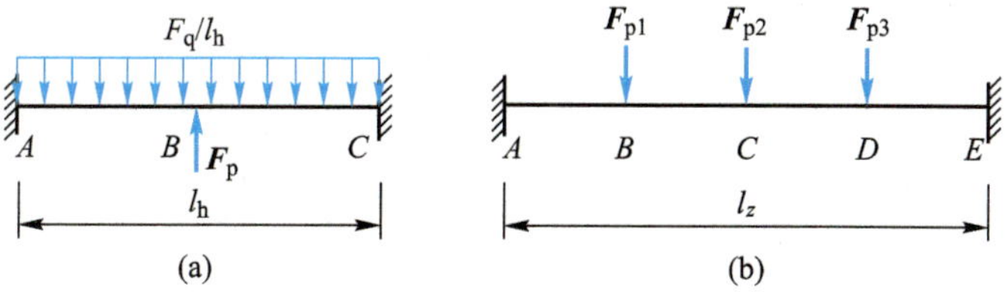

图 23－3

2）计算节点相互作用力

根据变形协调条件，建立横梁与纵骨在相应节点处挠度相等的方程式，能够首先计算获得节点集中力F_{p1}、F_{p2}、F_{p3}的值。

步骤一 计算横梁中点处挠度

横梁所受的集中力 F_p 在中点处产生的挠度v_{F_p}如图 23－4 所示，这是三次静不定问题，可采用静不定对称性规则降次计算，并使用力法正则方程求解，得到

$$v_{F_p}=\frac{F_p l_h^3}{3EI_h}\frac{a^3b^3}{l_h^6} \tag{23-2}$$

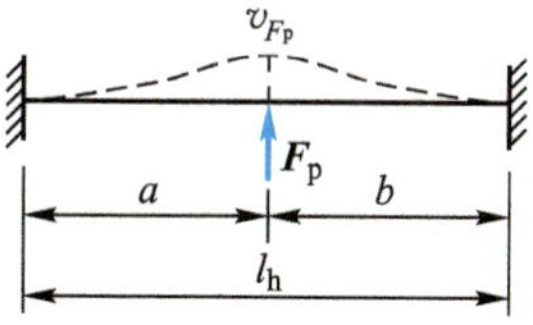

图 23－4

代入 $a=b=\dfrac{l_h}{2}$，可得

$$v_{F_p}=\frac{F_p l_h^3}{3EI_h}\frac{\left(\dfrac{l_h}{2}\right)^3\left(\dfrac{l_h}{2}\right)^3}{l_h^6}=\frac{1}{192}\frac{F_p l_h^3}{EI_h} \tag{23-3}$$

横梁所受的均布外载荷F_q/l_h在中点处产生的挠度v_{F_q}如图 23－5 所示，采用求解静不定问题的力法正则方程，得到

$$v_{F_q}=-\frac{F_q l_h^3}{24EI_h}\frac{x^2}{l_h^2}\left(1-2\frac{x}{l_h}+\frac{x^2}{l_h^2}\right) \tag{23-4}$$

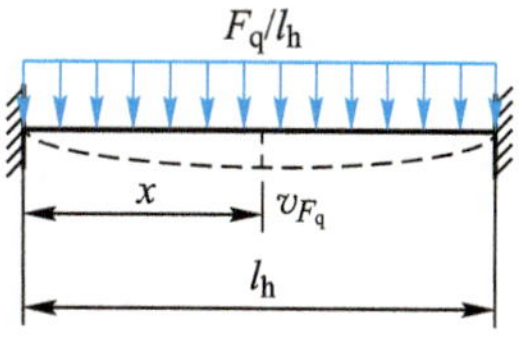

图 23－5

代入 $x=\dfrac{l_h}{2}$，可得

$$v_{F_q}=-\frac{1}{384}\frac{F_q l_h^3}{EI_h} \tag{23-5}$$

则横梁中点处的总挠度为

$$v=v_{F_p}+v_{F_q}=-\frac{1}{384}\frac{F_q l_h^3}{EI_h}+\frac{1}{192}\frac{F_p l_h^3}{EI_h} \tag{23-6}$$

步骤二 计算纵骨各节点处挠度

由于结构的对称性，纵骨在节点 1 和节点 3 处的挠度表达式相同，故只需计算节点 1 和节点 2 处的挠度。

（a）节点 1 处的挠度

纵骨所受的集中力 F_{p2}在节点 1 处产生的挠度$v_{1F_{p2}}$如图 23－6 所示，采用求解静不定问题的

力法正则方程，得到

$$v_{1F_{p2}}=-\frac{F_{p2}l_z^3}{6EI_z}\left[\frac{b^2x^2}{l_z^2l_z^2}\left(\frac{3a}{l_z}-\frac{3a+b}{l_z}\frac{x}{l_z}\right)\right] \quad (23-7)$$

代入 $a=b=\frac{l_z}{2}$，$x=\frac{l_z}{4}$ 可得

$$v_{1F_{p2}}=-\frac{1}{384}\frac{F_{p2}l_z^3}{EI_z} \quad (23-8)$$

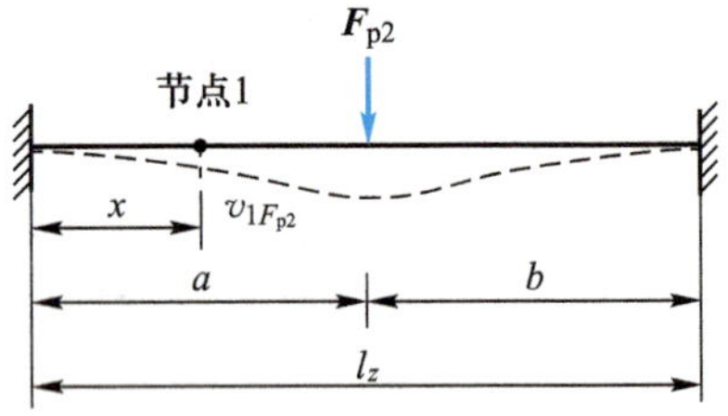

图 23-6

纵骨所受的对称集中力 F_{p1}、F_{p3} 在节点 1 处产生的挠度 $v_{1F_{p1}F_{p3}}$ 如图 23-7 所示，采用求解静不定问题的力法正则方程，得到

$$v_{1F_{p1}F_{p3}}=-\frac{F_{p3}l_z^3x^2}{6EI_zl_z^2}\left(3\frac{ab}{l_z^2}-\frac{x}{l_z}\right) \quad (23-9)$$

代入 $a=\frac{l_z}{4}$，$b=\frac{3l_z}{4}$，$x=\frac{l_z}{4}$ 可得

$$v_{1F_{p1}F_{p3}}=-\frac{5}{1\,536}\frac{F_{p1}l_z^3}{EI_z} \quad (23-10)$$

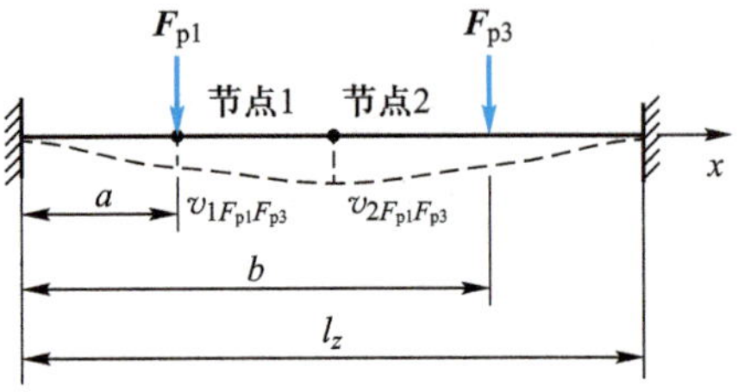

图 23-7

综上，纵骨在节点 1 处的总挠度为

$$v_1=v_{1F_{p1}F_{p3}}+v_{1F_{p2}}=-\frac{5}{1\,536}\frac{F_{p1}l_z^3}{EI_z}-\frac{1}{384}\frac{F_{p2}l_z^3}{EI_z} \quad (23-11)$$

(b) 节点 2 处的挠度

纵骨所受的集中力 F_{p2} 在节点 2 处产生的挠度可参照式(23-3)获得，即

$$v_{2F_{p2}}=-\frac{1}{192}\frac{F_{p2}l_z^3}{EI_z} \quad (23-12)$$

纵骨所受的对称集中力 F_{p1}、F_{p3} 在节点 2 处产生的挠度可参照式(23-8)获得，即

$$v_{2F_{p1}F_{p3}}=-\frac{1}{192}\frac{F_{p1}l_z^3}{EI_z} \quad (23-13)$$

综上，纵骨在节点 2 处的总挠度为

$$v_2=v_{2F_{p1}F_{p3}}+v_{2F_{p2}}=-\frac{1}{192}\frac{F_{p1}l_z^3}{EI_z}-\frac{1}{192}\frac{F_{p2}l_z^3}{EI_z} \quad (23-14)$$

步骤三 计算纵骨集中力

根据变形协调条件，第一根横梁与纵骨在节点 1 处挠度相等，可得

$$\frac{1}{384}\frac{F_ql_h^3}{EI_h}-\frac{1}{192}\frac{F_pl_h^3}{EI_h}=\frac{5}{1\,536}\frac{F_{p1}l_z^3}{EI_z}+\frac{1}{384}\frac{F_{p2}l_z^3}{EI_z} \quad (23-15)$$

第二根横梁与纵骨在节点 2 处挠度相等，可得

$$\frac{1}{384}\frac{F_ql_h^3}{EI_h}-\frac{1}{192}\frac{F_pl_h^3}{EI_h}=\frac{1}{192}\frac{F_{p1}l_z^3}{EI_z}+\frac{1}{192}\frac{F_{p2}l_z^3}{EI_z} \quad (23-16)$$

联立求解式(23-15)与式(23-16)可得

$$F_{p1}=F_{p3}=\frac{(4+2\varepsilon)F_q}{8+13\varepsilon+\varepsilon^2},\quad F_{p2}=\frac{\left(4-\frac{3}{2}\varepsilon\right)F_q}{8+13\varepsilon+\varepsilon^2} \quad (23-17)$$

式中

$$\varepsilon=\frac{I_{\mathrm{h}}l_z^3}{I_z l_{\mathrm{h}}^3} \tag{23-18}$$

假定横梁的截面尺寸约为纵骨截面尺寸的 2 倍，由惯性矩的定义可知，横梁的截面惯性矩 I_{h} 约为纵骨截面惯性矩I_z的 16 倍，即 $I_{\mathrm{h}}=16\ I_z$，则有

$$\varepsilon=\frac{I_{\mathrm{h}}l_z^3}{I_z l_{\mathrm{h}}^3}=16\times\frac{8^3}{6^3}=\frac{1\ 024}{27} \tag{23-19}$$

代入式(23－17)可得

$$F_{\mathrm{p1}}=F_{\mathrm{p3}}=4.117\times10^{-2}F_{\mathrm{q}},\quad F_{\mathrm{p2}}=-2.727\times10^{-2}F_{\mathrm{q}} \tag{23-20}$$

3) 计算纵骨与横梁的最大弯矩

得到纵骨与横梁的载荷和挠度后，可以求解横梁与纵骨的最大弯矩。

(a) 纵骨的最大弯矩

纵骨结构的受力图如图 23－3b 所示，各截面上的弯矩可由集中力F_{p1}、F_{p2}和 F_{p3}产生的弯矩叠加获得。根据纵骨结构与承载情况可知，其弯矩具有对称性。因此，我们只需计算纵骨的 AC 段弯矩即可。

根据图 23－6 可知，纵骨所受的集中力F_{p2}在 AC 段产生的弯矩M_{z2}为

$$M_{z2}=-\frac{F_{\mathrm{p2}}b^2}{l_z}\left(\frac{a}{l_z}-\frac{3a+b}{l_z}\frac{x}{l_z}\right) \tag{23-21}$$

代入 $a=b=\frac{l_z}{2}$可得

$$M_{z2}=-\frac{F_{\mathrm{p2}}l_z}{4}\left(\frac{1}{2}-\frac{2x}{l_z}\right) \tag{23-22}$$

由图 23－7 可知，纵骨所受的对称集中力F_{p1}、F_{p3}在 AC 段产生的弯矩方程为

$$M_{z13}=\begin{cases}-F_{\mathrm{p1}}\left(\frac{ab}{l_z}-x\right) & (0<x\leqslant a)\\ -F_{\mathrm{p1}}\left(\frac{ab}{l_z}-x\right)+F_{\mathrm{p1}}(x-a) & (a<x\leqslant b)\end{cases} \tag{23-23}$$

代入 $a=\frac{l_z}{4}$，$b=\frac{3l_z}{4}$可得

$$M_{z13}=\begin{cases}-F_{\mathrm{p1}}\left(\frac{3}{16}l_z-x\right) & \left(0<x\leqslant\frac{l_z}{4}\right)\\ -F_{\mathrm{p1}}\left(\frac{3}{16}l_z-x\right)+F_{\mathrm{p1}}\left(x-\frac{l_z}{4}\right) & \left(\frac{l_z}{4}<x\leqslant\frac{3l_z}{4}\right)\end{cases} \tag{23-24}$$

综上，纵骨 AC 段的弯矩方程为

$$\begin{aligned}M_{zAC}&=M_{z2}+M_{z13}\\&=\begin{cases}-\frac{F_{\mathrm{p2}}l_z}{4}\left(\frac{1}{2}-\frac{2x}{l_z}\right)-F_{\mathrm{p1}}\left(\frac{3}{16}l_z-x\right) & \left(0<x\leqslant\frac{l_z}{4}\right)\\ -\frac{F_{\mathrm{p2}}l_z}{4}\left(\frac{1}{2}-\frac{2x}{l_z}\right)-F_{\mathrm{p1}}\left(\frac{3}{16}l_z-x\right)-F_{\mathrm{p1}}\left(x-\frac{l_z}{4}\right) & \left(\frac{l_z}{4}<x\leqslant\frac{3l_z}{4}\right)\end{cases}\end{aligned}$$

$$=\begin{cases}-4.311\times10^{-3}F_ql_z+2.754\times10^{-2}F_qx & \left(0<x\leqslant\dfrac{l_z}{4}\right)\\ -1.363\times10^{-2}F_qx+5.982\times10^{-3}F_ql_z & \left(\dfrac{l_z}{4}<x\leqslant\dfrac{3l_z}{4}\right)\end{cases}\tag{23-25}$$

由此，可得到纵骨 AC 段的弯矩图如图 23-8 所示。

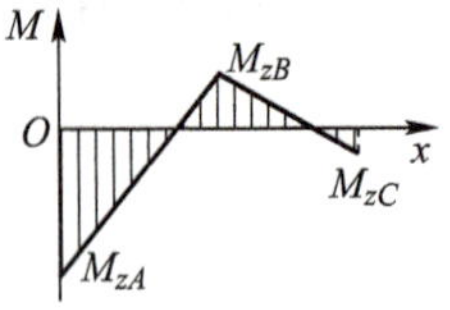

图 23-8

将 A、B、C 点的 x 坐标代入式(23-25)，得

$$M_{zA}=-\frac{1}{8}F_{p2}l_z-\frac{3}{16}F_{p1}l_z=-4.311\times10^{-3}F_ql_z$$

$$M_{zB}=\frac{F_{p1}l_z}{16}=2.573\times10^{-3}F_ql_z\tag{23-26}$$

$$M_{zC}=\frac{1}{8}F_{p2}l_z+\frac{1}{16}F_{p1}l_z=-8.356\times10^{-4}F_ql_z$$

求得纵骨的最大弯矩为

$$M_{z\max}=|M_{zA}|=4.311\times10^{-3}F_ql_z=2.069\ \text{kN}\cdot\text{m}\tag{23-27}$$

(b) 横梁 1 的最大弯矩

横梁 1 的结构受力图如图 23-9 所示。

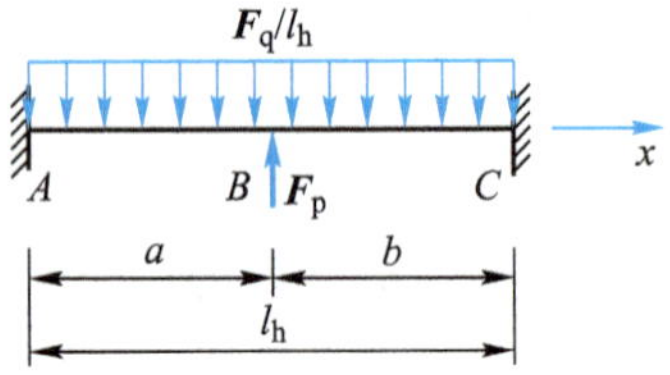

图 23-9

由图 23-9 可知，横梁 1 的弯矩可由集中力 F_p 和均布外载荷 F_q/l_h 产生的弯矩叠加获得。根据对称性，只需计算横梁 1 的 AB 段弯矩即可。

横梁所受的集中力 F_p 在 AB 段产生的弯矩方程为

$$M_{h1}=-\frac{F_pb^2}{l_h}\left(\frac{a}{l_h}-\frac{3a+b}{l_h}\frac{x}{l_h}\right)\tag{23-28}$$

代入 $a=b=\dfrac{l_h}{2}$，$F_p=-F_{p1}$ 可得

$$M_{h1}=\frac{F_{p1}l_h}{4}\left(\frac{1}{2}-\frac{2x}{l_h}\right)\tag{23-29}$$

横梁所受的均布外载荷 F_q/l_h 在 AB 段产生的弯矩方程为

$$M_{h2}=-\frac{F_ql_h}{12}\left(1-6\frac{x}{l_h}+6\frac{x^2}{l_h^2}\right)\tag{23-30}$$

综上，横梁 1 在 AB 段上的总弯矩为

$$\begin{aligned}M_{hAB}&=M_{h1}+M_{h2}\\&=-\frac{F_ql_h}{12}\left(1-6\frac{x}{l_h}+6\frac{x^2}{l_h^2}\right)+\frac{4.117\times10^{-2}F_ql_h}{4}\left(\frac{1}{2}-\frac{2x}{l_h}\right)\\&=-\frac{F_ql_h}{12}\left(6\frac{x^2}{l_h^2}-5.753\frac{x}{l_h}+0.938\right)\end{aligned}\tag{23-31}$$

由此，可得到横梁 1 在 AB 段的弯矩图如图 23-10 所示。

由图 23-10 与式(23-31)可求得横梁 1 的最大弯矩为

$$M_{h1\max}=|M_{hA}|=\frac{F_p l_h}{12}\times 0.938=28.14\ \text{kN}\cdot\text{m} \qquad (23-32)$$

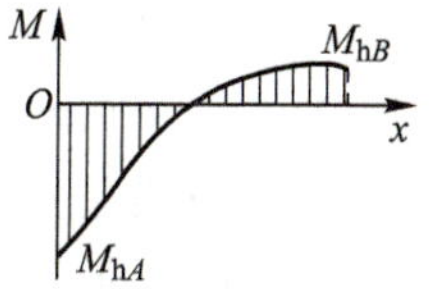

图 23-10

(c) 横梁 2 的最大弯矩

同理,横梁 2 也只需计算 AB 段的弯矩即可。横梁 2 的弯矩表达式为

$$\begin{aligned}M_{hAB}&=M_{h1}+M_{h2}\\&=-\frac{F_q l_h}{12}\left(1-6\frac{x}{l_h}+6\frac{x^2}{l_h^2}\right)-\frac{2.727\times10^{-2}F_q l_h}{4}\left(\frac{1}{2}-\frac{2x}{l_h}\right)\\&=-\frac{F_q l_h}{12}\left(6\frac{x^2}{l_h^2}-6.164\frac{x}{l_h}+1.041\right)\end{aligned} \qquad (23-33)$$

由此,可得到横梁 2 在 AB 段的弯矩图如图 23-11 所示。

由图 23-11 与式(23-33)可求得横梁 2 的最大弯矩为

$$M_{h2\max}=|M_{hA}|=\frac{F_q l_h}{12}\times 1.041=31.23\ \text{kN}\cdot\text{m} \qquad (23-34)$$

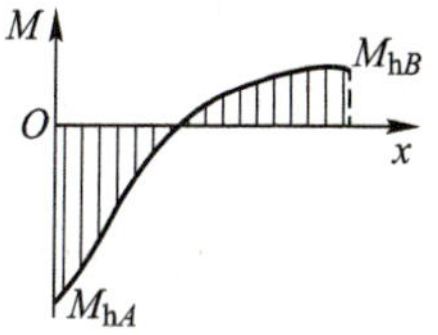

图 23-11

由于横梁 1 与横梁 2 为完全相同的两个梁,故只需要基于弯矩较大的梁进行下一步的截面设计工作。由式(23-32)、(23-34)可知

$$M_{h\max}=\max\{M_{h1\max},M_{h2\max}\}=31.23\ \text{kN}\cdot\text{m} \qquad (23-35)$$

(3) 材料选择与截面设计

为了保证纵骨与横梁能够安全工作,需根据强度要求对其进行材料选择与截面设计。

1) 钢材选取

首先,选取纵骨与横梁结构的材料,确定相应的材料属性。所依从的船用钢材选取原则如下:

(a) 选用的钢种原材料及生产工艺应考虑供应方便、货源充足。

(b) 根据船舶的用途、吨位的大小和使用的条件,选用各项技术性能满足要求的船体结构钢,确保船舶使用的安全可靠。

(c) 选择的钢种、技术经济性要合理,在满足技术要求的前提下,应力求选用价格低廉的钢种,以降低船舶的建造成本。

考虑到以上原则,本设计选取 A3 钢 Q235-A,该材料的屈服极限 $\sigma_s=235$ MPa,弹性模量 $E=210$ GPa。

2) 横梁截面设计

对于等截面梁,其最大正应力应满足

$$\sigma_{\max}=\frac{M_{\max}}{W}\leqslant[\sigma]=\frac{\sigma_s}{n} \qquad (23-36)$$

其中,$[\sigma]$为材料的许用正应力,n 为安全系数,根据工程经验,通常取值在 1.5 到 2 之间,为了确保结构稳定性与安全性,此处取 $n=2$。

根据式(23-36),横梁的弯曲截面系数为

$$W\geqslant\frac{nM_{h\max}}{\sigma_s}=2.657\times10^{-4}\ \text{m}^3 \qquad (23-37)$$

主船体"主向梁"结构通常采用球扁钢,参照我国国家标准《热轧球扁钢》(GB/T 9945—

2012)，选取球扁钢截面型号为320×12，特征参数如图23-12所示。该型号截面特征参数中 $x-x$ 轴惯性矩和弯曲截面系数分别为 $I_x=5\ 525\ \mathrm{cm^4}$、$W_x=275\ \mathrm{cm^3}$。

至此，横梁截面设计完毕。

3) 纵骨截面设计

根据前文设定的纵骨与横梁截面惯性矩的比例关系，可得纵骨的截面惯性矩

$$I_z=\frac{I_h}{16}=\frac{I_x}{16}\approx 345.31\ \mathrm{cm^4} \qquad (23-38)$$

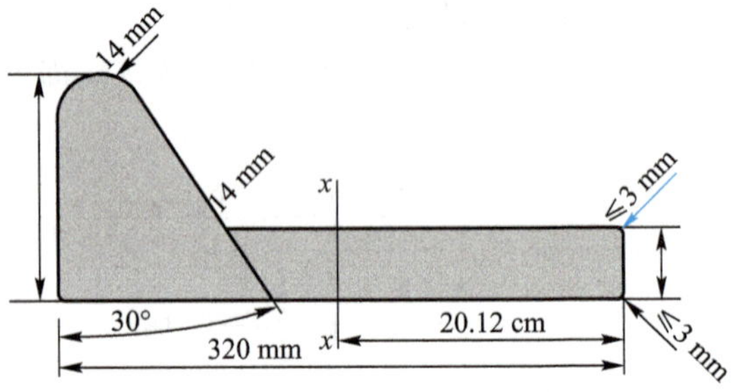

图 23-12

考虑到纵骨架式甲板结构中，纵骨常使用T型材，而T型材无标准件，故此处纵骨截面自行设计。

设T型材面板和腹板的截面长宽比分别为6∶1和8∶1，两板截面的宽度相同，皆为 x。现对 x 值进行设计，建立如图23-13所示的坐标系。

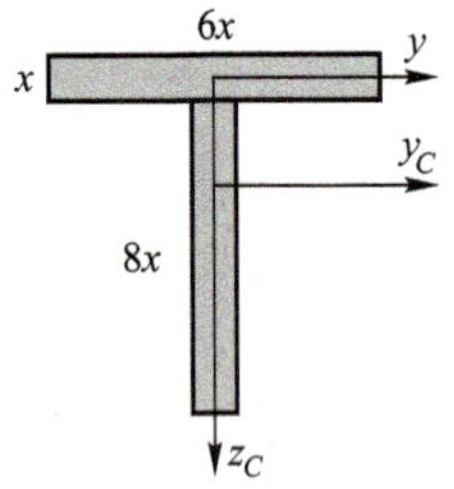

图 23-13

T型材截面形心位置坐标为

$$\bar{y}=0,\quad \bar{z}=\frac{8x^2\cdot 4.5x}{6x^2+8x^2}=2.57x \qquad (23-39)$$

则该T型材截面对形心轴 y_C 的惯性矩为

$$\begin{aligned}I_{yC}&=\frac{1}{12}\cdot 6x^4+6x^2\cdot(2.57x)^2+\frac{1}{12}x\cdot(8x)^3+8x^2(4.5x-2.57x)^2\\&=112.595x^4\\&=345.31\ \mathrm{cm^4}\end{aligned} \qquad (23-40)$$

由式(23-40)解得 $x=1.323\ \mathrm{cm}$。

因此，该T型材弯曲截面系数为

$$W_{yC}=\frac{I_{y_c}}{8.5x-2.57x}=44.01\ \mathrm{cm^3} \qquad (23-41)$$

将式(23-27)中已求得纵骨的最大弯矩 $M_{z\max}=2.069\ \mathrm{kN\cdot m}$ 代入式(23-36)，可求得纵骨的弯曲应力为

$$\sigma_{\max}=\frac{M_{\max}}{W_{yC}}=47.02\ \mathrm{MPa}<\frac{\sigma_s}{n}=117.5\ \mathrm{MPa} \qquad (23-42)$$

说明所设计的T型材满足强度要求。

至此，纵骨截面设计完毕。

(4) 纵骨稳定性校核

作为纵向构件，甲板纵骨需要参与船体的总纵强度（指船体结构抵抗纵向弯曲，不使整体结构发生破坏的能力）。虽然截面最大的正应力低于钢材的许用应力值，但当船舶处于中垂状态时，甲板上的纵向构件会出现受压的情况，构件的变形会突然偏离原来的弯曲变形平面，同时发生侧向弯曲和扭转，即出现整体失稳。因此对纵骨还需要进行稳定性校核。在进行计算之前，做

如下两点说明：

1）由于横梁的支承作用，此处我们需要进行稳定性校核的甲板纵骨实际上是一根多跨梁。考虑到本教材中只分析了单跨梁的稳定性问题，且对比单跨梁的临界载荷计算，多跨梁的求解过程更为复杂，故本设计中将多跨梁简化为单跨梁问题进行稳定性校核。

2）纵骨端部的边界条件是刚性固定，但实际进行稳定性校核时，常将端部边界条件设为简支，横梁对纵骨的约束可简化为弹性支座。这是因为简支所得计算结果偏安全，且易于计算。

得到的纵骨多跨梁简化模型如图 23-14a 所示，取其中的 AB 段为本案例稳定性校核模型，如图 23-14b 所示。

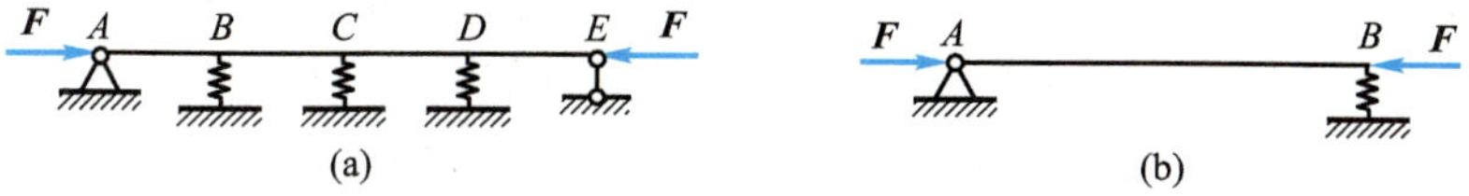

图 23-14

压杆的柔度计算公式为

$$\lambda=\frac{\mu l}{\sqrt{I_z/A}} \tag{23-43}$$

本例中令一端铰支且一端弹性支撑约束的压杆长度因数为 $\mu\approx1.03$[①]，所设计的纵骨 T 型材的截面面积为 $A=24.505\ \mathrm{cm^2}$，代入式(23-43)得 $\lambda=54.87$。

由柔度 $\lambda<\lambda_s=61$（A3 钢），可知该纵骨为短粗杆，可采用屈服极限作为临界应力，即 $\sigma_{cr}=\sigma_s=235\ \mathrm{MPa}$。

(5) 仿真验证

在完成了纵骨与横梁的理论分析与截面设计后，采用有限元软件 ABAQUS 对所设计的结构进行仿真分析与验证。

3. 小结

本案例综合运用了静力学中约束与受力分析，材料力学中平面弯曲、超静定结构、压杆稳定性等相关知识点。首先建立了甲板板架结构的力学模型，用超静定问题分析方法计算出了纵骨与横梁的最大弯矩，进而利用强度条件对横梁和纵骨的截面进行了设计，开展了纵骨的稳定性校核，最后使用 ABAQUS 有限元仿真软件对甲板板架结构进行了仿真模型建立、模拟仿真、应力分析与验证等工作。未来读者可以基于本案例进一步开展多跨梁、平面板架等复杂构件的设计工作。

23.2 船舶航行轨迹分析与设计

1. 设计背景及目的

船舶在航行过程中包括许多复杂的操纵内容，如靠离码头、系带浮筒、狭窄水道及港口航行、

① 本案例中该约束情况下的长度系数 μ 是根据吴梵等编著的《船舶结构力学》（第 2 版）P220 中例 6 的方法折算获得。

风流操纵、紧急避碰等。正确地驾驶船舶按照意图保持或改变其航速、航向和位置，是船舶操纵性能的重要考量标准。操纵性良好的船舶，在直线航行时能保持运动方向，在转变航向时能迅速地调整方向，使船舶按照预定的航线航行，并且具有适当的停船性能。回转性是评价船舶操纵机动性的重要指标，该指标是指船舶改变原航向做圆弧运动的性能，通常用回转直径的大小评价船舶回转性能。从船舶的机动性考虑，通常要求船舶具有良好的回转性，良好的船舶回转性能也是船舶在航行中规避障碍物的关键因素。可以根据船舶的回转操纵模型，规划设计船舶遇障碍物时的避障轨迹。另一方面，对于舰船来讲，舰炮是战舰最主要的武器，航行中舰炮对海射击的准确性是考察舰船对海打击能力的重要参考。与陆军火炮不同，舰炮在海上的射击问题是比较复杂的。舰船在水上航行，随着水流波动，舰船的实际运动是复杂的复合运动，包括横摇、纵摇、艏摇等六个自由度上的复合。在这种环境下要完成射击目标需要进行模型的合理简化和准确计算。对于上述船舶操纵性能分析和任务设计等问题，将通过本案例尝试解决(图 23 - 15)。

图 23 - 15

2. 设计内容

(a) 针对船舶在水上航行轨迹分析与设计，对船舶做刚体简化，运用理论力学知识建立船体运动的力学模型，推导运动学和动力学方程；

(b) 针对船舶模型，计算并设计匀速直航运动的船舶进入回转运动的轨迹，分析回转运动的运动过程；

(c) 设置障碍物，根据船舶操纵模型，设计出一条合理的船舶航行避障轨迹，分析船舶操纵性能对避障的影响；

(d) 在船舶运动过程中，船上固定的大炮发射炮弹击中目标，计算得到大炮的射击角度，分析船舶运动轨迹中最短的射击时间以及此时船舶所处的位置。

(1) 船舶运动操纵模型

1) 模型假设

由于船舶水上航行的实际问题影响因素较多，分析过程较为复杂，对船舶操纵模型做出如下假设：

(a) 船舶在静水中航行，无风无浪；

(b) 船体为一根刚性杆，长为 l，质量为 m；

(c) 船体质量分布均匀，质心与几何中心重合；

(d) 螺旋桨主动力作用在船尾，忽略螺旋桨形状。

2）运动学与动力学分析

为了便于研究，建立两套坐标系，如图 23－16所示。一套是定系 Oxy，固定于地球表面，不随时间变化的直角坐标系，坐标原点取在初始时刻船舶质心位置，Oxy 平面与静水面平行。另一套是动系 CXY，固定在船体上，随船一起运动的直角坐标系，坐标原点取在船体质心 C 处，X 轴处于中纵剖面，以指向船首为正，Y 轴以指向船舶左舷为正。在航行中，船舶中纵剖面与 x 轴之间的夹角称为船舶艏向角，用 ψ 表示。船舶的实时位置可由船舶质心坐标(x_C, y_C)和船舶艏向角 ψ 表征。

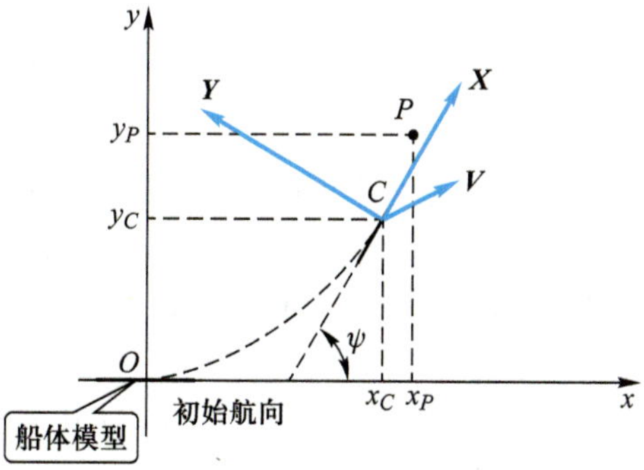

图 23－16

在水面的船舶航行运动分析中，可将船舶简化为刚体模型，操纵运动包含平面平移和转动。在定系中，船舶初始时在大地坐标系的原点处，初始航向沿着 Ox 轴，根据刚体平面运动微分方程(16－50)，船舶在任意时刻的操纵运动方程为

$$
\begin{aligned}
F_x &= m\ddot{x}_C \\
F_y &= m\ddot{y}_C \\
M_0 &= J\ddot{\psi}
\end{aligned} \tag{23-44}
$$

其中，F_x、F_y 分别为作用在船体质心上的合外力沿着 Ox 轴、Oy 轴的分量；M_0 为外力对过船舶质心并垂直于平面 Oxy 的轴的合外力矩；$\ddot{x}_C$、$\ddot{y}_C$ 分别为船舶质心沿 Ox 轴、Oy 轴的加速度分量；$\ddot{\psi}$ 为船舶绕过质心铅垂轴的角加速度；m 为船舶质量；J 为船体对过质心铅垂轴的转动惯量。

根据定系与动系之间的转换关系，对于处在水平面内的任一点 P，从动系中的位置坐标(X_P, Y_P)到定系中的位置坐标(x_P, y_P)的转换关系为

$$
\begin{bmatrix} x_P \\ y_P \end{bmatrix} = \begin{bmatrix} x_C \\ y_C \end{bmatrix} + \begin{bmatrix} \cos\psi & -\sin\psi \\ \sin\psi & \cos\psi \end{bmatrix} \begin{bmatrix} X_P \\ Y_P \end{bmatrix} \tag{23-45}
$$

其中，船舶艏向角 ψ 以 Ox 轴到 OX 轴的逆时针旋转为正。

船体质心速度沿 Ox 和 Oy 方向的速度分量为$\dot{x}_C$、$\dot{y}_C$，沿 OX 和 OY 方向的速度分量为 u、v，两套坐标系中的速度关系为

$$
\begin{bmatrix} \dot{x}_C \\ \dot{y}_C \end{bmatrix} = \begin{bmatrix} \cos\psi & -\sin\psi \\ \sin\psi & \cos\psi \end{bmatrix} \begin{bmatrix} u \\ v \end{bmatrix} \tag{23-46}
$$

式(23－46)对时间 t 求导，得到两套坐标系中的加速度关系为

$$
\ddot{x}_C = \dot{u}\cos\psi - u\dot{\psi}\sin\psi - \dot{v}\sin\psi - v\dot{\psi}\cos\psi \tag{23-47}
$$

$$
\ddot{y}_C = \dot{u}\sin\psi + u\dot{\psi}\cos\psi + \dot{v}\cos\psi - v\dot{\psi}\sin\psi \tag{23-48}
$$

作用在船体质心的合外力在动系中的分量F_X、F_Y可由定系中合力分量F_x、F_y经坐标转换关系得到

$$
\begin{bmatrix} F_X \\ F_Y \end{bmatrix} = \begin{bmatrix} \cos\psi & \sin\psi \\ -\sin\psi & \cos\psi \end{bmatrix} \begin{bmatrix} F_x \\ F_y \end{bmatrix} \tag{23-49}
$$

整理得到船舶操纵运动方程

$$F_X=m(\dot{u}-v\dot{\psi}) \tag{23-50}$$

$$F_Y=m(\dot{v}+u\dot{\psi}) \tag{23-51}$$

$$M_0=J\ddot{\psi} \tag{23-52}$$

对水阻力形式作出简化，假设单位质量船体受到的水阻力与其速度的一次方成正比，根据刚体做平面运动时的基点法方程(14－3)，以质心 C 为基点，船上任一点 D 的速度为 $\boldsymbol{V}+\dot{\boldsymbol{\psi}}\times\boldsymbol{r}$，则 D 点处的船体微元受到的微元阻力可表达为

$$\mathrm{d}\boldsymbol{f}=-k(\boldsymbol{V}+\dot{\boldsymbol{\psi}}\times\boldsymbol{r})\mathrm{d}m \tag{23-53}$$

其中，$\boldsymbol{r}$ 为从 C 到 D 的矢径，k 为一个比例系数。船上一点水阻力示意图如图 23－17 所示。

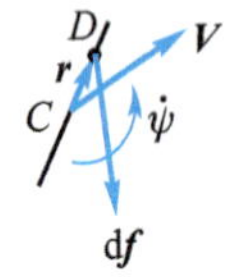

图 23－17

对上式积分可以得到船体受到的总阻力为

$$\boldsymbol{f}=-k\int_l \boldsymbol{V}\mathrm{d}m-k\int_l \dot{\boldsymbol{\psi}}\times\boldsymbol{r}\mathrm{d}m \tag{23-54}$$

分析该方程可以看出，总阻力可分为平移引起的阻力和转动引起的阻力两部分，这两部分相互独立，没有耦合。对平移阻力积分，得到沿着 OX 轴、OY 轴的分量 f_X、f_Y 分别为

$$f_X=-kmu,\quad f_Y=-kmv \tag{23-55}$$

由于平移阻力和转动阻力不耦合，可独立考虑船体只有转动时的受力形式。如图 23－18 所示，对于忽略船体形状的刚体模型，船体关于质心对称，对称微元所受到的阻力大小相等，方向相反，各微元阻力对船体质心取矩，积分后可得到船体关于质心的总阻力矩为

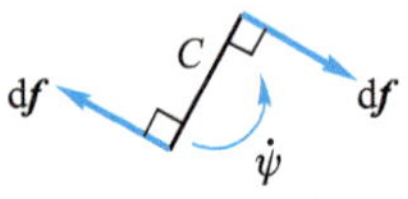

图 23－18

$$f_{M0}=2\cdot\int_0^{\frac{l}{2}}-k\cdot r\cdot\dot{\psi}\cdot r\cdot\mathrm{d}r\cdot\frac{m}{l}=-k\frac{ml^2}{12}\dot{\psi}=-kJ\dot{\psi} \tag{23-56}$$

船体所受的合外力等于船体主动力减去阻力，得到

$$F_{Xa}-kmu=m(\dot{u}-v\dot{\psi}) \tag{23-57}$$

$$F_{Ya}-kmv=m(\dot{v}+u\dot{\psi}) \tag{23-58}$$

$$M_a-kJ\dot{\psi}=J\ddot{\psi} \tag{23-59}$$

其中，F_{Xa}、F_{Ya} 分别为船体动力装置提供的主动力沿着 OX 轴、OY 轴的分量，M_a 为船体主动力对船体质心的主动力矩。式(23－57)、(23－58)和式(23－59)即为船体操纵运动方程组。其中，船体艏向角 ψ 可独立求解得到，即

$$\psi=\frac{M_0}{k^2J}\mathrm{e}^{-kt}+\frac{M_0}{kJ}t-\frac{M_0}{k^2J} \tag{23-60}$$

速度分量 u 和 v 相互耦合，无法求出解析解，可通过数值方法求解得到随时间变化的船舶质心速度。

(2) 船舶的回转运动分析

船舶在初始阶段做匀速直航运动，自转舵后船舶进入回转运动，回转运动比较复杂，通常将其分为三个阶段：转舵阶段，即船舵转至某一舵角的机动阶段，一般来讲，转舵阶段时间很短；渐变阶段，即从转舵阶段结束到船舶开始进入定常运动阶段为止的运动阶段，此阶段的回转曲率半径是不断变化的；定常回转阶段，即船舶开始进入稳定圆形运动的阶段，此时回转曲率半径为定值。

考虑一个具体的船舶刚体模型，船长 $l=6$ m，质量 $m=2\ 000$ kg，船舶以 5 m/s 的速度沿着 Ox 轴做匀速直航运动。船舶螺旋桨位于船尾，转舵后施加于船尾的主动力沿船体运动坐标系的分量分别为 $F_{X\mathrm{a}}=5$ kN，$F_{Y\mathrm{a}}=-1$ kN，船舶主动力示意图如图 23-19 所示。令水阻力系数 $k=1$。

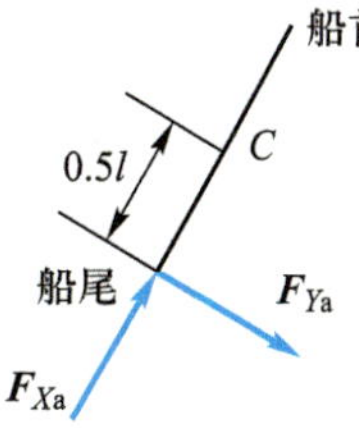

图 23-19

根据上述建立的船舶运动操纵模型，可以求出船尾主动力对船舶质心的力矩为 $M_{\mathrm{a}}=F_{Y\mathrm{a}}\cdot\dfrac{l}{2}=3$ kN·m，由式(23-60)得到船体艏向角随时间的变化关系为

$$\psi=\frac{1}{2}\mathrm{e}^{-t}+\frac{1}{2}t-\frac{1}{2}$$

船体艏向角对时间求导，并代入式(23-57)和式(23-58)中，得到在动系中速度分量的常微分方程组

$$\frac{5}{2}-u=\dot{u}-v\left(-\frac{1}{2}\mathrm{e}^{-t}+\frac{1}{2}\right)$$

$$-\frac{1}{2}-v=\dot{v}+u\left(-\frac{1}{2}\mathrm{e}^{-t}+\frac{1}{2}\right)$$

采用龙格库塔法数值求解该方程组，得到速度分量 u 和 v 关于时间 t 的图像，如图 23-20 所示。

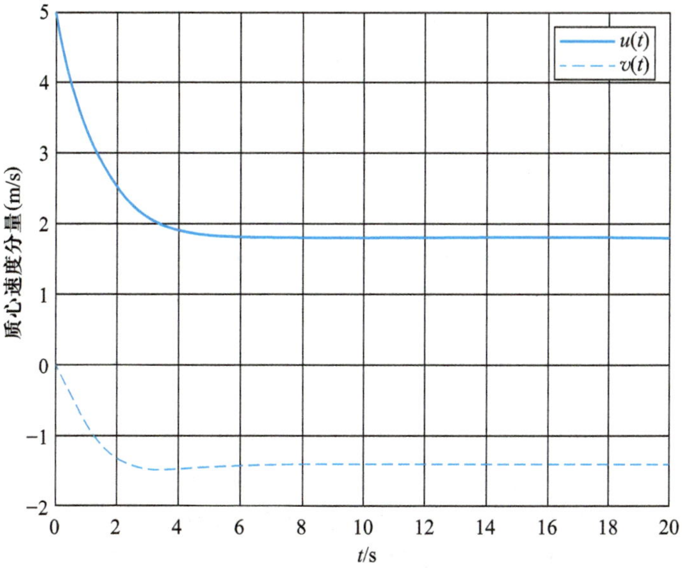

图 23-20

将速度分量 u 和 v 代入式(23-46)中，得到船体质心绝对速度在定系中的分量$\dot{x}_C$和$\dot{y}_C$，分别将其对时间 t 积分，得到船体质心在定系中的坐标x_C和y_C，质心坐标随时间的变化规律如图 23-21 所示。消去时间参数 t，得到船体质心的回转轨迹，如图 23-22 所示。

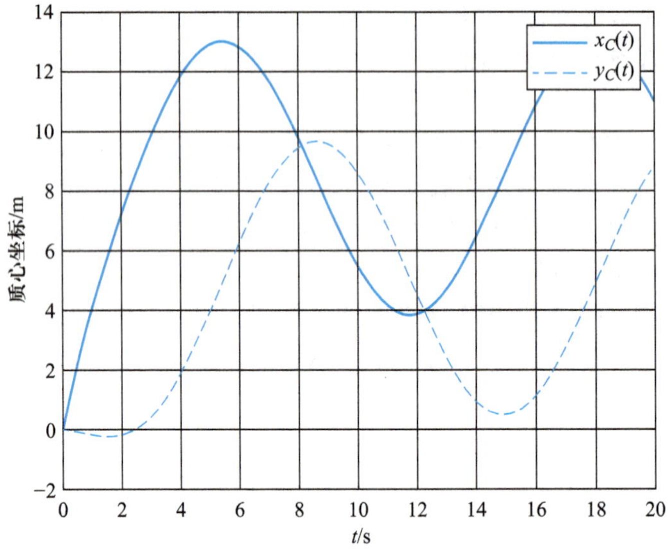

图 23-21

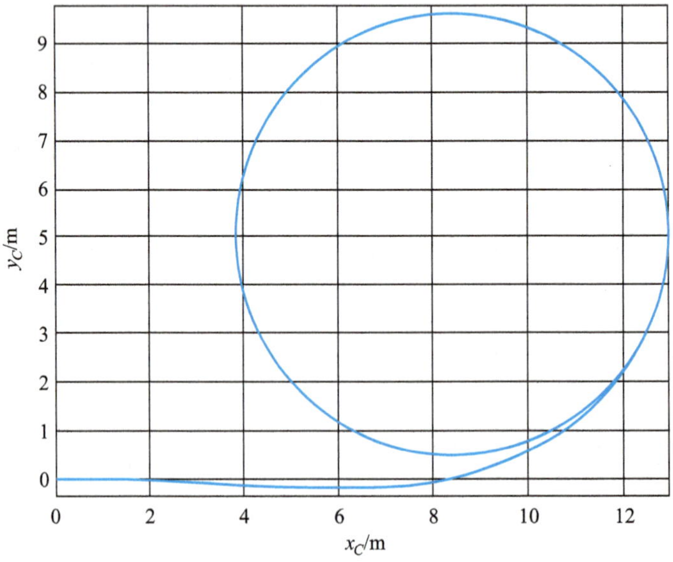

图 23-22

观察船舶质心运动轨迹可以看出，船舶转舵后，船舶质心除了沿直线航向航行外，同时会发生沿转舵方向的横移。进入渐变阶段时，回转运动轨迹曲线的曲率半径逐渐减小，直至船艏向改变量约为 120°后形成圆形轨迹。此时，曲率半径为定值，称为定常回转半径。在实际中，新船造好后需开展船舶的操纵性试验以评定船舶操纵性能，其中回转试验可用于评定船舶的回转性能。

(3) 规避障碍轨迹设计与分析

船舶在行驶中常会遇到障碍物，尤其是在窄水道和港口行驶时，需要注意适当操纵船体以防止发生碰撞事故。若船舶在正常行驶的航道上遇到了障碍（如礁石、冰山），如何设计一条航行轨迹来避开障碍呢？将遇到障碍物的避障轨迹看作是回转运动的一部分，以此思路，可以设计一条完整的船舶规避障碍物的航行轨迹。

具体地，考虑一艘轮船正沿着 Ox 轴方向做匀速直航运动，速度大小为 5 m/s，在 $t=0$ s 时刻船员发现在前方 30 m 处和 55 m 处出现了两片礁石，假设礁石近似为圆形，半径分别为 7 m 和 5 m，如图 23－23 所示。试设计出一条航行轨迹，使得轮船既能顺利避开礁石，又尽量不离开原航道。假设该轮船的质量 $m=10$ t，船身长 $l=12$ m，水阻力系数 $k=0.5$，动力装置提供的最大主动力沿船身方向的分量为 $F_{X_a}=10$ kN，垂直于船身方向的分量为 $F_{Y_a}=2$ kN。

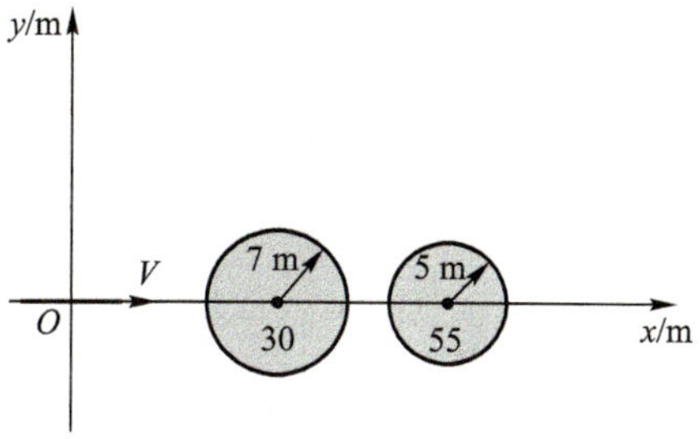

图 23－23

现在轮船准备开始避障，向左打满舵，动力装置提供的最大主动力为 $F_{X_a}=10$ kN，$F_{Y_a}=-2$ kN，此时计算得到 $M_a=12$ kN·m。代入式(23－60)得到船舶艏向角关于时间 t 的函数为

$$\psi_1=0.4\,e^{-0.5t}+0.2t-0.4$$

艏向角对时间求导后，代入船体操纵方程(23－57)和(23－58)中，得到船舶避障的第一段质心运动轨迹，如图 23－24 所示。第一次操纵船体运行 6 s。

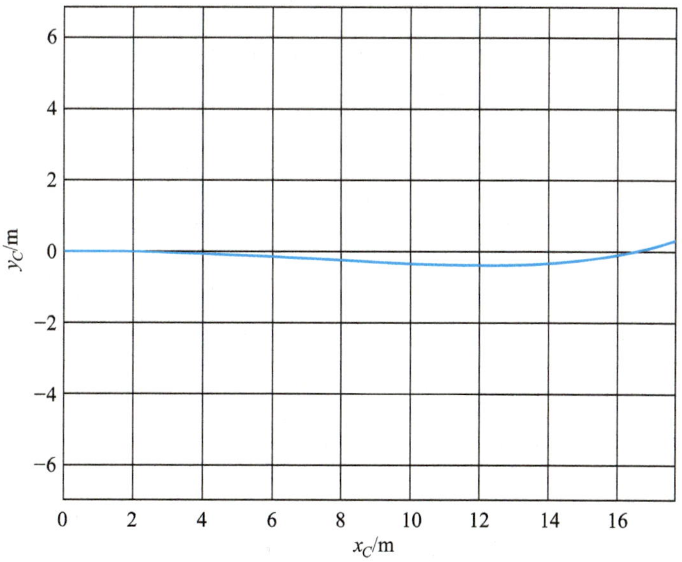

图 23－24

随后进行第二次船体运行操纵，向右打满舵，此时船舶主动力沿 OY 方向的分量为2 kN，此时对质心的主动力矩为 $M_a=-12$ kN·m，注意初始条件的变化，求得艏向角函数为

$$\psi_2 = -0.78\,e^{-0.5t} - 0.2t + 1.6$$

第二段的船体操纵运行时间为 14 s，求得质心运动轨迹如图 23-25 所示。

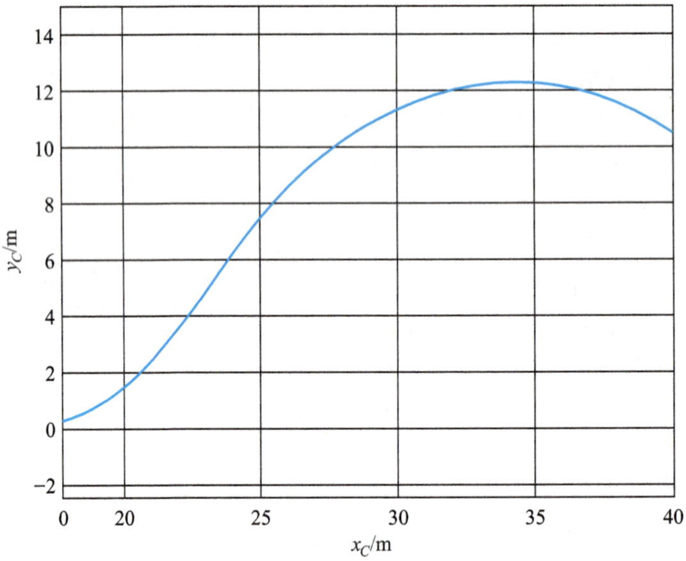

图 23-25

此时，船体已经完成了对第一片岛礁的避障轨迹，在第三次操纵中，再次向左打满舵。注意初始条件的变化，得到船体艏向角函数为

$$\psi_3 = 0.8\,e^{-0.5t} + 0.2t - 2.001$$

第三段的操纵时间持续 18 s，得到船体质心的运行轨迹如图 23-26 所示。

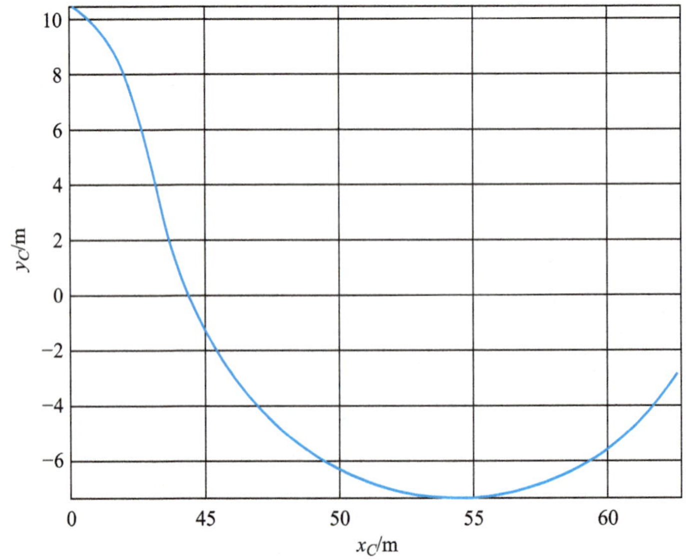

图 23-26

至此，船体完成了规避两片岛礁的避障任务。将三次船体操纵实现的质心轨迹拼接起来，得到如图 23 - 27 所示的图像。同时，图 23 - 28 给出了在规避障碍的过程中，船体艏向角随原航向 Ox 的变化曲线。

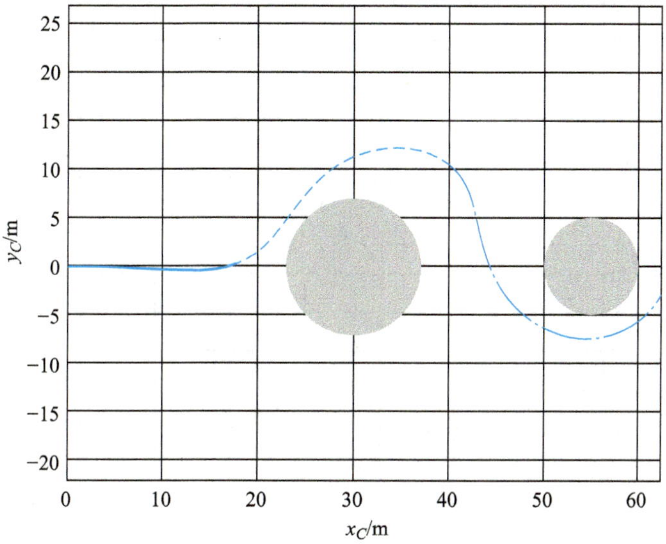

图 23 - 27

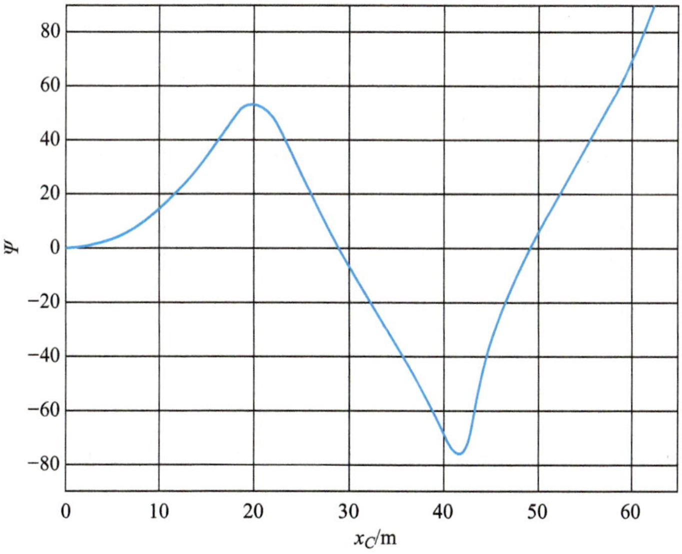

图 23 - 28

可以看到，船体运行过程中，质心可以成功地避开障碍物，但船体具有实际长度，船头或船尾有可能在行驶中触礁。因此，给出考虑船体实际长度的船体规避障碍运行轨迹，可以观察船体在运行过程中是否会触礁。图 23 - 29 给出了几个关键时刻的船体运行模型。

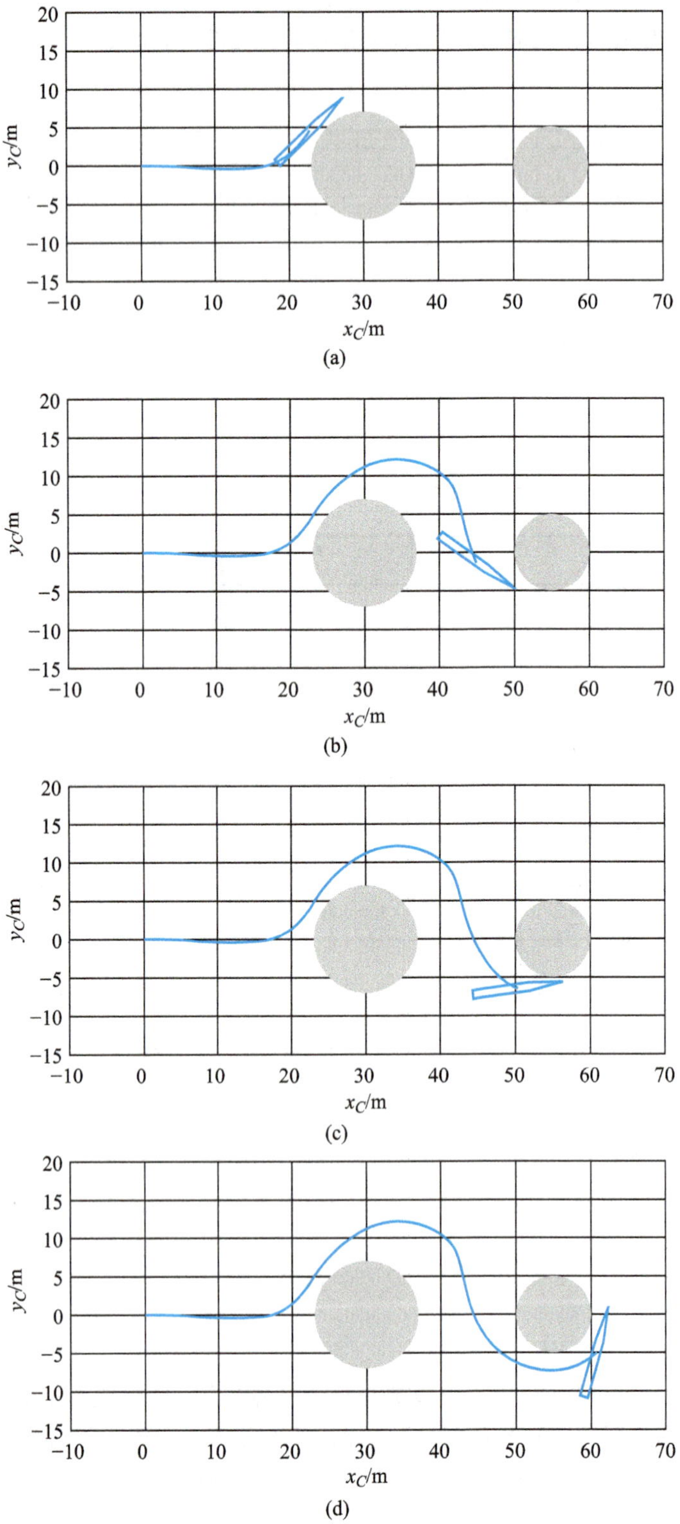

图 23－29

若现有一艘货船，质量为 $m=50$ t，船身长为 $l=15$ m，阻力系数为 $k=0.5$，动力装置提供的主动力分量分别为$F_{Xa}=20$ kN 和$F_{Ya}=4$ kN，初始船速为 8 m/s。该船沿着该航道行驶且在同一时刻发现礁石，此时开始操纵船体以避免触礁。按照上述思路，读者可自行尝试绘制出该船的运行轨迹，如图 23－30 所示。

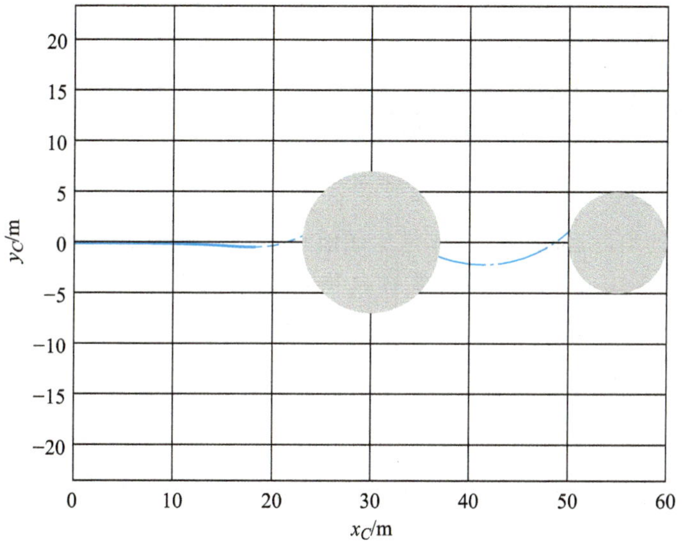

图 23－30

可以看到，按照同样的操纵方案，货船无法完成避障任务，会发生触礁事故。这是由于该船相对于前述轮船模型来说操纵性较差，在转向时不够机动灵活。对于操纵性能较差的船舶，需要提前预警障碍物位置，从而确定合理的避障方案。

1912 年 4 月 14 日，泰坦尼克号就是由于撞上了海上冰山而沉船的。泰坦尼克号全长 268 m，宽 28 m，重 46 329 t，当时夜色正浓，视野较差，船员发现航道上出现海上冰山时已经来不及进行避障，所以不幸发生了碰撞，船体破裂后海水涌入了 5 个水密舱，超过了船体的承受极限，最终导致沉船。

对船舶操纵性能的评价方法有很多，比如经验公式估算法、自由自航模试验法、数学模型加计算机模拟法、基于 CFD 的标准操纵试验直接模拟法等。了解船舶的操纵性后，针对不同操纵性能的船舶，就可以设计出不同的避障轨迹，从而确保船舶安全航行。

(4) 航行舰船的目标射击分析

依据上述的假设和模型简化，分析航行中的舰船对海上目标的射击问题。将射击目标设置在第二片礁石中心(x_T，y_T)处，船舶模型采用上述第一种避障轮船参数。炮身安置在船舶纵中剖面上，距离质心 5 m 处。炮筒长为 2 m，炮筒射击时与纵中剖面呈 α 角，在运动坐标系中，以逆时针为正。装载大炮的船舶示意图如图 23－31 所示。船舶在航行轨迹中随时可射击炮弹，炮弹的出口速度为 500 m/s，试分析发射炮弹时的炮筒角度，以及最佳射击位置。

图 23-31

在定系中，炮弹的实际运动可以看作是船舶航行运动与炮弹对船舶相对运动的合成。根据点的速度合成定理(13-9)，可以得到炮弹 M 的绝对速度$\boldsymbol{v}_{Ma}$为

$$\boldsymbol{v}_{Ma}=\boldsymbol{v}_{r}+\boldsymbol{v}_{e} \tag{23-61}$$

将上式投影在动系中可得

$$v_{Mau}=v_{r}\cos\alpha+v_{eu} \tag{23-62}$$

$$v_{Mav}=-v_{r}\sin\alpha+v_{ev} \tag{23-63}$$

其中，$\boldsymbol{v}_{r}$ 为炮弹相对于船舶的速度，大小即为炮弹的出口速度。$\boldsymbol{v}_{e}$ 为炮弹 M 的牵连速度，v_{eu} 和 v_{ev} 分别为牵连速度沿 OX 和 OY 方向的分量。

炮弹牵连点 M' 可视为船舶刚体平面运动上的一点，根据基点法(14-3)以船舶质心 C 为基点，炮弹 M 的牵连速度为

$$\boldsymbol{v}_{e}=\boldsymbol{v}_{C}+\boldsymbol{v}_{M'C} \tag{23-64}$$

其中，$\boldsymbol{v}_{M'C}$ 为牵连点 M' 相对于船舶质心 C 的速度，方向如图 23-32 所示，大小为$r_{M'C}\cdot\dot{\psi}$，$r_{M'C}$为 M' 相对于 C 的矢径大小。

该式向动系中投影

$$v_{eu}=u+v_{M'C}\sin\beta \tag{23-65}$$

$$v_{ev}=v+v_{M'C}\cos\beta \tag{23-66}$$

其中，β 角度如图 23-32 所示，为炮口与船体质心连线与船体纵中剖面的夹角。

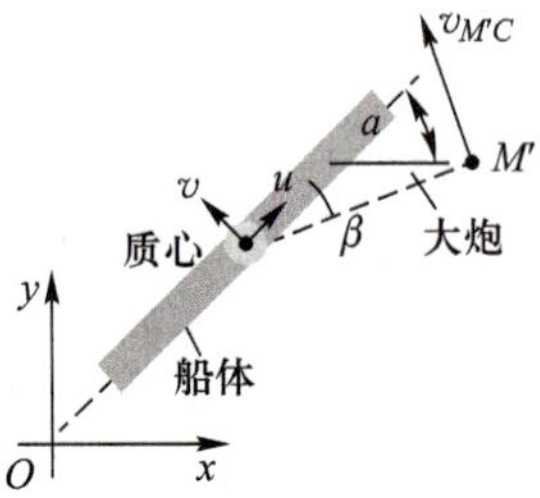

图 23-32

将式(23-65)和式(23-66)代入式(23-62)和式(23-63)中，可得炮弹 M 的绝对速度，根据式(23-46)计算得到绝对速度沿定系的分量方程为

$$v_{Max}=v_{Mau}\cos\psi-v_{Mav}\sin\psi \tag{23-67}$$

$$v_{May}=v_{Mau}\sin\psi+v_{Mav}\cos\psi \tag{23-68}$$

忽略空气阻力，记炮弹出口到击中目标的时间为 t，可得到

$$v_{Max}t=x_{T}-x_{C} \tag{23-69}$$

$$v_{May}t=y_{T}-y_{C} \tag{23-70}$$

此时上式为关于时间 t 和大炮角度 α 的函数，可求解得到航行中船舶射击时的实时大炮角

度，如图 23－33 所示，以及航行中射击的炮弹的飞行时间，如图 23－34 所示。根据图像可以看出，当船舶航行至x_C＝51.66 m 处，炮弹的飞行时间最短，t＝7.5 ms，此时为最佳射击时机。

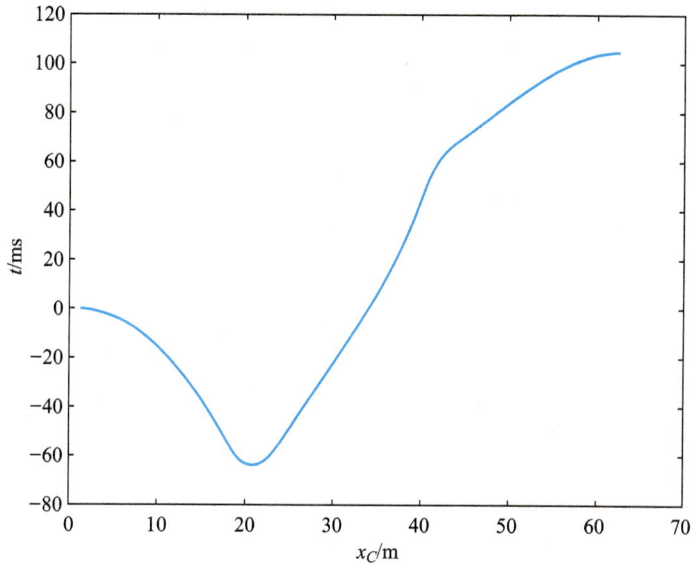

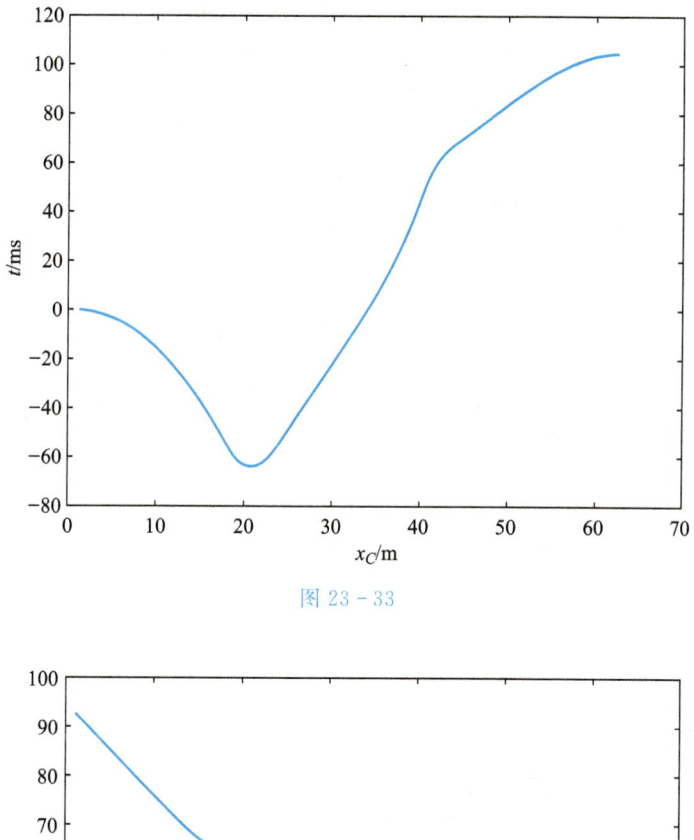

图 23－33

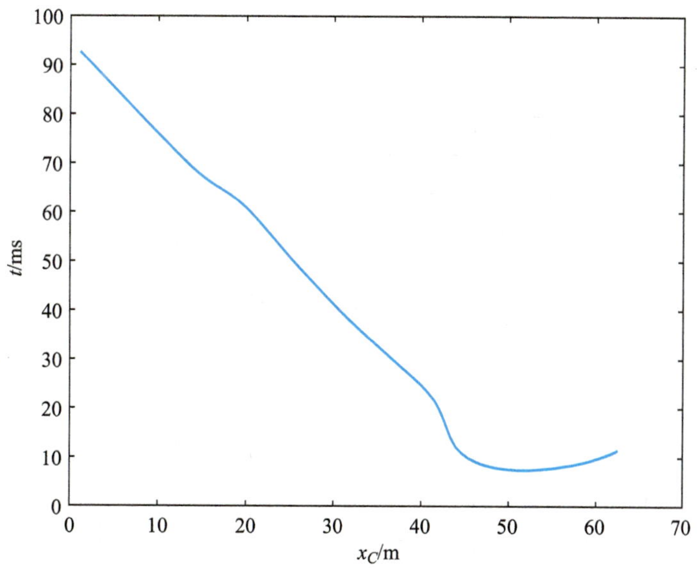

图 23－34

最后，给出船舶在航行中发射炮弹击中目标的几个典型时刻，如图 23－35 所示，在(a)图中 t＝51.6 ms，α＝－50.97°；(b)图中 t＝13.2 ms，α＝66.86°；(c)图中 t＝7.8 ms，α＝95.40°；(d)图中 t＝11.5 ms，α＝104.70°。

23 - 1
避障轨迹
动图

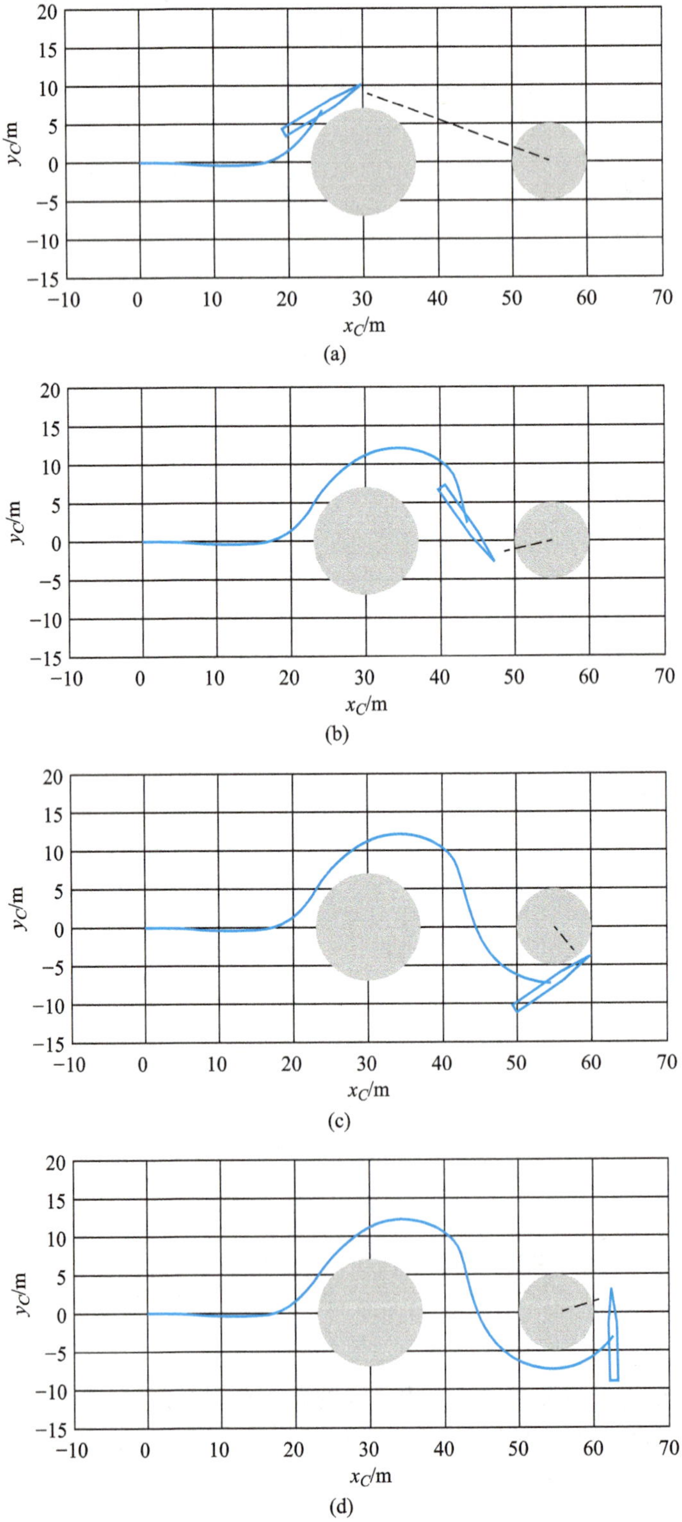

图 23 - 35

3. 小结

本案例设计运用了理论力学中运动学的刚体平面运动的运动分解、点的合成运动、刚体上点的速度分析，以及动力学的刚体平面运动微分方程等理论知识。后续分析中，可利用推导的船舶操纵方程实现更为复杂的避障轨迹设计、航行中船炮的空间角度调整设计等更为复杂问题的分析，本案例也为船舶原理等工程实际的分析和设计打下基础。

23.3 机械臂设计

1. 设计背景及目的

在工业领域中，机械臂是应用最广泛的自动化机械装置之一，在工业制造、医学治疗、娱乐服务、半导体制造以及太空探索等领域都有广泛的应用，是自动化智能工业领域的关键核心技术。例如，我国航天科研人员为“天宫”空间站配备了“天和”和“问天”两套空间机械臂，如图 23－36 所示，其中“天和”机械臂最大承载力约25 t，展开长度约 10.2 m，而“问天”机械臂负载能力约 3 t，展开长度约 5 m。两套机械臂不仅可以组合使用，也可以独立作业，能够完成空间站的在轨组装、在轨维修、搬运货物、辅助航天员出舱活动、空间站舱体的检查、捕获悬停飞行器等多项工作任务。

图 23－36

在工程实践中，为了适应复杂的工作任务要求，机械臂的运动大多为多自由度的，其运动姿态的分析可以参考人手臂的运动模式，如图 23－37 所示。一般来说，机械臂的设计要求包括承载能力大、刚性好、自重轻、动作灵活、位置精度高、通用性强等。上述要求有时往往相互矛盾，例如刚性好、载重大的结构往往粗大、导向杆也多，导致手臂自重和转动惯量增加，冲击力变大，位置精度降低。因此，在设计手臂时，需综合考虑机械手抓取重量、自由度数、工作范围、运动速度及机械手的整体布局和工作条件等多种因素，以达到动作准确、可靠、灵活、结构紧凑、刚度大、自重小，从而保证在一定的位置精度下的快速动作。本案例将针对一种典型的两自由度机械臂系统（图 23－38）进行力学设计。首先对机械臂系统进行模型简化，然后依据静力学、有限元仿真及动力学等知识完成一次较为完整的工程设计，实现机械臂系统的轻量化设计。

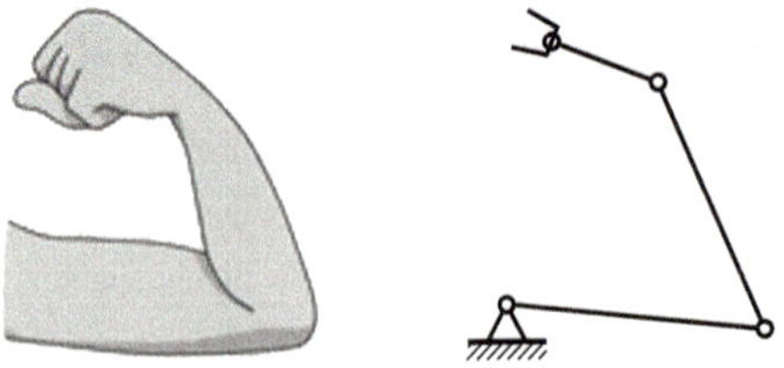

图 23-37

图 23-38

2. 设计内容

本案例考虑机械臂将 10 kg 重物竖直抬升 187 mm 的过程。一般来说，重物上升过程中存在加速段、匀速段和减速段，为了简化计算，本案例考虑重物做竖直向上的匀加速运动，加速度大小为 2 m/s^2，且暂不考虑机械臂系统的端部抓手部分，简化力学模型如图23-39所示。其中，O 点为基座，AB 为上臂，BO 为下臂，C 为 AB 杆的质心。

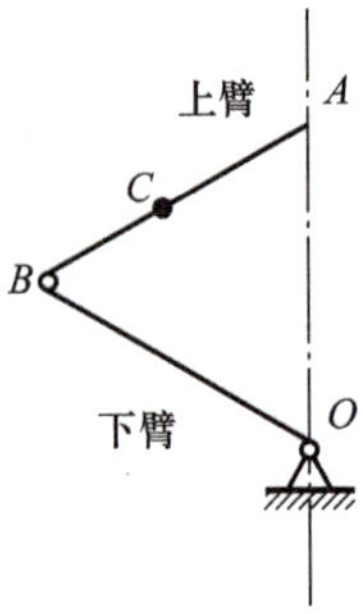

图 23-39

具体步骤如下：

(1) 利用静力学知识建立机械臂的力学模型，并针对上臂杆件进行刚度、强度分析，确定满足强度和刚度要求的最小截面尺寸；

(2) 运用刚体运动学和动力学相关知识，对机械臂抓取重物过程进行运动学和动力学分析，计算将 10 kg 重物以 2 m/s^2加速度竖直上升 187 mm 所需的外部输入力矩；

(3) 运用有限元建模软件建立上臂杆件的三维仿真模型，对优化后的上臂杆件进行刚度、强度仿真验证；

(4) 运用有限元建模软件，建立机械臂系统的多体动力学仿真模型，实现机械臂运动过程可视化。

(1) 上臂杆件最小截面设计

将上臂视为一端固定、一端自由的梁，已知重物质量 $m=10$ kg，重物提升高度 $h=187$ mm，加速度 $a=2$ m/s^2，方向竖直向上。上臂长为 $l=255$ mm，上臂初始截面为边长 30 mm 的正方形，上臂与竖直方向的夹角为 θ，初始状态 $\theta=\pi/3$。

对上臂受力分析如图 23-40 所示，杆件受到的轴力和弯矩为

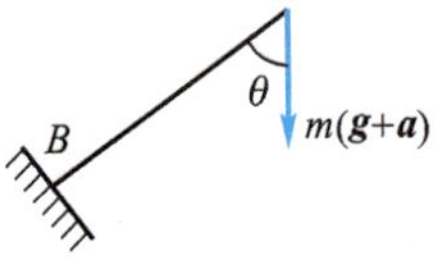

图 23-40

$$F_N = m(g+a)\cos\theta$$

$$M_{max} = m(g+a)l\sin\theta$$

根据组合变形知识，在压弯组合变形中，上臂压应力的最大值出现在固定端附近，计算公式如下：

$$\sigma=\frac{F_N}{A}+\frac{M_{\max}}{W}=\frac{m(g+a)(b\cos\theta+6l\ \sin\theta)}{b^3} \tag{23-71}$$

其中上臂横截面面积 $A=b^2$；上臂横截面抗弯截面模量 $W=b^3/6$；b 为上臂正方形截面边长。

由几何关系可知，重物上升 $h=187$ mm 的过程中，夹角 θ 从 $\pi/3$ 变化到 $\pi/6$。

由式(23-71)可知，最大压应力 $\sigma_{\max}$ 在 $\left[\frac{\pi}{6},\frac{\pi}{3}\right]$上递增。当 $\theta=\frac{\pi}{3}$时，将原上臂的几何参数($b=30$ mm)代入式(23-71)可知，$\sigma_{\max}=5.86$ MPa。

低碳钢的屈服极限为 $\sigma_p=207$ MPa，采用的安全系数为 1.5，可得低碳钢的许用应力为

$$[\sigma]=\frac{\sigma_p}{n}=\frac{207\ \text{MPa}}{1.5}=138\ \text{MPa}$$

$$\sigma_{\max}\ll[\sigma]$$

由此可知，原上臂的最大压应力远小于不锈钢材料的许用应力，有望进一步轻量化减重。因此，本文将对机械臂的截面尺寸进行最小截面设计。

在最小截面设计过程中，需同时考虑上臂杆件的强度和刚度两项指标，即材料不能发生破坏和杆件变形不宜过大。在强度方面，为了保证材料不发生破坏，杆件的最大应力不应超过不锈钢材料的许用应力；在刚度方面，本设计中认为杆件的最大变形量不超过杆件总长度的 1%。本案例设计过程中，上臂杆件材料仍然选用不锈钢材料，横截面形状仍保持正方形截面。

1) 强度条件

根据组合变形知识，将 $m=10$ kg，$g=10$ m/s²，$a=2$ m/s² 和 $\theta=\frac{\pi}{3}$代入式(23-71)可得

$$\sigma_{\max}=\frac{118\left(b\cos\frac{\pi}{3}+1.53\sin\frac{\pi}{3}\right)}{b^3}\leqslant[\sigma]$$

解得 $b\geqslant10.4$ mm。

2) 刚度条件

为了使上臂不发生较大变形，需满足刚度要求，即自由端挠度不超过上臂长度的 1%。为此，将上臂等效为悬壁梁，梁的一端固定，另一端受到的作用力大小为 $F=m(g+a)\sin\theta$。由梁的挠度公式可知，上臂自由端的挠度为

$$f_A=\frac{m(g+a)\sin\theta l^3}{3EI}$$

不锈钢材料的弹性模量 $E=210$ GPa，代入上式，可得

$$f_A=\frac{3.73\sin\theta}{b^4}\times10^{-11}$$

挠度 f_A 在 $\theta\in\left[\frac{\pi}{6},\frac{\pi}{3}\right]$上单调递增。因此，当 $\theta=\frac{\pi}{3}$时，挠度 f_A 取最大值

$$f_{A\max}=\frac{3.73\sin\frac{\pi}{3}}{b^4}\times10^{-11}\leqslant2.55\times10^{-3}$$

解得 $b\geqslant 10.6$ mm。由于需要同时满足强度和刚度条件，因此上臂最小截面的边长 $b_{min}=10.6$ mm。

3）质量比较

优化前，上臂质量为

$$m_1=\rho Al=\rho b^2 l=1.802\ \text{kg}$$

式中m_1为原上臂杆件质量；ρ 为不锈钢材料密度。

优化后，上臂质量为

$$m_1'=\rho Al=\rho b_{min}^2 l=0.225\ \text{kg}$$

经比较，优化后上臂质量减少了 1.577 kg，减重 87.51%。

(2) 动力系统设计

机械臂系统的外部输入能量不仅与抓取重物的质量大小有关，而且与机械臂系统的自重密切相关。为了获得新机械系统的系统动力，本节将对机械臂系统末端抓取重物的过程进行运动学和动力学分析。

1）运动学分析

如图 23-41 所示，杆 AB 做平面运动，杆 BO 绕点 O 做定轴转动，设 $AB=BO=l$，杆 BO 与 AO 连线的夹角为 θ，由几何关系可知，杆 AB 与 AO 连线的夹角也为 θ。由于杆 AB 做平面运动，本小节采用基点法分析。选取点 A 为基点，点 B 的速度 $\boldsymbol{v}_B$ 等于基点 A 的速度 $\boldsymbol{v}_A$ 与点 B 随杆 AB 绕基点 A 转动速度 $\boldsymbol{v}_{BA}$ 的矢量和，即

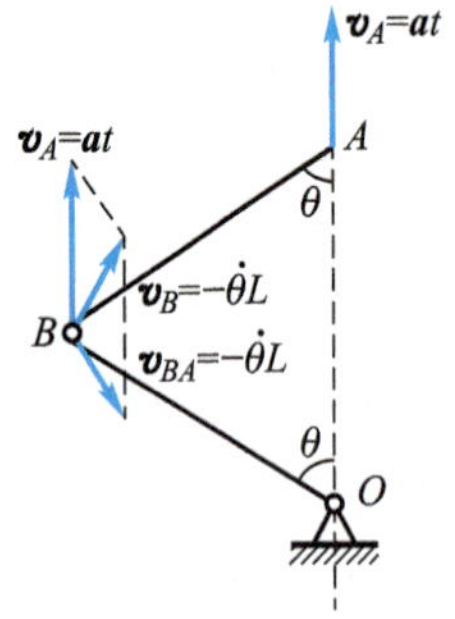

图 23-41

$$\boldsymbol{v}_B=\boldsymbol{v}_A+\boldsymbol{v}_{BA}$$

基点 A 做初速度为零，加速度为 $a=2\ \text{m/s}^2$ 的竖直向上的匀加速直线运动，因此

$$\boldsymbol{v}_A=\boldsymbol{a}t$$

点 B 绕点 O 做定轴转动，速度 $\boldsymbol{v}_B$ 方向垂直于杆 BO 指向右上方。点 B 相对于点 A 的速度为点 B 绕点 A 旋转的线速度 $\boldsymbol{v}_{BA}$，方向垂直于杆 AB 指向右下方，其大小为

$$\boldsymbol{v}_B=\boldsymbol{v}_{BA}=-\dot{\boldsymbol{\theta}}l$$

由几何关系可知 $v_A=2v_B\sin\theta$，因此

$$-2\dot{\boldsymbol{\theta}}l\sin\theta=\boldsymbol{a}t$$

因为 $\dot{\theta}\,\mathrm{d}t=\mathrm{d}\theta$，将点 A 加速度 $a=2\ \text{m/s}^2$ 代入上式后，两端同乘 $\mathrm{d}t$ 可得微分方程

$$-l\sin\theta\,\mathrm{d}\theta=t\,\mathrm{d}t$$

两边同时积分，可得

$$\int -l\sin\theta\,\mathrm{d}\theta=\int t\,\mathrm{d}t$$

解积分可得

$$l\cos\theta=\frac{t^2}{2}+C$$

代入初值条件：$t=0$ 时，$\theta=\dfrac{\pi}{3}$，可得

$$C=\frac{l}{2}$$

因此，θ 与时间 t 的关系为

$$\theta(t)=\arccos\left(\frac{1}{2}+\frac{t^2}{2l}\right)$$

杆 AB 做平面运动的转动角速度和角加速度如下：

$$\dot{\theta}(t)=-\frac{t}{l\sqrt{1-\left(\frac{t^2}{2l}+\frac{1}{2}\right)^2}}$$

$$\ddot{\theta}(t)=-\frac{1}{l\sqrt{1-\left(\frac{t^2}{2l}+\frac{1}{2}\right)^2}}-\frac{t^2\left(\frac{t^2}{2l}+\frac{1}{2}\right)}{l^2\left(1-\left(\frac{t^2}{2l}+\frac{1}{2}\right)^2\right)^{3/2}}$$

2）动力学分析

如图 23 - 42 所示，选取点 A 为基点，质心 C 的加速度 $\boldsymbol{a}_C$ 等于基点 A 的加速度 $\boldsymbol{a}_A$ 与质心 C 随杆 AB 绕基点 A 转动的切向加速度 $\boldsymbol{a}_{CA}^{\tau}$ 和法向加速度 $\boldsymbol{a}_{CA}^{n}$ 的矢量和，即

$$\boldsymbol{a}_C=\boldsymbol{a}_A+\boldsymbol{a}_{BA}^{t}+\boldsymbol{a}_{BA}^{n}$$

$\boldsymbol{a}_A$、$\boldsymbol{a}_{BA}^{t}$、$\boldsymbol{a}_{BA}^{n}$ 的大小和方向如图所示。矢量分解可得质心 C 加速度水平方向分量 a_{Cx} 与竖直方向分量 a_{Cy} 为

$$a_{Cx}=\frac{l}{2}(-\ddot{\theta}\cos\theta+\dot{\theta}^2\sin\theta)$$

$$a_{Cy}=2+\frac{l}{2}(\dot{\theta}^2\cos\theta+\ddot{\theta}\sin\theta)$$

分别对杆 AB、杆 BO 进行受力分析，由于连杆是通过关节处伺服电机实现转动的，可以认为主动力为 B、O 两关节处的力矩。图 23 - 43 为杆 AB 和杆 BO 的受力图。

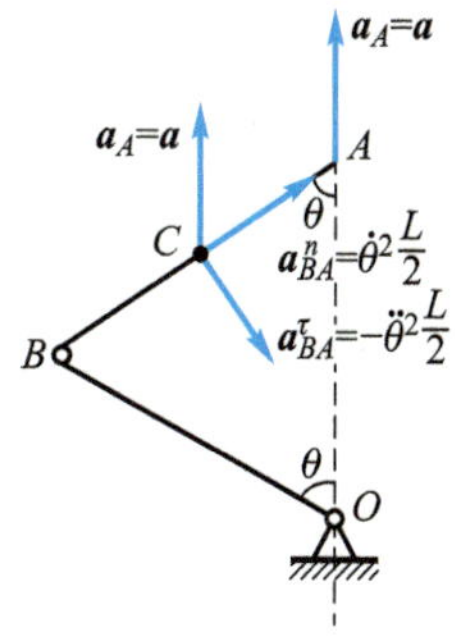

图 23 - 42

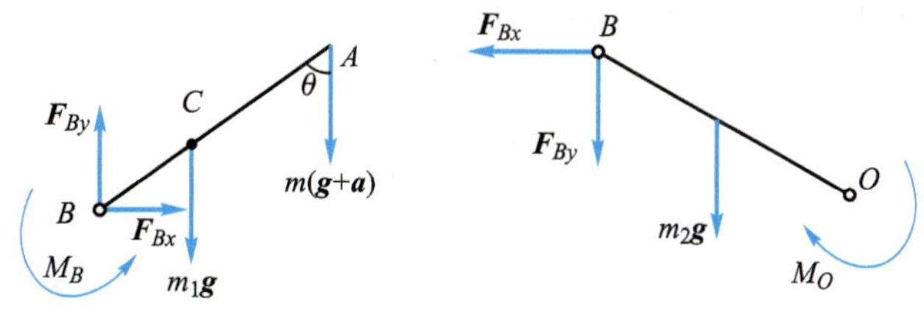

图 23 - 43

杆 AB 绕质心 C 的转动惯量 J_C 和杆 BO 杆绕点 O 的转动惯量 J_O 分别为

$$J_C=\frac{1}{12}m_1l^2$$

$$J_O=\frac{1}{3}m_2l^2$$

对杆 AB 列质心运动方程得方程组

$$-J_C\ddot{\theta}=M_B-\frac{l}{2}[m(g+a)\sin\theta+F_{By}\sin\theta-F_{Bx}\cos\theta]$$

$$m_1a_{Cx}=F_{Bx}$$

$$m_1a_{Cy}=F_{By}-m(g+a)-m_1g \tag{23-72}$$

对杆 BO 列定轴转动方程，得

$$-J_O\ddot{\theta}=M_O-l(F_{Bx}\cos\theta+F_{By}\sin\theta)-\frac{l}{2}m_2g\sin\theta \tag{23-73}$$

式(23-72)和式(23-73)共四个方程，有四个未知数F_{Bx}、F_{By}、M_O和M_B，独立的方程数和未知数数量相等，方程有唯一解，运用 MATLAB 可得到主动力矩M_O和M_B关于 t 的表达式。

3) MATLAB 程序结果

程序运行后可获得M_B、M_O、F_{Bx}、F_{By}的表达式。

$$M_B=\frac{\dfrac{112l^5m_1t^2}{\sqrt{\sigma}}-216l^6m_1\sqrt{\sigma}-288al^6m\sqrt{\sigma}-288gl^6m\sqrt{\sigma}-144gl^6m_1\sqrt{\sigma}+192gl^5mt^2\sqrt{\sigma}}{96l^3(-3l^2+2lt^2)}$$

$$M_O=\frac{-216l^6m_1\sqrt{\sigma}-\dfrac{48l^6m_2}{\sqrt{\sigma}}-\dfrac{18l^6m_1}{\sqrt{\sigma}}-\dfrac{24l^5m_2t^2}{\sigma^{3/2}}-144agl^6\sqrt{\sigma}-144gl^6m\sqrt{\sigma}-72gl^6m_2\sqrt{\sigma}}{48l^3(-3l^2+2lt^2)}$$

$$F_{Bx}=\frac{m_1\left(\dfrac{2l^3}{\sqrt{\sigma}}+\dfrac{t^6}{\sigma^{3/2}}+\dfrac{2lt^4}{\sigma^{3/2}}+\dfrac{6l^2t^2}{\sqrt{\sigma}}+\dfrac{l^2t^2}{\sigma^{3/2}}\right)}{8l^3}$$

$$F_{By}=\frac{18l^4m_1-8l^3m_1t^2+12agl^4+12gl^4m+12gl^4m_1-8agl^3t^2-4agl^2t^4-8gl^3mt^2-4gl^2mt^4-8gl^3m_1t^2-4gl^2m_1t^4+\dfrac{3l^3m_1t^2}{\sigma}+\dfrac{l^2m_1t^4}{\sigma}}{4l^2(-3l^2+2lt^2)}$$

其中，$\sigma=1-\left(\frac{t^2}{2l}+\frac{l}{2}\right)^2$。

利用 MATLAB 绘制出优化后M_B、M_O、F_{Bx}、F_{By}关于时间 t 的关系曲线如图 23-44 所示。

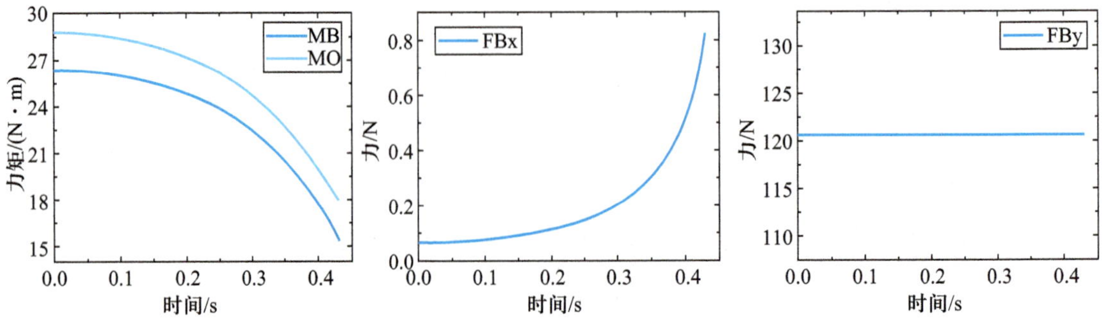

图 23-44

(3) 静力学仿真验证

图 23-45 为上臂杆件静力学仿真的边界条件及载荷示意图，在关节处设置固定边界条件，并在上臂端部施加竖直向下的力 $F=m(g+a)$。

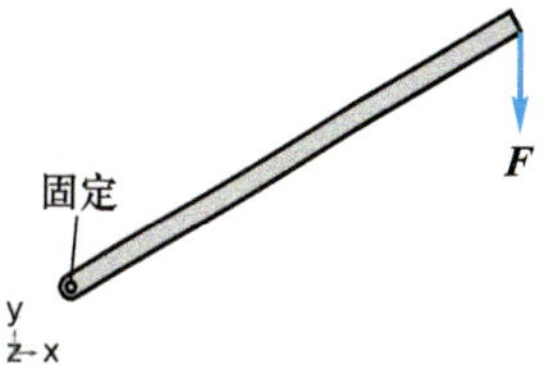

图 23-45

图 23-46 和图 23-47 分别为仿真得到的上臂 Mises 应力和位移云图。由上文可知，仿真得到最大位移挠度为 2.67 mm，与上文的刚度指标要求相比（自由端挠度不超过上臂长度的 1%，即 2.55 mm），相对误差为−4.49%。引起误差的原因主要是在理论计算中忽略了上臂与下臂连接关节处的开孔，导致理论挠度偏高。需要说明的是，虽然本案例的理论设计结果与仿真结果误差较小，但仿真计算得到的最大位移挠度稍大于刚度指标。在实际工程应用中，需要考虑刚度指标的安全系数，进而采用较大的横截面面积。本案例暂不考虑刚度指标安全系数，感兴趣的读者可以参考机械臂的相关文献。

23-2 机械臂静力学仿真建模步骤

(4) 运动可视化验证

此模型模拟了机械臂系统装载 10 kg 重物以 2 m/s² 加速度进行竖直提升运动的过程，仿真模型如图 23-48 所示。机械臂系统由上臂和下臂组成，下臂截面仍采用上文所述 30 mm 边长的正方形截面，上臂截面采用优化后 10.6 mm 边长的正方形截面。上下臂通过铰链关节连接，该连接有一个绕关节轴旋转的自由度，整个系统只在 xy 面进行运动，约束其在 z 方向的运动。下臂受到上文所计算的 M_O 驱动力矩作用进行定轴转动运动，上臂受到上文算得的 M_B 驱动力矩作用进行平面运动。

图 23-46

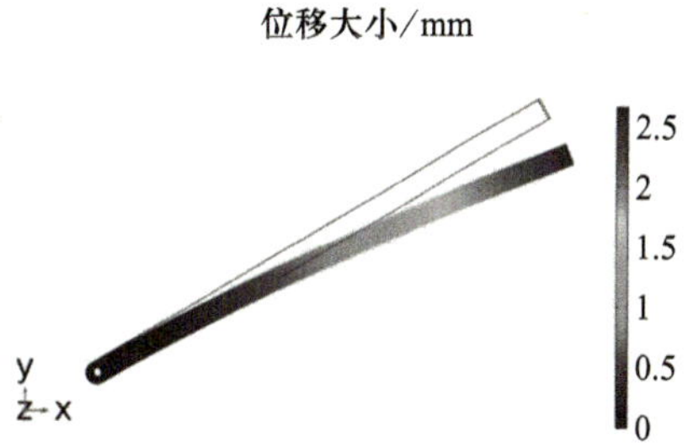

图 23-47

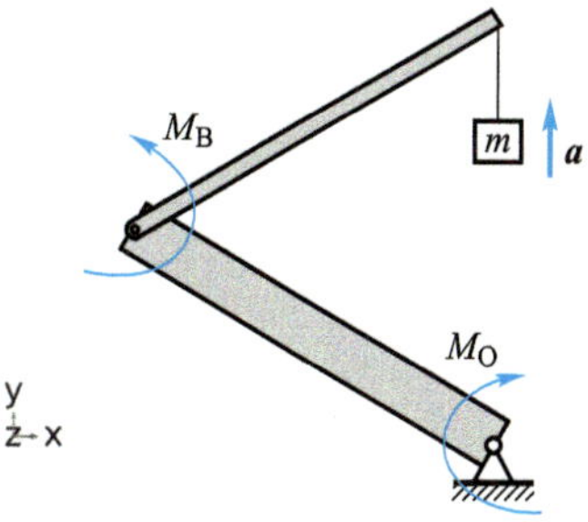

图 23-48

23-3 机械臂运动可视化仿真建模步骤

3. 小结

本案例综合运用了静力学、运动学和动力学等相关知识点，首先建立了机械臂的力学模型，对上臂杆件进行刚度、强度分析，进而对上臂的截面进行了设计，开展了强度与稳定性校核。在机械臂抓取重物过程进行运动学和动力学分析，最后使用 COMSOL 有限元仿真软件对机械臂进行了模型建立、模拟仿真、应力分析与验证、运动过程可视化等工作。未来读者们可以基于本案例进一步开展复杂机械臂结构的设计工作。

23－4 机械臂动力学仿真动画

23－5 仿真代码

23.4 波浪能装置设计

23－6 波浪能装置横梁静力学仿真建模步骤

23－7 波浪能装置动力学仿真建模步骤

23－8 波浪能装置动力学仿真动画

23－9 仿真代码

参考文献

[1] 李俊峰. 理论力学[M]. 3 版.北京:清华大学出版社,2021.

[2] 哈尔滨工业大学理论力学教研组. 理论力学:I，II[M]. 9 版. 北京:高等教育出版社,2023.

[3] 孙毅,程燕平,张莉. 理论力学习题全解:配哈工大版《理论力学》(第 9 版)[M]. 北京:高等教育出版社,2023.

[4] 陈建平,范钦珊. 理论力学[M]. 3 版. 北京:高等教育出版社,2018.

[5] 李鸿,夏培秀,郭晶. 理论力学[M]. 哈尔滨:哈尔滨工程大学出版社,2021.

[6] 盖尔,古德诺. 材料力学[M]. 王一军,译. 北京:机械工业出版社,2016.

[7] 欧贵宝,朱加铭. 材料力学[M]. 哈尔滨:哈尔滨工程大学出版社,1992.

[8] 单辉祖. 材料力学:Ⅰ、Ⅱ[M]. 4 版. 北京:高等教育出版社,2016.

[9] 孙训方,方孝淑,关来泰. 材料力学:Ⅰ、Ⅱ[M]. 6 版. 北京:高等教育出版社,2019.

[10] 刘鸿文. 材料力学:Ⅰ、Ⅱ [M]. 6 版.北京:高等教育出版社,2017.

[11] 苟文选. 材料力学[M]. 北京:科学出版社,2018.

[12] 胡益平. 创新基础力学:材料力学卷[M]. 成都:四川大学出版社,2016.

[13] 杨在林. 材料力学[M]. 哈尔滨:哈尔滨工业大学出版社,2016.

[14] 杨在林. 工程力学[M]. 哈尔滨:哈尔滨工程大学出版社,2010.

[15] 齐汝藩. 工程力学[M]. 哈尔滨:哈尔滨工程大学出版社,2002.

[16] 张正国. 静力学及材料力学[M]. 哈尔滨:哈尔滨船舶工程学院出版社,1991.

[17] CALLISTER W. D., RETHWISH D. G. Materials Science and Engineering An Introduction[M]. 10th ed. [s.l.]: Wiley,2018.

[18] 刘智恩. 材料科学基础[M]. 西安:西安工业大学出版社,2019.

[19] 余永宁. 材料科学基础[M]. 北京:高等教育出版社,2012.

[20] 张联盟. 材料科学基础[M]. 武汉:武汉理工大学出版社,2008.

[21] 谢希文. 材料科学基础[M]. 北京:北京航空航天大学出版社,2005.

[22] 郑子樵. 材料科学基础[M]. 长沙:中南大学出版社,2013.

[23] 张晓燕. 材料科学基础[M]. 北京:北京大学出版社,2014.

[24] 吴梵,朱锡,梅志远,等. 船舶结构力学[M]. 北京:国防工业出版社,2016.

读者意见反馈

为收集对教材的意见建议，进一步完善教材编写并做好服务工作，读者可将对本教材的意见建议通过如下渠道反馈至我社。

咨询电话　400-810-0598

反馈邮箱　gjdzfwb@pub.hep.cn

通信地址　北京市朝阳区惠新东街4号富盛大厦1座　高等教育出版社总编辑办公室

邮政编码　100029

防伪查询说明

用户购书后刮开封底防伪涂层，使用手机微信等软件扫描二维码，会跳转至防伪查询网页，获得所购图书详细信息。

防伪客服电话　(010)58582300